2024 합격Easy 전기기사 파이널.Z!P 필기

- 최신 출제 기준에 맞춘 **핵심이론 요약 정리**
- 실무 및 강의 경험이 풍부한 **최상급 저자**
- **정확한 답과 명쾌한 해설 & 과목별 핵심 요약 수록**
- 시험에 필수적으로 나오는 **과목별 적중예상문제 1500제**

최완호·김병석·김용신·이상열 공저

 최신 개정 KEC 반영
➕ 무료동영상 제공

 CBT 온라인 실전 모의고사
3회 제공

 CBT 온라인 과년도
기출문제 5개년 제공

 학습지원센터
https://cafe.naver.com/electricmon
네이버 카페 전한뽀

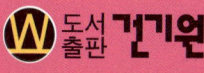 도서출판 건기원

전기기사 합격을 향한 합격이지의 Easy한 사용법

STEP 1 | 합격이지 전기기사 파이널.ZIP 구매 인증

① QR 코드로 전한뽀 학습지원센터 빠른 이동
② [전기기사 교재 인증] 클릭
③ 양식에 맞춰 글 작성

STEP 2 | CBT 온라인 기출문제 및 모의고사 이용법

① 미디어몬에서 전기기사 온라인 기출문제 무료 응시
② 미디어몬에서 가입한 이메일 주소로 쿠폰 전달
③ 쿠폰 확인 후 CBT 온라인 실전 모의고사 무료 구매
  ※ CBT 온라인 모의고사 이용 시 로그인 및 PC 사용 권장

STEP 3 | 미디어몬 쿠폰 사용법

① 온라인 강의 쿠폰 사용법
② 미디어몬 CBT 온라인 실전 모의고사 쿠폰 사용법

STEP 4 | 전기기사 필기 KEC 무료강의

① QR코드로 스캔하여 KEC 무료강의 유튜브 재생
② 합격이지 전기기사 파이널.ZIP의 부록 KEC와
   모두 다함께 학습!

미디어몬
CBT 온라인 실전 모의고사 응시방법

인터넷 주소창에 https://mediamon.co.kr/을 입력하여 미디어몬 홈페이지에 접속

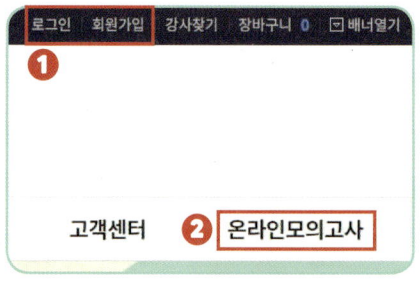

① 홈페이지 우측 상단에 있는 [회원가입] 또는 [로그인]을 클릭하여 네이버 로그인

② 우측 상단에 있는 [온라인모의고사]를 클릭

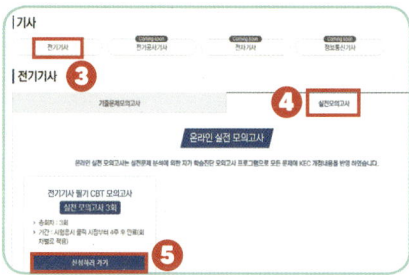

③ [기사] - [전기기사] 선택 후

④ [실전 모의고사] 탭 클릭

⑤ 전기기사 필기 CBT 모의고사 [실전 모의고사 3회] [신청하러 가기] 클릭

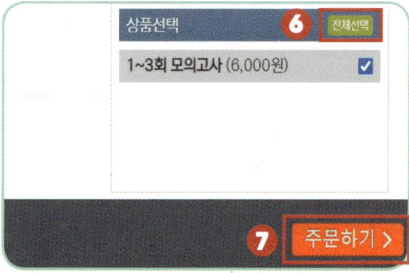

⑥ [전체선택] 클릭

⑦ [주문하기] 클릭

⑧ [상품결제정보] 창의
　→ 할인 쿠폰 사용에서
　　[이메일로 받은 쿠폰번호 12자리] 쿠폰번호 입력 후
　→ 쿠폰확인 클릭 → [사용가능한 쿠폰입니다]
　　안내 확인 후 [결제] 클릭

⑨ [마이페이지]로 접속하여 원하는 회차에 [응시하기] 클릭

합격Easy 전기기사 파이널.Z!P

🔒 교재 인증[등업] 방법

01 전한쁘 학습지원센터 카페에 가입
(cafe.naver.com/electricmon)

02 아래 공란에 닉네임 기입 후 QR-코드 촬영

03 게시판 목록 중 [전기기사 교재 인증]에 게시

카페 닉네임

- 중고도서 지운 흔적 등 중복기입(인증) 불가
- 볼펜, 네임펜 등 지워지지 않는 펜으로 크게 기입

📌 주의 사항

- ✅ 교재 인증 시 CBT 온라인 실전 모의고사 3회를 받을 수 있습니다.
- ✅ 전기기사 특별자료 및 시험정보 등을 볼 수 있습니다.
- ✅ 카페 닉네임 변경 시 등급 변경에 대한 불이익을 받을 수 있습니다.
- ✅ 카페 내 공지사항은 반드시 필독해 주세요!

머리말

　전기기사 및 전기산업기사는 국가 기술 자격증 중에서는 취업을 하는 데 있어서 가장 유리한 분야로서 가장 많은 사랑을 받고 있습니다. 그리하여 교재의 저자 및 본 출판사는 그동안 출제된 기출문제를 심층 분석하여 빈번하게 내는 문제와 최근에 출제 경향에 맞게 300문제를 엄선하여 시험을 응시하는 수험생들이 최단기에 합격 할 수 있도록 하였습니다.

　본서를 통하여 공부하시던 중 궁금한 부분이나 문제점이 생기면 질의·응답을 하실 수 있도록 질의·응답 사이트를 개설하여 수험생들의 문제점을 바로 해결할 수 있도록 하였습니다.

본 교재의 특징

- 기출문제 중에서 가장 출제 빈도가 높은 문제로 엄선
- 각 과목에서 필수적으로 암기하여야 할 내용을 정리
- 중요하고 출제 빈도가 높은 문제는 문제마다 Tip을 작성
- 동영상 강의와 연계하여 쉽게 해설
- 동영상 강의 중에는 유사한 출제 문제도 설명

　이 책의 저자는 30년 이상 강의 경험과 많은 노하우가 축적된 최종 파이널 교재로서 최단기에 합격 할 수 있는 Bible이라고 자부합니다.

　본서로 시험 1개월 전에 최종 마무리를 하신다면 여러분이 원하시는 전기분야 국가 기술 자격증을 취득하는 데 있어서 빠른 길라잡이가 되리라 봅니다. 이 책을 집필하는 데 있어서 많은 시간으로 정성스럽게 출판하였지만, 혹시 부족한 점이 있으리라 생각됩니다. 이러한 점은 계속 수정·보완하여 여러분의 노력에 보답하도록 하겠습니다.

　끝으로 이 책이 출판되기까지 애써주신 도서출판 건기원과 미디어몬 임직원 여러분께 깊은 감사의 말씀을 드리며 수험생 여러분 합격의 영광이 있기를 바랍니다.

저자 씀

Contents 차례

CHAPTER 1 전기자기학

1. 벡터해석 ················· 10
2. 진공 중의 정전계 ················· 11
3. 진공 중의 도체계와 정전 용량 ················· 13
4. 유전체 ················· 14
5. 전기 영상법 ················· 15
6. 전류 ················· 16
7. 진공 중의 정자계 ················· 16
8. 전류의 자기 현상 ················· 17
9. 자성체와 자기 회로 ················· 19
10. 전자 유도 현상 ················· 20
11. 인덕턴스 ················· 20
12. 전자계 ················· 21
 ○ 예상문제 ················· 24

CHAPTER 2 전력공학

1. 전력 계통 흐름도 ················· 130
2. 교류 송전과 직류 송전의 비교 ················· 130
3. 승압의 이유 ················· 131
4. 역률 개선 ················· 131
5. 코로나 현상 ················· 132
6. 표피 현상 ················· 132
7. 선로 정수와 단거리, 중거리 송전 선로의 특성 ················· 132
8. 분포 정수 회로 ················· 134
9. 조상 설비 및 고장 전류 ················· 135
10. 불평형 고장 계산 ················· 137
11. 송전 용량 계산식 및 송전 전압 결정식 · 유도 장해 · 중성점 접지 ······ 138

12. 피뢰기 및 차단기 등 각종기기 ··· 140
13. 절연 협조 ·· 142
14. 계전 방식 및 각종 기기의 특성 ······································ 142
15. 보호 계전기 ··· 143
16. 전선로의 각종 보호 방식 및 애자 특성 ···························· 144
17. 배전 선로의 종류 및 비교 ·· 145
18. 발전 ··· 146
◉ 예상문제 ··· 152

CHAPTER 3 전기기기

1. 직류기 ·· 284
2. 동기기 ·· 293
3. 변압기 ·· 299
4. 유도기 ·· 306
5. 정류 회로와 전력 변환기 ··· 311
◉ 예상문제 ··· 316

CHAPTER 4 회로이론 및 제어공학

1. 직류 회로 및 저항의 특성 ··· 426
2. 정현파 교류 ··· 428
3. 기본 교류 회로 ·· 429
4. 교류 전력 ··· 431
5. 상호 유도 결합 회로와 임피던스 정합 ······························ 432
6. 3상 교류 회로 ·· 433
7. 대칭 좌표법 ··· 434
8. 비정현파 ··· 435
9. 선형 회로망 ··· 437

차 례

10. 2단자망 ········· 438
11. 4단자망 ········· 439
12. 분포 정수 회로 ········· 441
13. 과도 현상 ········· 441
14. 제어 시스템의 형태 ········· 442
15. 라플라스 변환 ········· 446
16. 전달 함수, 신호 흐름 선도, 블록 선도 ········· 449
17. 자동 제어의 과도 응답 ········· 453
18. 이득, 이득 여유, 보드 선도 ········· 457
19. 안정도 판별 ········· 459
20. 근궤적법 ········· 460
21. 상태 방정식, 천이 행렬 Z 변환 ········· 461
22. 시퀀스 제어 ········· 463
- 예상문제 ········· 466

CHAPTER 5 전기설비 기술기준

1. 공통사항 ········· 616
2. 저압 전기설비 ········· 616
3. 고압·특고압 전기설비 ········· 665
4. 전기철도설비 ········· 701
5. 분산형 전원설비 ········· 707
- 예상문제 ········· 716

CHAPTER 6 부록

▶ 전기기사 필기 및 실기시험 대비 ◀
꼭 숙지해야 할 개정 KEC 48문항 ········· 848

CHAPTER 1

핵심요약

전기자기학

CHAPTER 1 전기자기학

1 벡터해석

① 내적 $\boldsymbol{A} \circ \boldsymbol{B} = AB\cos\theta$
  기본 벡터의 성질 $i \cdot i = j \cdot j = k \cdot k = 1$ 이다.
  $i \cdot j = j \cdot k = k \cdot i = 0$

② 외적 $A \times B = \vec{n}AB\sin\theta$
  기본 벡터의 성질 $i \times i = j \times j = k \times k = 0$ 이다.

회전방향 : 오른나사방향	
ⓐ	$i \times j = k$
ⓑ	$j \times k = i$
ⓒ	$k \times i = j$

③ 미분 연산자 $\nabla = i\dfrac{\partial}{\partial x} + j\dfrac{\partial}{\partial y} + k\dfrac{\partial}{\partial z}$

④ 스칼라의 경도 $\nabla V = \mathrm{grad}\, V = \dfrac{\partial V}{\partial x}i + \dfrac{\partial V}{\partial y}j + \dfrac{\partial V}{\partial z}k$

⑤ 벡터의 발산 $\mathrm{div}\,\boldsymbol{A} = \nabla \cdot \boldsymbol{A} = \dfrac{\partial A_x}{\partial x} + \dfrac{\partial A_y}{\partial y} + \dfrac{\partial A_z}{\partial z}$

⑥ 벡터의 회전 $\nabla \times \boldsymbol{A} = \mathrm{rot}\boldsymbol{A} = \mathrm{curl}\,\boldsymbol{A}$
$$= i\left(\dfrac{\partial Az}{\partial y} - \dfrac{\partial Ay}{\partial z}\right) + j\left(\dfrac{\partial Ax}{\partial z} - \dfrac{\partial Az}{\partial x}\right) + k\left(\dfrac{\partial Ay}{\partial x} - \dfrac{\partial Ay}{\partial y}\right)$$

⑦ 라플라시안 $\nabla \circ \nabla = \dfrac{\partial^2}{\partial x^2} + \dfrac{\partial^2}{\partial y^2} + \dfrac{\partial^2}{\partial z^2} = \nabla^2$

⑧ 스토크스 정리 $\oint_c A \cdot dl = \int_s \mathrm{rot}A \cdot ndS$ (선 적분 → 면적 적분)

⑨ 발산의 정리 $\int_s EdS = \int_v \mathrm{div}EdV$ (면적 적분 → 체적 적분)

2 진공 중의 정전계

① **정전계** : 전계 에너지가 최소로 되는 전하 분포의 전계

② **쿨롱의 법칙** : $F = \dfrac{Q_1 Q_2}{4\pi\varepsilon_0 r^2} = 9 \times 10^9 \dfrac{Q_1 Q_2}{r^2}$ [N]

$\varepsilon_0 = 8.855 \times 10^{-12} = \dfrac{10^7}{4\pi C_0^2} = \dfrac{1}{120\pi C_0} = \dfrac{10^{-9}}{36\pi}$ [F/m]

- F와 E와의 관계 : $F = QE$ [N], $E = \dfrac{F}{Q}$ [V/m]

③ **전계의 세기** : 전계 내에 단위 정전하를 놓았을 때 이에 작용하는 힘의 세기와 같다.

- $E = \dfrac{Q}{4\pi\varepsilon_0 r^2} = 9 \times 10^9 \times \dfrac{Q}{r^2}$ [V/m], [N/C]

- 전기력선 밀도 : $E = \dfrac{Q}{\varepsilon_0 S}$ [V/m]

- 전위 경도에 (−)값을 붙인 것 : $E = -\operatorname{grad} V = -\nabla V$

④ **전기력선** : 단위 전하에서 $1/\varepsilon_0$개의 전기력선이 출입한다.

⑤ **전위** : 단위 정전하를 전계와 반대 방향으로 무한대에서 임의점까지 가져오는 데 필요한 일의 양(스칼라양)

$V = -\displaystyle\int_{\infty}^{P} E \cdot dl = \dfrac{Q}{4\pi\varepsilon_0 r}$ [V]

- 등전위면 : 전위가 같은 점을 연결하여 얻어지는 면
- 서로 다른 전위를 가진 등전위면은 교차하지 않는다.
- 등전위면과 전기력선은 서로 수직으로 교차한다.
- 전위 경도(전위의 기울기)와 전계의 크기는 같고 방향은 반대이다.)
  $E = -\operatorname{grad} V = -\nabla V$ [V/m]

⑥ **가우스 법칙의 적분형**

$N = \displaystyle\oint_s E \cdot dS = \dfrac{Q}{\varepsilon_0}$ (전기력선), $\psi = \displaystyle\oint_s D \cdot dS = Q$ (전속)

⑦ **전계의 세기 계산**

ⓐ 전하가 표면에만 대전된 경우(내부 전하 $Q = 0$)

- 내부 전계 $E_i = 0$ [V/m], $V = \dfrac{Q}{4\pi\varepsilon_0 a}$ [V] (등전위)

ⓑ 구 내부에 전하가 균일하게 분포된 경우

- 내부 전계 $E_i = \dfrac{rQ}{4\pi\varepsilon_0 a^3}$ (거리에 비례한다.)

- 표면 전계 $E = \dfrac{Q}{4\pi\varepsilon_0 a^2}$ (거리의 제곱에 반비례)

ⓒ 동심구의 내구에 $+Q[\text{C}]$, 외구에 $-Q[\text{C}]$의 전하가 존재
- 도체 내부의 전계 : $E_i = 0$(전위는 등전위면)
- 도체 사이의 전계 : $E = \dfrac{Q}{4\pi\varepsilon_0 r^2}[\text{V/m}]$
- 내구의 전위 : $V = \dfrac{Q}{4\pi\varepsilon_0}\left(\dfrac{1}{a} - \dfrac{1}{b}\right)[\text{V}]$

ⓓ 원주(무한장 직선, 원주 도체)
- $E = \dfrac{\lambda}{2\pi\varepsilon_0 r}[\text{V/m}]$ (λ : 선전하 밀도) : 거리에 반비례한다.
  (전하가 표면에만 존재하며, 내부 전계 $E_i = 0$, 전위는 등전위)
- 전하가 내부에 균일 분포하면
- $E_i = \dfrac{r\lambda}{2\pi\varepsilon_0 a^2}[\text{V/m}]$ (거리에 비례한다.)
- 원주 밖의 전위차 : $V = \dfrac{\lambda}{2\pi\varepsilon_0}\ln\dfrac{r_2}{r_1}[\text{V/m}]$

ⓔ 무한 평판 도체에 의한 전계 및 전위
- $E = \dfrac{\sigma}{2\varepsilon_0}[\text{V/m}]$ (거리와 관계없는 평등 전계이다.)

ⓕ 무한히 넓은 2매의 평평한 도체 내부의 전계 및 전위
(한 면에 $+\sigma[\text{C/m}^2]$, 다른 한 면은 $-\sigma[\text{C/m}^2]$의 전하가 분포)
- 내부 전계 : $E = \dfrac{\sigma}{\varepsilon_0}[\text{V/m}]$ (거리와 무관한 평등 전계이며 도체 외부 전계는 '0'이다.)
- 간격 $d[\text{m}]$ 양단 사이의 전위차 $V = E \cdot d = \dfrac{\sigma}{\varepsilon_0} \cdot d[\text{V}]$

⑧ 도체 표면의 정전 응력 : $f = \dfrac{\sigma^2}{2\varepsilon_0} = \dfrac{1}{2}\varepsilon_0 E^2[\text{N/m}^2]$

⑨ 전기력선의 발산
- 가우스의 발산 정리 $\int_s E \cdot ndS = \int_v \text{div}\, E \cdot dv$
- 가우스 법칙의 미분형 : $\text{div}\, E = \nabla \cdot E = \dfrac{\rho_v}{\varepsilon_0}$, $\text{div}\, D = \nabla \cdot D = \rho_v$

⑩ 푸아송의 방정식 $\nabla^2 V = -\dfrac{\rho_v}{\varepsilon_0}$
- 체적 전하 밀도 : $\rho_v = -\varepsilon_0 \times \nabla^2 V$

⑪ 전기 쌍극자의 전위 $V = \dfrac{M \cdot \cos\theta}{4\pi\varepsilon_0 r^2}[\text{V}]$

- 전계 $E = \dfrac{M}{4\pi\varepsilon_0 r^3}\sqrt{1+3\cos^2\theta}$ [V/m]
- 전기 쌍극자 모멘트 $M = Q\delta$ [C·m]

⑫ 전기력선 방정식 $\dfrac{dx}{E_x} = \dfrac{dy}{E_y} = \dfrac{dz}{E_z}$

⑬ 전기 이중층에서 양면 간의 전위차 : $V = \dfrac{M}{4\pi\varepsilon_0}\times\omega = \dfrac{M}{2\varepsilon_0}\left(1 - \dfrac{x}{\sqrt{a^2+x^2}}\right)$ [V]

3 진공 중의 도체계와 정전 용량

① **전위 계수(P[V/C])의 성질**
- 전위 계수의 단위 : Daraf=[V/C] → 엘라스턴스 $= \dfrac{V}{Q} = \dfrac{1}{C}$
- $P_{11} \geq P_{21} \geq 0 (P_{rr} \geq P_{rs} \geq 0)$
- $P_{12} = P_{21} (P_{rs} = P_{sr})$
- $P_{11} = P_{21}$의 의미 : 도체 2가 도체 1에 포함된 경우

② **용량 계수와 유도 계수의 성질**
- 용량 계수 $q_{11} > 0 (q_{rr} > 0)$ · $q_{11} \geq -(q_{21}+q_{31}+\cdots+q_{n1})$
- 유도 계수 $q_{12} \leq 0 (q_{rs} \leq 0)$ · $q_{12} = q_{21}(q_{rs} = q_{sr})$

③ **정전 용량** : 도체가 전하를 축적하는 능력 $C = \dfrac{Q}{V}$ [F]

ⓐ 반지름 a[m] 고립 도체구의 정전 용량

$$V = \dfrac{Q}{4\pi\varepsilon_0 a}\text{[V]} \rightarrow C = \dfrac{Q}{V} = 4\pi\varepsilon_0 a = \dfrac{a}{9\times 10^9}\text{[F]}$$

ⓑ 동심구 사이의 정전 용량

$$V = \dfrac{Q}{4\pi\varepsilon_0}\left(\dfrac{1}{a} - \dfrac{1}{b}\right)\text{[V]} \rightarrow C = \dfrac{Q}{V} = \dfrac{4\pi\varepsilon_0}{\dfrac{1}{a} - \dfrac{1}{b}}\text{[F]}$$

ⓒ 동축 케이블의 유전체의 정전 용량 $C_0 = \dfrac{2\pi\varepsilon_0 l}{\ln\dfrac{b}{a}}$ [F]

ⓓ 평행 도선 사이의 정전 용량 $C_0 = \dfrac{\pi\varepsilon_0 l}{\ln\dfrac{d}{a}}$ [F]

ⓔ 평행판 콘덴서의 정전 용량

$$V = E\cdot d = \dfrac{\sigma}{\varepsilon_0}d\text{[V]} \rightarrow C = \dfrac{\varepsilon_0 S}{d}\text{[F]}$$

④ 콘덴서 연결
    ⓐ 병렬연결 시 전체 전하 : $Q = Q_1 + Q_2 = (C_1 + C_2)V = CV$
- 합성 정전 용량 : $C = C_1 + C_2$
- 전하량 $Q_1 = \dfrac{C_1}{C_1 + C_2}Q$, $Q_2 = \dfrac{C_2}{C_1 + C_2}Q$

    ⓑ 직렬연결 : $Q = Q_1 = Q_2 = C_1 V_1 = C_2 V_2$에서
- $V_1 = \dfrac{Q}{C_1}$, $V_2 = \dfrac{Q}{C_2}$
- $V = V_1 + V_2 = \left(\dfrac{1}{C_1} + \dfrac{1}{C_2}\right) \cdot Q = \dfrac{Q}{C}$
- $C = \dfrac{1}{\dfrac{1}{C_1} + \dfrac{1}{C_2}} = \dfrac{C_1 \times C_2}{C_1 + C_2}$ [F]

⑤ 정전 에너지 : $W = \dfrac{1}{2}QV = \dfrac{1}{2}CV^2 = \dfrac{Q^2}{2C}$ [J]

⑥ 단위 체적당 에너지 : $W = \dfrac{1}{2}\varepsilon_0 E^2 = \dfrac{1}{2}ED = \dfrac{D^2}{2}\varepsilon_0$ [J/m³]

⑦ 정전 흡인력 : $f = \dfrac{1}{2}\varepsilon_0 E^2 = \dfrac{1}{2}\varepsilon_0\left(\dfrac{V}{d}\right)^2 = \dfrac{\sigma^2}{2\varepsilon_0}$ [N/m²]

4 유전체

① 쿨롱의 법칙 : $F = \dfrac{Q_1 Q_2}{4\pi\varepsilon_0\varepsilon_s r^2} = 9 \times 10^9 \dfrac{Q_1 Q_2}{\varepsilon_s r^2}$ [N]

② 전계의 세기 : $E = \dfrac{Q}{4\pi\varepsilon_0 \varepsilon_s r^2}$ [V/m]

③ 전위(스칼라) : $V = \dfrac{Q}{4\pi\varepsilon_0 \varepsilon_s r}$ [V]

④ 가우스 정리의 미분형
    $\mathrm{div}\, E = \dfrac{\rho}{\varepsilon}$에 ε를 곱하면 $\mathrm{div}\,\varepsilon E = \rho$ → $\mathrm{div}\, D = \rho$

⑤ 전기 분극 : 유전체에 전계를 가하면 원자핵과 전자가 변위하여 전기 쌍극자를 형성하는데 이 현상을 전기 분극이라 한다.
- 분극의 세기(분극도) : 단위 체적당 나타나는 쌍극자 모멘트이며 분극 전하 밀도와 같다.
  $\boldsymbol{P} = \chi \boldsymbol{E} = \varepsilon_0(\varepsilon_s - 1)\boldsymbol{E}$ [C/m²]
- 전속은 전하량 Q[C]과 같다.

- 전속 밀도 $D = \varepsilon_0 E + P = \varepsilon_0 E + \varepsilon_0(\varepsilon_s - 1)E = \varepsilon_0 \varepsilon_s E = \varepsilon E$

⑥ 경계 조건

ⓐ 완전 경계 조건 : 전속 밀도의 수직(법선) 성분은 경계면 양측이 서로 같고($D_1\cos\theta_1 = D_2\cos\theta_2$), 전계의 수평(접선) 성분은 경계면 양측이 서로 같다($E_1\sin\theta_1 = E_2\sin\theta_2$).

$$\frac{\tan\theta_1}{\tan\theta_2} = \frac{\varepsilon_1}{\varepsilon_2} \ (\varepsilon_1 > \varepsilon_2, \ D_1 > D_2, \ \theta_1 > \theta_2, \ E_1 < E_2)$$

ⓑ 전기력선 및 전속이 경계면에 수직으로 입사된다면 $\theta_1 = \theta_2 = 0$로 굴절하지 않으며, $D_1 = D_2$로 전속 밀도는 연속이다.

- 전속선은 유전율이 큰 유전체에 모이려는 성질이 있다.

⑦ 유전체 내의 단위 체적당 축적되는 에너지 밀도

$$W = \frac{DE}{2} = \frac{1}{2}\varepsilon E^2 = \frac{D^2}{2\varepsilon} \ [\text{J/m}^3]$$

⑧ **패러데이관** : 전기력선관 중 미소 면적당의 전하가 단위 전하(1[C])인 것
- 진전하가 없는 점에서 패러데이관은 연속적이다.
- 패러데이관의 밀도는 전속 밀도와 같다.

⑨ **유전체에 작용하는 힘** : 유전율이 큰 쪽에서 작은 쪽으로 진행한다.

ⓐ 전계가 경계면에 수직인 경우($D_1 = D_2$)

$$f = \frac{1}{2}(E_2 - E_1)D = \frac{1}{2}\left(\frac{1}{\varepsilon_2} - \frac{1}{\varepsilon_1}\right)D^2 \ [\text{N/m}^2]$$

ⓑ 전계가 경계면에 평행한 경우($E_1 = E_2$)

$$f = \frac{1}{2}(D_1 - D_2)E = \frac{1}{2}(\varepsilon_1 - \varepsilon_2)E^2 \ [\text{N/m}^2]$$

5 전기 영상법

① 접지구 도체와 점전하의 영상 전하의 크기 $Q' = -\frac{a}{d}Q$[C]이며,

영상 전하의 위치 : $x = \frac{a^2}{d}$ [m]

② 무한 평면 도체와 점전하에 의한 영상 전하의 크기 $Q' = -Q$[C]

영상 전하의 위치 : (-a, 0)

쿨롱의 법칙 : $F = \frac{QQ'}{4\pi\varepsilon_o(2a)^2} = -\frac{Q^2}{16\pi\varepsilon_o a^2}$ [N]

최대 면전하 밀도 $\delta_m = -\frac{Q}{2\pi a^2}$

6 전류

① 전류의 연속성 $\operatorname{div} i = 0$ (연속도체)

전류의 불연속성 $\operatorname{div} i = -\dfrac{\partial \rho}{\partial t}$ (고립도체)

② 접지 저항과 정전 용량 관계식 $RC = \rho \varepsilon \rightarrow \dfrac{C}{G} = \dfrac{\varepsilon}{k}$

③ 0[℃]에서 t[℃]로 온도가 상승했을 때의 증가한 저항값
$R_t = R_0(1 + \alpha_0 t)[\Omega]$

7 진공 중의 정자계

① 쿨롱의 법칙 : $F = \dfrac{m_1 m_2}{4\pi \mu_0 r^2} = 6.33 \times 10^4 \dfrac{m_1 m_2}{r^2}$ [N]

$\mu_0 = 4\pi \times 10^{-7}$ [H/m]

② 자계 : $H = \dfrac{F}{m} = \dfrac{m}{4\pi \mu_0 r^2}$ [AT/m], [N/Wb]

③ 자화의 세기

$$\boldsymbol{J} = \chi H = \mu_0(\mu_S - 1)\boldsymbol{H} = \boldsymbol{B}\left(1 - \dfrac{1}{\varepsilon_s}\right)[\text{Wb/m}^2]$$

④ 자성체 내의 자속 밀도는 일정하다.

⑤ 감자력 : $\boldsymbol{H'} = \dfrac{N}{\mu_0}\boldsymbol{J}$ 자화의 세기와 비례(N : 감자율)

- 구 자성체의 감자율 : $\dfrac{1}{3}$, 환상 솔레노이드(무단) 감자율 : 0
- 짧고 굵은 도체의 감자율 : 1

⑥ 자위 : $U = -\displaystyle\int_\infty^r \boldsymbol{H} \cdot d\boldsymbol{r} = \dfrac{m}{4\pi \mu_0 r}$ [AT], [J/Wb]

⑦ 자기 쌍극자에 의한 자위 : $U = \dfrac{M \cdot \cos\theta}{4\pi \mu_0 r^2}$ [AT]

- 자계 $H = \dfrac{M}{4\pi \mu_0 r^3}\sqrt{1 + 3\cos^2\theta}$ [AT/m]
- 자기 쌍극자 모멘트 $M = m \cdot l$ [Wb·m]

⑧ 등가 판자석의 자위 : $U = \dfrac{M}{4\pi\mu_0}\omega$ [AT]

m(판자석의 세기)$= \sigma\delta = \mu_0 I$ [Wb/m]

- 구의 입체각 $\omega = 4\pi$, 원뿔의 입체각 $\omega = 2\pi(1-\cos\theta)$[sr]

⑨ 경계 조건
- $B_1\cos\theta_1 = B_2\cos\theta_2$ → 자속 밀도의 수직(법선) 성분 연속
- $H_1\sin\theta_1 = H_2\sin\theta_2$ → 자계의 수평(접선) 성분 연속

$\dfrac{\tan\theta_1}{\tan\theta_2} = \dfrac{\mu_1}{\mu_2}$ ($\mu_1 > \mu_2$, $B_1 > B_2$, $\theta_1 > \theta_2$, $H_1 < H_2$)

- 자계가 경계면에 평행이면 경계면은 압축 응력을 받는다.
- 자계가 경계면에 수직이면 경계면은 인장 응력을 받는다.
- 힘은 투자율이 큰 쪽에서 작은 쪽으로 진행한다.

8 전류의 자기 현상

① 전자력 : $F = (\boldsymbol{I} \times \boldsymbol{B})l = BIl\sin\theta$ [N]

② 회전력(토크)
  ⓐ 막대자석 $T = MH\sin\theta = mlH\sin\theta = \boldsymbol{M} \times \boldsymbol{H}$ [N·m]
  ⓑ 사각 코일 $T = BINA\cos\theta = BINl_1l_2\cos\theta$ [N·m]

③ 평형 도선 사이에 작용하는 힘

$F = \dfrac{\mu_0 I_1 I_2}{2\pi d} = \dfrac{2I_1 I_2}{d} \times 10^{-7}$ [N/m]

④ 전하에 작용하는 힘 : $F = evB\sin\theta = e(\boldsymbol{v} \times \boldsymbol{B})$

⑤ 로렌츠의 힘 : 전계와 자계가 공존하는 공간에 수직으로 돌입한 전자는 힘을 받으면서 원운동을 하는데 이 힘을 로렌츠의 힘이라고 한다.

$F = e(\boldsymbol{E} + v \times \boldsymbol{B})$ [N]

$F = evB\sin 90° = \dfrac{mv^2}{r}$ [N]

$r = \dfrac{mv}{eB}$

$\omega = \dfrac{eB}{m}$, $T = \dfrac{2\pi m}{eB}$

⑥ 암페어의 주회 적분 법칙(전류와 자계와의 관계)

$\oint Hdl = I$ → $Hl = NI$ * 미분형 rot $H = i$

♣ 자계의 세기 계산

◈ 암페어의 주회 적분 법칙 응용

① 무한장 직선 전류에 의한 자계

ⓐ 전류가 도체 표면에만 흐르는 경우

$$H = \frac{I}{2\pi r} [\text{AT/m}] (거리에 반비례하며 쌍곡선 그래프)$$

ⓑ 전류가 도체 내부에 균일하게 흐를 때

내부 자계 $H_i = \dfrac{rI}{2\pi a^2}$ [AT/m] 거리에 비례한다.

② 환상 솔레노이드에 의한 자계(내부 자장=평등 자장, 외부 자장=0)

$$H = \frac{NI}{l} = \frac{NI}{2\pi a} [\text{AT/m}]$$

③ 무한장 솔레노이드(내부 자장=평등 자장, 외부 자장=0)

$$H = nI = \left(\frac{N}{l}\right) I [\text{AT/m}]$$

◈ 비오·사바르의 법칙(전류에 의한 자계의 세기 관계)

$$dH = \frac{Idl \sin\theta}{4\pi r^2} [\text{AT/m}]$$

◈ 비오·사바르 법칙을 응용한 자계의 세기

ⓐ 유한장 직선 전류 $H = \dfrac{I}{4\pi a}(\sin\theta_1 + \sin\theta_2)$

ⓑ 정삼각형 중심점의 자계 세기 $H_3 = \dfrac{9I}{2\pi l}$ [AT/m]

ⓒ 정사각형 중심점의 자계 세기 $H_4 = \dfrac{2\sqrt{2} I}{\pi l}$ [AT/m]

ⓒ 정육각형 중심점의 자계 세기 $H_6 = \dfrac{\sqrt{3} I}{\pi l}$ [AT/m]

ⓓ 정n각형 중심의 자계 세기 $H_n = \dfrac{nI}{2\pi r} \times \tan\dfrac{\pi}{n}$ [AT/m]

ⓔ 원형 코일 중심에서 x만큼 떨어진 지점의 전계의 세기

* $H = \dfrac{a^2 I}{2(a^2 + x^2)^{3/2}}$ [AT/m]

* 중심의 자장($x=0$인 점) $H_i = \dfrac{NI}{2a}$ [AT/m]

* 반원 : $H = \dfrac{I}{2a} \times \dfrac{1}{2} = \dfrac{I}{4a}$ [Wb]

• 핀치 효과 : 액상의 도체에 직류 전류를 흘려주면 전류가 중심으로 집중하여 흐르는 현상

- 홀 효과 : 도체에 자계를 가하면 도체 표면에 정·부의 전하가 나타나고 기전력이 발생하는 현상
- 자속 밀도 B, 자속 ϕ, 자기 벡터 퍼텐셜의 관계 : $\phi = \int A dl \quad B = \mathrm{rot} A$

9 자성체와 자기 회로

① 자성체
- 강자성체 : 철, 니켈, 코발트($\mu_s \gg 1$)
- 역자성체 : 구리, 탄소($\mu_s < 1$)
- 상자성체 : 알루미늄, 백금, 산소, 질소($\mu_s > 1$)

② 강자성체의 자화 곡선
- 퀴리점 : 자화된 철의 온도를 높일 때 강자성이 상자성으로 급격하게 변하는 온도
- 바크하우젠 효과 : 철의 자화 현상은 매끈한 $B-H$ 곡선이 아니라 계단적으로 증가 또는 감소하는 효과

③ 히스테리시스 곡선(횡축 : 자계, 종축 : 자속 밀도)

히스테리시스손 $P_h = \eta f B_m^{1.6} [\mathrm{W/m^3}]$ (스타인메츠 상수 1.6)

- 히스테리시스 곡선이 종축과 만나는 점 — 잔류 자기
- 히스테리시스 곡선이 횡축과 만나는 점 — 보자력
- 전 자 석 : 보자력과 면적은 작고 잔류 자기는 클 것
- 영구 자석 : 면적과 보자력과 잔류 자기가 클 것

④ 자계의 에너지 밀도 : $W = \dfrac{1}{2}\mu H^2 = \dfrac{B^2}{2\mu} = \dfrac{1}{2}BH [\mathrm{J/m^3}]$

⑤ 단위 면적당 작용하는 자기 흡인력 : $f = \dfrac{B^2}{2\mu_0} [\mathrm{N/m^2}]$

- 전체 면적에 작용하는 힘 : $F = fS = \dfrac{B^2}{2\mu_0} S\ [\mathrm{N}]$

⑥ 자기 회로와 전기 회로의 비교

자기 회로		전기 회로	
자속	$\phi [\mathrm{Wb}]$	전류	$I [\mathrm{A}]$
자계	$H [\mathrm{A/m}]$	전계	$E [\mathrm{V/m}]$
기자력	$F [\mathrm{AT}]$	기전력	$V [\mathrm{V}]$
자속 밀도	$B [\mathrm{Wb/m^2}]$	전류 밀도	$i [\mathrm{A/m^2}]$
투자율	$\mu [\mathrm{H/m}]$	도전율	$\sigma [\mho/\mathrm{m}]$
자기 저항	$R_m [\mathrm{AT/Wb}]$	전기 저항	$R [\Omega]$
퍼미언스	$1/R_m$	컨덕턴스	$G [\mho]$

⑦ 자기 저항 : $R_m = \dfrac{l}{\mu S} = \dfrac{NI}{\phi}$ [AT/Wb=H^{-1}]

⑧ 기자력 : $F = NI = R\phi$ [AT]

⑨ 자속 : $\phi = \dfrac{F}{R_m} = \dfrac{NI}{R_m} = \dfrac{\mu SNI}{l}$ [Wb]

⑩ 공극이 있는 철심

$$\dfrac{R}{R_m} = \dfrac{R_m + R_0}{R_m} = 1 + \dfrac{R_0}{R_m} = 1 + \dfrac{\mu l_g}{\mu_0 l}$$

10 전자 유도 현상

① **패러데이 전자 유도 법칙** : 전자 유도 현상에 의해 발생된 유도 기전력은 자속 쇄교수의 감쇠율에 비례한다.)

② **렌츠의 법칙** : 전자 유도 현상에 의해 발생된 유도 기전력의 방향은 자속(ϕ)의 증감을 방해하는 방향으로 발생한다.

$$e = -N\dfrac{d\phi}{dt} [V]$$

$$E_m = \omega N\phi_m$$

* $\phi_m = B \cdot S = B \cdot \pi a^2$

③ **와전류손(맴돌이 전류)**

$P_e = \eta(f B_m t)^2$ (최대 자속 밀도의 제곱에 비례)

④ **표피 효과** : 교류 전류가 흐를 경우 도선의 표면 부분의 전류 밀도가 높아지는 현상

침투 깊이 : $\delta = \dfrac{1}{\sqrt{\pi f \mu k}}$ [m]

- 주파수가 클수록(초고주파), 투자율, 도전율이 클수록 표피 효과는 크다.

11 인덕턴스

① **인덕턴스(L[H])** : 전류가 흐르면 발생하는 자속의 크기를 결정하는 비례 상수

ⓐ 자기(자체) 인덕턴스 $L = \dfrac{N\phi}{I} = \dfrac{N^2}{R} = \dfrac{\mu SN^2}{l}$ [H]

ⓑ 상호 인덕턴스 $M = \dfrac{N_1 N_2}{R} = \dfrac{\mu SN_1 N_2}{l}$ [H]

② $e = -N\dfrac{d\phi}{dt} = -L\dfrac{di}{dt}$ [V] ($LI = N\phi$)

③ [H]의 단위 환산 : $[V] = \left[\dfrac{Wb}{s}\right] = \left[H \cdot \dfrac{A}{s}\right]$ 이므로

$[H] = \left[\dfrac{Wb}{A}\right] = \left[\dfrac{Vs}{A}\right] = \left[\dfrac{J}{A^2}\right] = [\Omega \cdot s]$

④ 원주 도체, 동축 케이블

ⓐ 원주 도체의 내부 인덕턴스 : $L = \dfrac{\mu l}{8\pi}$[H] (μ : 동축선의 투자율)

계산 문제 : 0.05×도체 길이[mH/km]

ⓑ 동축 케이블 유전체에서의 인덕턴스 → $L = \dfrac{\mu l}{2\pi} \ln \dfrac{b}{a}$[H]

⑤ 평행 왕복 도선 : $L = \dfrac{\mu_0 l}{\pi} \ln \dfrac{d}{a} + \dfrac{\mu l}{4\pi}$[H]($d$: 도선 간격)

⑥ 인덕턴스의 직렬연결

⑦ $L = L_1 + L_2 \pm 2M = L_1 + L_2 \pm 2k\sqrt{L_1 L_2}$[H]

결합 계수 $k = \dfrac{M}{\sqrt{L_1 L_2}} (0 \leq k \leq 1)$ → 누설 자속이 많으면 결합 계수는 작으며, 누설 자속이 없으면 결합 계수는 1이다.

- 코일이 서로 직교하면 쇄교 자속이 없으므로 $M = k = 0$
- 상호 인덕턴스 $M = \dfrac{\mu S N_1 N_2}{l}$[H]

⑧ 코일에 축적되는 에너지 : $W = \dfrac{1}{2} L I^2$[J]

12 전자계

◆ 맥스웰의 기초 전자 방정식

ⓐ 암페어의 주회 적분 법칙의 미분형(전류와 자계의 관계)

$\text{rot } H = \nabla \times H = i_c + i_D = kE + \varepsilon \dfrac{\partial E}{\partial t}$

(전도 전류와 변위 전류는 자계를 생성한다.)

ⓑ 패러데이-렌츠 전자 유도 법칙의 미분형

$\text{rot } E = \nabla \times E = -\mu \dfrac{\partial H}{\partial t}$

자속 밀도의 시간적인 변화는 이 변화를 막기 위해 회전하는 전력(전계의 회전)을 발생시킨다.

ⓒ 가우스 정리의 미분형 : $\text{div } D = \nabla \circ D = \rho$

(전속 밀도의 발산은 체적 전하 밀도이며 고립 전하가 존재하고 불연속이다.)

ⓓ $\text{div } B = \nabla \cdot B = 0$(고립된 자극은 존재하지 않는다.)

◈ 전자파의 특징

* 수평 전파 : 대지에 대해 전계가 수평면에 있는 전자파
* 수직 전파 : 대지에 대해 전계가 수직으로 있는 전자파
* 전자파 : 전계와 자계는 동시에 존재하되 전계와 자계 벡터의 파형이 서로 수직이다.
* 전자파의 진행 방향 : $E \times H$ 방향
* 전계와 자계는 동상이며 진행 방향 성분이 존재하지 않는다.(횡 전자파=TEM파)

◈ 전류 밀도

① 전도 전류 밀도(도체) : $i_c = kE [\text{A/m}^2]$

② 변위 전류 밀도(유전체) : $i_d = \varepsilon \dfrac{\partial E}{\partial t} \left(D = \varepsilon E = \varepsilon \cdot \dfrac{V}{d} \right)$

• 만약 $= V_m \sin \omega t [\text{V}]$라면

$$i_d = \dfrac{\partial D}{\partial t} = \varepsilon \dfrac{\partial E}{\partial t} = \dfrac{\varepsilon}{d} \dfrac{\partial V}{\partial t} = \dfrac{\varepsilon}{d} \dfrac{\partial}{\partial t}(V_m \sin \omega t) = \dfrac{\omega \varepsilon}{d} V_m \cos \omega t [\text{A/m}^2]$$

• $v = V_m \cos \omega t [\text{V}]$라면 $i_d = -\dfrac{\omega \varepsilon}{d} V_m \sin \omega t [\text{A/m}^2]$

③ 변위 전류는 전도 전류나 전자파보다 위상이 90° 앞선다.

④ 파동(고유, 특성)임피던스

$$Z = \dfrac{E}{H} = \sqrt{\dfrac{\mu}{\varepsilon}} = \sqrt{\dfrac{\mu_o}{\varepsilon_o} \dfrac{\mu_s}{\varepsilon_s}} = 120\pi \sqrt{\dfrac{\mu_s}{\varepsilon_s}} = 377 \sqrt{\dfrac{\mu_s}{\varepsilon_s}} [\Omega]$$

공기 중 파동 임피던스 $Z_0 = \sqrt{\dfrac{L}{C}} = \sqrt{\dfrac{\mu_o}{\varepsilon_o}} = 377 = 120\pi [\Omega]$

⑤ 전계와 자계의 환산(공기 중)

$$E = \sqrt{\dfrac{\mu_o}{\varepsilon_o}} H = 377 H$$

$$H = \dfrac{1}{377} E = 2.654 \times 10^{-3} E [\text{AT/m}]$$

⑥ 전파 속도 : $v = \dfrac{1}{\sqrt{\varepsilon \mu}} = \dfrac{3 \times 10^8}{\sqrt{\varepsilon_s \mu_s}} = \dfrac{1}{\sqrt{LC}} [\text{m/s}]$

⑦ 파장 $\lambda = \dfrac{v}{f} = \dfrac{1}{f\sqrt{\mu\varepsilon}} = \dfrac{1}{f\sqrt{LC}}$

⑧ 포인팅 벡터 : 전자파의 크기

• 단위 면적을 단위 시간에 통과하는 에너지

$$\boldsymbol{P} = \boldsymbol{E} \times \boldsymbol{H}$$

㉠ 자계 $H^2 = \dfrac{P}{377}$이므로 $H = \sqrt{\dfrac{P}{377}} [\text{AT/m}]$

㉡ 전계 $E^2 = 377P$이므로 $E = \sqrt{377P} [\text{V/m}]$

CHAPTER 1

예상문제

전기자기학

CHAPTER 1 전기자기학

001 다음 중 옳지 않는 것은?

① $i \cdot i = j \cdot j = k \cdot k = 0$ ② $i \cdot j = j \cdot k = k \cdot i = 0$

③ $\vec{A} \cdot \vec{B} = AB\cos\theta$ ④ $i \times i = j \times j = k \times k = 0$

(1) 벡터의 내적(스칼라 곱) : $\vec{A} \cdot \vec{B} = AB\cos\theta$
(2) 벡터의 외적(벡터 곱) : $\vec{A} \times \vec{B} = \vec{n}AB\sin\theta$
(3) 단위 벡터의 내적과 외적

단위 벡터 간의 내적	단위 벡터 간의 외적
$i \cdot i = j \cdot j = k \cdot k = 1$	$i \times j = -j \times i = k$
	$j \times k = -k \times j = i$
$i \cdot j = j \cdot k = k \cdot i = 0$	$k \times i = -i \times k = j$
	$i \times i = j \times j = k \times k = 0$

002 두 단위 벡터 간의 각을 θ라 할 때 벡터 곱과 관계없는 것은?

① $i \times j = -j \times i = k$ ② $k \times i = -i \times k = j$

③ $i \times i = j \times j = k \times k = 0$ ④ $i \times j = 0$

003 $A = -7i - j$, $B = -3i - 4j$의 두 벡터가 이루는 각은 몇 도인가?

① 30 ② 45

③ 60 ④ 90

두 벡터가 이루는 각도는 벡터의 내적을 이용하여 구할 수 있다.

$A \cdot TB = |A||B|\cos\theta$

$(-7i-j) \cdot (-3i-4j) = \sqrt{7^2+1^2} \cdot \sqrt{3^2+4^2}\cos\theta$

$25 = 25\sqrt{2}\cos\theta$

$\theta = \cos^{-1}\dfrac{1}{\sqrt{2}} = 45°$

답안 표기란

001	①	②	③	④
002	①	②	③	④
003	①	②	③	④

004 두 벡터 $A = A_x i + 2j$, $B = 3i - 3j + k$가 서로 직교하려면 A_x의 값은?

① 0 ② 2
③ 0.5 ④ 3

$A \cdot B = |A||B|\cos\theta$
두 벡터는 직교하므로 두 벡터가 이루는 각 $\theta = 90°$이다.
$A \cdot B = |A||B|\cos 90°$
$A \cdot B = 0$
$(A_x i + 2j) \cdot (3i - 3j + k) = 0$
$3A_x - 6 = 0$
$A_x = 2$

005 V를 임의 스칼라라 할 때 $\mathrm{grad}\, V$를 직각 좌표에서 나타낸 것은?

① $\dfrac{\partial V}{\partial x} + \dfrac{\partial V}{\partial y} + \dfrac{\partial V}{\partial z}$
② $i\dfrac{\partial V}{\partial x} + j\dfrac{\partial V}{\partial y} + k\dfrac{\partial V}{\partial z}$
③ $\dfrac{\partial^2 V}{\partial x^2} + \dfrac{\partial^2 V}{\partial y^2} + \dfrac{\partial^2 V}{\partial z^2}$
④ $i\dfrac{\partial^2 V}{\partial x^2} + j\dfrac{\partial^2 V}{\partial y^2} + k\dfrac{\partial^2 V}{\partial z^2}$

스칼라 함수의 기울기는 다음과 같다.
$\mathrm{grad}\, V = \nabla V$
$= (i\dfrac{\partial}{\partial x} + j\dfrac{\partial}{\partial y} + k\dfrac{\partial}{\partial z}) V$
$= i\dfrac{\partial V}{\partial x} + j\dfrac{\partial V}{\partial y} + k\dfrac{\partial V}{\partial z}$

006 다음 중 스칼라적(scalar product 또는 inner product)을 이용하여 해석되는 것 중 알맞은 것은?

① 플레밍(Fleming)의 왼손 법칙
② 플레밍(Fleming)의 오른손 법칙
③ 힘 F의 작용하에 힘과 θ의 방향으로 l만큼 변위가 있었을 때 힘이 행한 일
④ 로렌츠(Lorentz)의 힘

정답 001. ① 002. ④ 003. ② 004. ② 005. ② 006. ③

CHAPTER 1 전기자기학

해설

일은 $W = \vec{F} \cdot \vec{l} = Fl\cos\theta$ [J]로 정의한다.

007 전계의 세기가 $E = E_x i + E_y j + E_z k$로 표시되었을 때 $\dfrac{\partial E_x}{\partial x} + \dfrac{\partial E_y}{\partial y} + \dfrac{\partial E_z}{\partial z}$와 같은 의미를 갖는 것은?

① $\text{gard} E$
② $\nabla \cdot E$
③ $\nabla \times E$
④ $\text{rot} E$

해설

벡터의 발산은 다음과 같다.
$\text{div} E = \nabla \cdot E$
$= \left(i\dfrac{\partial}{\partial x} + j\dfrac{\partial}{\partial y} + k\dfrac{\partial}{\partial z} \right) \cdot (iE_x + jE_y + kE_z)$
$= \dfrac{\partial E_x}{\partial x} + \dfrac{\partial E_y}{\partial y} + \dfrac{\partial E_z}{\partial z}$

008 직각 좌표 공간에서 벡터 A의 회전에 대한 y 방향값은?

① $\dfrac{\partial A_y}{\partial x} - \dfrac{\partial A_x}{\partial y}$
② $\dfrac{\partial A_z}{\partial y} - \dfrac{\partial A_y}{\partial z}$
③ $\dfrac{\partial A_x}{\partial z} - \dfrac{\partial A_z}{\partial x}$
④ $\dfrac{\partial A_x}{\partial y} - \dfrac{\partial A_x}{\partial z}$

해설

벡터의 회전은 다음과 같다.
$\text{rot} A = \nabla \times A = \begin{vmatrix} i & j & k \\ \dfrac{\partial}{\partial x} & \dfrac{\partial}{\partial y} & \dfrac{\partial}{\partial z} \\ A_x & A_y & A_z \end{vmatrix}$
$= i\left(\dfrac{\partial A_z}{\partial y} - \dfrac{\partial A_y}{\partial z}\right) + j\left(\dfrac{\partial A_x}{\partial z} - \dfrac{\partial A_z}{\partial x}\right) + k\left(\dfrac{\partial A_y}{\partial x} + \dfrac{\partial A_x}{\partial y}\right)$

y 방향의 단위 벡터는 j이므로 y 성분은 $\dfrac{\partial A_x}{\partial z} - \dfrac{\partial A_z}{\partial x}$이다.

TIP

y 방향 성분은 y가 없는 것이 답이다.

답안 표기란

| 007 | ① ② ③ ④ |
| 008 | ① ② ③ ④ |

009 $\int_v \nabla \cdot E \, dV = \int_s E \, dS$ 식은 다음 중 어느 것이 알맞은가?

① 가우스의 정리　　② 발산의 정리
③ 스토크스의 정리　④ 암페어의 법칙

 발산의 정리(면적 적분과 체적 적분의 상호 변환 식)

$$\int_v \text{div} E \, dV = \int_s E \, dS$$
$$\int_v \nabla \cdot E \, dV = \int_s E \, dS$$

답안 표기란

009	①	②	③	④
010	①	②	③	④
011	①	②	③	④

 TIP
발산의 정리는 s(면적)를 v(체적)로 변환하는 적분이 답이다.

010 다음 중 스토크스(Stokes)의 정리로 알맞은 식은?

① $\oint_C H \cdot dS = \iint_S (\nabla \cdot H) \cdot dS$
② $\int_S B \cdot dS = \int_S (\nabla \times H) \cdot dS$
③ $\oint_C H \cdot dS = \int (\nabla \cdot H) \cdot dL$
④ $\oint_C H \cdot dL = \int_S (\nabla \times H) \cdot dS$

 스토크스 정리(주회 적분과 면적 적분의 상호 변환식)

$$\oint_C H \cdot dL = \int_S \text{rot} H \, dS$$
$$\oint_C H \cdot dL = \int_S (\nabla \times H) \, dS$$

TIP
스토크스 정리는 c(주회 적분)를 s(면적)로 변환하는 것이 답이다.

011 정전계의 대하여 가장 적합한 설명은?

① 전계 에너지가 최대로 되는 전하 분포의 전계이다.
② 전계 에너지와 무관한 전하 분포의 전계이다.
③ 전계 에너지가 최소로 되는 전하 분포의 전계이다.
④ 전계 에너지가 일정하게 유지되는 전하 분포의 전계이다.

정전계는 정지하여 있는 전하에 의한 전계, 즉 에너지 분포가 최소인 전계이다.

정답　007. ②　008. ③　009. ②　010. ④　011. ③

CHAPTER 1 전기자기학

012 정전 유도에 의해서 고립 도체에 유도되는 전하는?

① 정, 부 동량이며 도체는 등전위이다.
② 정, 부 동량이며 도체는 등전위가 아니다.
③ 정전하뿐이며 도체는 등전위이다.
④ 부전하뿐이며 도체는 등전위이다.

 정전 유도

도체 주위에 대전체를 놓았을 때 가까운 곳에는 이종의 전하, 먼 곳에는 동종의 전하가 분포하는 현상으로 유도되는 전하는 정, 부 동량이며 도체는 등전위를 이룬다.

013 쿨롱의 법칙에 관한 설명으로 잘못 기술된 것은?

① 힘의 크기는 두 전하량의 곱에 비례한다.
② 작용하는 힘의 방향은 두 전하를 연결하는 직선과 일치한다.
③ 힘의 크기는 두 전하 사이의 거리에 반비례한다.
④ 작용하는 힘은 두 전하가 존재하는 매질에 따라 다르다.

 쿨롱의 법칙

두 전하 간의 힘(=정전기력을 구하는 공식)으로 다음과 같다.
(1) 힘은 동종의 전하 간에는 반발력, 이종의 전하 간에는 흡인력이 작용한다.
(2) 힘은 전하의 곱에 비례하고 거리의 제곱에 반비례한다.
(3) 힘은 두 전하를 잇는 직선상에 존재한다.
(4) 힘은 주위의 매질에 따라 다르다.

014 진공 중에 +20[μC]과 −3.2[μC]인 2개의 점전하가 1.2[m] 간격으로 놓여 있을 때 두 전하 사이에 작용하는 힘의 크기(N)와 방향 중 맞는 것은?

① 0.2[N], 반발력 ② 0.2[N], 흡인력
③ 0.4[N], 반발력 ④ 0.4[N], 흡인력

두 전하 간에 작용하는 힘의 크기는 쿨롱의 법칙에 대입하여 구한다.

$F = \dfrac{1}{4\pi\varepsilon_0}\dfrac{Q_1 Q_2}{r^2} = 9\times 10^9 \dfrac{Q_1 Q_2}{r^2}$ [N]

$= 9\times 10^9 \times \dfrac{20\times 10^{-6} \times (-3.2\times 10^{-6})}{1.2^2} = -0.4$ [N]

힘의 부호가 (−)이므로 흡인력이다(만약 힘의 부하가 (+)이면 반발력이다).

015 크기가 같은 두 개의 점전하가 진공 중에서 1[m] 떨어져 있다. 이 두 전하 사이에 작용하는 힘이 1[kg]일 때의 전하는 몇 [C]인가?

① 3.3×10^{-4} ② 3.3×10^{-5}
③ 3.3×10^{-6} ④ 3.3×10^9

크기가 같은 전하의 힘은 다음과 같으며

$F = \dfrac{1}{4\pi\varepsilon_0}\dfrac{Q^2}{r^2} = 9\times 10^9 \dfrac{Q^2}{r^2}$ [N]

전하를 구하는 문제이므로 식을 정리하면 다음과 같다.

$Q = \sqrt{\dfrac{F r^2}{9\times 10^9}} = \sqrt{\dfrac{9.8\times 1^2}{9\times 10^9}} = 3.3\times 10^{-5}$ [C] (※ 1[kgf]=1[N])

016 크기가 2×10^{-6}[C]인 두 개의 같은 점전하가 진공 중에 떨어져 4×10^{-3}[N]의 힘이 작용할 때 이들 사이의 거리는 몇 [m]인가?

① 6   ② 5
③ 4   ④ 3

크기가 같은 전하의 힘은 다음과 같으며

$F = \dfrac{1}{4\pi\varepsilon_0}\dfrac{Q^2}{r^2} = 9\times 10^9 \dfrac{Q^2}{r^2}$ [N]

거리를 구하는 문제이므로 거리는 다음과 같다.

$r = \sqrt{9\times 10^9 \dfrac{Q^2}{F}} = \sqrt{9\times 10^9 \dfrac{(2\times 10^{-6})^2}{4\times 10^{-3}}} = 3$ [m]

답안 표기란				
015	①	②	③	④
016	①	②	③	④

정답 012. ① 013. ③ 014. ④ 015. ② 016. ④

017 가우스(Gauss)의 정리를 이용하여 구하는 것은?

① 자계의 세기 ② 전하 간의 힘
③ 전계의 세기 ④ 전위

가우스 법칙은 전기력선의 밀도를 이용하여 전계의 세기를 구하는 식이다.
$$N = \int_s E dS = \frac{Q}{\varepsilon_0}$$

018 진공 내의 점(3, 0, 0)[m]에 4×10^{-9}[C]의 전하가 있다. 이때 점 (6, 4, 0)[m]인 전계의 세기(V/m) 및 전계의 방향을 표시하는 단위 벡터는?

① $\dfrac{36}{25}$, $\dfrac{1}{5}(3i+4j)$ ② $\dfrac{36}{125}$, $\dfrac{1}{5}(3i+4j)$

③ $\dfrac{36}{25}$, $(i+j)$ ④ $\dfrac{36}{125}$, $\dfrac{1}{5}(i+j)$

(1) 점전하에 의한 전계의 세기는 다음과 같다.
$$E = \frac{1}{4\pi\varepsilon_0}\frac{Q}{r^2} = 9\times10^9\frac{Q}{r^2}[V/m] = 9\times10^9\frac{4\times10^{-9}}{5^2} = \frac{36}{25}[V/m]$$

(2) 단위 벡터는 크기가 1이고 방향을 지시하는 벡터이며 벡터를 벡터의 크기로 나눈 벡터이다(이 문제에서는 거리 벡터로 단위 벡터를 구할 수 있다).
$$\vec{a} = \frac{\vec{A}}{A} = \frac{3i+4j}{\sqrt{3^4+4^2}} = \frac{1}{5}(3i+4j)$$

019 진공 중에서 원점에 점전하 3[nC]가 있을 경우 점 (1, -2, 2)[m]인 곳의 x 방향 성분의 전계의 세기(V/m)를 구하면?

① 1 ② 1.5
③ 2 ④ 3

전계의 세기는 크기와 방향을 갖는 벡터이며 다음과 같이 구할 수 있다.

$$\vec{E} = 9 \times 10^9 \frac{Q}{r^2} \cdot \vec{a_0} = 9 \times 10^9 \frac{3 \times 10^{-9}}{\left(\sqrt{1^2+(-2)^2+2^2}\right)^2} \cdot \frac{i-2j+2k}{3}$$
$$= i - 2j + 2k [\text{V/m}]$$

x 성분을 지시하는 단위 벡터는 i이므로 x 방향 성분의 크기는 1이다.

020 한 변의 길이가 a[m]인 정육각형 A, B, C, D, E, F의 각 정점에 각각 Q[C]의 전하를 놓을 때 정육각형의 중심점 O에 있어서의 전계(V/m)는?

① 0[V/m]

② $\dfrac{3Q}{2\pi\varepsilon_0 a}$[V/m]

③ $\dfrac{3Q}{2\pi\varepsilon_0 a^2}$[V/m]

④ $\dfrac{Q}{4\pi\varepsilon_0 a^2}$[V/m]

전계의 세기는 벡터이므로 합성 시 크기와 방향을 고려하여 합성하여야 한다. 각 정점의 전하에 의한 전계의 세기를 구하면 크기는 같고 방향이 서로 반대가 되어 전계의 합이 0이 된다.

021 공기 중에 놓인 지름 2[m]의 구 도체에 줄 수 있는 최대 전하는 약 몇 [C]인가? (단, 공기의 절연 내력은 3,000[kV/m]이다.)

① 5.3×10^{-4}

② 3.33×10^{-4}

③ 2.65×10^{-4}

④ 1.67×10^{-4}

절연 내력은 단위가 [V/m]이므로 전계의 세기이다. 따라서 구 도체의 전계의 세기 식을 이용하여 전하 Q를 구할 수 있다.

$$E = 9 \times 10^9 \frac{Q}{r^2} [\text{V/m}]$$

$$Q = \frac{Er^2}{9 \times 10^9} = \frac{3 \times 10^6 \times 1^2}{9 \times 10^9} = 3.33 \times 10^{-4} [\text{C}]$$

정답 017. ③ 018. ① 019. ① 020. ① 021. ②

022 구의 전하가 5×10^{-6}[C]에서 3[m] 떨어진 점에서 전계의 세기 (V/m)는? (단, $\varepsilon_s = 1$)

① 5×10^3[V] ② 10×10^3[V]
③ 15×10^3[V] ④ 20×10^3[V]

구 도체의 전계의 세기

$E = \dfrac{1}{4\pi\varepsilon_0} \dfrac{Q}{r^2} = 9 \times 10^9 \dfrac{Q}{r^2}$ [V/m]

$E = 9 \times 10^9 \dfrac{Q}{r^2}$ [V/m]

$= 9 \times 10^9 \dfrac{5 \times 10^{-6}}{3^2} = 5 \times 10^3$ [V/m]

023 반지름 a[m]인 원주 내에 전하가 축 대칭이며 축이 무한히 길다. 축 방향으로 전하가 균일하게 분포된 경우 반지름 $(r > a)$[m] 되는 동심 원통 면상의 점 P의 전계의 세기(V/m)는? (단, 원주 길이당 전하를 ρ_L[C/m]라 한다.)

① $\dfrac{\rho_L}{2\varepsilon_0}$ ② $\dfrac{\rho_L}{2\pi\varepsilon_0}$
③ $\dfrac{\rho_L}{2\pi a}$ ④ $\dfrac{\rho_L}{2\pi\varepsilon_0 r}$

동축 원통 도체의 외부, 표면, 내부 전계의 세기는

$E_{외부} = \dfrac{\rho_L}{2\pi\varepsilon_0 r}$ [V/m]

$E_{표면} = \dfrac{\rho_L}{2\pi\varepsilon_0 a}$ [V/m]

$E_{내부} = 0$[V/m]이다.

답안 표기란

| 022 | ① ② ③ ④ |
| 023 | ① ② ③ ④ |

024 진공 중 무한장 직선상 전하에서 2[m] 떨어진 곳의 전계의 세기가 9×10^6[V/m]이다. 선전하 밀도는 몇 [C/m]인가?

① 10^{-3}
② 2×10^{-3}
③ 4×10^{-3}
④ 6×10^{-3}

무한 직선 전하의 전계의 세기는 $E = \dfrac{\lambda}{2\pi\varepsilon_0 r}$[V/m]이며,
위 식에서 선전하 밀도는 다음과 같이 구할 수 있다.
$\lambda = 2\pi\varepsilon_0 rE = \dfrac{2 \times 9 \times 10^6}{18 \times 10^9} = 10^{-3}$[C/m]

025 자유 공간에서 평판 도체의 표면 전하 밀도가 σ[c/m²]일 때의 표면 전계의 세기는 몇 [V/m]인가?

① $\dfrac{\sigma^2}{\varepsilon_o}$
② $\dfrac{\sigma^2}{2\varepsilon_o}$
③ $\dfrac{\sigma}{2\varepsilon_o}$
④ $\dfrac{\sigma}{\varepsilon_o}$

무한 평면 전하에 의한 전계의 세기는 $E = \dfrac{\sigma}{2\varepsilon_o}$[V/m]이다.

026 무한 평면 전하에 의한 전계의 세기는?

① 거리에 관계없다.
② 거리에 비례한다.
③ 거리의 제곱에 비례한다.
④ 거리에 반비례한다.

무한 평면 전하에 의한 전계의 세기는 $E = \dfrac{\sigma}{2\varepsilon_o}$[V/m]이므로 거리와 관계가 없다.

정답 022. ① 023. ④ 024. ① 025. ③ 026. ①

CHAPTER 1 전기자기학

027 진공 중에서 대전 도체의 표면 전하 밀도가 $\rho_s[\text{C/m}^2]$이라면 표면 전계는?

① $E = \dfrac{\rho_s}{\varepsilon_o}$
② $E = \dfrac{\rho_s}{2\varepsilon_o}$
③ $E = \dfrac{\rho_s}{2\pi\varepsilon_o}$
④ $E = \dfrac{\rho_s}{4\pi r^2}$

대전된 도체 표면의 전계와 평행판 도체 사이의 전계의 세기는
$E = \dfrac{\sigma(=\rho_s)}{\varepsilon_o}[\text{V/m}]$이다.

028 대전 도체 내부의 전계의 세기는?

① 0이다.
② 표면 전계의 세기와 같다.
③ 외부 전계 세기와 같다.
④ 표면 전계의 세기보다 작다.

도체 내부에는 전하가 존재하지 않으므로 전계의 세기가 0이다.

029 진공 중에서 $Q[\text{C}]$의 전하가 반지름 $a[\text{m}]$인 구에 내부까지 균일하게 분포되어 있는 경우 구의 중심으로부터 $a/2$인 거리에 있는 점의 전계의 세기는?

① $\dfrac{Q}{16\pi\varepsilon_0 a^2}[\text{V/m}]$
② $\dfrac{Q}{8\pi\varepsilon_0 a^2}[\text{V/m}]$
③ $\dfrac{Q}{4\pi\varepsilon_0 a^2}[\text{V/m}]$
④ $\dfrac{Q}{\pi\varepsilon_0 a^2}[\text{V/m}]$

도체 내부에는 전하가 존재하지 않으므로 전계의 세기는 0이지만 이 문제는 '도체 내부까지 전하가 균일하게 분포되어 있다.'고 하였기 때문에 도체 내부의 전계는 0이 아니며 구 도체 내부의 전계는 다음과 같다.

$$E = \frac{rQ}{4\pi\varepsilon_0 a^3} = \frac{\frac{a}{2}Q}{4\pi\varepsilon_0 a^3} = \frac{Q}{8\pi\varepsilon_0 a^2} \text{[V/m]}$$

030 전계의 세기를 주는 대전체 중 거리 r에 반비례하는 것은?
① 구전하에 의한 전계의 세기
② 점전하에 의한 전계의 세기
③ 선전하에 의한 전계의 세기
④ 전기 쌍극자에 의한 전계의 세기

선전하에 의한 전계의 세기는 $E = \dfrac{\lambda}{2\pi\varepsilon_0 r}$ [V/m]이며, 거리에 반비례한다.

031 전하 e[C], 질량 m[kg]인 전자가 전계 E[V/m] 내에 놓여 있을 때 최초에 정지하고 있었다면 t초 후에 전자의 속도(m/s)는?

① $\dfrac{meE}{t}$
② $\dfrac{me}{E}t$
③ $\dfrac{mE}{e}t$
④ $\dfrac{eE}{m}t$

뉴턴 가속도의 법칙에 의한 힘 : $F = ma = m\dfrac{v}{t}$ [N]

전계 중 내에서 전하가 받는 힘 : $F = QE = eE$ [N]

'전자가 정지한다.'의 의미는 두 힘이 같고 방향이 반대임을 의미하므로 힘은 다음과 같다.

$$F = eE = m\dfrac{v}{t} \text{[N]}$$

따라서 속도는 $v = \dfrac{eEt}{m}$ [m/s]가 된다.

정답 027. ① 028. ① 029. ② 030. ③ 031. ④

CHAPTER 1 전기자기학

032 도체에 전하를 주었을 때 다음 사항 중 틀린 것은?

① 도체 내의 공동 면에도 전하가 분포한다.
② 전하는 도체 외측 표면에만 분포한다.
③ 도체 표면 곡률 반지름이 작은 곳에 전하가 많이 모인다.
④ 도체 표면에 수직으로 전기력선이 발산한다.

도체 내부에는 전하가 존재하지 않는다.

033 정전계 E 내에서 무한 원점에 대한 점 A의 전위를 결정하는 식은?

① $-\int_0^A E dl$
② $-\int_A^0 E dl$
③ $-\int_\infty^A E dl$
④ $\int_\infty^A E dl$

전위는 전계 반대 방향으로 무한 원점에서 점 A까지 단위 정전하를 운반하는 데 필요한 에너지로 $V_A = \dfrac{W}{Q} = -\int_\infty^A E dl\,[\text{J/C=V}]$이다.

034 정전계 E 내에서 점 B에 대한 점 A의 전위를 결정하는 식은?

① $-\int_B^A E dl$
② $-\int_A^B E dl$
③ $-\int_\infty^A E dl$
④ $-\int_\infty^B E dl$

전위차는 전계 반대 방향으로 점 B에서 점 A까지 단위 정전하를 운반하는 데 필요한 에너지로 $V_{AB} = -\int_B^A E dl\,[\text{V}]$로 정의된다.

035 30[V/m]의 전계 내의 80[V] 되는 점에서 1[C]의 전하를 전계 방향으로 80[cm] 이동한 경우, 그 점의 전위(V)는?

① 9[V]   ② 24[V]
③ 30[V] ④ 56[V]

전계 방향은 전위가 감소하는 방향이다.
$V_p = V_A - EL = 80 - (30 \times 0.8) = 56[\text{V}]$

036 50[V/m]의 전계 내의 80[V] 되는 점에서 1[C]의 전하를 전계와 반대 방향으로 70[cm] 이동한 경우, 그 점의 전위(V)는?

① 45[V]   ② 80[V]
③ 95[V]   ④ 115[V]

전계 반대 방향은 전위가 증가하는 방향이다.
$V_p = V_A + EL = 80 + (50 \times 0.7) = 115[\text{V}]$

037 전위 6,000[V]의 위치에서 10,000[V]의 위치에 전하 2×10^{-10}[C]을 이동시킬 때 필요한 일(J)은?

① 8×10^{-7} ② 16×10^{-7}
③ 2×10^{13} ④ 8×10^{13}

$W = QV = 2 \times 10^{-10} \times 4,000 = 8 \times 10^{-7}[\text{J}]$

038 정전계와 반대로 전하를 1[m] 이동시키는데 300[J]의 에너지가 소모되었다. 이 두 점 사이의 전위차가 100[V]이면 전기량은 몇 [C]인가?

① 1[C]   ② 2[C]
③ 3[C]   ④ 4[C]

$Q = \dfrac{W}{V} = \dfrac{300}{100} = 3[\text{C}]$

정답 032. ① 033. ③ 034. ① 035. ④ 036. ④ 037. ① 038. ③

CHAPTER 1 전기자기학

039 시간적으로 변화하지 않는 보존적(Conservative)인 전계가 비회전성이라는 의미를 나타낸 식은 다음 중 어느 것인가?

① $\nabla \cdot E = 0$
② $\nabla \cdot E = \infty$
③ $\nabla \times E = 0$
④ $\nabla^2 E = 0$

'전계는 비회전성이다(전계는 보존장이다.)'의 식은 $\mathrm{rot}E = 0$이며 $\nabla \times E = 0$으로 나타낼 수 있다.

040 자유 공간 중의 점전하 $5[\mu C]$에서 $3[m]$ 떨어진 점의 전위를 구하면 몇 [V]인가?

① $10 \times 10^3 [V]$
② $15 \times 10^3 [V]$
③ $20 \times 10^3 [V]$
④ $25 \times 10^3 [V]$

구 도체의 전위는 다음과 같다.
$V = \dfrac{1}{4\pi\varepsilon_0} \dfrac{Q}{r} = 9 \times 10^9 \dfrac{Q}{r} [V]$
$V = 9 \times 10^9 \dfrac{5 \times 10^{-6}}{3} = 15 \times 10^3 [V]$

041 한 변의 길이가 $a[m]$인 정육각형 A, B, C, D, E, F의 각 정점에 각각 $Q[C]$의 전하를 놓을 때 정육각형 중심점 O의 전위(V)는?

① $\dfrac{3Q}{2\pi\varepsilon_0 a}$
② $\dfrac{Q}{4\pi\varepsilon_0 a}$
③ $\dfrac{3Q}{2\pi\varepsilon_0 a^2}$
④ $\dfrac{2Q}{\pi\varepsilon_0 a}$

전위는 크기만을 보유하고 있는 스칼라로 각 정점의 전위를 구한 후 합한 값이 중심의 전위가 된다.

$V = \dfrac{Q}{4\pi\varepsilon_0 a} \times 6 = \dfrac{3Q}{2\pi\varepsilon_0 a}$ [V]

042 공기의 절연 내력을 30[kV/cm]라고 하면 지름 1[cm]의 도체구에 걸리는 최대 전압은 몇 [kV]인가?

① 15[kV] ② 30[kV]
③ 15[MV] ④ 30[MV]

구 도체의 전위는 $V = Er = 30 \times 0.5 = 15$[kV]이다.

043 반지름이 r_1인 가상 구 표면에 $+Q$의 전하가 균일하게 분포되어 있는 경우, 가상 구 내의 전위 분포에 대한 설명으로 옳은 것은?

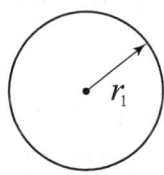

① $V = \dfrac{Q}{4\pi\varepsilon_0 r_1}$ 로 반지름에 반비례하여 감소한다.

② $V = \dfrac{Q}{4\pi\varepsilon_0 r_1}$ 로 일정하다.

③ $V = \dfrac{Q}{4\pi\varepsilon_0 r_1^2}$ 로 반지름에 반비례하여 감소한다.

④ $V = \dfrac{Q}{4\pi\varepsilon_0 r_1^2}$ 로 일정하다.

도체는 등전위이므로 내부의 전위는 표면 전위와 같다.
구 도체의 표면 전위는 $V = \dfrac{Q}{4\pi\varepsilon_0 r_1}$ [V]이며 내부까지 일정하다.

답안 표기란				
042	①	②	③	④
043	①	②	③	④

거리는 구 도체 중심에서 표면까지의 거리이므로 반지름으로 환산 후 계산한다.

도체는 등전위임이고 도체 내부 전위는 표면과 같다.

정답 039. ③ 040. ② 041. ① 042. ① 043. ②

CHAPTER 1 전기자기학

044 무한장 선전하와 무한 평면 전하에서 r[m] 떨어진 점의 전위(V)는 각각 얼마인가? (단, ρ_L은 선전하 밀도, ρ_s는 평면 전하 밀도이다.)

① 무한 직선 : $\dfrac{\rho_L}{2\pi\varepsilon_0}$, 무한 평면 도체 : $\dfrac{\rho_s}{\varepsilon_0}$

② 무한 직선 : $\dfrac{\rho_L}{4\pi\varepsilon_0}$, 무한 평면 도체 : $\dfrac{\rho_s}{2\pi\varepsilon_0}$

③ 무한 직선 : $\dfrac{\rho_L}{\varepsilon_0}$, 무한 평면 도체 : ∞

④ 무한 직선 : ∞, 무한 평면 도체 : ∞

무한 직선 전하에 의한 전위와 무한 평면 전하에 의한 전위는 모두 무한대이다.

045 선전하 밀도 ρ_L[C/m]인 무한장 직선 전하로부터 각각 r_1[m], r_2[m] 떨어져 있다. $r_1 > r_2$인 조건에서 두 점 사이의 전위차는 몇 [V]인가?

① $\dfrac{\rho_L}{2\pi\varepsilon_0}\ln\dfrac{r_2}{r_1}$

② $\dfrac{\rho_L}{2\pi\varepsilon_0}\ln\dfrac{r_1}{r_2}$

③ $\dfrac{1}{2\pi\varepsilon_0}\ln\dfrac{\rho_L}{r_2}$

④ $\dfrac{\rho_L}{2\pi\varepsilon_0}(r_2 - r_1)$

$V_{AB} = -\int_{r_1}^{r_2}\dfrac{\lambda}{2\pi\varepsilon_0 r}dr = \dfrac{\lambda}{2\pi\varepsilon_0}\int_{r_2}^{r_1}\dfrac{1}{r}dr = \dfrac{\rho L}{2\pi\varepsilon_0}\ln\dfrac{r_1}{r_2}$ [V]

046 대전 도체 내부의 전위는?

① 0 전위이다. ② 표면 전위와 같다.
③ 대지 전위와 같다. ④ 공기의 유전율과 같다.

도체는 등전위이므로 표면 전위와 내부 전위가 같다.

047 전위의 분포가 $V = 12x + 7y^2$로 주어질 때 점 ($x=5$, $y=-3$)에서 전계의 세기는?

① $-12i + 42j$ ② $-12i - 42j$
③ $12i - 42j$ ④ $12i + 42j$

전계의 세기는 전위 경도에 반대 방향이므로 다음과 같다.
$E = -\text{grad}\, V = -\nabla V [\text{V/m}]$
$= -\left(i\dfrac{\partial}{\partial x} + j\dfrac{\partial}{\partial y} + k\dfrac{\partial}{\partial z}\right)(12x + 7y^2)$
$= -i12 - j14y = -12i + 42j[\text{V/m}]$

048 표면 전하 밀도 ρ_s인 도체 표면 한 점의 전속 밀도가 $D = 2i - 2j + k$일 때 ρ_s는 몇 [C/m²]인가?

① 1 ② 2
③ 3 ④ 9

도체 표면 전하 밀도 ρ_s는 전속 밀도 D의 크기와 같다(도체 내부의 전하 밀도는 0이다).
$\rho_s = \sqrt{2^2 + (-2)^2 + 1^2} = 3[\text{C/m}^2]$

TIP

Q의 전하에서 Q의 전속이 발산하므로 전속의 크기와 전하는 같다.

049 자유 공간 중에서 점 P(1, -2, 2)가 도체면 상에 있으며 이 점에서 전계의 세기는 $E = 6i - 2j + 3k[\text{V/m}]$이다. 점 P의 면전하 밀도 $\rho_s[\text{C/m}^2]$는?

① ε_0 ② $3\varepsilon_0$
③ $5\varepsilon_0$ ④ $7\varepsilon_0$

답안 표기란				
046	①	②	③	④
047	①	②	③	④
048	①	②	③	④
049	①	②	③	④

정답 044. ④ 045. ② 046. ② 047. ① 048. ③ 049. ④

도체 표면 전하 밀도 ρ_s는 전속 밀도 $D = \varepsilon_0 E$의 크기와 같다.
$\rho_s = D = \varepsilon_0 E = \varepsilon_0 \sqrt{6^2 + (-2)^2 + 3^2} = 7\varepsilon_0 [\text{C/m}^2]$

050 표면 전하 밀도 $\sigma[\text{C/m}^2]$로 대전된 도체 내부의 전속 밀도는 몇 $[\text{C/m}^2]$인가?

① σ
② $\varepsilon_0 E$
③ ε_0
④ 0

도체 내부의 전속 밀도는 0이다.

051 대전 도체 표면의 전하 밀도는 도체 표면의 모양에 따라 어떻게 되는가?

① 곡률이 크면 작아진다.
② 곡률이 크면 커진다.
③ 평면일 때 가장 크다.
④ 표면 모양에 무관하다.

뾰족한 곳(=곡률이 큰 곳=곡률 반지름이 작은 곳)의 전하 밀도가 높다.

052 대전 도체 표면 전하 밀도는 도체 표면의 모양에 따라 어떻게 분포하는가?

① 표면 전하 밀도는 표면의 모양과 무관하다.
② 표면 전하 밀도는 평면일 때 가장 크다.
③ 표면 전하 밀도는 뾰족할수록 커진다.
④ 표면 전하 밀도는 곡률이 크면 작아진다.

답안 표기란

050	①	②	③	④
051	①	②	③	④
052	①	②	③	④

TIP
도체 내부는 전하가 존재하지 않으므로 전속 밀도는 0이다.

053 전기 쌍극자 모멘트 $4\pi\varepsilon_0[\text{C}\cdot\text{m}]$의 전기 쌍극자에 의한 자유 공간 중 한 점 $r=1[\text{cm}]$, 60°의 전위(V)는?

① 0.05
② 0.5
③ 50
④ 5,000

전기 쌍극자의 전위는 $V=\dfrac{M\cos\theta}{4\pi\varepsilon_0 r^2}[\text{V}]$이다.

따라서 $V=\dfrac{M\cos\theta}{4\pi\varepsilon_0 r^2}=\dfrac{4\pi\varepsilon_0 \cos 60}{4\pi\varepsilon_0 \times 0.01^2}=5,000[\text{V}]$이다.

054 전기 쌍극자에 의한 전계의 세기는 쌍극자로부터의 거리 r에 대해 어떠한가?

① r^2에 반비례
② r^3에 반비례
③ $r^{\frac{3}{2}}$에 반비례
④ $r^{\frac{5}{2}}$에 반비례

전기 쌍극자의 전계의 세기는 $E=\dfrac{M}{4\pi\varepsilon_0 r^3}\sqrt{1+3\cos^2\theta}\,[\text{V/m}]$이므로 r^3에 반비례한다.

055 쌍극자 모멘트가 M인 전기 쌍극자에 의한 임의의 점 P에서의 전계의 크기는 전기 쌍극자의 중심에서 축 방향과 점 P를 잇는 선분 사이의 각이 얼마일 때 최대가 되는가?

① 0
② $\pi/2$
③ $\pi/3$
④ $\pi/4$

전기 쌍극자의 전계의 세기는 $E=\dfrac{M}{4\pi\varepsilon_0 r^3}\sqrt{1+3\cos^2\theta}\,[\text{V/m}]$이므로 $\theta=0°$에서 최대 $\theta=90°$에서 최소가 된다.

정답 050. ④ 051. ② 052. ③ 053. ④ 054. ② 055. ②

CHAPTER 1 전기자기학

056 푸아송의 방정식(Poisson's equation) $\nabla^2 V = -\dfrac{\rho}{\varepsilon_0}$ 은 어떤 식에서 유도한 것인가?

① $\text{div} D = \dfrac{\rho}{\varepsilon_0}$
② $\text{div} D = -\rho$
③ $\text{div} E = \dfrac{\rho}{\varepsilon_0}$
④ $\text{div} E = -\dfrac{\rho}{\varepsilon_0}$

푸아송의 방정식은 가우스 정리의 미분형($\text{div} E = \dfrac{\rho}{\varepsilon_0}$, $\text{div} D = \rho$)에서 유도한다.

057 전속 밀도 $D = x^2 i + y^2 j + z^2 k$ [C/m²]를 발생시키는 점 (1, 2, 3)[m]에서의 공간 전하 밀도(C/m³)는?

① 14
② 14×10^{-6}
③ 12
④ 12×10^{-6}

전속 밀도 D가 주어지는 경우 체적 전하 밀도는 $\text{div} D = \rho$로 구한다.
$\text{div} D = \nabla \cdot D = \rho [\text{C/m}^3]$
$\rho = \nabla \cdot D = \left(i \dfrac{\partial}{\partial x} + j \dfrac{\partial}{\partial y} + k \dfrac{\partial}{\partial z} \right) \cdot (x^2 i + y^2 j + z^2 k)$
$\rho = 2x + 2y + 2z = 2 + 4 + 6 = 12 [\text{C/m}^3]$이다.

058 진공의 전하 분포 공간 내에서 전위가 $V = x^2 + y^2$[V]로 표시될 때, 전하 밀도는 몇 [C/m³]인가?

① $-4\varepsilon_0$
② $-\dfrac{4}{\varepsilon_0}$
③ $-2\varepsilon_0$
④ $-6\varepsilon_0$

답안 표기란

056	① ② ③ ④
057	① ② ③ ④
058	① ② ③ ④

전위 함수 V가 주어지는 경우 체적 전하 밀도는 푸아송의 방정식을 이용하여 구한다.

$\nabla^2 V = -\dfrac{\rho}{\varepsilon_0}$

$\rho = -\nabla^2 V \varepsilon_0 [\text{C/m}^3]$

$\rho = -\left(\dfrac{\partial^2}{\partial x^2} + \dfrac{\partial^2}{\partial y^2} + \dfrac{\partial^2}{\partial z^2}\right)(x^2+y^2)\varepsilon_0 = -4\varepsilon_0 [\text{C/m}^3]$이다.

059 전위가 $V = xy^2z$로 표시될 때, 이 원천인 전하 밀도 ρ를 구하면?

① 0
② $-2xy^2z$
③ $-2xz\varepsilon_0$
④ $-\dfrac{2xy^2}{\varepsilon_0}$

전위 함수 V가 주어지는 경우 체적 전하 밀도는 푸아송의 방정식을 이용하여 구한다.

$\nabla^2 V = -\dfrac{\rho}{\varepsilon_0}$

$\rho = -\nabla^2 V \varepsilon_0 [\text{C/m}^3]$

$\rho = -\left(\dfrac{\partial^2}{\partial x^2} + \dfrac{\partial^2}{\partial y^2} + \dfrac{\partial^2}{\partial z^2}\right)xy^2z\varepsilon_0 = -2xz\varepsilon_0 [\text{C/m}^3]$

060 공간적 전하 분포를 갖는 유전체 중의 전계 E에 있어서, 전하 밀도 ρ와 전하 분포 중의 한 점에 대한 전위 V와의 관계 중 전위를 생각하는 고찰점에 ρ의 전하 분포가 없다면 $\nabla^2 V = 0$이 된다는 것은?

① Laplace의 방정식
③ Poisson의 방정식
③ Stokes의 정리
④ Thomson의 정리

• 푸아송의 방정식 : $\nabla^2 V = -\dfrac{\rho}{\varepsilon_0}$

• 라플라스 방정식 : $\nabla^2 V = 0$

정답 056. ③ 057. ③ 058. ① 059. ③ 060. ①

CHAPTER 1 전기자기학

061 그림에서 0점의 전위는 Laplace의 근사법에 의하여 구하면?

① $V_1 + V_2 + V_3 + V_4$

② $\dfrac{1}{2}(V_1 + V_2 + V_3 + V_4)$

③ $4(V_1 + V_2 + V_3 + V_4)$

④ $\dfrac{1}{4}(V_1 + V_2 + V_3 + V_4)$

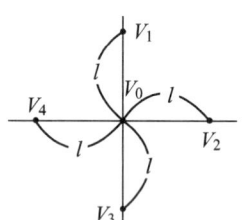

062 다음 식 중에서 틀린 것은?

① 가우스의 정리 : $\mathrm{div} D = \rho$

② 푸아송의 방정식 : $\nabla^2 V = \dfrac{\rho}{\varepsilon}$

③ 라플라스의 방정식 : $\nabla^2 V = 0$

④ 발산의 정리 : $\displaystyle\int_s A \cdot dS = \int_v \mathrm{div} A dv$

푸아송의 방정식은 $\nabla^2 V = -\dfrac{\rho}{\varepsilon_0}$이다.

063 면전하 밀도가 $\sigma[\mathrm{C/m^2}]$인 대전 도체가 진공 중에 놓여 있을 때 도체 표면에 작용하는 정전 응력($\mathrm{N/m^2}$)은?

① σ^2에 비례한다.   ② σ에 비례한다.

③ σ^2에 반비례한다.   ④ σ에 반비례한다.

정전 응력 $f = \dfrac{\sigma^2}{2\varepsilon_0}[\mathrm{N/m^2}]$이며 면전하 밀도의 제곱에 비례한다.

064 매질이 공기인 경우에 방전이 10[kV/mm]의 전계에서 발생한다고 할 때 도체 표면에 작용하는 힘은 몇 [N/m²]인가?

① 4.43×10^2 ② 5.5×10^{-3}
③ 4.83×10^{-3} ④ 7.5×10^3

$$f = \frac{1}{2}\varepsilon_0 E^2 = \frac{1}{2}\varepsilon_0 \times \left(10 \times 10^3 \times \frac{1}{10^{-3}}\right)^2 = 443 [\text{N/m}^2]$$

065 반지름 2[m]인 구 도체에 전하 10×10^{-4}[C]이 주어질 때 구 도체 표면에 작용하는 정전 응력은 약 몇 [N/m²]인가?

① $22.4[\text{N/m}^2]$ ② $26.6[\text{N/m}^2]$
③ $30.8[\text{N/m}^2]$ ④ $32.2[\text{N/m}^2]$

도체 표면의 단위 면적당 작용하는 힘은
$$f = \frac{1}{2}\varepsilon_0 E^2 = \frac{1}{2}\varepsilon_0 \times \left(\frac{Q}{4\pi\varepsilon_0 r^2}\right)^2 = \frac{1}{2}\varepsilon_0 \times \left(9 \times 10^9 \frac{10^{-3}}{2^2}\right)^2 = 22.4[\text{N/m}^2] \text{이다.}$$

066 진공 중에 있는 도체에 일정 전하를 대전시켰을 때 정전 에너지가 존재하는 것으로 다음 중 옳은 것은?

① 도체 내에만 존재한다.
② 도체 표면에만 존재한다.
③ 도체 내외에 모두 존재한다.
④ 도체 표면과 외부 공간에 존재한다.

도체 내부의 전계는 0이므로 도체 내부에 정전 에너지는 존재하지 않고 표면과 외부 공간에는 정전 에너지가 존재한다.

067 진공 중에 떨어져 있는 두 도체 A, B가 있다. A에만 1[C]의 전하를 줄 때 도체 A, B의 전위가 각각 3, 2[V]였다. 지금 A, B에 각각 2, 1[C]의 전하를 주면 도체 A의 전위는?

① 6   ② 7
③ 8   ④ 9

정답 061. ④ 062. ② 063. ① 064. ① 065. ① 066. ④ 067. ③

전위 계수에 의한 도체 A, B의 전위는 다음과 같다.
$V_A = P_{AA}Q_A + P_{AB}Q_B [\text{V}]$
$V_B = P_{BA}Q_A + P_{BB}Q_B [\text{V}]$
도체 A에만 1[C]의 전하를 줄 때 도체 A, B의 전위는
$V_A = P_{AA} \times 1 + P_{AB} \times 0 = 3[\text{V}]$이므로
$P_{AA} = 3$이고, $V_B = P_{BA} \times 1 + P_{BB} \times 0 = 2[\text{V}]$이므로 $P_{BA} = P_{AB} = 2$이다.
도체 A, B에 2, 1[C]을 줄 때 도체 A의 전위는
$V_A = P_{AA}Q_A + P_{AB}Q_B = 3 \times 2 + 2 \times 1 = 8[\text{V}]$이 된다.

068 전위 계수에 있어서 $P_{rr} = P_{sr}$의 관계가 의미하는 것은?

① 도체 r과 s는 멀리 있다.   ② 도체 r과 s는 가까이 있다.
③ 도체 s가 r 속에 있다.   ④ 도체 r가 s 속에 있다.

069 다음 중 전위 계수의 단위로 옳은 것은?

① [C/m]   ② [C·m]
③ [C/V]   ④ [V/C]

전위 계수(=엘라스턴스)의 단위는 [V/C]이다.

070 용량 계수와 유도 계수의 설명 중 옳지 않은 것은?

① 유도 계수는 항상 0이거나 0보다 작다.
② 용량 계수는 항상 0보다 크다.
③ $q_{11} \geq -(q_{21} + q_{31} + \cdots + q_{n1})$
④ 용량 계수와 유도 계수는 항상 0보다 크다.

용량(q_{11}, q_{22}) 및 유도 계수(q_{12}, q_{13})의 성질

① $q_{11}, q_{22} > 0$
② $q_{12} = q_{21} \leq 0$
③ $q_{11} \geq -(q_{21} + q_{31} + \cdots + q_{n1})$

071 도체계에서 각 도체의 전위를 V_1, V_2로 하기 위한 각 도체의 유도 계수와 용량 계수에 대한 설명으로 옳은 것은?

① q_{11}, q_{22} 등을 유도 계수라 한다.
② q_{21}, q_{31} 등을 용량계수라 한다.
③ 일반적으로 유도 계수 ≤ 0이다.
④ 용량계수와 유도 계수의 단위는 모두 [V/C]이다.

유도 계수는 0 또는 0보다 작은 값이다.

072 3개의 도체 a, b, c가 있다. 도체 c를 a로 정전 차폐했을 때의 조건은?

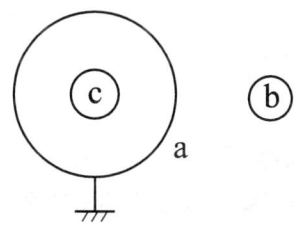

① b의 전하는 c의 전위와 관계있다.
② a, b 사이의 유도 계수는 0이다.
③ b, c 사이의 유도 계수는 0이다.
④ c의 전하는 b의 전위와 관계있다.

073 엘라스턴스(elastance)란?

① $\dfrac{1}{전위차 \times 전기량}$
② 전위차 × 전기량
③ $\dfrac{전위차}{전기량}$
④ $\dfrac{전기량}{전위차}$

답안 표기란
71 ① ② ③ ④
72 ① ② ③ ④
73 ① ② ③ ④

정답 068. ③ 069. ④ 070. ④ 071. ③ 072. ③ 073. ③

CHAPTER 1 전기자기학

엘라스턴스(=전위 계수)는 정전 용량의 역수로 $\dfrac{1}{C} = \dfrac{V}{Q}$ [V/C]이다.

074 정전 용량(C)과 내압($V_{\max}$)이 다른 콘덴서를 여러 개 직렬로 연결하고 그 직렬 회로 양단에 직류 전압을 인가할 때 가장 먼저 절연이 파괴되는 콘덴서는?

① 정전 용량이 가장 작은 콘덴서
② 최대 충전 전하량이 가장 작은 콘덴서
③ 내압이 가장 작은 콘덴서
④ 배분 전압이 가장 큰 콘덴서

충전 전하($Q = CV$ [C])가 가장 작은 콘덴서가 가장 먼저 파괴된다.

075 내압 1,000[V] 정전 용량 3[μF], 내압 500[V] 정전 용량 5[μF], 내압 250[V] 정전 용량 6[μF]의 3개 콘덴서를 직렬로 접속하고 양단에 가한 전압을 서서히 증가시키면 최초로 파괴되는 콘덴서는?

① 3[μF] ② 5[μF]
③ 6[μF] ④ 동시에 파괴된다.

충전 전하가 가장 작은 콘덴서가 먼저 파괴되며 다음은 각 콘덴서의 충전 전하이다.
$Q_1 = C_1 V_1 = 3 \times 1,000 = 3,000\,[\mu F]$
$Q_2 = C_2 V_2 = 5 \times 500 = 2,500\,[\mu F]$
$Q_3 = C_3 V_3 = 6 \times 250 = 1,500\,[\mu F]$

076 정전 용량 C의 콘덴서를 전압 V로 충전한 후 여기에 용량 C의 콘덴서를 병렬로 연결하면 단자 전압은?

① $0.2V$
② $V/2$
③ $V/3$
④ $V/4$

콘덴서의 전압 $V = \dfrac{Q}{C}$[V]이며 C의 콘덴서를 병렬연결한 후 전압은
$V' = \dfrac{Q}{C+C} = \dfrac{Q}{2C} = \dfrac{V}{2}$[V]이 된다.

077 1[μF]의 콘덴서를 80[V], 2[μF]의 콘덴서를 50[V]로 충전하고, 이들을 병렬로 연결했을 때 전위차는 몇 [V]인가?

① 75
② 70
③ 65
④ 60

콘덴서의 병렬연결 후 전위차는
$V = \dfrac{Q_1 + Q_2}{C_1 + C_2} = \dfrac{C_1 V_1 + C_2 V_2}{C_1 + C_2} = \dfrac{80 + 100}{1 + 2} = 60$[V]이다.

078 반지름이 각각 3[m], 4[m]인 2개의 절연 도체구의 전위가 각각 5[V], 8[V]되도록 충전한 후 가는 도선으로 연결할 때 공통 전위는 얼마인가?

① 5.69[V]
② 5.71[V]
③ 6.69[V]
④ 6.71[V]

2개의 구 도체를 가는 도선으로 연결 후의 공통 전위는
$V = \dfrac{r_1 V_1 + r_2 V_2}{r_1 + r_2} = \dfrac{15 + 32}{3 + 4} = 6.71$[V]

TIP
두 도체를 연결하면 전위가 높은 곳에서 낮은 곳으로 전하가 이동하여 두 도체는 등전위가 된다.

079 반지름이 각각 2, 3, 4[m]인 3개의 절연 도체구 전위가 각각 5, 6, 7[V]가 되도록 충전한 후 이들을 도선으로 접속할 때의 공통 전위 [V]는 대략 얼마인가?

① 6.22
② 6.88
③ 8.75
④ 9.33

3개의 구 도체를 가는 도선으로 연결 후의 공통 전위는
$$V = \frac{r_1 V_1 + r_2 V_2 + r_3 V_3}{r_1 + r_2 + r_3} = \frac{10 + 18 + 28}{2 + 3 + 4} = 6.22[V]$$이다.

080 내압이 1[kV]이고 용량이 각각 $0.01[\mu F]$, $0.02[\mu F]$, $0.05[\mu F]$인 콘덴서를 직렬로 연결했을 때의 전체 내압(V)은?

① 3,000
② 1,750
③ 1,700
④ 1,500

콘덴서의 전압 $V = \dfrac{Q}{C}$[V]이며 직렬연결 시 전하가 일정하므로 각 콘덴서의 전압은 다음과 같이 구할 수 있다.

$V_1 : V_2 : V_3 = \dfrac{1}{C_1} : \dfrac{1}{C_2} : \dfrac{1}{C_3}$

$V_1 : V_2 : V_3 = \dfrac{1}{0.01} : \dfrac{1}{0.02} : \dfrac{1}{0.05}$

$V_1 : V_2 : V_3 = 10 : 5 : 2$

$V_1 : V_2 : V_3 = 1,000 : 500 : 200$

$V = V_1 + V_2 + V_3 = 1,000 + 500 + 200 = 1,700[V]$이다.

081 공기 중에 있는 반지름 a의 독립 금속구의 정전 용량은 몇 [F]인가?

① $2\pi\varepsilon_0 a$
② $4\pi\varepsilon_0 a$
③ $\dfrac{1}{2\pi\varepsilon_0 a}$
④ $\dfrac{1}{4\pi\varepsilon_0 a}$

구 도체의 정전 용량은 $C = 4\pi\varepsilon_0 a[\text{F}]$이다.

082 고립 도체구의 정전 용량이 50[pF]일 때 이 도체구의 반지름은 몇 [cm]인가?

① 5   ② 25
③ 45 ④ 85

구 도체의 정전 용량은 $C = 4\pi\varepsilon_0 a[\text{F}]$이므로 구 도체의 반지름
$a = \dfrac{C}{4\pi\varepsilon_0} = 9 \times 10^9 \times 50 \times 10^{-12} \times 10^2 = 45[\text{cm}]$이다.

083 그림과 같은 2개의 동심구로 된 콘덴서의 정전 용량(F)은?

① $2\pi\varepsilon_0$
② $4\pi\varepsilon_0$
③ $8\pi\varepsilon_0$
④ $16\pi\varepsilon_0$

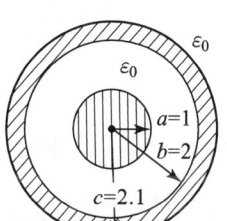

동심구 도체의 정전 용량은 $C = \dfrac{4\pi\varepsilon_0}{\dfrac{1}{a} - \dfrac{1}{b}} = \dfrac{4\pi\varepsilon_0 ab}{b-a}[\text{F}]$이므로

$C = \dfrac{4\pi\varepsilon_0 \times 1 \times 2}{2-1} = 8\pi\varepsilon_0[\text{F}]$이다.

084 동심구형 콘덴서의 내외 반지름을 각각 5배로 증가시키면 정전 용량은 몇 배가 되는가?

① 2   ② $\sqrt{2}$
③ 5   ④ $\sqrt{5}$

정답 079. ① 080. ③ 081. ② 082. ③ 083. ③ 084. ③

동심구 도체의 정전 용량 $C = \dfrac{4\pi\varepsilon_0 ab}{b-a}$이며 내, 외 도체의 반지름을 5배 한다면 정전 용량 $C' = \dfrac{4\pi\varepsilon_0 5a5b}{5b-5a} = \dfrac{100\pi\varepsilon_0 ab}{5(b-a)} = \dfrac{5 \times 4\pi\varepsilon_0 ab}{b-a} = 5C$가 된다.

085 평행판 콘덴서의 양극판 면적을 3배로 하고 간격을 1/2배로 하면 정전 용량은 처음의 몇 배가 되는가?

① 3/2
② 2/3
③ 1/6
④ 6

평행판 콘덴서의 정전 용량은 $C = \dfrac{\varepsilon_0 S}{d}$[F]이며 간격을 1/2배, 면적을 3배로 한다면 정전 용량은 $C' = \dfrac{\varepsilon_0 3S}{\frac{1}{2}d} = \dfrac{6\varepsilon_0 S}{d} = 6C$[F]가 된다.

086 면적이 S[m²], 극판 간격이 d[m], 유전율이 ε_0[F/m]인 평행판 커패시터에 V[V]의 전압이 가해졌을 때 축적되는 전하 Q[C]은?

① $\dfrac{\varepsilon_o S}{d} V$
② $\dfrac{\varepsilon S}{d} V$
③ $\dfrac{\varepsilon}{Sd} V$
④ $\dfrac{dS}{\varepsilon_o} V$

- 콘덴서의 충전 전하 : $Q = CV$[C]
- 평행판 콘덴서의 정전 용량 : $C = \dfrac{\varepsilon_0 S}{d}$[F]이므로 충전 전하는 $Q = \dfrac{\varepsilon_0 S}{d} V$[C]가 된다.

087 정전 용량 6[μF], 극간 거리 2[mm]의 평행 평판 콘덴서에 300 [μC]의 전하를 주었을 때 극판 간의 전계는 몇 [V/mm]인가?

① 25
② 50
③ 150
④ 200

평행판 도체의 전계의 세기는 $E = \dfrac{V}{d}$ [V/m]이다.

콘덴서의 전압 $V = \dfrac{Q}{C}$ [V]이므로

전계의 세기 $E = \dfrac{Q}{Cd} = \dfrac{300 \times 10^{-6}}{6 \times 10^{-6} \times 2} = 25$ [V/mm]이다.

088 내원통 반지름 10[cm], 외원통 반지름 20[cm]인 동축 원통 도체의 정전 용량은?

① 100[pF/m]
② 90[pF/m]
③ 80[pF/m]
④ 70[pF/m]

동축 원통 도체(=동축 케이블)의 단위 길이당 정전 용량은

$C = \dfrac{2\pi\varepsilon_0}{\ln\dfrac{b}{a}} = \dfrac{2\pi\varepsilon_0}{\ln\dfrac{0.2}{0.1}} = 80$ [pF/m]이다.

089 반지름 a[m], 선간 거리 d[m]인 평행 도선 간의 정전 용량(F/m)은? (단, $d \gg a$이다.)

① $\dfrac{2\pi\varepsilon_0}{\ln\dfrac{d}{a}}$
② $\dfrac{1}{2\pi\varepsilon_0 \ln\dfrac{d}{a}}$
③ $\dfrac{1}{2\varepsilon_0 \ln\dfrac{d}{a}}$
④ $\dfrac{\pi\varepsilon_0}{\ln\dfrac{d}{a}}$

평행 원통 도체(=평행 도선) 사이의 단위 길이당 정전 용량은

$C = \dfrac{\pi\varepsilon_0}{\ln\dfrac{d}{a}}$ [F/m]이다.

정답 085. ④ 086. ① 087. ① 088. ③ 089. ④

CHAPTER 1 전기자기학

090 반지름 2[mm]의 2개의 무한히 긴 원통 도체가 중심 간격 2[m]로 진공 중에 평행하게 놓여 있을 때 1[km]당의 정전 용량은 약 몇 [μF]인가?

① $1 \times 10^{-3} [\mu F]$
② $2 \times 10^{-3} [\mu F]$
③ $4 \times 10^{-3} [\mu F]$
④ $6 \times 10^{-3} [\mu F]$

평행 원통 도체(=평행 도선) 사이의 정전 용량은
$C = \dfrac{\pi \varepsilon_0 l}{\ln \dfrac{d}{a}} = \dfrac{\pi \varepsilon_0 \times 1 \times 10^3}{\ln \dfrac{2}{2 \times 10^{-3}}} = 4 \times 10^{-3} [\mu F]$이다.

091 5,000[μF]의 콘덴서를 60[V]로 충전시켰을 때 콘덴서에 축적되는 에너지는 몇 [J]인가?

① 5
② 9
③ 45
④ 90

 콘덴서에 축적되는 에너지
$W = \dfrac{1}{2} CV^2 = \dfrac{1}{2} \times 5,000 \times 10^{-6} \times 60^2 = 9[J]$이다.

092 유전율 ε[F/m]인 유전체 내에서 반지름 a인 도체구의 전위 V[V]일 때 이 도체구가 가지는 에너지는?

① $2\pi\varepsilon a V$
② $4\pi\varepsilon a V$
③ $4\pi\varepsilon a V^2$
④ $2\pi\varepsilon a V^2$

구 도체의 정전 에너지는 $W = \dfrac{1}{2} CV^2 = \dfrac{1}{2} \times 4\pi\varepsilon_0 a V^2 = 2\pi\varepsilon a V^2 [J]$가 된다.

093 콘덴서의 전위차와 축적되는 에너지를 그림으로 나타내면 다음의 어느 것인가?

① 쌍곡선
② 타원
③ 포물선
④ 직선

콘덴서의 에너지는 전위차의 제곱에 비례하므로 포물선을 그리게 된다.

094 1[kV]로 충전된 어떤 콘덴서의 정전 에너지가 1[J]일 때, 이 콘덴서의 크기는 몇 [μF]인가?

① 2[μF]
② 4[μF]
③ 6[μF]
④ 8[μF]

정전 에너지 $W = \dfrac{1}{2}CV^2$[J]에서 정전 용량 $C = \dfrac{2W}{V^2} = \dfrac{2 \times 1}{(1 \times 10^3)^2} = 2$ [μF]이다.

095 회로에서 단자 a–b 간에 V의 전위차를 인가할 때 C_1의 에너지는?

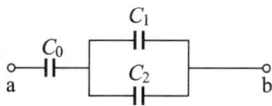

① $\dfrac{C_1{}^2 V^2}{2} \left(\dfrac{C_1 + C_2}{C_0 + C_1 + C_2} \right)^2$
② $\dfrac{C_1 V^2}{2} \left(\dfrac{C_0}{C_0 + C_1 + C_2} \right)^2$
③ $\dfrac{C_1 V^2}{2} \dfrac{C_0(C_1 + C_2)}{(C_0 + C_1 + C_2)^2}$
④ $\dfrac{C_1 V^2}{2} \dfrac{C_0{}^2 C_2}{(C_0 + C_1 + C_2)}$

C_1의 에너지는 $W_1 = \dfrac{1}{2} C_1 V_1{}^2$[J]이며 C_1의 전압은 $V_1 = \dfrac{C_0 V}{C_0 + C_1 + C_2}$[V]이다.
따라서 C_1의 에너지는
$W_1 = \dfrac{1}{2} C_1 V_1 = \dfrac{1}{2} C_1 \left(\dfrac{C_0 V}{C_0 + C_1 + C_2} \right)^2 = \dfrac{C_1 V^2}{2} \left(\dfrac{C_0}{C_0 + C_1 + C_2} \right)^2$[J]이다.

정답 090. ③ 091. ② 092. ④ 093. ③ 094. ① 095. ②

CHAPTER 1 전기자기학

096 100[kV]로 충전된 8×10^3[pF]의 콘덴서가 축적할 수 있는 에너지는 몇 [W]의 전구가 2[s] 동안 한 일에 해당되는가?

① 10
② 20
③ 30
④ 40

전력은 $P = \dfrac{W}{t}$[W]이고 콘덴서의 에너지는 $W = \dfrac{1}{2}CV^2$[J]이다.

따라서 전력은 $P = \dfrac{1}{2t}CV^2 = \dfrac{1}{2 \times 2} \times 8 \times 10^3 \times 10^{-12} \times (100 \times 10^3)^2 = 20$[W] 이다.

097 $3[\mu F]$의 콘덴서 9×10^{-4}[C]의 전하를 저축할 때의 정전 에너지(J)는?

① 0.135
② 1.35
③ 1.22×10^{-12}
④ 1.35×10^{-7}

정전 에너지는 $W = \dfrac{Q^2}{2C} = \dfrac{(9 \times 10^{-4})^2}{2 \times 3 \times 10^{-6}} = 0.135$[J]이다.

098 면적 $S[m^2]$, 간격 $d[m]$인 평행판 콘덴서에 $Q[C]$의 전하를 줄 때 정전 에너지는 몇 [J]인가? (단, 유전율 ε_0이다.)

① $\dfrac{Q^2}{2\varepsilon_0 S}$
② $\dfrac{\varepsilon SQ}{2d}$
③ $\dfrac{dQ^2}{2\varepsilon_0 S}$
④ $\dfrac{\varepsilon SQ^2}{2S}$

정전 에너지는 $W=\dfrac{Q^2}{2C}$[J]이고 평행판 콘덴서의 정전 용량 $C=\dfrac{\varepsilon_0 S}{d}$[F]이다.

따라서 평행판 콘덴서의 정전 에너지는 $W=\dfrac{Q^2}{2\dfrac{\varepsilon_0 S}{d}}=\dfrac{dQ^2}{2\varepsilon_0 S}$[J]이다.

099 평행판 콘덴서에 100[V]의 전압이 걸려 있다. 이 전원을 제거한 후 평행판 간격을 처음의 2배로 증가시키면?

① 용량은 1/2배로, 저장되는 에너지는 2배로 된다.
② 용량은 2배로, 저장되는 에너지는 1/2배로 된다.
③ 용량은 1/4배로, 저장되는 에너지는 1/4배로 된다.
④ 용량은 4배로, 저장되는 에너지는 1/4배로 된다.

평행판 콘덴서의 정전 용량은 $C=\dfrac{\varepsilon_0 S}{d}$[F]이므로 간격에 반비례하므로 정전 용량은 $\dfrac{1}{2}$배, 에너지는 $W=\dfrac{Q^2}{2C}$[J]이므로 정전 용량에 반비례하므로 에너지는 2배가 된다.

100 간격이 3[cm]이고 면적이 30[cm²]인 평판의 공기 콘덴서에 220[V]의 전압을 가하면 두 판 사이에 작용하는 힘은 약 몇 [N]인가?

① 6.3×10^{-6}
② 7.14×10^{-7}
③ 8×10^{-5}
④ 5.75×10^{-4}

평행판 콘덴서의 힘은
$F=\dfrac{\varepsilon_0 S V^2}{2d}=\dfrac{8.855\times 10^{-12}\times 30\times 10^{-4}\times 220^2}{2\times 0.03^2}=7.14\times 10^{-7}$[N]이다.

정답 096. ② 097. ① 098. ③ 099. ① 100. ②

CHAPTER 1 전기자기학

101 자유 공간의 전하 밀도 $\rho[\mathrm{C/m^3}]$를 가진 점의 전압이 $V[\mathrm{V}]$, 전계의 세기가 $E[\mathrm{V/m}]$일 때 공간 전체가 가진 에너지는 몇 [J]인가?

① $\dfrac{1}{2}\int_v E^2 dv$
② $\dfrac{1}{2}\int_v \rho \operatorname{div} D dv$
③ $\dfrac{1}{2}\int_v V \operatorname{div} D dv$
④ $\dfrac{1}{2}\int_v V(-\operatorname{grad} V) dv$

$W = \dfrac{1}{2}\int_v V \operatorname{div} D dv = \dfrac{1}{2} V \int_V \rho dv = \dfrac{1}{2} VQ [\mathrm{J}]$ 이 된다.

102 정전 용량 $C_1[\mathrm{F}]$, $C_2[\mathrm{F}]$인 두 개의 콘덴서를 직렬로 연결하여 충전시키는데 $W[\mathrm{J}]$을 필요로 했다면, $C_1[\mathrm{F}]$에 축적되는 에너지는?

① $\dfrac{C_1}{C_1+C_2} W$
② $\dfrac{C_2}{C_1+C_2} W$
③ $\dfrac{C_1 C_2}{C_1+C_2} W$
④ $\dfrac{C_1+C_2}{C_1 \cdot C_2} W$

C_1, C_2 전체 에너지는 $W = \dfrac{1}{2}\dfrac{C_1 C_2}{C_1+C_2} V^2 [\mathrm{J}]$ 이다.

C_1의 에너지는 $W_1 = \dfrac{1}{2} C_1 V_1^{\,2} = \dfrac{1}{2} C_1 \left(\dfrac{C_2}{C_1+C_2} V\right)^2 = \dfrac{C_2}{C_1+C_2} W [\mathrm{J}]$ 가 된다.

103 2개의 도체가 전위 및 전하가 각각 V_1, Q_1 및 V_2, Q_2일 때, 이 도체계가 갖는 에너지는?

① $\dfrac{1}{2}(V_1 Q_1 + V_2 Q_2)$
② $\dfrac{1}{2}(Q_1 + Q_2)(V_1 + V_2)$
③ $V_1 Q_1 + V_2 Q_2$
④ $(V_1 + V_2)(Q_1 + Q_2)$

각 도체의 에너지는 $W_1 = \frac{1}{2}V_1Q_1[J]$, $W_2 = \frac{1}{2}V_2Q_2[J]$이고 도체계의 에너지는 각 도체의 에너지의 합이므로 $W = \frac{1}{2}(V_1Q_1 + V_2Q_2)[J]$이다.

104 비유전율 ε_s에 대한 설명으로 옳은 것은?

① 진공의 비유전율은 0이고, 공기의 비유전율은 1이다.
② ε_s는 항상 1보다 작은 값이다.
③ ε_s는 절연물의 종류에 따라 다르다.
④ ε_s의 단위는 [C/m]이다.

비유전율은 $\varepsilon_s = \frac{\varepsilon}{\varepsilon_0}$이고 단위는 없다.

105 다음 유전체 중 비유전율이 가장 큰 것은?

① 공기　　　　　　② 운모
③ 파라핀　　　　　④ 티탄산 바륨

106 평행판 콘덴서의 극판 사이가 공기일 때의 용량을 C_0, 비유전율 ε_s의 유전체를 채웠을 때의 용량을 C라 할 때, 이들의 관계식은?

① $\frac{C}{C_0} = \frac{1}{\varepsilon_0\varepsilon_s}$　　　② $\frac{C}{C_0} = \frac{1}{\varepsilon_s}$
③ $\frac{C}{C_0} = \varepsilon_0\varepsilon_s$　　　④ $\frac{C}{C_0} = \varepsilon_s$

평행판 공기 콘덴서의 정전 용량 $C_0 = \frac{\varepsilon_0 S}{d}[F]$이고
평행판 사이의 매질이 유전체일 경우 $C = \frac{\varepsilon_s\varepsilon_0 S}{d}[F]$가 된다.
따라서 $C = \varepsilon_s C_0[F]$가 되며 $\varepsilon_s = \frac{C}{C_0}$가 된다.

정답　101. ③　102. ②　103. ①　104. ③　105. ④　106. ④

CHAPTER 1 전기자기학

107 일정 전압을 가하고 있는 공기 콘덴서에 비유전율 ε_s인 유전체를 채웠을 때 일어나는 현상은?

① 극판의 전하량이 ε_s배 된다.
② 극판의 전하량이 $1/\varepsilon_s$배 된다.
③ 극판 간의 전계가 ε_s배 된다.
④ 극판 간의 전계가 $1/\varepsilon_s$배 된다.

공기 콘덴서의 충전 전하는 $Q_0 = C_0 V = \dfrac{\varepsilon_0 S}{d} V[\mathrm{C}]$

유전체 콘덴서의 충전 전하는 $Q = CV = \dfrac{\varepsilon_s \varepsilon_0 S}{d} V = \varepsilon_s C_0 V[\mathrm{C}]$가 되므로 극판 전하량은 공기 콘덴서의 ε_s배가 된다.

108 면적 40[cm²], 두께 2[mm]인 판상 플라스틱 양면에 전극을 설치하고 정전 용량을 측정하였더니 50[pF]이었다. 이 재료의 비유전율은 약 얼마 정도 되는가?

① 2.82 ② 3.23
③ 4.82 ④ 5.23

평행판 콘덴서의 정전 용량은 $C = \dfrac{\varepsilon_s \varepsilon_0 S}{d}[\mathrm{F}]$이므로 비유전율은
$\varepsilon_s = \dfrac{Cd}{\varepsilon_0 S} = \dfrac{50 \times 10^{-12} \times 0.002}{\varepsilon_0 \times 40 \times 10^{-4}} = 2.82$가 된다.

109 비유전율 $\varepsilon_s = 10$인 기름 속에 $10^{-3}[\mathrm{C}]$의 두 점전하가 각각 놓여 있다. 두 전하 사이에 9[N]의 힘이 작용할 때 두 전하 사이 거리는 몇 [m]인가?

① 3 ② 3.5
③ 8 ④ 10

주위의 매질이 유전체일 경우의 전기력은 $F = 9 \times 10^9 \dfrac{Q_1 Q_2}{\varepsilon_s r^2}$[N]이다.

따라서 거리는 $r = \sqrt{9 \times 10^9 \dfrac{Q_1 Q_2}{\varepsilon_s F}} = \sqrt{9 \times 10^9 \dfrac{(10^{-3})^2}{10 \times 9}} = 10$[m]가 된다.

110 공기 중에서 어느 거리를 두고 있는 두 점전하 사이에 작용하는 힘이 5[N]일 때 두 점전하 사이에 종이를 넣었더니 작용하는 힘이 2[N]으로 되었다면 종이의 비유전율은?

① 0.1 ② 0.4
③ 2.5 ④ 6.25

유전체 중의 전기력과 공기 중의 전기력 F_0와의 관계는 $F = \dfrac{F_0}{\varepsilon_s}$[N]이다.

따라서 비유전율은 $\varepsilon_s = \dfrac{F_0}{F} = \dfrac{5}{2} = 2.5$이다.

111 $\varepsilon_s = 10$인 유리 콘덴서와 동일 크기의 $\varepsilon_s = 1$인 공기 콘덴서가 있다. 유리 콘덴서에 200[V]의 전압을 가할 때 동일한 전하를 축적하기 위하여 공기 콘덴서에 필요한 전압(V)은?

① 20 ② 200
③ 400 ④ 2,000

공기 콘덴서의 충전 전하는 $Q_0 = C_0 V_0 = \dfrac{\varepsilon_0 S}{d} V_0$[C]

유리 콘덴서의 충전 전하는 $Q = CV = \dfrac{\varepsilon_s \varepsilon_0 S}{d} V = \dfrac{\varepsilon_0 S}{d} \varepsilon_s V$[C]가 되므로 $V_0 = \varepsilon_s V = 10 \times 200 = 2{,}000$[V]가 된다.

정답 107. ① 108. ① 109. ④ 110. ③ 111. ④

CHAPTER 1 전기자기학

112 내도체의 반지름이 $\frac{1}{4\pi\varepsilon}$[cm], 외도체의 반지름이 $\frac{1}{\pi\varepsilon}$[cm]인 동심구 사이를 유전율이 ε[F/m]인 매질로 채웠을 때 도체 사이의 정전 용량은?

① $\frac{1}{2}$[F]
② 10^{-2}[F]
③ $\frac{3}{4}$[F]
④ $\frac{4}{3} \times 10^{-2}$[F]

동심구 도체 사이의 정전 용량은
$C = \dfrac{4\pi\varepsilon}{\dfrac{1}{a} - \dfrac{1}{b}} = \dfrac{4\pi\varepsilon}{4\pi\varepsilon - \pi\varepsilon} \times 10^{-2} = \dfrac{4}{3} \times 10^{-2}$[F]이다.

113 유전율 $\varepsilon_0\varepsilon_s$의 유전체 내에 있는 전하 Q에서 나오는 전속선의 총수는?

① $\dfrac{Q}{\varepsilon_S}$
② $\dfrac{Q}{\varepsilon_0}$
③ $\dfrac{Q}{\varepsilon_0\varepsilon_S}$
④ Q

Q의 전하에서는 Q개의 전속이 나온다(유전율과 무관하다).

114 진공 중에서 어떤 대전체의 전속이 Q이다. 이 대전체를 비유전율 2.2인 유전체 속에 넣었을 경우의 전속은?

① Q
② ε_Q
③ $2.2Q$
④ 0

115 5[C]의 전하가 비유전율 $\varepsilon_s = 2.5$인 매질 내에 있다고 한다면, 이 전하에서 나오는 전기력선의 수는 몇 개인가?

① $\dfrac{5}{\varepsilon_0}$ 개 　　　　② $\dfrac{12.5}{\varepsilon_0}$ 개

③ $\dfrac{2}{\varepsilon_0}$ 개 　　　　④ $\dfrac{1}{2\varepsilon_0}$

전기력선 수는 $N = \dfrac{Q}{\varepsilon_0 \varepsilon_s}$ 개이므로 비유전율이 2.5인 매질에서는
$N = \dfrac{5}{\varepsilon_0 \times 2.5} = \dfrac{2}{\varepsilon_0}$ 개이다.

116 비유전율 10인 유전체 중의 전하 Q[C]에서 발산하는 전기력선 및 전속선은 공기 중인 경우에 각각 몇 배가 되는가?

① 10배, 10배　　　② 10배, 1배
③ 1/10배, 1/10배　　④ 1/10배, 1배

전기력선 수는 $N = \dfrac{Q}{\varepsilon_0 \varepsilon_s}$ 이므로 비유전율과 반비례하므로 공기인 경우보다 1/10배가 되고 전속은 $\Psi = Q$이므로 유전율과 관계가 없으므로 공기 중과 같다.

117 10[cm³]의 체적에 3[μC/cm³]의 체적 전하 분포가 있을 때 이 체적 전체에서 발산하는 전속은?

① 3×10^5[C] 　　　　② 3×10^6[C]
③ 3×10^{-5}[C] 　　　　④ 3×10^{-6}[C]

전속의 크기는 전하와 같으므로 $Q = \rho v = 3 \times 10^{-6} \times 10 = 3 \times 10^{-5}$[C]이다.

답안 표기란				
115	①	②	③	④
116	①	②	③	④
117	①	②	③	④

정답　112. ④　113. ④　114. ①　115. ③　116. ④　117. ③

118 폐곡면으로부터 나오는 유전속(dielectic flux)의 수가 N일 때 폐곡면 내의 전하량은 얼마인가?

① N
② $\dfrac{N}{\varepsilon_0}$
③ $\varepsilon_0 N$
④ $\dfrac{N}{2\varepsilon_0}$

119 패러데이관의 설명 중 틀린 것은?

① +1[C]의 진전하에 −1[C]의 진전하로 끝나는 1개의 관으로 가정한다.
② 관의 양 끝에는 정, 부의 단위 진전하가 있다.
③ 관의 밀도는 전속 밀도와 동일하다.
④ 관 속에 있는 전속수는 진전하가 있으면 일정하고, 연속이다.

 패러데이관의 성질
① 패러데이관 내의 전속선의 수는 일정하다.
② 전전하가 없는 곳에서 패러데이관의 수는 연속이다.
③ 패러데이관의 양단에는 정, 부 단위 전하가 있다.
④ 패러데이관의 밀도는 전속 밀도와 같다.

120 원자 내에서 이루어진 쌍극자는 원자 밖에 대해서 전계를 만들게 한다. 이와 같은 것을 무엇이라 하는가?

① 원자 분극
② 분극 전하
③ 유극 분자
④ 전자 분극

 전자 분극
원자에 전계를 가했을 때 원자핵의 변위에 의한 분극

답안 표기란

118	①	②	③	④
119	①	②	③	④
120	①	②	③	④

121 유전체에서 전자 분극은 어떠한 이유에서 일어나는가?
① 단결정 매질에서 전자운과 핵과 상대적인 변위에 의한다.
② 화합물에서 +이온과 -이온 간의 상대적인 변위에 의한다.
③ 단결정에서 +이온과 -이온 간의 상대적인 변위에 의한다.
④ 영구 전기 쌍극자의 전계 방향의 배열에 의한다.

122 비유전율 $\varepsilon_s = 5$인 유전체 내의 한 점에서 전계의 세기가 $E = 10^4$[V/m]일 때 이 점의 분극의 세기(C/m²)는?
① $10^{-5}/9\pi$
② $10^{-9}/9\pi$
③ $10^{-5}/18\pi$
④ $10^{-9}/18\pi$

분극의 세기는 $P = \varepsilon_0(\varepsilon_s - 1)E$[C/m²]이므로
$P = \varepsilon_0(\varepsilon_s - 1)E = \dfrac{10^{-9}}{36\pi}(5-1) \times 10^4 = \dfrac{10^{-5}}{9\pi}$[C/m²]가 된다.

123 평등 전계 내에 수직으로 비유전율 $\varepsilon_r = 3$인 유전체판을 놓았을 경우 판 내의 전속 밀도 $D = 4 \times 10^{-6}$[C/m²]이었다. 이 유전체의 비분극률은?
① 2
② 3
③ 1×10^{-6}
④ 2×10^{-6}

비분극률은 $\chi_s = \varepsilon_s - 1 = 3 - 1 = 2$가 된다.

124 평등 전계 내에 수직으로 비유전율 $\varepsilon_s = 2$인 유전체판을 놓았을 경우 판 내의 전속 밀도가 $D = 4 \times 10^{-6}$[C/m²]이었다. 유전체 내의 분극의 세기 P[C/m²]는?
① 1×10^{-6}
② 2×10^{-6}
③ 4×10^{-6}
④ 8×10^{-6}

정답 118. ① 119. ④ 120. ④ 121. ① 122. ① 123. ① 124. ②

분극의 세기는 $P = \left(1 - \dfrac{1}{\varepsilon_s}\right) D\,[\text{C/m}^2]$이며

$P = \left(1 - \dfrac{1}{\varepsilon_s}\right) D = \left(1 - \dfrac{1}{2}\right) \times 4 \times 10^{-6} = 2 \times 10^{-6}\,[\text{C/m}^2]$이다.

125 비유전율이 10인 유전체를 5[V/m]인 전계 내에 놓으면 유전체의 표면 전하 밀도는 몇 [C/m²]인가? (단, 유전체의 표면과 전계는 직각이다.)

① $35\varepsilon_0$
② $45\varepsilon_0$
③ $55\varepsilon_0$
④ $65\varepsilon_0$

분극의 세기는 $P = \varepsilon_0(\varepsilon_s - 1)E\,[\text{C/m}^2]$이므로
$P = \varepsilon_0(\varepsilon_s - 1)E = \varepsilon_0(10 - 1) \times 5 = 45\varepsilon_0\,[\text{C/m}^2]$가 된다.

126 두 평행판 축전기에 채워진 폴리에틸렌의 비유전율이 ε_r, 평행판 간 거리 $d = 1.5\,[\text{mm}]$일 때, 만일 평행판 내의 전계의 세기가 10[kV/m]라면 평행판 간 폴리에틸렌 표면에 나타난 분극 전하 밀도는?

① $\dfrac{\varepsilon_r - 1}{18\pi} \times 10^{-5}\,[\text{C/m}^2]$
② $\dfrac{\varepsilon_r - 1}{36\pi} \times 10^{-6}\,[\text{C/m}^2]$
③ $\dfrac{\varepsilon_r}{18\pi} \times 10^{-5}\,[\text{C/m}^2]$
④ $\dfrac{\varepsilon_r - 1}{36\pi} \times 10^{-5}\,[\text{C/m}^2]$

분극 전하 밀도(=분극의 세기)는 $P = \varepsilon_0(\varepsilon_s - 1)E\,[\text{C/m}^2]$이므로
$P = \varepsilon_0(\varepsilon_r - 1)E = \dfrac{10^{-9}}{36\pi}(\varepsilon_r - 1) \times 10^4 = \dfrac{\varepsilon_r - 1}{36\pi} \times 10^{-5}\,[\text{C/m}^2]$가 된다.

127 전계 E, 전속 밀도 D, 유전율 ε 사이의 관계에서 알맞은 것은?

① $D = \varepsilon_0 E + P$
② $D = P - \varepsilon_0 E$
③ $\varepsilon_0 P = D + E$
④ $\varepsilon_0 P = D - E$

분극의 세기는 $P = (1 - \dfrac{1}{\varepsilon_s})D = D - \dfrac{D}{\varepsilon_s} = D - \dfrac{\varepsilon_0 \varepsilon_s E}{\varepsilon_s} = D - \varepsilon_0 E\,[\text{C/m}^2]$이다.
따라서 전속 밀도 $D = \varepsilon_0 E + P\,[\text{C/m}^2]$가 된다.

128 전속 밀도에 대한 설명으로 가장 옳은 것은?

① 전속은 스칼라이기 때문에 전속 밀도도 스칼라이다.
② 전속 밀도는 전계의 세기의 방향과 반대 방향이다.
③ 전속 밀도는 유전체 내에 분극의 세기와 같다.
④ 전속 밀도는 유전체와 관계없이 크기는 일정하다.

전속과 전속 밀도는 유전율과 관계없이 일정하다.

129 유전율이 각각 다른 두 종류의 유전체 경계면에 전속이 입사될 때 이 전속의 방향은?

① 직전
② 반사
③ 회절
④ 굴절

130 두 종류의 유전율 ε_1, ε_2를 가진 유전체 경계면에 전하가 존재하지 않을 때 경계 조건이 아닌 것은?

① $\varepsilon_1 E_1 \cos\theta_1 = \varepsilon_2 E_2 \cos\theta_2$
② $\varepsilon_1 E_1 \sin\theta_1 = \varepsilon_2 E_2 \sin\theta_2$
③ $E_1 \sin\theta_1 = E_2 \sin\theta_2$
④ $\tan\theta_1 / \tan\theta_2 = \varepsilon_1 / \varepsilon_2$

유전체의 경계 조건(경계면에 전하가 없는 경우)
① 전속 밀도는 법선 성분이 같다($D_1 \cos\theta_1 = D_2 \cos\theta_2$).
② 전계는 접선 성분이 같다($E_1 \sin\theta_1 = E_2 \sin\theta_2$).
③ 각도는 유전율에 비례한다 $\left(\dfrac{\tan\theta_1}{\tan\theta_2} = \dfrac{\varepsilon_1}{\varepsilon_2}\right)$.

정답 125. ② 126. ④ 127. ① 128. ④ 129. ④ 130. ②

CHAPTER 1 전기자기학

131 완전 유전체에서 경계 조건을 설명한 것 중 맞는 것은?

① 전속 밀도의 접선 성분은 같다.
② 전계의 법선 성분은 같다.
③ 경계면에 수직으로 입사한 전속은 굴절하지 않는다.
④ 유전율이 큰 유전체에서 유전율이 작은 유전체로 전계가 입사하는 경우 굴절각은 입사각보다 크다.

전계나 전속이 경계면에 수직으로 입사하는 경우는 굴절하지 않는다.

132 두 종류의 유전체가 접하고 있는 경계면상에 면밀도 $\sigma[C/m^2]$의 전하가 고르게 분포되어 있을 때 전속 밀도의 수직 성분에 대해 옳은 것은?

① $D_{2n} - D_{1n} = \sigma$
② $D_{2n} = D_{1n}$
③ $D_{2n} + D_{1n} = \sigma$
④ $D_{2n} - D_{1n} = \infty$

133 전계가 유리 E_1[V/m]에서 공기 E_2[V/m] 중으로 입사할 때 입사각 θ_1과 굴절각 θ_2 및 전계 E_1, E_2 사이의 관계 중 옳은 것은?

① $\theta_1 > \theta_2$, $E_1 > E_2$
② $\theta_1 < \theta_2$, $E_1 > E_2$
③ $\theta_1 > \theta_2$, $E_1 < E_2$
④ $\theta_1 < \theta_2$, $E_1 < E_2$

$\varepsilon_1 > \varepsilon_2$인 경우 $D_1 > D_2$, $\theta_1 > \theta_2$, $E_1 < E_2$가 된다.

134 평등 전계 중에 유전체 구에 의한 전속 분포가 그림과 같이 되었을 때 ε_1과 ε_2의 크기 관계는?

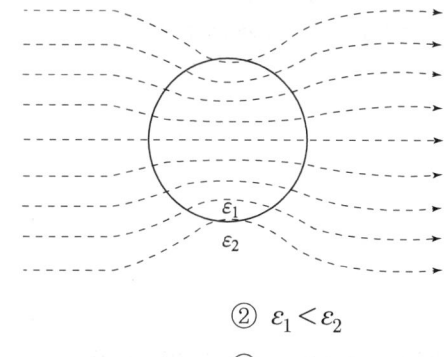

① $\varepsilon_1 > \varepsilon_2$
② $\varepsilon_1 < \varepsilon_2$
③ $\varepsilon_1 = \varepsilon_2$
④ $\varepsilon_1 \leq \varepsilon_2$

전속 밀도는 유전율이 큰 쪽이 크다.

135 유전율이 서로 다른 두 종류의 경계면에 전속과 전기력선이 수직으로 달할 때 다음 설명 중 옳지 않은 것은?

① 전계의 세기는 연속적이다.
② 전속 밀도는 불변이다.
③ 전속과 전기력선은 굴절하지 않는다.
④ 전속선은 유전율이 큰 유전체 중으로 모이려는 성질이 있다.

전속과 전계가 경계면에 수직으로 입사하는 경우
① 굴절하지 않는다.
② 전속 밀도는 불변이다.
③ 전계는 불연속이다.

136 두 유전체가 접했을 때 $\dfrac{\tan\theta_1}{\tan\theta_2} = \dfrac{\varepsilon_1}{\varepsilon_2}$의 관계식에서 $\theta_1 = 0$일 때 다음 중에서 표현이 잘못된 것은?

① 전기력선은 굴절하지 않는다.
② 전속 밀도는 불변이다.
③ 전계는 불연속이다.
④ 전기력선은 유전율이 큰 쪽으로 모인다.

정답 131. ③ 132. ① 133. ③ 134. ① 135. ① 136. ④

유전율이 큰 쪽의 전계(=전기력선의 밀도)가 낮다.

137 그림과 같이 극판의 면적이 S인 평행판 커패시터에 유전율이 각각 $\varepsilon_1 =4$, $\varepsilon_2 =2$인 유전체를 채우고 a, b 양단에 V의 전압을 인가했을 때 ε_1, ε_2인 유전체 내부의 전계의 세기 E_1과 E_2의 관계식은? (단, σ는 면전하 밀도이다.)

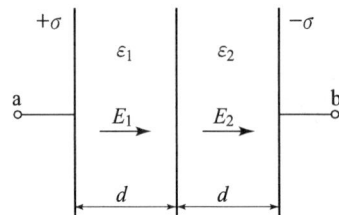

① $E_1 = 2E_2$
② $E_1 = 4E_2$
③ $2E_1 = E_2$
④ $E_1 = E_2$

전계가 경계면에 수직으로 가해지고 있으므로 $D_1 = D_2$가 된다.
따라서 $\varepsilon_1 E_1 = \varepsilon_2 E_2$가 되며 각각의 유전율을 대입하면 $4E_1 = 2E_2$이 되므로 $2E_1 = E_2$이 된다.

138 정전 용량 C[F]인 평행판 공기 콘덴서에 전극 간격의 $\frac{1}{2}$ 두께인 유리판을 전극에 평행하게 넣으면 이때의 정전 용량은 몇 [F]인가? (단, 유리의 비유전율은 ε_s라 한다.)

① $\dfrac{2\varepsilon_s C}{1+\varepsilon_s}$
② $\dfrac{C\varepsilon_s}{1+\varepsilon_s}$
③ $\dfrac{(1+\varepsilon_s)C}{2\varepsilon_s}$
④ $\dfrac{3C}{1+\dfrac{1}{\varepsilon_s}}$

평행판 공기 콘덴서의 정전 용량 : $C = \dfrac{\varepsilon_0 S}{d}$

간격의 1/2만큼 유전체를 넣었을 때 공기 콘덴서의 용량 :
$C_1 = \dfrac{\varepsilon_0 S}{\dfrac{1}{2}d} = \dfrac{2\varepsilon_0 S}{d} = 2C$

간격의 1/2만큼 유전체를 넣었을 때 유전체 콘덴서의 용량 :
$C_2 = \dfrac{\varepsilon_s \varepsilon_0 S}{\dfrac{1}{2}d} = \dfrac{2\varepsilon_0 \varepsilon_s S}{d} = 2\varepsilon_s C$

합성 정전 용량은 직렬접속이므로 $C_3 = \dfrac{1}{\dfrac{1}{2C} + \dfrac{1}{2\varepsilon_s C}} = \dfrac{2\varepsilon_s C}{1+\varepsilon_s}$ 가 된다.

139 평행판 콘덴서의 극간 전압이 일정할 때, 극간에 공기가 있을 때의 흡인력을 F_1이라 하고, 극판 사이에 극판 간격을 $\dfrac{2}{3}$ 두께의 유리판($\varepsilon_r = 10$)을 삽입할 때의 흡인력을 F_2라 하면 $\dfrac{F_2}{F_1}$ 는?

① 0.6
② 0.8
③ 1.5
④ 2.5

힘 F는 정전 용량에 비례하므로 $\dfrac{F_2}{F_1} = \dfrac{C_2}{C_1}$ 과 같게 된다.

공기 콘덴서의 정전 용량 : $C_1 = \dfrac{\varepsilon_0 S}{d}$

간격의 2/3만큼 유전체를 넣었을 때 공기 콘덴서의 용량 :
$C_1 = \dfrac{\varepsilon_0 S}{\dfrac{1}{3}d} = \dfrac{3\varepsilon_0 S}{d} = 3C_1$

간격의 2/3만큼 유리판을 넣었을 때 유전체 콘덴서의 용량 :
$C_3 = \dfrac{\varepsilon_r \varepsilon_0 S}{\dfrac{2}{3}d} = \dfrac{30\varepsilon_0 S}{2d} = 15C_1$

합성 정전 용량은 직렬접속이므로 $C_2 = \dfrac{3 \times 15}{3+15} C_1 = 2.5 C_1$ 가 된다.

따라서 힘 $F_2 = 2.5 F_1$ 이 된다.

정답 137. ③ 138. ① 139. ④

140 유전체 내의 정전 에너지 밀도 식으로 옳지 않은 것은?

① $\dfrac{1}{2}ED\,[\text{J/m}^3]$
② $\dfrac{1}{2}\dfrac{D^2}{\varepsilon}\,[\text{J/m}^3]$
③ $\dfrac{1}{2}\varepsilon D\,[\text{J/m}^3]$
④ $\dfrac{1}{2}\varepsilon E^2\,[\text{J/m}^3]$

해설

정전 에너지 밀도 $W_E = \dfrac{1}{2}\varepsilon E^2 = \dfrac{D^2}{2\varepsilon} = \dfrac{1}{2}ED\,[\text{J/m}^3]$ 이다.

141 유전체(유전율=8) 내의 전계의 세기가 500[V/m]일 때 유전체 내의 저장되는 에너지 밀도(J/m³)는 얼마인가?

① 4.5×10^4
② 5.5×10^5
③ 8.5×10^5
④ 10×10^5

해설

정전 에너지 밀도 $W_E = \dfrac{1}{2}\varepsilon E^2 = \dfrac{1}{2} \times 8 \times 500^2 = 10^6 = 10 \times 10^5\,[\text{J/m}^3]$ 이다.

142 유전체 내의 전속 밀도가 $D\,[\text{C/m}^2]$인 전계에 저축되는 단위 체적당 정전 에너지가 $W_e\,[\text{J/m}^3]$일 때 유전체의 비유전율은?

① $\dfrac{D^2}{2\varepsilon_0 W_e}$
② $\dfrac{D^2}{\varepsilon_0 W_e}$
③ $\dfrac{2\varepsilon_0 D^2}{W_e}$
④ $\dfrac{\varepsilon_0 D^2}{W_e}$

해설

유전체의 정전 에너지 밀도는 $W_e = \dfrac{D^2}{2\varepsilon_0 \varepsilon_s}\,[\text{J/m}^3]$ 이므로

비유전율은 $\varepsilon_s = \dfrac{D^2}{2 W_e \varepsilon_0}$ 가 된다.

143 전계 E[V/m]가 두 유전체의 경계면에 평행으로 작용하는 경우 경계면의 단위 면적당 작용하는 힘은? (단, ε_1, ε_2는 두 유전체의 유전율이다.)

① $\frac{1}{2}(\varepsilon_1 - \varepsilon_2)E^2$
② $(\varepsilon_1 - \varepsilon_2)E^2$
③ $\frac{1}{2E^2}(\varepsilon_1 - \varepsilon_2)$
④ $\frac{1}{E^2}(\varepsilon_1 - \varepsilon_2)$

맥스웰의 응력(=유전체의 경계면에 작용하는 힘, $\varepsilon_1 > \varepsilon_2$)
① 전계가 경계면에 평행인 경우($\varepsilon_1 > \varepsilon_2$) $f = \frac{1}{2}(\varepsilon_1 - \varepsilon_2)E^2$[N/m²]
② 전계가 경계면에 수직인 경우($\varepsilon_1 > \varepsilon_2$) $f = \frac{1}{2}\left(\frac{1}{\varepsilon_2} - \frac{1}{\varepsilon_1}\right)D^2$[N/m²]
③ 힘의 방향은 유전율이 큰 쪽에서 작은 쪽으로 향한다.

144 유전율 ε_1, ε_2인 두 유전체 경계면에서 전계가 경계면에 수직일 때 경계면에 작용하는 힘은 몇 [N/m²]인가? (단, $\varepsilon_1 > \varepsilon_2$이다.)

① $\left(\frac{1}{\varepsilon_1} + \frac{1}{\varepsilon_2}\right)D$
② $2\left(\frac{1}{\varepsilon_1^2} + \frac{1}{\varepsilon_2^2}\right)D^2$
③ $\frac{1}{2}\left(\frac{1}{\varepsilon_2} - \frac{1}{\varepsilon_1}\right)D$
④ $\frac{1}{2}\left(\frac{1}{\varepsilon_2} - \frac{1}{\varepsilon_1}\right)D^2$

 유전체의 경계면에 작용하는 힘

전계가 경계면에 수직인 경우($\varepsilon_1 > \varepsilon_2$) $f = \frac{1}{2}\left(\frac{1}{\varepsilon_2} - \frac{1}{\varepsilon_1}\right)D^2$ [N/m²]

145 $\varepsilon_1 > \varepsilon_2$인 두 유전체의 경계면에 전계가 수직일 때 경계면에 작용하는 힘의 방향은?

① 전계의 방향
② 전속 밀도의 방향
③ ε_1의 유전체에서 ε_2의 유전체 방향
④ ε_2의 유전체에서 ε_1의 유전체 방향

유전체의 경계면에 작용하는 힘은 유전율이 큰 쪽에서 작은 쪽으로 작용한다.

정답 140. ③ 141. ④ 142. ① 143. ① 144. ④ 145. ③

146 점전하 $+Q$의 무한 평면 도체에 대한 영상 전하는?

① Q와 같다.
② Q보다 작다.
③ $-Q$와 같다.
④ $-Q$보다 크다.

무한 평면 전하와 점전하의 영상 전하 $Q' = -Q$[C]이다.

147 무한 평면 도체로부터 거리 d[m]의 곳에 점전하 Q[C]이 있을 때 Q와 평면 도체 간에 작용하는 힘은 몇 [N]인가?

① $\dfrac{Q}{4\pi\varepsilon_0 d^2}$
② $\dfrac{Q^2}{4\pi\varepsilon_0 d^2}$
③ $\dfrac{Q^2}{8\pi\varepsilon_0 d^2}$
④ $\dfrac{Q^2}{16\pi\varepsilon_0 d^2}$

무한 평면 전하와 점전하의 힘은 $F = \dfrac{Q^2}{16\pi\varepsilon_0 d^2}$[N]이며 흡인력이다.

148 무한 평면 도체의 표면에서 2[m]인 곳에 점전하 4[C]이 있다. 전하가 받는 힘(N)은?

① 72×10^9
② 3×10^9
③ 36×10^9
④ 9×10^9

무한 평면 전하와 점전하의 힘은
$F = \dfrac{Q^2}{16\pi\varepsilon_0 d^2} = \dfrac{9}{4} \times 10^9 \times \dfrac{4^2}{2^2} = 9 \times 10^9$[N]가 된다.

149 무한 평면 도체 표면에서 진공 내 d[m]의 거리에 점전하 Q[C]이 있을 때, 이 전하를 무한 원점까지 운반하는 데 요하는 일(J)은 얼마인가?

① $9 \times 10^9 \times \dfrac{Q^2}{d}$
② $4.5 \times 10^9 \times \dfrac{Q^2}{d}$

③ $3 \times 10^9 \times \dfrac{Q^2}{d}$
④ $2.25 \times 10^9 \times \dfrac{Q^2}{d}$

일은 $W = -\int_d^\infty -\dfrac{Q^2}{16\pi\varepsilon_0 r^2}dr = \dfrac{Q^2}{16\pi\varepsilon_0 d} = 2.25 \times 10^9 \times \dfrac{Q^2}{d}$ [J]이다.

150 무한 평면 도체로부터 거리 a[m]인 곳에 점전하 Q[C]이 있을 때 이 무한 평면 도체 표면에 유도되는 면밀도가 최대인 점의 전하 밀도는 몇 [C/m²]인가?

① $-\dfrac{Q}{2\pi a^2}$
② $-\dfrac{Q^2}{4\pi a^2}$

③ $-\dfrac{Q}{\pi a^2}$
④ 0

무한 평면 전하와 점전하의 최대 전하 밀도는 $\sigma_m = -\dfrac{Q}{2\pi a^2}$ [C/m]이다.

151 평면 도체에서 r[m] 떨어진 곳에 ρ[C/m]의 전하 분포를 갖는 직선 도체를 놓았을 때 직선 도체가 받는 힘의 크기(N/m)를 나타낸 식은?

① $\dfrac{\rho^2}{\varepsilon_0 r}$
② $\dfrac{\rho^2}{\pi\varepsilon_0 r^2}$

③ $\dfrac{\rho^2}{2\pi\varepsilon_0 r}$
④ $\dfrac{\rho^2}{4\pi\varepsilon_0 r}$

무한 평면 전하와 무한 직선 전하 간의 힘은 $f = \lambda E = \dfrac{\rho^2}{4\pi\varepsilon_0 r}$ [N/m]이다.

정답 146. ③ 147. ④ 148. ④ 149. ④ 150. ① 151. ④

CHAPTER 1 전기자기학

152 반지름이 a인 접지구 도체의 중심에서 $(d > a)$되는 곳에 점전하 Q가 있다. 구 도체에 유도되는 영상 전하 및 그 위치(중심에서의 거리)는 각각 얼마인가?

① $+\dfrac{a}{d}Q$이며 $\dfrac{a^2}{d}$이다.
② $-\dfrac{a}{d}Q$이며 $\dfrac{a^2}{d}$이다.
③ $\dfrac{d}{a}Q$이며 $\dfrac{a^2}{d}$이다.
④ $\dfrac{d}{a}Q$이며 $\dfrac{d^2}{a}$이다.

접지구 도체와 점전하의 영상 전하는 $Q' = -\dfrac{a}{d}Q$[C]이고 영상 전하의 위치는 구 도체 중심에서 $x = \dfrac{a^2}{d}$[m]만큼 떨어진 곳이다.

153 반지름이 0.01[m]인 구도체를 접지시키고 중심으로부터 0.1[m]의 거리에 10[μC]의 점전하가 있을 때 영상 전하는 몇 [μC]인가?

① 0
② −0.1
③ −1
④ +10

접지구 도체와 점전하의 영상 전하는 $Q' = -\dfrac{a}{d}Q = -\dfrac{0.01}{0.1} \times 10 = -1$[C]이다.

154 직교하는 무한 평판 도체와 점전하에 의한 영상 전하는 몇 개 존재하는가?

① 2
② 3
③ 4
④ 5

영상 전하의 수 $n = \dfrac{360°}{\theta} - 1 = \dfrac{360}{90} - 1 = 3$[개]

155 5[A]의 전류가 10분간 도선에 흘렀을 때 도선 단면을 지나는 전기량은 몇 [C]인가?

① 3,000[C]   ② 300[C]
③ 50[C]   ④ 5[C]

$Q = It = 5 \times 600 = 3,000[C]$

156 전류 밀도 $I = 10^7 [A/m^2]$이고, 단위 체적의 이동 전하가 $Q = 8 \times 10^9 [C/m^3]$이라면 도체 내의 전자의 이동 속도 $v[m/s]$는 얼마인가?

① 0.125×10^{-1} ② 0.125×10^{-2}
③ 0.125×10^{-3} ④ 0.125×10^{-4}

전자의 이동 속도는 $v = \dfrac{i}{\rho} = \dfrac{10^7}{8 \times 10^9} = 0.125 \times 10^{-2} [m/s]$가 된다.

157 전자가 매초 10^{10}개의 비율로 전선 내를 통과하면 이것은 몇 [A]의 전류에 상당한가? (단, 전기량은 $1.602 \times 10^{-19}[C]$이다.)

① 1.602×10^{-9} ② 1.602×10^{-29}
③ $\dfrac{1}{1.602} \times 10^{-9}$ ④ $\dfrac{1}{1.602} \times 10^{-29}$

전류는 $I = \dfrac{Q}{t} = \dfrac{ne}{t} = \dfrac{10^{10} \times 1.602 \times 10^{-19}}{1} = 1.602 \times 10^{-9}[A]$이다.

158 25[℃]에서 저항이 10[Ω]인 코일이 있다. 70[℃]에서 코일의 저항은? (단, 25[℃]에서 코일의 저항 온도 계수는 0.004이다.)

① 10[Ω]   ② 10.6[Ω]
③ 11.2[Ω]   ④ 11.8[Ω]

답안 표기란				
155	①	②	③	④
156	①	②	③	④
157	①	②	③	④
158	①	②	③	④

정답 152. ② 153. ③ 154. ② 155. ① 156. ② 157. ① 158. ④

온도 변화 후의 저항은 $R = R_0(1+\alpha t)[\Omega]$이며 주어진 값들을 대입하면
$R = R_0(1+\alpha t) = 10(1+0.004 \times 45) = 11.8[\Omega]$이다.

159 고유 저항 $\rho[\Omega \cdot m]$, 한 변의 길이가 $r[m]$인 정육면체의 저항 (Ω)은?

① $\dfrac{\rho}{\pi r}$
② $\dfrac{\pi r^2}{\sqrt{\rho}}$
③ $\dfrac{\rho}{r}$
④ $\sqrt{\dfrac{2\pi r^2}{\rho}}$

저항은 $R = \rho \dfrac{l}{s}[\Omega]$이며 한 변의 길이가 r인 정육면체의 길이는 r, 면적은 r^2이므로 $R = \rho \dfrac{l}{s} = \rho \dfrac{r}{r^2} = \dfrac{\rho}{r}[\Omega]$이 된다.

160 두 개의 저항 R_1, R_2를 직렬연결하면 $16[\Omega]$, 병렬연결하면 $3.75[\Omega]$이 된다. 두 저항값은 각각 몇 $[\Omega]$인가?

① 4와 12
② 5와 11
③ 6과 10
④ 7과 9

저항의 직렬접속 시 $R_1 + R_2 = 16[\Omega]$

저항의 병렬접속 시 $\dfrac{R_1 R_2}{R_1 + R_2} = 3.75[\Omega]$이다.

두 식을 정리하면 $\dfrac{R_1 R_2}{16} = 3.75$이 되며 $R_1 R_2 = 60$이 된다.

$R_1 + R_2 = 16[\Omega]$과 $R_1 R_2 = 60$를 만족하는 값은 6과 10이다.

159	①	②	③ ④
160	①	②	③ ④

161 저항 10[Ω]인 구리선과 30[Ω]의 망간선을 직렬접속하면 합성 저항 온도 계수는 몇 [%]인가? (단, 동선의 저항 온도 계수는 0.4[%], 망간선은 0이다.)

① 0.1　　② 0.2
③ 0.3　　④ 0.4

저항의 합성 온도 계수는 $\alpha = \dfrac{\alpha_1 R_1 + \alpha_2 R_2}{R_1 + R_2} = \dfrac{10 \times 0.4 + 30 \times 0}{10 + 30} = 0.1[\%]$이다.

162 옴의 법칙(Ohm's law)을 미분 형태로 표시하면? (단, I는 전류 밀도이고, ρ는 체적 저항률, E는 전계의 세기이다.)

① $i = \dfrac{1}{\rho}E$　　② $i = \rho E$
③ $i = \text{div} E$　　④ $i = \nabla E$

도체의 전류 밀도(=옴의 법칙의 미분형)은 $i = \dfrac{E}{\rho} = \sigma E [\text{A/m}^2]$이다.

163 전기 저항 R과 정전 용량 C, 고유 저항 ρ 및 유전율 사이의 관계는?

① $RC = \rho\varepsilon$
② $\dfrac{R}{C} = \dfrac{\varepsilon}{\rho}$
③ $\dfrac{C}{R} = \rho\varepsilon$
④ $R = \varepsilon C \rho$

저항과 정전 용량 사이의 관계식은 $RC = \rho\varepsilon$, $RC = \dfrac{1}{\sigma}\varepsilon$이다.

정답　159. ③　160. ③　161. ①　162. ①　163. ①

CHAPTER 1 전기자기학

164 내반지름 a[m], 외반지름 b[m], 길이 l[m]인 동축 케이블의 내원통 도체와 외원통 도체 간에 유전율 ε[F/m], 도전율 σ[S/m]인 손실 유전체를 채웠을 때 양 원통 간의 저항(Ω)을 나타내는 식은?

① $R = \dfrac{0.16\sigma}{\varepsilon l} \ln \dfrac{b}{a}$ [Ω]
② $R = \dfrac{0.08}{\sigma l} \ln \dfrac{b}{a}$ [Ω]
③ $R = \dfrac{0.32}{\sigma l} \ln \dfrac{b}{a}$ [Ω]
④ $R = \dfrac{0.16}{\sigma l} \ln \dfrac{b}{a}$ [Ω]

저항 $R = \dfrac{\rho\varepsilon}{C}$[$\Omega$]이며 동축 케이블의 정전 용량 $C = \dfrac{2\pi\varepsilon l}{\ln \dfrac{b}{a}}$[F]이다.

따라서 $R = \dfrac{\rho\varepsilon}{\dfrac{2\pi\varepsilon l}{\ln \dfrac{b}{a}}} = \dfrac{\rho}{2\pi l} \ln \dfrac{b}{a} = \dfrac{0.16}{\sigma l} \ln \dfrac{b}{a}$ [Ω]이 된다.

165 반지름 a, b인 두 구 도체 전극이 고유 저항 ρ인 매질 속에 중심 간의 거리 r만큼 떨어져 놓여 있다. 양 전극 간의 저항을 계산하는 식으로 알맞은 것은? (단, $r \gg a$, b이다.)

① $4\pi \dfrac{1}{\rho}\left(\dfrac{1}{a} + \dfrac{1}{b}\right)$
② $4\pi \dfrac{1}{\rho}\left(\dfrac{1}{a} - \dfrac{1}{b}\right)$
③ $\dfrac{\rho}{4\pi}\left(\dfrac{1}{a} + \dfrac{1}{b}\right)$
④ $\dfrac{1}{4\pi\rho}\left(\dfrac{1}{a} + \dfrac{1}{b}\right)$

저항 $R = \dfrac{\rho\varepsilon}{C}$[$\Omega$]이며 두 구 도체 사이의 정전 용량 $C = \dfrac{4\pi\varepsilon}{\dfrac{1}{a} + \dfrac{1}{b}}$[F]이다.

따라서 $R = \dfrac{\rho\varepsilon}{\dfrac{4\pi\varepsilon}{\dfrac{1}{a} + \dfrac{1}{b}}} = \dfrac{\rho}{4\pi}\left(\dfrac{1}{a} + \dfrac{1}{b}\right)$ [Ω]이 된다.

166 대지의 고유 저항이 $\pi[\Omega \cdot m]$일 때, 반지름 2[m]인 반구형 접지극의 접지 저항은 몇 $[\Omega]$인가?

① 0.25 ② 0.5
③ 0.75 ④ 0.95

저항 $R = \dfrac{\rho\varepsilon}{C}[\Omega]$이며 반구도체의 정전 용량 $C = 2\pi\varepsilon a[F]$이다.

따라서 $R = \dfrac{\rho\varepsilon}{2\pi\varepsilon a} = \dfrac{\rho}{2\pi a} = \dfrac{\pi}{2\pi \times 2} = 0.25[\Omega]$이 된다.

167 div $i = 0$에 대한 설명이 아닌 것은?

① 도체 내에 흐르는 전류는 연속적이다.
② 도체 내에 흐르는 전류는 일정하다.
③ 단위 시간당 전하의 변화는 없다.
④ 도체 내에 전류가 흐르지 않는다.

'전류가 흐르지 않는다.'는 $i = 0$로 나타낸다.

168 $\nabla \cdot i = -\dfrac{\partial \rho}{\partial t}$에 대한 설명으로 옳지 않은 것은?

① '−' 부호는 전류가 폐곡면에서 유출되고 있음을 뜻한다.
② 단위 체적당 전하 밀도의 시간당 증가 비율이다.
③ 전류가 정상 전류가 흐르면 폐곡면에 통과하는 전류는 0(zero)이다.
④ 폐곡면에서 수직으로 유출되는 전류 밀도는 미소 체적인 한 점에서 유출되는 단위 체적당 전하가 된다.

'−'는 시간당 감소 비율이다.

169 압전기 현상에서 분극이 응력과 같은 방향으로 발생하는 현상을 무슨 효과라 하는가?

① 종효과 ② 횡효과
③ 역효과 ④ 간접 효과

답안 표기란				
166	①	②	③	④
167	①	②	③	④
168	①	②	③	④
169	①	②	③	④

정답 164. ④ 165. ③ 166. ① 167. ④ 168. ② 169. ①

CHAPTER 1 전기자기학

 압전 현상

유전체에 기계적 응력을 가할 때 분극이 나타나는 현상으로 분극이 응력과 같은 방향일 때 종효과, 수직 방향일 때를 횡효과라 한다.

170 압전기 현상에서 분극이 응력에 수직 방향으로 발생하는 현상은?

① 종효과 ② 횡효과
③ 역효과 ④ 직접 효과

171 압전기 진동자로서 가장 많이 이용되는 재료는?

① 로셀염 ② 실리콘
③ 페라이트 ④ 방해석

172 전류가 흐르고 있는 도체에 자계를 가하면 도체 측면에는 정·부의 전하가 나타나 두 면 간의 전위차가 발생하는 현상은?

① 핀치 효과 ② 톰슨 효과
③ 홀 효과 ④ 제베크 효과

 홀 효과

전류가 흐르고 있는 도체에 자계를 가할 때 전위차가 발생하는 현상

173 다음 현상 가운데서 반드시 외부에서 자계를 가할 때만 일어나는 효과는?

① 제베크 효과 ② 핀치 효과
③ 홀 효과 ④ 펠티에 효과

답안 표기란				
170	①	②	③	④
171	①	②	③	④
172	①	②	③	④
173	①	②	③	④

174 DC 전압을 가하면 전류는 도선 중심 쪽으로 흐르려고 한다. 이러한 현상을 무슨 효과라 하는가?

① 표피(Skin) 효과
② 핀치 효과
③ 압전기 효과
④ 펠티에 효과

 핀치 효과

액체의 도전체에 직류 전류가 흐를 때 압축력이 작용해 도선의 중심 쪽에 전류 밀도가 커지는 현상

175 하나의 금속에서 전류의 흐름으로 인한 온도 구배 부분의 줄 열 이외의 발열 또는 흡열에 관한 현상은?

① 펠티에 효과(Peltier effect)
② 볼타 법칙(Volta law)
③ 제베크 효과(Seebeck effect)
④ 톰슨 효과(Thomson effect)

 톰슨 효과

동일한 금속에 온도 차가 있을 때 전류가 흐를 때 발열, 흡열이 발생하는 현상

176 두 종류의 금속으로 폐회로를 만들어 전류를 흘리면 양 접속점에서 한쪽은 온도가 올라가고 다른 쪽은 내려가는 현상은?

① 톰슨 효과(Thomson effect)
② 제베크 효과(Seebeck effect)
③ 펠티에 효과(Peltier effect)
④ 핀치 효과(Pinch effect)

 펠티에 효과

두 종류의 금속으로 폐루프를 만들고 전류를 흘려주었을 때 접합점에 발열, 흡열이 발생하는 현상

177 도체 표면의 전류 밀도가 커지고 도체 중심으로 갈수록 전류 밀도가 작아지는 효과는?

① 표피 효과
② 홀 효과
③ 펠티에 효과
④ 제베크 효과

[정답] 170. ② 171. ① 172. ③ 173. ③ 174. ② 175. ④ 176. ③ 177. ①

CHAPTER 1 전기자기학

178 도전율 σ, 투자율 μ인 도체에 교류 전류가 흐를 때의 표피 효과는?

① 주파수가 높을수록 적다.
② 투자율이 클수록 적다.
③ 도전율이 클수록 크다.
④ 투자율, 도전율은 무관하다.

침투 깊이 $\delta = \dfrac{1}{\sqrt{\pi f \sigma \mu}}$[m]이고 침투 깊이가 작을수록 표피 효과는 크다.
따라서 주파수, 도전율, 투자율이 클수록 표피 효과는 크다.

179 다음 중 금속에서의 침투 깊이(skin depth)에 대한 설명으로 옳은 것은?

① 같은 금속을 사용할 경우 전자파의 주파수를 증가시키면 침투 깊이가 증가한다.
② 같은 주파수의 전자파를 사용할 경우 전도율이 높은 금속을 사용하면 침투 깊이가 감소한다.
③ 같은 주파수의 전자파를 사용할 경우 투자율 값이 작은 금속을 사용하면 침투 깊이가 감소한다.
④ 같은 금속을 사용할 경우 어떤 전자파를 사용하더라도 침투 깊이는 변하지 않는다.

180 표면 부근에 집중해서 전류가 흐르는 현상을 표피 효과라 하는데 표피 효과에 대한 설명으로 잘못된 것은?

① 도체에 교류가 흐르면 표면에서부터 중심으로 들어갈수록 전류 밀도가 작아진다.
② 표피 효과는 고주파일수록 심하다.
③ 표피 효과는 도체의 전도도가 클수록 심하다.
④ 표피 효과는 도체의 투자율이 작을수록 심하다.

181 공기 중에서 2.5×10^{-4}[Wb]와 4×10^{-3}[Wb]의 두 자극 사이에 작용하는 힘이 6.33[N]이었다면 두 자극 간의 거리(m)는?

① 0.1
② 0.5
③ 1
④ 10

두 자극 간의 힘은 $F = 6.33 \times 10^4 \dfrac{m_1 m_2}{r^2}$ [N]이므로

거리는 $r = \sqrt{6.33 \times 10^4 \dfrac{m_1 m_2}{F}} = 0.1$ [m]이다.

182 자극의 크기 $m = 4$[Wb]의 점자극으로부터 $r = 4$[m] 떨어진 점의 자계의 세기(AT/m)는 얼마인가?

① 7.9×10^3
② 6.3×10^4
③ 1.6×10^4
④ 1.3×10^3

점자극에 의한 자계의 세기는 $H = 6.33 \times 10^4 \dfrac{m}{r^2}$ [A/m]이므로 자계의 세기는

$H = 6.33 \times 10^4 \dfrac{m}{r^2} = 6.33 \times 10^4 \dfrac{4}{4^2} = 1.6 \times 10^4$ [AT/m]값이 된다.

183 두 개의 자력선이 동일 방향으로 향하면 자계 강도는?

① 더 약해진다.
② 주기적으로 약해졌다 또는 강해졌다 한다.
③ 더 강해진다.
④ 강해졌다가 약해진다.

자력선의 밀도가 자계의 세기가 되므로 같은 방향으로 향하는 경우 더 강해진다.

184 1,000[AT/m]의 자계 중에 어떤 자극을 놓았을 때 3×10^2[N]의 힘을 받았다고 한다. 자극의 세기(Wb)는?

① 0.1
② 0.2
③ 0.3
④ 0.4

정답 178. ③ 179. ② 180. ④ 181. ① 182. ③ 183. ③ 184. ③

자계 중에서 자극이 받는 힘은 $F=mH$[N]이므로 자극의 세기는 $m=\dfrac{F}{H}=\dfrac{300}{1,000}=0.3$[Wb]이다.

185 비투자율 μ_s, 자속 밀도 B인 자계 중에 있는 m[Wb]의 자극이 받는 힘은?

① $\dfrac{Bm}{\mu_0\mu_s}$
② $\dfrac{Bm}{\mu_0}$
③ $\dfrac{\mu_0\mu_s}{Bm}$
④ $\dfrac{Bm}{\mu_s}$

자계 중에서 자극이 받는 힘은 $F=mH$[N]이고 자계의 세기 $H=\dfrac{B}{\mu_0\mu_s}$[A/m]이다.
따라서 힘은 $F=\dfrac{Bm}{\mu_0\mu_s}$[N]이 된다.

186 자기 쌍극자에 의한 자위 U[A]를 나타내는 식으로 알맞은 것은? (단, 자기 쌍극자의 자기 모멘트는 M[Wb·m], 쌍극자의 중심으로부터의 거리는 r[m], 쌍극자의 정방향과의 각도는 θ라 한다.)

① $6.33\times10^4\times\dfrac{M\sin\theta}{r^3}$
② $6.33\times10^4\times\dfrac{M\sin\theta}{r^2}$
③ $6.33\times10^4\times\dfrac{M\cos\theta}{r^3}$
④ $6.33\times10^4\times\dfrac{M\cos\theta}{r^2}$

자기 쌍극자의 자위는 $U=\dfrac{M\cos\theta}{4\pi\mu_0 r^2}=6.33\times10^4\dfrac{M\cos\theta}{r^2}$[A]이고 자계의 세기는 $H=\dfrac{M}{4\pi\mu_0 r^3}\sqrt{1+3\cos^2\theta}=6.33\times10^4\dfrac{M}{r^3}\sqrt{1+3\cos^2\theta}$[A/m]이다.

187 판자석의 세기가 0.01[Wb/m], 반지름이 5[cm]인 원형 자석판이 있다. 자석의 중심축 상 10[cm]인 점에서의 자위의 세기는 몇 [AT]인가?

① 100
② 175
③ 370
④ 420

원형 자석판 중심축 상의 자위는 $U = \dfrac{M}{2\mu_0}\left(1 - \dfrac{x}{\sqrt{x^2+a^2}}\right)$[AT]이므로

$U = \dfrac{0.01}{2\mu_0}\left(1 - \dfrac{0.1}{\sqrt{0.1^2+0.05^2}}\right) = 420$[AT]이다.

188 균일한 자계 H[AT/m] 내에 자극의 세기가 $\pm m$[Wb], 길이가 l[m]인 막대자석을 그 중심 주위에 회전할 수 있도록 놓는다. 이 때에 막대자석과 자계의 방향 사이의 각을 θ라고 하면 자석이 받는 회전력은 몇 [N·m]인가?

① $mlH\sin\theta$
② $mlH\cos\theta$
③ $2mlH\cos\theta$
④ $2mlH\sin\theta$

자계 중 막대자석의 회전력은 $\tau = mlH\sin\theta = MH\sin\theta$[N·m]이며 벡터로는 $\vec{\tau} = \vec{M} \times \vec{H}$[N·m]로 나타낸다.

189 자극의 세기가 8×10^{-6}[Wb] 길이가 3[cm]인 막대자석을 120[AT/m]의 평등 자계 내에 자력선과 30°의 각도로 놓으면, 이 막대자석이 받는 회전력은 몇 [N·m]인가?

① 3.02×10^{-5}
② 3.02×10^{-4}
③ 1.44×10^{-5}
④ 1.44×10^{-4}

막대자석의 회전력 식에 대입하게 되면 $\tau = mlH\sin\theta = 8 \times 10^{-6} \times 0.03 \times 120 \times \sin 30 = 1.44 \times 10^{-5}$[N·m]이 된다.

정답 185. ① 186. ④ 187. ④ 188. ① 189. ③

CHAPTER 1 전기자기학

190 막대자석의 회전력을 나타내는 식으로 옳은 것은? (단, 막대자석의 자기 모멘트 M[Wb·m]와 균등 자계 H[A/m]와 이루는 각 θ는 $0<\theta<90°$라 한다.)

① $M \times H$[N·m/rad]
② $H \times M$[N·m/rad]
③ $\mu_0 H \times M$[N·m/rad]
④ $M \times \mu_0 H$[N·m/rad]

자계 중 막대자석의 회전력은 $\tau = mlH\sin\theta = MH\sin\theta$[N·m]이며 벡터로는 $\vec{\tau} = \vec{M} \times \vec{H}$[N·m]로 나타낸다.

191 앙페르의 주회 적분의 법칙(Ampere's circuital law)을 설명한 것으로 올바른 것은?

① 폐회로 주위를 따라 자계를 선적분한 값은 폐회로 내의 총 저항과 같다.
② 폐회로 주위를 따라 자계를 선적분한 값은 폐회로 내의 총 전압과 같다.
③ 폐회로 주위를 따라 자계를 선적분한 값은 폐회로 내의 총 전류와 같다.
④ 폐회로 주위를 따라 자계와 자계를 선적분한 값은 폐회로 내의 총저항, 총전압, 총전류의 합과 같다.

앙페르 주회 적분 법칙은 $\oint_c H dl = I$이므로 자계의 선적분은 전류가 된다.

192 암페어의 주회 적분의 법칙은 직접적으로 다음의 어느 관계를 표시하는가?

① 전하와 전계
② 전류와 인덕턴스
③ 전류와 자계
④ 전하와 전위

앙페르 주회 적분 법칙은 전류에 의한 자계의 세기를 구하는 법칙이다.

193 자계의 세기 $H = xya_y - xza_z$ [A/m]일 때 점 (2, 3, 5)에서 전류 밀도는 몇 [A/m²]인가?

① $3a_z + 5a_y$ ② $3a_y + 5a_z$
③ $5a_x + 3a_z$ ④ $5a_y + 3a_z$

앙페르 주회 적분 법칙의 미분형은 $\mathrm{rot}H = i$ 이므로

전류 밀도는 $i = \begin{vmatrix} i & j & k \\ \frac{\partial}{\partial x} & \frac{\partial}{\partial y} & \frac{\partial}{\partial z} \\ 0 & xy & -xz \end{vmatrix} = za_y + ya_z = 5a_y + 3a_z$ [A/m²]이다.

194 자계 분포 $H = jxy - kxz$ [A/m]를 발생시키는 점 (1, 1, 1)[m]에서의 전류 밀도(A/m²)는?

① 3   ② $\sqrt{3}$
③ 2   ④ $\sqrt{2}$

앙페르 주회 적분의 미분형으로 전류 밀도를 구할 수 있다.
$\mathrm{rot}H = i$

$i = \begin{vmatrix} i & j & k \\ \frac{\partial}{\partial x} & \frac{\partial}{\partial y} & \frac{\partial}{\partial z} \\ 0 & xy & -xz \end{vmatrix} = ky + jz = k + j$ [A/m²]이므로

전류 밀도의 크기는 $i = \sqrt{1^2 + 1^2} = \sqrt{2}$ [A/m²]이다.

195 15[A]의 무한장 직선 전류로부터 50[cm] 떨어진 점 P의 자계의 세기는 약 몇 [AT/m]인가?

① 1.56   ② 2.39
③ 4.78   ④ 9.55

정답 190. ① 191. ③ 192. ③ 193. ④ 194. ④ 195. ③

CHAPTER 1 전기자기학

무한 직전 전류에 의한 자계의 세기는 $H=\dfrac{I}{2\pi r}$[AT/m]이므로

$H=\dfrac{I}{2\pi r}=\dfrac{15}{2\pi \times 0.5}=4.78$[AT/m]과 같다.

196 전류 2π[A]가 흐르고 있는 무한 직선 도체로부터 2[m]만큼 떨어진 자유 공간 내 점 P의 자속 밀도(Wb/m²)는?

① $\dfrac{\mu_0}{8}$ ② $\dfrac{\mu_0}{4}$

③ $\dfrac{\mu_0}{2}$ ④ μ_0

자속 밀도 $B=\mu_0 H$[Wb/m²]이고 무한 직선 전류의 자계는

$H=\dfrac{I}{2\pi r}=\dfrac{2\pi}{2\pi \times 2}=\dfrac{1}{2}$[AT/m]이므로 자속 밀도는 $B=\dfrac{\mu_0}{2}$[Wb/m²]이다.

197 반지름 a[m]이고, $N=1$회의 원형 코일에 I[A]의 전류가 흐를 때 그 코일의 중심점에서의 자계의 세기(AT/m)는?

① $\dfrac{I}{2\pi a}$ ② $\dfrac{I}{4\pi a}$

③ $\dfrac{I}{2a}$ ④ $\dfrac{I}{4a}$

원형 전류 중심의 자계의 세기는 $H=\dfrac{I}{2a}$[AT/m]이다.

198 지름 10[cm]의 원형 코일에 1[A]의 전류를 흘릴 때 코일 중심의 자계를 1,000[A/m]로 하려면 코일을 몇 회 감으면 되는가?

① 50
② 100
③ 150
④ 200

원형 코일 중심의 자계의 세기는 $H = \dfrac{NI}{2a}$ [A/m]이고

권수는 $N = \dfrac{2aH}{I} = \dfrac{2 \times 0.05 \times 1,000}{1} = 100$ [회]이다.

199 반지름이 r인 반원형 전류 I에 의한 반원의 중심 O에서 자계의 세기는?

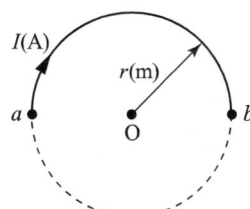

① $\dfrac{2I}{r}$
② $\dfrac{I}{r}$
③ $\dfrac{I}{2r}$
④ $\dfrac{I}{4r}$

원형 전류 중심의 자계의 세기는 $H = \dfrac{I}{2r}$ [AT/m]이므로 반원형 전류 중심의 자계의 세기의 크기는 원형 전류 중심의 자계의 세기의 1/2배이다.

따라서 반원형 중심의 자계의 세기는 $H = \dfrac{I}{4r}$ [AT/m]이다.

200 환상 솔레노이드(solenoid) 내의 자계의 세기(AT/m)는? (단, N은 코일의 감긴 수, a는 환상 솔레노이드의 평균 반지름이다.)

① $\dfrac{2\pi a}{NI}$
② $\dfrac{NI}{2\pi a}$
③ $\dfrac{NI}{\pi a}$
④ $\dfrac{NI}{4\pi a}$

정답 196. ③ 197. ③ 198. ② 199. ④ 200. ②

환상 솔레노이드 내부의 자계의 세기 $H = \dfrac{NI}{l} = \dfrac{NI}{2\pi a}$[AT/m]이고 외부의 자계는 0이다.

201 다음은 무한장 솔레노이드에 의한 자계에 대하여 설명한 것이다. 옳지 않은 것은?

① 솔레노이드 외부 자계는 0이다.
② 솔레노이드 내부의 자계는 평등 자계이다.
③ 솔레노이드 외부의 자계는 단위 길이당 권수 n[T/m]에 전류 I[A]를 곱한 것과 같다.
④ 솔레노이드 내부 자계는 코일의 축에 평행하며 그 값은 nI [AT/m]와 같다.

솔레노이드 외부의 자계는 0이다.

202 1[cm]당 권선 수 50인 무한 길이 솔레노이드에 10[mA]의 전류가 흐르고 있을 때 솔레노이드 내부 자계의 세기를 구하면?

① 0[AT/m]
② 5[AT/m]
③ 10[AT/m]
④ 50[AT/m]

무한장 솔레노이드 내부의 자계의 세기는 $H = n_0 I = \dfrac{NI}{l}$[AT/m]이므로 $H = \dfrac{50 \times 10 \times 10^{-3}}{0.01} = 50$[AT/m]이다.

203 전전류 I[A]가 반지름 a[m]의 원주를 흐를 때 원주 내부 중심에서 r[m] 떨어진 원주 내부의 점의 자계 세기(AT/m)는?

① $\dfrac{rI}{2\pi a^2}$ ② $\dfrac{I}{2\pi a^2}$

③ $\dfrac{rI}{\pi a^2}$ ④ $\dfrac{I}{\pi a^2}$

원주 도체 내부의 자계는 $H=\dfrac{rI}{2\pi a^2}$ [AT/m]이다.

204 전류 분포가 균일한 반지름 a[m]인 무한장 원주형 도선에 1[A]의 전류를 흘렸더니, 도선 중심에서 $a/2$[m] 되는 점에서의 자계의 세기가 $\dfrac{1}{2\pi}$[AT/m]이였다. 이 도선의 반지름은 몇 [m]인가?

① 4   ② 2

③ 1/2   ④ 1/4

원주 도체 내부의 자계는 $H=\dfrac{rI}{2\pi a^2}$ [AT/m]이며 주어진 값을 대입하게 되면

$\dfrac{1}{2\pi}=\dfrac{\frac{a}{2}\times 1}{2\pi a^2}$ 이다.

여기서, $a=\dfrac{1}{2}$[m]가 된다.

205 한 변의 길이가 l인 정삼각형 회로에 I[A]의 전류가 흐를 때 삼각형 중심에서의 자계의 세기(AT/m)는?

① $\dfrac{9I}{2l}$ ② $\dfrac{9I}{2\pi l}$

③ $\dfrac{3I}{2\pi l}$ ④ $\dfrac{3\sqrt{3}I}{4\pi a}$

정답 201. ③ 202. ④ 203. ① 204. ③ 205. ②

CHAPTER 1 전기자기학

① 정삼각형 중심의 자계 : $H_3 = \dfrac{9I}{2\pi l}$ [AT/m]

② 정사각형 중심의 자계 : $H_4 = \dfrac{2\sqrt{2}\,I}{\pi l}$ [AT/m]

③ 정육각형 중심의 자계 : $H_6 = \dfrac{\sqrt{3}\,I}{\pi l}$ [AT/m]

206 한변의 길이가 l[m]인 정사각형 도체 회로에 직류 I[A]를 흘릴 때 회로의 중심 자계의 세기(A/m)는?

① $\dfrac{I}{2\pi l}$
② $\dfrac{\sqrt{2}\,I}{2\pi l}$
③ $\dfrac{2I}{\pi l}$
④ $\dfrac{2\sqrt{2}\,I}{\pi l}$

207 평행한 두 개의 도선에 전류가 서로 반대 방향으로 흐를 때 두 도선 사이에서의 자계 강도는 한 개의 도선일 때보다 어떠한가?

① 더 약해진다.
② 주기적으로 약해졌다 또는 강해졌다 한다.
③ 더 강해진다.
④ 강해졌다가 약해진다.

전류의 방향은 반대이지만 자계의 방향이 같으므로 자계의 세기는 강해진다.

208 플레밍의 왼손 법칙(Fleming's left hand rule)에서 왼손의 엄지, 인지, 중지의 방향에 해당되지 않는 것은?

① 전압
② 전류
③ 자속 밀도
④ 힘

- 플레밍의 왼손 법칙 : 전동기의 힘의 방향을 결정하는 법칙
- 엄지 : 힘의 방향
- 검지 : 자속 밀도의 방향
- 중지 : 전류의 방향

209 전류가 흐르는 도선을 자계 안에 놓으면, 이 도선에 힘이 작용한다. 평등 자계의 진공 중에 놓여 있는 직선 전류 도선이 받는 힘에 대하여 옳은 것은?

① 전류의 세기에 반비례한다.
② 도선의 길이에 비례한다.
③ 자계의 세기에 반비례한다.
④ 전류와 자계의 방향이 이루는각 $\tan\theta$에 비례한다.

$F = IBl\sin\theta$[N]이므로 전류, 자속 밀도, 길이는 $\sin\theta$에 비례한다.

210 자계 내에서 도선에 전류를 흘려보낼 때 도선을 자계에 대해 60°의 각으로 놓았을 때 작용하는 힘은 30° 각으로 놓았을 때 작용하는 힘의 몇 배인가?

① 1.2
② 1.7
③ 2.4
④ 3.6

자계 중에서 도선의 힘은 $\sin\theta$에 비례하므로 $\dfrac{\sin 60°}{\sin 30°} = 1.732$배가 된다.

211 자속 밀도 B[Wb/m²] 내에서 전류 I[A]가 흐르면 도선이 받는 힘 [N]을 바르게 표시한 것은?

① $F = IdL \times B$
② $F = I \cdot B/dL$
③ $F = IdL \cdot B$
④ $F = IB/dL$

정답 206. ④ 207. ③ 208. ① 209. ② 210. ② 211. ①

CHAPTER 1 전기자기학

자계 중에서 도선의 힘은 $F = IBl\sin\theta$[N]이고 벡터로는
$\vec{F} = \vec{I} \times \vec{Bl}$[N]로 표현된다.

212 전하 q[C]이 진공 중의 자계 H[A/m]에 수직 방향으로 v[m/s]의 속도로 움직일 때 받는 힘(N)은? (단, 진공 중의 투자율은 μ_0이다.)

① $\dfrac{qH}{\mu_0 v}$ ② $\mu_0 vH$

③ $\dfrac{1}{\mu_0} qvH$ ④ $\mu_0 qvH$

해설

자계 중에서 전하가 받는 힘 $F = qvB\sin\theta$[N]이므로 힘은
$F = qv\mu_0 H \sin 90 = qv\mu_0 H$[N]가 된다.

213 0.2[C]의 점전하가 전계 $E = 5a_y + a_z$[V/m], 자속 밀도 $B = 2a_y + 5a_z$[Wb/m^2] 내로 속도 $v = 2a_x + 3a_y$[m/s]로 이동할 때 점전하에 작용하는 힘 F[N]은?

① $2a_x - a_y + 3a_z$ ② $3a_x - a_y + a_z$
③ $a_x + a_y - 2a_z$ ④ $5a_x + a_y - 3a_z$

해설

전계와 자계가 공존하는 영역의 힘은 전계 중의 전하가 받는 힘 $\vec{F} = Q\vec{E}$[N]와 자계 중의 전하가 받는 힘 $\vec{F} = q(\vec{v} \times \vec{B})$[N]의 합이며 다음과 같다.

$$\vec{F} = q(\vec{E} + \vec{v} \times \vec{B}) = 0.2\left(5a_y + a_z + \begin{vmatrix} a_x & a_y & a_z \\ 2 & 3 & 0 \\ 0 & 2 & 5 \end{vmatrix}\right) = 3a_x - a_y + a_z \text{[N]}$$

답안 표기란

| 212 | ① ② ③ ④ |
| 213 | ① ② ③ ④ |

214 평등 자계 내에 수직으로 돌입한 전자의 궤적은?

① 원운동을 하는데, 원의 반지름은 자계의 세기에 비례한다.
② 구면 위에서 회전하고 반지름은 자계의 세기에 비례한다.
③ 원운동을 하고 반지름은 전자의 처음 속도에 반비례한다.
④ 원운동을 하고, 반지름은 자계의 세기에 반비례한다.

평등 자계 내에 전자가 수직으로 돌입하면 원운동을 하고

① 회전 반지름 $r = \dfrac{mv}{eB}$ [m]

② 각주파수 $\omega = \dfrac{eB}{m}$ [rad/s]

③ 주파수 $f = \dfrac{eB}{2\pi m}$ [Hz]

④ 주기 $T = \dfrac{2\pi m}{eB}$ [s]

215 평등 자계와 직각 방향으로 일정한 속도로 발사된 전자의 원운동에 관한 설명 중 옳은 것은?

① 플레밍의 오른손 법칙에 의한 로렌츠의 힘과 원심력의 평형 원운동이다.
② 원의 반지름은 전자의 발사 속도와 전계의 세기의 곱에 반비례한다.
③ 전자의 원운동 주기는 전자의 발사 속도와 관계되지 않는다.
④ 전자의 원운동 주파수는 전자의 질량에 비례한다.

216 v[m/s]의 속도로 전자가 B[Wb/m²]의 평등 자계에 직각으로 들어가면 원운동을 한다. 이때 각속도 ω[rad/s] 및 주기 T[s]는? (단, 전자의 질량은 m, 전자의 전하는 e이다.)

① $\omega = \dfrac{m}{eB}$, $T = \dfrac{eB}{2\pi m}$
② $\omega = \dfrac{eB}{m}$, $T = \dfrac{2\pi m}{eB}$
③ $\omega = \dfrac{mV}{eB}$, $T = \dfrac{2\pi B}{mV}$
④ $\omega = \dfrac{em}{B}$, $T = \dfrac{2\pi m}{BV}$

정답 212. ④ 213. ② 214. ④ 215. ③ 216. ②

CHAPTER 1 전기자기학

217 자화의 세기로 정의할 수 없는 것은?

① 단위 체적당 모멘트
② 단위 면적당 자극 밀도
③ 자화선 밀도
④ 자력선 밀도

자화의 세기는 자성체 표면의 단위 면적당 자극의 세기, 단위 체적당 자기 모멘트로 정의한다.

218 역자성체에서의 비투자율 μ_s는?

① $\mu_s = 1$
② $\mu_s < 1$
③ $\mu_s > 1$
④ $\mu_s = 0$

자계 중에서 자화되는 물질을 자성체라 하며 자성체의 종류는 다음과 같다.
① $\mu_s \gg 1$: 강자성체
② $\mu_s > 1$: 상자성체
③ $\mu_s < 1$: 역자성체

219 자화율(mgnetic susceptibility) χ는 상자성체에서 일반적으로 어떤 값을 갖는가?

① $\chi = 0$
② $\chi > 0$
③ $\chi < 0$
④ $\chi = 1$

자화율은 $\chi = \mu_0(\mu_s - 1)\,[\text{H/m}]$이며 $\mu_0 > 0\,(\mu_0 = 4\pi \times 10^{-7}\,[\text{H/m}])$이고 강자성체의 비투자율은 1보다 큰 값이므로 $\mu_s - 1 > 0$이므로 $\chi > 0$이 된다.

220 강자성체가 아닌 것은?

① 코발트 ② 니켈
③ 철   ④ 구리

구리는 역자성체이다.

221 강자성체의 3가지 특성이 아닌 것은?

① 와전류 특성   ② 히스테리시스 특성
③ 고투자율 특성   ④ 포화 특성

222 길이 l[m], 단면적의 반지름 a[m]인 원통이 길이 방향으로 균일하게 자화되어 자화의 세기가 J[Wb/m²]인 경우, 원통 양단에서의 전자극의 세기 m[Wb]은?

① J ② $2\pi J$
③ $\pi a^2 J$ ④ $\dfrac{J}{\pi a^2}$

자극의 세기는 자화의 세기와 면적의 곱이다.
따라서 $m = JS = J\pi a^2$[Wb]이다.

223 비투자율 50인 페라이트 내의 자속 밀도가 0.04[Wb/m²]일 때 페라이트 내의 자화의 세기는 얼마인가?

① 0.039[Wb/m²]   ② 0.042[Wb/m²]
③ 0.057[Wb/m²]   ④ 0.065[Wb/m²]

자화의 세기는 $J = (1 - \dfrac{1}{\mu_s})B$[Wb/m²]이므로 주어진 값을 대입하면
$J = (1 - \dfrac{1}{50}) \times 0.04 = 0.039$[Wb/m²]이다.

정답 217. ④ 218. ② 219. ② 220. ④ 221. ① 222. ③ 223. ①

 전기자기학

224 비투자율 350인 환상 철심 중의 평균 자계의 세기가 280[AT/m]일 때 자화의 세기는 약 몇 [Wb/m²]인가?

① 0.12
② 0.15
③ 0.18
④ 0.21

자화의 세기는 $J = \mu_0(\mu_s - 1)H$[Wb/m²]이므로
주어진 값을 대입하면 $J = 4\pi \times 10^{-7}(350-1) \times 280 = 0.12$[Wb/m²]이다.

225 자화율 χ와 비투자율 μ_r의 관계에서 상자성체로 판단할 수 있는 것은?

① $\chi > 0, \mu_r > 1$
② $\chi < 0, \mu_r > 1$
③ $\chi > 0, \mu_r < 1$
④ $\chi < 0, \mu_r < 1$

226 영구 자석에 관한 설명으로 알맞지 않은 것은?

① 한 번 자화된 다음에는 자기를 영구적으로 보존하는 자석이다.
② 보자력이 클수록 자계가 강한 영구 자석이 된다.
③ 잔류 자속 밀도가 클수록 자계가 강한 영구 자석이 된다.
④ 자석 재료로 폐회로를 만들면 강한 영구 자석이 된다.

227 강자성체의 히스테리시스 루프의 면적을 설명한 내용 중 알맞은 것은?

① 강자성체의 전체 체적의 에너지이다.
② 강자성체의 단위 길이당의 에너지이다.
③ 강자성체의 단위 면적당의 에너지이다.
④ 강자성체의 단위 체적당의 에너지이다.

228 B-H 곡선을 자세히 관찰하면 매끈한 곡선이 아니라 B가 계단적으로 증가 또는 감소함을 알 수 있다. 이러한 현상을 무엇이라 하는가?

① 퀴리점
② 자기여자 효과
③ 자왜 현상
④ 바크하우젠 효과

229 영구 자석의 재료로 사용하는 철에 요구되는 사항은?

① 잔류 자기 및 보자력이 작은 것
② 잔류 자기가 크고 보자력이 작은 것
③ 잔류 자기가 작고 보자력이 큰 것
④ 잔류 자기 및 보자력이 큰 것

영구 자석의 구비 조건은 잔류 자기 및 보자력이 큰 것이 좋고, 전자석은 잔류 자기는 크고 보자력은 작은 것이 좋다.

230 자화된 철의 온도를 높일 때 강자성이 상자성으로 급격하게 변하는 온도는?

① 퀴리(Curie)점
② 비등점
③ 융점
④ 융해점

231 자계의 세기에 관계없이 급격히 자성을 잃는 점을 자기 임계 온도 또는 퀴리점이라고 한다. 다음 중에서 철의 임계 온도는?

① 약 0[℃]
② 약 370[℃]
③ 약 570[℃]
④ 약 770[℃]

232 균등 자계 H_0 중에 놓인 투자율이 μ이고, 감자율 N인 자성체의 자화의 세기(Wb/m²)를 구하는 식은?

① $J = \dfrac{\mu_o(\mu-\mu_o)}{\mu_o + N(\mu-\mu_o)} H_o$
② $J = \dfrac{\mu(\mu_o-\mu)}{\mu + N(\mu_o-\mu)} H_o$
③ $J = \dfrac{\mu_o(\mu-\mu_o)}{\mu + N(\mu-\mu_o)} H_o$
④ $J = \dfrac{\mu(\mu-\mu_o)}{\mu_o + N(\mu_o-\mu)} H_o$

[정답] 224. ① 225. ① 226. ④ 227. ④ 228. ④ 229. ④ 230. ① 231. ④ 232. ①

감자력이 주어진 경우 자계의 세기는 다음과 같다.

$H = H_0 - H'$ 여기서 $H' = N\dfrac{J}{\mu_0} = N\dfrac{\chi H}{\mu_0}$

H': 감자력, N: 감자율

$H = H_0 - N\dfrac{\chi H}{\mu_o}$, $H = \dfrac{H_0}{1 + N(\mu_s - 1)}$

자화의 세기는 다음과 같이 구할 수 있다.

$J = \chi H = \dfrac{\mu_0(\mu_s - 1)H_0}{1 + N(\mu_s - 1)} = \dfrac{\mu_0(\mu - \mu_0)H_0}{\mu_0 + N(\mu - \mu_0)}$

233 다음 중 기자력(magnetomotive force)에 대한 설명으로 옳지 않은 것은?

① 전기 회로의 기전력에 대응한다.
② 코일에 전류를 흘렸을 때 전류 밀도와 코일의 권수의 곱의 크기와 같다.
③ 자기 회로의 자기 저항과 자속의 곱과 동일하다.
④ SI 단위는 암페어[A]이다.

기자력($F = NI$[AT])은 권수와 전류의 곱이다.

234 자기 회로의 퍼미언스(permeance)에 대응하는 전기 회로의 요소는?

① 도전율 ② 컨덕턴스(conductance)
③ 정전 용량 ④ 엘라스턴스(elastance)

퍼미언스는 자기 저항의 역수이므로 전기 저항의 역수인 컨덕턴스에 대응된다.

235 어떤 막대꼴 철심이 있다. 단면적이 0.5[m²], 길이 0.8[m], 비투자율이 20이다. 이 철심의 자기 저항(AT/Wb)은?

① 6.37×10^4 ② 4.45×10^4
③ 3.67×10^4 ④ 1.76×10^4

자기 저항은 다음과 같이 구할 수 있다.
$$R_m = \frac{l}{\mu A} = \frac{0.8}{20 \times 4\pi \times 10^{-7} \times 0.5} = 6.37 \times 10^4 [\text{AT/Wb}]$$

236 중심점이 같은 자기 회로가 있다. 철심의 투자율을 μ라 하고 철심회로의 길이를 l이라 한다. 지금 그 일부에 미소 공극 l_0를 만들었을 때 자기 회로의 자기 저항은 공극이 없을 때의 약 몇 배인가?

① $1 + \frac{\mu l_0}{\mu_0 l}$ ② $1 + \frac{\mu l}{\mu_0 l_0}$
③ $1 + \frac{\mu_0 l_0}{\mu l}$ ④ $m \frac{B}{\mu}$

공극을 만들기 전의 자기 저항 : $\frac{l}{\mu S}$ [AT/m]

미소 공극을 만든 후의 자기 저항 : $\frac{l}{\mu S} + \frac{l_0}{\mu_0 S}$ [AT/m]

공극을 만든 후의 저항과 공극을 만들기 전의 자기 저항의 비는 다음과 같다.

$$\frac{R_m'}{R_m} = \frac{\frac{l}{\mu S} + \frac{l_0}{\mu_0 S}}{\frac{l}{\mu S}} = 1 + \frac{\mu l_0}{\mu_0 l}$$

237 자기 회로에 대한 설명으로 맞지 않는 것은?
① 전기 회로의 정전 용량에 해당되는 것은 없다.
② 자기 저항에는 전기 저항의 줄 손실에 해당되는 손실이 있다.
③ 기자력과 자속은 변화가 비직선성을 갖고 있다.
④ 누설 자속은 전기 회로의 누설 전류에 비하여 대체로 많다.

정답 233. ② 234. ② 235. ① 236. ① 237. ②

238 비투자율 μ_s, 길이 l인 철심에 권수 N인 환상 솔레노이드 코일이 있다. 이때, 철심에 l_1인 미소 공극을 만들었을 때 공극 자계의 세기 H_A와 철심 자계의 세기 H_F의 비 H_F/H_A는?

① μ_s
② $\dfrac{1}{\mu_s}$
③ $\dfrac{\mu_s(l-l_1)}{l_s}$
④ $\dfrac{l_s}{\mu_s(l-l_1)}$

해설

미소 공극에 의한 누설 자속이 존재하지 않는다고 가정한다면 $B_F = B_A$ 조건을 만족하게 된다. $B_F = B_A$
$\mu_0 \mu_s H_F = \mu_o H_A$
$\dfrac{H_F}{H_A} = \dfrac{1}{\mu_s}$ 이 된다.

239 철심이 든 환상 솔레노이드의 권수는 500회, 평균 반지름은 10[cm], 철심의 단면적은 10[cm²], 비투자율 4,000이다. 이 환상 솔레노이드에 2[A]의 전류를 흘릴 때 철심 내의 자속은 몇 [Wb]인가?

① 8×10^{-3}
② 8×10^{-4}
③ 4×10^{-3}
④ 4×10^{-4}

해설

솔레노이드 내부의 자계의 세기는 일정하므로 솔레노이드 내부의 자속은 다음과 같이 구할 수 있다.
$\phi = BS = \mu HS = \dfrac{\mu NIS}{2\pi a} = 8 \times 10^{-3}$[Wb]

답안 표기란

| 238 | ① ② ③ ④ |
| 239 | ① ② ③ ④ |

240 투자율이 각각 μ_1, μ_2인 두 자성체의 경계면에서 자계의 면에 대한 입사각, 굴절각을 θ_1, θ_2라 하면 그 관계식은 어느 것인가?

① $\dfrac{\sin\theta_1}{\sin\theta_2} = \dfrac{\mu_1}{\mu_2}$ ② $\dfrac{\cos\theta_1}{\cos\theta_2} = \dfrac{\mu_1}{\mu_2}$

③ $\dfrac{\tan\theta_1}{\tan\theta_2} = \dfrac{\mu_1}{\mu_2}$ ④ $\dfrac{\cot\theta_1}{\cot\theta_2} = \dfrac{\mu_1}{\mu_2}$

자성체의 경계면 조건은 다음과 같다.
① 자속 밀도의 법선 성분은 경계면 양측에서 서로 같다.
   $B_1\cos\theta_1 = B_2\cos\theta_2$
② 자계의 접선 성분은 경계면 양측에서 서로 같다.
   $H_1\sin\theta_1 = H_2\sin\theta_2$
③ 각도는 투자율에 비례한다.
   $\dfrac{\tan\theta_1}{\tan\theta_2} = \dfrac{\mu_1}{\mu_2}$

241 60[Hz]의 교류 발전기의 회전자가 자속 밀도 0.15[Wb/m²]의 자기장 내에서 회전하고 있다. 만일 코일의 면적이 2×10^{-2}[m²]일 때 유도 기전력의 최댓값 $E_m = 220$[V]가 되려면 코일을 약 몇 번 감아야 하는가? (단, $\omega = 2\pi f = 377$[rad/sec]이다.)

① 195회   ② 220회
③ 395회   ④ 440회

발전기의 기전력 식은 다음과 같다.
$E_m = \omega N \varnothing_m = \omega N B_m S$[V]이다.
따라서 권수는 $N = \dfrac{E_m}{\omega B_m S} = \dfrac{220}{377 \times 0.15 \times 0.02} = 195$가 된다.

[정답] 238. ② 239. ① 240. ③ 241. ①

242 $l_1 = \infty$, $l_2 = 1$[m]의 두 직선 도선을 50[cm]의 간격으로 평행하게 놓고, l_1을 중심축으로 하여 l_2를 속도 100[m/s]로 회전시키면 l_2에 유기되는 전압은 몇 [V]인가? (단, l_1에 흐르는 전류는 50[mA]이다.)

① 0
② 5
③ 2×10^{-6}
④ 3×10^{-6}

도체의 기전력은 $e = vBl\sin\theta$[V]이므로 $\sin\theta$에 비례한다.
직선 전류가 흐르면 회전하는 자계를 만들고 도체의 운동 방향도 회전하기 때문에 서로 이루는 각이 0° 또는 180°가 되어 기전력은 유도되지 않는다.

243 자계 중에 한 코일이 있다. 이 코일에 전류 $I = 2$[A]가 흐르면 $F = 2$[N]의 힘이 작용한다. 또 이 코일을 $v = 5$[m/s]로 운동시키면 e[V]의 기전력이 발생한다. 기전력은 몇 [V]인가?

① 3
② 5
③ 7
④ 9

자계 중에서 도체가 받는 힘은 $F = IBl\sin\theta$[N]이다. 2[A]의 전류에 대한 힘이 2[N]이므로 $Bl\sin\theta = 1$이 된다.
자계 중에서 도체가 운동하는 경우의 기전력은 $e = vBl\sin\theta$[V]이고 $Bl\sin\theta = 1$이므로 기전력은 $e = 5 \times 1 = 5$[V]가 된다.

244 0.2[Wb/m²]의 평등 자계 속에 자계와 직각 방향으로 놓인 길이 90[cm]의 도선을 자계와 30° 방향으로 50[m/s]의 속도로 이동시킬 때 도체 양단에 유기되는 기전력은 몇 [V]인가?

① 0.45[V]
② 0.9[V]
③ 4.5[V]
④ 9.0[V]

자계 중에서 도체가 운동하는 경우의 기전력은
$e = vBl\sin\theta = 50 \times 0.2 \times 0.9\sin 30° = 4.5$[V]이다.

245 자속 밀도 B[Wb/m²]인 자계 내에 속도 v[m/s]로 운동하는 길이 dl[m]의 도선에 유기되는 기전력(V)은?

① $v \times B$
② $(v \times B) \cdot dl$
③ $(v \cdot B)$
④ $(v \cdot B) \times dl$

자계 중에서 도체가 운동하는 경우의 기전력은 $e = vBl\sin\theta$[V]이고 벡터로 표현하게 되면 $\vec{e} = \vec{v} \times \vec{B}l$[V]이다.

246 전자 유도 법칙과 관계가 먼 것은?

① 노이만의 법칙
② 렌츠의 법칙
③ 패러데이의 법칙
④ 암페어의 오른나사 법칙

암페어의 오른나사 법칙은 전류에 의한 자계의 방향을 결정하는 법칙이다.

247 렌츠의 법칙을 올바르게 설명한 것은?

① 전자 유도에 의하여 생기는 전류의 방향은 항상 일정하다.
② 전자 유도에 의하여 생기는 전류의 방향은 자속 변화를 방해하는 방향이다.
③ 전자 유도에 의하여 생기는 전류의 방향은 자속 변화를 도와주는 방향이다.
④ 전자 유도에 의하여 생기는 전류의 방향은 자속 변화와는 관계가 없다.

렌츠의 법칙은 전자 유도 법칙에서 기전력의 방향을 결정하는 법칙으로서 '기전력의 방향은 자속의 변화를 방해하는 방향이다.'이다.

정답 242. ① 243. ② 244. ③ 245. ② 246. ④ 247. ②

CHAPTER 1 전기자기학

248 패러데이 법칙에서 유도 기전력 e[V]를 옳게 표현한 것은?

① $e = -N\dfrac{d\phi}{dt}$ ② $e = N\phi$

③ $e = 2\pi N\phi$ ④ $e = -\dfrac{1}{N}\dfrac{d\phi}{dt}$

해설

패러데이의 전자 유도 법칙은 코일의 쇄교 자속이 시간적으로 변화할 때 발생하는 유도 기전력으로 $e = -N\dfrac{d\phi}{dt}$ 이다.

249 패러데이의 법칙에 대한 설명으로 가장 적합한 것은?

① 정전 유도에 의해 회로에 발생하는 기자력은 자속의 변화 방향으로 유도된다.
② 정전 유도에 의해 회로에 발생되는 기자력은 자속 쇄교수의 시간에 대한 증가율에 비례한다.
③ 전자 유도에 의해 회로에 발생되는 기전력은 자속의 변화를 방해하는 반대 방향으로 기전력이 유도된다.
④ 전자 유도에 의해 회로에 발생하는 기전력은 자속 쇄교수의 시간에 대한 변화율에 비례한다.

250 $\Phi = \Phi_m \sin\omega t$[Wb]인 정현파로 변화하는 자속이 권수 N인 코일과 쇄교할 때의 유기 기전력의 위상은 자속에 비해 어떠한가?

① $\pi/2$만큼 빠르다. ② $\pi/2$만큼 늦다.
③ π만큼 빠르다. ④ 동위상이다.

해설

유도 기전력 식은 다음과 같으며 $e = -N\dfrac{d\phi T}{dt} = -N\dfrac{d}{dt}\phi_m \sin\omega t = -\omega N\phi_m \cos\omega t$
$= \omega\phi_m \sin(\omega t - 90)$[V]으로 기전력의 위상은 자속보다 $90°$도 늦게 된다.

251 자계의 세기 H[AT/m], 자속 밀도 B[Wb/m²], 투자율 μ[H/m]인 곳의 자계의 에너지 밀도는 몇 [J/m³]인가?

① BH　　　　　　② $\dfrac{1}{2\mu}H^2$

③ $\dfrac{1}{2}\mu H$　　　　　④ $\dfrac{1}{2}BH$

자계 중의 단위 체적당 에너지는 $W_H = \dfrac{1}{2}\mu H^2 = \dfrac{B^2}{2\mu} = \dfrac{1}{2}HB$[J/m³]이다.

252 인덕턴스의 단위에서 1[H]는?

① 1[A]의 전류에 대한 자속이 1[Wb]인 경우이다.
② 1[A]의 전류에 대한 유전율이 1[F/m]이다.
③ 1[A]의 전류가 1초간에 변화하는 양이다.
④ 1[A]의 전류에 대한 자계가 1[AT/m]인 경우이다.

인덕턴스는 $L = \dfrac{N\phi}{I}$[H]이므로 1[A]의 전류에 대한 자속이 1[Wb]인 경우 1[H]이다.

253 인덕턴스의 단위가 아닌 것은? (단, [Wb] : 자속의 단위, [A] : 전류의 단위, [V] : 전압의 단위, [J] : 에너지의 단위, [s] : 시간의 단위이다.)

① [Wb/A]　　　　　② [V·s/A]
③ [J/A·s]　　　　　④ [J/A²]

[J/A·s]는 [V]와 같다.

254 권수 200회이고, 자기 인덕턴스 20[mH]의 코일 2[A]의 전류를 흘리면 쇄교 자속수(Wb)는?

① 0.04　　　　　　② 0.02
③ 4×10^{-4}　　　　④ 2×10^{-4}

정답 248. ①　249. ④　250. ②　251. ④　252. ①　253. ③　254. ①

쇄교 자속 $N\phi = LI$이므로 $N\phi = 20 \times 10^{-3} \times 2 = 0.04[\text{Wb}]$가 된다.

255 자기 인덕턴스가 50[mH]인 코일에 흐르는 전류가 0.01[s] 사이에 5[A]에서 3[A]로 감소하였다. 이 코일에 유기된 기전력은?

① 25[V], 본래 전류와 같은 방향
② 25[V], 본래 전류와 반대 방향
③ 10[V], 본래 전류와 같은 방향
④ 10[V], 본래 전류와 반대 방향

코일의 기전력은 $e = -L\dfrac{dI}{dt} = -50 \times 10^{-3} \times \dfrac{-2}{0.01} = +10[\text{V}]$이다.

256 두 코일이 있다. 한 코일의 전류가 매초 120[A]의 비율로 변화할 때 다른 코일에는 15[V]의 기전력이 발생하였다면 두 코일의 상호 인덕턴스(H)는 얼마인가?

① 0.125　　　② 0.255
③ 0.515　　　④ 0.615

코일의 기전력의 크기는 $e = M\dfrac{dI}{dt}[\text{V}]$이므로 $M = e\dfrac{dt}{dI} = 15 \times \dfrac{1}{120} = 0.125[\text{H}]$이다.

257 코일에 있어서 자기 인덕턴스는 다음의 어떤 매질 상수에 비례하는가?

① 저항률　　　② 유전율
③ 투자율　　　④ 도전율

인덕턴스는 투자율에 비례한다.

258 공심 토로이드 코일의 권선수를 N배 하면 인덕턴스는 몇 배로 되는가?

① N^{-2}
② N^{-1}
③ N
④ N^2

토로이드 코일의 인덕턴스는 $L = \dfrac{\mu S N^2}{l}$ [H]이므로 N^2에 비례한다.

259 균일하게 원형 단면을 흐르는 전류 I[A]에 의한 반지름 a[m], 길이 l[m], 비투자율 μ_s인 원통 도체의 내부 인덕턴스는 몇 [H]인가?

① $\dfrac{1}{2} \times 10^{-7} \mu_s l$
② $10^{-7} \mu_s l$
③ $2 \times 10^{-7} \mu_s l$
④ $\dfrac{1}{2a} \times 10^{-7} \mu_s l$

원통 도체 내부의 인덕턴스는 $L = \dfrac{\mu_0 \mu_s l}{8\pi} = \dfrac{4\pi \times 10^{-7} \mu_s l}{8\pi} = \dfrac{1}{2} \times 10^{-7} \mu_s l$ [H]이다.

260 단면적 S[m²], 자로의 길이 l, 투자율 μ의 환상 철심에 1[m]당 N회 균등하게 코일을 감았을 때 자기 인덕턴스(H)는?

① $\mu N^2 l S$
② $\dfrac{\mu N^2 l}{S}$
③ $\mu N l S$
④ $\dfrac{\mu N^2 S}{l}$

환상 철심의 인덕턴스는 $L = \dfrac{\mu S (Nl)^2}{l} = \mu S N^2 l$ [H]가 된다.

정답 255. ③ 256. ① 257. ③ 258. ④ 259. ① 260. ①

TIP

이 문제는 단위 길이당의 권수를 주었으므로 전체 권수는 단위 길이당 권수에 길이를 곱한 값이 전체 권수가 된다.

CHAPTER 1 전기자기학

261 환상 철심에 권수 100회인 A 코일과 권수 400회인 B 코일이 있을 때 A의 자기 인덕턴스가 4[H]라면 두 코일의 상호 인덕턴스는 몇 [H]인가?

① 16
② 12
③ 8
④ 4

환상 솔레노이드의 상호 인덕턴스(누설 자속이 없는 경우)는
$M = \dfrac{N_B}{N_A} L_A = \dfrac{400}{100} \times 4 = 16[H]$가 된다.

262 자기 인덕턴스 L[H]인 코일에 전류 I[A]를 흘렸을 때, 자계의 세기가 H[A/m]이다. 이 코일에 전류 $\dfrac{I}{2}$[A]를 흘리면 저장되는 자기 에너지 밀도(J/m³)는?

① $\dfrac{1}{2} L I^2$
② $\dfrac{1}{8} L I^2$
③ $\dfrac{1}{2} \mu_0 H^2$
④ $\dfrac{1}{8} \mu_0 H^2$

자계 중의 단위 체적당 에너지는 $W_H = \dfrac{1}{2} \mu H^2 [\text{J/m}^3]$이며 자계의 세기와 전류는 비례하므로 전류가 1/2배가 된다면 자계의 세기도 1/2배가 된다.
따라서 에너지 밀도는 $W_H = \dfrac{1}{2} \mu_0 \left(\dfrac{H}{2}\right)^2 = \dfrac{1}{8} \mu_0 H^2 [\text{J/m}^3]$이 된다.

263 자기 인덕턴스가 10[H]인 코일에 3[A]의 전류가 흐를 때 코일에 축적된 자계 에너지는 몇 [J]인가?

① 30
② 45
③ 60
④ 90

코일에 축적되는 에너지는 $W = \dfrac{1}{2}LI^2 = \dfrac{1}{2} \times 10 \times 3^2 = 45[J]$이다.

264 어떤 코일의 인덕턴스를 측정하였더니 4[H]이고, 여기에 직류 전류 I[A]를 흘려주니 이 코일에 축적된 에너지가 10[J]이었다면 전류 I는 몇 [A]인가?

① 0.5[A]　　　　　　② $\sqrt{5}$ [A]
③ 5[A]　　　　　　　④ 25[A]

코일에 축적되는 에너지는 $W = \dfrac{1}{2}LI^2[J]$이므로

전류는 $I = \sqrt{\dfrac{2W}{L}} = \sqrt{\dfrac{2 \times 10}{4}} = \sqrt{5}$ [A]이다.

265 맥스웰은 전극 간의 유전체를 통하여 흐르는 전류를 (㉠) 전류라 하고 이것도 (㉡)를 발생한다고 가정하였다. ( ) 안에 알맞은 것은?

① (㉠)전도 (㉡)자계　　② (㉠)변위 (㉡)자계
③ (㉠)전도 (㉡)전계　　④ (㉠)변위 (㉡)전계

유전체의 구속 전자의 변위에 의한 전류를 변위 전류라 하며 변위 전류도 회전하는 자계를 만든다.

266 다음 중 유전체에서 변위 전류 밀도 i_d[A/m²]는? (단, B : 자속 밀도, H : 자계 세기, D : 전속 밀도, Q : 전하량)

① $\dfrac{\partial B}{\partial t}$　　　　　　② $\dfrac{\partial H}{\partial t}$

③ $\dfrac{\partial D}{\partial t}$　　　　　　④ $\dfrac{\partial Q}{\partial t}$

정답 261. ① 262. ④ 263. ② 264. ② 265. ② 266. ③

유전체의 변위 전류 밀도는 전속 밀도의 시간적 변화율로 $i_d = \dfrac{\partial D}{\partial t}$ [A/m²]이다.

267 유전체 내의 전계의 세기가 E, 분극의 세기가 P, 유전율이 $\varepsilon = \varepsilon_s \varepsilon_o$인 유전체 내의 변위 전류 밀도는?

① $\varepsilon \dfrac{\partial E}{\partial t} + \dfrac{\partial P}{\partial t}$
② $\varepsilon_o \dfrac{\partial E}{\partial t} + \dfrac{\partial P}{\partial t}$
③ $\varepsilon_o \left(\dfrac{\partial E}{\partial t} + \dfrac{\partial P}{\partial t} \right)$
④ $\varepsilon \left(\dfrac{\partial E}{\partial t} + \dfrac{\partial P}{\partial t} \right)$

유전체의 변위 전류 밀도는 전속 밀도의 시간적 변화율로 $i_d = \dfrac{\partial D}{\partial t}$ [A/m²]이며, 전속 밀도는 $D = \varepsilon_0 E + P$ [C/m²]이므로 변위 전류 밀도는 $i_d = \varepsilon_o \dfrac{\partial E}{\partial t} + \dfrac{\partial P}{\partial t}$ [A/m²]이다.

268 변위 전류와 가장 관계가 깊은 것은?

① 반도체
② 유전체
③ 자성체
④ 도체

유전체의 속박 전하의 변위에 의한 전류는 변위 전류이며, 도체의 자유 전자의 이동에 의한 전류는 전도 전류이다.

269 유전체에서 변위 전류를 발생하는 것은?

① 분극 전하 밀도의 시간적 변화
② 전속 밀도의 시간적 변화
③ 자속 밀도의 시간적 변화
④ 분극 전하 밀도의 공간적 변화

유전체의 변위 전류 밀도는 전속 밀도의 시간적 변화율로 $i_d = \dfrac{\partial D}{\partial t}$ [A/m²]이다.

270 간격 d[m]인 두께의 평행판 전극 사이에 유전율 ε의 유전체가 있을 때 전극 사이에 전압 $V = V_m \sin \omega t$를 가하면 변위 전류 밀도 [A/m²]는?

① $\dfrac{\varepsilon}{d} V_m \cos \omega t$
② $\dfrac{\varepsilon}{d} \omega V_m \cos \omega t$

③ $\dfrac{\varepsilon}{d} \omega V_m \sin \omega t$
④ $\dfrac{\varepsilon}{d} V_m \cos \omega t$

정현파 자속을 인가할 때 변위 전류 밀도는 다음과 같이 구할 수 있다.
$i_d = \dfrac{\partial D}{\partial t} = \dfrac{\partial \varepsilon E}{\partial t} = \dfrac{\partial \varepsilon}{\partial t} \dfrac{V}{d}$ [A/m²]
$= \dfrac{\varepsilon}{d} V_m \dfrac{\partial}{\partial t} \sin \omega t = \dfrac{\varepsilon}{d} \omega V_m \cos \omega t$ [A/m²]

271 전극 간격 d[m], 면적 S[m²], 유전율 ε[F/m]이고 정전 용량이 C[F]인 평행판 콘덴서에 $v = V_m \sin \omega t$[V]의 전압을 가할 때의 변위 전류는?

① $\omega C V_m \cos \omega t$
② $\dfrac{1}{\omega C} V_m \cos \omega t$

③ $\omega C V_m \sin \omega t$
④ $\dfrac{1}{\omega C} V_m \sin \omega t$

변위 전류는 변위 전류 밀도에 면적을 곱한 것과 같으며 다음과 같다.
$I_d = i_d S = \dfrac{\partial D}{\partial t} S = \dfrac{\partial \varepsilon E}{\partial t} S = \dfrac{\partial \varepsilon}{\partial t} \dfrac{V}{d} S$ [A]
$= \dfrac{\varepsilon S}{d} V_m \dfrac{\partial}{\partial t} \sin \omega t = \omega C V_m \cos \omega t$ [A]

정답 267. ② 268. ② 269. ② 270. ② 271. ①

CHAPTER 1 전기자기학

272 변위 전류에 의하여 전자파가 발생되었을 때 전자파의 위상은?

① 변위 전류보다 90° 빠르다.
② 변위 전류보다 90° 늦다.
③ 변위 전류보다 30° 빠르다.
④ 변위 전류보다 30° 늦다.

변위 전류는 전자파의 위상보다 90° 늦다.

273 공기 중에 E[V/m]의 전계를 i_d[A/m²]의 변위 전류로 흐르게 하려면 주파수(Hz)는 얼마나 되어야 하는가?

① $f = \dfrac{i_d}{2\pi\varepsilon E}$
② $f = \dfrac{i_d}{4\pi\varepsilon E}$
③ $f = \dfrac{\varepsilon i_d}{2\pi E}$
④ $f = \dfrac{i_d E}{4\pi\varepsilon}$

변위 전류 밀도는 $i_d = \omega\varepsilon E = 2\pi f \varepsilon E$[A/m²]이므로 주파수는 $f = \dfrac{i_d}{2\pi\varepsilon E}$[Hz]가 된다.

274 전계와 자계의 위상 관계는?

① 위상이 서로 같다.
② 전계가 자계보다 90° 빠르다.
③ 전계가 자계보다 90° 늦다.
④ 전계가 자계보다 90° 빠르다.

전파와 자파의 위상은 같고 전파와 자파가 이루는 각은 90°이다.

275 평면파에서 x 방향에 대한 전계 및 자계의 진행파가 아닌 것은?

① $E_x = F_x(y-ct)$ ② $E_y = F_y(x-ct)$

③ $E_z = F_z(x-ct)$ ④ $H_z = \sqrt{\dfrac{\varepsilon}{\mu}}\,F_y(x-ct)$

전자파의 진행 방향 성분(x 성분)은 존재하지 않는다.

276 유전체에 전도 전류 i_c와 변위 전류 i_d가 흘러, 양 전류의 크기가 같게 되는 임계 주파수를 f_c라 할 때 임의의 주파수 f에 있어서의 유전체 역률 $\tan\delta$는?

① $\dfrac{f}{f_c}$ ② $\dfrac{f_c}{f}$

③ $f \cdot f_c$ ④ $\dfrac{\sqrt{f}}{f_c}$

전도 전류 밀도는 $\sigma E[\text{A/m}^2]$, 변위 전류 밀도는 $2\pi f \varepsilon E[\text{A/m}^2]$이다.
따라서 전도 전류 밀도와 변위 전류 밀도의 크기가 같을 때의 주파수 f_c는
$\sigma E = 2\pi f_c \varepsilon E[\text{A/m}^2]$

$f_c = \dfrac{\sigma}{2\pi\varepsilon}[\text{Hz}]$가 된다.

유전체의 역률 $\tan\delta = \dfrac{i_c}{i_d}$이므로 다음과 같다.

$\tan\delta = \dfrac{i_c}{i_d} = \dfrac{\sigma}{2\pi f \varepsilon} = \dfrac{f_c}{f}$

277 공기 중에서 1[V/m]의 전계를 2[A/m²]의 변위 전류로 흐르게 하려면 주파수는 몇 [Hz]인가?

① 1.8×10^{10} ② 3.6×10^{10}
③ 5.4×10^{10} ④ 7.2×10^{10}

변위 전류의 주파수는
$f = \dfrac{i_d}{2\pi\varepsilon E} = \dfrac{2}{2\pi\varepsilon_0 \times 1} = 3.6 \times 10^{10}[\text{Hz}]$이다.

[정답] 272. ② 273. ① 274. ① 275. ① 276. ② 277. ②

278 $\sigma=1[\mho/m]$, $\varepsilon_s=6$, $\mu=\mu_0$인 유전체에 교류 전압을 가할 때 변위 전류와 전도 전류의 크기가 같아지는 주파수(Hz)는?

① 3.0×10^9
② 4.2×10^9
③ 4.7×10^9
④ 5.1×10^9

전도 전류 밀도와 변위 전류 밀도의 크기가 같을 때의 주파수 f는
$\sigma E=2\pi f\varepsilon E[A/m^2]$
$f=\dfrac{\sigma}{2\pi\varepsilon}=\dfrac{1}{2\pi\times6\varepsilon_0}=3\times10^9[Hz]$이다.

279 다음 중 전계와 자계와의 관계는?

① $\sqrt{\mu}\,H=\sqrt{\varepsilon}\,E$
② $\sqrt{\mu\varepsilon}=EH$
③ $\sqrt{\varepsilon}\,H=\sqrt{\mu}\,E$
④ $\mu\varepsilon=EH$

전계와 자계의 관계는 $\sqrt{\varepsilon}\,E=\sqrt{\mu}\,H$가 된다.
여기서, $E=\sqrt{\dfrac{\mu}{\varepsilon}}\,H[V/m]$, $H=\sqrt{\dfrac{\varepsilon}{\mu}}\,E[A/m]$가 된다.

280 전계 $E=\sqrt{2}\,E_e\sin\omega\left(t-\dfrac{x}{c}\right)[V/m]$의 평면 전자파가 있다. 진공 중에서 자계의 실횻값은 몇 [A/m]인가?

① $\dfrac{1}{4\pi}E_e$
② $\dfrac{1}{36\pi}E_e$
③ $\dfrac{1}{120\pi}E_e$
④ $\dfrac{1}{360\pi}E_e$

진공 중 자계의 실횻값은 다음과 같다.

$H = \sqrt{\dfrac{\varepsilon_0}{\mu_0}} E_e = \dfrac{E_e}{120\pi}$ [A/m]

※ $\sqrt{\dfrac{\varepsilon_0}{\mu_0}} = \dfrac{1}{120\pi}$ 이다.

281 유전율 ε, 투자율 μ인 매질 중을 주파수 f[Hz]의 전자파가 전파되어 나갈 때의 파장은?

① $f\sqrt{\varepsilon\mu}$ [m]
② $\dfrac{1}{f\sqrt{\varepsilon\mu}}$ [m]
③ $\dfrac{f}{\sqrt{\varepsilon\mu}}$ [m]
④ $\dfrac{\sqrt{\varepsilon\mu}}{f}$ [m]

전파 속도는

$v = \dfrac{\omega}{\beta} = \lambda f = \dfrac{1}{\sqrt{\varepsilon\mu}}$ [m/s]이다.

따라서 파장 $\lambda = \dfrac{1}{f\sqrt{\varepsilon\mu}}$ [m]이 된다.

(ω : 각주파수, β : 위상 정수, λ : 파장, f : 주파수)

282 공기 중에서 전자기파의 파장이 3[m]라면 그 주파수는 몇 [MHz]인가?

① 100
② 300
③ 1,000
④ 3,000

전파 속도는

$v = \dfrac{\omega}{\beta} = \lambda f = \dfrac{1}{\sqrt{\varepsilon\mu}}$ [m/s]이므로

주위 매질이 공기인 경우 주파수는 $f = \dfrac{1}{\lambda\sqrt{\varepsilon_0\mu_0}} = \dfrac{3 \times 10^8}{3} = 100$[MHz]이다.

정답 278. ① 279. ① 280. ③ 281. ② 282. ①

CHAPTER 1 전기자기학

283 도체 내의 전자파의 속도 v, 감쇠 정수 α, 위상 정수 β, 각속도 ω일 때 전자파의 전파 속도 v는?

① $\dfrac{\beta}{\alpha}$ ② $\dfrac{\omega}{\beta}$

③ $\dfrac{\alpha}{\omega}$ ④ $\dfrac{\omega}{\alpha}$

전파 속도는
$v = \dfrac{\omega}{\beta} = \lambda f = \dfrac{1}{\sqrt{\varepsilon\mu}}$ [m/s]이다.

284 비유전율 4, 비투자율 1인 공간에서 전자파의 전파 속도는 몇 [m/s]인가?

① 0.5×10^8 ② 1.0×10^8

③ 1.5×10^8 ④ 2.0×10^8

전파 속도는 다음과 같이 구한다.
$v = \dfrac{1}{\sqrt{\varepsilon\mu}} = \dfrac{1}{\sqrt{\varepsilon_s \mu_s}} \dfrac{1}{\sqrt{\varepsilon_0 \mu_0}} = \dfrac{1}{\sqrt{1 \times 4}} \times 3 \times 10 = 1.5 \times 10^8$ [m/s]

285 비유전율이 2이고, 비투자율이 2인 매질 내에서의 전자파의 전파 속도 v[m/s]와 진공 중의 빛의 속도 v_0[m/s] 사이 관계는?

① $v = \dfrac{1}{2} v_0$ ② $v = \dfrac{1}{4} v_0$

③ $v = \dfrac{1}{6} v_0$ ④ $v = \dfrac{1}{8} v_0$

전파 속도는 다음과 같다.
$v = \dfrac{1}{\sqrt{\varepsilon\mu}} = \dfrac{1}{\sqrt{\varepsilon_s \mu_s}} \dfrac{1}{\sqrt{\varepsilon_0 \mu_0}} = \dfrac{1}{\sqrt{2 \times 2}} v_0$ [m/s]

286 비유전율이 2.75인 기름 속의 전자파의 속도는 약 몇 [m/s]인가? (단, 기름의 비투자율은 1이다.)

① 1.2×10^8
② 1.5×10^8
③ 1.8×10^8
④ 2.1×10^8

$$v = \frac{1}{\sqrt{\varepsilon\mu}} = 3 \times 10^8 \times \frac{1}{\sqrt{2.75 \times 1}} = 1.8 \times 10^8 [\text{m/s}]$$

287 다음 중 맥스웰의 전자 방정식으로 옳지 않은 것은?

① $\text{rot} H = i + \frac{\partial D}{\partial t}$
② $\text{rot} E = -\frac{\partial B}{\partial t}$
③ $\text{div} B = \phi$
④ $\text{div} D = \rho$

맥스웰의 전자 방정식은 다음과 같다.
① $\text{rot} H = i_c + \frac{\partial D}{\partial t}$ (전도 전류와 변위 전류는 회전하는 자계를 발생시킨다.)
② $\text{rot} E = -\frac{\partial B}{\partial t}$ (자속의 시간적 변화를 방해하는 방향으로 기전력이 유도된다.)
③ $\text{div} B = 0$ (N극과 S극은 공존한다.)
④ $\text{div} D = \rho$ (전하에서 전속이 발산한다.)

288 다음 중 전자계에 대한 맥스웰의 기본 이론이 아닌 것은?

① 자계의 시간적 변화에 따라 전계의 회전이 생긴다.
② 전도 전류는 자계를 발생시키나 변위 전류는 자계를 발생시키지 않는다.
③ 자극은 N, S극이 항상 공존한다.
④ 전하에서는 전속선이 발산된다.

맥스웰의 전자 방정식에 의하여 전도 전류와 변위 전류는 회전하는 자계를 발생시킨다.
$\text{rot} H = i_c + \frac{\partial D}{\partial t}$

정답 283. ② 284. ③ 285. ① 286. ③ 287. ③ 288. ②

289 다음 중 전자계에 대한 맥스웰의 기본 이론이 아닌 것은?

① 자계의 시간적 변화에 따라 전계의 회전이 생긴다.
② 전도 전류와 변위 전류는 자계를 발생시킨다.
③ 고립된 자극이 존재한다.
④ 전하에서 전속선이 발산된다.

$\text{div}B = 0$(자속의 발산은 존재하지 않는다. N, S극은 공존한다.)

290 자속 밀도는 벡터이며 B로 표시한다. 다음 중 항상 성립되는 관계는?

① $\text{grad}B = 0$
② $\text{rot}B = 0$
③ $\text{div}B = 0$
④ $B = 0$

291 맥스웰의 전자계에 관한 제1 기본 방정식은?

① $\text{rot}D = i + \dfrac{\partial H}{\partial t}$
② $\text{rot}H = i + \dfrac{\partial D}{\partial t}$
③ $\text{rot}i = H + \dfrac{\partial D}{\partial t}$
④ $\text{rot}\left(i + \dfrac{\partial D}{\partial t}\right) = H$

292 벡터 퍼텐셜 A의 각 성분이 다음과 같이 주어졌을 때 그 자속 밀도 B는?

$$A = -i3xyz + j2x^2$$

① $B = i(4x + 3xz) - j3xy$
② $B = -i3xy + j(4x + 3xz)$
③ $B = -j3xy + k(4x + 3xz)$
④ $B = -i3xy + j3yz + k(4x + 3xz)$

자속 밀도는 벡터 퍼텐셜의 회전으로 나타내므로 다음과 같이 구할 수 있다.
$B = rot A$

$$B = \begin{vmatrix} i & j & k \\ \frac{\partial}{\partial x} & \frac{\partial}{\partial y} & \frac{\partial}{\partial z} \\ -3xyz & 2x^2 & 0 \end{vmatrix} = -j3xy + k(4x + 3xz)\,[\text{Wb/m}^2]$$

293 자계의 벡터 퍼텐셜을 A라 할 때, A와 자계의 변화에 의해 생기는 전계 E 사이에 성립하는 관계식은?

① $E = -\dfrac{\partial A}{\partial t}$ ② $E = \dfrac{\partial A}{\partial t}$

③ $A = \dfrac{\partial E}{\partial t}$ ④ $A = -\dfrac{\partial E}{\partial t}$

자속 밀도는 $B = rot A\,[\text{Wb/m}^2]$이고 전계의 회전은 $rot E = -\dfrac{\partial B}{\partial t}$이므로 $rot E = -\dfrac{\partial}{\partial t} rot A$가 되므로 $E = -\dfrac{\partial}{\partial t} A$이다.

294 매질이 완전 유전체인 경우의 전자기파의 파동 방정식을 표시하는 것은?

① $\nabla^2 E = \varepsilon\mu \dfrac{\partial E}{\partial t},\quad \nabla^2 H = k\mu \dfrac{\partial H}{\partial t}$

② $\nabla^2 E = \varepsilon\mu \dfrac{\partial^2 E}{\partial t^2},\quad \nabla^2 H = \varepsilon\mu \dfrac{\partial^2 H}{\partial t^2}$

③ $\nabla^2 E = \varepsilon\mu \dfrac{\partial^2 E}{\partial t^2},\quad \nabla^2 H = k\mu \dfrac{\partial^2 H}{\partial t^2}$

④ $\nabla^2 E = \varepsilon\mu \dfrac{\partial E}{\partial t},\quad \nabla^2 H = \varepsilon\mu \dfrac{\partial H}{\partial t}$

- 전계의 파동 방정식 : $\nabla^2 E = \varepsilon\mu \dfrac{\partial^2 E}{\partial t^2}$

- 자계의 파동 방정식 : $\nabla^2 H = \varepsilon\mu \dfrac{\partial^2 H}{\partial t^2}$

정답 289. ③ 290. ③ 291. ② 292. ③ 293. ① 294. ②

CHAPTER 1 전기자기학

295 자유 공간의 고유 임피던스 $\sqrt{\dfrac{\mu_0}{\varepsilon_0}}$ 의 값은 몇 [Ω]인가?

① 60π
② 80π
③ 100π
④ 120π

[해설]

고유(=파동) 임피던스는 다음과 같다.

$\eta = \dfrac{E}{H} = \sqrt{\dfrac{\mu}{\varepsilon}} = \sqrt{\dfrac{\mu_s}{\varepsilon_s}}\sqrt{\dfrac{\mu_0}{\varepsilon_0}} = 120\pi\sqrt{\dfrac{\mu_s}{\varepsilon_s}}$ [Ω]

자유 공간(=진공)은 비유전율, 비투자율이 모두 1이므로 $\eta = 120\pi$ [Ω]이다.

296 비유전율 $\varepsilon_s = 9$, 비투자율 $\mu_s = 1$인 공간에서의 특성 임피던스는?

① $40\pi[\Omega]$
② $100\pi[\Omega]$
③ $120\pi[\Omega]$
④ $150\pi[\Omega]$

[해설]

특성 임피던스는 다음과 같다.

$\eta = \sqrt{\dfrac{\mu}{\varepsilon}} = 120\pi\sqrt{\dfrac{\mu_s}{\varepsilon_s}} = 120\pi \times \sqrt{\dfrac{1}{9}} = 40\pi[\Omega]$

297 전계와 자계가 서로 직각 방향을 갖는 평면 전자파가 있다. 이때, 공간의 전계 에너지 밀도 W_e와 자계 에너지 밀도 W_m 사이에는 어떤 관계가 있는가? (단, η는 고유 임피던스이다.)

① $W_e = \eta W_m$
② $W_e = \dfrac{2W_m}{\eta^2}$
③ $W_e = \dfrac{W_m}{\eta}$
④ $W_e = W_m$

[해설]

전자파의 전계의 에너지와 자계의 에너지는 같다.

298 전계 E[V/m], 자계 H[A/m]의 전자계가 평면파를 이루고 자유 공간으로 전파될 때 단위 시간에 단위 면적당 에너지(W/m²)는?

① $\dfrac{1}{2}EH$
② $\dfrac{1}{2}EH^2$
③ EH^2
④ EH

전자파의 단위 시간, 단위 면적당 에너지는 $P = EH = \sqrt{\dfrac{\mu}{\varepsilon}}\,H^2 = \sqrt{\dfrac{\varepsilon}{\mu}}\,E^2$ [W/m²] 과 같다.

299 100[kW]의 전력이 안테나에서 사방으로 균일하게 방사될 때 안테나에서 1[km] 거리에 있는 점의 전계의 실횻값은? (단, 공기의 유전율은 $\varepsilon_0 = \dfrac{10^{-9}}{36\pi}$ [F/m]이다.)

① 1.73[V/m]
② 2.45[V/m]
③ 3.73[V/m]
④ 6[V/m]

단위 면적당 전력은 다음과 같이 구할 수 있다.
$P = \dfrac{W}{S} = \dfrac{W}{4\pi r^2}$ [W/m²]

전자파의 단위 면적당 전력은 다음과 같이 구할 수 있다.
$P = EH = \sqrt{\dfrac{\varepsilon_0}{\mu_0}}\,E^2 = \dfrac{1}{120\pi}E^2$ [W/m²]

따라서 위의 두 식을 정리하게 되면 전계는 다음과 같이 구할 수 있다.
$E^2 = \dfrac{120\pi P}{4\pi r^2} = \dfrac{30 \times 10^5}{10^6} = 3$
$E = \sqrt{3} = 1.73$[V/m]

정답 295. ④ 296. ① 297. ④ 298. ④ 299. ①

300 평면 전자파에서 전계의 세기가 $E = 5\sin\omega\left(t - \dfrac{x}{v}\right)$ [V/m]인 공기 중에서의 자계의 세기는 몇 [A/m]인가?

① $-\dfrac{5\omega}{v}\cos\omega\left(t - \dfrac{x}{v}\right)$
② $5\omega\cos\omega\left(t - \dfrac{x}{v}\right)$
③ $4.8 \times 10^2 \sin\omega\left(t - \dfrac{x}{v}\right)$
④ $1.3 \times 10^{-2} \sin\omega\left(t - \dfrac{x}{v}\right)$

해설

전계의 최댓값이 5이므로 자계의 최댓값은
$$H_m = \sqrt{\dfrac{\varepsilon_0}{\mu_0}} E_m = \dfrac{5}{120\pi} = 1.32 \times 10^{-2} [\text{A/m}] 이다.$$
전파와 자파의 위상은 같으므로 자계의 실횻값은 다음과 같다.
$$H = 1.3 \times 10^{-2} \sin\omega\left(t - \dfrac{x}{v}\right) [\text{A/m}]$$

정답 300. ④

CHAPTER 2

핵심요약

전력공학

CHAPTER 2 전력공학

1 전력 계통 흐름도

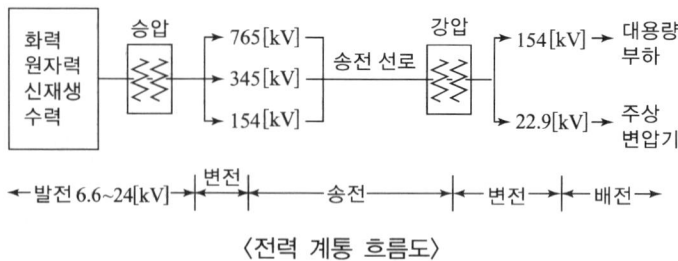

〈전력 계통 흐름도〉

2 교류 송전과 직류 송전의 비교

교류 송전 방식	• 발전 → 승압 → 송전 → 강압 → 배전 전압의 승압과 강압이 유리 • 회전 자계를 얻기 쉽다. • 계통의 합리적·경제적 운영이 가능
직류 송전 방식	• 변환소(C/S) → 직류(컨버터) → 지하 케이블 → 변환소(인버터) → 교류로 변환 • 절연 계급이 낮고 리액턴스 손실이 없어 송전 효율이 높고 안정도가 좋다. • 전자파 발생 우려가 적어 민원 발생이 적다. • 다른 계통과 비동기 연계 가능 • 직류 송전의 단점 : 고주파 발생, 차단이 교류에 비해 어렵다.

3 승압의 이유

공급 전력이 증대한다(P는 V^2에 비례).	V^2
전압 변동이 적어진다(ε는 V^2에 반비례).	$\dfrac{1}{V^2}$
전력 손실이 감소한다(P_l는 V^2에 반비례).	$\dfrac{1}{V^2}$

- 실제 345[kV] → 765[kV] 승압을 하면
  ① 수송 전력은 3.4배 증가
  ② 부지 면적은 53[%] 감소
  ③ 전력 손실은 1/7로 감소

4 역률 개선

지상 무효 전력을 전력용 콘덴서(진상)로 보상
콘덴서 용량 Q_c

역률 개선용 콘덴서 용량 $Q_c = P\left(\dfrac{\sqrt{1-\cos\theta_1^2}}{\cos\theta_1} - \dfrac{\sqrt{1-\cos\theta_2^2}}{\cos\theta_2}\right)$

① 전력 손실 감소(P_l은 $\cos\theta^2$에 반비례)
② 부하 용량을 증대시킬 수 있고
③ 변압기 용량을 감소
④ 전기 요금 절약

5 코로나 현상

코로나 현상	• 이상 전압 전류의 영향으로 도체 표면의 공기 절연이 국부적으로 파괴, 낮은 음과 빛을 내는 현상 • 코로나 손실 $P_c = \dfrac{241}{\delta}(f+25)\sqrt{\dfrac{d}{2D}}(E-E_0)^2 \times 10^{-5}$[kW/km/1선] • 코로나 임계 전압 $E_0 = 24.3 m_0 m_1 \delta d \log_{10}\dfrac{D}{r}$[kV] $d \gg$, $E_0 \gg$, $P_c \ll$ 전선의 지름이 클수록 임계 전압(코로나 개시 전압)이 증대하고 피크값이 감소, 코로나가 방지된다.
영향	• 전력 손실(대지 전압 - 임계 전압)^{2}에 비례 • 전선의 부식(O_3의 발생) • 유도 장해 발생, 라디오, TV의 시청, 청취 방해

6 표피 현상

전류의 밀도가 도체 중심부에서 작아지고 전선 표면으로 갈수록 커지는 현상

$$\delta(\text{침투 깊이}) = \sqrt{\dfrac{2}{\omega \cdot \mu \cdot \rho}} = \dfrac{1}{\sqrt{\pi f \mu \sigma}}$$

σ : 도전율
μ : 투자율

전압이 높을수록 전선이 굵을수록 주파수가 높을수록 표피 효과가 커진다.

7 선로 정수와 단거리, 중거리 송전 선로의 특성

송전 선로는 R, L, C, G의 연속적 전기 회로, 선로 정수는 전선의 종류, 굵기 배치에 따라 정해지며 송전 전압, 전류, 역률, 기상 등에는 영향받지 않는다.

1) 저항

$R_t = R_{t0}[1 + \alpha_{t0}(t - t_0)]$

2) 인덕턴스

전선로에 전류가 흘러 발생되는 쇄교 자속수를 나타내는 정수

$$L_n = 0.4605\log_{10}\frac{D}{\sqrt[n]{rs^{n-1}}} + \frac{0.05}{n}\,[\text{mH/km}]$$

D : 3상 수평 배치 $D = \sqrt[3]{D_1 \cdot D_2 \cdot D_3}$

4복도체 $D = \sqrt[6]{D \cdot D \cdot D \cdot D \cdot \sqrt{2}\,D \cdot \sqrt{2}\,D} = \sqrt[6]{2}\,D = D \cdot 2^{\frac{1}{6}}$

3) 정전 용량

송전 선로에 인가된 전압에 의하여 축적되는 전기량의 크기를 나타내는 정수

$$C = \frac{0.02413}{\log_{10}\frac{D}{r}}\,[\mu\text{F/km}] \qquad C = C_s + 2C_m \qquad C = C_s + 3C_m$$

단거리 선로 수십[km] 이내 $R-X$의 집중 정수 회로		$V_s - V_r = V_d = \sqrt{3}\,I(R\cos\theta + X\sin\theta)$ $X = X_L - X_c$ $ = \frac{P}{V}(R + X\tan\theta)$ 최대 전압 강하의 위상각 $\tan\theta = \frac{X}{R}$ ε : 전압 강하율 $\frac{V_s - V_r}{V_r} \times 100$ ε' : 전압 변동률 $\frac{V_r' - V_r}{V_r} \times 100$ V_r' : 무부하, 부하를 끊는 경우 $V_d \propto \frac{1}{V}$ $\varepsilon \propto \frac{1}{V^2}$
중거리 선로 100[km] 이내 4단자 정수 T형, π형의 집중 정수 회로	T형	$V_s = AV_R + BI_R$ $I_s = CV_R + DV_R$ $\begin{bmatrix} A = 1 + \dfrac{ZY}{2} & B = Z\left(1 + \dfrac{ZY}{4}\right) \\ C = Y & D = 1 + \dfrac{ZY}{2} \end{bmatrix}$ 대칭 T형이므로 $A = D$
	π형	$V_s = \left(1 + \dfrac{ZY}{2}\right)V_R + ZI_R$ $I_s = Y\left(1 + \dfrac{ZY}{4}\right)V_R + \left(1 + \dfrac{ZY}{2}\right)V_R$
	무부하 충전 전류 I_s	$V_s = AV_R + BI_R$ $I_R = 0$ $I_s = CV_R + DI_R$ $I_s = CV_R$ $V_R = \dfrac{V_s}{A}$ 이므로 $I_s = \dfrac{C}{A}V_R$

8 분포 정수 회로

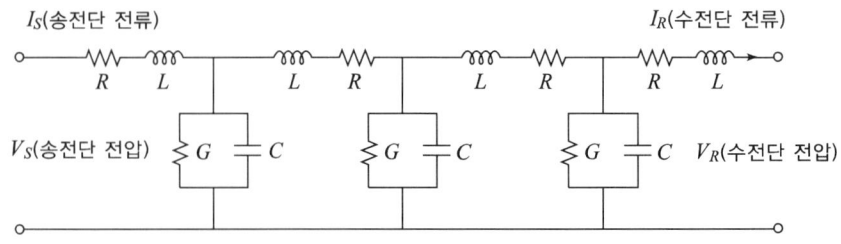

〈장거리 송전 $R-L-C-G$의 연속적 전기 회로〉

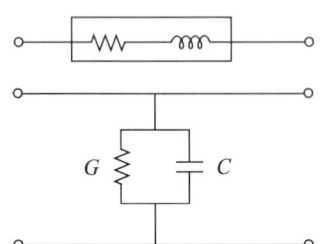

Z(직렬 임피던스)$= R+j\omega L$ (무부하 시험)

Y(병렬 어드미턴스)$= G+j\omega C$ (단락 시험)

특성 임피던스	Z_0	무손실 선로	$R=0, G=0$	$Z_0 = \sqrt{\dfrac{L}{C}}$
		무왜형 선로	$LG=RC$	$Z_0 = \sqrt{\dfrac{L}{C}}$
전파 정수	γ	$\gamma = \alpha + j\beta$	\multicolumn{2}{l	}{α : 감쇠 정수 $\alpha=0, \beta=\omega\sqrt{LC}$ (무손실) β : 위상 정수 $\alpha=\sqrt{RG}, \beta=\omega\sqrt{LC}$ (무왜형)}
전파 속도	V	\multicolumn{3}{l	}{$V = \dfrac{\omega}{\beta} = \dfrac{\omega}{\omega\sqrt{LC}} = \dfrac{1}{\sqrt{LC}} = 3\times 10^8 [\text{m/s}]$}
파장	λ	\multicolumn{3}{l	}{$\lambda = \dfrac{V}{f}$ V(전파 속도)$=\lambda \cdot f$ $\lambda = \dfrac{2\pi}{\beta}$ $\lambda = \dfrac{2\pi}{\omega\sqrt{LC}} = \dfrac{1}{f\sqrt{LC}}$}

9 조상 설비 및 고장 전류

무효 전력의 조정, 계통의 전압을 조정하는 설비

조상기	진상+지상	동기 조상기	동기 전동기의 역률 개선	• 연속적이고 원활하다. • 시충전 가능
		중간 조상기	안정도 증대	
리액터	부족 여자 지상	직렬 리액터	제5고조파 제거 $5\omega L = \dfrac{1}{5\omega C}$	• 불연속 · 계단적 시충전 불가 • 소비 전력이 적다.
		병렬 리액터	분로 리액터 페란티 현상 방지	
		소호 리액터	지락 아크 소멸	
		한류 리액터	단락 전류 제한	
콘덴서	과여자 진상	직렬 콘덴서[1]	송전 선로 전압 강하 보상	• 불연속 · 계단적 시충전 불가 • 소비 전력이 적다.
		병렬 콘덴서	배선 선로, 역률 개선[2]	

참고

1) 직렬 콘덴서 : 역률이 나쁠수록 설치 효과가 좋다.

2) 역률 개선의 효과 ① 전력 손실 감소 $\left(\dfrac{1}{\cos\theta^2}\right)$

② 전기 요금 감소

③ 설비 용량의 감소 및 효율적 운용

④ 설비 용량의 여유 증가

> **참고**

주파수 조정	• 주파수가 높으면 발전소 출력을 감소 • 주파수가 낮으면 발전소 출력을 증대
전압 조정	• 전압이 높으면 리액터로 부족 여자 • 전압이 낮으면 콘덴서로 과여자
충전 전류[A]	$I_c = i_c \times l = \dfrac{V/\sqrt{3}}{\dfrac{1}{\omega C}} \times l = \omega C \dfrac{V}{\sqrt{3}} = 2\pi f C \dfrac{V}{\sqrt{3}} \times l$
충전 용량[VA]	$Q_c(3선용) = 3 \cdot E \cdot I_c = 3 \dfrac{V}{\sqrt{3}} \cdot 2\pi f c \dfrac{V}{\sqrt{3}} \times l = 2\pi f C V^2 \times l$

고장 전류	평형	• Ω법 : $I_s = \dfrac{E}{Z} = \dfrac{\dfrac{V}{\sqrt{3}}}{\sqrt{R^2 + X^2}}$ [A] • 단위법(per unit method) $$Z(PU) = \dfrac{ZI}{E}$$ 백분율법에서 100[%]를 제거 • %Z법 = $\dfrac{임피던스\ 강하}{전체\ 전압} \times 100$ $= \dfrac{Z \cdot I}{E} \times 100 = \dfrac{Z \cdot P_n}{10 V^2} = \dfrac{1}{K_s(단락비)}$ $\%Z \propto \dfrac{1}{P_n} \propto \dfrac{1}{V^2}$
		• 고장 전류 $I_s = \dfrac{100}{\%Z} I$ • 차단 용량 $P_s = \dfrac{100}{\%Z} P_n [kVA]$ $P_s = \sqrt{3} \cdot V \cdot I_s$

10 불평형 고장 계산

복잡한 불평형 상태의 고장을 평형 상태로 바꾸어 계산

V_0	$\frac{1}{3}(V_a+V_b+V_c)$	같은 크기 동일한 위상각 접지식에서만 흐른다.
V_1	$\frac{1}{3}(V_a+aV_b+a^2V_c)$	전원과 동위상 상회전으로 120°의 위상각을 가진 각 상전압 성분
V_2	$\frac{1}{3}(V_a+a^2V_b+aV_c)$	전원과 상회전 방향 반대 120°의 위상각을 가진 각 상전압 성분

V_a	$V_0+V_1+V_2$
V_b	$V_0+a^2V_1+aV_2$
V_c	$V_0+aV_1+a^2V_2$

고장에 따른 분포	고장 종류	영상	정상	역상
	1선 지락 고장	존재	존재	존재
	선간 단락 고장		존재	존재
	3상 단락 고장		존재	
	발전 기본식	$-Z_0I_0$	$E_a-Z_aI_a$	$-Z_0I_0$
	1선 지락 전류	$I_S=I_g=3I_0=\dfrac{3E_a}{Z_0+Z_1+Z_2}$		

11 송전 용량 계산식 및 송전 전압 결정식 · 유도 장해 · 중성점 접지

$P=\dfrac{E_R E_S}{X}\sin\theta$	① $\sin\theta = 90°$ $P_{\max}=\dfrac{E_R \cdot E_S}{X}$ ② 안정도를 고려하여 30~45° ③ 송전 거리가 길면 유도성 리액턴스가 증가하여 송전 가능 전력이 감소	
고유 부하법	$P=\dfrac{V^2}{K}=\dfrac{V^2}{\sqrt{\dfrac{L}{C}}}$	• 복도체를 사용하면 송전 용량이 증가한다. • $L \downarrow 20[\%]$, $C \uparrow 20[\%]$ 증가
용량 계수법	$P=k\dfrac{V^2}{l}$ 154[kV]인 경우 용량 계수 $k=1,200$	
경제적인 송전 전압 결정	A. Still식 $V=5.5\sqrt{0.6\times l + 0.01 \times P}\,[\text{kV}]$	
경제적 선의 굵기	켈빈의 식 : 전선의 단위 길이당 연간 전력 손실량의 가격과 전선 단위 길이당의 건설비의 이자와 감가상각비가 같게 될 때의 전선의 굵기가 가장 경제적이다. $C=\dfrac{\sqrt{WMP}}{N}\,[\text{A/mm}^2]$ • C : 전류 밀도 • W : 전선의 무게 • M : 전선의 가격 • P : 1년간 이자와 상각비의 합계	
안정도	전력 계통이 안정하게 운전할 수 있는가의 능력 ① 정태 안정도 : 정상적인 상태, 서서히 부하가 증가될 때 지속적으로 운전할 수 있는 능력 ② 과도 안정도 : 부하의 극변, 계통의 사고 등 교란이 발생한 경우 지속적으로 전력을 공급할 수 있는 능력 ③ 동태 안정도 : 자동 전압 조정기(AVR) 또는 조속기 등으로 안정도를 제어할 때의 안정도 $P=\dfrac{E_R E_S}{X}\sin\delta$ • $\delta = 90°$ 최대 송전 전력 • $\delta = 30 \sim 45°$ 일반적 안정도	
안정도 증대법	① 계통의 리액턴스를 적게 • 복도체 방식 • 병렬 2회선 ② 전압 변동을 작게 • 속응 여자 방식 • 계통 연계 ③ 중간 조상 방식 ④ 입출력 불평형을 작게	

유도 장해	정전 유도 현상	$E_0 = \dfrac{C_m}{C_m + C_s} \times E$	① 길이와 무관 일정 ② 영상 전압 ③ 상호 정전 용량에 의해 발생
	전자 유도 현상	$I_0 = -j\omega M \cdot l \cdot (I_a + I_b + I_c)$ $\quad = j\omega M \cdot l \cdot 3I_0$	① 영상 전류 ② 길이에 비례 ③ 상호 유도 인덕턴스에 의해 발생
유도 장해 방지 대책	전력선 대책	① 이격 거리 증대 ③ 지락 전류 신속 제거	② 교차 부분 직각 ④ 차폐선 설치
	통신선 대책	① 차폐 케이블 설치 ② 배류 코일 설치 ③ 성능이 우수한 피뢰기 설치	

중성점 접지 방식	목적	① 이상 전압 상승 억제 ② 건전상 전위 상승 저감 기기의 절연 레벨 경감 ③ 보호 계전기 동작 확보
	직접 접지	중성점을 직접 대지에 접지 ① 이상 전압 상승 억제　　② 건전상 전위 상승 저하·절연 레벨 경감 ③ 고장 전류 최대　　　　④ 안정도가 나쁘다. ⑤ 유도 장해 최대
	소호 리액터 접지	① 리액터의 리액턴스와 대지의 정전 용량을 병렬 공진 ② 지락 전류 최소 ③ 안정도 양호 ④ 유도 장해 최소 ⑤ 전위 상승 최대
	비접지 방식	① 저전압 단거리(3.3[kV], 6.6[kV]급) 선로 ② $j\omega C_s \dfrac{V}{\sqrt{3}} \times l$ ③ 90° 빠른 전류(진상 전류-재점호 페란티 현상)

복도체 방식	① 154[kV] 계통 : 330[mm^2] 2복도체 　345[kV] 계통 : 480[mm^2] 4복도체 　765[kV] 계통 : 480[mm^2] 6복도체 ② 같은 단면적의 단도체보다 L은 감소, C는 증대 ③ 송전 용량 증대, 안정도 증대 ④ 코로나 방지 ⑤ 소도체 충돌 꼬임 현상 발생 : 스페이서 설치(소도체 충돌 방지)

12 피뢰기 및 차단기 등 각종기기

1) 피뢰기

   (1) 기능 및 역할

   뇌해 등 이상 전압을 대지로 방전, 속류 차단, 절연 레벨 저감

   (2) 구비 조건

   ① 상용 주파 방전 개시 전압이 높을 것
   ② 충격 방전 개시 전압은 낮을 것
   ③ 제한 전압은 낮고 방전 내량은 클 것

   (3) 정격 전압

   ① 속류가 차단되는 교류 최고의 전압
   ② 피뢰기 양단자 사이의 상용 주파수의 최대 전압의 실횻값

   (4) 속류

   방전이 끝난 후 피뢰기를 통해 대지에 흐르는 상용 주파수 전류

   (5) 제한 전압

   충격파 전류가 흐르고 있을 때 단자 전압 피뢰기가 처리하고 남은 전압

   = 피뢰기가 처리할 전압 $\dfrac{2Z_2}{Z_1+Z_2}e_1$ − 피뢰기가 처리한 전압 $\dfrac{Z_1 Z_2}{Z_1+Z_2}i$

2) 차단기

   (1) 기능 및 역할

   부하 전류 개폐 및 고장 전류 차단

   (2) 차단 용량

   $P_s = \sqrt{3}\, V \cdot I_s [\text{kVA}] = \dfrac{100}{\%Z} P_n$

   (3) 정격 차단 시간

   개극 시간과 아크 시간의 합산 시간 3~8 사이클, 트립 코일 여자로부터 소호할 때까지 시간

   (4) 종류 및 특징

유입 차단기	OCB	절연유, 방음 설비 및 소호 장치가 필요 없다.
진공 차단기	VCB	진공, 소량 경량, 22.9[kV]에 대부분 사용
가스 차단기	GCB	SF_6 가스, 절연 내력 우수, 밀폐 구조 신뢰 우수

3) PF(전력용 퓨즈)
① 단락 전류 차단
② 소량 경량
③ 차단 용량이 크다.
④ 유지 보수 간단
⑤ 가격 저렴
⑥ 재투입 불가
⑦ 계전기처럼 시한 특성이 없다.

4) DS(단로기)
① 소호 장치 없음.
② 전류 차단 능력 없음.

5) MOF(계기용 변성기)
CT+PT 한 탱크 內

- CT : 계기용 변류기, 점검 시에 2차 측 단락(2차 측 절연 보호)
- PT : 계기용 변압기, PT비 22.9[kV]인 경우 $\dfrac{22{,}900/\sqrt{3}}{190/\sqrt{3}} = \dfrac{13{,}200}{110}$

6) ZCT(영상변류기)
비접지식 영상 전류 검출

7) GPT(접지용 계기용 변압기)
① 영상 전압 검출
② 1차 측 Y 결선
③ 2차 측 개방 △ 결선

8) GIS
① 가스 절연 개폐 장치
② 모선+CB+개폐기류+DS 등 한 탱크에 수납하여 SF_6로 충진
③ 신뢰성 우수, 감전 사고 적다.
④ 밀폐 구조이므로 소음이 작다.

13 절연 협조

① **절연 협조**(insulation cooperation) : 계통의 각 기기는 자체의 기능에서 요구되는 절연 강도뿐만 아니라 만일 사고가 발생하더라도 그 범위를 최소한으로 억제해서 계통 전체의 신뢰도를 높이고, 또한 경제적이고, 합리적인 절연 강도가 되게끔 기기 상호 간에 절연의 협조를 잘 도모해 줄 필요가 있다. 이와 같이 계통 내의 각 기기·기구 및 애자 등의 상호 간에 적정한 절연 강도를 지니게끔 함으로써 계통의 설계를 합리적·경제적으로 할 수 있게 한 것
② **절연 협조의 기본** : 피뢰기의 제한 전압
③ 154[kV]의 예

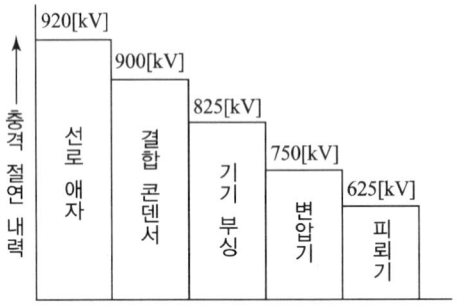

〈154[kV] 송전 계통의 절연 협조〉

④ 기준 충격 절연 강도(BIL : Basic Impulse Insulation Level)

14 계전 방식 및 각종 기기의 특성

전원이 한군데만 존재하는 방사 선로	과전류 계전기(OC)
전원이 양단에 존재하는 방사 선로	방향 단락 계전기(DS) + 과전류 계전기(OC)
거리 계전기	• 고장점과의 거리를 임피던스로 계산 • 기억 작용 : 고장 후에도 잠시 동안 건전 전압을 유지
파일럿 와이어 계전 방식 (표시선 계전 방식)	송수 양단을 고속도로 동시에 차단 케이블 송전선에만 적용 • 전류 순환 방식 • 전압 반향 방식 • 방향 비교 방식

15 보호 계전기

1) **보호 계전기의 구비 조건**
   ① 보호 동작이 정확·확실하고 감도가 예민할 것
   ② 열적·기계적으로 견고할 것
   ③ 가격이 싸고 또 계전기의 소비 전력이 작을 것
   ④ 오래 사용하여도 특성의 변화가 없을 것
   ⑤ 후비 보호 능력이 있을 것

2) **동작 시한에 의한 분류**
   ① 순한시 계전기 : 고장이 생기면 즉시 동작하는 고속도 계전기
   ② 정한시 계전기 : 일정 전류 이상이 되면 크기에 관계없이 일정 시간 후 동작하는 계전기
   ③ 반한시 계전기 : 전륫값이 크면 동작 시한이 짧고, 전륫값이 작으면 동작 시한이 길어지는 계전기
   ④ 반한시성 정한시 계전기 : 동작 전류가 작은 동안은 반한시 계전기이고, 동작 전류가 커지면 정한시 계전기

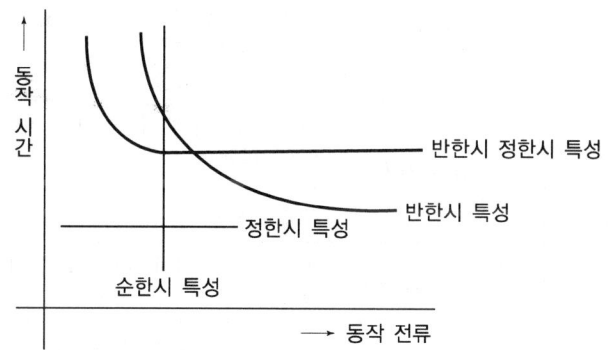

3) **보호 계전기의 종류**
   ① 과전류 계전기(OCR) : 일정 전류 이상이 되면 동작
   ② 지락 과전류 계전기(OCGR) : 지락 사고 시 일정 전류 이상이 되면 동작
   ③ 과전압 계전기(OVR) : 일정 전압 이상이 되면 동작
   ④ 지락 과전압 계전기(OVGR) : 지락 사고 시 일정 전압 이상이 되면 동작
   ⑤ 부족 전압 계전기(UVR) : 일정 전압 이하가 되면 동작
   ⑥ 차동 계전기(DfR) : 양쪽 전류의 차로 동작
   ⑦ 비율 차동 계전기(RDfR) : 발, 변압기 층간, 단락 보호
   ⑧ 거리 계전기(임피던스 계전기) : 전압, 전류 입력량으로 함숫값 이하가 되면 동작 → 선로 보호용(기억 작용 : 고장 전의 전압 유지)
   ⑨ 부흐홀츠 계전기 : 변압기 보호 장치로서 콘서베이터와 콘서베이터를 연결하는 파이프 도중에 설치하여 절연유의 아크 분해 시 발생

⑩ SGR : 병렬 2회선, 고장 회선만 선택 차단

전원이 일단만 존재하는 환상 선로 전원이 양단에 있는 경우 환상 선로	• 방향 단락 계전기 DS • 방향 거리 계전기 DZ
비접지식	• ZCT+GR를 조합 • 고장 전류 검출
비율 차동 계전기	변압기가 △ 결선이면 비율 차동 계전기는 Y 결선, 변압기가 Y 결선이면 비율 차동 계전기는 △ 결선
환상 모선 계전 방식	한 모선 고장 시에 타 모선으로 절체하는 2중 모선 방식
154[kV] 무정전 절체 방식	• 1.5 차단 방식 • 2중 모선 무정전 절체 방식

16 전선로의 각종 보호 방식 및 애자 특성

1) 전선로의 각종 현상 및 가선 방식

전선로의 각종 현상 및 가선 방식	연가	전선로를 3배수 치환 가선 • 유도 장해 방지 • 직렬 공진 방지 • 선로 정수 평형
	전선의 진동	미풍·맴돌이 현상, 전선의 피로, 단선 현상 • 아마로드 • 진동 제지권 • 댐퍼 설치
	전선의 약진 도약	빙설 하중의 낙하, 단락 및 단선 사고 방지, 오프셋 설치(삼각형 배치)
	역섬락	탑각 접지 저항이 클 때 발생 탑각 접지 저항을 작게 매설 지선 설치

2) 애자의 특성

애자련의 개수 22.9[kV] 2~3개, 66[kV] 4~5개, 154[kV] 9~11개, 345[kV] 22~24개

애자의 특성 및 섬락 전압 연능률 전압 부담	섬락 전압	154[kV] 현수 애자 1개 기준 • 유중 파괴 전압 140[kV] 이상 • 충격 섬락 전압 125[kV] 이상 • 건조 섬락 80[kV] 이상 • 주수 섬락(비올 때) 50[kV] 이상
	연능률	$\eta = \dfrac{V_n}{nV_1} \times 100$ V_1 : 애자 1개의 섬락 전압
	초호환	애자련 보호, 직격뢰, 유도뢰에 대한 애자련의 전압 부담, 최대 전선에서 가장 가까운 애자, 최소 철탑에서 2~3번째 애자

17 배전 선로의 종류 및 비교

1) 저압 배전 방식의 종류 및 특성

방사식(수지상) 방식	저압 뱅킹 방식	저압 네트워크 방식	환상식(루프) 방식
• 구성이 간단 • 신규 증설이 용이 경제적 • 전압 변동이 크고 정전 범위가 넓다. • 감전 사고는 적다.	• 전압 변동이 작다. • 전력 손실이 작다. • 부하 증가에 대한 탄력성이 우수 • 2차 측에서 사고가 발생하면 정전 범위가 확대 → 캐스케이딩 현상	• 무정전 전력 공급 가능 • 부하 증가에 대한 적응성 향상 • 네트워크 프로텍터로 구성(저압 차단기, 방향성 계전기, 저압 퓨즈 등)	• 사고 발생 시에 고장 범위를 축소 • 플리커 현상 전압 강하 감소 • 전선량이 많고 신설 증설이 복잡

2) 배전 방식의 특성 비교

구분	공급 전력	1선당 공급 전력		전력의 소모량비
$1\phi 2W$	$P = VI\cos\theta$	$\dfrac{VI}{2}$	$100[\%]$	$100[\%]$
$1\phi 3W$	$P = 2VI\cos\theta$	$\dfrac{2VI}{3}$	$133[\%]$	$37.5[\%]\left(\dfrac{3}{8}\right)$
$3\phi 3W$	$P = \sqrt{3}\,VI\cos\theta$	$\dfrac{\sqrt{3}\,VI}{3}$	$115[\%]$	$75[\%]\left(\dfrac{3}{4}\right)$
$3\phi 4W$	$P = 3VI\cos\theta$	$\dfrac{3VI}{4}$	$150[\%]$	$33.3[\%]\left(\dfrac{1}{3}\right)$

손실 계수	$0 \leq F^2 \leq H \leq F \leq 1$ F : 부하율 $= \dfrac{\text{최대 전력}}{\text{평균 전력}} \times 100$

구분	전압 강하	전력 손실
평등 부하(분산 분포 부하)	$\dfrac{1}{2}IR$	$\dfrac{1}{3}I^2R$
말단일수록 큰 부하	IR	I^2R

가공 전선로에 비해 지중 전선로의 장단점	• 경과지 확보가 유리 • 기상에 영향을 받지 않는다. • 전자파에 대한 우려가 적다. • 도시 미관에 영향을 미치지 않는다. • 고장점 발견이 어렵고 보수 점검이 어렵다.
지중 전선로의 고장점 측정법	• 1선 지락 사고 – 머레이 루프법 • 펄스에 의한 측정법 • 정전 용량법 • 수색 코일법 • 임피던스 브리지법
이도 실제 거리 전선로의 합성 하중	$D(\text{이도}) = \dfrac{WS^2}{8T}$ $T(\text{수평 장력}) = \dfrac{\text{인장 하중}}{\text{안전율}}$ $L(\text{실제 길이}) = S + \dfrac{8D^2}{3S}$ $W = \sqrt{(W_c + W_i)^2 + W_w^2}$ 설계 하중 중에 수평 횡하중인 풍압 하중이 가장 고려해야 할 하중

18 발전

1) 수력 발전

   (1) 출력 $P = 9.8 Q H \eta \, t \, \eta_g [\text{kW}]$

   (2) 속도수두 $V^2 = 2gH \quad H = \dfrac{V^2}{2g}$

   (3) 연속의 정리 $Q = A_1 V_1 = A_2 V_2$

   (4) 양수 발전 : 잉여 전력을 이용 발전 용수를 하부 저수지에서 상부 저수지로 양수하여 피크(첨두) 부하에 사용

   (5) 하천 유량의 크기

   ① 갈수량 : 1년 중 355일은 이것보다 내려가지 않는 유량
   ② 저수량 : 1년 중 273일은 이것보다 내려가지 않는 유량
   ③ 평수량 : 1년 중 185일은 이것보다 내려가지 않는 유량
   ④ 풍수량 : 1년 중 95일은 이것보다 내려가지 않는 유량
   ⑤ 고수량 : 매년 1~2회 생기는 유량
   ⑥ 홍수량 : 3~4회에 한 번 생기는 유량

(6) 하천의 유량 측정법

① 언측법   ② 부자측법   ③ 공식측법
④ 유속계법   ⑤ 수위 관측법

(7) 비속도(특유 속도: Specific Speed)

비속도란 실제 수차와 닮은 모형의 수차가 1[m]의 낙차에서 1[kW]의 출력을 발생시키는데 필요한 1분간의 회전수 N_s[m·kW]이다.

$$N_s = N \frac{P^{1/2}}{H^{5/4}} [\text{m}\cdot\text{kW}]$$

(8) 낙차 변화에 의한 특성 변화

① 회전수 $\dfrac{N_2}{N_1} = \left(\dfrac{H_2}{H_1}\right)^{\frac{1}{2}}$

② 유량 $\dfrac{Q_2}{Q_1} = \left(\dfrac{H_2}{H_1}\right)^{\frac{1}{2}}$

③ 출력 $\dfrac{P_2}{P_1} = \left(\dfrac{H_2}{H_1}\right)^{\frac{3}{2}}$

(9) 캐비테이션(공동 현상 : Cavitation)

물에 포함된 기포가 압력이 높은 곳에 도달되어 터지면서 그 충격으로 수차 표면을 손상시키는 현상

충동 수차	펠턴 수차	300[m] 이상 고낙차 수격 작용을 방지하기 위해 제트 디플렉터가 필요
반동 수차	프란시스 수차	30~300[m] 중낙차용
	프로펠러 수차	45[m] 저낙차용
	카플란 수차	45[m] 이하 저낙차

2) 화력 발전

(1) 엔탈피(enthalpy)

① 증기 또는 물이 보유하고 있는 열량으로 1기압, 1[kg]의 건조 포화 증기의 엔탈피는 639[kcal/kg]이다.
② 포화 증기의 엔탈피=액체열+증발열
③ 과열 증기의 엔탈피=액체열+증발열+(평균 비열×과열도)

(2) 열량과 압력 단위

① 1기압=760[mmHg]=1.0333[kg/cm³]
② 1[W]=0.24[cal/s]이므로 1[kWh]=0.24×10³×3,600초[cal]=860.4[kcal]

③ 1[kcal] : 대기압 하에서 물 1[kg]을 온도 1[℃] 높이는 데 드는 열량으로 $\frac{1}{860}$[kWh]에 해당한다.

$$1[\text{kcal}] = \frac{1}{860}[\text{kWh}]$$

④ 1[kca]=3.968[BTU]
1[BTU]=0.252[kcal]

(3) 화력 발전소의 종합 효율

발전소의 종합 효율은 다음과 같은 계산식을 이용하여 산출한다.

$$\eta = \frac{860\,W}{mH} \times 100\,[\%]$$

(4) 각 장치별 기능 및 역할

① 과열기(Super Heater)

보일러 본체에서 발생되는 증기는 수분을 약간 포함한 습증기를 온도를 더 높여 과열 증기를 만드는 장치

② 재열기(Reheater)

고압 터빈의 증기를 보일러에서 재가열시키는 장치

③ 절탄기(Economizer)

연도(굴뚝)에 설치하는 연도 폐기 가스로 보일러 급수를 가열시키는 장치

④ 공기 예열기(Air Preheater)

연도에 설치하여 연소용 공기를 가열시켜 연료의 착화 및 연소 효율을 높이는 장치

⑤ 급수 가열기

증기 터빈의 증기를 일부 빼내어 그 열원으로 급수를 가열시키는 장치

⑥ 열 사이클 비교

구 분	개 요	비 고
카르노 사이클	가장 이상적인 열 사이클	
랭킨 사이클	기력 발전소의 가장 기본적인 열 사이클	급수 → 보일러 → 과열기 → 터빈 → 복수기
재생 사이클	터빈 내의 증기 일부를 뽑아 급수 가열에 사용	급수 → 급수 가열기 → 보일러 → 과열기 → 터빈 → 복수기
재열 사이클	고압 터빈에서 습증기가 되기 전에 증기를 추출하여 재열기로 다시 가열하여 저압 터빈으로 보내 열효율을 증가(고압 터빈과 저압 터빈)	급수 → 보일러 → 과열기 → 고압 터빈 → 재열기 → 저압 터빈 → 복수기
재생 재열 사이클	최고의 열효율	

⑦ 열 사이클 효율의 향상책
  ㉠ 과열 증기 사용
  ㉡ 진공도 향상
  ㉢ 재생 사이클 이용
  ㉣ 재열 사이클 이용

3) 원자력 발전

(1) 냉각재(Collant)

원자로에서 발생된 열에너지를 외부로 끄집어내는 열매체로 경수, 중수, 나트륨(Na), 헬륨(He) 등을 사용한다. 냉각재에 요구되는 조건은 다음과 같다.
① 중성자의 흡수가 작을 것
② 비열 및 열전도도가 클 것
③ 방사선 조사 및 동작 온도하에서도 안정할 것
④ 연료 피복제, 감속재 등의 상이에서 화학 반응이 작을 것

(2) 제어봉(Control rod)

원자로의 핵분열 속도를 조절할 목적과 중성자를 적당히 흡수할 목적으로 사용한다. 제어봉의 재료는 카드뮴(Cd), 붕소(B), 하프늄(Hf) 등이 사용되며 요구되는 조건은 다음과 같다.
① 중성자 흡수 단면적이 클 것
② 열, 방사선, 냉각재에 대해 안정할 것
③ 적당한 열전도율을 가지고 가공이 용이할 것
④ 높은 중성자 속에서 장시간 그 효과를 간직할 것
⑤ 내식성이 클 것

(3) 비등수형 원자로(BWR : Boiling water Reactor)
① 열교환기가 없다.
② 증기 누설을 방지해야 한다.
③ 급수 순환 펌프만 필요하므로 소내용 동력은 작아도 된다.
④ 원자로 상단에 기수 분리기와 증기 건조기가 있으므로 원자로의 높이가 높아진다.
⑤ 노심의 출력 밀도가 낮기 때문에 같은 출력의 원자로와 비교하여 노심 및 압력 용기가 커진다.

(4) 가압수형 원자로(PWR : Pressurized water Reactor)

PWR 원자로는 다음과 같은 특징을 가지고 있다.
① 방사능을 띤 증기가 터빈 측에 유입되지 않으므로 보수 점검이 용이하다.
② 노 내의 핵반응은 부의 온도 계수를 지니므로 안정성이 좋다.
③ 출력 밀도가 높으므로 노심으로부터 나오는 열 출력이 크다.
④ 2중 열 사이클 방식이므로 계통이 복잡하고 가격이 비싸다.

CHAPTER 2

예상문제

전력공학

전력공학

001 전력 계통을 연계시켜서 얻는 이득이 아닌 것은?

① 배후 전력이 커져서 단락 용량이 작아진다.
② 부하 증가 시 종합 첨두 부하가 저감된다.
③ 공급 예비력이 절감된다.
④ 공급 신뢰도가 향상된다.

 계통 연계의 이점

- 부하 증가에 대한 융통성이 향상된다.
- 공급 신뢰도가 향상된다.
- 전압 변동이 작다.

단점
배후 전력이 커져서 유도 장해가 크고 대용량 차단 기기가 필요하다.

002 증기 사이클에 대한 설명 중 틀린 것은?

① 랭킨 사이클의 열효율은 초기 온도 및 초기 압력이 높을수록 효율이 크다.
② 재열 사이클은 저압 터빈에서 증기가 포화 상태에 가까워졌을 때 증기를 다시 가열하여 고압 터빈으로 보낸다.
③ 재생 사이클은 증기 원동기 내에서 증기의 팽창 도중에 증기를 추출하여 급수를 예열한다.
④ 재열 재생 사이클은 재생 사이클과 재열 사이클을 조합하여 병용하는 방식이다.

재생 사이클이 재열 사이클보다 증기를 더 추기하기 때문에 열효율이 더 우수하다.

003 초고압 송전 계통에 단권 변압기가 사용되는데 그 이유로 볼 수 없는 것은?

① 효율이 높다.
② 단락 전류가 작다.
③ 전압 변동률이 작다.
④ 자로가 단축되어 재료를 절약할 수 있다.

 단권 변압기

- 동량이 적어서 통솔이 적고 재료를 절약할 수 있다.
- 전압 변동이 작다.
- 효율이 높다.
- 고장이 나면 단락 전류에 큰 단점이 있다.

004 전원이 양단에 있는 방사상 송전 선로의 단락 보호에 사용되는 계전기의 조합 방식은?

① 방향 거리 계전기와 과전압 계전기의 조합
② 방향 단락 계전기와 과전류 계전기의 조합
③ 선택 접지 계전기와 과전류 계전기의 조합
④ 부족 전류 계전기와 과전압 계전기의 조합

- 전원이 두 군데 이상 있는 환상 선로의 단락 보호 : 방향 거리 계전기(DZ)
- 전원이 두 군데 이상 있는 방사 선로 단락 보호 방식 : 방향 단락 계전기(DS)와 과전류 계전기(OC)를 조합

005 일반 회로 정수가 같은 평행 2회선에서 A, B, C, D는 각각 1회선의 경우의 몇 배로 되는가?

① A : 2배, B : 2배, C : $\frac{1}{2}$배, D : 1배

② A : 1배, B : 2배, C : $\frac{1}{2}$배, D : 1배

③ A : 1배, B : $\frac{1}{2}$배, C : 2배, D : 1배

④ A : 1배, B : $\frac{1}{2}$배, C : 2배, D : 2배

정답 001. ① 002. ② 003. ② 004. ② 005. ③

CHAPTER 2 전력공학

 병렬 평행 2회선의 4단자 정수

$\begin{bmatrix} A & B \\ C & D \end{bmatrix} = \begin{bmatrix} A & \dfrac{B}{2} \\ 2C & D \end{bmatrix}$ 이므로 1회선에 비해 $A=1$배, $B=\dfrac{1}{2}$배, $C=2$배, $D=1$배

006 전력 계통의 전압 조정 설비에 대한 특징으로 옳지 않은 것은?

① 병렬 콘덴서는 진상 능력만을 가지며 병렬 리액터는 진상 능력이 없다.
② 동기 조상기는 조정의 단계가 불연속적이나 직렬 콘덴서 및 병렬 리액터는 연속적이다.
③ 동기 조상기는 무효 전력의 공급과 흡수가 모두 가능하여 진상 및 지상 용량을 갖는다.
④ 병렬 리액터는 장거리 초고압 송전선 또는 지중선 계통의 충전 용량 보상용으로 주요 발·변전소에 설치된다.

 조상기 비교

종류	진.지상 여부	전압 조정	시충전
조상기	진상.지상 양용	연속적 원활	가능
리액터	지상용	불연속 계단적	불가능
콘덴서	진상용	불연속 계단적	불가능

007 어떤 화력 발전소의 증기 조건이 고온원 540[℃], 저온원 30[℃]일 때 이 온도 간에서 움직이는 카르노 사이클의 이론 열효율(%)은?

① 85.2
② 80.5
③ 75.3
④ 62.7

카르노 사이클의 열효율

$$\eta(\text{효율}) = 1 - \frac{\text{저온원}}{\text{고온원}} \begin{pmatrix} \text{고온원} = 273 + 540 = 813 \\ \text{저온원} = 273 + 30 = 303 \end{pmatrix}$$
$$= (1 - \frac{303}{813}) \times 100 = 62.7[\%]$$

008 교류 발전기의 전압 조정 장치로 속응 여자 방식을 채택하는 이유로 틀린 것은?

① 전력 계통에 고장이 발생할 때 발전기의 동기화력을 증가 시킨다.
② 송전 계통의 안정도를 높인다.
③ 여자기의 전압 상승률을 크게 한다.
④ 전압 조정용 탭의 수동 변환을 원활히 하기 위함이다.

 속응 여자 방식

- 계통 고장이 발생할 때 발전기의 동기화력을 증대
- 여자기의 전압 상승률 증대
- 계통의 안정도 증대

009 송전 선로의 송전 특성이 아닌 것은?

① 단거리 송전 선로에서는 누설 컨덕턴스, 정전 용량을 무시해도 된다.
② 중거리 송전 전로는 T 회로, π 회로 해석을 사용한다.
③ 100[km]가 넘는 송전 선로는 근사 계산식을 사용한다.
④ 장거리 송전 선로의 해석은 특성 임피던스와 전파 정수를 사용한다.

100[km] 넘는 송전 선로는 분포 정수 회로에 의해 계산한다.

정답 006. ② 007. ④ 008. ④ 009. ③

CHAPTER 2 전력공학

010 3상 3선식의 전선 소모량에 대한 3상 4선식의 전선 소모량의 비는 얼마인가? (단, 배전 거리, 배전 전력 및 전력 손실은 같고, 4선식의 중성선의 굵기는 외선의 굵기와 같으며, 외선과 중성선 간의 전압은 3선식의 선간 전압과 같다.)

① $\dfrac{4}{9}$ ② $\dfrac{2}{3}$

③ $\dfrac{3}{4}$ ④ $\dfrac{1}{3}$

 전압 방식에 따른 전선의 소모량비

$1\phi 2W$	100[%]
$1\phi 3W$	$\dfrac{3}{8}$ (37.5[%])
$3\phi 3W$	$\dfrac{3}{4}$ (75[%])
$3\phi 4W$	$\dfrac{1}{3}$ (33.3[%])

011 단도체 방식과 비교하여 복도체 방식의 송전 선로를 설명한 것으로 옳지 않은 것은?

① 전선의 인덕턴스가 감소하고, 정전 용량이 증가된다.
② 선로의 송전 용량이 증가된다.
③ 계통의 안정도를 증진시킨다.
④ 전선 표면의 전위 경도가 저감되어 코로나 임계 전압을 낮출 수 있다.

- 전선의 인덕턴스가 감소하고 정전 용량이 증가되어 선로의 송전 용량이 증가하고 계통의 안정도를 증진시킨다.
- 전선 표면의 전위 경도가 저감되므로 코로나 임계 전압을 높일 수 있고 코로나 손, 코로나 잡음 등의 장해가 저감된다.
 복도체는 장거리 초고압 선로에 코로나 방지용으로 사용된다.

012 전력 원선도에서 구할 수 없는 것은?

① 송·수전할 수 있는 최대 전력
② 필요한 전력을 보내기 위한 송·수전단 전압 간의 상차각
③ 선로 손실과 송전 효율
④ 과도 극한 전력

- 전력 원선도 작성에 필요한 것
  ㉠ 송수 양단 전압
  ㉡ 4단자 정수
  ㉢ 유효 전력과 무효 전력
- 전력 원선도에서 알 수 있는 것
  ㉠ 정태 안정 극한 전력
  ㉡ 조상 용량
  ㉢ 송수 양단 전압의 상차각
  ㉣ 손실 및 송전 효율
  과도 극한 전력은 원선도에서 구할 수 없다.

013 증기의 엔탈피(Enthalpy)란?

① 증기 1[kg]의 잠열
② 증기 1[kg]의 기화 열량
③ 증기 1[kg]의 보유 열량
④ 증기 1[kg]의 증발열을 그 온도로 나눈 것.

- 엔탈피 : 물 또는 증기의 보유 열량
- 엔트로피 : 엔탈피를 절대 온도로 나눈 값

014 송전 계통에서 이상 전압의 방지 대책으로 볼 수 없는 것은?

① 철탑 접지 저항의 저감
② 가공 송전 선로의 피뢰용으로서의 가공 지선에 의한 뇌 차폐
③ 기기 보호용으로서의 피뢰기 설치
④ 복도체 방식 채택

복도체 방식은 송전 선로의 코로나 방지용

정답 010. ④ 011. ④ 012. ④ 013. ③ 014. ④

CHAPTER 2 전력공학

015 동기 조상기(A)와 전력용 콘덴서(B)를 비교한 것으로 옳은 것은?

① 조정 : (A)는 계단적, (B)는 연속적
② 전력 손실 : (A)가 (B)보다 적음
③ 무효 전력 : (A)는 진상·지상 양용, (B)는 진상용
④ 시충전 : (A)는 불가능, (B)는 가능

조상기는 전압 조정이 연속적이고 원활하고 시충전이 가능하고 진상·지상 모두를 취할 수 있다.

016 전선의 반지름 r[m], 소도체 간의 거리 l[m], 소도체 수 2, 선간 거리 D[m]인 복도체의 인덕턴스 L은 $L = 0.4605P + 0.025$ [mH/km] 이다. 이 식에서 P에 해당되는 값은?

① $\log_{10} \dfrac{D}{\sqrt{rl}}$

② $\log_e \dfrac{D}{\sqrt{rl}}$

③ $\log_{10} \dfrac{l}{\sqrt{rD}}$

④ $\log_e \dfrac{l}{\sqrt{rD}}$

소도체 수가 n 복도체에서 작용 인덕턴스 L를 구하면

$L = 0.4605 \log \dfrac{P}{\sqrt[n]{rs^{n-1}}} + \dfrac{0.05}{n}$ [mH/km]

$n = 2$이면

$L = 0.4605 \log_{10} \dfrac{D}{\sqrt{rs}} + 0.025$ [mH/km]

(조건에서는 $s = l$임)

답안 표기란

| 015 | ① ② ③ ④ |
| 016 | ① ② ③ ④ |

017 송전 선로의 건설비와 전압과의 관계를 나타낸 것은?

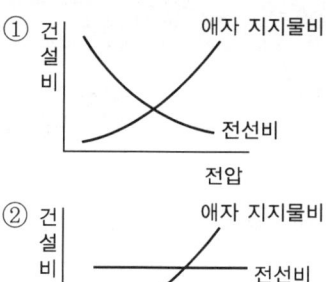

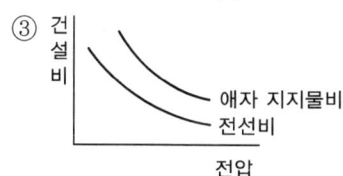

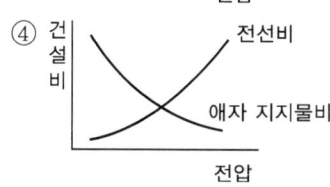

④ 건설비 / 전선비 / 애자 지지물비 / 전압

 송전 전압이 증가하면

- 전류가 감소하므로 전선의 굵기는 작아져 전선비는 감소한다.
- 절연 레벨의 상승으로 애자의 개수 및 선로의 건설 비용이 증가하므로 애자 지지물비는 증가한다.

018 수전단의 전력원 방정식이 $P_r^2 + (Q_r + 400)^2 = 250,000$으로 표현되는 전력 계통에서 가능한 최대로 공급할 수 있는 부하 전력(P_r)과 이때 전압을 일정하게 유지하는 데 필요한 무효 전력(Q_r)은 각각 얼마인가?

① $P_r = 500$, $Q_r = -400$
② $P_r = 400$, $Q_r = 500$
③ $P_r = 300$, $Q_r = 100$
④ $P_r = 200$, $Q_r = -300$

$Q_r = -400$이면 무효 전력이 0이고 P_r(유효 전력) $= 500$이어야 함

$P^2 + (Q+400)^2 = 500^2$
$500^2 + (-400+400)^2 = 500^2$

정답 015. ③ 016. ① 017. ① 018. ①

019 그림과 같은 전력 계통에서 A점에 설치된 차단기의 단락 용량은 몇 [MVA]인가? (단, 각 기기의 리액턴스는 발전기 G_1, G_2 =15[%], 정격 용량 15[MVA] 기준), 변압기 8[%](정격 용량 20[MVA] 기준), 송전선 11[%](정격 용량 10[MVA] 기준이며, 기타 다른 정수는 무시한다.)

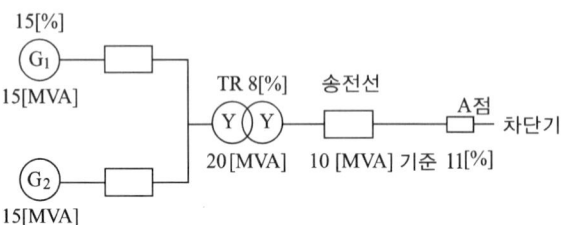

① 20
② 30
③ 40
④ 50

조건을 고려하여 %Z 맵을 기준 용량 20[MVA] 기준으로 계산하면

$$15 \times \frac{20}{15} = 20[\%]$$

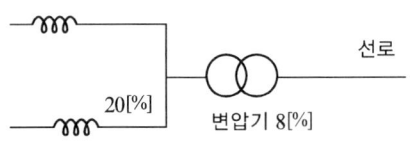

$$11 \times \frac{20}{10} = 22[\%]$$

합성 $\%Z = \frac{20}{2} + 8 + 22 = 40[\%]$

$P_s = \frac{100}{40} \times 20 = 50[\text{MVA}]$

020 각 전력 계통을 연계선으로 상호 연결하였을 때 장점으로 틀린 것은?

① 건설비 및 운전 경비를 절감하므로 경제 급전이 용이하다.
② 주파수의 변화가 작아진다.
③ 각 전력 계통이 신뢰도가 증가된다.
④ 선로 임피던스가 증가되어 단락 전류가 감소된다.

 계통 연계의 단점

배후 전력이 증가하므로 단락 용량이 크고, 고장이 파급될 우려가 크고 유도 장해도 증가한다.

021 계기용 변성기 중에서 전압·전류를 동시에 변성하여 전력량을 계량할 목적으로 사용하는 것은?

① CT
② MOF
③ PT
④ ZCT

- MOF : 계기용 변성기, 전압과 전류를 변성 설비의 전력량을 측정하기 위함
- ZCT : 영상 변류기, 비접지식의 영상 전류 검출

022 3상 Y 결선된 발전기가 무부하 상태로 운전 중 3상 단락 고장이 발생하였을 때 나타나는 현상으로 적합하지 않은 것은?

① 영상분 전류는 흐르지 않는다.
② 역상분 전류는 흐르지 않는다.
③ 정상분 전류는 영상분 및 역상분 임피던스에 무관하고 정상분 임피던스에 반비례한다.
④ 3상 단락 전류는 정상분 전류의 3배가 흐른다.

3상 단락 사고 시는 $I_0 = I_2 = 0$이고 I_1만 정상분 임피던스에 반비례하여 흐른다.

정답 019. ④ 020. ④ 021. ② 022. ④

023 파동 임피던스가 $Z_2 = 400[\Omega]$인 선로의 종단에 파동 임피던스가 $Z_1 = 1,200[\Omega]$인 변압기가 접속되어 있다. 지금 선로로부터 파고 $e_1 = 1,000[\text{kV}]$의 전압이 진입하였다. 접속점에서 전압의 투과파는?

① 500[kV]　　　② 1,000[kV]
③ 1,500[kV]　　④ 2,000[kV]

- 반사 계수 $\rho = \dfrac{Z_2 - Z_1}{Z_2 + Z_1} \times 100$
- 투과 계수 $\tau = \dfrac{2Z_2}{Z_2 + Z_1} \times 100$
- 투과 계수 $= \dfrac{2 \times 400}{1,200 + 400} = \dfrac{1}{2}$
- 투과파 전압 $= 1,000 \times \dfrac{1}{2} = 500[\text{kV}]$

024 주상 변압기의 1차 측 전압이 일정할 경우 2차 측 부하가 증가하면 주상 변압기의 동손과 철손은 어떻게 되는가?

① 동손은 감소하고 철손은 증가한다.
② 동손은 증가하고 철손은 감소한다.
③ 동손은 증가하고 철손은 일정하다.
④ 동손과 철손은 모두 일정하다.

2차 측 부하가 증가하면 동손은 증가하고 철손은 일정하다.

025 정상적으로 운전하고 있는 전력 계통에서 서서히 부하를 조금씩 증가했을 경우 안정 운전을 지속할 수 있는가 하는 능력을 무엇이라 하는가?

① 동태 안정도 ② 정태 안정도
③ 고유 과도 안정도 ④ 동적 과도 안정도

 정태 안정도

불변 부하 또는 서서히 증가하는 부하에 계속적으로 전력을 공급할 수 있는 능력의 정도를 정태 안정도라 한다.

026 소호 리액터 접지 방식에 대한 설명 중 옳지 못한 것은?

① 전자 유도 장해가 경감된다.
② 지락 중에도 계속 송전이 가능하다.
③ 지락 전류가 작다.
④ 선택 지락 계전기의 동작이 용이하다.

소호 리액터 접지 방식은 고장 전류가 작기 때문에 선택 지락 계전기 동작이 불확실하다.

027 연간 최대 전류 200[A], 배전 거리 10[km]의 말단에 집중 부하를 가진 6.6[kV], 3상 3선식 배전선이 있다. 이 선로의 연간 손실 전력량은 약 몇 [MWh] 정도인가? (단, 부하율 $F=0.6$, 손실 계수 $H=0.3F+0.7F^2$이고, 전선의 저항은 $0.25[\Omega/\text{km}]$이다.)

① 685 ② 1,135
③ 1,585 ④ 1,825

 손실 계수 공식

$$H = 0.3F + 0.7F^2 = 0.3 \times 0.6 + 0.7 \times 0.6^2 = 0.432$$

손실 전력량 = $P \times$ 손실 계수

$$P = 3I^2R \times t \,[\text{Wh}] = 3 \times 200^2 \times 0.25 \times 10 \times 365 \times 24 = 2,628 \times 10^6 \,[\text{Wh}]$$

그러므로 손실 전력량 = 전력량 × 손실 계수

$$= 2,628 \times 10^6 \times 0.432 \times 10^{-6} = 1,135 \,[\text{MWh}]$$

[정답] 023. ① 024. ③ 025. ② 026. ④ 027. ②

CHAPTER 2 전력공학

028 다음 중 배전 선로에 사용되는 개폐기의 종류와 그 특성의 연결이 바르지 못한 것은?

① 컷아웃 스위치(COS) : 주된 용도로는 주상 변압기의 고장이 배전 선로에 파급되는 것을 방지하고 변압기의 과부하 소손을 예방하고자 사용한다.
② 부하 개폐기 : 고장 전류와 같은 대전류는 차단할 수 없지만 평상 운전 시의 부하 전류는 개폐할 수 있다.
③ 리클로저(recloser) : 선로에 고장이 발생하였을 때 고장 전류를 검출하여 지정된 시간 내에 고속 차단하고 자동 재폐로 동작을 수행하여 고장 구간을 분리하거나 재송전하는 장치이다.
④ 섹셔널라이저(sectionalizer) : 고장 발생 시 신속히 고장 전류를 차단하여 사고를 국부적으로 분리시키는 것으로 후비 보호 장치와 직렬로 설치하여야 한다.

 섹셔널라이저
- 고장 전류 차단 능력은 없다.
- 반드시 차단 기능이 있는 후비 보호 장치와 직렬로 설치해야 한다.

029 송전 계통의 접지에 대한 설명으로 옳은 것은?

① 소호 리액터 접지 방식은 선로의 정전 용량과 직렬 공진을 이용한 것으로 지락 전류가 타 방식에 비해 좀 큰 편이다.
② 고저항 접지 방식은 이중 고장을 발생시킬 확률이 거의 없으나 비접지식보다는 많은 편이다.
③ 직접 접지 방식을 채용하는 경우 이상 전압이 낮기 때문에 변압기 선정 시 단절연이 가능하다.
④ 비접지 방식을 택하는 경우 지락 전류 차단이 용이하고 장거리 송전을 할 경우 이중 고장의 발생을 예방하기 좋다.

소호 리액터 접지는 정전 용량과 병렬 공진을 이용, 고장 전류가 가장 작은 접지 방식이고, 비접지 방식은 단거리 비접지 방식에 채택되는 접지 방식이다.

030 기력 발전소에서 과잉 공기가 많아질 때의 현상으로 적당하지 않은 것은?

① 노 내의 온도가 저하된다.
② 배기가스가 증가된다.
③ 연료 손실이 커진다.
④ 불완전 연소로 매연이 발생한다.

과잉 공기가 많아지면 연료의 연소율은 높지만 배기가스가 증가하고 연료 손실이 커진다.

031 현수 애자 4개를 1련으로 한 66[kV] 송전 선로가 있다. 현수 애자 1개의 절연 저항은 1,500[MΩ], 이 선로의 경간이 200[m]라면 선로 1[km]당 누설 컨덕턴스는 몇 [℧]인가?

① 0.83×10^{-9}
② 0.83×10^{-6}
③ 0.83×10^{-3}
④ 0.83×10^{-2}

현수 애자 1련의 저항= $R = 1,500 \times 4 = 6 \times 10^9 [\Omega]$
표준 경간이 200[m]이고 [km]당 현수 애자가 5개 시설(병렬)
전체 저항 $R_0 = \dfrac{6}{5} \times 10^9$

누설 컨덕턴스 $G = \dfrac{1}{R_0} = \dfrac{1}{\dfrac{6}{5} \times 10^9} = 0.83 \times 10^{-9}$

정답 028. ④   029. ③   030. ④   031. ①

CHAPTER 2 전력공학

032 리클로저에 대한 설명으로 가장 옳은 것은?

① 배전 선로용은 고장 구간을 고속 차단하여 제거한 후 다시 수동 조작에 의해 배전이 되도록 설계된 것이다.
② 재폐로 계전기와 함께 설치하여 계전기가 고장을 검출하고 이를 차단기에 통보·차단하도록 된 것이다.
③ 3상 재폐로 차단기는 1상의 차단이 가능하고 무전압 시간을 약 20~30초로 정하여 재폐로하도록 되어 있다.
④ 배전 선로의 고장 구간을 고속 차단하고 재송전하는 조작을 자동적으로 시행하는 재폐로 차단 장치를 장비한 자동 차단기이다.

배전 선로의 고장 구간을 차단 재송전하는 조작을 자동적으로 하는 자동 재폐로 차단기이다.

033 가공 지선에 대한 설명으로 틀린 것은?

① 직격뢰에 대해서는 특히 유효하며 전선 상부에 시설하므로 뇌는 주로 가공 지선에 내습한다.
② 가공 지선은 강연선, ACSR 등이 사용된다.
③ 차폐 효과를 높이기 위하여 도전성이 좋은 전선을 사용한다.
④ 가공 지선은 전선의 차폐와 진행파의 파곳값을 증폭시키기 위해서이다.

 가공 지선의 설치 효과

- 직격 차폐
- 전자 차폐
- 정전 차폐

034 다음 중 송전선의 1선 지락 시 선로에 흐르는 전류를 바르게 나타낸 것은?

① 영상 전류만 흐른다.
② 영상 전류 및 정상 전류만 흐른다.
③ 영상 전류 및 역상 전류만 흐른다.
④ 영상 전류, 정상 전류 및 역상 전류가 흐른다.

1선 지락 사고에 흐르는 전류는 I_0만 흐르고 I_1(정상 전류) = I_2(역상 전류) = 0이다.

035 소수력 발전의 장점이 아닌 것은?

① 국내 부존 자원 활용
② 일단 건설 후에는 운영비가 저렴
③ 전력 생산 외에 농업용수 공급, 홍수 조절에 기여
④ 양수 발전과 같이 첨두 부하에 대한 기여도가 많음

대수력 발전이나 양수 발전과 같이 첨두 부하에 대한 기여도가 높지 않은 단점이 있다.

036 수차의 특유 속도 크기를 바르게 나열한 것은?

① 펠턴 수차 < 카플란 수차 < 프란시스 수차
② 펠턴 수차 < 프란시스 수차 < 카플란 수차
③ 프란시스 수차 < 카플란 수차 < 펠턴 수차
④ 카플란 수차 < 펠턴 수차 < 프란시스 수차

펠턴 수차 < 프란시스 < 사류 < 카플란

TIP

수차의 종류	
펠턴 수차	
프란시스 수차	저속도형 중속도형 고속도형
사류 수차	
카플란 수차, 프로펠러 수차	

[정답] 032. ④ 033. ④ 034. ① 035. ④ 036. ②

CHAPTER 2 전력공학

037 발전기의 자기여자 현상을 방지하기 위한 대책으로 적합하지 않은 것은?

① 단락비를 크게 한다.
② 포화율을 작게 한다.
③ 선로의 충전 전압을 높게 한다.
④ 발전기 정격 전압을 높게 한다.

해설 자기여자 방지 대책

- 단락비를 크게 하고 포화율을 작게한다.
- 선로의 충전 전압은 높게한다.
- 발전기의 정격 전압은 낮게한다.

038 수용가군 총합의 부하율은 각 수용가의 수용률 및 수용가 사이의 부등률이 변화할 때 옳은 것은?

① 부등률과 수용률에 비례한다.
② 부등률에 비례하고 수용률에 반비례한다.
③ 수용률에 비례하고 부등률에 반비례한다.
④ 부등률과 수용률에 반비례한다.

해설

$$부하율 = \frac{평균 \ 전력}{\frac{최대 \ 전력의 \ 합}{부등률}} = \frac{평균 \ 전력 \times 부등률}{설비 \ 용량 \times 수용률}$$

TIP

$수용률 = \dfrac{최대 \ 전력}{설비 \ 용량}$

그러므로 부하율은 부등률에 비례하고 수용률에 반비례한다.

039 선로의 인덕턴스에 대한 설명으로 옳은 것은?

① 선로의 도체 간 거리가 클수록 인덕턴스의 값이 작아진다.
② 선로 도체의 반지름이 클수록 인덕턴스의 값이 커진다.
③ 일반적으로 지중 케이블은 가공 선로에 비해 인덕턴스의 값이 작다.
④ 인덕턴스의 값은 선로의 기하학적 배치와는 전혀 무관하다.

$L = 0.4605 \log_{10} \dfrac{D}{r} + 0.05 [\text{mH/km}]$

지중 전선로는 가공 전선로에 인덕턴스는 감소하고 정전 용량은 증대한다.

040 복도체 또는 다도체에 대한 설명으로 틀린 것은?
① 복도체는 3상 송전선의 1상의 전선을 2본으로 분할한 것이다.
② 2본 이상으로 분할된 도체를 일반적으로 다도체라고 한다.
③ 복도체 또는 다도체를 사용하는 주목적은 코로나 방지에 있다.
④ 복도체의 선로 정수는 같은 단면적의 단도체 선로와 비교할 때 변함이 없다.

- 복도체(다도체)는 단도체에 비하여 선로 정수 중의 인덕턴스는 감소하고 정전 용량은 증가한다.
- 복도체 사용의 목적은 코로나 방지에 있다.

041 송전 계통에서 절연 협조의 기본이 되는 것은?
① 애자의 섬락 전압
② 권선의 절연 내력
③ 피뢰기의 제한 전압
④ 변압기 부싱의 섬락 전압

설비 계통에서 각 기구 또는 기기, 애자 등의 상호 간 적정한 절연 내력을 가지게 함으로써 계통을 합리적, 경제적으로 운영할 수 있게 한 것을 절연 협조라 하고 피뢰기 제한 전압이 기본이다.

042 차단기의 정격 차단 시간에 대한 정의로서 옳은 것은?
① 고장 발생부터 소호까지의 시간
② 트립 코일 여자부터 소호까지의 시간
③ 가동 접촉자 개극부터 소호까지의 시간
④ 가동 접촉자 시동부터 소호까지의 시간

[정답] 037. ④ 038. ② 039. ③ 040. ④ 041. ③ 042. ②

CHAPTER 2 전력공학

 차단기의 차단 시간

- 트립 코일 여자부터 소호할 때 걸리는 시간
- 개극 시간과 아크 시간의 합산 시간이므로 3사이클에서 8사이클 사이의 시간

043 공통 중성선 다중 접지 3상 4선식 배전 선로에서 고압 측(1차 측) 중성선과 저압 측(2차 측) 중성선을 전기적으로 연결하는 목적은?

① 저압 측의 단락 사고를 검출하기 위함
② 저압 측의 접지 사고를 검출하기 위함
③ 주상 변압기의 중성선 측 부싱(bushing)을 생략하기 위함
④ 고저압 혼촉 시 수용가에 침입하는 상승 전압을 억제하기 위함

저압 측 중선선을 고압 측(1차 측) 중성선과 서로 연결하는 목적은 1·2차 측(고·저압) 혼촉 사고 시에 수용가에 전위 상승을 억제하기 위함이다.

044 화력 발전소의 보일러 손실이 보일러 입력의 20[%]이고, 터빈 출력이 터빈 입력의 50[%]일 때 화력 발전소의 열 소비율은 몇 [kcal/kWh]인가?

① 1,850
② 1,950
③ 2,050
④ 2,150

$1[\text{kWh}] = 860[\text{kcal}]$
$1[\text{kWh}]$를 만들기 위해서
$$\frac{860}{\text{보일러 입력} \times \text{터빈 입력}} = \frac{860}{(1-0.2)(1-0.5)} = 2,150[\text{kcal}]$$

045 배전 전압, 배전 거리 및 전력 손실이 같다는 조건에서 단상 2선식 전기 방식의 전선 총중량을 100[%]라 할 때 3상 3선식 전기 방식은 몇 [%]인가?

① 33.3
② 37.5
③ 75.0
④ 100.0

 전선의 소모량(중량)비

1φ2W(단상 2선식)	100[%]
1φ3W(단상 3선식)	$\frac{3}{8}$(37.5[%])
3φ3W(3상 3선식)	$\frac{3}{4}$(75[%])
3φ4W(3상 4선식)	$\frac{1}{3}$(33.3[%])

046 갈수량이란 어떤 유량을 말하는가?

① 1년 365일 중 95일간 이보다 내려가지 않는 수위 때의 물의 양
② 1년 365일 중 185일간 이보다 내려가지 않는 수위 때의 물의 양
③ 1년 365일 중 275일간 이보다 내려가지 않는 수위 때의 물의 양
④ 1년 365일 중 355일간 이보다 내려가지 않는 수위 때의 물의 양

갈수량	1년을 통하여 355일간 이보다 내려가지 않는 수위
저수량	1년을 통하여 275일간 이보다 내려가지 않는 수위
평수량	1년을 통하여 185일간 이보다 내려가지 않는 수위
풍수량	1년을 통하여 95일간 이보다 내려가지 않는 수위

정답 043. ④ 044. ④ 045. ③ 046. ④

CHAPTER 2 전력공학

047 보호 계전기 동작 속도에 관한 사항으로 한시 특성 중 반한시형을 바르게 설명한 것은?

① 입력 크기에 관계없이 정해진 한시에 동작하려는 것
② 입력이 커질수록 짧은 한시에 동작하는 것
③ 일정 입력(200[%])에서 0.2초 이내로 동작하는 것
④ 일정 입력(200[%])에서 0.04초 이내로 동작하는 것

해설

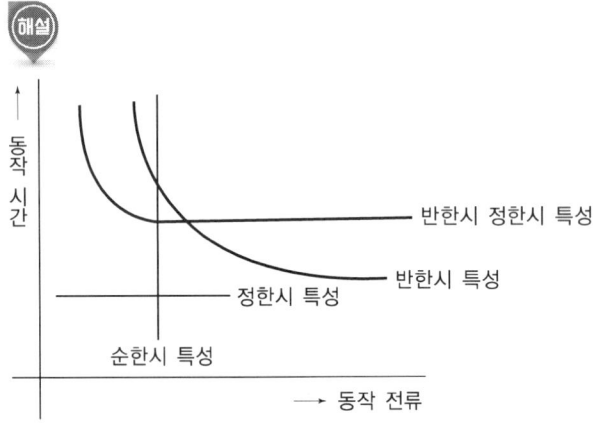

- 순한시 계전기 : 고장 즉시 동작
- 정한시 계전기 : 고장 후 일정 시간이 경과하면 동작
- 반한시 계전기 : 고장 전류의 크기에 반비례하여 동작
- 반한시 정한시 계전기 : 반한시와 정한시 특성을 겸함

048 154[kV] 송전 선로에 10개의 현수 애자가 연결되어 있다. 다음 중 전압 부담이 가장 적은 것은? (단, 애자는 같은 간격으로 설치되어 있다.)

① 철탑에 가장 가까운 것
② 철탑에서 3번째에 있는 것
③ 전선에서 가장 가까운 것
④ 전선에서 3번째에 있는 것

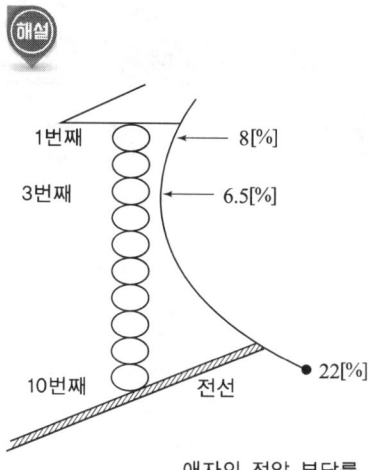

애자의 전압 부담률

• 가장 전압 부담이 적은 애자는 철탑에서 2~3번째 애자
• 전압 부담이 가장 큰 애자는 전선에서 가장 가까운 애자

049 송전선에 낙뢰가 가해져서 애자에 섬락이 생기면 아크가 생겨 애자가 손상되는데 이것을 방지하기 위하여 사용하는 것은?

① 댐퍼(damper)
② 아킹 혼(arcing horn)
③ 아머 로드(armor rod)
④ 가공 지선(overhead earth wire)

① 댐퍼 : 진동 방지
② 아킹 혼(초호환) : 애자련 보호
③ 아머 로드 : 댐퍼의 일종 진동 방지
④ 가공 지선 : 뇌해 방지(전선로 보호)

050 어느 일정한 방향으로 일정한 크기 이상의 단락 전류가 흘렀을 때 동작하는 보호 계전기의 약어는?

① GR
② UFR
③ OVR
④ DOCR

• OVR : 과전압 계전기
• DOCR : 단락 과전류 계전기

정답 047. ② 048. ② 049. ② 050. ④

CHAPTER 2 전력공학

051 교류 송전에서는 송전 거리가 멀어질수록 동일 전압에서의 송전 가능 전력이 적어진다. 그 이유로 가장 알맞은 것은?

① 표피 효과가 커지기 때문이다.
② 코로나 손실이 증가하기 때문이다.
③ 선로의 어드미턴스가 커지기 때문이다.
④ 선로의 유도성 리액턴스가 커지기 때문이다.

$$P = \frac{E_R E}{X} \sin\theta$$

송전 거리가 길어질수록 유도성 리액턴스가 증가하고 송전 전력(P)이 감소한다.

052 같은 전력을 수송하는 배전 선로에서 다른 조건은 현 상태로 유지하고 역률만을 개선할 때의 효과로 기대하기 어려운 것은?

① 고조파의 경감
② 전압 강하의 경감
③ 배전선의 손실 저감
④ 설비 용량의 여유 증가

해설 역률 개선(전력용 콘덴서 : SC)의 이점

• 설비 용량 여유 증가
• 손실 저감($\cos^2\theta$에 반비례)
• 변압기 용량의 감소
• 전기 요금 절감

053 보일러에서 흡수 열량이 가장 큰 것은?

① 수냉벽   ② 과열기
③ 절탄기   ④ 공기 예열기

흡수 열량의 비교

수냉벽	40~50[%](최대)
과열기	15~20[%]
절탄기	10~15[%]
공기 예열기	5~10[%]

054 전력 계통에서의 단락 용량 증대가 문제되고 있다. 이러한 단락 용량을 경감하는 대책이 아닌 것은?

① 사고 시 모선을 통합한다.
② 상위 전압 계통을 구성한다.
③ 모선 간에 한류 리액터를 삽입한다.
④ 발전기와 변압기의 임피던스를 크게 한다.

 단락 용량 경감 대책

- 고임피던스 기기 사용한다.
- 각 모선 간에 한류 리액터 설치한다.
- 계통 전압을 높게 한다.

055 송전 계통의 안정도 증진 방법에 대한 설명이 아닌 것은?

① 전압 변동을 작게 한다.
② 직렬 리액턴스를 크게 한다.
③ 고장 시 발전기 입출력의 불평형을 작게 한다.
④ 고장 전류를 줄이고 고장 구간을 신속하게 차단한다.

 안정도 증대법

- 직렬 리액턴스를 작게 한다.
- 전압 변동을 작게(속응 여자 방식 등) 한다.
- 입출력 불평형 작게한다.
- 재폐로 차단기 설치한다.

056 변류기 개방 시 2차 측을 단락하는 이유는?

① 측정 오차 방지   ② 2차 측 절연 보호
③ 1차 측 과전류 방지   ④ 2차 측 과전류 보호

정답 051. ④ 052. ① 053. ① 054. ① 055. ② 056. ②

CHAPTER 2 전력공학

- PT : 2차 전압 110[V] 계통에 병렬로 설치
- CT : 2차 전류 5[A] 계통에 직렬로 설치
- 점검 교체 시에 2차 측을 단락시켜 2차 측 절연을 보호

057 과전류 계전기(OCR)의 탭값을 옳게 설명한 것은?

① 계전기의 최소 동작 전류 ② 계전기의 최대 부하 전류
③ 계전기의 동작 시한   ④ 변류기의 권수비

과전류 계전기(OCR)의 탭값 설정을 계전기의 최소 동작 전류로 선정

058 직렬 콘덴서를 선로에 삽입할 때의 현상으로 옳은 것은?

① 부하의 역률을 개선한다.
② 선로의 리액턴스가 증가된다.
③ 선로의 전압 강하를 줄일 수 있다.
④ 계통의 정태 안정도를 감소 시킨다.

콘덴서	송전 선로	• 직렬 콘덴서 삽입 • 전압 강하 보상
	배전 선로 및 부하	• 병렬 콘덴서를 삽입 • 역률을 개선 손실을 저감

059 배전 선로의 전압을 $\sqrt{3}$ 배로 증가시키고 동일한 전력 손실률로 송전할 경우 송전 전력은 몇 배로 증가되는가?

① $\sqrt{3}$ ② $\dfrac{3}{2}$

③ 3   ④ $2\sqrt{3}$

전압, 역률과 공급 전력 손실과의 관계

공급 전력 P	V^2에 비례
전압 강하율 ε	$\dfrac{1}{V^2}$에 비례
손실 P_e	$\dfrac{1}{V^2}$, $\dfrac{1}{\cos^2\theta}$에 비례
전압 강하 V_d	V에 반비례 또는 $\dfrac{1}{V}$에 비례

V^2에 비례하므로 $(\sqrt{3})^2 = 3$

060 보호 계전 방식의 구비 조건이 아닌 것은?

① 여자 돌입 전류에 동작할 것
② 고장 구간의 선택 차단을 신속·정확하게 할 수 있을 것
③ 과도 안정도를 유지하는 데 필요한 한도 내의 동작 시한을 가질 것
④ 적절한 후비 보호 능력이 있을 것

 보호 계전기의 구비 조건

- 고장 상태를 식별하여 정도를 파악할 수 있을 것
- 고장 개소를 정확히 선택할 수 있을 것
- 동작이 예민하고 오동작이 없을 것
- 적절한 후비 보호 능력이 있을 것
- 경제적일 것

061 양수 발전의 목적은?

① 연간 발전량[kWh]의 증가
② 연간 평균 발전출력[kW]의 증가
③ 연간 발전비용(원)의 감소
④ 연간 수력 발전량[kWh]의 증가

 양수 발전

심야 잉여 전력을 이용 하부 저수지나 조정지의 물을 상부로 옮겨 피크 전력이 걸리는 시간에 발전하는 방식, 발전 연료비 절약

정답 057. ① 058. ③ 059. ③ 060. ① 061. ③

062 100[MVA]의 3상 변압기 2뱅크를 가지고 있는 배전용 2차 측의 배전선에 시설할 차단기 용량(MVA)은? (단, 변압기는 병렬로 운전되며, 각각의 %Z는 20[%]이고, 전원의 임피던스는 무시한다.)

① 1,000
② 2,000
③ 3,000
④ 4,000

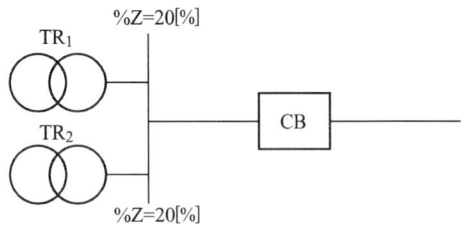

$$P_s = \frac{100}{\%Z} P_n = \frac{100}{\left(\frac{20}{2}\right)}(\text{2대 병렬이므로}) \times 100 = 1,000[\text{MVA}]$$

063 그림과 같은 단거리 배전 선로의 송전단 전압 6,600[V], 역률은 0.9이고 수전단 전압 6,100[V], 역률 0.8일 때 회로에 흐르는 전류(A)는? (단, E_s 및 E_r은 송·수전단 대지 전압이며, $r = 20[\Omega]$, $X = 10[\Omega]$이다.)

$r = 20[\Omega]$ $X = 10[\Omega]$
→ $I = ?$
$V_S = 6,600[\text{V}]$ $V_R = 6,100[\text{V}]$
$\cos\theta_s = 0.9$ $\cos\theta_r = 0.8$

① 20
② 35
③ 53
④ 65

P_s(송전단 전력) $= V_S I \cos\theta_s = 6,600 \times I \times 0.9 = 5,940 I$
P_r(수전단 전력) $= V_R I \cos\theta_r = 6,100 \times I \times 0.8 = 4,880 I$
손실 전력 $P_s - P_r = 5,940 I - 4,880 I = 1,060 I$
손실 전력 $I^2 R$이므로
$\quad I^2 R = 1,060 I$
$IR = 1,060 \quad I = \dfrac{1,060}{R} = \dfrac{1,060}{20} = 53[A]$

064 보일러 급수 중의 염류 등이 굳어서 내벽에 부착되어 보일러 열전도와 물의 순환을 방해하며 내면의 수관벽을 과열시켜 파열을 일으키게 하는 원인이 되는 것은?

① 스케일
② 부식
③ 포밍
④ 캐리오버

급수 속에 있는 불순물에 의해서 염류 등이 보일러 내벽에 부착되어 열전도율이 나빠지고 급수의 흐름을 방해하는 현상이 스케일 현상이다.

065 송전 용량이 증가함에 따라 송전선의 단락 및 지락 전류도 증가하여 계통에 여러 가지 장해 요인이 되고 있다. 이들의 경감 대책으로 적합하지 않은 것은?

① 계통의 전압을 높인다.
② 고장 시 모선 분리 방식을 채용한다.
③ 발전기와 변압기의 임피던스를 작게 한다.
④ 송전선 또는 모선 간에 한류 리액터를 삽입한다.

단락 전류 경감 대책으로는 발전기나 변압기에 고임피던스 기기를 사용한다.

정답 062. ① 063. ③ 064. ① 065. ③

CHAPTER 2 전력공학

066 초고압 송전 계통에 단권 변압기가 사용되는데 그 이유로 볼 수 없는 것은?

① 효율이 높다.
② 단락 전류가 작다.
③ 전압 변동률이 작다.
④ 자로가 단축되어 재료를 절약할 수 있다.

- 단권 변압기 단락 전류가 큰 단점이 있다.

- 단권 변압기 이점
  ㉠ 동량이 적어 경제적이다.
  ㉡ 효율이 높다.
  ㉢ 전압 변동률이 작다.
  ㉣ 고장이 나면 단락 전류가 크다.

067 동기 조상기에 대한 설명으로 틀린 것은?

① 시충전이 불가능하다.
② 전압 조정이 연속적이다.
③ 중부하 시에는 과여자로 운전하여 앞선 전류를 취한다.
④ 경부하 시에는 부족 여자로 운전하여 뒤진 전류를 취한다.

동기 조상기는 시충전이 가능하고 진지상 두 성분 모두 취할 수 있어서 전압 조정이 원활하고 연속적이다.

068 단상 2선식 배전 선로의 선로 임피던스가 $2+j5[\Omega]$이고, 무유도성 부하 전류가 10[A]일 때 송전단 역률은? (단, 수전단 전압의 크기는 100[V]이고 위상각은 0°이다.)

① $\dfrac{5}{12}$ ② $\dfrac{5}{13}$

③ $\dfrac{11}{12}$ ④ $\dfrac{12}{13}$

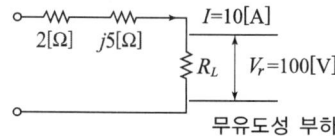

$I = \dfrac{V}{R}$, $R = \dfrac{V}{I} = \dfrac{100}{10} = 10[\Omega]$

$\cos\theta = \dfrac{R}{Z} = \dfrac{2+10}{\sqrt{(2+10)^2 + 5^2}} = \dfrac{12}{13}$

069 반지름 r[m]이고 소도체 간격 s인 4복도체 송전 선로에서 전선 A, B, C가 수평으로 배열되어 있다. 등가 선간 거리가 D[m]로 배치되고 완전 연가된 경우 송전 선로의 인덕턴스는 몇 [mH/km]인가?

① $0.4605\log_{10}\dfrac{D}{\sqrt{rs^2}} + 0.0125$

② $0.4605\log_{10}\dfrac{D}{\sqrt[2]{rs}} + 0.025$

③ $0.4605\log_{10}\dfrac{D}{\sqrt[3]{rs^2}} + 0.0167$

④ $0.4605\log_{10}\dfrac{D}{\sqrt[4]{rs^3}} + 0.0125$

n 복도체의 작용 인덕턴스

$L_n = 0.4605\log_{10}\dfrac{D}{\sqrt[n]{r \times s^{n-1}}} + \dfrac{0.05}{n}$

$n=4$이므로

$L_{n=4} = 0.4605\log_{10}\dfrac{D}{\sqrt[4]{r \times s^{4-1}}} + \dfrac{0.05}{4}$

$= 0.4605\log_{10}\dfrac{D}{\sqrt[4]{rs^3}} + 0.0125[\text{mH/km}]$

정답 066 ② 067. ① 068. ④ 069. ④

CHAPTER 2 전력공학

070 컴퓨터에 의한 전력 조류 계산에서 슬랙(slack) 모선의 지정값은? (단, 슬랙 모선을 기준 모선으로 한다.)

① 유효 전력과 무효 전력
② 모선 전압의 크기와 유효 전력
③ 모선 전압의 크기와 무효 전력
④ 모선 전압의 크기와 모선 전압의 위상각

 컴퓨터에 의한 전력 조류 계산

입력 데이터(기지량)	출력 데이터(미지량)
모선 전압의 크기	유효 전력
모선 전압의 위상각	무효 전력, 계통 손실

TIP

전력 조류 계산법
① 가우스 자이델법
② 뉴턴·랩슨법
③ 직류법

071 교류 송전 방식과 비교하여 직류 송전 방식의 설명이 아닌 것은?

① 전압 변동률이 양호하고 무효 전력에 기인하는 전력 손실이 생기지 않는다.
② 안정도의 한계가 없으므로 송전 용량을 높일 수 있다.
③ 전력 변환기에서 고조파가 발생한다.
④ 고전압, 대전류의 차단이 용이하다.

 직류 송전 방식의 가장 큰 단점은 교류 송전 방식에 비해 전압 변성이 어렵고 대용량 차단이 어렵다.

072 터빈의 임계 속도란?

① 이머전시 가버너(비상 조속기)를 동작시키는 회전수
② 회전자의 고유 진동수와 일치하는 위험 회전수
③ 부하를 급히 차단했을 때에 순간 최대 회전수
④ 부하 차단 후 자동적으로 정정된 회전수

터빈이 안정한 상태에서의 최고 속도이고 회전자의 고유 진동 속도와 일치하는 위험 회전수

073 송전단 전압이 6,600[V], 수전단 전압은 6,100[V]였다. 수전단의 부하를 끊은 경우 수전단 전압이 6,300[V]라면 이 회로의 전압 강하율과 전압 변동률은 각각 몇 [%]인가?

① 3.28, 8.2
② 8.2, 3.28
③ 4.14, 6.8
④ 6.8, 4.14

전압 강하율$(\varepsilon) = \dfrac{V_s - V_r}{V_r} \times 100 = \dfrac{6,600 - 6,100}{6,100} \times 100 = 8.2[\%]$

전압 변동률$(\varepsilon') = \dfrac{V_r' - V_r}{V_r} \times 100 = \dfrac{6,300 - 6,100}{6,100} \times 100 = 3.28[\%]$

(V_r' : 부하를 끊는 경우 수전단 전압)

074 증기 터빈을 열 사이클의 형식에 의하여 분류한 것은?

① 충동 터빈
② 반동 터빈
③ 추기 터빈
④ 축류 터빈

증기의 열 사이클에 따라 터빈을 분류하면
- 복수 터빈
- 추기 터빈
- 배압 터빈

075 가스 터빈의 특징을 증기 터빈과 비교하였을 때 옳지 않은 것은?

① 기동 시간이 짧다.
② 조작이 간단하므로 첨두 부하 발전에 적당하다.
③ 무부하일 때 연료의 소비량이 적게 든다.
④ 냉각수가 비교적 적게 든다.

정답 070. ④ 071. ④ 072. ② 073. ② 074. ③ 075. ③

CHAPTER 2 전력공학

 가스 터빈의 장점
① 소량 경량으로 건설비가 적게 들고 유지비가 적다.
② 기동 시간이 짧아서 첨두 부하에 적합하다.
③ 냉각수가 다량으로 필요하지 않는다.

076 송·수전 서로 간의 저항이 10[Ω]이고, 리액턴스가 22[Ω]일 때 송전단 상전압은 6,800[V], 수전단 상전압 6,600[V]이다. 전압 강하율은 약 몇 [%]인가?

① 3.03
② 4.0
③ 2.85
④ 3.33

$$\varepsilon = \frac{V_s - V_r}{V_r} \times 100 = \frac{6,800 - 6,600}{6,600} \times 100 = 3.03\,[\%]$$

077 지상 부하를 가진 3상 3선식 배전선 또는 단거리 송전선에서 선간 전압 강하를 나타낸 식은? (단, I, R, X, θ는 각각 수전단 전류, 선로 저항, 리액턴스 및 수전단 전류의 위상각이다.)

① $I(R\cos\theta + X\sin\theta)$
② $2I(R\cos\theta + X\sin\theta)$
③ $\sqrt{3}\,I(R\cos\theta + X\sin\theta)$
④ $3I(R\cos\theta + X\sin\theta)$

V_d(전압 강하) $= v_s - v_r = \sqrt{3}\,I(R\cos\theta + X\sin\theta)$

078 3상 3선식 송전선에서 한 선의 저항이 10[Ω], 리액턴스가 20[Ω]이고, 수전단의 선간 전압은 60[kV], 부하 역률이 0.8인 경우 전압 강하율이 10[%]라 하면 이 송전 선로는 몇 [kW]까지 수전할 수 있는가?

① 18,000
② 14,400
③ 12,000
④ 10,000

전압 강하율 $\varepsilon = \dfrac{P}{V^2}(R + X\tan\theta)$ 에서

수전 전력 $P = \dfrac{e \times V^2}{(R + X\tan\theta)}$ 식에서

$P = \dfrac{0.1 \times 60{,}000^2}{\left(10 + 20 \times \dfrac{0.6}{0.8}\right)} \times 10^{-3} = 14{,}400\,[\text{kW}]$

TIP

$\tan\theta = \dfrac{\sin\theta}{\cos\theta}$

079 전압과 역률이 일정할 때 전력을 몇 [%] 증가시키면 전력 손실이 2배로 되는가?

① 31
② 41
③ 51
④ 61

 전력 손실

$P_l = I^2 R = \left(\dfrac{P}{V\cos\theta}\right)^2 R$ 이므로

$P_l \propto P^2$ 이므로 P를 $\sqrt{2}$ 배 증가시키면 전력 손실은 2배가 된다.

080 단일 부하 배전선에서 부하 역률 $\cos\theta$, 부하 전류 I, 선로 저항 r, 리액턴스를 x라 하면 배전선에서 최대 전압 강하가 생기는 조건은?

① $\cos\theta \fallingdotseq \dfrac{r}{x}$

② $\sin\theta \fallingdotseq \dfrac{x}{r}$

③ $\tan\theta \fallingdotseq \dfrac{x}{r}$

④ $\tan\theta \fallingdotseq \dfrac{r}{x}$

[정답] 076. ① 077. ③ 078. ② 079. ② 080. ③

전력공학

 선로 전압 강하

$V_d = I(R\cos\theta + X\sin\theta)$

$\dfrac{dV_d}{d\theta} = I(-r\sin\theta + X\cos\theta) = 0$

$Ir\sin\theta = IX\cos\theta$

$\tan\theta = \dfrac{\sin\theta}{\cos\theta} = \dfrac{X}{r}$

081 원자력 발전소에서 필요하지 않은 것은?

① 핵연료 ② 감속재
③ 냉각재 ④ FD fan(강제 통풍기)

 원자력 발전의 구성

㉠ 원자로, ㉡ 핵연료, ㉢ 차폐재, ㉣ 반사체, ㉤ 감속재, ㉥ 제어재, ㉦ 냉각재 등으로 구성되어 있다.

082 다음에서 가압수형 원자력 발전소(PWR)에 사용하는 연료 감속재 및 냉각재로 적당한 것은?

① 천연 우라늄, 흑연 감속, 이산화탄소 냉각
② 농축 우라늄, 중수 감속, 경수 냉각
③ 저농축 우라늄, 경수 감속, 경수 냉각
④ 저농축 우라늄, 흑연 감속, 경수 냉각

 가압수형 원자로(PWR)-경수로

연료	감속재	냉각재
저농축 우라늄	경수(H_2O)	경수(H_2O)

답안 표기란

| 081 | ① ② ③ ④ |
| 082 | ① ② ③ ④ |

TIP

가스 냉각형 원자로(GWR)

연료	감속재	냉각재
천연 우라늄	흑연	탄산 가스

083 γ선 또는 중성자 등의 방사선을 차폐하기 위하여 가장 좋은 물질은?

① 중성자 흡수 단면적이 큰 물질
② 비열이 높은 물질
③ 밀도가 높은 물질
④ 밀도가 낮은 물질

원자 번호가 큰, 밀도가 높은 금속이 방사능 차폐가 가장 잘되는 물질이다.

084 원자력 발전의 특징으로 틀린 것은?

① 처음에는 과잉량의 핵연료를 넣고 그후에는 조금씩 보급하면 되므로 연료의 수송 기지와 저장 시설이 크게 필요하지 않다.
② 핵연료의 허용 온도와 열전달 특성 등에 의해서 증발 조건이 결정되므로 비교적 저온·저압의 증기로 운전된다.
③ 핵분열 생성물에 의한 방사선 장해와 방사선 폐기물이 발생하므로 방사선 측정기, 폐기물 처리 장치 등이 필요하다.
④ 기력 발전보다 증기관의 지름이 작아진다.

 원자력 발전의 특징

- 초기 투자(건설비)는 크지만 유지 관리비가 적다.
- 방사능 유출에 대한 방호 장치는 필요하나 대기 오염이나 미세 먼지 발생은 적다.
- 효율이 화력 발전에 비해 상당히 높으므로 증기관의 지름이 커진다.

085 다음 중 원자로에서 독작용을 설명한 것으로 가장 알맞은 것은?

① 열중성자가 독성을 받는 것을 말한다.
② $_{54}Xe^{135}$와 $_{62}Sn^{149}$가 인체에 독성을 주는 작용이다.
③ 열중성자 이용률이 저하되고 반응도가 감소되는 작용을 말한다.
④ 방사성 물질이 생체에 유해 작용을 하는 것을 말한다.

정답 081. ④ 082. ③ 083. ③ 084. ④ 085. ③

전력공학

원자로의 반응도를 저하시키고 중성자 이용을 감소시켜 출력의 감소를 일으키는 작용이다.

086 원자로의 주기란 무엇을 말하는 것인가?

① 원자로의 수명
② 원자로가 냉각 정지 상태에서 전 출력을 내는 데까지의 시간
③ 원자로가 임계에 도달하는 시간
④ 중성자의 밀도(flux)가 $\varepsilon = 2.718$배만큼 증가하는 데 걸리는 시간

- 중성자의 수명 : 감산 시간과 확산 시간의 합산 시간
- 원자로의 주기 : 중성자 밀도가 $2.718(\varepsilon)$배만큼 증가시키는 데 걸리는 시간

087 비등수형 동력용 원자로에 대한 설명으로 틀린 것은?

① 노심 안에서 경수가 끓으면서 증기를 발생할 수 있게 설계된 것이다.
② 내부의 압력은 가압수형 원자로(PWR)보다 높다.
③ 발생된 증기로 직접 터빈을 회전시키는 방식을 직접 사이클이라 한다.
④ 직접 사이클의 노내에서는 증기 속에 방사선 물질이 섞이게 되므로 터빈 안에까지 방사능으로 오염될 우려가 있다.

 비등수형 원자로의 특징

- 증기 발생기가 필요 없다.
- 증기가 직접 터빈에 들어가기 때문에 누출을 철저히 방지해야 한다.
- 소내용 동력은 적어도 된다.
- 노내의 물의 압력이 높지 않다(PWR보다 낮다).
- 노심 및 압력 용기가 커진다.

088 원자로의 제어재가 구비하여야 할 조건으로 틀린 것은?
① 중성자 흡수 단면적이 작을 것.
② 높은 중성자 속에서 장시간 그 효과를 간직할 것.
③ 열과 방사선에 대하여 안정할 것.
④ 내식성이 크고 기계적 가공이 용이할 것.

중성자 흡수 단위 면적이 커야 한다.
제어재는 카드뮴, 붕소 등이 있다.

089 원자로에서 고속 중성자를 열중성자로 만들기 위하여 사용되는 재료는?
① 제어재 ② 감속재
③ 냉각재 ④ 반사재

고속 중성자를 열중성자로 만들 때는 감속재가 필요하다.

090 전력 계통의 주파수가 기준값보다 증가하는 경우 어떻게 하는 것이 타당한가?
① 발전 출력[kW]을 증가시켜야 한다.
② 발전 출력[kW]을 감소시켜야 한다.
③ 무효 전력[kVar]을 증가시켜야 한다.
④ 무효 전력[kVar]을 감소시켜야 한다.

주파수가 기준값보다 증가한다는 것은 발전소의 출력이 소비량보다 크므로 발전소의 출력을 감소시켜야 한다.

091 송전 선로의 고장 전류 계산에 영상 임피던스가 필요한 경우는?
① 1선 지락 ② 3상 단락
③ 3선 단선 ④ 선간 단락

정답 086. ④ 087. ② 088. ① 089. ② 090. ② 091. ①

CHAPTER 2 전력공학

 고장 종류와 임피던스의 비교

고장 종류	임피던스		
	영상	정상	역상
1선 지락 사고	○	○	○
선간 단락		○	○
3상 단락		○	

TIP
2선 지락 사고
$I_0 = I_1 = I_2 \neq 0$

092 정전 용량 0.01[μF/km], 길이 173.2[km], 선간 전압 60[kV], 주파수 60[Hz]인 3상 송전 선로의 충전 전류는 약 몇 [A]인가?

① 6.3
② 12.5
③ 22.6
④ 37.2

$$I_c = \frac{E}{\frac{1}{\omega C}} = \omega CE = \omega C \frac{V}{\sqrt{3}} \times l$$

$$= 2\pi f C \frac{V}{\sqrt{3}} \times l = 2\pi \cdot 60 \times 0.01 \times 10^{-6} \times \frac{60,000}{\sqrt{3}} \times 173.2$$

$$= 22.6[A]$$

E : 대지 전압, V : 선간 전압

093 피뢰기가 방전을 개시할 때의 단자 전압의 순싯값을 방전 개시 전압이라 한다. 방전 중의 단자 전압의 파곳값을 무슨 전압이라 하는가?

① 속류
② 제한 전압
③ 기준 충격 절연 강도
④ 상용주파 허용 단자 전압

- 피뢰기 제한 전압 : 피뢰기에 직격뢰가 침입해서 피뢰기 방전 중에 피뢰기 양단에 걸리는 최대 전압을 말한다.
- 피뢰기 정격 전압 : 속류가 차단되는 교류 최고 전압을 말한다.

094 %임피던스에 대한 설명으로 틀린 것은?

① 단위를 갖지 않는다.
② 절대량이 아닌 기준량에 대한 비를 나타낸 것이다.
③ 기기 용량의 크기와 관계없이 일정한 범위의 값을 갖는다.
④ 변압기나 동기기의 내부 임피던스에만 사용할 수 있다.

$\%Z = \dfrac{ZP_n}{10V_n^2}$ 이므로 %임피던스는 정격 전압의 제곱에 반비례하고 정격 용량에는 비례한다.

095 송전 계통의 안정도 증진 방법으로 틀린 것은?

① 직렬 리액턴스를 작게 한다.
② 중간 조상 방식을 채용한다.
③ 계통을 연계한다.
④ 원동기의 조속기 작동을 느리게 한다.

 안정도 증대법

종류	㉠ 정태 안정도 ㉡ 과도 안정도 ㉢ 동태 안정도
안정도 증대법	㉠ 직렬 리액턴스를 감소(전력용 콘덴서 설치) ㉡ 고장 전류를 신속 제거(속응 여자 방식 및 고속도 재폐로 방식) ㉢ 병렬 2회선 이상 ㉣ 중간 조상 방식 ㉤ 계통 연계 ㉥ 전압 변동, 불평형을 작게 한다. ㉦ 고장 구간을 신속 차단

096 전력 계통의 전압을 조정하는 가장 보편적인 방법은?

① 발전기의 유효 전력 조정
② 부하의 유효 전력 조정
③ 계통의 주파수 조정
④ 계통의 무효 전력 조정

정답 092. ③ 093. ② 094. ④ 095. ④ 096. ④

전압 조정과 주파수 조정 방식

주파수 60±0.2[Hz]	계통의 유효 전력 (발전소 출력)	기준 주파수보다 높을 때	발전소 출력을 감소
		기존 주파수보다 낮을 때	발전소 출력을 증대
전압 일반적 ±10[%]	조상 설비 무효 전력	계통 전압이 저하할 때	진상 무효 전력 공급
		계통 전압이 상승할 때	지상 무효 전력 공급

097 일반적으로 화력 발전소에서 적용하고 있는 열 사이클 중 가장 열효율이 좋은 것은?

① 재생 사이클
② 랭킨 사이클
③ 재열 사이클
④ 재생 재열 사이클

 화력 발전소 열 사이클 비교

종류	특성
카르노 사이클	가장 이상적인 열 사이클
랭킨 사이클	• 가장 기본적인 열 사이클 • 등압 가열 → 단열 팽창 → 등압 냉각 → 단열 압축
재생 사이클	단열 팽창 도중 증기의 일부를 추출
재열 사이클	단열 팽창 도중 증기를 전부 추출
재생 재열 사이클	가장 열효율이 좋은 사이클

098 송전 계통의 절연 협조에 있어 절연 레벨을 가장 낮게 잡고 있는 기기는?

① 차단기
② 피뢰기
③ 단로기
④ 변압기

절연 협조

- 발전기나 변압기 등 기기나 송배전선 등 전력 계통 전체의 절연 설계를 피뢰기제한 전압을 기준으로 기계 기구 애자 등의 상호 간에 적정한 절연 강도를 갖게 하여 계통의 절연을 합리적·경제적으로 구성할 수 있도록 한다.
- 피뢰기 제한 전압은 각 전력 계통의 기준 충격 절연 강도(BIL)보다 작아야 한다.
- 선로 애자 > 차단기, 단로기 > 변압기 > 피뢰기

099 장거리 송전 선로는 일반적으로 어떤 회로로 취급하여 회로를 해석하는가?

① 분포 정수 회로
② 분산 부하 회로
③ 집중 정수 회로
④ 특성 임피던스 회로

 송전 거리에 따른 송전 특성

종류	선로 정수	내용	
단거리 선로	R, X	집중 정수 회로	수십 [km] 정도
중거리 선로	R, L, C	집중 정수 회로	100[km] 이내
장거리 선로	R, L, C, G	분포 정수 회로	100[km] 이상

100 중성점 직접 접지 방식에 대한 설명으로 틀린 것은?

① 계통의 과도 안정도가 나쁘다.
② 변압기의 단절연(斷絕緣)이 가능하다.
③ 1선 지락 시 건전상의 전압은 거의 상승하지 않는다.
④ 1선 지락 전류가 적어 차단기의 차단 능력이 감소된다.

 중성점 직접 접지 방식과 소호 리액터 접지 방식과 비교

구분	이상 전압	고장 전류	유도 장해	안정도	보호 계전기
직접 접지 방식	중성점 영전위 전위 상승 최소	최대	최대 발생	나쁘다	동작 확실
소호 리액터 접지	전위 상승 최대	병렬 공진 최소	최소 발생	양호	동작 불확실

정답 097. ④ 098. ② 099. ① 100. ④

CHAPTER 2 전력공학

101 직류 송전 방식에 대한 설명 중 틀린 것은?

① 리액턴스에 의한 전압 강하가 없으므로 장거리 송전에 적합하다.
② 안정도에 한계가 없으므로 송전 용량을 높일 수 있다.
③ 비동기 연계가 가능하여 주파수가 다른 교류 계통을 연계할 수 있다.
④ 교류 방식에 비하여 변압이 용이하므로 초고압 송전에 유리하다.

 직류 송전의 비교

장점	㉠ 표피 효과가 작아서 전류 용량이 증대 ㉡ 무효 전력에 의한 손실이 없어서 송전 효율이 증대 ㉢ 비동기 어떤 계통과 연계 가능 장거리 송전에 유리 ㉣ 전자파 발생 우려가 적어서 민원 발생이 적다.
단점	㉠ 변환 장비가 고가·기술적 문제 ㉡ 변환 과정에서 고주파가 발생된다. ㉢ 영점이 없어서 차단이 어렵다.

102 차단기의 차단 능력이 가장 가벼운 것은?

① 중성점 직접 접지 계통이 지락 전류 차단
② 중성점 저항 접지 계통의 지락 전류 차단
③ 송전 선로의 단락 사고 시의 단락 사고 차단
④ 중성점을 소호 리액터로 접지한 장거리 송전 선로의 지락 전류 차단

• 직접 접지 방식 : 차단기의 차단 책무가 무겁다.
• 소호 리액터 접지 방식 : 차단기의 차단 책무가 가볍다.

103 송전 선로에서 변압기의 유기 기전력에 의해 발생하는 고조파 중 제3고조파를 제거하기 위한 방법으로 가장 적당한 것은?

① 변압기를 △ 결선한다.
② 동기 조상기를 설치한다.
③ 직렬 리액터를 설치한다.
④ 전력용 콘덴서를 설치한다.

제3고조파 제거는 변압기를 △ 결선으로 방지하고 제5고조파 제거를 위해 직렬 리액터를 설치한다.

104 배전선의 손실 계수 H와 부하율 F와의 관계는?

① $0 \leq F^2 \leq H \leq F \leq 1$
② $0 \leq H^2 \leq F \leq H \leq 1$
③ $0 \leq H \leq F^2 \leq F \leq 1$
④ $0 \leq F \leq H^2 \leq F \leq 1$

손실 계수(H) = $\dfrac{\text{평균 전력 손실}}{\text{최대 전력 손실}} \times 100$

손실 계수 H와 부하율 F와의 관계는 $0 \leq F^2 \leq H \leq F \leq 1$이다.

105 보호 계전기의 반한시·정한시 특성은?

① 동작 전류가 커질수록 동작 시간이 짧게 되는 특성
② 최소 동작 전류 이상의 전류가 흐르면 즉시 동작하는 특성
③ 동작 전류의 크기에 관계없이 일정한 시간에 동작하는 특성
④ 동작 전류가 커질수록 동작 시간이 짧아지며, 어떤 전룻값 이상이 되면 동작 전류의 크기에 관계없이 일정한 시간에 동작하는 특성

 반한시·정한시 계전기

동작 전류가 작은 동안에는 동작 시간이 길고, 동작 전류가 커질수록 동작 시간이 짧게 되며, 어떤 전룻값 이상이되면 동작 전류의 크기에 관계없이 일정한 시간에 동작하는 계전기이다.

답안 표기란				
103	①	②	③	④
104	①	②	③	④
105	①	②	③	④

정답 101. ④ 102. ④ 103. ① 104. ① 105. ④

106. 다음 (㉠), (㉡), (㉢)에 들어갈 내용으로 옳은 것은?

> 원자력이란 일반적으로 무거운 원자핵이 핵분열하여 가벼운 핵으로 바뀌면서 발생하는 핵분열 에너지를 이용하는 것이고, (㉠)발전은 가벼운 원자핵을(과) (㉡)하여 무거운 핵으로 바꾸면서 (㉢) 전후의 질량 결손에 해당하는 방출 에너지를 이용하는 방식이다.

	㉠	㉡	㉢
①	원자핵 융합	융합	결합
②	핵결합	반응	융합
③	핵융합	융합	핵반응
④	핵반응	반응	결합

 핵융합 발전

중수소를 결합하여 헬륨으로 바꾸면서 열에너지를 방출하는 방식이다.
(핵융합)발전은 가벼운 원자핵을 (융합)하여 무거운 핵으로 바꾸면서 (핵반응) 전후의 질량 결손에 해당하는 방출 에너지를 이용하는 방식이다.

107. 수전단을 단락한 경우 송전단에서 본 임피던스가 330[Ω]이고, 수전단을 개방한 경우 송전단에서 본 어드미턴스가 1.875×10^{-3} [℧]일 때 송전단의 특성 임피던스는 약 몇 [Ω]인가?

① 120
② 220
③ 320
④ 420

$Z_D = \sqrt{\dfrac{Z}{Y}} = \sqrt{Z_s Z_0} = \sqrt{\dfrac{330}{1.875 \times 10^{-3}}} \fallingdotseq 420$

108 다중 접지 계통에 사용되는 재폐로 기능을 갖는 일종의 차단기로서 과부하 또는 고장 전류가 흐르면 순시 동작하고, 일정 시간 후에는 자동적으로 재폐로 하는 보호 기기는?

① 라인퓨즈
② 리클로저
③ 섹셔널라이저
④ 고장 구간 자동 개폐기

 리클로저

배전 선로에서 사고 발생 시 즉시 동작하여 고장 구간을 차단하고, 그 후에 다시 투입시키는 동작을 반복적으로 하는 자동 재폐기로 차단기

답안 표기란				
108	①	②	③	④
109	①	②	③	④
110	①	②	③	④

109 통신선과 평행인 주파수 60[Hz]의 3상 1회전 송전선이 있다. 1선 지락 때문에 영상 전류가 100[A] 흐르고 있다면 통신선에 유도되는 전자 유도 전압은 약 몇 [V]인가? (단, 영상 전류는 전 전선에 걸쳐서 같으며, 송전선과 통신선과의 상호 인덕턴스는 0.06[mH/km], 그 평행 길이는 40[km]이다.)

① 156.6
② 162.8
③ 230.2
④ 271.4

$E = -j\omega Ml \times 3I_0 = -j2\pi \times 60 \times 0.06 \times 10^{-3} \times 40 \times 3 \times 100 = -j271.4[V]$
($\omega = 2\pi f$: 각주파수)

TIP
정전 유도 전압
$E_0 = \dfrac{C_m}{C_m + C_0} \times V$
전자 유도 전압
$E_0 = -j\omega Ml(I_a + I_b + I_c)$
$\quad = -j\omega Ml 3I_0 [V]$

110 송전 선로의 특성 임피던스와 전파 정수는 무슨 시험에 의해서 구할 수 있는가?

① 무부하 시험과 단락 시험
② 부하 시험과 단락 시험
③ 부하 시험과 충전 시험
④ 충전 시험과 단락 시험

- $Z_0 = \sqrt{\dfrac{Z}{Y}}$ 에서 무부하 시험으로 Y를 구하고, 단락 시험으로 Z를 구한다.
- 무부하 시험은 어드미턴스를 구하고, 단락 시험은 임피던스를 구한다.
- 특성 임피던스 $Z_0 = \sqrt{\dfrac{Z}{Y}} = \sqrt{\dfrac{R+j\omega L}{G+j\omega C}}$
- 전파 정수 $\gamma = \sqrt{ZY} = \sqrt{(R+j\omega L)(G+j\omega C)}$

정답 106. ③ 107. ④ 108. ② 109. ④ 110. ①

CHAPTER 2 전력공학

111 수력 발전소의 분류 중 낙차를 얻는 방법에 의한 분류 방법이 아닌 것은?

① 댐식 발전소
② 수로식 발전소
③ 양수식 발전소
④ 유역 변경식 발전소

낙차를 얻는 방법으로 수력 발전소 종류는 ㉠ 수로식 발전소, ㉡ 댐식 발전소, ㉢ 댐수로식 발전소, ㉣ 유역 변경식 발전소로 나눌 수 있다.

112 역률 80[%]인 10,000[kVA]의 부하를 갖는 변전소에 2,000[kVA]의 콘덴서를 설치해서 역률을 개선하면 변압기에 걸리는 부하(kW)는 대략 얼마쯤 되겠는가?

① 8,000
② 8,500
③ 9,000
④ 9,500

- 유효 전력 : $P = 10,000 \times 0.8 = 8,000[\text{kW}]$
- 무효 전력 : $Q = 1,000 \times \sqrt{1-0.8^2} = 6,000[\text{kVA}]$
- 역률 개선 후 무효 전력 : $Q' = 6,000 - 2,000 = 4,000[\text{kVA}]$

따라서 개선 후 역률은 $\cos\theta_2 = \dfrac{P}{\sqrt{P^2+Q'^2}} \times 100$

$= \dfrac{8,000}{\sqrt{8,000^2+(6,000-2,000)^2}} = 0.894$

역률 개선 후 부하 전력 $P = P_a \cos\theta_2 = 10,000 \times 0.894 ≒ 9,000[\text{kW}]$

113 송전단 전압을 V_s, 수전단 전압을 V_r, 선로의 리액턴스를 X라 할 때 정상시의 최대 송전 전력의 개략적인 값은?

① $\dfrac{V_s - V_r}{X}$
② $\dfrac{V_s^2 - V_r^2}{X}$
③ $\dfrac{V_s(V_s - V_r)}{X}$
④ $\dfrac{V_s V_r}{X}$

$P = \dfrac{V_s V_r}{X} \sin\theta$

$\sin\theta \to 1$, 즉 $\theta = 90°$이면 송전 전력이 최대가 된다.

즉, $P = \dfrac{V_r V_s}{X}$이다.

114 다음은 어떤 계전기의 동작 특성을 나타낸 것이다. 계전기의 종류는? (전압 및 전류를 입력량으로 하여, 전압과 전류의 비의 함수가 예정치 이하로 되었을 때 동작한다.)

① 변화폭 계전기 ② 거리 계전기
③ 차동 계전기 ④ 방향 계전기

거리 계전기는 송전 선로에 단락, 지락 보호용으로 고장 위치를 검출한다.
차동 계전기는 전압과 전류의 차에 의하여 구동하는 특징을 가지고 있는 계전기이다.

115 전력 원선도에서는 알 수 없는 것은?

① 송수전할 수 있는 최대 전력
② 선로 손실
③ 수전단 역률
④ 코로나손

 전력 원선도에서 알 수 있는 사항

- 전력 손실
- 송전과 수전할 수 있는 최대 전력
- 필요한 조상 설비 용량
- 수전단 역률

116 단로기에 대한 설명으로 틀린 것은?

① 소호 장치가 있어 아크를 소멸시킨다.
② 무부하 및 여자 전류의 개폐에 사용된다.
③ 배전용 단로기는 보통 디스커넥팅바로 개폐한다.
④ 회로의 분리 또는 계통의 접속 변경 시 사용한다.

정답 111. ③ 112. ③ 113. ④ 114. ③ 115. ④ 116. ①

전력공학

 단로기(DS)

내부에 소호 장치가 없으므로 무부하 상태에서만 개폐할 수 있다. 미세한 여자 전류만 차단이 가능하다.

117 증기의 엔탈피란?

① 증기 1[kg]의 잠열
② 증기 1[kg]의 현열
③ 증기 1[kg]의 보유 열량
④ 증기 1[kg]의 증발열을 그 온도로 나눈 것

 엔트로피

증기 1[kg]의 증발열을 그 온도로 나눈 것을 말한다.

118 가공선 계통은 지중선 계통보다 인덕턴스 및 정전 용량이 어떠한가?

① 인덕턴스, 정전 용량이 모두 작다.
② 인덕턴스, 정전 용량이 모두 크다.
③ 인덕턴스는 크고, 정전 용량은 작다.
④ 인덕턴스는 작고, 정전 용량은 크다.

가공선 계통은 지중 케이블보다 선간의 이격 거리(DS)가 크므로

인덕턴스 $L = 0.05 + 0.4605 \log_{10} \dfrac{D}{r}$ [mH/km]는 증가하고

정전 용량 $C = \dfrac{0.02413}{\log_{10} \dfrac{D}{r}}$ [μF/km] 감소한다.

119 중거리 송전 선로의 T형 회로에서 송전단 전류 I_s는? (단, Z, Y는 선로의 직렬 임피던스와 병렬 어드미턴스이고, E_r은 수전단 전압, I_r은 수전단 전류이다.)

① $E_r\left(1+\dfrac{ZY}{2}\right)+ZL$

② $I_r\left(1+\dfrac{ZY}{2}\right)+E_r Y$

③ $E_r\left(1+\dfrac{ZY}{2}\right)+ZL\left(1+\dfrac{ZY}{4}\right)$

④ $I_r\left(1+\dfrac{ZY}{2}\right)+E_r Y\left(1+\dfrac{ZY}{4}\right)$

중거리 T형 회로의 송전단 전압, 전류식

- $E_s = \left(1+\dfrac{ZY}{2}\right)E_r + Z\left(1+\dfrac{ZY}{4}\right)I_r$
- $I_s = YE_r + \left(1+\dfrac{ZY}{2}\right)I_r$

120 인터록(interlock)의 기능에 대한 설명으로 옳은 것은?

① 조작자의 의중에 따라 개폐되어야 한다.
② 차단기가 열려 있어야 단로기를 닫을 수 있다.
③ 차단기가 닫혀 있어야 단로기를 닫을 수 있다.
④ 차단기와 단로기를 별도로 닫고, 열 수 있어야 한다.

 차단가-단로기의 인터록 장치

차단기를 먼저 조작하여 차단기가 열려 있는 상태에서만 단로기를 열거나 닫을 수 있도록 하는 동시 투입 방지 장치이다.

TIP

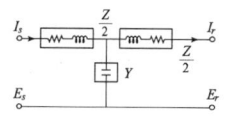

$E_s = AE_r + BI_r$
$I_s = CE_r + DI_r$
$A = D = 1+\dfrac{ZY}{2}$
$B = Z\left(1+\dfrac{ZY}{4}\right)$
$C = Y$

CHAPTER 2 전력공학

121 그림과 같은 수전단 전압 3.3[kV], 역률 0.85(뒤짐)인 부하 300[kW]에 공급하는 선로가 있다. 이때 송전단 전압은 약 몇 [V]인가?

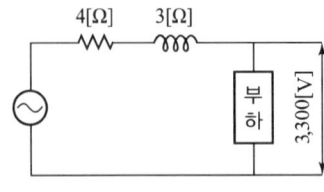

① 3,430　　② 3,530
③ 3,730　　④ 3,830

해설

계통에 흐르는 전류는
$I = \dfrac{P}{V\cos\theta} = \dfrac{300 \times 10^3}{3,300 \times 0.85} = 106.95[A]$

따라서 송전단 전압은
$E_s = E_r + I(R\cos\theta + X\sin\theta) = 3,300 + 106.95 \times (4 \times 0.85 + 3 \times \sqrt{1-0.85^2}) ≒ 3,830[V]$

122 송전 계통에서 자동 재폐로 방식의 장점이 아닌 것은?

① 신뢰도 향상
② 공급 지장 시간의 단축
③ 보호 계전 방식의 단순화
④ 고장상의 고속도 차단, 고속도 재투입

해설 자동 재폐로 방식

순간적인 고장 발생 시 계통을 차단기로 개방한 후 고장 소멸 즉시 차단기를 자동 투입하여 정전 시간의 단축으로 계통 안정도 향상을 목적으로 실시하는 자동 차단기 투입 방식

123 단도체식의 가공 전선을 같은 단면적의 복도체식으로 하였을 경우의 설명으로 틀린 것은?

① 송전 용량이 증가한다.
② 코로나 손실이 작아진다.
③ 전선의 인덕턴스가 감소된다.
④ 전선의 정전 용량이 감소된다.

 복도체(단도체를 2본 이상 분할)

- 코로나 방지(임계 전압 상승)
- 인덕턴스는 단도체에 비해 감소
- 정전 용량은 단도체에 비해 증가
- 송전 용량 증대
- 안정도가 향상된다.

124 고압 배전 선로 구성 방식 중 고장 시 자동적으로 고장 개소의 분리 및 건전 선로에 폐로하여 전력을 공급하는 개폐기를 가지며, 수요 분포에 따라 임의의 분기선으로부터 전력을 공급하는 방식은?

① 환상식
② 망상식
③ 뱅킹식
④ 가지식(수지식)

 환상식 배전 방식

- 배전 선로를 루프식으로 구성한 배전 방식이다.
- 고장 시 자동적으로 고장 개소의 분리 및 건전 선로에 폐로하여 전력을 공급하는 개폐기가 설치된다.
- 수요 분포에 따라 임의의 분기선으로부터 전력을 공급하는 방식이다.
- 전압 동요(플리커) 현상이 경감된다.

125 가공 전선로에 사용되는 전선의 구비 조건으로 틀린 것은?

① 도전율이 높아야 한다.
② 기계적 강도가 커야 한다.
③ 비중이 커야 한다.
④ 허용 전류가 커야 한다.

 가공 전선의 구비 조건

- 도전율이 클 것
- 인장 강도가 클 것
- 가요성이 클 것
- 내식성이 클 것
- 비중(밀도)이 작을 것
- 코로나를 방지할 수 있을 것

정답 121. ④ 122. ③ 123. ④ 124. ① 125. ③

CHAPTER 2 전력공학

126 화력 발전소에서 1[ton]의 석탄으로 발생시킬 수 있는 전력량은 약 몇 [kWh]인가? (단, 석탄 1[kg]의 발열량 5,000[kcal], 효율은 20[%]이다.)

① 960
② 1,060
③ 1,160
④ 1,260

해설 화력 발전소 열효율

$\eta = \dfrac{860W}{mH}$

$W = \dfrac{\eta mH}{860} = \dfrac{0.2 \times 10^3 \times 5,000}{860} = 1,160[kWh]$

127 화력 발전소에서 재열기의 목적은?

① 급수를 예열한다.
② 석탄을 건조한다.
③ 공기를 예열한다.
④ 증기를 가열한다.

해설 재열기

고압 터빈 내에서 팽창한 증기를 도중의 과정에서 일부 추출하여 보일러에서 재가열함으로써 건조도를 높여 적당한 과열도를 갖도록 하는 것이다.

128 3상의 같은 전원에 접속하는 경우 △ 결선의 콘덴서를 Y 결선으로 바꾸어 이으면 진상 용량은 몇 배가 되는가?

① 3
② $\sqrt{3}$
③ $\dfrac{1}{\sqrt{3}}$
④ $\dfrac{1}{3}$

TIP

화력 발전소의 장치별 기능과 역할

㉠ 과열기(Super Heater) : 보일러 본체에서 발생되는 증기는 수분을 약간 포함한 습증기를 온도를 더 높여 과열 증기를 만드는 장치
㉡ 재열기(Reheater) : 고압 터빈의 증기를 보일러에서 재가열시키는 장치
㉢ 절탄기(Economizer) : 연도(굴뚝)에 설치하는 연도 폐기 가스로 보일러 급수를 가열시키는 장치
㉣ 공기 예열기(Air Preheater) : 연도에 설치하여 연소용 공기를 가열시켜 연료의 착화 및 연소 효율을 높이는 장치
㉤ 급수 가열기 : 증기 터빈의 증기를 일부 빼내어 그 열원으로 급수를 가열시키는 장치
㉥ 복수기 : 터빈에서 나온 증기를 다시 물로 회수시키는 장치
  • 표면 복수기
  • 증발 복수기
  • 분사 복수기
㉦ 탈기기 : 물속에 포함된 산소를 분리시켜 주는 장치
㉧ 집진기 : 미분탄 연소 발전소에서는 석탄을 미분으로 만들어 부유 상태에서 연소시킬 때 발생하는 비산회를 회수하며, 기계식 사이클론, 전기식 코트렐 집진기가 있음

$$C_d = \frac{Q}{3 \times 2\pi f V^2} \times 10^3$$

$$C_s = \frac{Q}{2\pi f V^2} \times 10^3$$

$$C_d : C_s = \frac{1}{3} : 1$$

$$\therefore C_d = \frac{C_s}{3}$$

129 3상으로 표준 전압 3[kV], 600[kW]를 역률 0.85로 수전하는 공장의 수전 회로에 시설할 계기용 변류기의 변류비로 적당한 것은? (단, 변류기의 2차 전류는 5[A]임)

① 5
② 15
③ 27
④ 40

$P = \sqrt{3} \, V_1 I_1 \cos\theta$ 에서

$I = \dfrac{P}{\sqrt{3}\, V \cos\theta} = \dfrac{600}{\sqrt{3} \times 3 \times 0.85} = 135.85[\text{A}]$

CT 1차 정격은 125~150[%]의 여유, 즉 1.25~1.5배의 여유를 준다.
135.85×1.25(1.5)=170~255이므로 200[A]이고, 200/5의 변류기가 적당하다.

130 전력선 측의 유도 장해 방지 대책이 아닌 것은?

① 직렬 콘덴서의 설치
② 가공 지선의 설치
③ 전선의 연가
④ 지중 케이블 사용

 유도 장해 방지를 위한 전력선 측 대책

- 전력선과 통신선과의 상호 이격 거리를 크게 하여 상호 인덕턴스를 줄인다.
- 연가를 충분히 한다(선로 정수를 평형시켜 중성점 잔류 전압을 작게 한다).
- 케이블을 사용한다.
- 고주파의 발생을 방지한다.
- 통신선과 교차를 직각으로 한다.
- 소호 리액터의 사용한다(지락 전류를 작게 하여 전자 유도를 작게 한다).
- 고장 회선의 고속도 차단한다.
- 차폐선의 시설한다(차폐 효과 크다).

정답 126. ③ 127. ④ 128. ④ 129. ④ 130. ①

CHAPTER 2 전력공학

131 다음의 중성점 접지 방식 중 지락 전류가 가장 큰 것은?

① 비접지 방식
② 직접 접지 방식
③ 고저항 접지 방식
④ 소호 리액터 접지 방식

해설 직접 접지 방식의 특징
- 1선 지락 사고 시 건전상의 전압 상승이 낮다.
- 계통의 절연 수준이 낮아지므로 경제적이다.
- 변압기의 단절연, 저감 절연이 가능하다.
- 보호 계전기의 동작이 확실하다.
- 지락 전류가 크므로 과도 안정도가 나빠진다.
- 인접 통신선의 전자 유도 장해가 크다.

132 송전 선로에 있어서 1선 지락의 경우 지락 전류가 가장 작은 중성점 접지 방식은?

① 비접지
② 직접 접지
③ 저항 접지
④ 소호 리액터 접지

해설
직접 접지 방식 > 저항 접지 > 비접지 > 소호 리액터 접지 방식 순서이다.

133 다음 중 송전 선로의 코로나 임계 전압이 높아지는 경우가 아닌 것은?

① 상대 공기 밀도가 작다.
② 전선의 반지름과 선간 거리가 크다.
③ 날씨가 맑다.
④ 낡은 전선을 새 전선으로 교체했다.

해설
상대 공기 밀도가 높아야 E_0(코로나 임계 전압)가 높아지므로 코로나 현상이 감소될 수 있다.

134 망상(network) 배전 방식의 장점이 아닌 것은?

① 전압 변동이 적다.
② 인축의 접지 사고가 적어진다.
③ 부하의 증가에 대한 융통성이 크다.
④ 무정전 공급이 가능하다.

 망상(네트워크) 배전 방식

- 무정전 공급이 가능하여 공급 신뢰도가 우수하다.
- 부하 증가 시 적응성이 뛰어나다.
- 전력 손실 및 전압 강하가 작다.
- 구성이 복잡하여 인축에 대한 접촉 사고 가능성이 크다.
- 전압 변동이 작다.

135 전력용 콘덴서를 변전소에 설치할 때 직렬 리액터를 설치하고자 한다. 직렬 리액터의 용량을 결정하는 식은? (단, f_0는 전원의 기본 주파수, C는 역률 개선용 콘덴서의 용량, L은 직렬 리액터의 용량이다.)

① $2\pi f_0 L = \dfrac{1}{2\pi f_0 C}$

② $2\pi (3f_0) L = \dfrac{1}{2\pi (3f_0) C}$

③ $2\pi (5f_0) L = \dfrac{1}{2\pi (5f_0) C}$

④ $2\pi (7f_0) L = \dfrac{1}{2\pi (7f_0) C}$

 제5고조파 제거용 직렬 리액터 용량

$5\omega L - \dfrac{1}{5\omega C} = 0$ 제5고조파 공진

$5\omega L = \dfrac{1}{5\omega C}$

$5(2\pi f_0) L = \dfrac{1}{5(2\pi f_0) C}$

$2\pi (5f_0) L = \dfrac{1}{2\pi (5f_0) C}$

정답 131. ② 132. ④ 133. ① 134. ② 135. ③

CHAPTER 2 전력공학

136 기력 발전소 내의 보조기 중 예비기를 가장 필요로 하는 것은?

① 미분탄 송입기 ② 급수 펌프
③ 강제 통풍기 ④ 급탄기

 급수 펌프

보일러에 급수를 보급해 주는 펌프로 급수 펌프의 고장 시 보일러에 급수가 공급되지 않는 상태에서 보일러가 과열되기 때문에 예비 보조 급수 펌프가 필수적이다.

137 비등수형 원자로의 특색이 아닌 것은?

① 방사능 때문에 증기는 완전히 기수 분리를 해야 한다.
② 열 교환기가 필요하다.
③ 기포에 의한 자기 제어성이 있다.
④ 순환 펌프로서는 급수 펌프뿐이므로 펌프 동력이 작다.

 비등수형 원자로(BWR)의 특징

- 열 교환기가 필요 없다.
- 기수는 기수 분리, 급수는 양질의 것이어야 한다.
- 출력 변동에 대한 출력 특성은 가압수형보다 못하다.
- 펌프 동력이 작아도 된다.

138 일반적인 비접지 3상 송전 선로의 1선 지락 고장 발생 시 각 상의 전압은 어떻게 되는가?

① 고장상의 전압은 떨어지고, 나머지 두 상의 전압은 변동되지 않는다.
② 고장상의 전압은 떨어지고, 나머지 두 상의 전압은 상승한다.
③ 고장상의 전압은 떨어지고, 나머지 상의 전압도 떨어진다.
④ 고장상의 전압이 상승한다.

TIP
90° 빠른 전류
충전 전류 진상 전류, 페란티 현상, 재점호의 원인이 된다.

비접지 방식에서 1선 지락 사고 발생 시
- 고장상의 전압은 0[V]로 떨어진다.
- 건전상의 전압은 평상시의 대지 전압보다 $\sqrt{3}$ 배로 증가한다.
- 전압보다 90° 위상이 빠른 전류가 발생한다.

139 어떤 콘덴서 3개를 선간 전압 3,300[V], 주파수 60[Hz]의 선로에 △로 접속하여 60[kVA]가 되도록 하려면 콘덴서 1개의 정전 용량(μF)은 약 얼마로 하여야 하는가?

① 1.62
② 3.22
③ 4.87
④ 14.55

$Q_c = 3 \times 2\pi f C E^2$

정전 용량 $C = \dfrac{Q}{6\pi f E^2} = \dfrac{60 \times 10^3}{6\pi \times 60 \times 3{,}300^2} \times 10^{-6} = 4.87[\mu\text{F}]$

140 연간 전력량 E[kWh], 연간 최대 전력 W[kW]인 연 부하율은 몇 [%]인가?

① $\dfrac{E}{W} \times 100$
② $\dfrac{W}{E} \times 100$
③ $\dfrac{8{,}760\,W}{E} \times 100$
④ $\dfrac{E}{8{,}760\,W} \times 100$

연 부하율 $= \dfrac{\dfrac{\text{연간 사용 전력량}[E]}{365 \times 24}}{W} \times 100 = \dfrac{E}{8{,}760\,W} \times 100$

정답 136. ② 137. ② 138. ② 139. ③ 140. ④

141
우리나라 대표적인 배전 방식으로는 다중 접지 방식인 22.9[kV] 계통으로 되어 있고, 이 배전선에 사고가 생기면 그 배전선 전체가 정전이 되지 않도록 선로 도중이나 분기선에 다음의 보호 장치를 설치하여 상호 협조를 기함으로써 사고 구간을 국한하여 제거시킬 수 있다. 설치 순서가 옳은 것은?

① 변전소 차단기 : 섹셔널라이저 · 리클로저 · 라인퓨즈
② 변전소 차단기 : 리클로저 · 섹셔널라이저 · 라인퓨즈
③ 변전소 차단기 : 섹셔널라이저 · 라인퓨즈 · 리클로저
④ 변전소 차단기 : 리클로저 · 라인퓨즈 · 섹셔널라이저

리클로저(재폐로 차단기) : 변전소 쪽에, 섹셔널라이저는 부하 쪽에 설치한다.

142
30일간의 최대 수용 전력 200[kW], 소비 전력량이 72,000[kWh]일 때 월 부하율은 몇 [%]인가?

① 30
② 40
③ 50
④ 60

- 월 평균 잔액 $= \dfrac{1\text{개월 사용 전력량}}{1\text{개월 사용 시간}(24\text{시간})}$

- 월 부하율 $= \dfrac{\text{월 평균 전력}}{\text{최대 수용 전력}} \times 100[\%] = \dfrac{72,000}{200 \times 24 \times 30} \times 100 = 50[\%]$

143
345[kV] 초고압 송전 선로에 사용되는 현수 애자는 1련 현수인 경우 대략 몇 개 정도 사용되는가?

① 6~8
② 12~14
③ 18~20
④ 28~38

전압별 애자 개수(254[mm] 현수 애자 기준)

66[kV]	4~5개
154[kV]	9~11개
345[kV]	19~23개

144 보호 계전기와 그 사용 목적이 잘못된 것은?

① 비율 차동 계전기 : 발전기 내부 단락 검출용
② 전압 평형 계전기 : 발전기 출력 측 PT 퓨즈 단선에 의한 오작동 방지
③ 역상 과전류 계전기 : 발전기 부하 불평형 회전자 과열 소손
④ 과전압 계전기 : 과부하 단락 사고

과전류 계전기(OCR) : 과부하 및 단락 사고 보호

145 전선로의 지지물 양쪽 경간의 차가 큰 곳에 쓰이며 E 철탑이라고도 하는 철탑은?

① 인류형 철탑
② 보강형 철탑
③ 각도형 철탑
④ 내장형 철탑

내장 철탑은 전선로의 지지물 양쪽 경간의 차가 큰 곳에 사용하며, E 철탑이라고도 한다.

146 저압 뱅킹 배전 방식에서 저전압의 고장에 의하여 건전한 변압기의 일부 또는 전부가 차단되는 현상은?

① 플리커(Flicker)
② 캐스케이딩(Cascading)
③ 밸런서(Balancer)
④ 아킹(Arcing)

정답 141. ② 142. ③ 143. ③ 144. ④ 145. ④ 146. ②

전력공학

- 저압 뱅킹 방식의 특징
  ㉠ 전압 강하 및 전력 손실이 경감된다.
  ㉡ 변압기 용량 및 저압선 동량이 절감된다.
  ㉢ 부하 증가에 대한 탄력성이 향상된다.
  ㉣ 고장 보호 방법이 적당할 때 공급 신뢰도가 향상되며, 플리커 현상이 경감된다.
- 단점 : 2차 변압기 1대가 고장나면 건전한 변압기의 일부 또는 전부가 차례로 차단되어 정전 범위가 확대되는 캐스케이딩 현상이 발생될 수 있다.

147 배전반에 연결되어 사용 중인 P.T와 C.T를 점검할 때는?

① C.T는 단락
② C.T와 P.T 모두 단락
③ C.T와 P.T 모두 개방
④ P.T는 단락

P.T는 전원과 병렬로 연결되고 C.T는 회로와 직렬로 연결시키므로 P.T는 개방 상태로 되어도 무관하지만 C.T는 개방이 되면 부하 전류에 의하여 2차 측에 유도되어 소손되므로 점검 시 2차 측은 단락시켜야 한다.

148 철탑의 탑각 접지 저항이 커지면 어떤 문제점이 우려되는가?

① 가공 지선의 차폐선이 증가한다.
② 속류가 발생한다.
③ 코로나가 증가한다.
④ 역섬락이 발생한다.

 철탑의 역섬락

- 철탑의 접지 저항이 높아서 철탑과 송전 선로 간에 절연이 파괴되어 아크 방전이 일어나는 현상
- 대책 : 철탑에 매설 지선을 설치, 탑각 접지 저항을 작게 하여야 한다.

149 계기용 변성기의 위상각이란?

① 1차 전류 또는 전압 벡터를 180° 회전시킨 2차 전류 또는 2차 전압과의 상차
② 2차 전압과 1차 전압의 위상차
③ 2차 전류 전압을 180° 회전시킨 1차 전류 전압과의 상차각
④ 2차 전압 벡터와 전류 벡터의 상차

 위상각(phase angle)

1차 전류와 2차 전류의 위상각을 말한다. 180° 회전시킨 2차 전류 벡터와 1차 전류와의 위상차로 표시한다.

150 초고압용 차단기에 개폐 저항기를 사용하는 주된 이유는?

① 차단 속도 증진
② 차단 전류 감소
③ 이상 전압 억제
④ 부하 설비 증대

 개폐 저항기

차단기에 병렬로 설치한 저항기로 차단기에서 발생하는 서지 이상 전압을 억제하는 역할을 한다.

151 동일 전력을 동일 선간 전압, 동일 역률로 동일 거리에 보낼 때 사용하는 전선의 총중량이 같으면 3상 3선식일 때와 단상 2선식일 때의 전력 손실비는?

① 1
② $\dfrac{3}{4}$
③ $\dfrac{2}{3}$
④ $\dfrac{1}{\sqrt{3}}$

구분	총공급 전력	1선당 공급 전력	소요 전선비 (전력 손실비)
$1\phi 2W$	$P = EI_1$	$P_1 = \dfrac{1}{2}EI_1$	W_1 (100[%]기준)
$1\phi 3W$	$P = 2EI_2$	$P = \dfrac{2}{3}EI_2$	$\dfrac{W_2}{W_1} = \dfrac{3}{8}$ (37.5[%])
$3\phi 3W$	$P = \sqrt{3}\,EI_3$	$P = \dfrac{1}{\sqrt{3}}EI_3$	$\dfrac{W_3}{W_1} = \dfrac{3}{4}$ (75[%])
$3\phi 4W$	$P = 3EI_4$	$P = \dfrac{3}{4}EI_4$	$\dfrac{W_4}{W_1} = \dfrac{1}{3}$ (33.3[%])

정답 147. ① 148. ④ 149. ③ 150. ③ 151. ②

CHAPTER 2 전력공학

152 설비 용량 40[kW], 1일 평균 사용 전력량이 576[kWh]인 공장이 있다. 최대 수용 전력이 30[kW]인 경우 이 공장의 수용률(%) 및 부하율(%)은?

① 60, 75
② 75, 80
③ 75, 60
④ 80, 75

- 수용률 $= \dfrac{\text{최대 수용 전력}}{\text{설비 용량}} \times 100 = \dfrac{30}{40} \times 100 = 75[\%]$

- 부하율 $= \dfrac{\text{평균 전력}}{\text{최대 전력}} \times 100[\%]$

  $= \dfrac{\text{사용 전력량 / 시간}}{\text{최대 전력}} \times 100[\%]$

  $= \dfrac{576/24}{30} \times 100 = 80[\%]$

153 공통 중성선 다중 접지 방식의 배전 선로에서 Recloser(R), Sectionalizer(S), Line fuse(F)의 보호 협조가 가장 적합한 배열은? (단, 보호 협조는 변전소를 기준으로 한다.)

① S – F – R
② S – R – F
③ F – S – R
④ R – S – F

- 섹셔널라이저(SE) : 전류 차단 능력이 없는 장치이며 리클로저 후단에 설치한다.
- 배전 선로의 보호 협조 배열 순서 : CB(배전 변전소 내의 차단기) → R → S → F

154 송전 선로에 복도체를 사용하는 주된 목적은?

① 코로나 발생을 감소시키기 위하여
② 인덕턴스를 증가시키기 위하여
③ 정전 용량을 감소시키기 위하여
④ 전선 표면의 전위 경도를 증가시키기 위하여

 복도체를 사용하는 주된 목적

- 전선 표면의 전위 경도를 작게 하여 코로나 방지(주목적)
- 인덕턴스가 감소되고, 정전 용량이 증가된다.
- 계통의 직렬 리액턴스 감소로 송전 용량 증대로 인한 안정도 향상

155 조속기의 폐쇄 시간이 짧을수록 옳은 것은?

① 수압관 내의 수압 상승률은 작아진다.
② 수격 작용은 작아진다.
③ 발전기의 전압 상승률은 커진다.
④ 수차의 속도 변동률은 작아진다.

 조속기

출력의 증감에 무관하게 수차의 회전수를 일정하게 유지하기 위해서는 출력의 변화에 따라서 수차의 유량을 조정하지 않으면 안 된다. 이것을 자동적으로 할 수 있도록 한 장치이며 조속기의 폐쇄 시간이 짧을수록 수차의 속도 변동률은 작아진다.

156 저압 네트워크 배전 방식의 장점이 아닌 것은?

① 인축의 접지 사고가 적어진다.
② 부하 증가 시 적응성이 양호하다.
③ 무정전 공급이 가능하다.
④ 전압 변동이 적다.

 저압 네트워크 배전 방식

- 전력 손실과 전압 강하가 적다.
- 무정전 공급이 가능하여 공급 신뢰도가 가장 우수하다.
- 부하 증가에 대한 적응이 용이하다.
- 설비가 복잡하여 설치비가 비싸고 인축에 대한 접촉 사고 가능성이 크다.

정답 152. ② 153. ④ 154. ① 155. ④ 156. ①

CHAPTER 2 전력공학

157 다음은 원자력 발전소의 원자로와 일반 화력 발전소의 보일러(boiler)를 비교하여 원자로의 운전 및 보수상의 특징을 말한 것이다. 틀린 것은?

① 원자로는 포화 증기가 사용되기 때문에 압력을 정하면 온도가 정해져 운전 중 온도·압력의 폭도 작다.
② 원자로는 열효율이 거의 100[%]에 가깝고 연료의 연소 효율은 운전 방법에 따라 크게 좌우된다.
③ 원자로를 정지 후에 발생열이 없어 열 제거가 필요 없으며 정지 후 장시간 온도 유지는 불가능하다.
④ 원자로의 운전은 전 출력에서 전 출력의 10^{-10} 정도까지 광범위한 조작을 필요로 한다.

핵분열의 연쇄 반응을 이용하여 그 에너지를 제어된 상태에서 얻어 내게 하는 장치를 원자로라 하며 장치 후에도 장시간 그 온도 유지가 가능하다.

158 플리커 경감을 위한 전력 공급 측의 방안이 아닌 것은?

① 공급 전압을 낮춘다.
② 전용 변압기로 공급한다.
③ 단독 공급 계통을 구성한다.
④ 단락 용량이 큰 계통에서 공급한다.

 플리커 경감을 위한 공급자 측의 대책

- 플리커 발생 부하에 대해 전용 변압기로 공급한다.
- 계통을 각각 개별적으로 단독 공급한다.
- 계통의 전압을 승압한다.
- 단락 용량이 큰 계통에서 전력을 공급한다.

159 송전 거리, 전력, 손실률 및 역률이 일정하다면 전선의 굵기는?

① 전류에 비례한다.
② 전류에 반비례한다.
③ 전압의 제곱에 비례한다.
④ 전압의 제곱에 반비례한다.

$P_l = I^2 R = \left(\dfrac{P}{V\cos\theta}\right)^2 \times \rho \dfrac{l}{A}$ [W]에서

$A = \dfrac{P^2 \rho l}{P_l V^2 \cos^2\theta}$ 이므로 $A \propto \dfrac{1}{V^2}$

전압과의 관계

P(공급 전력)	V^2 비례
P_l(전력 손실)	$\dfrac{1}{V^2}$ 비례
V_d(전압 강하)	$\dfrac{1}{V}$ 비례
전압 강하율	$\dfrac{1}{V^2}$ 비례
전선의 단면적	$\dfrac{1}{V^2}$, $\dfrac{1}{\cos^2\theta}$

160 보호 계전기의 보호 방식 중 표시선 계전 방식이 아닌 것은?

① 방향 비교 방식　② 위상 비교 방식
③ 전압 반향 방식　④ 전류 순환 방식

 표시선 계전 방식(파일럿 와이어 계전 방식)

시한차 없이 송수 양단을 동시에 고속 차단 ㉠ 방향 비교 방식, ㉡ 전압 반향 방식, ㉢ 전류 순환 방식 등 3종류로 구분된다.

161 복도체에 대한 다음 설명 중 옳지 않은 것은?

① 같은 단면적의 단도체에 비하여 인덕턴스는 감소, 정전 용량은 증가한다.
② 코로나 개시 전압이 높고, 코로나 손실이 적다.
③ 같은 전류 용량에 대하여 단도체보다 단면적을 작게 할 수 있다.
④ 단락 시 등의 대전류가 흐를 때 소도체 간에 반발력이 생긴다.

정답　157. ③　158. ①　159. ④　160. ②　161. ④

- 복도체는 대전류가 흐를 때 소도체 간에 흡인력이 생긴다.
- 소도체 충돌 방지 금구 : 스페이서 설치

162 Y 결선된 발전기에서 3상 단락 사고가 발생한 경우 전류에 관한 식 중 옳은 것은? (단, Z_0, Z_1, Z_2는 영상, 정상, 역상 임피던스이다.)

① $I_a + I_b + I_c = I_0$

② $I_a = \dfrac{E_a}{Z_0}$

③ $I_b = \dfrac{a^2 E_a}{Z_1}$

④ $I_c = \dfrac{a E_a}{Z_2}$

- 3상 단락 사고 시 $V_a = V_b = V_c = 0$
- 대칭분 전압은
  - ㉠ $V_0 = \dfrac{1}{3}(V_a + V_b + V_c) = 0$
  - ㉡ $V_1 = \dfrac{1}{3}(V_a + aV_b + a^2 V_c) = 0$
  - ㉢ $V_2 = \dfrac{1}{3}(V_a + a^2 V_b + a V_c) = 0$
- 발전기 기본식에 의하여
  - ㉠ $V_0 = -Z_0 I_0 = 0 \Rightarrow \therefore I_0 = 0$
  - ㉡ $V_1 = E_a - Z_1 I_1 = 0 \Rightarrow \therefore I_1 = \dfrac{E_a}{Z_1}$
  - ㉢ $V_2 = -Z_2 I_2 = 0 \Rightarrow \therefore I_2 = 0$
- 따라서 각 상의 전류를 구하면
  - ㉠ $I_a = I_0 + I_1 + I_2 = \dfrac{E_a}{Z_1}$
  - ㉡ $I_b = I_0 + a^2 I_1 + a I_2 = \dfrac{a^2 E_a}{Z_1}$
  - ㉢ $I_c = I_0 + a I_1 + a^2 I_2 = \dfrac{a E_a}{Z_1}$

답안 표기란				
162	①	②	③	④

163 터빈 발전기에 수소 냉각 방식을 채택하는 이유가 아닌 것은?

① 수소의 열전도가 커서 발전기 내 온도 상승이 저하된다.
② 코로나에 의한 손상이 제거된다.
③ 수소 부족 시 공기와 혼합 사용이 가능하므로 경제적이다.
④ 수소 압력의 변화로 출력을 변화시킬 수 있다.

 수소 냉각 방식

- 코로나 발생 전압이 높아 코로나 발생이 적으며 열화 등의 우려가 적고 소음이 작다.
- 공기와 혼합 시 폭발 우려가 있고 냉각수 소모가 많다.
- 풍손이 $\frac{1}{10}$로 감소하므로 손실이 작고 같은 크기의 공기 냉각식에 비해 출력 증가

164 송전 계통에서 절연 협조의 기본이 되는 것은?

① 애자의 섬락 전압
② 권선의 절연 내력
③ 피뢰기의 제한 전압
④ 변압기 부싱의 섬락 전압

 피뢰기 제한 전압을 기준으로 전력 계통의 절연 강도 순서

송전 애자 → 차단기, 단로기 → 변압기 → 피뢰기(제한 전압)
(피뢰기의 제한 전압을 기준으로 하여 다른 전력 기기의 절연 등급을 결정함)

165 22.9[kV-Y] 3상 4선식 중성선 다중 접지 계통의 특성에 대한 내용으로 틀린 것은?

① 1선 지락 사고 시 1상 단락 전류에 해당하는 큰 전류가 흐른다.
② 전원의 중성점과 주상 변압기의 1차 및 2차를 공통의 중성선으로 연결하여 접지한다.
③ 각 상에 접속된 부하가 불평형일 때도 불완전 1선 지락 고장의 검출 감도가 상당히 예민하다.
④ 고저압 혼촉 사고 시에는 중성선에는 막대한 전위 상승을 일으켜 수용가에 위험을 줄 우려가 있다.

 3상 4선식 다중 접지 방식의 특징

- 1선 지락 사고 시 지락 전류가 크다.
- 주상 변압기는 1차, 2차의 혼촉 사고로부터 저압 측 전위 상승을 방지하기 위해 변압기 1차와 2차 측 중성점 간을 연결한다.
- 각 상에 접속된 부하가 불평형이 되면 1선 지락 사고 시 검출 감도가 떨어진다.
- 수용가 혼촉 시에도 혼촉 전압이 거의 상승되지 않는다.

정답 162. ③ 163. ③ 164. ③ 165. ③

CHAPTER 2 전력공학

166 송전 선로에서 고조파 제거 방법이 아닌 것은?

① 변압기를 △ 결선한다.
② 능동형 필터를 설치한다.
③ 유도 전압 조정 장치를 설치한다.
④ 무효 전력 보상 장치를 설치한다.

고조파 제거 방법
- 고조파 제거 필터(수동 필터, 능동 필터) 설치
- 변압기 △ 결선(제3고조파 제거), 직렬 리액터 설치(제5고조파 제거)
- 무효 전력 보상 장치 설치

고조파 제거 대책
- 변압기 △ 권선을 삽입
- 직렬 리액터를 삽입 제5고조파 제거
- 부하 측에 고조파 제거 필터 설치
- 무효 전력 보상 장치를 설치

167 부하 역률이 0.8인 선로의 저항 손실은 부하 역률이 0.9인 선로의 저항 손실에 비하여 약 몇 배인가?

① 0.7
② 1.0
③ 1.3
④ 1.8

선로 손실 $P_l = 3I^2 R = 3\left(\dfrac{P}{\sqrt{3}\,V\cos\theta}\right)^2 R = \dfrac{P^2 R}{V^2 \cos^2\theta} \propto \dfrac{1}{\cos^2\theta}$

따라서, $P_l \propto \dfrac{1}{\cos^2\theta}$ 이므로 $\dfrac{P_{l0.8}}{P_{l0.9}} = \dfrac{\frac{1}{0.64}}{\frac{1}{0.81}} = \dfrac{81}{64} = 1.3$

168 가공 전선로에 사용하는 전선의 굵기를 결정할 때 고려할 사항이 아닌 것은?

① 절연 저항
② 전압 강하
③ 허용 전류
④ 기계적 강도

 전선 굵기 선정 시 고려 사항

허용 전류, 전압 강하, 기계적 강도, 비중, 가요성

169 조상 설비가 아닌 것은?

① 정지형 무효 전력 보상 장치
② 자동 고장 구분 개폐기
③ 전력용 콘덴서
④ 분로 리액터

자동 고장 구분 개폐기는 배전 계통 보호 장치에 속한다.

조상기는 무효 전력을 조정하는 전압 조정 장치이다.

170 154[kV] 송전 선로의 전압을 345[kV]로 승압하고 같은 손실률로 송전한다고 가정하면 송전 전력은 승압 전의 약 몇 배 정도인가?

① 2
② 3
③ 4
④ 5

송전 전력은 송전 전압과 $P \propto V^2$의 관계가 있으므로

$$\frac{P_2}{P_1} = \left(\frac{V_2}{V_1}\right)^2 = \left(\frac{345}{154}\right)^2 ≒ 5$$

171 수력 발전소에서 사용되는 수차 중 15[m] 이하의 저낙차에 적합하여 조력 발전용으로 알맞은 수차는?

① 카플란 수차
② 펠턴 수차
③ 프란시스 수차
④ 튜블러 수차

튜블러 수차는 저낙차용(20[m] 이하)에 적합하도록 설계된 수차로서 주로 조력 발전소에서 사용되는 수차이다.

정답 166. ③ 167. ③ 168. ① 169. ② 170. ④ 171. ④

CHAPTER 2 전력공학

172 배전 선로에서 사고 범위의 확대를 방지하기 위한 대책으로 적당하지 않은 것은?

① 선택 접지 계전 방식 채택
② 자동 고장 검출 장치 설치
③ 진상 콘덴서 설치하여 전압 보상
④ 특고압의 경우 자동 구분 개폐기 설치

진상 콘덴서를 설치하면 역률을 개선시켜 전압 강하 및 전력 손실을 감소시켜 전기 사용 효율을 높이는 목적이지 사고를 보호하는 역할과는 상관없다.

173 변전소에 분로 리액터를 설치하는 주된 목적은?

① 진상 무효 전력 보상
② 전압 강하 방지
③ 잔류 전하 방지
④ 전력 손실 경감

선로와 대지 간의 정전 용량 때문에 무부하나 경부하 시 수전단 전압이 송전단 전압보다 높아지는 현상을 페란티 현상이라고 한다. 이 현상을 방지하고자 지상 무효 전력을 공급하는 분로 리액터를 설치한다.

TIP

리액터 종류와 중요 용도

직렬 리액터	제5고조파 제거
병렬 리액터 (분로 리액터)	페란티 현상 방지
소호 리액터	지락 아크 소멸
한류 리액터	단락 전류 제한

174 그림과 같이 부하가 균일한 밀도로 도중에서 분기되어 선로 전류가 송전단에 이를수록 직선적으로 증가할 경우 선로의 전압 강하는 이 송전단 전류와 같은 전류의 부하가 선로의 말단에만 집중되어 있을 경우의 전압 강하보다 어떻게 되는가? (단, 부하 역률은 모두 같다고 한다.)

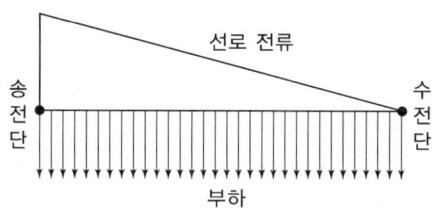

① $\dfrac{1}{3}$ ② $\dfrac{1}{2}$
③ 1 ④ 2

부하 형태	모양	전압 강하	전력 손실
평등 부하		$\dfrac{1}{2}IR$	$\dfrac{1}{3}I^2R$
말단일수록 큰 부하		$I \cdot R$	I^2R

175 송배전 선로의 작용 정전 용량은 무엇을 계산하는 데 사용되는가?

① 비접지 계통의 1선 지락 고장 시 지락 고장 전류 계산
② 정상 운전 시 선로의 충전 전류 계산
③ 선간 단락 고장 시 고장 전류 계산
④ 인접 통신선의 정전 유도 전압 계산

작용 정전 용량은 정상 운전 시 충전 전류, 충전 용량 계산 시 사용한다.

176 코로나 현상에 대한 설명이 아닌 것은?

① 전선을 부식시킨다.
② 코로나 현상은 전력의 손실을 일으킨다.
③ 코로나 방전에 의하여 전파 장해가 일어난다.
④ 코로나 손실은 전원 주파수의 2/3제곱에 비례한다.

정답 172. ③ 173. ① 174. ② 175. ② 176. ④

TIP
유도 장해의 유도 전압 계산 정전 유도 전압 계산에는 상호 정전 용량, 전자 유도 전압, 계산에는 상호 유도 인덕턴스가 필요하고 고장 전류 계산에는 대지 정전 용량이 필요하다.

- 코로나 손실은 주파수에 비례한다.
  $P = \dfrac{241}{\delta}(f+25)\sqrt{\dfrac{d}{2D}}(E-E_0)^2 \times 10^{-5}$ [kW/km/1선]
- 전력 손실은 대지 전압과 임계 전압의 제곱에 비례한다.

177 변전소의 가스 차단기에 대한 설명으로 틀린 것은?

① 근거리 차단에 유리하지 못하다.
② 불연성이므로 화재의 위험성이 적다.
③ 특고압 계통의 차단기로 많이 사용된다.
④ 이상 전압의 발생이 적고 절연 회복이 우수하다.

 가스 차단기

㉠ 근거리 차단에도 우수한 차단 성능을 가진다.
㉡ 불연성의 기체(SF_6)를 사용하므로 화재의 위험성이 적다.
㉢ 이상 전압의 발생이 적고, 절연 회복이 우수하다.

- 특고용 차단기
  ㉠ 154[kV] GCB(가스 차단기)
  ㉡ 22.9[kV] VCB(진공 차단기)
- 저압용 차단기 저압 분전반 : ACB(기중 차단기)

178 켈빈(Kelvin)의 법칙이 적용되는 경우는?

① 전압 강하를 감소시키고자 하는 경우
② 부하 배분의 균형을 얻고자 하는 경우
③ 전력 손실을 축소시키고자 하는 경우
④ 경제적인 전선의 굵기를 선정하고자 하는 경우

- 켈빈의 법칙(가장 경제적인 전선의 굵기 선정 시 적용) : 전선 구입비에 대한 1년간의 이자 및 감가상각비와 1년간의 전력손실량에 대한 환산 전기 요금이 같아질 때 가장 경제적인 전선의 굵기가 된다는 것
- 경제적인 송전 전압 결정
  A.still식 $5.5\sqrt{0.6 \times l + 0.01P}$ [kW]
  I : 송전 거리, P : 송전 전력

179 송수전단의 전압을 E_s, E_r이라고 하고, 4단자 정수를 A, B, C, D라 할 때 전력 원선도를 그릴 때의 반지름은?

① $\dfrac{E_r E_s}{A}$ ② $\dfrac{E_r E_s}{B}$

③ $\dfrac{E_r E_s}{C}$ ④ $\dfrac{E_r E_s}{D}$

- 전력 원선도의 의미 : 송전단 측과 수전단 측의 여러 가지 제특성(전력, 효율, 상차각 등)을 한눈에 파악할 수 있도록 그림으로 나타낸 것
- 원선도 반지름 : $r = \dfrac{E_s E_r}{B}$
- 전력 원선도에서 알 수 있는 사항
  ㉠ 송수전단 전압 간의 상차각
  ㉡ 송수전할 수 있는 최대 전력
  ㉢ 선로 손실과 송전 효율
  ㉣ 수전단의 역률
  ㉤ 필요한 조상 용량

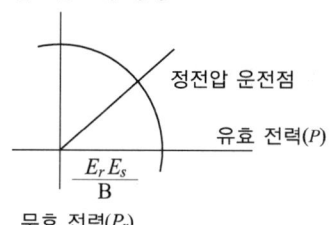

180 송전 선로의 정상 임피던스 Z_1, 역상 임피던스를 Z_2, 영상 임피던스를 Z_0라 할 때 옳은 것은?

① $Z_1 = Z_2 = Z_0$ ② $Z_1 = Z_2 < Z_0$
③ $Z_1 > Z_2 = Z_0$ ④ $Z_1 < Z_2 = Z_0$

정답 177. ① 178. ④ 179. ② 180. ②

전력공학

- 송전 선로 : $Z_0 > Z_1 = Z_2$
- 변압기 : $Z_0 = Z_1 = Z_2$

181 수전단 전압이 21[kV]이고, 전압 강하율이 20[%]인 송전선의 송전단 전압은 몇 [kV]인가?

① 16.8
② 18
③ 22.1
④ 25.2

 전압 강하율

$$\frac{V_s - V_r}{V_r} \times 100 = \frac{V_s - 21}{21} \times 100 = 20[\%]$$
$$V_s = 21 + 0.2 \times 21 = 25.2[kV]$$

182 전력 계통의 주파수 변동은 주로 무엇의 변화에 기인하는가?

① 유효 전력
② 무효 전력
③ 계통 전압
④ 계통 임피던스

주파수가 기존 주파수보다 낮으면 발전소 출력을 증대해야 하고, 주파수가 기존 주파수보다 높으면 발전소 출력을 감소시켜야 한다.
- 주파수 조정 : 유효 전력을 조정
- 전압 조정 : 무효 전력을 조정

183 각 전력 계통을 연결선으로 상호 연결하면 여러 가지 장점이 있다. 틀린 것은?

① 경제 급전이 용이하다.
② 주파수의 변화가 작아진다.
③ 각 전력 계통의 신뢰도가 증가한다.
④ 배후 전력(back power)이 크기 때문에 고장이 적으며 그 영향의 범위가 작아진다.

전력 계통을 연계하였을 경우의 특징

- 전체적인 전력 계통의 규모가 커져서 공급 신뢰도가 향상된다.
- 공급 예비력이 감소되어, 부하 증가 시 종합 첨두 부하가 줄어든다.
- 계통이 병렬식으로 연결되므로 합성 임피던스가 작아져 단락 용량은 증가한다.
- 발전 연료비가 절약, 경제 발전이 용이하다.

184 수력 발전 설비에서 흡출관을 사용하는 목적으로 옳은 것은?

① 압력을 줄이기 위하여
② 유효 낙차를 늘리기 위하여
③ 속도 변동률을 적게 하기 위하여
④ 물의 유선을 일정하게 하기 위하여

 흡출관

비교적 유효 낙차가 낮은 수력 발전소에서 수차 하단에 설치한 관으로서 가능한 한 유효 낙차를 높이기 위한 목적으로 설치한다.

185 3상 배전 선로의 말단에 지상 역률 80[%], 160[kW]인 평형 3상 부하가 있다. 부하점에 부하와 병렬로 전력용 콘덴서를 접속하여 선로 손실을 최소로 하려면 콘덴서 용량은 몇 [kVA]가 필요한가? (단, 여기서 부하단 전압은 변하지 않는 것으로 한다.)

① 96
② 120
③ 128
④ 200

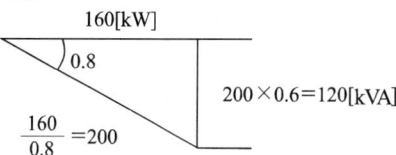

무효 전력 120[kVA]를 전력용 콘덴서를 설치하면 역률이 1이 되고 손실이 최소가 된다.

답안 표기란				
184	①	②	③	④
185	①	②	③	④

정답 181. ④ 182. ① 183. ④ 184. ② 185. ②

CHAPTER 2 전력공학

186 배전 방식에 있어서 저압 방사상식에 비교하여 저압 뱅킹 방식이 유리한 점 중에서 틀린 것은?

① 전압 동요가 작다.
② 고장이 광범위하게 파급될 우려가 없다.
③ 단상 3선식에서는 변압기가 서로 전압 평형 작용을 한다.
④ 부하 증가에 대하여 융통성이 좋다.

해설 저압 뱅킹 방식

배전 선로 2차 간선에 변압기를 여러 대 병렬연결하면
- 부하 증가에 대한 융통성 향상
- 전압 동요(플리커 현상)가 작게 발생
- 전압 변동이 작고 경제적
- 캐스케이딩 현상 때문에 정전 범위가 확대되는 현상이 발생될 수 있다.

TIP
캐스케이딩 현상
2차 측 변압기 1대의 고장에 의해 건전한 변압기의 일부 또는 전부가 차단되어 정전 범위가 확대되는 현상

187 부하 전류가 흐르는 전로는 개폐할 수 없으나 기기의 점검이나 수리를 위하여 회로를 분리하거나 계통의 접속을 바꾸는 데 사용하는 것은?

① 차단기
② 단로기
③ 전력용 퓨즈
④ 부하 개폐기

해설

- 단로기(DS)
  ㉠ 소호 장치가 없다.
  ㉡ 전류 차단 능력이 없고 아주 미세한 여자 전류만 차단
- 무부하 상태에서 개폐 가능하므로 계통의 점검이나 분리 및 변경에 적용한다.

188 3상 1회선 전선로의 작용 정전 용량을 C, 선간 정전 용량을 C_1, 대지 정전 용량 C_2라 할 때 C, C_1, C_2의 관계는?

① $C = C_1 + 3C_2$
② $C = 3C_1 + C_2$
③ $C = C_1 + C_2$
④ $C = 3(C_1 + C_2)$

 등가 회로를 그려보면

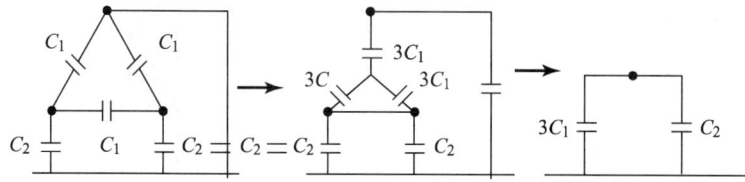

TIP
- $1\phi 2W : C_w = C_s + 2C_m$
- $3\phi 3W : C_w = C_s + 3C_m$

189 전력 소비 기기가 동시에 사용되는 정도를 나타내는 것은?

① 부하율
② 수용률
③ 부등률
④ 보상률

 부등률

- 전력 기기가 동시에 사용되는 정도를 나타내는 지표
- 부등률 = $\dfrac{\text{각 개별 수용가 최대 전력의 합계}}{\text{합성 최대 전력}} \geq 1$

190 표시선 계전 방식이 아닌 것은?

① 전압 반향 방식(opposite voltage system)
② 방향 비교 방식(directional comparison)
③ 전류 순환 방식(circulating current system)
④ 반송 계전 방식(carrier pilot relaying)

- 표시선(pilot wire) 계전 방식
  ㉠ 송전 선로 양단에 표시선을 시설
  ㉡ 전압 반향식, 방향 비교식, 전류 순환식
- 반송(carrier) 계전 방식 : 반송파(carrier wave)를 통신 수단으로 하는 계전 방식이다.
- 송수 양단을 시한차 없이 동시에 고속 차단한다.

정답 186. ② 187. ② 188. ② 189. ③ 190. ④

CHAPTER 2 전력공학

191 송전 선로의 코로나 방지에 가장 효과적인 방법은?

① 전선의 높이를 가급적 낮게 한다.
② 코로나 임계 전압을 낮게 한다.
③ 선로의 절연을 강화한다.
④ 복도체를 사용한다.

해설

- 코로나 임계 전압을 크게 하는 것이 코로나 현상을 방지하는 것
- 임계 전압을 크게 하는 방법
  ㉠ 굵은 전선
  ㉡ 복도체(다도체) 사용
  ㉢ 중공동선 사용
  ㉣ 가선 금구 계량

192 소호 리액터를 송전 계통에 사용하면 리액터의 인덕턴스와 선로의 정전 용량이 어떤 상태가 되어 지락 전류를 소멸시키는가?

① 병렬 공진
② 직렬 공진
③ 고임피던스
④ 저임피던스

해설

- 소호 리액터 접지 방식은 중성점에 접속된 리액터와 대지 정전 용량의 병렬 공진에 의하여 지락 전류를 소멸시켜 안정도를 하기 위한 접지를 말한다.
- 소호 리액터 접지 방식은 지락 전류가 흐르지 않으므로 보호 계전기 동작이 어렵다.

193 각 수용가의 수용 설비 용량이 50[kW], 100[kW], 80[kW], 60[kW], 150[kW]이며, 각각의 수용률이 0.6, 0.6, 0.5, 0.5, 0.4일 때 부하의 부등률이 1.3이라면 변압기 용량은 약 몇 [kVA]가 필요한가? (단, 부하 역률은 0.8이다.)

① 142
② 165
③ 183
④ 212

TIP

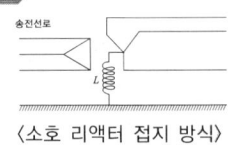

〈소호 리액터 접지 방식〉

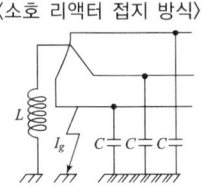

〈소호 리액터 접지의 원리〉

$\omega L + \dfrac{x_t}{3} = \dfrac{1}{3\omega C_s}$

병렬 공진
⇒ 지락 전류를 소멸

$$변압기\ 용량 = \frac{설비\ 용량 \times 수용률}{역률 \times 부등률}$$

$$= \frac{50 \times 0.6 + 100 \times 0.6 + 80 \times 0.5 + 60 \times 0.5 + 150 \times 0.4}{0.8 \times 1.3} = 212[\text{kVA}]$$

194 증기압, 증기 온도 및 진공도가 일정하다면 추기할 때는 추기치 않을 때보다 단위 발전량당 증기 소비량과 연료 소비량은 어떻게 변하는가?

① 증기 소비량과 연료 소비량 모두 감소한다.
② 증기 소비량은 증가하고, 연료 소비량은 감소한다.
③ 증기 소비량은 감소하고, 연료 소비량은 증가한다.
④ 증기 소비량, 연료 소비량 모두 증가한다.

- 추기 : 터빈에서 팽창된 증기를 추출하여 급수 가열에 사용하므로 연료 소비량은 감소하고, 증기 소비량이 증가하여 발전 효율이 향상
- 재생 사이클은 일부 추기, 재열 사이클은 전부 추기

195 송전 선로에서 지락 보호 계전기의 동작이 가장 확실한 접지 방식은?

① 직접 접지식
② 저항 접지식
③ 소호 리액터 접지식
④ 리액터 접지식

직접 접지 방식은 지락 사고 시 지락 전류가 크므로 지락 계전기의 동작이 확실하다.

구분	고장 전류	안정도	유도 장해	이상 전압
직접 접지 방식	최대	나쁘다	최대	상승 우려 없음
소호 리액터 접지 방식	최소	양호	최소	전위 상승 최대

정답 191. ④ 192. ① 193. ④ 194. ② 195. ①

196 그림과 같은 3상 송전 계통에 송전단 전압은 3,300[V]이다. 점 P에서 3상 단락 사고가 발생했다면 발전기에 흐르는 단락 전류는 약 몇 [A]인가?

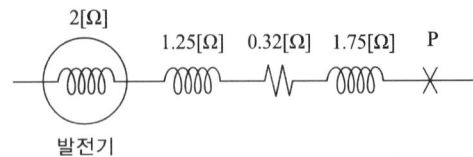

① 320
② 330
③ 380
④ 410

- 점 P까지의 총임피던스
  $Z = R + jX = j2 + j1.25 + 0.32 + j1.75 = 0.32 + j5[\Omega]$
- 점 P에서의 3상 단락 전류는 [Ω]법에 의해 $I_s = \dfrac{E}{Z}$

$$I_s = \dfrac{E}{|Z|} = \dfrac{\dfrac{3,300}{\sqrt{3}}}{\sqrt{0.32^2 + 5^2}} = 380[A]$$

197 전력 원선도에 관한 설명 중 틀린 것은?

① 전력 원선도 작성에 역률은 필요 없다.
② 전력 원선도에서 코로나 손실을 알 수 없다.
③ 송수전단 양단의 전압을 E_s, E_r라 하고 4단자 정수를 A, B, C, D라 할 때 전력 원선도의 반지름은 $\dfrac{E_s E_r}{A}$로 나타난다.
④ 전력 원선도에서 전력 계통에 필요한 조상 용량을 구할 수 있다.

- 전력 원선도 : 송전단 측과 수전단 측의 여러 가지 제특성(전력, 손실, 효율, 상차각 등)을 한눈에 파악할 수 있도록 그림으로 나타낸 것
- 원선도 반지름 $r = \dfrac{E_s E_r}{B}$
- 가로축 : 유효 전력
- 세로축 : 무효 전력
- 전력 원선도에서 알 수 있는 사항
  ㉠ 송수전단 전압 간의 상차각
  ㉡ 송수전할 수 있는 최대 전력
  ㉢ 선로 손실과 송전 효율
  ㉣ 수전단의 역률

198 가공 지선의 설치 목적이 아닌 것은?

① 전압 강하의 방지
② 직격뢰에 대한 차폐
③ 유도뢰에 대한 정전 차폐
④ 통신선에 대한 전자 유도 장해 경감

가공 지선은 주로 직격뢰로부터 송전 선로를 보호하기 위해 설치하는 것이므로 직접 전류를 흘리는 전선은 아니므로 선로의 전압 강하와는 무관하다.
㉠ 차폐각은 45° 이내, 보호 효율은 97[%]이다.
㉡ 2회선을 설치하면 차폐각이 작아진다.
㉢ 가공 지선의 차폐 효과, 정격 차폐, 전자 차폐, 정전 차폐가 있다.

199 기준 선간 전압 23[kV] 기준 3상 용량 5,000[kVA] 1선의 유도리액턴스가 15[Ω]일 때 %임피던스는?

① 28.36[%] ② 14.18[%]
③ 7.09[%]   ④ 3.55[%]

$\%X = \dfrac{PX}{10V^2} = \dfrac{5{,}000 \times 15}{10 \times 23^2} = 14.18[\%]$

[정답] 196. ③ 197. ③ 198. ① 199. ②

CHAPTER 2 전력공학

200 부하 역률이 현저히 낮은 경우 발생하는 현상이 아닌 것은?

① 전기 요금의 증가 ② 유효 전력의 증가
③ 전력 손실의 증가 ④ 선로의 전압 강하 증가

해설 역률이 낮아질 때 문제점
- 전력 손실 증가
- 전압 강하 및 전압 변동률 증가
- 설비 용량 여유 감소
- 전기 요금 증가

201 배전용 변전소의 주 변압기로 주로 사용되는 것은?

① 강압 변압기 ② 체승 변압기
③ 단권 변압기 ④ 3권선 변압기

해설
배전용 변전소에서는 송전된 전압을 낮추어 배전 선로에 공급하는 역할을 하므로 주로 강압용 변압기(체강 변압기)를 사용한다.
- 송전용 변압기 : 승압용(체승용)
- 배전용 변압기 : 강압용(체강용)

202 조속기의 폐쇄 시간이 짧을수록 옳은 것은?

① 수격 작용은 작아진다.
② 발전기의 전압 상승률은 커진다.
③ 수차의 속도 변동률은 작아진다.
④ 수압관 내의 수압 상승률은 작아진다.

해설
조속기의 폐쇄 시간이 짧게 되면, 그만큼 조속기의 동작이 예민하게 되므로 수차의 속도 상승이 작게 되어 속도 변동률이 작아진다.

203 핵연료가 가져야 할 일반적인 특성이 아닌 것은?

① 낮은 열전도율을 가져야 한다.
② 높은 융점을 가져야 한다.
③ 방사선에 안정하여야 한다.
④ 부식에 강해야 한다.

 핵연료의 구비 조건

• 중성자를 빨리 감속시킬 수 있을 것
• 중성자 흡수 단면적이 작을 것
• 열전도율이 높고 내부식성, 내방사성이 우수할 것
• 가볍고 밀도가 클 것
• 농축 우라늄, 천연 우라늄이 있다.

204 원자로의 제어재가 구비하여야 할 조건으로 틀린 것은?

① 중성자 흡수 단면적이 작을 것
② 높은 중성자 속에서 장시간 그 효과를 간직할 것
③ 열과 방사선에 대하여 안정할 것
④ 내식성이 크고 기계적 가공이 용이할 것

• 원자로 내에서 핵분열의 연쇄 반응을 제어하고 증배율을 변화시키기 위해서 제어봉을 노심에 삽입하고 이것을 넣었다 뺐다 할 수 있도록 한다.
• 붕소(B), 카드뮴(Cd), 하프늄(Hf)과 같이 중성자 흡수 단면적이 큰 재료로 만들어진다.

205 원자로의 중성자 수를 적당히 유지하고 노의 출력을 제어하기 위한 제어재로서 적합하지 않은 것은?

① 하프늄   ② 카드뮴
③ 붕소   ④ 플루토늄

 제어재

원자로의 중성자 수를 적당히 유지하고 노의 출력을 제어하기 위해 사용한다(하프늄, 카드뮴, 붕소 등이 사용).

정답 200. ② 201. ① 202. ③ 203. ① 204. ① 205. ④

CHAPTER 2 전력공학

206 그림과 같은 특성을 갖는 계전기의 동작 시간 특성은?

① 반한시 특성
② 정한시 특성
③ 비례한시 특성
④ 반한시성 정한시 특성

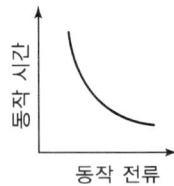

해설

반한시 계전기는 정정된 값 이상의 전류가 흘러서 동작할 경우에 전륫값이 클수록 빨리 동작하고 반대로 전륫값이 작아질수록 느리게 동작하는 특성이 있다(동작 시간 $\propto \frac{1}{전류}$).

207 가공 송전 선로를 가선할 때에는 하중 조건과 온도 조건을 고려하여 적당한 이도(dip)를 주도록 하여야 한다. 이도에 대한 설명으로 옳은 것은?

① 이도의 대소는 지지물의 높이를 좌우한다.
② 전선을 가선할 때 전선을 팽팽하게 하는 것을 이도가 크다고 한다.
③ 이도가 작으면 전선이 좌우로 크게 흔들려서 다른 상의 전선에 접촉하여 위험하게 된다.
④ 이도가 작으면 이에 비례하여 전선의 장력이 증가되며, 너무 작으면 전선 상호 간이 꼬이게 된다.

해설

전선의 이도가 크면 지지물(철탑)의 높이가 높아지고, 반대로 이도가 작으면 지지물 높이가 낮아진다.

208 전선의 표피 효과에 관한 기술 중 맞는 것은?

① 전선이 굵을수록 또 주파수가 낮을수록 커진다.
② 전선이 굵을수록 또 주파수가 높을수록 커진다.
③ 전선이 가늘수록 또 주파수가 낮을수록 커진다.
④ 전선이 가늘수록 또 주파수가 높을수록 커진다.

 표피 효과(skin effect)

도체의 중심으로 갈수록 전류의 밀도가 낮아지는 현상을 말한다. 표피 효과는 전압이 높을수록 전선이 굵을수록 주파수가 높을수록 많이 발생한다.

209 같은 선로와 같은 부하에서 교류 단상 3선식은 단상 2선식에 비하여 전압 강하와 배전 효율은 어떻게 되는가?

① 전압 강하는 작고, 배전 효율은 높다.
② 전압 강하는 크고, 배전 효율은 낮다.
③ 전압 강하는 작고, 배전 효율은 낮다.
④ 전압 강하는 크고, 배전 효율은 높다.

• 단상 3선식 : 단상 2선식에 비하여 전압 강하 및 전력 손실이 작아 효율이 좋다.
• 단점 : 전압의 불평형이 발생

210 유량의 크기를 구분할 때 갈수량이란?

① 하천의 수위 중에서 1년을 통하여 355일간 이보다 내려가지 않는 수위
② 하천의 수위 중에서 1년을 통하여 275일간 이보다 내려가지 않는 수위
③ 하천의 수위 중에서 1년을 통하여 185일간 이보다 내려가지 않는 수위
④ 하천의 수위 중에서 1년을 통하여 95일간 이보다 내려가지 않는 수위

정답 206. ① 207. ① 208. ③ 209. ① 210. ①

- 풍수량 : 1년 365일 중 95일은 이 유량보다 내려가지 않는 유량
- 평수량 : 1년 365일 중 185일은 이 유량보다 내려가지 않는 유량
- 저수량 : 1년 365일 중 275일은 이 유량보다 내려가지 않는 유량
- 갈수량 : 1년 365일 중 355일은 이 유량보다 내려가지 않는 유량

211 배전 계통에서 사용하는 고압용 차단기의 종류가 아닌 것은?

① 기중 차단기(ACB) ② 공기 차단기(ABB)
③ 진공 차단기(VCB) ④ 유입 차단기(OCB)

- ACB(기중 차단기) : 소호 매질을 일반 대기 상태에서 자연 소호 원리를 적용하므로 고압에서는 소호 능력이 작아 사용하지 못하고 주로 교류 600[V] 이하의 저압용으로 사용되는 차단기이다.
- 고압용 차단기 종류
  ㉠ VCB(진공 차단기)
  ㉡ MCB(자기 차단기)
  ㉢ ABB(공기 차단기)
  ㉣ OCB(유입 차단기)
  ㉤ GCB(가스 차단기)

212 지중선 계통은 가공선 계통에 비하여 인덕턴스와 정전 용량은 어떠한가?

① 인덕턴스, 정전 용량이 모두 크다.
② 인덕턴스, 정전 용량이 모두 작다.
③ 인덕턴스는 크고 정전 용량은 작다.
④ 인덕턴스는 작고 정전 용량은 크다.

지중성 계통은 가공선 계통에 비해서 선간 거리가 훨씬 작으므로 인덕턴스는 감소하고 정전 용량은 증대한다. 복도체는 같은 단면적의 단도체보다 인덕턴스는 감소하고 정전 용량은 증가한다.

213 연가의 주된 목적은?

① 미관상 필요
② 유도뢰의 방지
③ 선로 정수의 평행
④ 직격뢰의 방지

• 연가

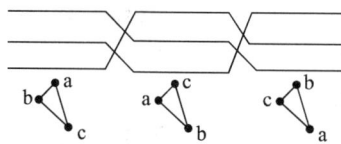

3상 선로에서 각 상의 선로 정수 L과 C는 각 상마다 틀린 불평형이 되는데 이를 평형시키기 위해 연가를 실시한다.

• 연가의 목적
  ㉠ 선로 정수 평형
  ㉡ 유도 장해 감소
  ㉢ 직렬 공진 방지
  ㉣ 전선을 3배수로 치환 가선

214 간격 S인 정사각형 배치의 4도체에서 소선 상호 간의 기하학적 평균 거리는? (단, 각 도체 간의 거리는 S라 한다.)

① $\sqrt{2}\,S$
② $\sqrt{S}$
③ $\sqrt[3]{S}$
④ $\sqrt[6]{2}\,S$

$D = \sqrt[6]{S \cdot S \cdot S \cdot S \cdot \sqrt{2}S \cdot \sqrt{2}S} = \sqrt[6]{2}\,S$

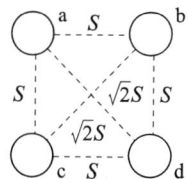

예를 들면, 송전전압이 345[kV]인 경우 소도체 간격이 32[cm]일 때 등가 선간 거리는

$$D = \sqrt[6]{2} \cdot S = \sqrt[6]{2} \cdot 32 = 32 \cdot 2^{\frac{1}{6}}$$

정답 211. ① 212. ④ 213. ③ 214. ④

CHAPTER 2 전력공학

215 망상(network) 배전 방식에 대한 설명으로 옳은 것은?

① 전압 변동이 대체로 크다.
② 부하 증가에 대한 융통성이 작다.
③ 방사상 방식보다 무정전 공급의 신뢰도가 더 높다.
④ 인축에 대한 감전 사고가 적어서 농촌에 적합하다.

해설 망상 배전 방식

복잡한 구성 형태가 되므로 감전 사고의 우려가 크고 공사비가 막대하므로 도심지의 부하 밀집 지역에 적용

TIP
망상식 네트워크의 특징
㉠ 전압 변동이 작다.
㉡ 감전 사고의 증대
㉢ 신뢰도가 가장 우수
㉣ 네트워크 프로텍터(저압용 차단기, 방향성 계전기, 퓨즈로 구성)

216 송전 전력, 송전 거리, 전선의 비중 및 전력 손실률이 일정하다고 하면 전선의 단면적 $A[\text{mm}^2]$와 송전 전압 $V[\text{kV}]$와의 관계로 옳은 것은?

① $A \propto V$
② $A \propto V^2$
③ $A \propto \dfrac{1}{\sqrt{V}}$
④ $A \propto \dfrac{1}{V^2}$

해설

P_l(선로 손실)은 1선당 I^2R에 비례

$P_l = 3\left(\dfrac{P}{\sqrt{3}\,V\cos\theta}\right)^2 \rho\dfrac{l}{A}$

$P_l = 3 \times \dfrac{P^2 \cdot \rho \cdot l}{3V^2\cos^2\theta A} = \dfrac{P^2 \cdot \rho \cdot l}{V^2\cos^2\theta \cdot A}$ 이므로

전력 손실 $P_l \propto \dfrac{1}{V^2} \propto \dfrac{1}{\cos^2\theta}$

$A \propto \dfrac{1}{V^2} \propto \dfrac{1}{\cos^2\theta}$

217 유효 낙차 100[m], 최대 사용 수량 20[m³/s], 수차 효율 70[%]인 수력 발전소의 연간 발전 전력량은 약 몇 [kWh]인가? (단, 발전기의 효율은 85[%]라고 한다.)

① 2.5×10^7
② 5×10^7
③ 10×10^7
④ 20×10^7

$P = 9.8 QH\eta_t \eta_g$
$W = Pt = 9.8 QH\eta_t \eta_g \cdot t = 9.8 \times 20 \times 100 \times 0.7 \times 0.85 \times 365 \times 24 ≒ 10 \times 10^7 \,[\text{kWh}]$

218 고저차가 없는 가공 전선로에서 이도 및 전선 중량을 일정하게 하고 경간을 2배로 했을 때 전선의 수평 장력은 몇 배가 되는가?

① 2배
② 4배
③ $\frac{1}{2}$배
④ $\frac{1}{4}$배

$D = \dfrac{WS^2}{8T}$

$T = \dfrac{WS^2}{8D}$

T는 S^2에 비례하므로 4배가 된다.

219 직류 송전 방식에 관한 설명으로 틀린 것은?

① 교류 송전 방식보다 안정도가 낮다.
② 직류 계통과 연계 운전 시 교류 계통의 차단 용량은 작아진다.
③ 교류 송전 방식에 비해 절연 계급을 낮출 수 있다.
④ 비동기 연계가 가능하다.

 직류 송전 방식의 장점

- 기기의 절연을 낮게 할 수 있다.
- 표피 효과와 유전체 손실이 없어 전력 손실이 적어서 송전 효율이 좋다.
- 주파수가 0이므로 리액턴스 영향이 없어 안정도가 우수하다.
- 직류로 계통 연계 시 교류 계통의 차단 용량이 작아진다.
- 비동기 다른 계통과 계통 연계가 가능하다.
- 전자파의 발생 우려가 적어 민원 발생이 적다.

정답 215. ③ 216. ④ 217. ③ 218. ② 219. ①

 전력공학

220 송전 선로에서 역섬락을 방지하는 가장 유효한 방법은?

① 피뢰기를 설치한다.
② 가공 지선을 설치한다.
③ 소호각을 설치한다.
④ 탑각 접지 저항을 작게 한다.

- 뇌 서지가 철탑에 가격 시 철탑의 탑각 접지 저항이 충분히 낮지 않으면 철탑의 전위가 상승하여 철탑에서 선로로 섬락을 일으키는 경우가 있는데 이를 역섬락이라 하며 방지 대책으로 매설 지선을 설치하여 탑각 접지 저항을 낮추어야 한다.
- 초호각 : 애자련 보호 애자의 전압 부담을 평균화시켜 주는 금구류로 아킹 혼이라고도 한다.

221 터빈(turbine)의 임계 속도란?

① 비상 조속기를 동작시키는 회전수
② 회전자의 고유 진동수와 일치하는 위험 회전수
③ 부하를 급히 차단하였을 때의 순간 최대 회전수
④ 부하 차단 후 자동적으로 정정된 회전수

 터빈의 임계 속도

회전자의 고유 진동수와 일치하여 터빈이 위험한 속도에 이르는 속도

222 단도체 방식과 비교하여 복도체 방식의 송전 선로를 설명한 것으로 틀린 것은?

① 선로의 송전 용량이 증가된다.
② 계통의 안정도를 증진시킨다.
③ 전선의 인덕턴스가 감소하고 정전 용량이 증가된다.
④ 전선 표면의 전위 경도가 저감되어 코로나 임계 전압을 낮출 수 있다.

단도체보다 복도체의 이점

- 선로의 인덕턴스 감소
- 선로의 작용 정전 용량 증가
- 코로나 임계 전압을 높여서 코로나 발생 방지
- 리액턴스 감소로 송전 용량 증대 및 계통 안정도 향상

223 배전반에 접속되어 운전 중인 계기용 변압기(PT) 및 변류기(CT)의 2차 측 회로를 점검할 때 조치 사항으로 옳은 것은?

① CT만 단락시킨다.
② PT만 단락시킨다.
③ CT와 PT 모두를 단락시킨다.
④ CT와 PT 모두를 개방시킨다.

 PT 및 CT 점검 시 조치 사항

- PT : 2차 측을 반드시 개방시킨 후 PT를 점검할 것
- CT : 2차 측을 반드시 단락시킨 후 CT를 점검할 것(2차 측 절연 보호)

224 화력 발전소에서 증기 및 급수가 흐르는 순서는?

① 보일러 → 과열기 → 절탄기 → 터빈 → 복수기
② 보일러 → 절탄기 → 과열기 → 터빈 → 복수기
③ 절탄기 → 보일러 → 과열기 → 터빈 → 복수기
④ 절탄기 → 과열기 → 보일러 → 터빈 → 복수기

실제 기력 발전소에 쓰이는 기본 사이클(Rankine cycle)은 다음과 같다.

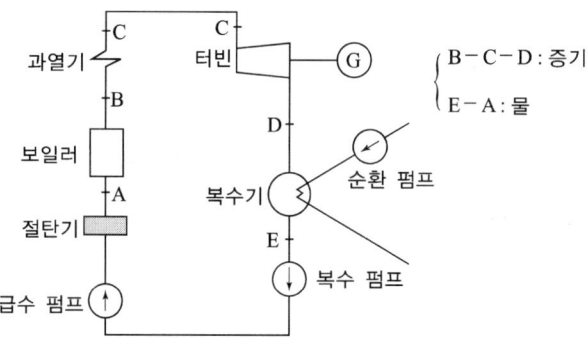

정답 220. ④ 221. ② 222. ④ 223. ① 224. ③

CHAPTER 2 전력공학

225 고압 176[kg/cm²g], 고온 570[℃]급인 신예 기력 발전소에서 열 손실이 많은 순서로 배열된 것은?

① 발전기 손실 → 굴뚝의 대기 방산 손실 → 소내 동력에 의한 손실 → 복수기 손실
② 굴뚝의 대기 방산 손실 → 복수기 손실 → 소내 동력에 의한 손실 → 발전기 손실
③ 복수기 손실 → 굴뚝의 대기 방산 손실 → 소내 동력에 의한 손실 → 발전기 손실
④ 소내 동력에 의한 손실 → 발전기 손실 → 복수기 손실 → 굴뚝의 대기 방산 손실

 화력 발전에서 열 손실 순서가 큰 순서

복수기 손실 → 굴뚝의 대기 방산 손실 → 소내 동력에 의한 손실 → 발전기 손실

TIP 복수기 손실의 전체 손실의 약 48[%] 정도

226 차단기와 아크 소호 원리가 바르지 않은 것은?

① OCB : 절연유에 분해 가스 흡부력 이용
② VCB : 공기 중 냉각에 의한 아크 소호
③ ABB : 압축 공기를 아크에 불어넣어서 차단
④ MBB : 전자력을 이용하여 아크를 소호실 내로 유도하여 냉각

 VCB(진공 차단기)

진공 상태에서의 아크의 급속적인 확산을 이용하여 소호 작용

227 4단자 정수가 A, B, C, D인 선로에 임피던스가 $\dfrac{1}{Z_T}$인 변압기가 수전단에 접속된 경우 계통의 4단자 정수 중 D_0는?

① $D_0 = \dfrac{C+DZ_T}{Z_T}$ ② $D_0 = \dfrac{C+AZ_T}{Z_T}$

③ $D_0 = \dfrac{D+CZ_T}{Z_T}$ ④ $D_0 = \dfrac{B+AZ_T}{Z_T}$

$$\begin{bmatrix} A_0 & B_0 \\ C_0 & D_0 \end{bmatrix} = \begin{bmatrix} A & B \\ C & D \end{bmatrix} \begin{bmatrix} 1 & \dfrac{1}{Z_T} \\ 0 & 1 \end{bmatrix}$$

$C_0 = C + D \times 0 = C$

$D_0 = C \times \dfrac{1}{Z_T} + D \times 1 = \dfrac{DZ_T + C}{Z_T}$

---

228 SF₆ 가스 차단기에 대한 설명으로 옳지 않은 것은?

① 공기에 비하여 소호 능력이 약 100배 정도이다.
② 절연 거리를 작게 할 수 있어 차단기 전체를 소형, 경량화할 수 있다.
③ SF₆ 가스를 이용한 것으로서 독성이 있으므로 취급에 주의하여야 한다.
④ SF₆ 가스 자체는 불활성 기체이다.

 GCB(가스 차단기)

GCB의 소호 매체는 SF₆(육불화황) 가스
장점 : • 공기에 비해 소호 능력이 100~200배 정도
• 절연 내력은 2~3배
• 소호 능력이 우수·소량·경량
• 무해한 불활성 가스
단점 : 지구 온난화의 원인이 되는 가스

TIP
이산화탄소, SF₆ 가스를 포집하는 기술 - CCS

정답 225. ③ 226. ② 227. ① 228. ③

CHAPTER 2 전력공학

229 송전 선로의 정상 임피던스를 Z_1, 역상 임피던스를 Z_2, 영상 임피던스를 Z_0라 할 때 옳은 것은?

① $Z_1 = Z_2 = Z_0$
② $Z_1 = Z_2 < Z_0$
③ $Z_1 > Z_2 = Z_0$
④ $Z_1 < Z_2 < Z_0$

 송전 선로의 고장에 따른 임피던스 분포

	영상분	정상분	역상분
1선 지락 사고	존재	존재	존재
선간 단락 사고	-	존재	존재
3상 단락 사고	-	존재	-
2선 지락 사고	$V_0 = V_1 = V_2 \neq 0$		

Z_0(영상 임피던스) > Z_1(정상 임피던스) = Z_2(역상 임피던스)

230 송전선 보호 범위 내의 모든 사고에 대하여 고장점의 위치에 관계없이 선로 양단을 쉽고 확실하게 동시에 고속으로 차단하기 위한 계전 방식은?

① 회로 선택 계전 방식
② 과전류 계전 방식
③ 방향 거리(directive distanve) 계전 방식
④ 표시선(pilot wire) 계전 방식

 표시선(Pilot wire) 계전 방식

송수 양단을 시한차 없이 고속 차단할 수 있고 단거리 송전 선로나 케이블 송전 선로에 사용한다. 종류는 전류 순환 방식, 전압 반향 방식, 방향 비교 방식이 있다.

231 직접 접지 방식이 초고압 송전선에 채용되는 이유 중 가장 적당한 것은?

① 지락 고장 시 병행 통신선에 유기되는 유도 전압이 적기 때문에
② 지락시의 지락 전류가 적으므로
③ 계통의 절연을 낮게 할 수 있으므로
④ 송전선의 안정도가 높으므로

직접 방식은 중성점이 영전위이므로 단절연이 가능하고 계통 사고 시에 전위 상승이 적게 일어난다. 또한 고장 전류가 최대이므로 안정도가 나쁘고 유도 장해가 최대로 발생하고, 차단기 책무가 무겁다.

232 부하 역률이 $\cos\theta$인 경우의 배전 선로의 전력 손실은 같은 크기의 부하 전력으로 역률이 1인 경우의 전력 손실에 비하여 몇 배인가?

① $\dfrac{1}{\cos^2\theta}$ ② $\dfrac{1}{\cos\theta}$
③ $\cos\theta$ ④ $\cos^2\theta$

 송전 전압과 역률과 공급 전력, 손실, 전압 강화와의 관계

P	공급 전력	V^2에 비례 $\cos\theta$에 비례
P_l	선로 손실 저항손	$\dfrac{1}{V^2}$, $\dfrac{1}{\cos^2\theta}$에 비례
V_d	전압 강화	$\dfrac{1}{V}$에 비례
ε	전압 강화율	$\dfrac{1}{V^2}$에 비례
A	전선의 단면적	$\dfrac{1}{V^2}$, $\dfrac{1}{\cos^2\theta}$에 비례

233 다음 중 켈빈(kelvin)의 법칙이 적용되는 경우는?

① 전력 손실을 축소시키고자 하는 경우
② 전압 강하를 감소시키고자 하는 경우
③ 부하 배분의 균형을 얻고자 하는 경우
④ 경제적인 전선의 굵기를 선정하고자 하는 경우

정답 229. ② 230. ④ 231. ③ 232. ① 233. ④

CHAPTER 2 전력공학

경제적인 전선의 굵기	켈빈의 법칙
W : 전선의 중량 M : 전선의 가격 P : 상각비와 이자 N : 연간 전력 요금	$C = \dfrac{\sqrt{WMP}}{N}$ [A/mm²] $A = \dfrac{1}{C\sqrt{3}\ V\cos\theta}$
경제적인 송전 전압의 크기 l : 송전 거리 P : 송전 용량	스틸식 $V = 5.5\sqrt{0.6 \times l + 0.01P}$

234 계통의 안정도 증진 대책이 아닌 것은?

① 발전기나 변압기의 리액턴스를 작게 한다.
② 선로의 회선수를 감소시킨다.
③ 중간 조상 방식을 채용한다.
④ 고속도 재폐로 방식을 채용한다.

안정도 증진 대책	① 직렬 리액턴스를 작게. 병렬 2회선, 직렬 콘덴서 설치 ② 고장 전류 신속 제거 　대용량 차단기 및 재폐로 차단기 사용 ③ 전압 변동을 작게 PSS 채용(속음 여자 방식) ④ 계통 연계 ⑤ 고장 시 발전기 입출력의 불평형을 작게 한다.

235 가공 전선로의 선로 정수에 대한 설명 중 틀린 내용은?

① 송배전 선로는 저항, 인덕턴스, 정전 용량, 누설 컨덕턴스라는 4개의 정수로 이루어진다.
② 선로 정수를 평형시키기 위해서는 연가를 하지 않는다.
③ 장거리 송전 선로에 대해서는 분포 정수 회로로 취급한다.
④ 도체와 도체 사이 또는 도체와 대지 사이에는 정전 용량이 존재한다.

해설 연가의 목적
- 선로 정수를 평형
- 유도 장해를 방지
- 직렬 공진 방진

연가는 전선로의 전 긍장을 3배수 치환 가선하는 방식

236 송전단 전압을 V_s, 수전단 전압을 V_r, 선로의 리액턴스를 X라 할 때 정상 시의 최대 송전 전력의 개략적인 값은?

① $\dfrac{V_s - V_r}{X}$ ② $\dfrac{V_s^2 - V_r^2}{X}$

③ $\dfrac{V_s(V_s - V_r)}{X}$ ④ $\dfrac{V_s V_r}{X}$

해설

$P = \dfrac{V_s \cdot V_r}{X} \sin\theta$, $\theta = 90°$이면

$P_{\max} = \dfrac{V_s \cdot V_r}{X}$

237 부하 역률이 0.8인 선로의 저항 손실은 0.9인 저항 손실에 비해서 약 몇 배 정도 되는가?

① 0.97 ② 1.1
③ 1.27 ④ 1.5

해설

전력 손실은 $\dfrac{1}{\cos^2\theta}$이므로 $\dfrac{\left(\dfrac{1}{0.8}\right)^2}{\left(\dfrac{1}{0.9}\right)^2} = \dfrac{0.81}{0.64} = 1.27$

238 피뢰기의 충격 방전 개시 전압은 무엇으로 표시하는가?

① 직류 전압의 크기 ② 충격파의 평균치
③ 충격파의 최대치 ④ 충격파의 실효치

정답 234. ② 235. ② 236. ④ 237. ③ 238. ③

CHAPTER 2 전력공학

해설
피뢰기의 충격 방전 개시 전압은 충격파 인가할 때 방전을 개시하는 최대 전압을 말한다.

239 전선 지지점의 높이가 15[m], 이도가 2.7[m], 경간이 30[m]일 때 전선의 지표상으로부터의 평균 높이(m)는?

① 14.2　　② 13.2
③ 12.2　　④ 11.2

해설
H(전선의 평균 높이) $= h'$(지지물의 높이) $- \dfrac{2}{3}D$

$H = 15 - \dfrac{2}{3} \times 2.7 = 13.2 \,[\text{m}]$

240 전선 지지점의 고저차가 없을 경우 300[m]에서 이도 9[m]인 송전 선로가 있다. 지금 이 이도를 11[m]로 증가시키고자 할 경우 경간에 더 늘려야 할 전선의 길이는 약 [cm]인가?

① 25　　② 30
③ 35　　④ 40

해설
$L = S + \dfrac{8D^2}{3S}$ 이므로 경간보다 더 긴 길이 ΔL는 더 늘려야 할 전선의 길이

$L = L_{11} - L_q = \left[\left(S + \dfrac{8D_{11}^2}{3 \times S}\right) - \left(S + \dfrac{8D_9^2}{3S}\right)\right]$

$= \left(300 + \dfrac{8 \times 11^2}{3 \times 300}\right) - \left(300 + \dfrac{8 \times 9^2}{3 \times 300}\right) = 0.356 \,[\text{m}] = 35 \,[\text{cm}]$

241 1상의 대지 정전 용량 C[F], f[Hz]인 3상 송전선의 소호 리액터 공진 탭의 리액턴스는 몇 [Ω]인가? (단, 소호 리액터를 접속시키는 변압기의 리액턴스는 X_t[Ω]이다.)

① $\dfrac{1}{3\omega C}+\dfrac{X_t}{3}$ ② $\dfrac{1}{3\omega C}-\dfrac{X_t}{3}$

③ $\dfrac{1}{3\omega C}+3X_t$ ④ $\dfrac{1}{3\omega C}-3X_t$

$X_L+\dfrac{X_t}{3}=\dfrac{1}{3\omega C}$

X_L(소호 리액터의 리액턴스) $=\dfrac{1}{3\omega C}-\dfrac{X_t}{3}$

242 위상 비교 반송 방식에 대한 설명으로 맞는 것은?

① 일단에서의 전압과 타단에서의 전압의 위상각을 비교한다.
② 일단에서 유입하는 전류와 타단에서 유출하는 전류의 위상각을 비교한다.
③ 일단에서 유입하는 전류와 타단에서의 전압의 위상각을 비교한다.
④ 일단에서의 전압과 타단에서 유출되는 전류의 위상각을 비교한다.

위상 비교 방식은 일단에서 유입하는 전류와 다른 단에서 유출하는 전류의 위상각을 비교한다.

243 최대 수용 전력이 45×10^3[kW]인 공장의 어느 하루의 소비 전력량이 480×10^3[kWh]라고 한다. 하루의 부하율은 몇 [%]인가?

① 22.2 ② 33.3
③ 44.4 ④ 66.6

- 변압기(T_R)용량 $=\dfrac{\text{설비 용량}\times\text{수용률}}{\text{역률}\times\text{부등률}\times\text{효율}}$

- 부하율 $=\dfrac{\text{평균 전력}}{\text{최대 전력}}\times100=\dfrac{480\times10^3/24}{45\times10^3}\times100=44.4[\%]$

정답 239. ② 240. ③ 241. ② 242. ② 243. ③

244
30,000[kW]의 전력을 50[km] 떨어진 지점에 송전하는 데 필요한 전압은 약 몇 [kV] 정도인가? (단, still의 식에 의하여 산정한다.)

① 22
② 23
③ 66
④ 100

해설

경제적인 송전 전압의 결정식은 still식
$5.5\sqrt{0.6 \times l + 0.01P}\,[kV]$
$5.5\sqrt{0.6 \times 50 + 0.01 \times 30,000} = 99.9[kV]$

245
다중 접지 계통에 사용하는 재폐로 기능을 갖는 일종의 차단기로서 과부하 또는 고장 전류가 흐르면 순시 동작하고, 일정 시간 후에는 자동적으로 재폐로하는 보호 기기는?

① 리클로저
② 라인퓨즈
③ 섹셔널라이저
④ 고장 구간 자동 개폐기

해설

- 리클로저 : 재폐로 기능을 갖는 차단기로서 배전선 보호의 기본 보호 기기이다.
- 섹셔널라이저 : 섹셔널라이저는 배전 선로에 고장이 발생할 경우 리클로저의 동작으로 선로가 무전압 상태가 되면 이를 감지하여 무전압 상태의 횟수를 기억하였다가 정해진 횟수에 도달하면 선로의 무전압 상태에서 선로를 개방하여 고장 구간을 분리시킨다. 섹셔널라이저는 고장 전류를 차단할 수 있는 능력이 없으므로 리클로저와 직렬로 조합하여 사용한다.
- 고장 구간 자동 개폐기 : ASS

246
3상 송전 선로에서 선간 단락이 발생하였을 때 다음 중 옳은 것은?

① 역상 전류만 흐른다.
② 정상 전류와 역상 전류가 흐른다.
③ 역상 전류와 영상 전류가 흐른다.
④ 정상 전류와 영상 전류가 흐른다.

송전 선로의 고장에 따른 임피던스 분포

	영상분	정상분	역상분
1선 지락 사고	존재	존재	존재
선간 단락 사고	–	존재	존재
3상 단락 사고	–	존재	–
2선 지락 사고	$V_0 = V_1 = V_2 \neq 0$		

Z_0(영상 임피던스) > Z_1(정상 임피던스) = Z_2(역상 임피던스)

247
일반 회로 정수가 A, B, C, D이고 송전단 상전압이 E_s인 경우 무부하 시 송전단의 충전 전류(송전단 전류)는?

① CE_s
② ACE_s
③ $\dfrac{A}{C}E_s$
④ $\dfrac{C}{A}E_s$

$\begin{bmatrix} V_S \\ I_S \end{bmatrix} = \begin{bmatrix} A & B \\ C & D \end{bmatrix} \begin{bmatrix} V_R \\ I_R \end{bmatrix}$

$\begin{bmatrix} V_S = AV_R + BI_R \\ I_S = CV_R + DI_R \end{bmatrix}$ $I_R = 0$(무부하)

$V_S = AV_R$, $V_R = \dfrac{V_S}{A}$

$I_S = CV_R = \dfrac{C}{A}V_S$

248
반한시성 과전류 계전기의 전류-시간 특성에 대한 설명 중 옳은 것은?

① 계전기 동작 시간은 전륫값의 크기와 비례한다.
② 계전기 동작 시간은 전류의 크기와 관계없이 일정하다.
③ 계전기 동작 시간은 전륫값의 크기와 반비례한다.
④ 계전기 동작 시간은 전륫값의 크기의 제곱에 비례한다.

정답 244. ④ 245. ① 246. ② 247. ④ 248. ③

전력공학

 보호 계전기 특징

- 순한시 특성 : 최소 동작 전류 이상의 전류가 흐르면 즉시 동작하는 특성
- 정한시 특성 : 동작 전류의 크기에 관계없이 일정한 시간에 동작하는 특성
- 반한시 특성 : 동작 전류가 커질수록 동작 시간이 짧게 되는 특성
- 반한시 정한시 특성 : 동작 전류가 작은 동안에는 동작 전류가 커질수록 동작 시간이 짧게 되고 어떤 전류 이상이면 동작 전류의 크기에 관계없이 일정한 시간에 동작하는 특성

249 전력 계통의 주파수 변동의 원인 중 가장 큰 영향을 미치는 것은?

① 변압기의 탭 조정
② 스팀 터빈 발전기의 거버너 밸브 열고 닫기
③ 발전기의 자동 전압 조정기(AVR)의 동작
④ 송전 선로에 병렬 콘덴서의 투입

 전력 계통의 주파수 조정

- 발전기 출력으로 조정한다.
- 주파수가 높으면 발전기 출력을 작게 하고 주파수가 낮으면 발전기 출력을 크게 한다.

250 배전 선로에서 사고 범위의 확대를 방지하기 위한 대책으로 적당하지 않은 것은?

① 선택 접지 계전 방식 채택
② 자동 고장 검출 장치 설치
③ 진상 콘덴서 설치하여 전압 보상
④ 특고압의 경우 자동 구분 개폐기 설치

진상용 콘덴서는 전력 손실을 줄이기 위하여 역률 개선 대책이다.

TIP

계통 전압 조정
조정하는 방식은 조상 설비를 이용 무료 전력을 조정

251 소호각(arcing horn)의 사용 목적은?

① 클램프의 보호
② 전선의 진동 방지
③ 애자의 보호
④ 이상 전압의 발생 방지

- 소호각(arcing horn)의 설치 목적 : 애자련의 전압 부담을 평준화하여 애자련을 보호한다.
- 송전 선로의 보호 장치

가공 지선	직격뢰 보호
아킹 혼	애자련 보호, 전압 부담의 평준화
진동 방지	댐퍼, 아머 로드
스페이서	복도체에서 소도체 충돌 방지
오프셋	단락 사고 방지

252 최근에 우리나라에서 많이 채용되고 있는 가스 절연 개폐 설비(GIS)의 특징으로 틀린 것은?

① 대기 절연을 이용한 것에 비해 현저하게 소형화할 수 있으나 비교적 고가이다.
② 소음이 작고 충전부가 완전한 밀폐형으로 되어 있기 때문에 안정성이 높다.
③ 가스 압력에 대한 엄중 감시가 필요하며 내부 점검 및 부품교환이 번거롭다.
④ 한랭지, 산악 지방에서도 액화 방지 및 산화 방지 대책이 필요 없다.

 GIS

- 모선, 단로기, 차단기 등 개폐 장치를 한 탱크 내에 수납하여 SF_6 가스로 충진 변전소 부지 축소, 고신뢰도 확보
- 단점으로는 해안 지방, 산악 지역 등의 대규모 전력 설비가 가능하지만, 한랭지, 산악 지방에서는 액화, 산화 방지 대책이 필요하다.

정답 249. ② 250. ③ 251. ③ 252. ④

CHAPTER 2 전력공학

253 소호 리액터를 송전 계통에 사용하면 리액터의 인덕턴스와 선로의 정전 용량이 어떤 상태로 되어 지락 전류를 소멸시키는가?

① 병렬 공진
② 직렬 공진
③ 고임피던스
④ 저임피던스

소호 리액터 접지 방식은 66[kV]급에 적용되며, 선로의 정전 용량과 소호 리액터의 리액터스를 병렬 공진하여 고장 전류를 최소로 하는 중성점 접지 방식이다.

254 다음 중 통신선에 대한 유도 장해가 가장 큰 배전 계통의 접지 방식은?

① 소호 리액터 접지
② 저항 접지
③ 비접지
④ 직접 접지

직접 접지 방식	765[kV] 345[kV] 154[kV]	이상 전압 상승 최소	고장 전류 최대	유도 장해 최대	안정도가 나쁘다.
소호 리액터 접지 방식	66[kV]	이상 전압 상승 최대	고장 전류 최소	유도 장해 최소	안정도가 양호

255 중거리 및 장거리 송전 선로에서 페란티 효과의 발생 원인으로 볼 수 있는 것은?

① 선로의 누설 컨덕턴스
② 선로의 누설 전류
③ 선로의 정전 용량
④ 선로의 인덕턴스

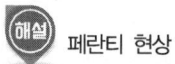 페란티 현상

- 무부하 경부하, 선로의 정전 용량의 영향
- 수전단 전압이 송전단 전압보다 커지는 경우
- 대책으로는 분로 리액터를 설치

256 다음 설명 중 옳지 않은 것은?

① 직류 송전에서는 무효 전력을 보낼 수 없다.
② 선로의 정상 및 역상 임피던스는 같다.
③ 계통을 연계하면 통신선에 대한 유도 장해가 감소된다.
④ 장간 애자는 2련 또는 3련으로 사용할 수 있다.

 계통 연계의 특징

- 부하 증가에 대한 융통성 향상
- 발전 연로비 절약
- 안정도 증대
- 배후 전력이 크기 때문에 고장 전류가 크고 대용량 차단기가 필요하고 유도 장해가 커진다.

257 애자가 갖추어야 할 구비 조건으로 옳은 것은?

① 온도의 급변에 잘 견디고 습기도 잘 흡수하여야 한다.
② 지지물에 전선을 지지할 수 있는 충분한 기계적 강도를 갖추어야 한다.
③ 비, 눈, 안개 등에 대해서도 충분한 절연 저항을 가지며, 누설 전류가 많아야 한다.
④ 선로 전압에는 충분한 절연 내력을 가지며, 이상 전압에는 절연 내력이 매우 작아야 한다.

애자는 충분한 절연 저항을 가지며 누설 전류가 적어야 한다.

정답 253. ① 254. ④ 255. ③ 256. ③ 257. ③

258 배전선의 전압 조정 장치가 아닌 것은?

① 승압기
② 리클로저
③ 유도 전압 조정기
④ 주상 변압기 탭 절환 장치

 배전 선로의 전압 조정 장치

- 승압기
- 유도 전압 조정기
- 주상 변압기의 탭 절환 장치

259 변전소에서 비접지 선로의 접지 보호용으로 사용되는 계전기에 영상 전류를 공급하는 것은?

① CT
② GPT
③ ZCT
④ PT

- ZCT(영상 변류기) : 비접지식에 영상 전류 공급
- GPT(영상 접지 변압기) : 비접지식에 영상 전압을 공급

260 단상 변압기 3대를 △ 결선으로 운전하던 중 1대의 고장으로 V 결선한 경우, V 결선과 △ 결선의 출력비는 약 몇 [%]인가?

① 52.2
② 57.7
③ 66.7
④ 86.6

	출력	$\sqrt{3}P$ (P : 단상 변압기 1대 출력)
V 결선	이용률	$\dfrac{\sqrt{3}}{2} = 86.6[\%]$
	출력비	$\dfrac{1}{\sqrt{3}} = 57.7[\%]$

261 전력 원선도에서 구할 수 없는 것은?

① 송·수전할 수 있는 최대 전력
② 필요한 전력을 보내기 위한 송·수전단 전압 간의 상차각
③ 선로 손실과 송전 효율
④ 과도 극한 전력

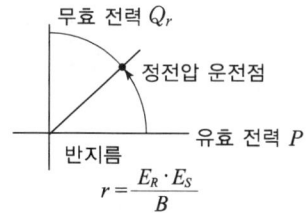

- 원선도 작성 시에 필요한 값 : 송전단 및 수전단 전압, 선로 정수(A, B, C, D)
- 원선도에서 알 수 있는 사항 : 필요한 조상 용량, 선로 손실과 송전 효율
- 구할 수 없는 것 : 역률과 과도 극한 전력

262 직류 송전 방식에 대한 설명으로 틀린 것은?

① 선로의 절연이 교류 방식보다 용이하다.
② 리액턴스 또는 위상각에 대해서 고려할 필요가 없다.
③ 케이블 송전일 경우 유전손이 없기 때문에 교류 방식보다 유리하다.
④ 비동기 연계가 불가능하므로 주파수가 다른 계통 간의 연계가 불가능하다.

 직류 송전 방식의 장단점

장점	• 절연 계급이 낮아서 경제적이다. • 리액턴스 손실이 없어서 송전 효율이 좋아서 장거리 송전에 유리하다. • 전자파 발생이 적어 경과지 확보가 유리하고 민원 발생이 적다. • 비동기 어떤 계통과도 연계가 가능하다.
단점	• 전압 변성이 어렵다. • 변성 과정에서 일그러진 파형이 발생될 수 있다. • 차단이 교류에 비해 어렵다.

답안 표기란				
261	①	②	③	④
262	①	②	③	④

정답 258. ② 259. ③ 260. ② 261. ④ 262. ④

263 송전 선로에서 이상 전압이 가장 크게 발생하기 쉬운 경우는?

① 무부하 송전 선로를 폐로하는 경우
② 무부하 송전 선로를 개로하는 경우
③ 부하 송전 선로를 폐로하는 경우
④ 부하 송전 선로를 개로하는 경우

송전 선로에서 이상 전압 발생이 가장 큰 경우는 무부하 송전 선로를 개로 하는 경우이다.

264 송전 선로에 복도체를 사용하는 주된 목적은?

① 인덕턴스를 증가시키기 위하여
② 정전 용량을 감소시키기 위하여
③ 코로나 발생을 감소시키기 위하여
④ 전선 표면의 전위 경도를 증가시키기 위하여

 복도체

- 가공 전선로에서 1상당 연결된 도체수가 2개 이상인 것이다.
- 등가 반지름이 증가하여 인덕턴스(L)는 감소하고, 정전 용량이 증가, 송전 용량이 증대하고 코로나 발생을 억제하는 장점이 있다.

154[kV]	345[kV]	765[kV]
330mm², 410mm²	480mm²	480mm²
2복도체	4복도체	6복도체

※ 스페이서 : 소도체 간격을 유지, 소도체의 충돌 꼬임을 방지하는 금구이다.

265 분포 정수 회로에서 선로 정수가 R, L, C, G이고 무왜형 조건이 $RC = GL$과 같은 관계가 성립될 때 선로의 특성 임피던스 Z_0는? (단, 선로의 단위 길이당 저항을 R, 인덕턴스를 L, 정전 용량을 C, 누설 컨덕턴스를 G라 한다.)

① $Z_0 = \sqrt{CL}$ ② $Z_0 = \dfrac{1}{\sqrt{CL}}$

③ $Z_0 = \sqrt{RG}$ ④ $Z_0 = \sqrt{\dfrac{L}{C}}$

 무손실·무왜형 선로의 비교

구분	조건	특성 임피던스	전파 정수 $\alpha + j\beta$
무손실 선로	$R = 0$ $G = 0$ 직류 송전 $\omega = 0$	$\sqrt{\dfrac{R + j\omega L}{G + j\omega C}}$ $\sqrt{\dfrac{L}{C}}$	α : 감쇄 정수 0 β : 위상 정수 $\omega\sqrt{LC}$
무왜형 선로	$\dfrac{R}{L} = \dfrac{G}{C}$ $LG = RC$	$\sqrt{\dfrac{R + j\omega L}{G + j\omega C}}$ $\sqrt{\dfrac{L}{C}}$	α : 감쇄 정수 $\sqrt{RG}$ β : 위상 정수 $\omega\sqrt{LC}$

266 비접지식 송전 선로에 있어서 1선 지락 고장이 생겼을 경우 지락점에 흐르는 전류는?

① 직류 전류
② 고장상의 영상 전압과 동상의 전류
③ 고장상의 영상 전압보다 90° 빠른 전류
④ 고장상의 영상 전압보다 90° 늦은 전류

 비접지식에서의 고장 전류

$I_c = i_c \times l = \dfrac{V/\sqrt{3}}{\dfrac{1}{j\omega C}} \times l = j\omega C \dfrac{V}{\sqrt{3}} l$ 고장점 영상 전압보다 90° 빠른 전류이다.

267 송전 선로에 댐퍼(Damper)를 설치하는 주된 이유는?

① 전선의 진동 방지
② 전선의 이탈 방지
③ 코로나 현상의 방지
④ 현수 애자의 경사 방지

정답 263. ② 264. ③ 265. ④ 266. ③ 267. ①

- 진동 원인 : 전선로에 부는 미풍(약한 바람)
- 현상 : 진동이 계속되면 전선이 피로해지고 단선 사고를 유발하게 된다.
- 대책 ㉠ 댐퍼 ㉡ 아머 로드 ㉢ 스페이서 댐퍼 설치

268 송전 전력, 송전 거리, 전선로의 전력 손실이 일정하고 같은 재료의 전선을 사용한 경우 단상 2선식에 대한 3상 3선식의 1선당의 전력비는 얼마인가?

① 0.7
② 1.0
③ 1.15
④ 1.33

배전 방식에 따른 전선의 소모량과 1선당 전력비

배전 방식	전선의 소모량비	전선 1선당 전력비
$1\phi 2W$	100%	100%
$1\phi 3W$	37.5%(3/8)	100 : 133
$3\phi 3W$	75%(3/4)	100 : 115
$3\phi 4W$	33.3%(1/3)	100 : 150

[참고] $\dfrac{3\phi 4W}{3\phi 3W}$의 소모량비 $= \dfrac{\frac{1}{3}}{\frac{3}{4}} = \dfrac{4}{9}$

269 서지파(진행파)가 서지 임피던스 Z_1의 선로 측에서, 서지 임피던스 Z_2의 선로 측으로 입사할 때 투과 계수(투과파 전압÷입사파전압) b를 나타내는 식은?

① $b = \dfrac{Z_2 - Z_1}{Z_1 + Z_2}$
② $b = \dfrac{2Z_2}{Z_1 + Z_2}$
③ $b = \dfrac{Z_1 - Z_2}{Z_1 + Z_2}$
④ $b = \dfrac{2Z_1}{Z_1 + Z_2}$

반사 계수	$\rho = \dfrac{Z_2 - Z_1}{Z_1 + Z_2}$
투과 계수	$z = \dfrac{2Z_2}{Z_1 + Z_2}$

270 파동 임피던스 $Z_1 = 400[\Omega]$인 가공 선로에 파동 임피던스 $50[\Omega]$인 케이블을 접속하였다. 이때 가공 선로에 $e_1 = 80[kV]$인 전압파가 들어왔다면 접속점에서의 전압의 투과파는 약 몇 [kV]가 되겠는가?

① 17.8
② 35.6
③ 71.1
④ 142.2

투과파 전압 = 투과 계수 × 입사파 전압
$= \dfrac{2Z_2}{Z_1 + Z_2} \times$ 입사파 전압 $= \dfrac{2 \times 50}{400 + 50} \times 80 = 17.8[kV]$

271 연가를 하는 주된 목적으로 옳은 것은?

① 선로 정수의 평형
② 유도뢰의 방지
③ 계전기의 확실한 동작의 확보
④ 전선의 절약

 연가의 목적

- 선로 정수를 평형
- 유도 장해를 방지
- 직렬 공진 방진

연가는 전선로의 전 긍장을 3배수 치환 개선하는 방식

272 송전 계통에서 이상 전압의 방지 대책으로 볼 수 없는 것은?

① 철탑 접지 저항의 저감
② 가공 송전 선로의 피뢰용으로서의 가공 지선에 의한 뇌차폐
③ 기기 보호용으로서의 피뢰기 설치
④ 복도체 방식 채택

정답   268. ③ 269. ② 270. ① 271. ① 272. ④

전력공학

 이상 전압 방지 대책

- 가공 지선 설치 직격뢰 보호
- 탑각 접지 저항을 작게 : 역섬각 방지
- 피뢰기 설치 : 수전 설비 및 가공 전선로의 직격뢰 보호
- 서지 흡수기 : 개폐 이상 전압으로부터 보호, VCB 2차 측과 몰드 변압기 사이에 설치
※ 복도체를 사용하는 이유 : 코로나 현상을 방지

273 소호 리액터 접지 계통에서 리액터의 탭을 완전 공진 상태에서 약간 벗어나도록 하는 이유는?

① 전력 손실을 줄이기 위하여
② 선로의 리액턴스분을 감소시키기 위하여
③ 접지 계전기의 동작을 확실하게 하기 위하여
④ 직렬 공진에 의한 이상 전압의 발생을 방지하기 위하여

공진 탭을 벗어난 정도를 합조도라고 함
$\omega L < \frac{1}{3\omega C}$ 합조도 $C(+)$ 우리나라인 경우 66[kV]급에 소호 리액터 접지를 채용하며 공진 탭을 벗어난 정도가 약 10[%]
※ why : 직렬 공진에 의한 이상 전압 발생을 방지하기 위함

274 철탑의 탑각 접지 저항이 커지면 우려되는 것으로 옳은 것은?

① 뇌의 직격
② 역섬락
③ 가공 지선의 차폐각 증가
④ 코로나 증가

탑각 접지 저항이 크면 가공 지선이 포착한 뇌전류를 대지로 방전하지 못하고 전선이나 애자에 다시 섬각을 일으키게 된다.

275 동기 조상기와 전력용 콘덴서를 비교할 때 전력용 콘덴서의 장점으로 맞는 것은?

① 진상과 지상의 전류 공용이다.
② 전압 조정이 연속적이다.
③ 송전선의 시충전에 이용 가능하다.
④ 단락 고장이 일어나도 고장 전류가 흐르지 않는다.

 조상 설비의 비교 – 조상 설비

무효력을 조정하여 계통 전압을 일정하게 유지하는 설비

조상기	진상 지상 양용	시충전 가능	전압 조정비(연속적이고 원활)
리액터	지상용	시충전 불가	전압 조정이 계단적이고 원활하지 못하다.
콘덴서	진상용	시충전 불가	전압 조정이 불연속적이고 계단적이다.

276 차단은 쉽게 가능하나 재점호가 발생하기 쉬운 차단은 어느 것인가?

① $R-L$ 회로 차단
② 단락 전류 차단
③ L 회로 차단
④ C 회로 차단

 전압보다 90° 빠른 전류(C 회로 차단 전류)

- 비접지식에서의 고장 전류
- 페란티 현상의 원인
- 재점호 발생 우려

277 각각 다른 2개의 전력 계통을 상호 연락하여 연계하면 여러 가지 장점이 있는데, 계통 운용상 이득이 아닌 것은?

① 전력의 융통으로 설비 용량이 저감된다.
② 배후 전력이 커져 단락 전류가 감소한다.
③ 경제적인 발전력 배분이 가능하다.
④ 안정된 주파수 유지가 가능하다.

정답 273. ③ 274. ② 275. ④ 276. ④ 277. ②

계통 연계

- 안정도 증가
- 부하 증가에 대한 융통성 향상
- 자동 경제 급전(ELD) 벌전 연료비 절약
- 배후 전력이 크기 때문에 고장 범위가 넓고 대용량 차단기가 필요하며 유도 장해가 커지는 단점이 있다.

278 송전 용량이 증가함에 따라 송전선의 단락 및 지락 전류도 증가하여 계통에 여러 가지 장해 요인이 되고 있는데 이들의 경감 대책으로 적합하지 않은 것은?

① 계통의 전압을 높인다.
② 발전기와 변압기의 임피던스를 작게 한다.
③ 송전선 또는 모선 간에 한류 리액터를 삽입한다.
④ 고장 시 모선 분리 방식을 채용한다.

 지락(단락 전류) 경감 대책

- 송 · 배전 계통 전압을 높인다.
- 발전기 · 변압기 등 고임피던스 기기를 사용한다.
- 단락 전류를 제한하는 한류 리액터를 설치한다.
- 모선 분리 방식을 채용한다.

279 발전소 원동기로 이용되는 가스 터빈의 특징을 증기 터빈과 내연 기관에 비교하였을 때 옳은 것은?

① 평균 효율이 증기 터빈에 비하여 대단히 낮다.
② 기동 시간이 짧고 조작이 간단하므로 첨두 부하 발전에 적당하다.
③ 냉각수가 비교적 많이 든다.
④ 설비가 복잡하며, 건설비 및 유지비가 많고 보수가 어렵다.

가스 터빈은 기동 시간이 짧고 조작이 간단 용이하여 첨두 부하 발전에 적당하다.

280 우리나라 양수 발전소의 입력은 주로 어떤 발전소에서 담당하는가?

① 원자력 발전소 및 화력 대용량 발전소
② 소수력 발전소
③ 열병합 발전소
④ MHD 발전소

• 기저 발전 : 원자력 발전과 화력 발전 및 대용량 발전
• 첨두 부하 발전 : 가스 터빈, 양수 발전 방식

281 단일 부하의 선로에서 부하율 50[%], 선로 전류의 변화 곡선의 모양에 따라 달라지는 계수 $\alpha = 0.2$인 배전선의 손실 계수는 얼마인가?

① 0.05
② 0.15
③ 0.25
④ 0.30

$H = \alpha F + (1-\alpha)F^2$
F : 부하율
$H = 0.2 \times 0.5 + (1-0.2) \times 0.5^2 = 0.3$

282 2회선 송전 선로가 있다. 사정에 의하여 그중 1회선을 정지하였다고 하면 이 송전 선로의 일반 회로 정수 B의 크기는 어떻게 되는가?

① 변화 없다.
② 1/2배로 된다.
③ 2배로 된다.
④ 4배로 된다.

정답 278. ② 279. ② 280. ① 281. ④ 282. ③

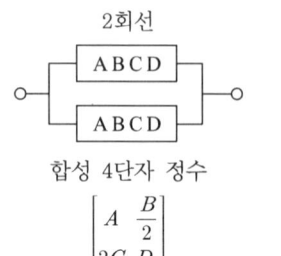

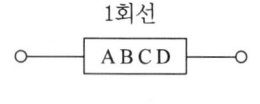

B(임피던스 계수) $\Rightarrow \dfrac{B}{2}$에 B로 2배가 된다.

283 모선 보호에 사용되는 계전 방식이 아닌 것은?

① 전류 차동 보호 장치
② 방향 거리 계전 방식
③ 위상 비교 방식
④ 선택 접지 계전 방식

 모선 보호 방식의 종류

- 전류 차동 보호 방식
- 전압 차동 보호 방식
- 위상 비교 방식
- 환상 모선 보호 방식
- 방향 거리 계전 방식

284 역률 개선용 콘덴서를 부하와 병렬로 연결할 때 △ 결선 방법을 채택하는 이유로 가장 타당한 것은?

① 부하 저항을 일정하게 유지할 수 있기 때문이다.
② 콘덴서의 정전 용량(μF)의 소요가 작기 때문이다.
③ 콘덴서의 관리가 용이하기 때문이다.
④ 부하의 안정도가 높기 때문이다.

콘덴서의 정전 용량의 값이 작아지기 때문이다.

$Q_Y = 3 \times 2\pi f C_Y \left(\dfrac{V}{\sqrt{3}}\right)^2 = 2\pi f C_Y V^2$

$Q_\Delta = 3 \times 2\pi f C_\Delta V^2$ 이므로

$C_\Delta = \dfrac{1}{3} C_Y, \quad \dfrac{C_\Delta}{C_Y} = \dfrac{1}{3}$

285 재폐로 차단기에 대한 설명으로 옳은 것은?

① 배전 선로용은 고장 구간을 고속 차단하여 제거한 후 다시 수동 조작에 의해 배전이 되도록 설계된 것이다.
② 재폐로 계전기와 함께 설치하여 계전기가 고장을 검출하여 이를 차단기에 통보·차단하도록 된 것이다.
③ 3상 재폐로 차단기는 1상의 차단이 가능하고 무전압 시간을 약 20~30초로 정하여 재폐로하도록 되어 있다.
④ 송전 선로의 고장 구간을 고속 차단하고 재송전하는 조작을 자동적으로 시행하는 재폐로 차단 장치를 장비한 자동 차단기이다.

송전 선로 사고의 80[%] 이상은 순시적인 사고이고 영구 고장은 거의 없고, 그중에서도 1선 지락 사고 고장이 가장 많다. 이런 경우 고장 구간을 신속 차단 제거하면 고장의 아크는 저절로 소멸되고 계속적인 송전이 가능하다. 이때 안정도를 증대시킬 목적으로 차단기를 자동 재폐로 차단기를 사용한다.

286 송전 선로의 코로나 손실을 나타내는 Peek식에서 E_0에 해당하는 것은?

$$P = \dfrac{241}{\delta}(f+25)\sqrt{\dfrac{d}{2D}}(E-E_0)^2 \times 10^{-5}[\text{kW/km/선}]$$

① 코로나 임계 전압
② 전선에 걸리는 대지 전압
③ 송전단 전압
④ 기준 충격 절연 강도 전압

정답 283. ④ 284. ② 285. ④ 286. ①

- δ : 상대 공기 밀도
- d : 전선의 지름
- E : 전선에 걸리는 대지 전압
- D : 선간 거리
- f : 주파수
- E_0 : 코로나 임계(개시)전압

287 유효 접지 계통에서 피뢰기의 정격 전압을 결정하는 데 가장 중요한 요소는?

① 선로 애자련의 충격 섬락 전압
② 내부 이상 전압 중 과도 이상 전압의 크기
③ 유도뢰의 전압의 크기
④ 1선 지락 고장 시 건전상의 대지 전위, 즉 지속성 이상 전압

 피뢰기 정격 전압

속류가 차단되는 교류 최고의 전압, 1선 지락 고장 시 건전상 대지 전압

288 화력 발전이 점유하는 비중이 수력 발전에 비하여 대단히 큰 전력 계통에서 수력 발전의 운전 방법으로 가장 적절한 것은?

① 일정 출력 운전
② 기저 부하 운전
③ 예비 출력 운전
④ 첨두 부하 운전

- 기저 발전 : 원자력 발전, 용량이 큰 화력 발전
- 첨두 부하 : 가스 터빈 발전 및 소수력, 양수 발전 등 수력 발전 방식

289 가공 지선에 대한 설명으로 틀린 것은?

① 직격뢰에 대해서는 특히 유효하며, 탑 상부에 시설하므로 뇌는 주로 가공 지선에 내습한다.
② 가공 지선 때문에 송전 선로의 대지 용량이 감소하므로 대지 사이에 방전할 때 유도 전압이 특히 커서 차폐 효과가 좋다.
③ 송전선 지락 시 지락 전류의 일부가 가공 지선에 흘러 차폐 작용을 하므로 전자 유도 장해를 적게 할 수도 있다.
④ 유도뢰 서지에 대하여도 그 가설 구간 전체에 사고 방지의 효과가 있다.

가공 지선의 설치 목적 : 정전 차폐, 전자 차폐, 직격 차폐

290 "수용률이 크다, 부등률이 크다, 부하율이 크다."라는 의미는?

① 항상 같은 정도의 전력을 소비하고 있다는 것이다.
② 전력을 가장 많이 소비할 때는 사용하지 않는 전기 기구가 별로 없다는 것이다.
③ 전력을 가장 많이 소비하는 시간은 지역에 따라 다르다는 것이다.
④ 전력을 가장 많이 소비하는 시간은 모든 지역이 같다는 것이다.

수용률 = $\dfrac{\text{최대 전력}}{\text{설비 용량}} \times 100$

부등률 = $\dfrac{\text{각 부하의 최대 전력의 합}}{\text{합성 최대 전력의 합}}$

부하율 = $\dfrac{\text{평균 전력}}{\text{최대 전력}} \times 100$

그러므로 수용률과 부등률이 크고 부하율이 크면 전력이 가장 많이 소비할 때 거의 대부분의 전기 기구가 사용됨을 의미한다.

답안 표기란

| 289 | ① | ② | ③ | ④ |
| 290 | ① | ② | ③ | ④ |

TIP

가공 지선
- 직격뢰 차폐, 지지물 최첨단에 설치
- 주로 2회선으로 시설
- 차폐각이 45° 이내고 보호 효율은 90% 이상
- 차폐각이 작을수록 건설비가 많이 들고 보호 효율이 높다.

정답 287. ④ 288. ④ 289. ② 290. ②

CHAPTER 2 전력공학

291 낙차 290[m], 회전수 500[rpm]인 수차를 225[m]의 낙차에서 사용할 때 회전수는 약 몇 [rpm]으로 하면 적당한가?

① 400
② 440
③ 480
④ 520

해설

$$\frac{N_2}{N_1} = \sqrt{\frac{H_2}{H_1}} \quad \frac{H_2}{H_1} = \left(\frac{N_2}{N_1}\right)^2$$

$$N_2 = N_1 \sqrt{\frac{H_2}{H_1}} = 500\sqrt{\frac{225}{290}} = 440 [\text{rpm}]$$

292 전력 계통의 절연 협조 계획에서 채택되어야 하는 모선 피뢰기와 변압기의 관계에 대한 그래프로 옳은 것은?

①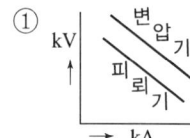
②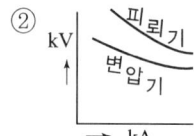
③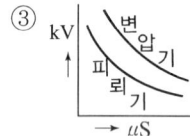
④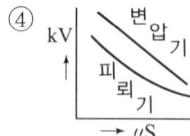

해설

절연 협조는 계통의 각 기기 및 기구, 선로, 애자 상호 간의 균형 있는 적당한 절연 강도를 가지는 것을 말하며 피뢰기의 제한 전압이 기기의 기준 충격 절연 강도보다 낮아야 한다(μs는 기기가 전압을 견디는 시간을 의미한다).

293 피뢰기가 방전을 개시할 때의 단자 전압의 순싯값을 방전 개시 전압이라 한다. 방전 중의 단자 전압의 파곳값을 무슨 전압이라 하는가?

① 뇌전압
② 상용 주파 교류 전압
③ 제한 전압
④ 충격 절연 강도 전압

 제한 전압

충격파 전류가 흐르고 있을 때 피뢰기 단자 전압을 말하고 방전 중의 단자 전압의 파곳값을 의미한다.

294 탑각의 접지와 관련이다. 접지봉으로 희망하는 접지 저항까지 줄일 수 없을 때 사용하는 것은?

① 가공 지선
② 매설 지선
③ 크로스 본드선
④ 차폐선

철탑의 탑각 접지 저항을 낮추기 위해서 매설 지선을 지하 30~60[m] 정도의 깊이에 아연 도금 철선을 매설한다.

295 직접 접지 방식에 대한 설명 중 틀린 것은?

① 애자 및 기기의 절연 수준 저감이 가능하다.
② 변압기 및 부속 설비의 중량과 가격을 저하시킬 수 있다.
③ 1상 지락 사고 시 지락 전류가 작으므로 보호 계전기 동작이 확실하다.
④ 지락 전류가 저역률 대전류이므로 과도 안정도가 나쁘다.

 직접 접지 방식의 특징

- 기기의 단절연이 가능하다. 애자 및 기기의 절연 수준이 저감 변압기 및 부속 설비의 중량과 가격을 저하시킬 수 있어서 경제적이다.
- 1선 지락 사고 시에 지락 전류가 크므로 유도 장해가 크고 보호 계전기의 동작이 확실하다. 지락 전류가 크므로 안정도가 나쁘다.
- 중성점 전위가 거의 영전위이므로 이상 전압 상승 우려가 적다.

정답 291. ② 292. ③ 293. ③ 294. ② 295. ③

296. 전선에 교류가 흐를 때의 표피 효과에 관한 설명으로 옳은 것은?

① 전선은 굵을수록, 도전율 및 투자율은 작을수록, 주파수는 높을수록 커진다.
② 전선은 굵을수록, 도전율 및 투자율은 클수록, 주파수는 높을수록 커진다.
③ 전선은 가늘수록, 도전율 및 투자율은 작을수록, 주파수는 높을수록 커진다.
④ 전선은 가늘수록, 도전율 및 투자율은 클수록, 주파수는 높을수록 커진다.

δ(침투 깊이) $= \sqrt{\dfrac{1}{\pi f \sigma \mu}}$ (표피 두께)

주파수 f가 클수록 도전율 σ가 클수록 투자율 μ가 클수록 δ(표피 두께)가 감소하고, 표피 효과가 증대되므로 실효 저항이 증가한다.

297. 소호 원리에 따른 차단기의 종류와 그 특성의 연결이 바르지 못한 것은?

① 가스 차단기 : 고성능 절연 특성을 가진 SF_6 가스를 소호 매질로 이용하는 차단기로 소호 능력이 공기의 100배 이상이며, 차단 시 소음은 문제가 되지 않는다.
② 공기 차단기 : 압축된 공기를 아크에 불어넣어서 소호하는 차단기로 압력이 높아짐에 따라 절연 내력이 증가하며, 차단 시 소음이 작다.
③ 유입 차단기 : 절연 내력이 높은 절연유를 이용하여 차단 시에 발생하는 아크를 소호시키는 방식으로 탱크형과 애자형이 있다.
④ 진공 차단기 : 진공 중에 차단 동작을 하는 개폐기로 절연 내력이 높고 화재 위험이 없으며, 소형 경량이다.

TIP 표피 효과 : 전하의 밀도가 도체 표면에 집중되는 현상

공기 차단기(ABC)

압축된 공기를 아크에 불어넣어서 소호시키는 차단기로서 압력이 높으면 절연 내력이 증가하고 차단 시에 소음이 크다.

298 다음 중 보호 계전 방식이 그 역할을 다하기 위하여 요구되는 구비 조건과 거리가 먼 것은?

① 고장 회선 내지 고장 구간의 선택 차단을 신속 정확하게 할 수 있을 것
② 과도 안정도를 유지하는 데 필요한 한도 내의 작동 시한을 가질 것
③ 적절한 후비 보호 능력이 있을 것
④ 고장 파급 범위를 최대로 하기 위한 재폐로를 실시할 것

보호 계전기는 고장의 파급 범위를 최소로 하기 위해서 재폐로를 실시한다.

299 사이클로 컨버터(cycloconverter)란?

① 실리콘 양방향성 소자이다.
② 제어 정류기를 사용한 주파수 변환기이다.
③ 직류 제어 소자이다.
④ 전류 제어 소자이다.

사이클로 컨버터란 정지 사이리스터 회로에 의해 전원 주파수와 다른 주파수의 전력으로 변환시키는 직접 회로 장치이다. 즉 주파수 변환기이다.

300 직류 송전 방식에 대한 설명으로 틀린 것은?

① 직류 방식은 선로 전압이 교류 전압의 최곳값보다 낮아 절연 계급이 낮아진다.
② 직류 방식은 교류 방식의 표피 효과가 없어 송전 효율은 떨어진다.
③ 직류 방식은 리액턴스나 위상각을 고려할 필요가 없어서 안정도가 좋다.
④ 장거리 송전의 경우에는 교류 방식보다 직류 방식이 유리하다.

정답 296. ② 297. ② 298. ④ 299. ② 300. ②

CHAPTER 2 전력공학

 직류 송전 방식의 장단점

장점	• 절연 계급이 낮아서 경제적이다. • 리액턴스 손실이 없어서 송전 효율이 좋아서 장거리 송전에 유리하다. • 전자파 발생이 적어 경과지 확보가 유리하고 민원 발생이 적다. • 비동기 어떤 계통과도 연계가 가능하다.
단점	• 전압 변성이 어렵다. • 변성 과정에서 일그러진 파형이 발생될 수 있다. • 차단이 교류에 비해 어렵다.

※ 직류 송전 방식은 교류 송전 방식보다 표피 효과가 적어서 안정도가 높고 송전 효율이 향상된다.

301 최근 송전 계통에 단권 변압기가 사용되고 있다. 그 특성과 관계가 없는 것은?

① 누설 임피던스가 커 단락 전류가 작다.
② 1차 측 이상 전압이 2차 측에 미친다.
③ 중량이 가볍다.
④ 전압 변동률이 작다.

 단권 변압기 특징

• 중량이 가볍다.
• 전압 변동률이 작다.
• 동손이 작아서 효율이 높다.
• 1차 측의 이상 전압이 2차 측에 미친다.
• 누설 임피던스가 작으므로 단락 전류가 증가한다.

302 유량을 구분할 때 매년 1~2회 발생하는 출수의 유량을 나타내는 것은?

① 홍수량   ② 풍수량
③ 고수량   ④ 갈수량

- **홍수량** : 3~5년에 한 번씩 발생하는 홍수 때의 유량
- **풍수량** : 1년을 통계로 95일은 이보다 내려가지 않는 유량(3개월 유량)
- **고수량** : 1년에 한두 번 발생하는 유량
- **갈수량** : 1년을 통계로 355일은 이 수위보다 내려가지 않는 유량

303 다음 중 고압 배전 계통의 구성 순서로 알맞은 것은?

① 배전 변전소 → 간선 → 분기선 → 급전선
② 배전 변전소 → 급전선 → 간선 → 분기선
③ 배전 변전소 → 간선 → 급전선 → 분기선
④ 배전 변전소 → 급전선 → 분기선 → 간선

 급전선(Feeder)

- 배전 변전소에서 배전 간선에 이르는 전선으로 도중에 부하가 접속되어 있지 않은 선로이다.
- 고압 배전 계통 구성은 배전용 s/s ⇒ 급전선 ⇒ 간선 ⇒ 분기선이다.

304 중성점 접지 방식 중 소호 리액터 접지 방식에서 공진 조건 $\omega L = \dfrac{1}{3\omega C} - \dfrac{x_t}{3}$ 에서 x_t는?

① 선로 임피던스
② 변압기 임피던스
③ 발전기 임피던스
④ 부하 설비 임피던스

 합조도

공진 탭을 벗어나 벗어난 정도를 나타낸다.

소호 리액터의 리액턴스 + $\dfrac{\text{변압기 리액턴스}}{3}$ = 선로의 정전 용량

즉, $\omega L + \dfrac{x_t}{3} = \dfrac{1}{3\omega C}$

x_t : 변압기 임피던스

정답 301. ① 302. ③ 303. ② 304. ②

CHAPTER 2 전력공학

305 수용가 측에서 부하의 무효 전력 변동분을 흡수하여 플리커의 발생을 방지하는 대책으로 거리가 먼 것은?

① 부스터 방식
② 동기 조상기와 리액터 방식
③ 사이리스터 이용 콘덴서 개폐 방식
④ 사이리스터용 리액터 방식

해설 플리커 현상(전압 요동 현상)의 방지 대책

- 직렬 콘덴서 설치
- 3권선 보상 변압기 방식
- 부스터 방식(전압 강하 보상 방식)
- 상호 보상 리액터 방식
- 무효 전력 변동분을 흡수하는 방식
  ㉠ 동기 조상기와 리액터 방식
  ㉡ 사이리스터 이용 콘덴서 개폐 방식
  ㉢ 사이리스터용 리액터 방식

306 파동 임피던스가 300[Ω]인 가공 송전선 1[km]당의 인덕턴스 [mH/km]는? (단, 저항과 누설 컨덕턴스는 무시한다.)

① 1.0
② 1.2
③ 1.5
④ 1.8

해설

파동 임피던스 $Z = \sqrt{\dfrac{L}{C}} = 138\log_{10}\dfrac{D}{r} = 300\,[\Omega]$

$\log_{10}\dfrac{D}{r} = \dfrac{300}{138}$ 이므로 $L = 0.4605\log_{10}\dfrac{D}{r} = 0.4605 \times \dfrac{300}{138} ≒ 1.0\,[\text{mH/km}]$

307 다음 중 송전 선로에 사용되는 애자의 특성이 나빠지는 원인으로 볼 수 없는 것은?

① 애자 각 부분의 열팽창의 상이
② 전선 상호 간의 유도 장해
③ 누설 전류에 의한 편열
④ 시멘트의 화학 팽창 및 동결 팽창

 애자의 특징이 나빠지는 원인

- 애자 각 부분의 열팽창이 서로 다르기 때문
- 누설 전류에 의한 편열
- 시멘트의 화학 팽창과 동결 팽창

308 발전기의 자기 여자 현상을 방지하기 위한 대책으로 적합하지 않은 것은?

① 단락비를 크게 한다.
② 포화율을 작게 한다.
③ 선로의 충전 전압을 높게 한다.
④ 발전기 정격 전압을 높게 한다.

 발전기의 자기 여자 현상(선로의 페란티 현상)

단락비가 큰 발전기여야 한다.

단락비 $> \dfrac{Q'}{Q}\left(\dfrac{V}{V'}\right)^2 (1+\sigma)$

Q' : 소요 충전 전압 V에서 선로의 충전 용량[kVA]
Q : 발전기의 정격 출력[kVA]
V : 발전기의 정격 전압
σ : 발전기의 정격 전압에서의 포화율

위 식에서 자기 여자를 방지하기 위해서 단락비를 크게 하여야 하고, 선로의 충전 전압은 높게, 발전기의 정격 전압은 낮게, 포화율을 작게 해야 한다.

정답 305. ① 306. ① 307. ② 308. ④

답안 표기란

| 307 | ① | ② | ③ | ④ |
| 308 | ① | ② | ③ | ④ |

CHAPTER 2 전력공학

309 3상 배전 선로의 전압 강하율을 나타내는 식이 아닌 것은? (단, V_s : 송전단 전압, V_r : 수전단 전압, I : 전부하 전류, P : 부하 전력, Q : 무효 전력이다.)

① $\dfrac{\sqrt{3}\,I}{V_r}(R\cos\theta + X\sin\theta)\times 100[\%]$

② $\dfrac{PR+QX}{V_r^2}\times 100[\%]$

③ $\dfrac{V_s - V_r}{V_r}\times 100[\%]$

④ $\dfrac{V_r}{V_s}\times 100[\%]$

전압 강하율 $= \dfrac{V_s - V_r}{V_r}\times 100 = \dfrac{\sqrt{3}\,I(R\cos\theta + X\sin\theta)}{V_r}\times 100 = \dfrac{PR+QX}{V_r^2}\times 100$

TIP

전압 변동률

$\epsilon' = \dfrac{V_r' - V_r}{V_r}\times 100$

(V_R' : 무부하 시 수전단 전압)

310 선로 임피던스 Z, 송수전단 양쪽에 어드미턴스 Y인 π형 회로의 4단자 정수에서 B의 값은?

① Y
② Z
③ $1+\dfrac{ZY}{2}$
④ $Y\left(1+\dfrac{ZY}{4}\right)$

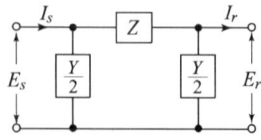

$E_S = (1+ZY)E_r + ZI_r$

$I_S = Y(2+ZY)E_R + (1+ZY)I_r$

$A = D = 1 + ZY$

$B = Z$

$C = Y(1+ZY)$

답안 표기란

| 309 | ① ② ③ ④ |
| 310 | ① ② ③ ④ |

311 일반적으로 수용가 상호 간, 배전 변압기 상호 간, 급전선 상호 간 또는 변전소 상호 간에서 각각의 최대 부하는 그 발생 시각이 약간씩 다르다. 따라서 각각의 최대 수요 전력의 합계는 그 군의 종합 최대 수요 전력보다도 큰 것이 보통이다. 이 최대 전력의 발생 시각 또는 발생 시기의 분산을 나타내는 지표는?

① 전일 효율 ② 부등률
③ 부하율 ④ 수용률

- 부등률 : 최대 전력의 발생 시기 또는 시기의 분산을 나타내는 지표
- 부하율 : 일정 기간 동안 부하의 변동을 나타내는 지표
- 수용률 : 설비 용량에 대하여 최대로 사용하는 수요를 나타내는 지표

312 배전 선로의 주상 변압기에서 고압 측-저압 측에 주로 사용되는 보호 장치의 조합으로 적합한 것은?

① 고압 측 : 프라이머리 컷아웃 스위치, 저압 측 : 캐치홀더
② 고압 측 : 캐치홀더, 저압 측 : 프라이머리 컷아웃 스위치
③ 고압 측 : 리클로저, 저압 측 : 라인퓨즈
④ 고압 측 : 라인퓨즈, 저압 측 : 리클로저

주상 변압기 1차 측 COS : 프라이머리 컷아웃 스위치, 2차 측 : 캐치홀더

313 주상 변압기의 1차 측 전압이 일정할 경우 2차 측 부하가 증가하면 주상 변압기의 동손과 철손은 어떻게 되는가?

① 동손은 감소하고 철손은 증가한다.
② 동손은 증가하고 철손은 감소한다.
③ 동손은 증가하고 철손은 일정하다.
④ 동손과 철손은 모두 일정하다.

변압기의 손실 $\begin{bmatrix} 철손 \begin{bmatrix} 히스테리시스손 \\ 와류손 \end{bmatrix} \\ 동손: I^2R \end{bmatrix}$

철손은 1차 전압만 걸리면 손실이 발생되고, 동손은 2차에 전류가 흘러야 손실이 발생된다.
그러므로 2차 부하가 증가하면 철손은 일정하고 동손은 증가한다.

답안 표기란				
311	①	②	③	④
312	①	②	③	④
313	①	②	③	④

정답 309. ④ 310. ② 311. ② 312. ① 313. ②

CHAPTER 2 전력공학

314 배전선의 전력 손실 경감 대책이 아닌 것은?

① 피더(feeder) 수를 줄인다.
② 역률을 개선한다.
③ 배전 전압을 높인다.
④ 부하의 불평형을 방지한다.

 배전 선로의 손실 경감 대책

- 역률을 개선한다.
- 배전 전압을 높인다.
- 부하의 불평형을 방지한다.

315 변전소, 발전소 등에 설치하는 피뢰기에 대한 설명 중 틀린 것은?

① 정격 전압은 상용 주파 정현파 전압의 최고 한도를 규정한 순싯값이다.
② 피뢰기의 직렬 갭은 일반적으로 저항으로 되어 있다.
③ 방전 전류는 뇌충격 전류의 파곳값으로 표시한다.
④ 속류란 방전 현상이 실질적으로 끝난 후에도 전력 계통에서 피뢰기에 공급되어 흐르는 전류를 말한다.

 피뢰기 정격 전압은 상용 주파 정현파 전압의 최고 한도를 규정한 최댓값이다.

정답 314. ① 315. ①

CHAPTER 3

핵심요약

전기기기

CHAPTER 3 전기기기

1 직류기

1. 직류 발전기

1) 직류기 구조

   (1) 계자(고정자)

   ① 자속을 만들어 주는 부분

   ② **철심** : 연강판, 두께 : 0.8~1.6[mm] 성층

   (2) 전기자(회전자)

   ① 자속을 끊어서 기전력을 유기하는 부분

   ② **철심** : 규소 강판, 두께 : 0.35~0.5[mm]

   (3) 정류자

   ① 전기자에 유기된 기전력 교류를 직류로 변환시켜 주는 부분

   ② **편절연** : 운모

   ③ 정류자 편수=코일 수= $\dfrac{총도체 수}{2}$

   ④ 정류자 편간 평균 전압= $\dfrac{a \times E}{K}$

   (a : 병렬 회로 수, E : 유기 기전력, K : 정류자 편수)

   ⑤ 정류자 편수가 많을수록 맥동이 작다.

   (4) 브러시

   정류 작용도 하면서 전기자와 외부 회로를 접속시켜 주는 부분

   ① 브러시 구비 조건

   ㉠ 고유 저항이 작을 것

   ㉡ 기계적인 강도가 클 것

   ㉢ 내열성이 클 것

   ㉣ 적당한 접촉 저항을 가질 것

   ② 브러시 종류

   ㉠ 탄소 브러시

   ⓐ 고유 저항이 크다.

ⓑ 접촉 저항이 크기 때문에 불꽃 없는 정류에 좋다.
ⓒ 전기 흑연 브러시 : 가장 많이 이용한다(개당 전압 강하 : 1[V]).
ⓒ 금속 흑연 브러시
　ⓐ 고유 저항이 가장 작다.
　ⓑ 저전압, 대전류
③ 브러시 스프링 압력 : 0.15~0.25[kg/cm²]
④ 브러시 이동 장치 : 로커

2) 전기자 권선법

(1) 전기자 권선법

① 고상권, ② 폐로권, ③ 이층권, ④ 중권이 많이 이용된다.

(2) 중권과 파권의 차이점 　　　　　　　　　　　　　　p : 극수

항 목	단중 중권	단중 파권
a(병렬 회로 수)	p	2
b(브러시 수)	p	2 또는 p
균압환	필요	불필요
용도	대전류, 저전압	소전류, 고전압

(3) 다중(m중) 권선

① m중 중권 : $a = mp$
② m중 파권 : $a = 2m$

3) 직류 발전기 원리와 유기 기전력

(1) 발전기 원리 : 플레밍의 오른손 법칙

① **엄지** : 회전 방향(도체 이동 방향)
② **검지** : 자속 방향
③ **중지** : 기전력 방향(전기자 전류 방향)

(2) 유기 기전력

① 도체 한 개의 유기 기전력

$e = Blv\sin\theta[\text{V}]$

(B : 자속 밀도, l : 도체 길이, v : 회전자 주변 속도, θ : 자속과 도체가 이루는 각)

② 직류기 전체 유기 기전력

$$E = \frac{z}{a}p\phi\frac{N}{60} = \frac{z}{a}BA\frac{N}{60}[\text{V}]$$

(B : 평균 자속 밀도, A : 전기자 면적=πDl)

4) 전기자 반작용

전기자 전류에 의해서 발생된 전기자 자속이 계자의 주자속에 영향을 주는 현상

(1) 현상과 영향

① 편자 작용

㉠ 중성축 이동

ⓐ 브러시 이동 → 발전기 : 회전 방향

→ 전동기 : 회전 반대 방향

㉡ 정류자 편간 전압이 불균일하여 브러시에서 섬락이 발생하므로 정류에 악영향을 끼친다.

② 감자 작용

㉠ 발전기 → 유기 기전력 감소 → 출력이 감소

㉡ 전동기 → 속도 증가 → 토크 감소

(2) 전기자 반작용 기자력

① 매극당 감자 기자력 : $AT_d = \dfrac{z}{2p}\dfrac{I_a}{a}\dfrac{2\alpha}{180}$ [AT/pole]

② 매극당 교자 기자력 : $AT_c = \dfrac{z}{2p}\dfrac{I_a}{a}\dfrac{\pi - 2\alpha}{180}$ [AT/pole]

(여기서, α는 브러시 이동각)

(3) 대책

① 보상 권선 설치 : 가장 좋은 대책이다.

② 보극 설치

5) 정류

전기자 코일의 전류 방향을 바꾸어 교류를 직류로 변환시키는 것

(1) 정류 곡선

① 직선 정류 : 이상적인 정류(불꽃 없는 정류)

② 정현 정류 : 불꽃 없는 정류

③ 부족 정류 : 정류 말기에 브러시 후단부에서 전류가 급격히 변화되어 불꽃 발생

④ 과정류 : 정류 초기에 브러시 전단부에서 전류가 급격히 변화되어 불꽃 발생

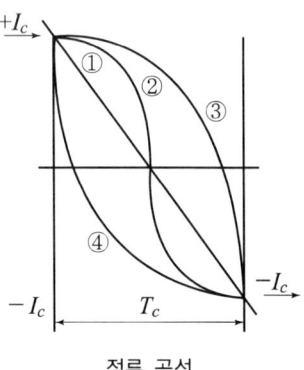

정류 곡선

(2) 평균 리액턴스 전압 : $e = L\dfrac{2I_c}{T_c}$ [V]

(3) 정류 주기 : $T_c = \dfrac{b-\delta}{v} = \dfrac{b-\delta}{\pi Dn}$ [sec]

(b : 브러시 두께, δ : 절연물 두께, D : 정류자 지름)

(4) 양호한 정류의 대책
  ① 평균 리액턴스 전압이 작을 것 → 보극 설치(전압 정류)
  ② 인덕턴스가 작을 것 → 단절권
  ③ 정류 주기가 클 것 → 회전 속도를 작게 할 것
  ④ 브러시는 접촉 저항이 클 것 → 탄소 브러시(저항 정류)
  ※ 양호한 정류를 얻기 위한 가장 좋은 대책은 보극 설치이다.

6) 직류 발전기 전류와 유기 기전력
  (1) 타여자 발전기
    $I_a = I$, I_f
    $E = V + I_a r_a$ [V]

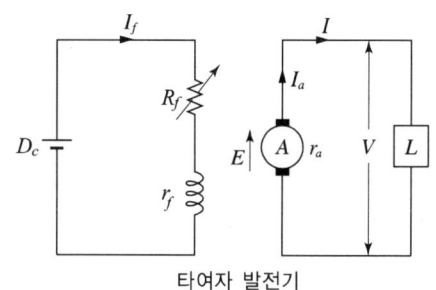
타여자 발전기

  (2) 자여자 발전기
    ① 직권 발전기
      $I = I_a = I_s$
      $E = V + I_a(r_a + r_s)$ [V]
    ② 분권 발전기
      $I_a = I_f + I$ [A], $I = \dfrac{P}{V}$ [A], $I_f = \dfrac{V}{r_f}$ [A]
      $E = V + I_a r_a$ [V]

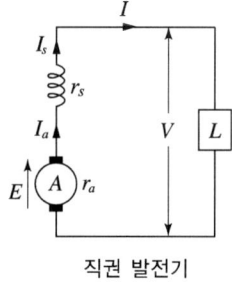
직권 발전기

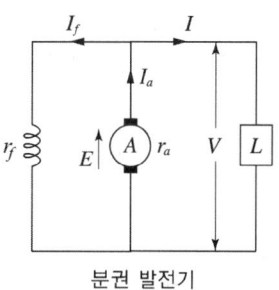
분권 발전기

    ③ 복권 발전기
      ㉠ 내분권
        $I_a = I_f + I_s$, $I_s = I$
        $E = V + I_a r_a + I_s r_s$ [V]
      ㉡ 외분권
        $I_a = I_s = I_f + I$
        $E = V + I_a(r_a + r_s)$

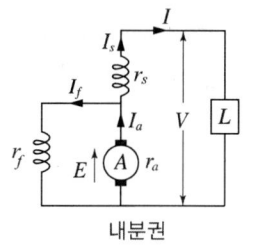
내분권

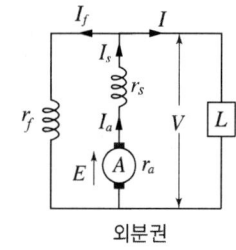
외분권

7) 직류 발전기 특성
   ① 무부하 포화 곡선 : 계자 전류와 유기 기전력과의 관계
   ② 부하 포화 곡선 : 계자 전류와 단자 전압과의 관계
   ③ 외부 특성 곡선 : 부하 전류와 단자 전압과의 관계
   ④ 내부 특성 곡선 : 부하 전류와 유기 기전력과의 관계

8) 자여자 발전기 전압 확립 조건
   ① 잔류 자기가 있을 것
   ② 무부하 특성 곡선이 포화 특성일 것
   ③ 계자 저항이 임계 저항보다 작을 것
   ④ 회전 방향이 올바를 것(자여자 발전기는 회전자를 역회전시키면 잔류 자기가 소멸되어 발전되지 않는다.)

9) 전압 변동률(ε)
   (1) $\varepsilon = \dfrac{V_0 - V_n}{V_n} \times 100[\%]$ (V_n : 정격 전압, V_0 : 무부하 단자 전압 $= E$)

   $\varepsilon = \dfrac{E - V}{V} \times 100[\%]$, $\varepsilon = \dfrac{I_a r_a}{V} \times 100[\%]$

   (2) 직류 발전기 전압 변동률
   ① $\varepsilon(+)$: 타여자, 분권, 부족 복권, 차동 복권 발전기
   ② $\varepsilon(0)$: 평복권 발전기
   ③ $\varepsilon(-)$: 직권, 과복권 발전기

10) 직류 발전기 병렬 운전
   (1) 조건
   ① 극성이 같을 것
   ② 정격 전압이 같을 것
   ③ 외부 특성이 수하 특성일 것
   (2) 병렬 운전 시 균압 모선(균압선)을 설치하여야 하는 발전기
   직권, 복권(과복권, 내분권 복권) 발전기

2. 직류 전동기

1) 직류 전동기 전류와 역기전력

   (1) 타여자 전동기

   $I_a = I[A]$

   $E = V - I_a r_a [V]$

   (2) 자여자 전동기

   ① 직권 전동기

   $I_a = I_s = I[A]$

   $E = V - I(r_a + r_s)[V]$

   ② 분권 전동기

   $I_a = I - I_f[A]$

   $E = V - I_a r_a[V]$

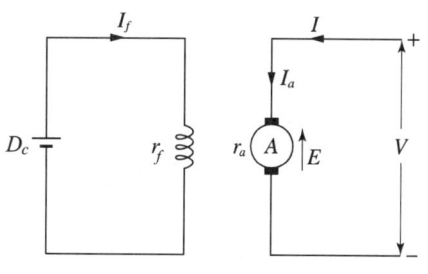

타여자 전동기

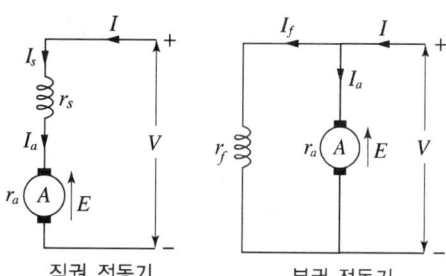

직권 전동기   분권 전동기

2) 직류 전동기 출력

   $P_m = E \cdot I_a [W]$

3) 직류 전동기 속도

   $n = K\dfrac{E}{\phi}[\text{rps}]$, $n \propto \dfrac{E}{\phi}[\text{rps}]$ (K : 기계 상수)

   (1) 분권 전동기 속도와 속도 특성

   ① 속도 : $n = K\dfrac{V - I_a r_a}{\phi}[\text{rps}]$

   ② 속도 특성 곡선

   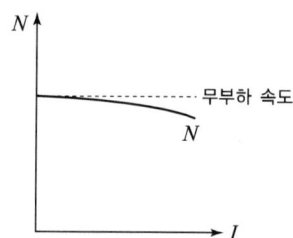

   ③ 분권 전동기가 운전 시 과속도가 되어 위험할 때 : 정격 전압, 무여자

   (2) 직권 전동기 속도와 속도 특성

   ① 속도 : $n = K\dfrac{V - I(r_a + r_s)}{\phi}[\text{rps}]$

② 속도 특성 곡선

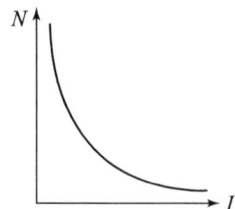

③ 직권 전동기가 운전 중 과속도가 되어 위험할 때 : 정격 전압, 무부하

(3) 속도 변동률

$$\varepsilon = \frac{N_0 - N}{N} \times 100[\%]\ (N_0 : 무부하\ 속도,\ N : 정격\ 속도)$$

(4) 직류 전동기 속도 특성 곡선

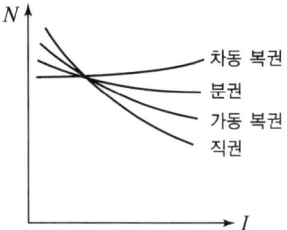

4) 직류 전동기 토크

(1) 토크

① $\tau = \dfrac{p\phi z I_a}{2\pi a}[\text{Nm}]$

② $\tau = \dfrac{P_m}{2\pi \dfrac{N}{60}}[\text{N}\cdot\text{m}],\ \tau = 0.975\dfrac{P_m}{N}[\text{kg}\cdot\text{m}]$ (출력 : $P_m[\text{W}]$, 회전수 : $N[\text{rpm}]$)

(2) 분권 전동기 토크와 토크 특성

① 토크 : $\tau \propto I_a \propto I,\ \tau \propto \dfrac{1}{N}$

② 토크 특성 곡선

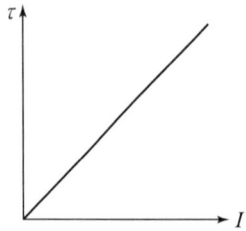

(3) 직권 전동기 토크와 토크 특성

① 토크 : $\tau \propto I^2$, $\tau \propto \dfrac{1}{N^2}$

② 토크 특성 곡선

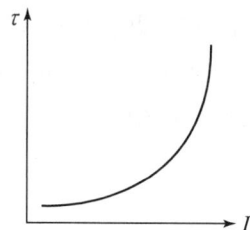

(4) 직류 전동기 토크 특성 곡선

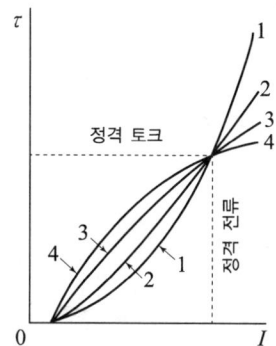

1 : 직권
2 : 가동 복권
3 : 분권
4 : 차동 복권

5) 직류 전동기 운전

(1) 직류 전동기 기동

① 기동 토크를 크게 할 것 → 계자 저항기는 영(계자 전류 최대)에 놓고 기동한다.
② 기동 전류는 전부하 전류의 1.5배 이하로 작게 할 것 → 기동 저항기는 최대 위치에 놓는다.
③ 기동 전류
$$I_s = \dfrac{V}{r_a + R_s}[\text{A}] \quad (R_s : \text{기동 저항기},\ r_a : \text{전기자 저항})$$

(2) 직류 전동기 속도 제어

$$n = K\dfrac{V - I_a r_a}{\phi}[\text{rps}]$$

① 전압 제어
　㉠ 정토크 제어 방식
　㉡ 방식
　　ⓐ 워드 레오나드 방식
　　ⓑ 일그너 방식 : 플라이휠이 설치되어 부하 변동이 심한 곳에 좋다.
　㉢ 광범위한 속도 제어되며, 효율이 가장 좋다.

② **계자 제어** : 정출력 제어 방식
③ **저항 제어** : 전차에서 전압 제어와 병행
④ **직병렬 제어** : 전차에서만 이용된다.

(3) 직류 전동기 제동
① **역상 제동(플러깅)** : 역상을 인가하여 급제동하는 방식 가장 많이 이용된다.
② **발전 제동** : 제동용 저항기에서 전기적인 에너지를 열에너지로 소비시켜서 제동하는 방식
③ **회생 제동** : 전동기 역기전력을 전원 전압보다 크게 하여 회전자의 에너지를 전원 측으로 반환시켜서 제동하는 방식

6) 직류기 손실과 효율

(1) 손실
① 고정손(무부하손)
   ㉠ 철손
      ⓐ 히스테리시스손 $P_h = fB^{1.6}$[W] (감소 : 규소 강판 이용)
      ⓑ 와류손 $P_e = f^2B^2t^2$[W] (감소 : 성층)
   ㉡ 기계손
      ⓐ 마찰손
      ⓑ 풍손
② 가변손(부하손)
   ㉠ 동손 : $P_c = I^2R$[W]
   ㉡ 표류 부하손

(2) 효율(η)
① 실측 효율 : $\eta = \dfrac{출력}{입력} \times 100$[%]
② 규약 효율
   ㉠ 전동기 : $\eta = \dfrac{입력 - 손실}{입력} \times 100$[%]
   ㉡ 발전기 : $\eta = \dfrac{출력}{출력 + 손실} \times 100$[%]
③ **최대 효율 조건** : 무부하손(철손)=부하손(동손)

2 동기기

📜 1. 동기 발전기

1) **동기기 구조**

   (1) 계자(회전자) : 동기기는 회전 계자형이다.

   (2) 전기자(고정자) : 전기자 3상 결선은 Y 결선으로 결선한다.

   (3) 여자기 : 계자 코일에 직류 전류를 흘려주는 장치로 타여자 방식이다.

   여자 방식 : ① 직류기 여자 방식
   　　　　　② 정류기 여자 방식
   　　　　　③ 브러시리스 여자 방식

   (4) 냉각 장치

   ① 공냉식

   ② **직접 냉각 방식** : 고정자 철심 내부에 덕트를 설치하여 그 내부로 냉각 매체를 흘려서 냉각하는 방식

   ③ **수소 냉각 방식** : 터빈 발전기 냉각 방식이다.

2) **회전 계자형으로 한 이유**

   ① 전기자는 3상 교류 고전압, 대전류이고, 계자는 직류 저전압, 소전류이므로 계자를 회전시키는 것이 위험성이 작다.

   ② 전기자는 고전압, 대전류이므로 브러시를 통해 3상을 인출하기가 어렵다.

   ③ 계자는 단상이므로 결선이 간단한 계자를 회전시키는 위험성이 작다.

   ④ 계자는 철이 많으므로 계자를 회전시키는 것이 기계적으로 튼튼하다.

3) **전기자 3상 결선을 Y 결선으로 한 이유**

   ① Y 결선은 △ 결선에 비하여 정격 전압을 $\sqrt{3}$ 배만큼 크게 할 수 있다.

   ② Y 결선은 중성점을 접지할 수 있으므로 이상 전압으로부터 발전기를 보호할 수 있다.

   ③ Y 결선은 제3 고조파 순환 전류가 흐르지 않으므로 유기 기전력에 제3 고조파가 발생하지 않는다.

   ④ Y 결선은 중성점을 접지할 수 있으므로 보호 계전기 동작이 확실하다.

   ⑤ Y 결선은 순환 전류가 흐르지 않으므로 열 발생이 작아 소손될 우려가 없다.

4) **수소 냉각 방식의 장·단점**

   (1) 장점

   ① 수소는 비중이 공기의 7[%]이므로 풍손이 공기에 비하여 1/10로 감소한다.

   ② 수소는 비열이 공기의 14배이므로 수소의 열전도율이 약 7배가 되어 냉각 효과가 크므로 공기 냉각 방식에 비하여 발전기 출력을 25[%] 이상 증가시킬 수 있다.

③ 수소 냉각 방식은 전폐형이므로 절연물의 수명이 길다.
④ 운전 중 소음이 작다
⑤ 가스 냉각기 크기가 작아도 된다.

(2) 단점
① 공기와 혼합되어 수소의 농도가 75[%] 이하가 되면 폭발하기 때문에 발전실을 방폭 구조로 하여야 되므로 설비비가 비싸다.
② 수소 가스의 압력 및 순도를 자동 제어로 하여야 한다.

5) 동기 속도와 유기 기전력

(1) 동기 속도 : $N_s = \dfrac{120f}{p}$ [rpm]

(2) 한 상의 유기 기전력 : $E = 4.44 f \omega \phi k_\omega$ [V]

(f : 주파수, ω : 한 상의 권수, ϕ : 매 극당 자속, k_ω : 권선 계수)

(3) 단자 전압(정격 전압) : 선간 전압
① Y 결선 : $V = \sqrt{3} \times 4.44 f \omega \phi k_\omega$ [V]
② △ 결선 : $V = 4.44 f \omega \phi k_\omega$ [V]

6) 동기기 전기자 권선법

(1) 전기자 권선법 : 고상권, 폐로권, 이층권, 중권, 단절권, 분포권

(2) 단절권으로 권선하면
① 특징
㉠ 고조파 제거
㉡ 동량이 절약되고 기계 구조가 작다.
㉢ 가격이 싸다.
㉣ 전절권에 비하여 유기 기전력이 작다.

② 단절 계수(K_p)
$K_p = \sin \dfrac{n\beta\pi}{2} < 1$ (n : 고조파 차수, $\beta = \dfrac{\text{코일 간격}}{\text{극 간격}} < 1$)

③ 고조파 제거 시 가장 좋은 β값
㉠ 3고조파 : $\beta = \dfrac{2}{3}$
㉡ 5고조파 : $\beta = \dfrac{4}{5}$
㉢ 7고조파 : $\beta = \dfrac{6}{7}$

(3) 분포권으로 권선하면

　① 특징
　　㉠ 고조파가 제거되어 파형이 좋아진다.
　　㉡ 열 발산이 빠르다
　　㉢ 누설 리액턴스가 작다.
　　㉣ 집중권에 비해 유기 기전력이 작다.

　② 분포 계수(K_d)

$$K_d = \frac{\sin\frac{n\pi}{2m}}{q\sin\frac{n\pi}{2mq}} < 1 \;(n : \text{고조파 차수},\; m : \text{상수},\; q : \text{매극 매상의 슬롯 수})$$

(4) 권선 계수(K_ω) : $K_\omega = K_p \times K_d$

(5) 고조파 제거 대책
　① 전기자 3상 결선을 Y 결선으로 한다.
　② 단절권, 분포권으로 권선한다.
　③ 전기자 슬롯을 스큐 슬롯으로 한다.
　④ 전기자 슬롯을 반폐 슬롯으로 한다.
　⑤ 공극을 크게 한다.
　⑥ 전기자 반작용을 작게 한다.

7) 동기 임피던스와 발전기 출력

(1) 동기 임피던스(Z_s)

　① $Z_s = r_a + jx_s\,[\Omega]$

　　여기서, r_a : 전기자 저항, x_s(동기 리액턴스)=x_l(누설 리액턴스)+x_a(반작용 리액턴스)

(2) $Z_s \fallingdotseq x_s$

(3) 비돌극기(원통형) 출력

　① 한 상 출력 : $P = \dfrac{EV}{x_s}\sin\delta\,[\mathrm{W}]$ (여기서, δ는 부하각으로 E와 V의 상차각이다.)

　② $\delta = 90°$에서 최대 출력을 낸다.

　③ 3상 출력 : $P = 3 \times \dfrac{EV}{x_s}\sin\delta\,[\mathrm{W}]$

(4) 돌극기(철극기) 출력

　① 돌극기 한 상 출력

$$P = \frac{EV}{x_d}\sin\delta + \frac{V^2(x_d - x_q)}{2x_d x_q}\sin 2\delta\,[\mathrm{W}]$$

② 돌극기 δ=60°에서 최대 출력을 낸다.

③ $x_d > x_q$ (x_d : 직축 반작용 리액턴스, x_q : 횡축 반작용 리액턴스)

8) 동기 발전기 전기자 반작용

   (1) 횡축 반작용 : I_a와 E가 동상 → 교차 자화 작용

   (2) 직축 반작용

   ① I_a가 E보다 90° 뒤질 때 → 감자 작용

   ② I_a가 E보다 90° 앞설 때 → 증자 작용(자화 작용)

   (3) I_a와 E가 위상차가 θ일 때

   ① 횡축 반작용 성분 : $I_a \cos\theta$

   ② 직축 반작용 성분 : $I_a \sin\theta$

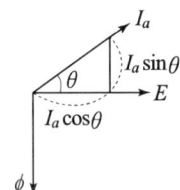

9) 동기 발전기 단락 전류와 단락비

   (1) 돌발 단락 전류 : $I_s = \dfrac{E}{x_l}$ [A]

   (2) 지속 단락 전류 : $I_s = \dfrac{E}{x_s} ≒ \dfrac{E}{Z_s}$ [A]

   (3) 3상 단락 시 단락 전류는 처음은 크나 점차 감소한다.

   (4) 단락비(K_s)

   ① 단락비 산출 시 시험

   ㉠ 무부하 포화 시험

   ㉡ 3상 단락 시험

   ② 단락비 정의

   $K_s = \dfrac{\text{무부하 시 정격 전압을 유기하는 데 필요한 계자 전류}}{\text{3상 단락 시 정격전류와 같은 단락 전류를 흐르게 하는 데 필요한 계자 전류}}$

   ③ $K_s = \dfrac{I_s}{I_n} = \dfrac{1}{\%Z_s \text{[pu]}}$

   (5) 수차 발전기 : K_s=0.9~1.2

   터빈 발전기 : K_s=0.6~1.0

   (6) 단락비가 큰 기계(철기계)

   * 단점 - ① 단락 전류가 크다.

   ② 철손이 커서 효율이 나쁘다.

   ③ 발전기 구조가 크다.

   ※ 단점 이외는 모두 장점이다.

   (7) 단락비가 작은 기계(동기계) : 단락비가 큰 기계와 특성이 정반대이다.

10) 퍼센트 동기 임피던스(%Z_s)

① %$Z_s = \dfrac{I_n \times Z_s}{E} \times 100[\%]$ (E : 상전압)

%$Z_s = \dfrac{P \times Z_s}{10 V^2}[\%]$ (P : 3상 정격 출력[kVA], V : 정격 전압[kV])

② %$Z_s = \dfrac{I_n}{I_s} = \dfrac{1}{K_s}$

11) 동기 발전기 병렬 운전

(1) 조건

① 기전력의 크기가 같을 것 : $E_A \ne E_B$ → 무효 순환 전류(무효 횡류)

② 위상이 같을 것 : $\theta_A \ne \theta_B$ → 동기화 전류(유효 횡류)

③ 주파수가 같을 것 : $f_A \ne f_B$ → 동기화 전류(유효 횡류)

④ 파형이 같을 것 : 파형이 같지 않으면 → 고조파 무효 순환 전류(고조파 무효 횡류)

⑤ 상회전이 같을 것

(2) 무효 횡류 : $I_c = \dfrac{E_a - E_b}{2Z_s}[A]$

(3) 동기화 전류 : $I_c = \dfrac{E_a}{Z_s} \sin \dfrac{\delta}{2}[A]$ (δ : 위상차)

(4) 동기화력 : $P_s = \dfrac{E_a^2}{2Z_s} \cos \delta [W]$ (δ : 위상차)

(5) 수수 전력 : $P_s = \dfrac{E_a^2}{2Z_s} \sin \delta [W]$ (δ : 위상차)

2. 동기 전동기

(1) 동기 속도 : $N_s = \dfrac{120f}{p}[\text{rpm}]$

(2) 동기 전동기 토크

① $\tau = \dfrac{P_0}{2\pi \dfrac{N_s}{60}}[\text{N} \cdot \text{m}]$

② $\tau \propto V$

(3) 동기 와트 : 동기 속도에서 출력을 토크로 나타낸 것이다.

(4) 동기 전동기 기동법
- ① 자기동법
- ② 기동 전동기법
- ③ 저주파 기동법

(5) 동기 전동기 특성
- ① 장점
  - ㉠ 역률을 조정할 수 있으므로 언제나 역률 1로 운전할 수 있다.
  - ㉡ 속도가 일정하다.
  - ㉢ 회전자가 계자이므로 기계적으로 튼튼하다.
  - ㉣ 가격이 비싸다.
- ② 단점
  - ㉠ 기동이 어렵다($\tau_s = 0$).
  - ㉡ 직류 여자기가 필요하다.
  - ㉢ 난조가 일어나기 쉽다.
  - ㉣ 구조가 복잡하다
  - ㉤ 가격이 비싸다.

(6) 동기 전동기 전기자 반작용
- ① I와 V가 동상 → 교차 자화 작용(횡축 반작용)
- ② I가 V보다 90° 뒤질 때 → 증자 작용(직축 반작용)
- ③ I가 V보다 90° 앞설 때 → 감자 작용(직축 반작용)
- ※ I와 E와의 관계 : 직축 반작용은 발전기 현상과 같다.

(7) 동기 전동기 위상 특성 곡선(V 곡선)

단자 전압과 출력이 일정
- ① **여자 전류를 감소시키면(부족 여자)** : 역률은 뒤지고, 전기자 전류 증가
- ② **여자 전류를 증가시키면(과여자)** : 역률은 앞서고, 전기자 전류 증가
- ③ 전기자 전류 최소 ⇒ $\cos\theta = 1$
- ④ 출력이 증가할수록 곡선은 상향이 된다.

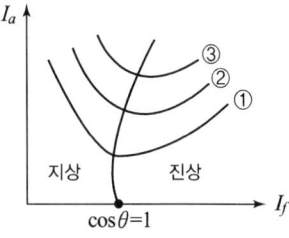

(8) 난조
- ① 원인
  - ㉠ 부하의 급변
  - ㉡ 전기자 저항이 매우 클 때
  - ㉢ 조속기가 너무 예민할 때
  - ㉣ 원동기 토크에 고조파가 포함될 때
- ② **방지책** : 회전자 자극면에 제동 권선 설치 및 플라이휠 설치

(9) 동기기 안정도 향상책
   ① 동기 임피던스가 작을 것
   ② 단락비가 클 것
   ③ 플라이휠 효과가 클 것
   ④ 속응 여자 방식을 채택할 것

(10) 자기 여자 현상
   ① 원인 : 발전기 부하가 C 부하일 때 계자에 전류가 흐르지 않아도 증자 작용 때문에 기전력이 스스로 유기되는 현상(전압상승)
   ② 방지책
      ㉠ 동기 조상기 설치
      ㉡ 분로 리액터 설치
      ㉢ 발전기를 병렬 운전
      ㉣ 단락비를 크게 한다.

3 변압기

1. 변압기

1) 변압기 구조
   (1) 철심 : 규소 강판
      ① 규소 함유량 : 4[%]
      ② 두께 : 0.3~1.6[mm]
   (2) 코일 : 연동선
   (3) Oil
      ① 절연 작용
      ② 냉각 작용
   (4) 외함
   (5) 부싱 : 외함과 권선을 절연한 단자

2) 변압기유 구비 조건
   ① 절연 내력이 클 것
   ② 점도가 낮을 것

③ 인화점이 높고, 응고점이 낮을 것
④ 비열이 클 것
⑤ 변질하지 말 것

3) 열화

(1) 원인
 ① 수분이 포함된 공기가 침투
 ② 불순물이 침투

(2) 영향
 ① 절연 내력이 감소
 ② 침식 작용
 ③ 냉각 작용 감소

(3) 방지책
 ① 밀폐식
 ② 브리더 설치
 ③ 콘서베이터 설치(질소 봉입)

4) 변압기 원리와 특성

(1) 변압기 원리 : 전자 유도 현상

(2) 유기 기전력
$$E = 4.44fN\phi_m \,[\text{V}] \quad (f: 주파수,\ N: 권수,\ \phi_m: 최대 자속)$$

(3) 권수비
$$※\ a = \frac{V_1}{V_2} = \frac{N_1}{N_2} = \frac{I_2}{I_1}$$

(4) 무부하 특성
 ① 무부하 전류(여자 전류)
$$I_0 = \sqrt{I_i^2 + I_\phi^2}\,[\text{A}]$$
  I_i : 철손 전류, I_ϕ : 자화 전류(자속을 만드는 전류)

 ② 철손
$$P_i = V_1 I_i = g V_1^2\,[\text{W}]$$

(5) 등가 회로 작도전 시험
 ① 무부하 시험(개방 회로 시험) : ㉠ 철손 ㉡ 여자 전류 ㉢ 여자 어드미턴스
 ② 단락 시험 : ㉠ 동손 ㉡ 임피던스 전압 ㉢ 임피던스 와트
 ③ 저항 측정

5) 주파수 특성

(1) 주파수와 자속 밀도 관계 : $f \propto \dfrac{1}{B}$

(2) 주파수 증가

① 철손 감소

② 여자 전류 감소

③ 리액턴스 증가 - 전압 변동이 커진다.

(3) 와류손은 주파수와는 무관하다 : $P_e \propto V^2$

6) 변압기 환산

(1) 2차를 1차로 환산

① $a = \dfrac{V_1}{V_2} \Rightarrow V_1' = aV_2[\text{V}]$

② $a = \dfrac{I_2}{I_1} \Rightarrow I_1' = \dfrac{I_2}{a}[\text{A}]$

③ $Z_1' = a^2 Z_2 [\Omega]$

(2) 1차를 2차로 환산

① $a = \dfrac{V_1}{V_2} \Rightarrow V_2' = \dfrac{V_1}{a}[\text{V}]$

② $a = \dfrac{I_2}{I_1} \Rightarrow I_2' = aI_1[\text{A}]$

③ $Z_2' = \dfrac{Z_1}{a^2}[\Omega]$

7) 전압 변동률(ε)과 퍼센트 임피던스

(1) 전압 변동률

① $\varepsilon = \dfrac{V_{20} - V_{2n}}{V_{2n}} \times 100[\%]$

② 역률이 지상일 때 $\Rightarrow \varepsilon = p\cos\theta + q\sin\theta$

p : 퍼센트 저항 강하, q : 퍼센트 리액턴스 강하

③ 역률이 진상일 때 $\Rightarrow \varepsilon = p\cos\theta - q\sin\theta$

④ 최대 전압 변동률 $\Rightarrow \varepsilon = \sqrt{p^2 + q^2}$, 최대시 역률 $\Rightarrow \cos\theta = \dfrac{p}{\sqrt{P^2 + q^2}}$

⑤ $\cos\theta = 100[\%] \Rightarrow \varepsilon = p$(퍼센트 저항 강하)

(2) 퍼센트 임피던스

① p(퍼센트 저항 강하) $= \dfrac{I_n \times r}{V_n} \times 100 = \dfrac{동손}{정격 출력} \times 100[\%]$

② q(퍼센트 리액턴스 강하) $= \dfrac{I_n \times x}{V_n} \times 100[\%]$

③ $\%Z$(퍼센트 임피던스 강하) $= \dfrac{I_n \times Z}{V_n} \times 100[\%]$

$\%Z = \dfrac{V_s}{V_{1n}} \times 100[\%]$ (V_s : 임피던스 전압)

$\%Z = \dfrac{I_n}{I_s} \times 100[\%]$

(3) 임피던스 전압과 임피던스 와트

① 임피던스 전압 : 변압기 2차 측을 단락시킨 다음 1차 측에 정격 전류가 흐를 때까지 인가하는 전압

$V_s = I_{1n} \times Z_1'\,[\text{V}]$

② 임피던스 와트 : 임피던스 전압을 걸 때 발생하는 와트로 곧 동손이다.

8) 변압기 효율(η)

- 실측 효율 : $\eta = \dfrac{출력}{입력} \times 100[\%]$

- 규약 효율 : $\eta = \dfrac{출력}{출력 + 손실} \times 100[\%]$

(1) 전부하 효율

$\eta = \dfrac{P}{P + P_i + P_c} \times 100[\%]$ ($P[\text{W}]$: 전부하 출력, $P_i[\text{W}]$: 철손, $P_c[\text{W}]$: 동손)

(2) $\dfrac{1}{m}$ 부하 시 효율

$\eta_{\frac{1}{m}} = \dfrac{\dfrac{1}{m}P}{\dfrac{1}{m}P + P_i + \left(\dfrac{1}{m}\right)^2 P_c} \times 100[\%]$

(3) 최대 효율

$\eta = \dfrac{최대\ 효율\ 시\ 출력}{최대\ 효율\ 시\ 출력 + 2P_i} \times 100[\%]$

(4) 최대 효율 조건

무부하손 = 부하손(철손 = 동손)

(5) 최대 효율 시 부하 $\dfrac{1}{m} = \sqrt{\dfrac{P_i}{P_c}}$

9) 변압기 3상 결선

(1) Y, △ 결선의 전압과 전류 관계

① Y 결선

㉠ $V_l = \sqrt{3} \, V_p \angle 30°$

㉡ $I_l = I_p$

② △ 결선

㉠ $V_l = V_p$

㉡ $I_l = \sqrt{3} \, I_p \angle -30°$

(2) Y, △ 결선의 3상 출력

$P_3(3상\ 출력) = 3 V_p I_p = \sqrt{3} \, V_l I_l [VA]$

(3) Y-△, △-Y ⇒ 위상 변위(각변위) : 30°, -30°(330°), 150°, 210°

Y-Y, △-△ ⇒ 위상 변위(각변위) : 0°, 180°

(4) 3고조파가 제거되지 않는 결선 : Y-Y 결선

(5) 변압기 용량

① 단상 변압기 용량 $= \dfrac{3상\ 부하[kW]}{3 \times \cos\theta}[kVA]$

$= \dfrac{단상\ 부하[kW]}{\cos\theta}[kVA]$

② 3상 변압기 용량 $= \dfrac{3상\ 부하[kW]}{\cos\theta}[kVA]$

(6) V-V 결선

① △-△ 결선만 가능

② $P_3(3상\ 출력) = \sqrt{3} \, V_p I_p = \sqrt{3} \, V_l I_l$

③ V 결선은 △ 결선에 비하여 57.7[%]의 출력을 낸다.

④ V 결선의 이용률은 86.6[%]이다.

⑤ 단상 변압기 용량 $= \dfrac{3상\ 부하[kW]}{\sqrt{3} \times \cos\theta \times \eta}[kVA]$

10) 변압기 병렬 운전

(1) 조건

① 극성이 같을 것

② 권수비가 같을 것

③ 정격 전압이 같을 것

④ 저항과 리액턴스의 비가 같을 것(위상이 같을 것)

⑤ 퍼센트 임피던스 강하가 같을 것(퍼센트 저항 강하와 퍼센트 리액턴스 강하가 같을 것)

(2) 3상 변압기 병렬 운전 조건은 위 조건 외에 다음 2가지가 더 만족되어야 한다.
   ① 각 변위가 같을 것(각 변위가 같지 않은 결선 ㉠ △-△, △-Y ㉡ Y-Y, Y-△는 병렬운전 불가능)
   ② 상회전이 같을 것
(3) 병렬 운전 시 부하 부담 : 용량에는 비례하고, 퍼센트 임피던스에는 반비례할 것
$$\frac{P_A}{P_B} = \frac{[KVA]_A}{[KVA]_B} \times \frac{\%Z_B}{\%Z_A}$$
(4) 변압기 극성 시험법
   ① 직류 전압계법
   ② 교류 전압계법
   ③ 표준 변압기법
   ④ 감극성일 때 전압계 V의 지시값 = $V_1 - V_2$
      가극성일 때 전압계 V의 지시값 = $V_1 + V_2$

2. 특수 변압기

(1) 3상 변압기
   ① 장점
      ㉠ 철심 및 모든 자재가 절약된다.
      ㉡ 철손이 작아서 효율이 좋다.
      ㉢ 가격이 싸다.
      ㉣ 변전실 면적을 작게 차지한다.
   ② 단점
      ㉠ 고장 수리가 어렵다.
      ㉡ 예비기 용량이 크다.
      ㉢ 한 상이 소손되어도 3상 부하를 걸 수 없다.
      ㉣ 대용량의 경우 수송이 어렵다.
(2) 상수 변환
   ① 3상을 2상으로 변환
      ㉠ 스코트 결선(T 결선)
         - 스코트 결선 권수비 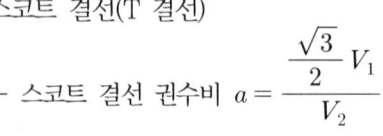 $a = \dfrac{\frac{\sqrt{3}}{2}V_1}{V_2}$
      ㉡ 메이어 결선
      ㉢ 우드 브리지 결선

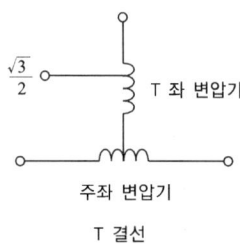
T 결선

② 3상을 6상으로 변환
- ㉠ 포크 결선
- ㉡ 대각 결선
- ㉢ 환상 결선
- ㉣ 2중 △ 결선
- ㉤ 2중 Y 결선

(3) 단권 변압기

① 장점
- ㉠ 철손 및 동손이 작다.
- ㉡ 효율이 좋다.
- ㉢ 가격이 싸다.
- ㉣ 전압 변동이 작다.
- ㉤ 누설 리액턴스가 작다.

② 단점
- ㉠ 단락 전류가 크다.
- ㉡ 1차와 2차를 별도로 절연할 수가 없다.

③ ㉠ 단상 단권 변압기 : $\dfrac{\text{자기 용량}}{\text{부하 용량}} = \dfrac{V_h - V_l}{V_h}$

㉡ 단권 변압기 3상 결선

- Y 결선 : $\dfrac{\text{자기 용량}}{\text{부하 용량}} = \dfrac{V_h - V_l}{V_h}$

- △ 결선 : $\dfrac{\text{자기 용량}}{\text{부하 용량}} = \dfrac{V_h^2 - V_l^2}{\sqrt{3}\, V_h V_l}$

- V 결선 : $\dfrac{\text{자기 용량}}{\text{부하 용량}} = \dfrac{2}{\sqrt{3}} \dfrac{V_h - V_l}{V_h}$

(4) 계기용 변성기(MOF)

① PT(계기용 변압기) : 2차 측 정격 전압 → 110[V]

② CT(계기용 변류기)
- ㉠ 2차 측 정격 전류 → 5[A]
- ㉡ CT 2차 측을 개방시키면, 1차 전류가 전부 여자 전류가 되어 1차 자속이 급격히 증가한다. 그러므로 2차 측에 고압이 유기되어 2차 측 절연이 파괴되어 소손된다.

(5) 누설 변압기

① 수하 특성

② 용접기, 네온용 변압기, 수은등 변압기

(6) 변압기 고장 보호 계전기
  ① 전기적인 고장 보호 : 비율 차동 계전기
  ② 기계적인 고장 보호
    ㉠ 부흐홀츠 계전기
    ㉡ 가스 검출 계전기
    ㉢ 충격 압력 계전기

4 유도기

1. 3상 유도 전동기

1) 슬립과 유도 전동기 속도

   (1) 슬립

   회전 자계 속도와 회전자 속도 차로서 곧 상대 속도이다.

   ① $s = \dfrac{N_s - N}{N_s} \times 100[\%]$

   N_s : 회전 자계 속도, N : 회전자 속도

   ② 역회전 시 슬립(s') : $s' = \dfrac{N_s - (-N)}{N_s} \times 100[\%]$, 또는 $s' = 2 - s$

   ③ 유도 전동기 슬립 범위 : $0 < s < 1$
     (유도 발전기 : $s < 0$, 유도 제동기 : $1 < s < 2$)

   (2) 유도 전동기 속도

   $N = (1-s)N_s = (1-s)\dfrac{120f_1}{p}[\text{rpm}]$

2) 유도 전동기 2차(회전자) 특성

   (1) 회전 시 2차 주파수(f_2') : $f_2' = sf_1[\text{Hz}]$

   (2) 회전 시 2차 기전력 : $E_2' = sE_2[\text{V}]$ (E_2 : 정지 시 2차 전압)

   (3) 2차 동손 : $P_{c2} = sP_2[\text{W}]$ (P_2 : 2차 입력)

   (4) 2차 출력 : $P_0 = (1-s)P_2[\text{W}]$

   (5) 2차 효율 : $\eta_2 = (1-s) = \dfrac{N}{N_s}$

3) 토크와 동기 와트

(1) 토크

① $\tau = \dfrac{P_0}{2\pi \dfrac{N}{60}}[\text{N} \cdot \text{m}]$ (P_0 : 전부하 출력, N : 전부하 속도)

② $\tau = \dfrac{P_2}{2\pi \dfrac{N_s}{60}}[\text{N} \cdot \text{m}]$ (P_2 : 2차 입력, N_s : 동기 속도)

$\tau = 0.975 \dfrac{P_2}{N_s}[\text{kg} \cdot \text{m}]$

③ $\tau \propto V^2$

④ 최대 토크는 2차 저항과 관계없이 항상 일정하다.

$\tau_{\max} = \dfrac{E_2^2}{2x_2}[\text{N} \cdot \text{m}]$

(2) 동기 와트 : 동기 속도에서 2차 입력을 토크로 나타낸 것이다.

4) 비례 추이

(1) 권선형에서 2차 저항을 증가시킬 때 비례해서 슬립이 증가하여 속도를 제어할 수 있다.

(2) 2차 합성 저항 $\left(\dfrac{r_2}{s}\right)$에 의해서 비례 추이된다.

(3) $\dfrac{r_2}{s} = \dfrac{r_2 + R}{s'}$

(여기서, r_2 : 2차 권선 저항, R : 2차 외부 저항, s : 전부하 슬립,

s' : R 삽입 시 슬립(기동 시 $s' = 1$)

(4) 비례 추이할 수 없는 것

① 출력   ② 효율   ③ 2차 동손

5) 3상 유도 전동기 기동법

(1) 권선형 기동법 : 2차 저항 기동(기동 저항 기법)

*기동 시 2차 외부 저항을 증가 → * 기동 전류 감소
　　　　　　　　　　　　　　　　* 기동 토크 증가

(2) 농형 기동법

① 전전압 기동(직입 기동)

㉠ 기동 전류가 전부하 전류의 6배 정도 흐른다.

㉡ 5[HP] 이하의 소용량이면서 단시간 기동에 이용

② Y-△ 기동(5~15[kW])

- Y로 기동 시는 △로 기동 시에 비해 전압이 $\frac{1}{\sqrt{3}}$배 감소
- 기동 전류 $\frac{1}{3}$배 감소
- 기동 토크 $\frac{1}{3}$배 감소

③ 리액터 기동(15[kW] 이상) : 기동 시 리액터를 이용하여 감전압하는 방식
④ 기동 보상 기법 기동(15[kW] 이상) : 기동 시 단권 변압기 강압용을 이용하여 감전압하는 방식
⑤ 콘도르퍼 기동 : 리액터와 기동 보상 기법 겸용인 방식

6) 3상 유도 전동기 속도 제어

$$N = (1-s)\frac{120f_1}{p}[\text{rpm}]$$

(1) 2차 저항 제어(슬립 제어)
① 권선형에서 비례 추이 원리 이용
② 장점 : 구조가 간단하고, 제어가 용이
③ 단점 : 가격이 비싸고, 효율이 나쁘다.

(2) 주파수 제어
① 포트 모터
② 선박 추진용 모터에 이용

(3) 극수 변환

(4) 종속법
① 권선형에서 극수가 다른 두 대를 전기적으로 종속시켜서 극수를 변환
② 동기 속도로 제어된다.
③ 종속 방식
  ㉠ 직렬 종속 : $P_1 + P_2$
  ㉡ 차동 종속 : $P_1 - P_2$
  ㉢ 병렬 종속 : $\frac{P_1 + P_2}{2}$

(5) 2차 여자 제어
① 권선형에서 슬립 링에 슬립 주파수 전압(E_c)을 인가하여 슬립을 제어하는 방식
② 방식
  ㉠ 셀비어스 방식 : 정토크 제어 방식
  ㉡ 크래머 방식 : 정출력 제어 방식

③ 동기 속도 이상으로도 속도 제어가 가능

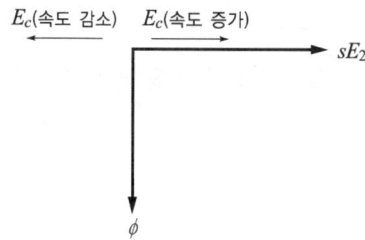

(6) 1차 전압 제어 : $s \propto \dfrac{1}{V_1^2}$

7) 유도 전동기 원선도(Hey land 원선도)

원선도 작도 전 시험 : ① 무부하 시험
② 구속 시험
③ 고정자 저항 측정

8) 3상 유도 전동기 이상 현상

(1) 크로우링(Crawling) 현상

① 농형
② 원인
  ㉠ 회전자 슬롯의 부적당
  ㉡ 고조파가 유기
③ 대책 : 회전자 슬롯을 사구(skew slot)

(2) 게르게스(Gorges) 현상

① 권선형
② 무부하, 경부하 시 회전자 한 상이 결상되어도 $s=0.5$ 정도로 회전자가 계속 운전하는 현상

(3) 고조파에 의한 회전 자계의 방향과 속도

① 차동기 토크
  ㉠ 고조파 차수 : $h = 2nm+1$(7, 13, … 고조파)
  ㉡ 기본파와 동방향으로 회전 자계가 발생하고 속도는 $1/h$ 배 속도
② 비동기 토크
  ㉠ 고조파 차수 : $h = 2nm-1$(5, 11, … 고조파)
  ㉡ 기본파와 역방향으로 회전 자계가 발생하고 속도는 $1/h$ 배 속도
③ 3, 9, 15 고조파는 회전 자계를 발생하지 못한다.

9) 특수 농형 유도 전동기

    (1) 2중 농형 유도 전동기
        ① 회전자 도체 : 회전자 외측 도체는 리액턴스가 작고 저항이 매우 큰 도체이고, 내측은 저항이 작고 리액턴스가 큰 도체를 이용한다.
        ② 기동 시 전류가 작고 기동 토크가 크다.
    (2) 심구 홈(Deep slot) 농형 유도 전동기
        ① 회전자 도체는 가늘고 긴 단면으로 된 단일 도체이므로 2중 농형보다 냉각 효과가 크다.
        ② 2중 농형에 비하여 기동 특성은 떨어지나 운전 특성은 우수하다.

2. 단상 유도 전동기

(1) 단상 유도 전동기 특성
    ① 기동 시 토크가 영이다.
    ② 비례 추이할 수 없다.
    ③ 슬립이 영이 되기 전에 토크는 미리 영이 된다.
    ④ 슬립이 영일 때 토크는 부(-)가 된다.
    ⑤ 2차 저항을 증가시키면 토크는 감소하고, 어느 정도 이상이 되면 토크가 역상이 된다.

(2) 기동 시 토크가 큰 순서(반기콘분세)
    ① 반발 기동형
    ② 반발 유도형
    ③ 콘덴서 기동형
    ④ 콘덴서 전동기
    ⑤ 분상 기동형
    ⑥ 셰이딩 코일형

3. 유도 전압 조정기

(1) V_2(2차 전압) $= V_1 + E_2 \cos \alpha \, [\text{V}]$

   V_1 : 1차 전압, E_2 : 조정 전압, α : 회전자 위상각

(2) 단상 유도 전압 조정기
    ① 교번 자계에 의한 전자 유도 현상을 이용
    ② 입력 전압과 출력 전압이 동상
    ③ 단락 권선이 있다(단락 권선 역할 : 누설 리액턴스에 의한 전압 강하 방지).

(3) 3상 유도 전압 조정기
　① 회전 자계에 의한 전자 유도 현상을 이용
　② 입력 전압과 출력 전압이 위상차가 있다.
　③ 단락 권선이 없다.
(4) 정격 출력과 부하 용량
　① 정격 출력(정격 용량)
　　㉠ 단상 $\Rightarrow P = E_2 I_2 [\text{VA}]$
　　㉡ 3상 $\Rightarrow P_3 = \sqrt{3} \, E_2 I_2 [\text{VA}]$
　② 부하 용량(2차 출력)
　　㉠ 단상 $\Rightarrow P = V_2 I_2 [\text{VA}]$
　　㉡ 3상 $\Rightarrow P_3 = \sqrt{3} \, V_2 I_2 [\text{VA}]$

5 정류 회로와 전력 변환기

1. 다이오드 정류 회로

(1) 단상 반파 정류 회로
　① 직류 평균 전압
$$E_d = \frac{\sqrt{2}\,E}{\pi} - e \,[\text{V}]$$
(E : 변압기 2차 측 교류 실횻값, e : 정류기 전압 강하)

　② I_d(직류 전류) $= \dfrac{E_d}{R}\,[\text{A}]$

　③ PIV(첨두 역전압) $= \sqrt{2}\,E\,[\text{V}]$
　　$PIV =$ (직류 전압 $+ e) \times 3.14$

　④ 정류 효율 : $40.6[\%] = \dfrac{4}{\pi^2} \times 100[\%]$

(2) 단상 전파 정류 회로
　① 직류 평균 전압
$$E_d = \frac{2\sqrt{2}\,E}{\pi} - e = 0.9E - e\,[\text{V}]$$

　② I_d(직류 전류) $= \dfrac{E_d}{R}\,[\text{A}]$

③ PIV(첨두 역전압)
　　㉠ 2개 회로 : $2\sqrt{2}E(PIV = $ 직류 전압$\times 3.14)$
　　㉡ 브리지 회로 : $\sqrt{2}E$

④ 정류 효율 : $81.2[\%] = \dfrac{8}{\pi^2} \times 100[\%]$

(3) 3상 반파 정류 회로

① E_d(직류 전압) $= \dfrac{3\sqrt{6}}{2\pi}E = 1.17E$[V]

② 정류 효율 : $96.5[\%]$

(4) 3상 전파, 6상 반파 정류 회로

① E_d(직류 전압) $= \dfrac{3\sqrt{2}}{\pi}V = 1.35V$[V] ($V$: 선간 전압)

② $E_d = \dfrac{3\sqrt{6}}{\pi}E = 2.43E$[V] ($E$: 상전압)

③ 정류 효율 : $99.8[\%]$

(5) 맥동률(γ)과 맥동 주파수

① $\gamma = \dfrac{\text{나머지 교류분 크기}}{\text{직류분 크기}} \times 100[\%]$

② **맥동률과 맥동 주파수**
　　㉠ 단상 반파 : $\gamma = 121[\%]$　　　$f = 60$[Hz]
　　㉡ 단상 전파 : $\gamma = 48[\%]$　　　$f = 120$[Hz]
　　㉢ 3상 반파 : $\gamma = 17[\%]$　　　$f = 180$[Hz]
　　㉣ 3상 전파, 6상 반파 : $\gamma = 4[\%]$　　$f = 360$[Hz]

③ 상수가 크면 클수록 : 맥동률은 작아지고 맥동 주파수는 증가한다.

2. 사이리스터의 특성

(1) SCR의 특성

① SCR

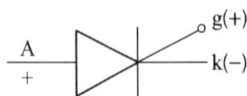

② SCR 특성
　　㉠ SCR ON 조건 : 게이트에 전류가 흐르면 Turn ON되는데 Turn ON 순간 래칭 전류 이상 전류가 흘러야 ON이 된다.
　　㉡ 래칭 전류 : Turn ON시키는 데 필요한 순전류

ⓒ 유지 전류 : ON된 후에 ON 상태를 유지하기 위한 최소 전류로 래칭 전류보다 작다.
ⓔ SCR off 조건 : 역전압을 인가하거나 유지 전류 이하가 되면 off된다.
ⓜ SCR은 단일 방향성 위상 제어로 직류, 교류 전압을 제어할 수 있다.
ⓗ SCR에 의해서 위상을 제어할 때 제어각은 부하 역률각보다 큰 범위에서만 제어가 가능하다.
ⓢ 자기 소호 능력이 없으며, 부성 저항 특성을 갖는다.

③ SCR 단상 반파 직류 평균 전압

$$E_d = \frac{\sqrt{2}E}{\pi}\left(\frac{1+\cos\alpha}{2}\right)[V] \quad (E : 교류의 실횻값, \ \alpha : 제어각(점호각))$$

④ SCR 단상 전파 직류 평균 전압

$$L=0 \rightarrow E_d = \frac{2\sqrt{2}E}{\pi}\left(\frac{1+\cos\alpha}{2}\right)[V]$$

$$L=\infty \rightarrow E_d = \frac{2\sqrt{2}E}{\pi}\cos\alpha[V]$$

(2) 각종 사이리스터

① SCR : 단일 방향성 3단자

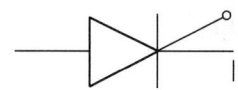

② GTO : 단일 방향성 3단자

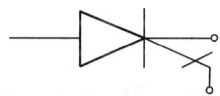

③ TRIAC : 2방향성 3단자

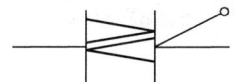

④ DIAC : 2방향성 2단자

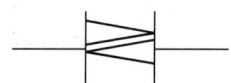

⑤ SCS : 단일 방향성 4단자

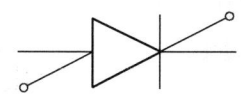

3. 전력 변환 장치

(1) 컨버터(순변환 장치) : AC → DC로 변환

(2) 인버터(역변환 장치) : DC → AC로 변환

(3) 사이클로 컨버터
   ① 주파수만 변환
   ② AC → AC로 변환

(4) DC → DC(초퍼 회로) 전력 변환 회로
   ① Buck converter
      출력 전압이 입력 전압보다 낮게 변환하는 컨버터
   ② Boost converter
      출력 전압이 입력 전압보다 높게 변환하는 컨버터
   ③ Buck-Boost converter
      출력 전압을 입력 전압보다 낮게 높게 변환하는 컨버터
   ④ Cuk converter
      출력 전압을 입력 전압보다 낮게 높게 변환하는 컨버터

4. 전력 제어용 트랜지스터

(1) 전력용 트랜지스터
   ① BJT와 UJT가 있으며 BJT는 전류 제어 소자이고 UJT는 전압 제어 소자이다.
   ② 베이스 전류의 크기에 따라 전압, 전류 특성을 달리할 수 있다.
   ③ 도통 상태를 유지하기 위해서는 계속 베이스에 전류가 흘러야 한다.

(2) MOSFET
   ① 게이트와 소스 사이에 걸리는 전압으로 제어한다.
   ② 스위칭 속도는 가장 빠른 반면 소용량 제어에 이용
   ③ 게이트 구동 전력이 작다.

(3) IGBT
   ① 게이트와 이미터 간의 전압으로 컬렉터 전류를 제어한다.
   ② 스위칭 속도는 BJT보다 빠르고, MOSFET 보다 느리다.
   ③ 게이트 구동 전력이 낮다.
   ④ 대전류, 고전압 제어용이 적합하다.

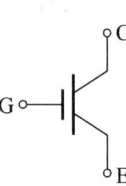

CHAPTER 3

예상문제

전기기기

CHAPTER 3 전기기기

001 전기 기계에 있어서 히스테리시스손을 감소시키기 위하여 어떻게 하는 것이 좋은가?

① 성층 철심 사용
② 규소 강판 사용
③ 보극 설치
④ 보상 권선 설치

해설
① 규소 강판을 사용하는 이유 : 히스테리시스손 감소
② 철심을 성층하는 이유 : 와류손 감소

TIP
철손
$p_i = p_h + p_e$
$= kfB^{1.6} + kf^2B^2t^2$

002 직류 분권 발전기의 전기자 권선을 단중 중권으로 감으면?

① 병렬 회로 수는 항상 2이다.
② 높은 전압, 작은 전류에 적당하다.
③ 균압선이 필요 없다.
④ 브러시 수는 극수와 같아야 한다.

해설 전기자 권선을 중권과 파권에 대하여 비교

p : 극수

항 목	단중 중권	단중 파권
병렬 회로 수(a)	p	2
브러시 수(b)	p	2 또는 p
균압환	필요	불필요
용도	대전류, 저전압	소전류, 고전압

TIP
단중 중권
a(병렬 회로 수)
$= b$(브러시 수)$= p$

003 직류기의 다중 중권 권선법에서 전기자 병렬 회로 수 a와 극수 p 사이에는 어떤 관계가 있는가? (단, 다중도는 m이다.)

① $a = 2$
② $a = 2m$
③ $a = p$
④ $a = mp$

해설
• 다중(m중) 중권 : $a = mp$
• 다중(m중) 파권 : $a = 2m$

004 전기자 지름 0.2[m]의 직류 발전기가 1.5[kW]의 출력에서 1,800 [rpm]으로 회전하고 있을 때 전기자 주변 속도(m/s)는?

① 18.84
② 21.96
③ 32.74
④ 42.85

전기자 주변 속도

$v = \pi D \dfrac{N}{60} = 3.14 \times 0.2 \times \dfrac{1,800}{60} = 18.84[\text{m/s}]$

모든 회전기 주변 속도
$v = \pi Dn[\text{m/s}]$이다.

005 직류 발전기의 극수가 10이고, 전기자 도체 수가 500이며, 단중 파권일 때 매극의 자속 수가 0.01[Wb]이면 600[rpm]일 때의 기전력(V)은?

① 150
② 200
③ 250
④ 300

단중 파권 : $a = 2$

직류 발전기의 유기 기전력 : $E = \dfrac{Z}{a} p\phi \dfrac{N}{60} = \dfrac{500}{2} \times 10 \times 0.01 \times \dfrac{600}{60} = 250[\text{V}]$

006 직류기의 전기자 반작용의 영향이 아닌 것은?

① 전기적 중성축이 이동한다.
② 주자속이 증가한다.
③ 정류자편 사이의 전압이 불균일하게 된다.
④ 정류 작용에 악영향을 준다.

전기자 반작용의 영향

① 전기자 중성축 이동(발전기는 회전 방향으로 전동기 회전자 반대 방향으로 이동한다.)
② 주자속이 감소한다.
③ 정류자편 사이의 국부적 전압이 상승하여 섬락이 발생한다.
④ 발전기 : 유기 기전력이 감소, 출력이 감소
⑤ 전동기 : 속도 증가, 토크 감소

발전기, 전동기에서 주자속은 계자의 자속을 말하며 증가할수록 좋다.

정답 001. ② 002. ④ 003. ④ 004. ① 005. ③ 006. ②

CHAPTER 3 전기기기

007 직류 발전기의 전기자 반작용을 설명함에 있어서 그 영향을 없애는 데 가장 유효한 것은?

① 균압환　　② 탄소 브러시
③ 보상 권선　　④ 보극

해설

전기자 반작용을 없애는 대책으로 보극과 보상 권선이지만 가장 유효한 대책은 보상 권선이다.

TIP
※ 전기자 반작용 대책 : 보상 권선
※ 양호한 정류 대책 : 보극

008 직류기에서 양호한 정류를 얻는 조건이 아닌 것은?

① 정류 주기를 크게 한다.
② 전기자 코일의 인덕턴스를 작게 한다.
③ 평균 리액턴스 전압을 브러시 접촉면을 전압 강하보다 크게 한다.
④ 브러시의 접촉 저항을 크게 한다.

해설

양호한 정류를 얻는 대책으로 평균 리액턴스 전압 $e = L\dfrac{2I_c}{T_c}[\text{V}]$을 감소시켜야 한다.

감소 대책 : ① 인덕턴스를 작게 한다. → 단절권 이용
　　　　　② 정류 주기를 크게 한다. → 회전 속도를 감소
　　　　　③ 브러시의 접촉 저항을 크게 한다. → 탄소 브러시 이용

009 계자 철심에 잔류 자기가 없어도 발전되는 직류기는?

① 직권기　　② 타여자기
③ 분권기　　④ 복권기

해설

타여자 발전기는 외부에서 직접 전류를 흘려줌으로써 잔류 자기가 필요 없다.

TIP
자여자 발전기는 잔류 자기가 있어야 발전이 된다.

010 정격이 5[kW], 100[V], 50[A], 1,800[rpm]인 타여자 발전기가 있다. 무부하 시의 단자 전압은 얼마인가? (단, 계자 전압은 50[V], 계자 전류 5[A], 전기자 저항은 0.2[Ω]이고 브러시의 전압 강하는 2[V]이다.)

① 100[V]
② 112[V]
③ 115[V]
④ 120[V]

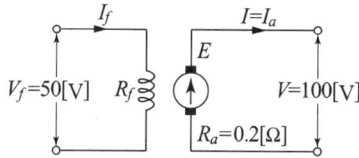

타여자 발전기 무부하 시 단자 전압은 유기 기전력과 같다.

전기자 전류 : $I = I_a = \dfrac{P}{V} = \dfrac{5 \times 10^3}{100} = 50[A]$

∴ $V_0 = E = V + I_a R_a + v_b = 100 + 50 \times 0.2 + 2 = 112[V]$

011 정격 속도로 회전하고 있는 무부하의 분권 발전기가 있다. 계자 권선의 저항이 50[Ω], 계자 전류 2[A], 전기자 저항 1.5[Ω]일 때 유기 기전력(V)은?

① 97
② 100
③ 103
④ 106

단자 전압 : $V = R_f I_f = 50 \times 2 = 100[V]$
유기 기전력 : $E = V + I_a R_a$, 분권 발전기 전기자 전류 $I_a = I + I_f$에서 무부하 시는 $I = 0$이므로 $I_a = I_f$가 된다.
∴ 무부하 시 유기 기전력 $E_0 = V + I_f R_a = 100 + 2 \times 1.5 = 103[V]$

TIP 무부하 때 단자 전압은 $I_f r_a$가 미소하므로 : $V_0 ≒ E$

012 유기 기전력 210[V], 단자 전압 200[V]인 5[kW] 분권 발전기의 계자 저항이 500[Ω]이면 그 전기자 저항(Ω)은?

① 0.2
② 0.4
③ 0.6
④ 0.8

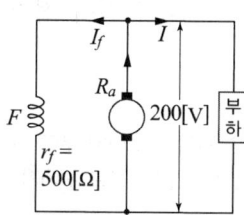

정답 007. ③ 008. ③ 009. ② 010. ② 011. ③ 012. ②

계자 전류 : $I_f = \dfrac{V}{r_f} = \dfrac{200}{500} = 0.4[A]$

부하 전류 : $I = \dfrac{P}{V} = \dfrac{5 \times 10^3}{200} = 25[A]$

전기자 전류 : $I_a = I + I_f = 25 + 0.4 = 25.4[A]$

유기 기전력 : $E = V + I_a r_a [V]$에서

$\therefore r_a = \dfrac{E - V}{I_a} = \dfrac{210 - 200}{25.4} = \dfrac{10}{25.4} ≒ 0.4[\Omega]$

013 직류 분권 발전기를 역회전하면?

① 발전되지 않는다.
② 정회전 때와 마찬가지이다.
③ 과대 전압이 유기된다.
④ 섬락이 일어난다.

직류 자여자 발전기는 역회전 시 잔류 자기와 반대 방향으로 여자 전류가 공급되므로 전류 자기가 소멸되어 발전되지 않는다.

TIP
직권, 분권, 복권인 자여자 발전기는 역회전시키면 발전되지 않는다.

014 직류 분권 발전기를 서서히 단락 상태로 하면 다음 중 어떠한 상태로 되는가?

① 과전류로 소손된다.
② 과전압이 된다.
③ 소전류가 흐른다.
④ 운전이 정지된다.

분권 발전기를 서서히 단락하게 되면 단락으로 인해 부하 전류가 서서히 증가하므로 계자 전류가 감소하여 유기 기전력이 감소하므로 전기자 전류도 서서히 감소하게 된다.

TIP
서서히 단락이란
서서히 부하를 증가시킨다는 의미이다.

015 무부하 전압 250[V], 정격 전압 210[V]인 발전기의 전압 변동률(%)은?

① 16
② 17
③ 19
④ 22

전압 변동률 : $\varepsilon = \dfrac{V_0 - V_n}{V_n} \times 100$

∴ $\varepsilon = \dfrac{250 - 210}{210} \times 100 = 19.05[\%]$

TIP

$\varepsilon = \dfrac{V_0 - V_n}{V_n} \times 100$

$\varepsilon = \dfrac{E - V}{V} \times 100[\%]$

016 직류 발전기의 병렬 운전 조건 중 잘못된 것은?

① 단자 전압이 같을 것
② 외부 특성이 같을 것
③ 극성을 같게 할 것
④ 유도 기전력이 같을 것

 직류 발전기 병렬 운전 조건

① 극성이 같을 것
② 정격 전압이 같을 것
③ 외부 특성 곡선이 수하 특성일 것

TIP

발전기 용량과 유기 기전력은 같지 않아도 된다.

017 직류 발전기의 병렬 운전에서 계자 전류를 변화시키면 부하 분담은?

① 계자 전류를 감소시키면 부하 분담이 작아진다.
② 계자 전류를 증가시키면 부하 분담이 작아진다.
③ 계자 전류를 감소시키면 부하 분담이 커진다.
④ 계자 전류와는 무관하다.

병렬 운전 시 직류 발전기 부하 분담은 계자 전류를 변화시키는데 이때 계자 전류를 감소시키면 유기 기전력이 감소하므로 출력이 감소한다. 그러므로 부하 분담이 감소하게 된다.

TIP

모든 발전기는 계자 저항기를 조정하면 계자 전류를 변화시켜서 출력과 전압을 조정할 수 있다.

정답 013. ① 014. ③ 015. ③ 016. ④ 017. ①

018 직류 복권 발전기를 병렬 운전할 때 반드시 필요한 것은?
① 과부하 계전기
② 균압선
③ 용량이 같은 것
④ 외부 특성 곡선이 일치할 것

해설

직권 및 복권 발전기는 수하 특성을 갖지 못하므로 병렬 운전 시 균압선을 설치하여야 한다.

TIP

균압 모선(균압선)을 꼭 설치하여야 하는 발전기: 직권, 복권(내분권과 과복권)

019 직류 분권 전동기가 있다. 총도체 수 100, 단중 파권으로 자극 수는 4, 자속 수 3.14[Wb], 부하를 가하여 전기자에 5[A]가 흐르고 있으면 이 전동기의 토크(N·m)는?
① 400
② 450
③ 500
④ 550

해설

극수 $p=4$, 총도체 수 $Z=100$, 자속 수 $\phi=3.14$[Wb], 전기자 전류 $I_a=5$[A], 파권 $a=2$

토크 : $\tau = \dfrac{pZ\phi I_a}{2\pi a} = \dfrac{4 \times 100 \times 3.14 \times 5}{2 \times 3.14 \times 2} = 500$[N·m]

020 직류 분권 전동기가 있다. 단자 전압이 215[V], 전기자 전류가 50[A], 전기자의 전저항이 0.1[Ω], 회전 속도 1,500[rpm]일 때 발생 토크(kg·m)를 구하여라.
① 6.82[kg·m]
② 6.68[kg·m]
③ 68.2[kg·m]
④ 66.8[kg·m]

해설

출력 $P=EI_a$[W]이다. 역기전력 $E=V-I_a r_a = 215 - 50 \times 0.1 = 210$[V]

토크 : $\tau = 0.975 \dfrac{P}{N} = 0.975 \times \dfrac{210 \times 50}{1,500} = 6.82$[kg·m]

021 어떤 직류 전동기의 역기전력이 210[V], 매분 회전수가 1,200 [rpm]으로 토크 16.2[kg·m]를 발생하고 있을 때의 전류 I [A]는?

① 약 65
② 약 75
③ 약 85
④ 약 95

토크 : $T = 0.975 \dfrac{P}{N} = 0.975 \dfrac{EI_a}{N}$ [kg·m]에서 $16.2 = 0.975 \times \dfrac{210 \times I}{1,200}$

∴ $I = \dfrac{16.2 \times 1,200}{0.975 \times 210} = 94.94$[A]

022 직류 분권 전동기에서 운전 중 계자 권선의 저항을 증가하면 회전 속도의 값은?

① 감소한다.
② 증가한다.
③ 일정하다.
④ 관계없다.

계자 저항을 증가시키면 계자 전류가 감소하여 자속이 감소하므로 속도는 증가한다.
∴ $n = k \dfrac{V - I_a R_a}{\phi}$에서 자속 ϕ가 감소하면 회전 속도 n은 증가하게 된다.

TIP
직류기는 계자 저항기(계자 조정기)를 조정하면 계자 전류와 자속을 조정할 수 있다.

023 직류 분권 전동기를 무부하로 운전 중 계자 회로에 단선이 생겼다. 다음 중 옳은 것은?

① 즉시 정지한다.
② 과속도가 되어 위험하다.
③ 역전한다.
④ 무부하이므로 서서히 정지한다.

계자 회로가 단선이 되면 계자에 전류가 흐르지 않으므로 ϕ가 0이 되어 $n = k \dfrac{V - I_a R_a}{\phi}$에서 분모가 0이 되므로 속도는 과속도가 되어 위험하다.

TIP
직류 분권 전동기는 운전 중 과속도가 되어 위험할 때: 정격 전압, 무여자

정답 018. ② 019. ③ 020. ① 021. ④ 022. ② 023. ②

CHAPTER 3 전기기기

024 정격 전압 100[V], 전기자 전류 50[A]일 때 1,500[rpm]인 직류 분권 전동기의 무부하 속도는 몇 [rpm]인가? (단, 전기자 저항은 0.1[Ω]이고 전기자 반작용은 무시한다.)

① 약 1,382 ② 약 1,421
③ 약 1,579 ④ 약 1,623

$I_a = 50$[A]일 때의 역기전력 : $E = V - I_a R_a = 100 - (50 \times 0.1) = 95$[V]
무부하 시는 $I_a ≒ 0$이므로 역기전력 : $E = V = 100$[V]
분권 전동기 역기전력 $E = k\phi N$에서 ϕ=일정하므로
∴ $E \propto N$이다.
$95 : 100 = 1,500 : N_0$에서 $N_0 = 1,579$[rpm]

TIP 모든 전동기 무부하 시 속도는 정격 속도보다 약간 빠르다.

025 부하가 변하면 심하게 속도가 변하는 직류 전동기는?

① 직권 전동기 ② 분권 전동기
③ 가동 복권 전동기 ④ 차동 복권 전동기

 직권 전동기 속도

$n = K \dfrac{V - I(r_a + r_s)}{I}$[rps]

직권 전동기 전류는 $I = I_a = I_f$[A]
직권 전동기는 부하 전류 I와 속도는 반비례하므로 부하 전류가 변화하면 직권 전동기는 속도가 심하게 변화하게 된다.

TIP
※ 직류 전동기에서 속도 변동이 가장 큰 전동기 : 직권
※ 직류 전동기에서 속도 변동이 가장 작은 전동기 : 타여자 전동기

026 직류 전동기가 부하 전류 100[A]일 때, 1,000[rpm]으로 12[kg · m]의 토크를 발생하고 있다. 부하를 감소시켜 60[A]로 되었을 때 토크(kg · m)는 얼마인가? (단, 직류 전동기는 직권이다.)

① 4.3 ② 7.2
③ 20   ④ 33.3

직류 직권 전동기 토크 : $T \propto I_a^2$

∴ $100^2 : 60^2 = 12 : \tau'$ 에서 $\tau' = 4.32[\text{kg} \cdot \text{m}]$

027 다음 그림은 속도 특성 곡선 및 토크 (torque) 특성 곡선을 나타낸다. 어느 전동기인가?

① 직류 분권 전동기
② 직류 직권 전동기
③ 직류 복권 전동기
④ 유도 전동기

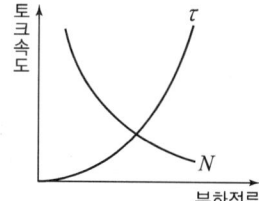

TIP
직류 직권 전동기
$\tau \propto I^2$
$N \propto \dfrac{1}{I}$

직권 전동기에서 자기 포화를 무시하면

회전 속도 N은 전기자 전류 I_a(부하 전류)에 반비례 : $N \propto \dfrac{E}{\phi} \propto \dfrac{E}{I_a}$

토크 T는 I_a^2에 비례 : $T \propto \phi I_a \propto I_a^2$ 하므로 직권 전동기 속도와 토크 특성 곡선이다.

028 직류 직권 전동기에서 토크 T와 회전수 N과의 관계는?

① $T \propto N$
② $T \propto N^2$
③ $T \propto \dfrac{1}{N}$
④ $T \propto \dfrac{1}{N^2}$

직류 직권 전동기 토크와 속도는 $T \propto \dfrac{1}{N^2}$ 이다.

TIP
직권 전동기 토크 특성
$T \propto I^2$, $T \propto \dfrac{1}{N^2}$

029 다음 중에서 직류 전동기의 속도 제어법이 아닌 것은?

① 계자 제어법
② 전압 제어법
③ 저항 제어법
④ 2차 여자법

정답 024. ③　025. ①　026. ①　027. ②　028. ④　029. ④

직류 전동기의 속도 제어법

① 계자 제어법 ② 저항 제어법
③ 전압 제어법 ④ 직병렬 제어법이 있다.

030 직류 전동기의 속도 제어법에서 정출력 제어에 속하는 것은?
① 전압 제어법
② 계자 제어법
③ 워드 레오너드 제어법
④ 전기자 저항 제어법

① 정출력 제어 : 계자 제어법
② 정토크 제어법 : 전압 제어법

031 직류 전동기의 속도 제어 방법 중 광범위한 속도 제어가 가능하며 운전 효율이 좋은 방법은?
① 계자 제어
② 직렬 저항 제어
③ 병렬 저항 제어
④ 전압 제어

 전압 제어법

전동기의 공급 전압 V를 조정하는 방법으로 제어 범위가 넓고 손실도 작기 때문에 효율도 가장 좋다.

032 직류기의 철손에 관한 설명으로 옳지 않은 것은?
① 철손에는 풍손과 와전류손 및 저항손이 있다.
② 전기자 철심에는 철손을 작게 하기 위하여 규소 강판을 사용한다.
③ 철에 규소를 넣게 되면 히스테리시스손이 감소한다.
④ 철에 규소를 넣게 되면 저항이 증가하고 와전류손이 감소한다.

철손은 무부하손으로 히스테리시스손과 와류손이 있다. 저항손(동손)은 부하손이다.

033 일정 전압으로 운전하고 있는 직류 발전기의 손실이 $\alpha + \beta I^2$으로 표시될 때 효율이 최대가 되는 전류는? (단, α, β는 정수이다.)

① $\dfrac{\alpha}{\beta}$
② $\dfrac{\beta}{\alpha}$
③ $\sqrt{\dfrac{\alpha}{\beta}}$
④ $\sqrt{\dfrac{\beta}{\alpha}}$

손실은 무부하손과 부하손이 같을때 효율이 최대가 된다.

그러므로 $\alpha = \beta I^2$이므로 $I = \sqrt{\dfrac{\alpha}{\beta}}$ 에서 최대 효율이 된다.

034 정현파형의 회전 자계 중에 정류자가 있는 회전자를 놓으면 각 정류자편 사이에 연결되어 있는 회전자 권선에는 크기가 같고 위상이 다른 전압이 유기된다. 정류자 편수를 K라 하면 정류자편 사이의 위상차는?

① π/K
② $2\pi/K$
③ K/π
④ $K/2\pi$

정류자의 모양은 원통형이므로 2π의 위상을 갖는다. 따라서 정류자편 사이의 위상차는 2π를 정류자 편수 K로 나누면 된다.

035 직류 발전기의 전기자 반작용을 줄이고 정류를 잘 되게 하기 위해서는?

① 리액턴스 전압을 크게 할 것
② 보극과 보상 권선을 설치할 것
③ 브러시를 이동시키고 주기를 크게 할 것
④ 보상 권선을 설치하여 리액턴스 전압을 크게 할 것

[정답] 030. ② 031. ④ 032. ① 033. ③ 034. ② 035. ②

답안 표기란
033 ① ② ③ ④
034 ① ② ③ ④
035 ① ② ③ ④

TIP
무부하손 : 철손,
부하손 : 동손(저항손)

TIP
최대 효율 조건 : 무부하손=부하손

TIP
• 전기자 반작용 대책 : 보상 권선
• 양호한 정류의 대책 : 보극 설치

CHAPTER 3 전기기기

정류 작용 시 발생하는 리액턴스 전압이 정류를 방해하므로 리액턴스 전압을 상쇄시키는 보극과 전기자 반작용 시 근본 원인이 되는 편자를 막아 주는 보상 권선을 설치하는 것이 가장 좋은 대책이다.

036 직류기에서 전기자 반작용을 방지하기 위한 보상 권선의 전류 방향은?

① 계자 전류의 방향과 같다.
② 계자 전류의 방향과 반대이다.
③ 전기자 전류 방향과 같다.
④ 전기자 전류 방향과 반대이다.

 보상 권선의 접속과 전류 방향

전기자 권선과 직렬로 접속하여 전기자 전류와 반대 방향으로 전류를 흐르게 하므로써 전기자 반작용 자속을 상쇄시킨다.

037 보극이 없는 직류 발전기는 부하의 증가에 따라서 브러시의 위치는?

① 그대로 둔다.
② 회전 방향과 반대로 이동
③ 회전 방향으로 이동
④ 극의 중간에 놓는다.

브러시는 항상 기전력 0인 도체에 접속되어 있는 정류자편에 접촉하도록 하여야 불꽃이 없는 정류가 된다. 보극이 없는 발전기는 부하가 걸리면 전기자 반작용에 의하여 회전 방향으로 중성축 이동하므로 브러시도 회전 방향으로 이동시켜 주어야 한다.

답안 표기란

| 036 | ① ② ③ ④ |
| 037 | ① ② ③ ④ |

TIP
브러시 이동 방향
• 발전기 : 회전 방향,
• 전동기 : 회전 반대 방향

038 직류 발전기의 부하 포화 곡선은 다음 어느 것의 관계인가?
① 단자 전압과 부하 전류
② 출력과 부하 전력
③ 단자 전압과 계자 전류
④ 부하 전류와 계자 전류

① 무부하 포화 곡선 : 유기 기전력과 계자 전류와의 관계 곡선
② 부하 포화 곡선 : 단자 전압과 계자 전류와의 관계 곡선
③ 외부 특성 곡선 : 단자 전압과 부하 전류와의 관계 곡선
④ 내부 특성 곡선 : 유기 기전력과 부하 전류와의 관계 곡선

039 무부하에서 자기 여자로서 전압을 확립하지 못하는 직류 발전기는?
① 타여자 발전기
② 직권 발전기
③ 분권 발전기
④ 차동 복권 발전기

직류 직권 발전기는 부하와 계자 권선, 전기자 권선이 직렬접속이므로 무부하 시는 계자에 전류가 흐르지 못하므로 자속이 발생하지 않는다. 그러므로 기전력이 유기되지 못한다. 따라서 직권 발전기는 무부하 시는 발전되지 못한다.

TIP
직류 직권 발전기는 무부하 시 발전하지 못한다($V_0 = 0$).

040 타여자 발전기가 있다. 부하 전류 10[A]일 때 단자 전압이 100[V]였다. 전기자 저항 0.2[Ω], 전기자 반작용에 의한 전압 강하가 2[V], 브러시의 접촉에 의한 전압 강하가 1[V]였다고 하면 이 발전기의 유기 기전력(V)은?
① 102
② 103
③ 104
④ 105

타여자 발전기 유기 기전력 $E = V + I_a r_a + e_a + v_b [V]$
∴ $E = V + R_a I_a + e_b + e_a = 100 + 0.2 \times 10 + 1 + 2 = 105[V]$

TIP
유기 기전력 계산 시 모든 전압 강하는 더해 준다.

041 직류 분권 전동기의 정격 전압이 300[V], 전부하 전기자 전류 50[A], 전기자 저항 0.2[Ω]이다. 이 전동기의 기동 전류를 전부하 전류의 120[%]로 제한시키기 위한 기동 저항값은 몇 [Ω]인가?

① 3.5
② 4.8
③ 5.0
④ 5.5

직류 전동기 단자 전압 $V = E + I_a r_a$ [V]에서 $I_a = \dfrac{V-E}{r_a}$ 이다.

기동 시 $E = 0$이므로 기동 시 전류 $I_a = \dfrac{V}{r_a}$ 에서 전기자와 직렬로 기동 저항기를 삽입 시 기동 전류 $I_a = \dfrac{V}{r_a + R_s}$ 이다.

$50 \times 1.2 = \dfrac{300}{0.2 + R_s}$ 에서 $R_s = 4.8[\Omega]$

042 A, B 두 대의 직류 발전기를 병렬 운전하여 부하에 100[A]를 공급하고 있다. A 발전기의 유기 기전력과 내부 저항은 110[V]와 0.04[Ω]이고, B 발전기의 유기 기전력과 내부 저항은 112 [V]와 0.06[Ω]이다. 이때 A 발전기에 흐르는 전류(A)는?

① 4
② 6
③ 40
④ 60

A 발전기 : $E_A = 110[V]$, $R_A = 0.04[\Omega]$
B 발전기 : $E_B = 112[V]$, $R_B = 0.06[\Omega]$
$I_A + I_B = 100[A]$ ················ ①
병렬 운전 시는 단자 전압이 같으므로 $V = E_A - I_A R_A = E_B - I_B R_B$ ········ ②
$110 - 0.04 I_A = 112 - 0.06 I_B$ ····· ②식에 $I_B = 100 - I_A$를 대입하면
∴ $I_A = 40[A]$

043 직류 분권 전동기에서 단자 전압이 일정할 때, 부하 토크가 $\frac{1}{2}$이 되면 부하 전류는 몇 배가 되는가?

① 2배
② $\frac{1}{2}$배
③ 4배
④ $\frac{1}{4}$배

직류 분권 전동기 토크 : $\tau \propto I$
따라서 I가 $\frac{1}{2}$이 된다.

직류 분권 전동기와 타여자 전동기 토크 특성은 같다.
$T \propto I,\ T \propto \frac{1}{N}$

044 직류 전동기의 설명 중 바르게 설명한 것은?

① 전동차용 전동기는 차동 복권 전동기이다.
② 직권 전동기가 운전 중 무부하로 되면 위험 속도가 된다.
③ 부하 변동에 대하여 속도 변동이 가장 큰 직류 전동기는 분권 전동기이다.
④ 직류 직권 전동기는 속도 조정이 어렵다.

직류 직권 전동기는 무부하 시는 $I_a = I_s = I = 0$되므로
$n = k \dfrac{V - I(r_a + r_s)}{I}$ 에서 분모가 0이 되므로 속도는 과속도가 되어 위험하다.

TIP 직류 직권 전동기 용도 : 전차, 기중기, 크레인

045 다음 설명이 잘못된 것은?

① 전동차용 전동기는 저속에서 토크가 큰 직권 전동기를 쓴다.
② 승용 엘리베이터는 워드-레오너드 방식이 사용된다.
③ 기중기용으로 사용되는 전동기는 직류 분권 전동기이다.
④ 압연기는 정속도 가감 속도 가역 운전이 필요하다.

직권 전동기는 기동 시 토크가 가장 크므로 전동차용 전동기, 기중기용 전동기에 이용된다.

정답 041. ② 042. ③ 043. ② 044. ② 045. ③

046 직권 전동기에서 위험 속도가 되는 경우는?
① 저전압, 과여자
② 정격 전압, 무부하
③ 정격 전압, 과부하
④ 전기자에 저저항 접속

직류 직권 전동기는 무부하 시는 $I_a = I_s = I = 0$ 되므로
$n = k\dfrac{V - I(r_a + r_s)}{I}$ 에서 분모가 0이 되므로 속도는 과속도가 되어 위험하다.

답안 표기란

46	① ② ③ ④
47	① ② ③ ④
48	① ② ③ ④

TIP

직류 직권 전동기기 운전 시 과속도가 되어 위험할 때 : 정격 전압, 무부하

047 직류 분권 전동기의 전체 도체 수는 100, 단중 중권이며 자극 수는 4, 자속 수는 극당 0.628[Wb]이다. 부하를 걸어 전기자에 5[A]가 흐르고 있을 때의 토크(N·m)는?
① 약 12.5
② 약 25
③ 약 50
④ 약 100

중권 : $a = p = 4$
∴ $\tau = \dfrac{pZ\phi I_a}{2\pi a} = \dfrac{4 \times 100 \times 0.628 \times 5}{2 \times 3.14 \times 4} = 50[N \cdot m]$

048 P[kW], N[rpm]인 전동기의 토크(kg·m)는?
① $0.01625\dfrac{P}{N}$
② $716\dfrac{P}{N}$
③ $956\dfrac{P}{N}$
④ $975\dfrac{P}{N}$

출력 P[W]일 때 $\tau = 0.975\dfrac{P}{N}$[kg·m]
P[kW]일 때 $\tau = 975\dfrac{P}{N}$[kg·m]

049 직류 직권 전동기의 발생 토크는 전기자 전류를 변화시킬 때 어떻게 변하는가? (단, 자기 포화는 무시한다.)

① 전류에 비례한다.
② 전류의 제곱에 비례한다.
③ 전류에 역비례한다.
④ 전류의 제곱에 비례한다.

직권 전동기의 토크 : $T \propto I^2$

050 전기자 저항 0.3[Ω], 직권 계자 권선의 저항 0.7[Ω]의 직권 전동기에 110[V]를 가하였더니 부하 전류가 10[A]이었다. 이때 전동기의 속도(rpm)는? (단, 기계 정수는 2이다.)

① 1,200
② 1,500
③ 1,800
④ 3,600

직류 직권 전동기의 속도 : $N = K \dfrac{V - I_a(r_a + r_s)}{I}$ [rps]

$V = 110[V]$, $I_a = 10[A]$, $r_a = 0.3[\Omega]$, $r_s = 0.7[\Omega]$, $K = 2$

$\therefore N = 2 \times \dfrac{110 - 10(0.3 + 0.7)}{10} = 20[\text{rps}] = 1,200[\text{rpm}]$

TIP
직류 전동기 속도 계산 문제는 기계 상수가 주어지면 속도 공식에 대입하고, 기계 상수가 없으면 역기전력을 구해서 비례식으로 푼다.

051 직류 전동기 속도 제어법 중에서 정토크 제어에 속하는 것은?

① 계자 제어
② 전압 제어
③ 전기자 저항 제어
④ 워드 레오너드 제어법

① 전압 제어 : ⓐ 정토크 제어 ⓑ 효율이 가장 좋다.
② 계자 제어 : 정출력 제어
③ 저항 제어 : 효율이 나쁘기 때문에 전압 제어와 병행해서 이용
④ 직병렬 제어 : 전자에서 이용되는 방식이다.

정답 046. ② 047. ③ 048. ④ 049. ② 050. ① 051. ②

CHAPTER 3 전기기기

052 워드 레오너드 방식과 일그너 방식의 차이점은?

① 플라이휠을 이용하는 점이다.
② 직류 전원을 이용하는 점이다.
③ 전동 발전기를 이용하는 점이다.
④ 권선형 유도 발전기를 이용하는 점이다.

일그너 방식이 워드 레오너드 방식과 다른 점은 직류 발전기의 구동에 유도 전동기를 사용하고 다시 이 전동 발전기에 플라이휠을 부속시켜서 부하 변동에 대한 속도 변화를 플라이휠이 저감시켜 준다.

TIP 부하 변동이 심할 때는 일그너 방식이 좋다.

053 직류 분권 전동기의 공급 전압의 극성을 반대로 하면 회전 방향은?

① 반대 직류다.
② 회전하지 않는다.
③ 변하지 않는다.
④ 발전기로 된다.

직류 전동기에서 직권, 분권, 복권 전동기는 전원 극성을 바꾸면 전기자 전류, 계자 전류 방향이 다 바뀌므로 회전 방향은 변하지 않는다.

TIP 타여자 전동기는 전원 극성을 바꾸면 역회전된다.

054 E종 절연물의 최고 허용 온도(℃)는?

① 105
② 130
③ 90
④ 120

 절연물의 최고 허용 온도

절연의 종류	Y	A	E	B	F	H	C
최고 허용 온도 [℃]	90	105	120	130	155	180	180 초과

055 대형 직류 전동기의 토크를 측정하는 데 가장 적당한 방법은?

① 와전류 제동기 ② 프로니 브레이크법
③ 전기 동력계   ④ 반환 부하법

 전동기 토크 측정법
- 소형 : 와전류 제동기와 프로니 브레이크법
- 대형 : 전기 동력계

056 다음 중 동기 발전기의 여자 방식이 아닌 것은?

① 직류기 여자 방식 ② 브러시리스 여자 방식
③ 정류기 여자 방식 ④ 회전 계자 방식

 동기기 여자 방식

① 직류기 여자 방식 ② 정류기 여자 방식 ③ 브러시리스 여자 방식

여자기란 : 계자에 직류 전류를 흘려주는 장치

057 극수 6, 회전수 1,200[rpm]의 교류 발전기와 병행 운전하는 극수 8의 교류 발전기의 회전수는 몇 [rpm]이어야 하는가?

① 800   ② 900
③ 1,050   ④ 1,100

 동기 속도

$N_s = \dfrac{120f}{p}$ 에서 $1,200 = \dfrac{120f}{6}$[Hz]

$\therefore f = \dfrac{1,200 \times 6}{120} = 60$[Hz] 동기 발전기 병렬 운전 시 주파수는 같아야 하므로

$\therefore N = \dfrac{120 \times 60}{8} = 900$[rpm]

058 동기 발전기에 회전 계자형을 사용하는 경우가 많다. 그 이유로 적합하지 않은 것은?

① 기전력의 파형을 개선한다.
② 전기자보다 계자극을 회전자로 하는 것이 기계적으로 튼튼하다.
③ 전기자 권선은 고전압으로 결선이 복잡하다.
④ 계자 회로는 직류 저전압으로 소요 전력이 작다.

정답 052. ① 053. ③ 054. ④ 055. ③ 056. ④ 057. ② 058. ①

회전 계자형을 사용하는 이유

① 동기 발전기는 교류 발전기이므로 전기자 권선은 전압이 높고 결선이 3상으로 복잡하다.
② 계자 회로는 직류의 저압 여자 방식이므로 소요 전력이 작다.
③ 계자는 철이 많으므로 기계적으로 튼튼하게 만드는 데 용이하다.
④ 운전 시 과도 안전도를 높이기 위하여 회전자의 관성을 크게 하기 쉽다.

059 3상 동기 발전기의 전기자 권선을 Y 결선으로 하는 이유로 적당하지 않은 것은?

① 고조파 순환 전류가 흐르지 않는다.
② 이상 전압 방지의 대책이 용이하다.
③ 전기자 반작용이 감소한다.
④ 코일의 코로나, 열화 등이 감소된다.

 3상 동기 발전기의 전기자 권선을 Y 결선으로 하는 이유

① Y 결선은 권선의 불평형 및 제3 고조파 계열에 의한 순환 전류가 흐르지 않는다.
② Y 결선은 중성점을 이용할 수 있어 권선 보호 장치의 시설이나 중성점 접지에 의한 이상 전압의 방지 대책이 용이하다.
③ Y 결선은 상전압이 낮기 때문에 코일의 코로나, 열화 등이 작다.

060 터빈 발전기의 특징 중 틀린 것은?

① 회전자는 지름을 크게 하고 축 방향으로 길게 하여 원심력을 크게 한다.
② 회전자는 원통형 회전자로 하여 풍손을 작게 한다.
③ 회전자의 계자 철심, 계철 및 축은 강도가 큰 특수강으로 한다.
④ 수소 냉각 방식을 써서 풍손을 줄인다.

TIP

동기 발전기는 전기자 3상 결선을 Y 결선으로 하면 3고조파 순환 전류가 흐르지 않으므로 기전력에 3고조파가 유기되지 않는다.

터빈 발전기 특징

① 고속 발전기이므로 회전자는 지름을 작게 하고 축 방향으로 길게 하여 원심력을 작게 한다.
② 회전자는 원통형이고 수소 냉각 방식이므로 풍손이 작다.
③ 회전자는 특수강으로 기계적으로 튼튼하다.

061 60[Hz] 12극 회전자 외경 2[m]의 동기 발전기에 있어서 자극면의 주변 속도(m/s)는?

① 30   ② 40
③ 50   ④ 63

동기 속도 : $N_s = \dfrac{120f}{p} = \dfrac{120 \times 60}{12} = 600[\text{rpm}]$

회전자 주변 속도 : $v = \pi D \cdot \dfrac{N_s}{60} = \pi \times 2 \times \dfrac{600}{60} = 62.8[\text{m/s}]$

062 6극 60[Hz] Y 결선 3상 동기 발전기의 극당 자속이 0.16[Wb], 회전수 1,200[rpm], 1상의 권수 186, 권선 계수 0.96이면 단자 전압은?

① 13,183[V]   ② 12,254[V]
③ 26,366[V]   ④ 27,456[V]

 한 상의 유기 기전력

$E = 4.44 f w k_\omega \phi = 4.44 \times 60 \times 186 \times 0.96 \times 0.16 = 7,610.94$

단자 전압은 선간 전압이고 Y 결선이므로
$V = \sqrt{3}\, E = \sqrt{3} \times 7610.94 = 13,183[\text{V}]$

063 교류기에서 집중권이란 매극, 매상의 홈(slot) 수가 몇 개인 것을 말하는가?

① $\dfrac{1}{2}$개   ② 1개
③ 2개   ④ 5개

답안 표기란

61	① ② ③ ④
62	① ② ③ ④
63	① ② ③ ④

3상에서 정격 전압, 단자 전압은 선간 전압이다.

정답 059. ③ 060. ① 061. ④ 062. ① 063. ②

CHAPTER 3 전기기기

해설
- 집중권(concentrated winding) : 매극, 매상의 도체를 한 개의 슬롯에 집중시키는 것
- 분포권(distributed winding) : 매극, 매상의 도체를 각각의 슬롯에 분포시키는 것

064 동기 발전기의 권선을 분포권으로 하면?
① 파형이 좋아진다.
② 권선의 리액턴스가 커진다.
③ 집중권에 비하여 합성 유도 기전력이 높아진다.
④ 난조를 방지한다.

해설 분포권의 특징
① 기전력의 파형이 좋아진다.
② 전기자 권선의 누설 자속이 작으므로 누설 리액턴스가 작다.
③ 열 발산이 빠르다.
④ 집중권에 비하여 유도 기전력이 작다.

TIP
교류 발전기 전기자 권선을 분포권, 단절권으로 권선하는 가장 큰 이유 : 고조파 제거

065 슬롯 수가 48인 고정자가 있다. 여기에 3상 4극의 2층권을 시행할 때에 매극 매상의 슬롯 수와 총 코일 수는?
① 4, 48
② 12, 48
③ 12, 24
④ 9, 24

해설 매극 매상의 슬롯 수

$$q = \frac{\text{총 슬롯 수}}{\text{상수} \times \text{극수}} = \frac{48}{3 \times 4} = 4$$

$$\text{총 코일 수} = \frac{\text{총 도체 수}}{2} = \frac{48 \times 2}{2} = 48$$

답안 표기란
064 ① ② ③ ④
065 ① ② ③ ④

066 3상 동기 발전기의 매극, 매상의 슬롯 수를 3이라 할 때 분포권 계수를 구하면?

① $6\sin\dfrac{\pi}{18}$
② $3\sin\dfrac{\pi}{9}$
③ $\dfrac{1}{6\sin\dfrac{\pi}{18}}$
④ $\dfrac{1}{3\sin\dfrac{\pi}{18}}$

 분포권 계수

$K_d = \dfrac{\sin\dfrac{\pi}{2m}}{q\sin\dfrac{\pi}{2mq}}$ 에서 상수 $m=3$, 매극 매상의 슬롯 수 $q=3$이므로

$\therefore K_d = \dfrac{\sin\dfrac{\pi}{6}}{3\sin\dfrac{\pi}{2\times 3\times 3}} = \dfrac{\dfrac{1}{2}}{3\sin\dfrac{\pi}{18}} = \dfrac{1}{6\sin\dfrac{\pi}{18}} = 0.96$

TIP 몇 고조파란 말이 없으면 기본파(정현파) 분포 계수이다

067 상수 m, 매극, 매상당 슬롯 수 q인 동기 발전기에서 n차 고조파분에 대한 분포 계수는?

① $\left(\sin\dfrac{\pi}{2m}\right)\Big/\left(q\sin\dfrac{n\pi}{2mq}\right)$
② $\left(q\sin\dfrac{n\pi}{mq}\right)\Big/\left(\sin\dfrac{n\pi}{m}\right)$
③ $\left(\sin\dfrac{n\pi}{m}\right)\Big/\left(q\sin\dfrac{n\pi}{mq}\right)$
④ $\left(\sin\dfrac{n\pi}{2m}\right)\Big/\left(q\sin\dfrac{n\pi}{2mq}\right)$

 n차 고조파의 분포 계수

$K_d = \left(\sin\dfrac{n\pi}{2m}\right)\Big/\left(q\sin\dfrac{n\pi}{2mq}\right)$

068 3상 동기 발전기의 각 상의 유기 기전력 중에서 제5 고조파를 제거하려면 코일 간격/극 간격을 어떻게 하면 되는가?

① 0.8
② 0.5
③ 0.7
④ 0.6

TIP
① 3고조파 제거 시 : $\beta = \dfrac{2}{3}$
② 5고조파 제거 시 : $\beta = \dfrac{4}{5}$
③ 7고조파 제거 시 : $\beta = \dfrac{6}{7}$

정답 064. ① 065. ① 066. ③ 067. ④ 068. ①

CHAPTER 3 전기기기

 해설

기본파의 단절 계수 : $K_p = \sin\dfrac{\beta\pi}{2}$

제5 고조파에 대해서는 $K_{p5} = \sin\dfrac{5\beta\pi}{2} = 0$

$K_{p5} = 0$되어야 고조파가 제거되므로 $\beta = 0,\ 0.4,\ 0.8,\ 1.2,\ \cdots$가 구해진다.

∴ 이때 β는 1보다 작고 1에 가장 가까운 $\beta = 0.8$이 가장 좋다.

TIP

$\beta = \dfrac{\text{코일 간격(권선 피치)}}{\text{극 간격(자극 피치)}}$

069 동기기의 전기자 저항을 r, 반작용 리액턴스를 x_a, 누설 리액턴스를 x_l이라 하면 동기 임피던스는?

① $\sqrt{r^2 + \left(\dfrac{x_a}{x_l}\right)^2}$ ② $\sqrt{r^2 + x_l^2}$

③ $\sqrt{r^2 + x_a^2}$ ④ $\sqrt{r^2 + (x_a + x_l)^2}$

 해설 동기 임피던스

$Z_s = r_a + jx_s = r_a + j(x_a + x_l)\,[\Omega]$
$Z_s = \sqrt{r^2 + (x_a + x_l)^2}\,[\Omega]$

070 동기기에서 동기 임피던스값과 실용상 같은 것은? (단, 전기자 저항은 무시한다.)

① 전기자 누설 리액턴스 ② 동기 리액턴스
③ 유도 리액턴스 ④ 등가 리액턴스

 해설

$Z_s = r_a + jx_s = r_a + j(x_a + x_l) ≒ x_s\,[\Omega]$
r_a : 전기자 저항, x_a : 반작용 리액턴스,
x_l : 누설 리액턴스, x_s : 동기 리액턴스

TIP

전기자 저항은 동기 리액턴스에 비해 미소하므로 동기 발전기에서는 무시한다.
$Z_s ≒ x_S$

071 비돌극형 동기 발전기의 단자 전압(1상)을 V, 유도 기전력(1상)을 E, 동기 리액턴스를 x_s, 부하각을 δ라고 하면 1상의 출력은 대략 얼마인가?

① $\dfrac{E^2 V}{x_s}\sin\delta$
② $\dfrac{EV^2}{x_s}\sin\delta$
③ $\dfrac{EV}{x_s}\sin\delta$
④ $\dfrac{EV}{x_s}\cos\delta$

 비돌극기 1상의 출력

$P ≒ \dfrac{EV}{x_s}\sin\delta [\text{W}]$

072 동기 리액턴스 x_s=10[Ω], 전기자 권선 저항 r_a=0.1[Ω], 유도 기전력 E=6,400[V], 단자 전압 V=4,000[V], 부하각 δ=30°이다. 3상 동기 발전기의 출력(kW)은? (단, 주어진 값은 1상 값이다.)

① 1,280
② 3,840
③ 5,560
④ 6,650

 비돌극기 3상 출력

$P = 3 \times \dfrac{EV}{x_s}\sin\delta = 3 \times \dfrac{6{,}400 \times 4{,}000}{10} \times \sin 30 \times 10^{-3} = 3{,}840[\text{kW}]$

TIP

참고로 3상 최대 출력 :
$P_{\max} = 3 \times \dfrac{EV}{x_s}[\text{W}]$

073 동기 발전기의 단락비를 계산하는 데 필요한 시험의 종류는?

① 동기화 시험, 3상 단락 시험
② 부하 포화 시험, 동기화 시험
③ 무부하 포화 시험, 3상 단락 시험
④ 전기자 반작용 시험, 3상 단락 시험

• 단락비 산출 시 시험 : 무부하 포화 시험과 단락 시험
• 단락비 :
$K_s = \dfrac{\text{무부하에서 정격 전압을 유기하는 데 필요한 계자 전류}}{\text{정격 전류와 같은 3상 단락 전류를 흘리는 데 필요한 계자 전류}}$

[정답] 069. ④ 070. ② 071. ③ 072. ② 073. ③

CHAPTER 3 전기기기

074 동기기에 있어서 동기 임피던스와 단락비와의 관계는?

① 동기 임피던스$[\Omega] = \dfrac{1}{(단락비)^2}$

② 단락비 $= \dfrac{동기\ 임피던스[\Omega]}{동기\ 각속도}$

③ 단락비 $= \dfrac{1}{동기\ 임피던스[\text{pu}]}$

④ 동기 임피던스$[\text{pu}] =$ 단락비

[해설]

% 동기 임피던스 : $\%Z_s = \dfrac{I_n}{I_s} \times 100 = \dfrac{1}{K_s}$

$\therefore K_s = \dfrac{1}{\%Z_s[\text{pu}]}$

TIP
참고로 단락비는 단위법이다.

075 동기 발전기에서 단락비 K_s는?

① 수차 발전기가 터빈 발전기보다 작다.
② 수차 발전기가 터빈 발전기보다 크다.
③ 수차 발전기나 터빈 발전기 어느 것이나 차이가 없다.
④ 엔진 발전기가 제일 작다.

[해설]

• 수차 발전기 : 0.9~1.2
• 터빈 발전기 : 0.6~1.0

076 동기 발전기의 단락비는 기계의 특성을 단적으로 잘 나타내는 수치로, 동일 정격에 대하여 단락비가 큰 기계는 다음과 같은 특성을 가진다. 옳지 않은 것은?

① 과부하 내량이 크고, 안정도가 좋다.
② 동기 임피던스가 작아져 전압 변동률이 좋으며, 송전선 충전 용량이 크다.
③ 기계의 형태, 중량이 커지며, 철손, 기계 철손이 증가하고 가격도 비싸다.
④ 극수가 작은 고속기가 된다.

 단락비가 큰 기계의 특징

① 동기 임피던스가 작다.
② 전기자 반작용 영향이 적다.
③ 계자 기자력이 크다.
④ 회전자가 커서 극수가 많은 저속기이며 기계의 형태 중량이 크다.
⑤ 과부하 내량이 증대되고, 송전선의 충전 용량이 큰 여유가 있는 기계이나 반면에 기계의 가격이 비싸다.
⑥ 공극이 크다.

TIP

단락비가 큰 기계(철기계)는 단점만 기억할 것
단점 : ① 철손이 크다.
② 단락 전류가 크다.
③ 구조가 크다(가격이 비싸고, 저속기다).

077 정격 출력 10,000[kVA], 정격 전압이 6,600[V], 동기 임피던스가 매상 3.6[Ω]인 3상 동기 발전기의 단락비는?

① 1.3
② 1.25
③ 1.21
④ 1.15

$$\%Z_s = \frac{PZ_s}{10\,V^2} = \frac{10{,}000 \times 3.6}{10 \times 6.6^2} = 82.6[\%] = 0.826[\text{pu}]$$

$$K_s = \frac{1}{\%Z_s[\text{pu}]} = \frac{1}{0.826} = 1.21$$

078 8,000[kVA], 6,000[V]인 3상 교류 발전기의 % 동기 임피던스가 80[%]이다. 이 발전기의 동기 임피던스는 몇 [Ω]인가?

① 3.6
② 3.2
③ 3.0
④ 2.4

정답 074. ③ 075. ② 076. ④ 077. ③ 078. ①

해설

$\%Z_S = \dfrac{PZ_s}{10V^2}[\%]$, $80 = \dfrac{8,000 \times Z_s}{10 \times 6^2}$ 에서 $Z = 3.6[\Omega]$

079 동기 발전기의 자기 여자 현상의 방지법이 되지 않는 것은?

① 수전단에 리액턴스를 병렬로 접속한다.
② 수전단에 변압기를 접속한다.
③ 발전기 여러 대를 모선에 병렬로 접속한다.
④ 발전기의 단락비를 작게 한다.

 자기 여자 현상의 방지 대책

① 발전기 2대 이상을 병렬로 모선에 접속한다.
② 수전단에 조상기를 설치하여 부족 여자로 충전 전류를 보상하게 된다.
③ 송전 선로의 수전단에 변압기를 접속한다.
④ 수전단에 리액턴스를 병렬로 접속한다.
⑤ 단락비를 크게 한다.

080 발전기의 단자 부근에서 단락이 일어났다고 하면 단락 전류는?

① 계속 증가한다.
② 처음은 큰 전류이나 점차로 감소한다.
③ 일정한 큰 전류가 흐른다.
④ 발전기가 즉시 정지한다.

 해설

단락 초기에 전기자 반작용이 순간적으로 나타나지 않기 때문에 아주 큰 과도 전류가 흐르다가 이후에는 영구 단락 전룻값에 이르게 되어 이 단락 전류로 지속된다.

TIP

자기 여자 현상 원인: 콘덴서 부하가 클 때

TIP

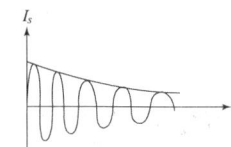

081 동기 발전기의 돌발 단락 전류를 주로 제한하는 것은?
① 동기 리액턴스 ② 누설 리액턴스
③ 권선 저항 ④ 역상 리액턴스

동기기 전기자에 존재하는 옴은 대부분이 누설 리액턴스이므로 단락 초기에 나타나는 돌발 단락 전류를 억제할 수 있는 것은 누설 리액턴스이다.

082 3상 동기 발전기가 있다. 이 발전기의 여자 전류 5[A]에 대한 1상의 유기 기전력이 600[V]이고, 그 3상 단락 전류는 30[A]이다. 이 발전기의 동기 임피던스(Ω)는 얼마인가?
① 2 ② 3
③ 20 ④ 30

 동기 임피던스

$$Z_s = \frac{E}{I_s} = \frac{600}{30} = 20[\Omega]$$

083 3상 동기 발전기를 병렬 운전시키는 경우 고려하지 않아도 되는 것은?
① 발생 전압이 같을 것
② 전압 파형이 같을 것
③ 회전수가 같을 것
④ 상회전이 같을 것

 동기 발전기의 병렬 운전 조건은 다음과 같다.
① 기전력의 크기가 같을 것
② 기전력의 위상이 같을 것
③ 기전력의 주파수가 같을 것
④ 기전력의 파형이 같을 것
⑤ 상회전 방향이 같을 것

답안 표기란

81	①	②	③	④
82	①	②	③	④
83	①	②	③	④

※ 돌발 단락 전류 :
$$I_s = \frac{E}{x_l}[A]$$
(x_l : 누설 리액턴스)

※ 지속 단락 전류 :
$$I_s = \frac{E}{Z_s} \fallingdotseq \frac{E}{x_s}[A]$$

TIP
참고로 용량도 같지 않아도 된다.

정답 079. ④ 080. ② 081. ② 082. ③ 083. ③

CHAPTER 3 전기기기

084 3,000[V], 1,500[kVA], 동기 임피던스 3[Ω]인 동일 정격의 두 동기 발전기를 병렬 운전하던 중 한쪽 계자 전류가 증가해서 각 상 유도 기전력 사이에 300[V]의 전압차가 발생했다면 두 발전기 사이에 흐르는 무효 횡류는 몇 [A]인가?

① 20
② 30
③ 40
④ 50

무효 순환 전류(무효 횡류) : $I_c = \dfrac{E}{2Z_s} = \dfrac{300}{2 \times 3} = 50[A]$

085 2대의 동기 발전기가 병렬 운전하고 있을 때 동기화 전류가 흐르는 경우는?

① 기전력의 크기에 차가 있을 때
② 기전력의 위상에 차가 있을 때
③ 부하 분담에 차가 있을 때
④ 기전력의 파형에 차가 있을 때

기전력의 위상과 주파수가 다른 경우 원상 복귀시키려고 하는 유효 전류로 동기화 전류가 흐른다.

TIP
위상과 주파수가 같지 않으면 동기화 전류(유효 횡류)가 흐른다.

086 3상 동기 발전기 2대를 무부하로 병렬 운전하고 있을 때 두 발전기의 유기 기전력 사이에 60°의 위상차가 생겼다면 두 발전기 사이에 주고받은 전력은 몇 [kW]인가? (단, 두 발전기의 기전력은 2,000[V], 동기 임피던스 5[Ω]이다. 그리고 여기의 모든 값은 1상에 대한 값이다.)

① 200[kW]
② $\sqrt{3} \times 200$[kW]
③ 300[kW]
④ $\sqrt{3} \times 300$[kW]

수수 전력 : $P = \dfrac{E^2}{2x_s}\sin\delta[W]$에서 $P = \dfrac{2{,}000^2}{2\times 5}\times \sin 30° = 200\sqrt{3}\,[kW]$

087 병렬 운전 중의 동기 발전기의 여자 전류를 증가시키면 그 발전기는?

① 전압이 높아진다.
② 출력이 커진다.
③ 역률이 좋아진다.
④ 역률이 나빠진다.

동기 발전기의 여자 전류를 증가시키면 기전력이 증가하여 무효분도 같이 증가하므로 이전보다 역률이 나빠진다.

동기 발전기 위상 특성 곡선
① 과여자 : 지상 운전
② 부족 여자 : 진상 운전

088 동기 발전기의 병렬 운전 중 위상차가 생기면?

① 무효 횡류가 흐른다.
② 무효 전력이 생긴다.
③ 유효 횡류가 흐른다.
④ 출력이 요동하고 권선이 가열된다.

두 발전기의 기전력의 크기가 위상차가 있을 때 유효 횡류(동기화 전류)가 흐른다.

089 3상 동기기의 제동 권선의 효용은?

① 출력 증가
② 효율 증가
③ 역률 개선
④ 난조 방지

 제동 권선 효능

① 난조 방지
② 송전선 단락 시 이상 전압 억제
③ 불평형 부하 시 전압, 전류 파형 개선
④ 전동기는 기동 토크 발생

난조 방지 : 제동 권선

정답 084. ④ 085. ② 086. ② 087. ④ 088. ③ 089. ④

090 동기기의 과도 안정도를 증가시키는 방법이 아닌 것은?

① 회전자의 플라이휠 효과를 작게 할 것
② 동기화 리액턴스를 작게 할 것
③ 속응 여자 방식을 채용할 것
④ 발전기의 조속기 동작을 신속하게 할 것

 안정도 향상책

① 동기 리액턴스를 작게 한다.
② 회전자의 플라이휠 효과를 크게 한다.
③ 속응 여자 방식을 채용한다.
④ 발전기의 조속기 동작을 신속히 한다.
⑤ 단락비를 크게 한다.

TIP
자기 여자 방지 및 안정되게 운전하려면 단락비가 큰 것이 좋다.

091 동기 전동기에 관한 말 중 옳지 않은 것은?

① 기동 토크가 작다.
② 난조가 일어나기 쉽다.
③ 여자기가 필요하다.
④ 역률을 조정할 수 없다.

동기 전동기는 여자 전류를 변화시켜서 역률을 조정할 수가 있고 속도가 불변이다. 결점은 기동 토크가 작다.

TIP
동기 전동기 기동 시 토크는 영이다. 그러므로 기동법에는
① 자기 동법
② 기동 전동 기법
③ 저주파 기동법
이 있다.

092 동기 전동기에서 위상에 관계없이 감자 작용을 할 때는 어떤 경우인가?

① 진전류가 흐를 때
② 지전류가 흐를 때
③ 동상 전류가 흐를 때
④ 전류가 흐르면

① 전류가 전압보다 90° 앞설 때 : 감자 작용
② 전류가 전압보다 90° 뒤질 때 : 증자 작용

093 동기 전동기의 위상 특성이란? 여기서 P를 출력, I_f를 계자 전류, I를 전기자 전류, $\cos\theta$를 역률이라 하면?

① $I_f - I$ 곡선, $\cos\theta$는 일정
② $P - I$ 곡선, I_f는 일정
③ $P - I_f$ 곡선, I는 일정
④ $I_f - I$ 곡선, P는 일정

 동기 전동기 위상 특성 곡선

단자 전압, 출력이 일정할 때 계자 전류 I_f와 전기자 전류 I_a의 관계를 나타내는 곡선을 말한다.

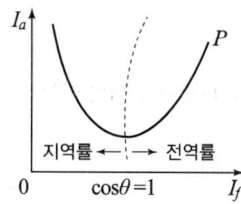

094 동기 전동기의 전기자 전류가 최소일 때 역률은?

① 0
② 0.707
③ 0.866
④ 1

동기 전동기 위상 특성은 역률 1일 때 전기자 전류가 최소가 된다.

095 전압이 일정한 도선에 접속되어 역률 1로 운전하고 있는 동기 전동기의 여자 전류를 증가시키면 이 전동기의?

① 역률은 앞서고 전기자 전류는 증가한다.
② 역률은 앞서고 전기자 전류는 감소한다.
③ 역률은 뒤지고 전기자 전류는 증가한다.
④ 역률은 뒤지고 전기자 전류는 감소한다.

여자 전류를 증가시키면 역률은 앞서고 전기자 전류는 증가한다.

TIP
동기 전동기 위상 특성
① 과여자 : 진상 운전
② 부족 여자 : 지상 운전

정답 090. ① 091. ④ 092. ① 093. ④ 094. ④ 095. ①

096
450[kVA], 역률 0.85, 효율 0.9되는 동기 발전기 운전용 원동기의 입력(kW)은? (단, 원동기의 효율은 0.85이다.)

① 450
② 500
③ 550
④ 600

원동기의 입력 : $P = \dfrac{원동기\ 출력}{\eta}$ [kW], 원동기 출력=발전기 입력이므로

발전기 입력 : $P = \dfrac{발전기\ 출력}{\eta} = \dfrac{450}{0.9} = 500$[kVA]이다.

원동기 입력 : $P = \dfrac{500 \times 0.85}{0.85} = 500$[kW]

097
자속 밀도를 0.6[Wb/m²], 도체의 길이를 0.3[m], 속도를 10[m/s]라 할 때, 도체 양단에 유기되는 기전력은?

① 0.9[V]
② 1.8[V]
③ 9[V]
④ 18[V]

도체 한 개의 유기 기전력 : $e = Blv = 0.6 \times 0.3 \times 10 = 1.8$[V]

098
동기 발전기에서 전기자와 계자의 권선이 모두 고정되고 유도자가 회전하는 것은?

① 수차 발전기
② 고주파 발전기
③ 터빈 발전기
④ 엔진 발전기

동기 발전기는 회전자에 따라서 회전 계자형, 회전 전기자형, 회전 유도자형의 3종류가 있다.
고주파 발전기의 회전자는 유도자가 회전한다.

099 원통형 회전자를 가진 동기 발전기는 부하각 δ가 몇 도일 때 최대 출력을 낼 수 있는가?

① 0° ② 30°
③ 60° ④ 90°

원통형 3상 발전기의 출력 : $P = \sqrt{3}\,VI\cos\theta = 3 \times \dfrac{EV}{x_s}\sin\delta\,[\text{W}]$

그러므로 비돌극기(원통형) 발전기의 최대 출력은 δ=90°이다.
참고로 돌극기(철극기)는 δ=60°에서 최대 출력을 낸다.

100 동기 발전기에서 기전력의 파형을 좋게 하는 데 필요한 권선은?

① 전절권, 집중권 ② 단절권, 집중권
③ 집중권, 분포권 ④ 분포권, 단절권

- 단절권의 장점
  ① 고조파를 제거하여 기전력의 파형을 좋게 한다.
  ② 코일단 길이가 단축되어 기계 전체의 길이가 축소된다.
  ③ 동의 양이 적게 든다.
  ④ 전절권에 비하여 유기 기전력은 작다.
- 분포권의 장점
  ① 기전력의 고조파가 감소하여 파형이 좋아진다.
  ② 권선의 누설 리액턴스가 감소한다.
  ③ 열 발산 효과가 좋아진다.
  ④ 집중권에 비하여 유기 기전력은 작다.

TIP
동기 발전기 전기자 권선법(고상권, 폐로권, 이층권, 중권, 단절권, 분포권으로 권선한다.)

101 동기 발전기에서 유기 기전력과 전기자 전류가 동상인 경우의 전기자 반작용은?

① 교차 자화 작용 ② 증자 작용
③ 감자 작용 ④ 직축 반작용

동기 발전기 전기자 반작용 시 전기자 전류가 유기 기전력과 동상인 경우(역률=1)
: 교차 자화 작용으로 주자속을 편자하도록 하는 횡축 반작용을 한다.

정답 096. ② 097. ② 098. ② 099. ④ 100. ④ 101. ①

CHAPTER 3 전기기기

102 3상 동기 발전기의 전기자 반작용은 부하의 성질에 따라 다르다. 다음 성질 중 잘못 설명한 것은?

① $\cos\theta ≒ 1$일 때, 즉 전압, 전류가 동상일 때는 실제적으로 감자 작용을 한다.
② $\cos\theta ≒ 0$일 때, 즉 전류가 전압보다 90° 뒤질 때는 감자 작용을 한다.
③ $\cos\theta ≒ 0$일 때, 즉 전류가 전압보다 90° 앞설 때는 증자 작용을 한다.
④ $\cos\theta ≒ \phi$일 때, 즉 전류가 전압보다 ϕ만큼 뒤질 때 증자 작용을 한다.

 동기 발전기 전기자 반작용

① 전기자 전류가 유기 기전력과 동상인 경우(역률=1) : 횡축 반작용(교차 자화 작용)
② 전기자 전류가 유기 기전력보다 $\pi/2$ 뒤진 경우 : 직축 반작용(감자 작용)
③ 전기자 전류가 유기 기전력보다 $\pi/2$ 앞선 경우 : 직축 반작용(증자 작용)

103 단락비가 큰 동기 발전기를 설명하는 말 중 틀린 것은?

① 전기자 반작용이 작다.
② 과부하 용량이 크다.
③ 전압 변동률이 크다.
④ 동기 임피던수가 작다.

 단락비가 큰 기계의 특징

① 동기 임피던스가 작아서 전압 변동이 작다.
② 전기자 반작용이 작다.
③ 계자 기자력이 크다.
④ 기계의 중량이 크다.
⑤ 과부하 내량이 증대되고, 송전선의 충전 용량이 크게 된다.

TIP
- 전류가 뒤지면 : 감자 작용
- 전류가 앞서면 : 증자 작용(자화 작용)

104 정격 전압 6,000[V], 용량 5,000[kVA]의 Y 결선 3상 동기 발전기가 있다. 여자 전류 200[A]에서의 무부하 단자 전압, 6,000[V], 단락 전류 600[A]일 때, 이 발전기의 단락비는?

① 0.25
② 1
③ 1.25
④ 1.5

정격 전류 : $I_n = \dfrac{P}{\sqrt{3}\,V} = \dfrac{5{,}000 \times 10^3}{\sqrt{3} \times 6{,}000} = 481.23[A]$

$K_s = \dfrac{I_s}{I_n} = \dfrac{1}{\%Z_s\,[\text{pu}]}$

$K_s = \dfrac{I_s}{I_n} = \dfrac{600}{481} = 1.25$

105 단락비가 큰 동기기의 설명에서 옳지 않은 것은?

① 계자 자속이 비교적 크다.
② 전기자 기자력이 작다.
③ 공극이 크다.
④ 송전선의 충전 용량이 작다.

 단락비가 큰 기계의 특징

① 동기 임피던스가 작다.
② 전기자 반작용이 작다.
③ 계자 기자력이 크다.
④ 기계의 중량이 크다.
⑤ 출력이 증대되므로 과부하 내량이 증대되고, 송전선의 충전 용량이 크다.

106 동기 전동기의 V 곡선(위상 특성 곡선)에서 부하가 가장 큰 경우는?

① a
② b
③ c
④ d

위상 특성 곡선에서 부하가 증가하면 전기자 전류가 증가하므로 부하가 클수록 V 곡선은 위로 이동한다.
a는 무부하 곡선을 나타낸 것이다.

정답 102. ④ 103. ③ 104. ③ 105. ④ 106. ④

104	①	②	③	④
105	①	②	③	④
106	①	②	③	④

TIP
단락비 계산 문제에서 단락 전류가 주어지면 전류로 풀고 단락 전류가 없으면 %Zs를 구해서 푼다.

TIP
동기 전동기 위상 특성 곡선
단자 전압과 출력 일정

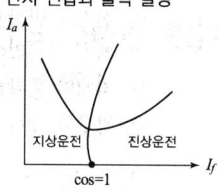

107 동기 조상기를 부족 여자로 사용하면?

① 리액터로 작용
② 저항손의 보상
③ 일반 부하의 뒤진 전류의 보상
④ 콘덴서로 작용

해설

- 동기 조상기를 과여자로 하면 : 선로에 앞선 전류가 흘러 일종의 콘덴서로 작용하는 것과 같다.
  부하의 뒤진 전류를 보상하여 송전 선로의 역률을 양호하게 하고, 전압 강하를 보상한다.
- 동기 조상기를 부족 여자로 하면 : 뒤진 전류가 흘러서 일종의 리액터로 작용하는 것과 같다.
  무부하의 장거리 송전 선로에 흐르는 충전 전류에 의하여 발전기의 자기 여자 작용으로 일어나는 단자 전압의 이상 상승을 억제한다.

TIP

동기 조상기 운전
① 과여자로 하면
  진상 운전 → 콘덴서 작용
② 부족 여자로 하면
  지상 운전 → 리액터 작용

108 전기 기기에서 초전도 도체(super conductor)는 주로 어느 부분에 이용되는가?

① 전기자 권선   ② 계자 권선
③ 접지선   ④ 변압기의 저압 권선

해설

계자 권선에 초전도 도체를 사용할 경우 전기 기기의 자속 밀도를 크게 할 수 있어 유리하다.

109 권수비 $a=6,600/220$, 60[Hz] 변압기의 철심의 단면적 0.02[m²] 최대 자속 밀도 1.2[Wb/m²]일 때 1차 유기 기전력(V)은 약 얼마인가?

① 1,407   ② 3,521
③ 42,198 ④ 49,814

변압기 유도 기전력

$E_1 = 4.44 f \phi_m N_1 = 4.44 f B A N_1$
$E_1 = 4.44 \times 60 \times 1.2 \times 0.02 \times 6{,}600 ≒ 42{,}198 [\text{V}]$

110 그림과 같은 변압기에서 1차 전류는 얼마인가?

① 0.8[A]
② 8[A]
③ 10[A]
④ 20[A]

권수비 : $a = \dfrac{V_1}{V_2} = \dfrac{N_1}{N_2} = \dfrac{I_2}{I_1}$ 에서 $V_2 = \dfrac{V_1}{a} = \dfrac{100}{5} = 20[\text{V}]$

$I_2 = \dfrac{V_2}{R_2} = \dfrac{20}{5} = 4[\text{A}]$, $I_1 = \dfrac{I_2}{a} = \dfrac{4}{5} = 0.8[\text{A}]$

또는 $R_1' = a^2 R_2 = 5^2 \times 5 = 125 [\Omega]$

$I_1 = \dfrac{V_1}{R_1} = \dfrac{100}{125} = 0.8[\text{A}]$

TIP 변압기에서 전압과 전류는 권수비로 계산한다.

111 변압기 철심용 강판의 규소 함유량은 대략 몇 [%]인가?

① 2
② 3
③ 4
④ 7

변압기용 철심은 규소 함유량 4[%]인 강판을 사용한다.

112 변압기의 철심으로 갖추어야 할 성질로 맞지 않는 것은?

① 투자율이 클 것
② 전기 저항이 작을 것
③ 히스테리시스 계수가 작을 것
④ 성층 철심으로 할 것

변압기 철심은 자기 저항이 작아야 한다.

TIP 변압기 철심 구비 조건
① 히스테리시스손이 작을 것
② 투자율이 클 것
③ 자기 저항이 작을 것
④ 성층 철심으로 할 것

정답 107. ① 108. ② 109. ③ 110. ① 111. ③ 112. ②

CHAPTER 3 전기기기

113 변압기유로 쓰이는 절연유에 요구되는 특성이 아닌 것은?

① 응고점이 낮을 것
② 절연 내력이 클 것
③ 인화점이 높을 것
④ 점도가 클 것

 변압기유 구비 조건

① 절연 저항과 절연 내력이 클 것
② 인화점이 높고, 응고점이 낮을 것
③ 점도가 낮고 비열이 커서 냉각 효과가 클 것
④ 고온에서 석출물이 생기거나 산화하지 않을 것
⑤ 다른 재질과 화학 작용을 일으키지 않을 것

TIP 변압기유의 역할
〈절연 작용, 냉각 작용〉

114 변압기에 콘서베이터(conservator)를 설치하는 목적은?

① 열화 방지
② 통풍 장치
③ 코로나 방지
④ 강제 순환

 변압기의 상부에 콘서베이터(conservator)를 설치하여 호흡 작용을 도와주고 열화를 방지한다.

115 변압기 기름의 열화 영향에 속하지 않는 것은?

① 냉각 효과의 감소
② 침식 작용
③ 공기 중 수분의 흡수
④ 절연 내력의 저하

 변압기 기름의 열화의 영향은

① 절연 내력의 저하
② 냉각 효과의 감소
③ 침식 작용
④ 온도 상승

TIP 열화 원인
① 공기 중 수분 흡수
② 불순물 침투

116 부하에 관계없이 변압기에 흐르는 전류로서 자속만을 만드는 것은?

① 1차 전류 ② 철손 전류
③ 여자 전류 ④ 자화 전류

변압기에서는 순수하게 자속만을 만드는 전류는 자화 전류이다.
여자 전류는 자화 전류와 철손 전류의 합으로 무부하 전류이다.

117 1차 전압이 2,200[V], 무부하 전류가 0.088[A], 철손이 110[W]인 단상 변압기의 자화 전류(A)는?

① 0.05 ② 0.038
③ 0.072 ④ 0.088

- 철손 전류 : $I_i = \dfrac{P_i}{V_1} = \dfrac{110}{2,200} = 0.05[A]$
- 자화 전류 : $I_\phi = \sqrt{I_0^2 - I_i^2}$ 식에서

  ∴ $I_\phi = \sqrt{0.088^2 - 0.05^2} = 0.072[A]$

TIP

여자전류
$I_0 = YV_1 = \sqrt{I_i^2 + I_\phi^2}$
$= \dfrac{RV_1}{2\pi f N^2}[A]$

118 변압기 여자 전류에 많이 포함된 고조파는?

① 제2 고조파 ② 제3 고조파
③ 제4 고조파 ④ 제5 고조파

변압기 여자 전류에 가장 많이 포함된 고조파는 제3 고조파 성분이다.

119 60[Hz]의 변압기에 50[Hz]의 동일 전압을 가했을 때의 자속 밀도는 60[Hz]때의 몇 배인가?

① $\dfrac{6}{5}$ ② $\dfrac{5}{6}$
③ $\left(\dfrac{5}{6}\right)^{1.6}$ ④ $\left(\dfrac{6}{5}\right)^2$

TIP

전압일정 : $B \propto \dfrac{1}{f}$

정답 113. ④ 114. ① 115. ③ 116. ④ 117. ③ 118. ② 119. ①

- 유도기 전력 : $E = 4.44fN\phi_m$
- 최대 자속 밀도 : $\phi_m = B_m A$

$E = 4.44fNB_m A[\text{V}]$, $B_m = \dfrac{E}{4.44fA}$ 이므로

∴ B_m는 f에 반비례한다. 그러므로 $B_{50} = \dfrac{6}{5}B_{60}$

120 변압기에서 등가 회로를 이용하여 단락 전류를 구하는 식은?

① $I_{1s} = V_1/(Z_1 + a^2 Z_2)$
② $I_{1s} = V_1/(Z_1 \times a^2 Z_2)$
③ $I_{1s} = V_1/(Z_1^2 + a^2 Z_2)$
④ $I_{1s} = V_1/(Z_1^2 - a^2 Z_2)$

1차 측 단락 전류이므로 1차로 환산하여야 한다.

1차 단락 전류 : $I_{1s}' = \dfrac{V_1}{Z_1 + Z_2'} = \dfrac{V_1}{Z_1 + a^2 Z_2}[\text{A}]$

121 10[kVA], 2,000/100[V] 변압기에서 1차에 환산한 등가 임피던스는 6.2+j7[Ω]이다. 이 변압기의 % 리액턴스 강하는?

① 3.5
② 1.75
③ 0.35
④ 0.175

- 1차 정격 전류 : $I_{1n} = \dfrac{10 \times 10^3}{2,000} = 5[\text{A}]$
- % 리액턴스 강하 : $q = \dfrac{I_{1n} \times x}{V_{1n}} \times 100 = \dfrac{5 \times 7}{2,000} \times 100 = 1.75[\%]$

122 3상 변압기의 임피던스가 $Z[\Omega]$이고, 선간 전압이 $V[kV]$, 정격 용량이 $P[kVA]$일 때 %Z(% 임피던스)는?

① $\dfrac{PZ}{V}$ ② $\dfrac{10PZ}{V}$

③ $\dfrac{PZ}{10V^2}$ ④ $\dfrac{PZ}{100V^2}$

$\%Z = \dfrac{I_n \times Z}{E} \times 100 = \dfrac{PZ}{10V^2}[\%]$

123 임피던스 강하가 5[%]인 변압기가 운전 중 단락되었을 때 그 단락 전류는 정격 전류의 몇 배인가?

① 15배 ② 20배
③ 25배 ④ 30배

$\%Z = \dfrac{I_n}{I_s} \times 100[\%]$, $I_s = \dfrac{I_n}{\%Z} \times 100 = \dfrac{I_n}{5} \times 100 = 20I_n$

124 변압기의 임피던스 전압이란?

① 정격 전류가 흐를 때의 변압기 내의 전압 강하
② 여자 전류가 흐를 때의 2차 측 단자 전압
③ 정격 전류가 흐를 때의 2차 측 단자 전압
④ 2차 단락 전류가 흐를 때의 변압기 내의 전압 강하

임피던스 전압이란 변압기 2차 측을 단락시킨 다음 1차 측에 정격 전류가 흐를 때까지 인가하는 전압으로 정격 전류가 흐를 때 변압기 임피던스에 의한 전압 강하이다.

답안 표기란

122	①	②	③	④
123	①	②	③	④
124	①	②	③	④

TIP

임피던스 전압
$V_s = I_{1n} \times Z_1[A]$

정답 120. ① 121. ② 122. ③ 123. ② 124. ①

CHAPTER 3 전기기기

125 어떤 단상 변압기의 2차 무부하 전압이 240[V]이고 정격 부하시의 2차 단자 전압이 230[V]이다. 전압 변동률(%)은?

① 2.35　　　　② 3.35
③ 4.35　　　　④ 5.35

 전압 변동률

$$\epsilon = \frac{V_{20} - V_{2n}}{V_{2n}} \times 100 = \frac{240 - 230}{230} \times 100 = \frac{10}{230} \times 100$$
=4.35[%]

126 역률 100[%]인 때의 전압 변동률 ε은 어떻게 표시되는가?

① % 저항 강하
② % 리액턴스 강하
③ % 서셉턴스 강하
④ % 임피던스 전압

전압 변동률 : $\varepsilon = p\cos\theta + q\sin\theta$ [%]에서 역률=100[%]일 때 $\cos\theta = 1$, $\sin\theta = 0$이므로
$\varepsilon = p$(퍼센트 저항 강하)

TIP

$\cos\theta = 1 \rightarrow \varepsilon = p$
$\cos\theta = 0 \rightarrow \varepsilon = q$

127 어떤 변압기의 단락 시험에서 % 저항 강하 1.5[%]와 % 리액턴스 강하 3[%]를 얻었다. 부하 역률이 80[%] 앞선 경우의 전압 변동률 [%]은?

① −0.6　　　　② 0.6
③ −3.0　　　　④ 3.0

 역률이 진상일 때 전압 변동률

$\varepsilon = p\cos\theta - q\sin\theta = 1.5 \times 0.8 - 3 \times 0.6 = -0.6$[%]

128 어느 변압기의 백분율 저항 강하가 2[%], 백분율 리액턴스 강하가 3[%]일 때 역률(지역률) 80[%]인 경우의 전압 변동률(%)은?

① −0.2
② 3.4
③ 0.2
④ −3.4

해설 역률이 지상일 때 전압 변동률
$\varepsilon = p\cos\theta + q\sin\theta = 2 \times 0.8 + 3 \times 0.6 = 3.4[\%]$

129 % 저항 강하 1.8, % 리액턴스 강하가 2.0인 변압기의 전압 변동률의 최댓값과 이때의 역률은 각각 몇 [%]인가?

① 7.24, 27
② 2.7, 1.8
③ 2.7, 67
④ 1.8, 3.8

해설
- 최대 전압 변동률 : $\varepsilon_{\max} = \sqrt{p^2+q^2} = \sqrt{1.8^2+2^2} = 2.7[\%]$
- 최대 시 역률 : $\cos\theta_m = \dfrac{p}{\sqrt{p^2+q^2}} = \dfrac{1.8}{2.7} = 0.67 = 67[\%]$

130 단상 변압기가 감극성일 때의 단자 부호는?

① 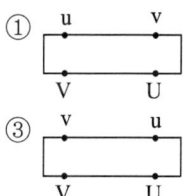   ②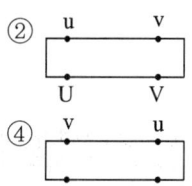

③　　　　　　　　　④

해설
고압 측에서 보아 외함의 우측 단자를 U로 하고, 감극성의 경우는 U와 저압 측 u 단자와 외함의 같은 쪽에 있도록 하고, 가극성일 때는 대각선상에 있도록 한다.

정답 125. ③ 126. ① 127. ① 128. ② 129. ③ 130. ③

131 210/105[V]의 변압기를 그림과 같이 결선하고 고압 측에 200[V]의 전압을 가하면 전압계의 지시는 몇 [V]인가?

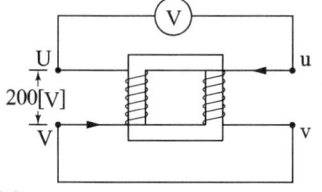

① 100 ② 200
③ 300 ④ 400

해설

권수비 : $a = \dfrac{210}{105} = 2$

$V_1 = 200[V]$이므로, $V_2 = \dfrac{V_1}{a} = \dfrac{200}{2} = 100[V]$

감극성이므로 V의 지싯값$= V_1 - V_2 = 200 - 100 = 100[V]$

132 단상 변압기의 3상 Y-Y 결선에서 잘못된 것은?
① 제3 고조파 전류가 흐르며 유도 장해를 일으킨다.
② 역 V 결선이 가능하다.
③ 권선 전압이 선간 전압의 3배이므로 절연이 용이하다.
④ 중성점 접지가 된다.

해설

• Y 결선의 전압과 전류 : $V_l = \sqrt{3}\, V_p \angle 30°$, $I_l = I_p$의 관계가 있다.
• 출력 : $P_Y = \sqrt{3}\, V_l I_l = 3 V_p I_p [VA]$이다.
• 권선 전압(상전압)은 선간 전압의 $\dfrac{1}{\sqrt{3}}$배이다.

133 변압기 결선에서 부하 단자에 제3 고조파 전압이 발생하는 것은?
① △-△ ② △-Y
③ Y-△ ④ Y-Y

해설 Y-Y 결선

제3 고조파의 여자 전류 통로가 없으므로 유기 기전력에 제3 고조파 전압이 발생한다.

134 변압기의 1차 측을 Y 결선, 2차 측을 △ 결선으로 한 경우 1차와 2차 간의 전압의 위상 변위는?

① 0° ② 30°
③ 45° ④ 60°

해설

Y-△, △-Y는 1차 선간 전압과 2차 선간 전압과의 위상차는 30°이다.

TIP
승압용 : △-Y,
강압용 : Y-△

TIP
△-Y, Y-△ 위상 변위 :
30°, -30°, 150°, 210°
△-△, Y-Y 위상 변위 :
00°, 180°

135 2대의 변압기로 V 결선하여 3상 변압하는 경우 변압기 이용률(%)은?

① 57.8 ② 66.6
③ 86.6 ④ 100

해설

V 결선 이용률 $= \dfrac{\sqrt{3}\text{단상 용량}}{2\text{대}} = \dfrac{\sqrt{3}}{2} = 0.866 = 86.6[\%]$

136 △ 결선 변압기 한 대가 고장으로 제거되어 V 결선으로 공급할 때 공급할 수 있는 전력은 고장 전 전력에 대하여 몇 [%]인가?

① 86.6 ② 75.0
③ 66.7 ④ 57.7

해설

출력비 $= \dfrac{\text{V 결선의 3상 출력}}{\triangle \text{ 결선의 3상 출력}} = \dfrac{\sqrt{3}\text{단상 용량}}{3\text{단상 용량}} = \dfrac{\sqrt{3}}{3} = 0.577$
$= 57.7[\%]$

정답 131. ① 132. ③ 133. ④ 134. ② 135. ③ 136. ④

CHAPTER 3 전기기기

137 용량 100[kVA]인 동일 정격의 단상 변압기 4대로 낼 수 있는 3상 최대 출력 용량(kVA)은?

① $200\sqrt{3}$
② $200\sqrt{2}$
③ $300\sqrt{2}$
④ 400

- 2대로 V 결선으로 했을 경우의 출력 : $\sqrt{3}P$
- 4대로 V 결선으로 했을 경우의 출력 : $2\sqrt{3}P$
- ∴ V 결선에서 변압기 4대의 최대 출력 $2\sqrt{3}P = 2\sqrt{3} \times 100 = 200\sqrt{3}$ [kVA]

TIP 2 뱅크로 병렬 운전 시는 한 뱅크일 때의 2배의 출력을 낸다.

138 같은 권수의 2대의 단상 변압기의 3상 전압을 2상으로 변압하기 위하여 스코트 결선을 할 때 T좌 변압기의 권수는 전 권수의 어느 점에서 택해야 하는가?

① $\dfrac{1}{\sqrt{2}}$
② $\dfrac{1}{\sqrt{3}}$
③ $\dfrac{2}{\sqrt{3}}$
④ $\dfrac{\sqrt{3}}{2}$

T 결선에서 T좌 변압기 1차 권선은 전 권선의 $\sqrt{3}/2$ 지점에서 인출한다.

139 3상 전원에서 6상 전압을 얻을 수 없는 변압기의 결선 방법은?

① 스코트 결선
② 2중 3각 결선
③ 2중 성형 결선
④ 포크 결선

- 3상을 6상으로 변환 : ① 포크 결선 ② 환상 결선 ③ 대각 결선 ④ 2중 성형 결선 ⑤ 2중 델타 결선
- 스코트 결선(T 결선) : 3상에서 2상을 얻는 결선

140 다음 중에서 변압기의 병렬 운전 조건에 필요하지 않은 것은?

① 극성이 같을 것
② 용량이 같을 것
③ 권수비가 같을 것
④ 저항과 리액턴스의 비가 같을 것

 변압기 병렬 운전의 조건

① 극성이 같을 것
② 권수비가 같고, 1차와 2차의 정격 전압이 같을 것
③ % 임피던스 강하가 같을 것
④ 저항과 리액턴스의 비가 같을 것
⑤ 3상식에서는 위의 조건 외에 각 변압기의 상회전 방향 및 각 변위가 같을 것

 병렬 운전 시는 발전기든 변압기든 용량은 관계없다.

141 변압기의 병렬 운전이 불가능한 것은?

① △-△와 △-△
② △-△와 Y-Y
③ △-△와 △-Y
④ △-Y와 △-Y

3상을 2뱅크로 병렬 운전 시는 각 변위가 같아야 한다.

병렬 운전 가능	병렬 운전 불가능
△-△와 △-△	
Y-△와 Y-△	
Y-Y와 Y-Y	△-△와 △-Y
△-Y와 △-Y	△-Y와 Y-Y
△-△와 Y-Y	
△-Y와 Y-△	

142 단상 변압기를 병렬 운전하는 경우 부하 전류의 분담은 어떻게 되는가?

① 용량에 비례하고 누설 임피던스에 비례한다.
② 용량에 비례하고 누설 임피던스에 역비례한다.
③ 용량에 역비례하고 누설 임피던스에 비례한다.
④ 용량에 역비례하고 누설 임피던스에 역비례한다.

정답 137. ① 138. ④ 139. ① 140. ② 141. ③ 142. ②

변압기 병렬 운전 시 부하 분담은 % 임피던스에 반비례하고, 용량에는 비례한다.

143 2대의 정격이 같은 1,000[kVA]의 단상 변압기의 임피던스 전압이 8[%]와 9[%]이다. 이것을 병렬로 하면 몇 [kVA]의 부하를 걸 수 있는가?

① 2,100
② 2,200
③ 1,889
④ 2,125

해설 부하 분담비

$$\frac{I_A}{I_B} = \frac{P_A}{P_B} \times \frac{\%Z_B}{\%Z_A} = \frac{1,000}{1,000} \times \frac{9}{8} = \frac{9}{8}$$

$I_A = \frac{9}{8} \times I_B = \frac{9}{8} \times 1000 = 1,125[\text{kVA}]$ 이지만 1,000[kVA]까지만 가능하다.

$I_B = \frac{8}{9} \times I_A = \frac{8}{9} \times 1,000 = 889[\text{kVA}]$ 까지만 부하를 걸 수 있다.

그러므로 두 변압기 병렬 합성 용량=1,000+889=1,889[kVA]까지 부하를 걸 수 있다.

144 다음은 단권 변압기를 설명한 것이다. 틀린 것은?

① 소형에 적합하다.
② 누설 자속이 적다.
③ 손실이 적고 효율이 좋다.
④ 재료가 절약되어 경제적이다.

해설

단권 변압기는 소형뿐만 아니라 대형에도 널리 사용되며, 단점은 단락 시 단락 전류가 크다.

TIP

부하 분담 :
$$\frac{I_A}{I_B} = \frac{P_A}{P_B} \times \frac{\%Z_B}{\%Z_A}$$

TIP

단권 변압기는 임피던스가 작으므로 단락 전류가 크고 1차, 2차를 별도로 절연할 수 없다는 단점 이외는 장점이다.

145 용량 10[kVA]의 단권 변압기를 그림과 같이 접속하면 역률 80[%]의 부하에 몇 [kW]의 전력을 공급할 수 있는가?

① 55
② 66
③ 77
④ 88

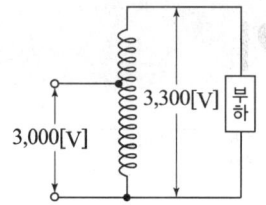

해설

$\dfrac{\text{자기 용량}}{\text{부하 용량}} = \dfrac{V_h - V_l}{V_h}$ 에서

∴ 부하 용량 = 자기 용량 × $\left(\dfrac{V_h}{V_h - V_l}\right)$ = $10 \times \dfrac{3,300}{3,300 - 3,000}$ = 110[kVA]

$\cos\phi = 0.8$ 이므로 부하 전력 $P = 110 \times 0.8 = 88$[kW]

146 그림과 같이 1차 전압 V_1, 2차 전압 V_2인 단권 변압기를 V 결선했을 때 변압기의 등가 용량과 부하 용량과의 비를 나타내는 식은? (단, 손실은 무시한다.)

① $\dfrac{2}{\sqrt{3}} \cdot \dfrac{V_1 - V_2}{V_1}$

② $\dfrac{\sqrt{3}}{2} \cdot \dfrac{V_1 - V_2}{V_1}$

③ $\dfrac{1}{2} \cdot \dfrac{V_1 - V_2}{V_1}$

④ $\dfrac{2(V_1 - V_2)}{V_1}$

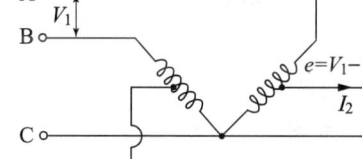

해설 단권 변압기의 3상 결선

- Y 결선 : $\dfrac{\text{자기 용량}}{\text{부하 용량}} = \dfrac{V_h - V_l}{V_h}$

- △결선 : $\dfrac{\text{자기 용량}}{\text{부하 용량}} = \dfrac{V_h^2 - V_l^2}{\sqrt{3}\, V_h V_l}$

- V 결선 : $\dfrac{\text{자기 용량}}{\text{부하 용량}} = \dfrac{2}{\sqrt{3}} \dfrac{V_h - V_l}{V_h}$

정답 143. ③ 144. ① 145. ④ 146. ①

CHAPTER 3 전기기기

147 제3 권선 변압기의 3차 권선의 용도가 아닌 것은?

① 소내용 전압 공급
② 승압용
③ 조상 설비
④ 제3 고조파 제거

해설) Y-Y-△에서 △의 제3 권선의 용도

소내용 전압 공급, 조상 설비 이용, 제3 고조파 제거

148 평형 3상 회로의 전류를 측정하기 위해서 변류비 200 : 5의 변류기를 그림과 같이 접속하였더니 전류계의 지시가 1.5[A]이었다. 1차 전류는 몇 [A]인가?

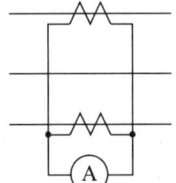

① 60
② $60\sqrt{3}$
③ 30
④ $30\sqrt{3}$

해설) 2상의 전류가 합인 경우 1차 전류=2차 전류×변류비

$=1.5 \times \dfrac{200}{5} = 60[A]$

2상의 전류가 차인 경우는 합인 경우에 비하여 $\dfrac{1}{\sqrt{3}}$ 만큼 작다.

149 전류 변성기를 사용 중에 2차를 개방해서는 안 되는 이유는 다음과 같다. 틀린 것은?

① 철손의 급격한 증가로 소손의 우려가 있다.
② 포화 자속으로 인한 첨두 고전압이 발생하여 절연 파괴의 우려가 있다.
③ 계기와 계전기의 정상적 작용을 일시 정지시키기 때문이다.
④ 일단 크게 작용한 히스테리시스 루프의 영향으로 계기의 오차 발생

변류기 2차 개방 시 현상

1차 전류가 모두 여자 전류로 되어 자기 포화가 되며, 고전압이 유기되어 절연 파괴가 되며 철손이 급격히 증가하게 된다.

150 변압기에 관한 다음 말 중 틀린 것은 어느 것인가?

① 변류기(CT)는 사용 중에 2차 회로를 개방하여서는 안 된다.
② 배전용 변압기는 철손이 큰 것을 사용하여 전일 효율이 높아지도록 한다.
③ 변압기의 효율은 철손과 동손이 같을 때에 최고이다.
④ 피크파 변압기는 자기 포화를 이용한 것이다.

변압기 효율은 철손 및 동손이 클수록 효율은 낮다.

151 몰드 변압기(mold transformer)는 변압기 코일을 직접 에폭시(Epoxy) 수지로 몰드하는 고체 절연 방식의 변압기로 그 절연 방식 중 금형을 사용하는 금형 방식의 종류는?

① 프리 프레그 절연법   ② 디핑법
③ 부유 경화법   ④ 함침법

 몰드 변압기의 금형 방식(주형 몰드)

주형법, 함침법, 함침 주형법, FRP 주형법(신뢰성이 높고, 양산성이 우수하다.)

152 3,300[V], 60[Hz]용 변압기의 와류손이 720[W]이다. 이 변압기를 2,750[V], 50[Hz]의 주파수에 사용할 때 와류손(W)은?

① 250   ② 350
③ 425   ④ 500

와류손은 주파수와는 무관하고 전압의 제곱에 비례한다.

$\therefore P_e' = P_e \times \left(\dfrac{V'}{V}\right)^2 = 720 \times \left(\dfrac{2,750}{3,300}\right)^2 = 500[W]$

[정답] 147. ② 148. ① 149. ③ 150. ② 151. ④ 152. ④

CHAPTER 3 전기기기

153 변압기의 철손이 P_i[kW], 전부하 동손이 P_c[kW]일 때 정격 출력의 $\frac{1}{m}$의 부하를 걸었을 때 전손실(kW)은 얼마인가?

① $(P_i + P_c)\left(\frac{1}{m}\right)^2$ ② $P_i\left(\frac{1}{m}\right)^2 + P_c$

③ $P_i + P_c\left(\frac{1}{m}\right)^2$ ④ $P_i + P_c\left(\frac{1}{m}\right)$

해설

$\frac{1}{m}$ 부하 시 효율 $= \dfrac{\frac{1}{m} V_2 I_2 \cos\theta}{\frac{1}{m} V_2 I_2 \cos\theta + P_i + \left(\frac{1}{m}\right)^2 P_c}$ 에서

전손실은 $P_i + \left(\frac{1}{m}\right)^2 P_c$ 이다.

154 50[kVA], 전부하 동손 1,200[W], 무부하손 800[W]인 단상 변압기의 부하 역률 80[%]에 대한 전부하 효율은?

① 95.24[%] ② 96.15[%]
③ 96.65[%] ④ 97.53[%]

해설 전부하 효율

$\eta = \dfrac{P\cos\theta}{P\cos\theta + P_i + P_c} \times 100$

$= \dfrac{50 \times 10^3 \times 0.8}{50 \times 10^3 \times 0.8 + 800 + 1{,}200} \times 100 = 95.24[\%]$

155 정격 150[kVA], 철손 1[kW], 전부하 동손이 4[kW]인 단상 변압기의 최대 효율(%)과 최대 효율 시의 부하(kVA)를 구하면?

① 96.8, 125 ② 97.4, 75
③ 97, 50 ④ 97.2, 100

답안 표기란
153 ① ② ③ ④
154 ① ② ③ ④
155 ① ② ③ ④

최대 효율은 철손과 동손이 같을 경우이므로 $P_i = (\frac{1}{m})^2 P_c$

∴ 최대 효율 시 부하 $\frac{1}{m} = \sqrt{\frac{P_i}{P_c}} = \sqrt{\frac{1}{4}} = \frac{1}{2}$

∴ $150 \times \frac{1}{2} = 75[\text{kVA}]$에서 최대 효율이 된다.

최대 효율 : $\eta_m = \dfrac{150 \times \frac{1}{2}}{150 \times \frac{1}{2} + 1 \times 2} \times 100 = 97.4[\%]$

TIP

※ 최대 효율 조건 :
무부하손(철손) = 부하손 (동손)

※ 최대 효율 시 부하 :
$\dfrac{1}{m} = \sqrt{\dfrac{p_i}{p_c}}$

156 변압기의 전일 효율을 최대로 하기 위한 조건은?

① 전부하 시간이 짧을수록 무부하손을 작게 한다.
② 전부하 시간이 짧을수록 철손을 크게 한다.
③ 부하 시간에 관계없이 전부하 동손과 철손을 같게 한다.
④ 전부하 시간이 길수록 철손을 작게 한다.

전일 효율이 최대가 되려면 전부하 시간이 길수록 철손 P_i를 크게 하고 짧을 수록 철손 P_i를 작게 한다.

157 부흐홀츠 계전기로 보호되는 기기는?

① 변압기   ② 발전기
③ 동기 전동기   ④ 회전 변류기

 부흐홀츠 계전기

변압기의 내부 고장으로 발생하는 기름의 분해 가스 증기를 포집하여 계전기의 접점을 동작시키는 계전기로 변압기의 주탱크와 콘서베이터와의 연결과 도중에 설치한다.

TIP

※ 부흐홀츠 계전기, 가스 검출 계전기, 충격 압력 계전기 : 변압기에서만 사용

※ 차동 계전기, 비율 차동 계전기 : 발전기, 전동기, 변압기에 사용

158 변압기의 내부 고장 보호에 쓰이는 계전기로서 가장 적당한 것은?

① 과전류 계전기   ② 차동 계전기
③ 접지 계전기   ④ 역상 계전기

정답 153. ③ 154. ① 155. ② 156. ① 157. ① 158. ②

CHAPTER 3 전기기기

해설 변압기 보호 계전기
① 전기적인 고장 보호 : 비율 차동 계전기
② 기계적인 고장 보호 : ⓐ 부흐홀츠 계전기 ⓑ 충격 압력 계전기 ⓒ 가스 검출 계전기

159 변압기의 누설 리액턴스는? (여기서, N은 권수이다.)
① N에 비례한다.　　② N^2에 비례한다.
③ N에 무관하다.　　④ N에 반비례한다.

해설
$X_L = 2\pi f L = 2\pi f \times \dfrac{\mu A N^2}{l}$ (여기서, $L = \dfrac{\mu A N^2}{l}$)

160 1차 전압 6,900[V], 1차 권선 3,000회, 권수비 20의 변압기가 60[Hz]에 사용할 때 철심의 최대 자속(Wb)은?
① 0.86×10^{-4}　　② 8.63×10^{-3}
③ 86.3×10^{-3}　　④ 863×10^{-3}

해설
$E_1 = 4.44 f N_1 \phi_m$
최대 자속 : $\phi_m = \dfrac{E_1}{4.44 f N_1} = \dfrac{6,900}{4.44 \times 60 \times 3,000} = 0.00863 = 8.63 \times 10^{-3}$[Wb]

161 1차 전압 3,300[V], 권수비 30인 단상 변압기가 전등 부하에 20[A]를 공급할 때의 입력(kW)은?
① 6.6　　② 5.6
③ 3.4　　④ 2.2

$I_1 = \dfrac{I_2}{a} = \dfrac{20}{30} = \dfrac{2}{3}[A]$

전등 부하에서 역률 $\cos\theta = 1$이므로

∴ 입력 $P_1 = V_1 I_1 \cos\theta = 3{,}300 \times \dfrac{2}{3} \times 1 = 2{,}200[W] = 2.2[kW]$

162 주상 변압기의 고압 측에는 몇 개의 탭을 내놓았다. 그 이유는?

① 예비 단자용
② 수전점의 전압을 조정하기 위하여
③ 변압기의 여자 전류를 조정하기 위하여
④ 부하 전류를 조정하기 위하여

변압기에 설치하는 탭은 변압기의 권수비를 조정하여 변압기 2차 측 전압(수전점 전압)을 조정하기 위함이다.

163 변압기의 1차 전압으로 3각파를 인가하면 2차 유도 기전력은 어떤 파형의 전압이 발생하는가?

① 전압이 전혀 나타나지 않는다.
② 정현파
③ 찌그러진 정현파
④ 구형파

1차 측 여자 전류에 제3 고조파가 포함되면 2차 측 유도 기전력은 정현파이며, 삼각파가 포함 시는 2차 측 유도 기전력은 찌그러진 정현파가 나타난다.

164 5[kVA], 3,000/200[V]의 변압기의 단락 시험에서 임피던스 전압=120[V], 동손=150[W]라 하면 % 저항 강하는 몇 [%]인가?

① 2 ② 3
③ 4 ④ 5

출력 : $P_2 = V_2 I_2 \cos\theta [W]$

% 저항 강하 : $p = \dfrac{I_n r}{V_n} \times 100 = \dfrac{I_n^2 r}{V_n I_n} \times 100 = \dfrac{P_c}{P} \times 100 = \dfrac{150}{5,000} \times 100$
$= 3[\%]$

165 전압비 30 : 1의 단상 변압기 3대를 1차 △, 2차 Y로 결선하고 1차에 선간 전압 3,300[V]를 가했을 때의 무부하 2차 선간 전압은?

① 250
② 220
③ 210
④ 190

단상 변압기 권수비 $a = \dfrac{V_{1p}}{V_{2p}}$, $V_{2p} = \dfrac{3,300}{30} = 110[V]$

2차 측은 Y 결선이므로 2차 측 선간 전압
$V_{2l} = \sqrt{3}\, V_{2p} = \sqrt{3} \times 110 = 190[V]$

TIP

단상 변압기 권수비를 이용해서 전압과 전류를 계산할때는 상전압 상전류로 계산 하여야 한다.

166 단상 100[kVA], 13,200/200[V] 변압기의 저압 측 선전류의 유효분(A)은? (단, 역률 0.8 지상이다.)

① 300
② 400
③ 500
④ 700

출력 : $P = V_2 I_2$에서 $I_2 = \dfrac{P}{V_2} = \dfrac{100 \times 10^3}{200} = 500[A]$

∴ 2차 측 유효분 전류 $I_r = I_2 \cos\theta = 500 \times 0.8 = 400[A]$

167 2[kVA]의 단상 변압기 3대를 써서 △ 결선하여 급전하고 있는 경우 1대가 소손되어 나머지 2대로 급전하게 되었다. 이 2대의 변압기는 과부하를 20[%]까지 견딜 수 있다고 하면 2대가 부담할 수 있는 최대 부하(kVA)는?

① 약 3.46 ② 약 4.15
③ 약 5.16 ④ 약 6.92

V 결선의 3상 출력 $P = $ 단상 용량 $\times \sqrt{3}\,[\text{VA}] = 2\sqrt{3}\,[\text{VA}]$
∴ 20[%] 과부하를 견딜 수 있다면 $P = 1.2 \times 2\sqrt{3} = 4.15[\text{kVA}]$

TIP
△ 결선일 때만 1대가 소손 시 V 결선이 가능하다.

168 3상 전원을 이용하여 2상 전압을 얻고자 할 때 사용할 결선 방법은?

① 스코트 결선 ② 포크 결선
③ 환상 결선   ④ 2중 3각 결선

• 3상 → 2상 간의 상수 변환
  ① 스코트 결선(T 결선) ② 메이어 결선 ③ 우드 브리지 결선
• 3상 → 6상 간의 상수 변환
  ① 환상 결선 ② 2중 델타 결선 ③ 2중 성형 결선
  ④ 대각 결선 ⑤ 포크 결선

169 3,150/210[V]인 변압기의 용량이 각각 250[kVA], 200[kVA]이고, % 임피던스 강하가 각각 2.5[%]와 3[%]일 때 그 병렬 합성 용량(kVA)은?

① 389 ② 417
③ 435 ④ 450

부하 분담비 : $\dfrac{I_A}{I_B} = \dfrac{P_A}{P_B} \times \dfrac{\%Z_B}{\%Z_A} = \dfrac{250}{200} \times \dfrac{3}{2.5} = \dfrac{3}{2}$

$I_A = I_B \times \dfrac{3}{2} = 200 \times \dfrac{3}{2} = 300[\text{kVA}]$이나 부하는 250[kVA]까지만 가능하다.
$I_B = I_A \times \dfrac{2}{3} = 250 \times \dfrac{2}{3} = 167[\text{kVA}]$까지 가능하므로 두 변압기
병렬 합성 용량 $= 250 + 167 = 417[\text{kVA}]$이다.

정답 165. ④ 166. ② 167. ② 168. ① 169. ②

170 내철형 3상 변압기를 단상 변압기로 사용할 수 없는 이유는?

① 1차, 2차 간의 각 변위가 있기 때문에
② 각 권선마다의 독립된 자기 회로가 있기 때문에
③ 각 권선마다의 독립된 자기 회로가 없기 때문에
④ 각 권선이 만든 자속이 $\dfrac{3\pi}{2}$ 위상차가 있기 때문에

- 외철형 3상 변압기 : 각 상마다 독립된 자기 회로를 가지고 있으므로 단상 변압기로 사용할 수 있다.
- 내철형 3상 변압기 : 각 권선마다 독립된 자기 회로가 없기 때문에 각 권선을 단상으로 사용할 수 없다.

171 용량 3[kVA], 3,000/100[V]의 단상 변압기를 승압기로 연결하고 1차 측에 3,000[V]를 가했을 때 그 부하 용량(kVA)는?

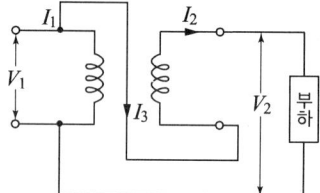

① 68
② 85
③ 93
④ 127

$$\dfrac{\text{자기 용량}}{\text{부하 용량}} = \dfrac{V_h - V_l}{V_h}, \quad \dfrac{3}{\text{부하 용량}} = \dfrac{3,100 - 3,000}{3,100}$$

부하 용량 = 93[kVA]

172 단권 변압기(Auto transformer)에 대한 말이다. 옳지 않은 것은?

① 1차 권선과 2차 권선의 일부가 공통으로 되어 있다.
② 동일 출력에 대하여 사용 재료 및 손실이 적고 효율이 높다.
③ 3상에는 사용할 수 없는 단점이 있다.
④ 단권 변압기는 권선비가 1에 가까울수록 보통 변압기에 비하여 유리하다.

단권 변압기는 단상 및 3상에 모두 사용이 가능하다.

173 변류기 개방 시 2차 측을 단락하는 이유는?

① 2차 측 절연 보호
② 2차 측 과전류 보호
③ 측정 오차 방지
④ 2차 측 과전류 방지

변류기 2차 개방 시 1차 전류가 모두 여자 전류로 되어 자기 포화가 되며, 고전압이 유기되어 과열되며 절연 파괴가 된다.

> **TIP**
> 2차 측을 단락하는 이유: 2차 측 권선이 소손되는 것을 방지 (2차 측 절연 보호)

174 변압기의 2차 측을 개방하였을 경우 1차 측에 흐르는 전류는 무엇에 의하여 결정되는가?

① 여자 어드미턴스
② 누설 리액턴스
③ 저항
④ 임피던스

변압기 2차 측을 개방하면 1차 측에 흐르는 전류는 여자 어드미턴스에 의해 결정된다. 이것을 여자 전류라 한다.
$I_0 = Y_0 V_1 [A]$

정답 170. ③ 171. ③ 172. ③ 173. ① 174. ①

CHAPTER 3 전기기기

175 변압기의 정격을 정의한 다음 중에서 옳은 것은?

① 2차 단자 간에서 얻을 수 있는 유효 전력을 [kW]로 표시한 것이 정격 출력이다.
② 정격 2차 전압은 명판에 기재되어 있는 2차 권선의 단자 전압이다.
③ 정격 2차 전압을 2차 권선의 저항으로 나눈 것이 정격 2차 전류이다.
④ 전부하의 경우는 1차 단자 전압을 정격 1차 전압이라 한다.

해설

정격 2차 전압이란 기기 명판에 기재되어 있는 전압이며 2차 권선의 단자 전압이다.

176 일정 전압 및 일정 파형에서 주파수가 상승하면 변압기 철손은 어떻게 변하는가?

① 증가한다.   ② 불변이다.
③ 감소한다.   ④ 어떤 기간 동안 증가한다.

해설 주파수 증가

① 철손 감소   ② 여자 전류 감소   ③ 리액턴스 증가

177 정격 주파수 50[Hz]의 변압기를 일정 전압 60[Hz]의 전원에 접속하여 사용했을 때 1차 전류, 철손 및 리액턴스 강하는?

① 여자 전류와 철손은 $\dfrac{5}{6}$ 감소, 리액턴스 강하 $\dfrac{6}{5}$ 증가
② 여자 전류와 철손은 $\dfrac{5}{6}$ 감소, 리액턴스 강하 $\dfrac{5}{6}$ 감소
③ 여자 전류와 철손은 $\dfrac{6}{5}$ 증가, 리액턴스 강하 $\dfrac{6}{5}$ 증가
④ 여자 전류와 철손은 $\dfrac{5}{6}$ 증가, 리액턴스 강하 $\dfrac{6}{5}$ 감소

TIP

※ 주파수가 증가 : ① 철손, 여자 전류 감소 ② 리액턴스 증가
※ 와류손은 주파수와는 무관하다.

철손과 여자 전류는 주파수에 반비례하고, 리액턴스는 주파수에 비례한다.

178 변압기의 온도 시험을 하는 데 가장 좋은 방법은?
① 실부하법　　② 반환 부하법
③ 단락 시험법　　④ 내전압법

전기 기기 온도 시험법으로 많이 이용되는 반환 부하법은 동일 정격의 변압기가 2대 이상 있을 경우에 채용된다. 전력 소비가 적고 철손과 동손을 공급하는 것으로 현재 가장 많이 사용하고 있다.

TIP 전기 기기 온도 시험법으로 많이 이용되는 방법 : 반환 부하법

179 변압기의 등가 회로 작성을 하기 위한 시험 중 무부하 시험으로 알 수 있는 것은?
① 어드미턴스, 철손
② 임피던스 전압, 임피던스 와트
③ 권선의 저항, 임피던스 전압
④ 철손, 임피던스 와트

 변압기의 단락 시험
- 무부하시험 : 철손, 여자 전류, 여자 어드미턴스
- 변압기의 단락 시험 : 임피던스 와트, 임피던스 전압 및 입력 전류를 측정하여 누설 임피던스, 누설 리액턴스, 권선 저항 등을 산출한다.

180 변압기의 등가 회로 작성에 필요 없는 시험은?
① 단락 시험
② 반환 부하법
③ 무부하 시험
④ 저항 측정 시험

 변압기 등가 회로 작성 시 시험
① 저항 측정, ② 무부하 시험, ③ 단락 시험이 필요하다.

답안 표기란
178　① ② ③ ④
179　① ② ③ ④
180　① ② ③ ④

정답　175. ②　176. ③　177. ①　178. ②　179. ①　180. ②

CHAPTER 3 전기기기

181 변압기 철심의 자기 포화와 자기 히스테리시스 현상을 무시한 경우, 리액터에 흐르는 전류에 대해 옳은 것은?

① 자기 회로의 자기 저항값에 비례한다.
② 권선 수에 반비례한다.
③ 전원 주파수에 비례한다.
④ 전원 전압 크기 제곱에 비례한다.

여자 전류 $I_0 = \dfrac{RV_1}{2\pi f N^2}$ [A] (R : 자기 저항)

182 변압기를 설명하는 다음 말 중 틀린 것은?

① 사용 주파수가 증가하면 전압 변동률은 감소한다.
② 전압 변동률은 부하의 역률에 따라 변한다.
③ △-Y 결선에서는 고주파 전류가 흘러서 통신선에 대한 유도 장해는 없다.
④ 효율은 부하의 역률에 따라 다르다.

① 주파수가 증가하면 리액턴스가 증가하므로 전압 변동률은 증가한다.
② $\epsilon = p\cos\theta + q\sin\theta$ 이므로 역률에 따라 전압 변동률은 변한다.
③ △-Y 결선에서는 △ 결선이 있어 제3 고조파에 여자 전류의 통로가 있어 전압 파형은 일그러지지 않고 제3 고조파에 의한 장해가 적다.
④ $\eta = V_2 I_2 \cos\theta / (V_2 I_2 \cos\theta + P_i + P_c)$ 에서 $\cos\theta$에 따라 효율은 다르다.

183 3상 유도 전동기의 회전 방향은 이 전동기에서 발생되는 회전 자계의 회전 방향과 어떤 관계가 있는가?

① 아무 관계도 없다.
② 회전 자계의 회전 방향으로 회전한다.
③ 회전 자계의 반대 방향으로 회전한다.
④ 부하 조건에 따라 정해진다.

3상 교류는 회전 자계가 발생하고, 회전자는 회전 자계 방향으로 회전한다.

184 50[Hz], 슬립 0.2인 경우의 회전자 속도가 600[rpm]일 때에 3상 유도 전동기의 극수는?

① 16 ② 12
③ 8   ④ 4

유도 전동기 속도 : $N = (1-s)N_s = (1-s)\dfrac{120f}{p}$ 에서

$\therefore p = \dfrac{(1-s)120f}{N} = \dfrac{(1-0.2) \times 120 \times 50}{600} = 8$극

185 50[Hz], 4극의 유도 전동기의 슬립이 4[%]인 때의 매분 회전수는?

① 1,410[rpm] ② 1,440[rpm]
③ 1,470[rpm] ④ 1,500[rpm]

 유도 전동기 속도

$\therefore N = (1-s)\dfrac{120f}{p} = (1-0.04) \times \dfrac{120 \times 50}{4} = 1,440$[rpm]

186 권선형 유도 전동기의 슬립 s에 있어서의 2차 전류는? (단, E_2, X_2는 전동기 정지 시 2차 유기 전압과 2차 리액턴스로 하고 R_2는 2차 저항으로 한다.)

① $\dfrac{E_2}{\sqrt{(R_2/s)^2 + X_2^2}}$ ② $sE_2 / \sqrt{R^2 + \dfrac{X_2^2}{s}}$

③ $E_2 / \sqrt{\left(\dfrac{R_2}{1-s}\right)^2 + X_2}$ ④ $E_2 / \sqrt{(sR_2)^2 + X_2^2}$

 슬립 s일 때(회전 시) 회전자 전류

$I_2' = \dfrac{sE_2}{\sqrt{r_2^2 + (sx_2)^2}}$ 분자, 분모를 슬립으로 나누면 $I_2' = \dfrac{E_2'}{\sqrt{\left(\dfrac{r_2}{s}\right)^2 + x_2^2}}$ [A]

정답 181. ① 182. ① 183. ② 184. ③ 185. ② 186. ①

TIP
회전 자계 속도는 동기 속도로 회전한다. 회전자 속도는 회전 자계 속도보다 슬립만큼 속도가 늦다.

187 다상 유도 전동기의 등가 회로에서 기계적 출력을 나타내는 정수는?

① $\dfrac{r_2'}{s}$ 　　　　② $(1-s)r_2'$

③ $\dfrac{s-1}{s}r_2'$ 　　④ $\left(\dfrac{1}{s}-1\right)r_2'$

해설

2차 합성 저항 $\dfrac{r_2}{s}=r_2+R$에서 $R=\dfrac{r_2}{s}-r_2=\dfrac{1-s}{s}r_2$

여기서 R를 기계적인 출력의 정수, 기동 저항기, 2차 외부 저항이라고 부른다.

188 6극, 3상 유도 전동기가 있다. 회전자도 3상이며 회전자 정지 시의 1상의 전압은 200[V]이다. 전부하 시의 속도가 1,152[rpm]이면 2차 1상의 전압은 몇 [V]인가? (단, 1차 주파수는 60[Hz]이다.)

① 8.0　　　　② 8.3
③ 11.5　　　　④ 23.0

해설

• 동기 속도 : $N_s = \dfrac{120 \times 60}{6} = 1{,}200[\text{rpm}]$

• 슬립 : $s = \dfrac{1{,}200 - 1{,}152}{1{,}200} = 0.04$

∴ 회전 시 2차 전압 $E_2' = sE_2 = 0.04 \times 200 = 8[\text{V}]$

189 6극 60[Hz], 200[V], 7.5[kW]의 3상 유도 전동기가 960[rpm]으로 회전하고 있을 때 회전자 전류의 주파수(Hz)는?

① 8　　　　② 10
③ 12　　　　④ 14

답안 표기란

187	① ② ③ ④
188	① ② ③ ④
189	① ② ③ ④

- 동기 속도 : $N_s = \dfrac{120f}{P} = \dfrac{120 \times 60}{6} = 1,200[\text{rpm}]$
- 슬립 : $s = \dfrac{N_s - N}{N_s} = \dfrac{1,200 - 960}{1,200} = 0.2$

∴ 회전 시 2차 주파수 $f_2 = sf_1 = 0.2 \times 60 = 12[\text{Hz}]$

TIP

회전 시 2차 주파수를 슬립 주파수라고 한다.

190 3상 유도기에서 출력의 변환식이 맞는 것은?

① $P_0 = P_2 - P_{2c} = P_2 - sP_2 = \dfrac{N}{N_s} P_2 = (1-s)P_2$

② $P_0 = P_2 + P_{2c} = P_2 + sP_2 = \dfrac{N_s}{N} P_2 = (1+s)P_2$

③ $P_0 = P_2 + P_{2c} = \dfrac{N}{N_s} P_2 = (1-s)P_2$

④ $(1-s)P_2 = \dfrac{N}{N_s} P_2 = P_0 - P_{2c} = P_0 - sP_2$

2차 효율 : $\eta_2 = \dfrac{2\text{차 출력}}{2\text{차 입력}} = \dfrac{P_0}{P_2} = (1-s) = \dfrac{N}{N_s}$ 이므로,

∴ $P_0(2\text{차 출력}) = 2\text{차 입력} - 2\text{차 동손} = P_2 - P_{2c} = P_2 - sP_2 = \dfrac{N}{N_s} P_2$
$= (1-s)P_2$

TIP

기계손을 무시하면 2차 출력= 전부하 출력이다.

191 3상 유도 전동기의 회전자 입력 P_2, 슬립 s이면 2차 동손은?

① $(1-s)P_2$ ② P_2/s
③ $(1-s)P_2/s$ ④ sP_2

- 2차 동손 $P_{c2} = sP_2[\text{W}]$

정답 187. ④ 188. ① 189. ③ 190. ① 191. ④

192 정격 출력 50[kW]의 정격 전압 220[V], 주파수 60[Hz], 극수 4의 3상 유도 전동기가 있다. 이 전동기가 전부하에서 슬립 $s=0.04$, 효율 90[%]로 운전하고 있을 때 다음과 같은 값을 갖는다. 이 중 틀린 것은?

① 1차 입력=55.56[kW]
② 2차 효율=96[%]
③ 회전자 입력=47.9[kW]
④ 회전자 동손=2.08[kW]

- 1차 입력(전입력): $P_1 = \dfrac{P_0}{\eta} = \dfrac{50}{0.9} = 55.56[\text{kW}]$
- 2차 효율 : $\eta_2 = (1-s) = 1-0.04 = 0.96 = 96[\%]$
- 회전자 입력(2차 입력) : $P_2 = \dfrac{1}{1-s}P_0 = \dfrac{1}{1-0.04} \times 50 = 52.08[\text{kW}]$
- 회전자 동손(2차 동손) : $P_{c2} = sP_2 = 0.04 \times 52.08 = 2.08[\text{kW}]$

TIP
정격 출력이 전부하 출력으로 기계손을 무시하면 2차 출력과 같다.

193 3상 유도 전동기가 있다. 슬립 s[%]일 때 2차 효율은 얼마인가?

① $1-s$　　② $2-s$
③ $3-s$　　④ $4-s$

2차 효율 : $\eta_2 = \dfrac{2\text{차 출력}}{2\text{차 입력}} = \dfrac{P_0}{P_2} = \dfrac{(1-s)P_2}{P_2} = 1-s = \dfrac{N}{N_s}$

194 3상 유도 전동기에서 동기 와트로 표시되는 것은?

① 토크
② 동기 각속도
③ 1차 입력
④ 2차 출력

유도 전동기에서 동기 와트란 동기 속도에서 2차 입력을 토크로 나타낸 것이다.

$\therefore \tau = 0.975 \dfrac{P_2}{N_s}$ [kg·m]

195 유도 전동기의 토크 속도 곡선이 비례 추이(proportional shifting)한다는 것은 그 곡선이 무엇에 비례해서 이동하는 것을 말하는가?

① 슬립
② 회전수
③ 공급 전압
④ 2차 합성 저항

권선형 유도 전동기에서 2차 저항이 증가하면 비례해서 슬립이 증가하여 토크는 일정하게 된다. 이때 슬립을 변화시켜서 속도를 제어할 수 있게 된다. 이때 $\dfrac{r_2}{s}$인 2차 합성 저항에 의해 비례 추이를 하게 되는데 이와 같이 2차 저항과 비례해서 슬립이 변화하는 것을 비례 추이라고 한다.

196 3상 권선형 유도 전동기의 2차 회로에 저항을 삽입하는 목적이 아닌 것은?

① 속도는 줄어들지만 최대 토크를 크게 하기 위하여
② 속도 제어를 하기 위하여
③ 기동 토크를 크게 하기 위하여
④ 기동 전류를 줄이기 위하여

비례 추이를 하면
① 2차 저항 r_2를 변화해도 최대 토크는 변하지 않는다.
② 2차 저항 r_2를 변화하면 비례해서 슬립이 변하므로 속도도 제어할 수 있다.
③ 2차 저항 r_2를 크게 하면 기동 전류는 감소하고 기동 토크는 증가한다.

197 비례 추이와 관계가 있는 전동기는?

① 동기 전동기
② 3상 유도 전동기
③ 단상 유도 전동기
④ 정류자 전동기

답안 표기란

195	①	②	③	④
196	①	②	③	④
197	①	②	③	④

TIP
동기 와트=토크로 동기 속도에서만 성립한다.

TIP
비례 추이
① 권선형 유도 전동기만 가능
② $\dfrac{r_2}{s}$인 2차 합성 저항에 의해 비례 추이한다.
③ 2차 저항 증가 시 비례해서 증가하는 것은 슬립이다.
④ 비례 추이 시 최대 토크는 항상 일정하다.
⑤ 비례 추이할 수 없는 것 : ㉠ 출력 ㉡ 효율 ㉢ 2차동손

TIP
3상 권선형 유도 전동기만 비례 추이가 가능하다.

정답 192. ③ 193. ① 194. ① 195. ④ 196. ① 197. ②

3상 권선형 유도 전동기만이 비례 추이가 가능하다.

198 유도 전동기 토크 특성 곡선에서 2차 저항이 최대인 것은?

① ④
② ③
③ ②
④ ①

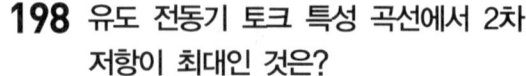

비례 추이에서 2차 저항이 증가할수록 전부하 슬립 점도 증가한다.

199 권선형 유도 전동기에서 2차 저항을 변화시켜 속도를 제어하는 경우 최대 토크는?

① 최대 토크가 생기는 점의 슬립에 비례한다.
② 최대 토크가 생기는 점의 슬립에 반비례한다.
③ 2차 저항에만 비례한다.
④ 항상 일정하다.

 최대 토크 : $\tau_{max} = \dfrac{E_2^2}{2x_2}[\mathrm{N \cdot m}]$

최대 토크는 2차 저항과는 무관하며 항상 일정하다.

200 슬립 s_t에서 최대 토크를 발생하는 3상 유도 전동기에서 2차 1상의 저항을 r_2라 하면 최대 토크로 기동하기 위한 2차 1상의 외부로부터 가해 주어야 할 저항은?

① $\dfrac{1-s_t}{s_t}r_2$ 　　　② $\dfrac{1+s_t}{s_t}r_2$

③ $\dfrac{r_2}{1-s_t}$ 　　　④ $\dfrac{r_2}{s_t}$

비례 추이식 $\dfrac{r_2}{s} = \dfrac{r_2+R}{s'}$

기동 시 $s'=1$에서 최대 토크를 발생시키는 데 필요한 외부 저항 R은
$\dfrac{r_2}{s_t} = \dfrac{r_2+R}{1}$에서 $R = \dfrac{r_2}{s_t} - r_2 = \dfrac{1-s_t}{s_t}r_2$

201 전부하 슬립 2[%], 1상의 저항이 0.1[Ω]인 3상 권선형 유도 전동기의 슬립 링을 거쳐서 2차의 외부에 저항을 삽입하여 그 기동 토크를 전부하 토크와 같게 하고자 한다. 이 저항값(Ω)은?

① 5.0　　　② 4.9
③ 4.8　　　④ 4.7

기동 시 $s'=1$에서 전부하 토크를 발생시키는 데 필요한 외부 저항 R은
$\dfrac{r_2}{s} = \dfrac{r_2+R}{s'}$에서 $\dfrac{0.1}{0.02} = \dfrac{0.1+R}{1}$

$\therefore R = \dfrac{0.1}{0.02} - 0.1 = 4.9[\Omega]$

202 유도 전동기의 원선도에서 구할 수 없는 것은?

① 1차 입력　　　② 1차 동손
③ 동기 와트　　　④ 기계적 출력

원선도에서는 2차 출력까지만 구할수 있다. 기계적인 출력은 2차 출력에서 기계손을 뺀 것이다.

CHAPTER 3 전기기기

203 3상 유도 전동기의 원선도를 그리는 데 옳지 않은 시험은?

① 저항 측정 ② 무부하 시험
③ 구속 시험 ④ 슬립 측정

> **[해설]** 원선도 작도에 필요한 시험
> ① 무부하 시험 ② 구속 시험(단락 시험) ③ 저항 측정

204 그림과 같은 3상 유도 전동기의 원선도에서 점 P와 같은 부하 상태로 운전할 때 2차 효율은?

① $\dfrac{PQ}{PR}$

② $\dfrac{PQ}{PT}$

③ $\dfrac{PR}{PT}$

④ $\dfrac{PR}{PS}$

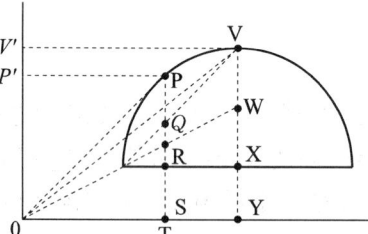

> **[해설]**
> • 2차 효율 : $\eta_2 = \dfrac{2차\ 출력}{2차\ 입력} = \dfrac{PQ}{PR}$
> • 전부하 효율 : $\eta = \dfrac{2차\ 출력}{전입력(1차\ 입력)} = \dfrac{PQ}{PT}$

TIP

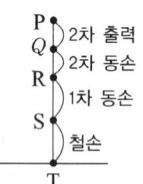

P : 2차 출력
Q : 2차 동손
R : 1차 동손
S : 철손

205 유도 전동기의 1차 접속을 △에서 Y로 기동 시의 1차 전류는?

① $\dfrac{1}{3}$로 감소 ② $\dfrac{1}{\sqrt{3}}$로 감소
③ $\sqrt{3}$배로 증가 ④ 3배로 증가

유도 전동기 기동 시 1차 권선(계자 권선)을 △에서 Y로 바꾸면 기동 시 전류와 기동 시 토크는 △로 기동 시에 비하여 공히 1/3로 감소한다.

206 유도 전동기의 기동에서 Y-△ 기동은 몇 [kW] 범위의 전동기에서 이용되는가?

① 5[kW] 이하
② 5~15[kW] 정도
③ 15[kW] 이상
④ 용량에 관계없이 이용이 가능하다.

① 전전압 기동(직입 기동) : 5[kW] 미만
② Y-△ 기동 : 일반적으로 5~15[kW] 정도
③ 리액터 기동, 기동 보상 기법 기동 : 15[kW] 이상

207 유도 전동기 기동 보상기의 탭 전압으로 보통 사용되지 않는 전압은 정격 전압의 몇 [%] 정도인가?

① 35[%]   ② 50[%]
③ 65[%]   ④ 80[%]

 기동 보상기의 탭

보통 50, 65, 80[[%] 탭을 이용한다.

208 농형 유도 전동기의 기동에 있어 다음 중 옳지 않은 방법은?

① Y-△ 기동   ② 2차 저항에 의한 기동
③ 전전압 기동   ④ 단권 변압기에 의한 기동

- 권선형 유도 전동기 기동법 : ① 게르게스 기동 ② 2차 저항 기동(기동 저항 기법)
- 농형 유도 전동기 기동법 : ① 전전압 기동(직입 기동) ② Y-△ 기동법
  ③ 리액터 기동 ④ 기동 보상 기법 기동

TIP

Y-△기동에서 Y로 기동 시는 전압이 전전압 기동에 비하여 $\frac{1}{\sqrt{3}}$ 배로 감소하여 기동 시 전류와 토크가 공히 $\frac{1}{3}$ 배로 감소한다.

[정답] 203. ④ 204. ① 205. ① 206. ② 207. ① 208. ②

CHAPTER 3 전기기기

209 전압 440[V]에서의 기동 토크가 전부하 토크의 212[%]인 3상 유도 전동기가 있다. 기동 토크가 100[%] 되는 부하에 대해서는 기동 보상기로 전압(V)을 얼마 공급하면 되는가?

① 약 300
② 약 250
③ 약 210
④ 약 180

유도 전동기 토크와 전압과의 관계 : $T \propto V^2$
∴ $212 : 100 = 440^2 : V'^2$에서 $V' = 300[V]$

210 유도 전동기에서 게르게스(Görges) 현상이 생기는 슬립은 대략 얼마인가?

① 0.25
② 0.5
③ 0.7
④ 0.8

 게르게스 현상

3상 권선형 유도 전동기의 2차 회로 중 1선이 단선된 경우에 무부하 및 경부하 상태에서도 슬립 $s=0.5$ 정도로 소손되지 않고 계속 운전되는 상태를 말한다.

> **TIP** 게르게스 현상
> 3상 권선형 유도 전동기에서만 일어나는 이상 현상

211 크로우링 현상은 다음의 어느 것에서 일어나는가?

① 농형 유도 전동기
② 직류 직권 전동기
③ 회전 변류기
④ 3상 변압기

 크로우링 현상

농형 유도 전동기에 있어서 정지 상태로부터 어느 정도 저속도까지 가속하고, 그 이상은 가속하지 않는 상태를 말한다.

> **TIP** 크로우링 현상
> 3상 농형 유도 전동기에서만 일어나는 이상 현상

212 소형 유도 전동기의 슬롯을 사구(skew slot)로 하는 이유는?

① 토크 증가　　② 게르게스 현상의 방지
③ 크로우링 현상의 방지　　④ 제동 토크의 증가

 사구(斜構, skew slot)

크로우링 현상을 경감시키기 위해서 회전자의 슬롯을 축 방향에 대해서 경사시킨 슬롯을 사구라 한다.

213 유도 전동기의 속도 제어법 중 저항 제어와 무관한 것은?

① 농형 유도 전동기
② 비례 추이
③ 속도 제어가 간단하고 원활함
④ 속도 조정 범위가 적다.

 유도 전동기의 속도 제어법

① 주파수 제어　　② 극수 제어　　③ 1차 전압 제어법
④ 2차 저항 제어　　⑤ 2차 여자 제어　　⑥ 종속법
＊① 2차 저항법　　② 2차 여자법　　③ 종속법은 권선형만 가능하다.

214 유도 전동기의 속도 제어법이 아닌 것은?

① 2차 저항법　　② 2차 여자법
③ 1차 저항법　　④ 주파수 제어법

 유도 전동기의 속도 제어법

① 주파수 제어법　　② 극수 제어법
③ 1차 전압 제어법　　④ 종속법
⑤ 2차 저항 제어　　⑥ 2차 여자법

215 다음 중 농형 유도 전동기에 주로 사용되는 속도 제어법은?

① 저항 제어법
② 2차 여자법
③ 종속 접속법(concatenation)
④ 극수 변환법

답안 표기란
212　① ② ③ ④
213　① ② ③ ④
214　① ② ③ ④
215　① ② ③ ④

정답　209. ①　210. ②　211. ①　212. ③　213. ①　214. ③　215. ④

CHAPTER 3 전기기기

 농형 유도 전동기의 속도 제어법
① 주파수 제어법
② 극수 변환 제어
③ 1차 전압 제어법

216 3상 권선형 유도 전동기의 속도 제어를 위해서 2차 여자법을 사용하고자 할 때 그 방법은?

① 1차 권선에 가해 주는 전압과 동일한 전압을 회전자에 가한다.
② 직류 전압을 3상 일괄해서 회전자에 가한다.
③ 회전자 기전력과 같은 주파수의 전압을 회전자에 가한다.
④ 회전자에 저항을 넣어 그 값을 변화시킨다.

 2차 여자법

회전자 슬립 링에 슬립 주파수(sf_1)의 전압을 회전자 권선에 공급하여 s를 변환시키는 방법을 말한다.

217 다음 그림의 sE_2는 권선형 3상 유도 전동기의 2차 유기 전압이고 E_c는 2차 여자법에 의한 속도 제어를 하기 위하여 외부에서 회전자 슬립에 가한 슬립 주파수의 전압이다. 여기서 E_c의 작용 중 옳은 것은?

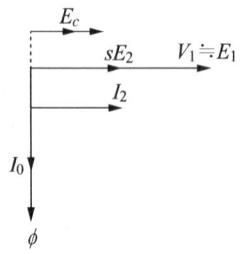

① 역률을 향상시킨다.
② 속도를 강하하게 한다.
③ 속도를 상승하게 한다.
④ 역률과 속도를 떨어뜨린다.

2차 여자법에서 슬립 주파수의 전압(E_c)을 2차 유기 전압과 같은 방향으로 가하면 속도가 상승하고, 반대 방향으로 가하면 속도가 감소한다.

답안 표기란

| 216 | ① | ② | ③ | ④ |
| 217 | ① | ② | ③ | ④ |

TIP
권선형만 가능한 속도 제어
① 2차 저항 제어
② 2차 여자 제어
③ 종속법

TIP
권선형 유도 전동기 2차 여자법은 속도와 역률을 조정할 수 있다.

218 60[Hz]인 3상 8극 및 2극의 유도 전동기를 차동 종속으로 접속하여 운전할 때의 무부하 속도(rpm)는?

① 3,600
② 1,200
③ 900
④ 720

 차동 종속

$$N = \frac{120f}{p_1 - p_2} = \frac{120 \times 60}{8 - 2} = 1,200[\text{rpm}]$$

219 2중 농형 전동기가 보통 농형 전동기에 비해서 다른 점은?

① 기동 전류가 크고, 기동 토크도 크다.
② 기동 전류가 작고, 기동 토크도 작다.
③ 기동 전류는 작고, 기동 토크는 크다.
④ 기동 전류는 크고, 기동 토크는 작다.

 2중 농형 유도 전동기

회전자 슬롯을 2중으로 하여 회전자 외측 슬롯 도체는 저항이 크고 리액턴스가 작은 기동용 농형 권선과 안쪽 슬롯 도체는 저항이 작고 리액턴스가 큰 운전용 농형 권선을 가진 것으로 보통 농형에 비하여 기동 전류가 작고 기동 토크가 크다.

TIP
농형 유도 전동기 기동 시 토크가 큰 것부터 나열하면 ① 2중 농형 ② 심구홈 농형(디프 슬롯 농형) ③ 보통 농형

220 단상 유도 전동기의 기동 방법 중 가장 기동 토크가 작은 것은 어느 것인가?

① 반발 기동형
② 반발 유도형
③ 콘덴서 전동기
④ 분상 기동형

 단상 유도 전동기 기동 토크가 큰 순서

① 반발 기동형   ② 반발 유도형
③ 콘덴서 기동형 ④ 콘덴서 전동기
⑤ 분상 기동형   ⑥ 셰이딩 코일형

TIP
반기, 콘, 분, 세로 기억하세요.

정답 216. ③ 217. ③ 218. ② 219. ③ 220. ④

CHAPTER 3 전기기기

221 단상 유도 전동기의 특성은 다음과 같다. 틀린 것은?

① 무부하에서 완전히 동기 속도로 되지 않고 조금 슬립이 있다.
② 동기 속도에서는 토크가 부(-)로 된다.
③ 슬립 1일 때 토크가 영, 즉 기동 토크가 없다.
④ 2차 저항을 바꾸어도 최대 토크에는 변화가 없다.

단상 유도 전동기의 경우 2차 저항의 값이 변화할 경우 최대 토크의 발생 슬립뿐만 아니라 최대 토크까지 변한다. 그러므로 비례 추이를 할 수 없다.

222 유도 전동기로 동기 전동기를 기동하는 경우, 유도 전동기의 극수는 동기기의 그것보다 2극 작은 것을 사용한다. 옳은 이유는? (단, s : 슬립이다.)

① 같은 극수로는 유도기는 동기 속도보다 sN_s만큼 늦으므로
② 같은 극수로는 유도기는 동기 속도보다 $(1-s)$만큼 늦으므로
③ 같은 극수로는 유도기는 동기 속도보다 s만큼 빠르므로
④ 같은 극수로는 유도기는 동기 속도보다 $(1-s)$만큼 빠르므로

- 동기 전동기 속도 : $N_s = \dfrac{120f}{p}[\text{rpm}]$
- 유도 전동기 속도 : $N = (1-s)N_s = N_s - sN_s[\text{rpm}]$
∴ 유도 전동기 속도는 동기 전동기 속도인 동기 속도보다 sN_s만큼 떨어진다. 그러므로 대략 2극 정도 작은 전동기로 기동한다.

TIP

슬립은 속도 차로 곧 상대 속도이다 : $N_s - N = sN_s$

223 그림에서 고정자가 매초 50 회전하고, 회전자가 45 회전하고 있을 때 회전자의 도체에 유기되는 기전력의 주파수(Hz)는?

① $f = 45$
② $f = 95$
③ $f = 5$
④ $f = 50$

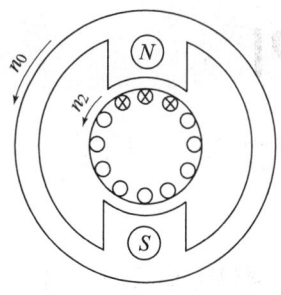

$n_0 = 50$[rps]
$n_2 = 45$[rps]

해설

슬립 : $s = \dfrac{n_0 - n_2}{n_0} = \dfrac{50 - 45}{50} = 0.1$

∴ 회전 시 2차 주파수 $f'_2 = sf_1 = 0.1 \times 50 = 5$[Hz]

224 15[kW]의 3상 유도 전동기의 기계손이 350[W], 전부하 시의 슬립이 3[%]이다. 전부하 시의 2차 동손(W)은?

① 395
② 411
③ 475
④ 524

해설

2차 출력=전부하 출력+기계손=15,000+350=15,350[W]

2차 출력 $P_0 = (1-s)P_2$에서 $P_2 = \dfrac{P_0}{1-s} = \dfrac{15,350}{1-0.03} = 15,825$[W]

∴ 2차 동손 $P_{c2} = sP_2 = 0.03 \times 15,825 = 475$[W]

TIP

※ 2차 출력 :
$P_0 = (1-s)P_2$[W]
(P_2 : 2차 입력)

※ 2차 동손 :
$P_{c2} = sP_2$[W]

225 3상 유도 전동기가 슬립 s의 상태로 운전하고 있을 때 2차 (가)에 대한 2차 (나)손의 비는 (다)와 같고, 또한 (라)은 $(1-s)$에 해당한다. 괄호 안에 알맞은 말은?

① (가) 출력, (나) 동, (다) $1-s$, (라) 2차 입력
② (가) 입력, (나) 동, (다) s (라) 2차 효율
③ (가) 출력, (나) 철, (다) $1-s$, (라) 2차 효율
④ (가) 입력, (나) 동, (다) s, (라) 동기 와트

정답 221. ④ 222. ① 223. ③ 224. ③ 225. ②

CHAPTER 3 전기기기

2차 동손 $P_{c2} = sP_2$, 2차 효율 $\eta_2 = 1 - s = \dfrac{N}{N_s}$

$P_2 : P_{c2} : P_0 = 1 : s : 1-s$

226 극수 p인 3상 유도 전동기가 주파수 f[Hz], 슬립 s, 토크 T [N·m]로 회전하고 있을 때 기계적 출력(W)은?

① $T \cdot \dfrac{4\pi f}{p}(1-s)$

② $T \cdot \dfrac{4pf}{\pi}(1-s)$

③ $T \cdot \dfrac{4\pi f}{p}s$

④ $T \cdot \dfrac{\pi f}{2p}(1-s)$

유도 전동기 속도 : $n = \dfrac{2f}{p}(1-s)$[rps]

각속도 : $\omega = 2\pi n = \dfrac{4\pi f}{p}(1-s)$[rad/s]

∴ 유도 전동기 출력 $P_0 = T\omega = T \cdot \dfrac{4\pi f}{p}(1-s)$[W]

227 3상 유도 전동기의 2차 저항을 2배로 하면 2배로 되는 것은?

① 토크
② 전류
③ 역률
④ 슬립

비례 추이에서 2차 저항을 증가시키면 비례해서 증가하는 것은 슬립이다.

TIP

$T = \dfrac{P_0}{\omega} = \dfrac{P_0}{2\pi n}$[N·m]

228 전부하로 운전하고 있는 60[Hz], 4극 권선형 유도 전동기의 전부하 속도 1,728[rpm], 2차 1상 저항 0.02[Ω]이다. 2차 회로의 저항을 3배로 할 때 회전수(rpm)는?

① 1,264
② 1,356
③ 1,584
④ 1,765

동기 속도 : $N_s = \dfrac{120 \times 60}{4} = 1,800\text{[rpm]}$

전부하 슬립 : $s = \dfrac{1,800 - 1,728}{1,800} = 0.04$

전부하 슬립으로 운전 중 r_2를 3배로 증가하면 비례해서 슬립도 3배가 되므로
$s' = 3s = 3 \times 0.04 = 0.12$
이때 회전수 $N = (1-s)N_s = (1-0.12) \times 1,800 = 1,584\text{[rpm]}$

229 4극 50[Hz] 권선형 3상 유도 전동기가 있다. 전부하에서 슬립 4[%]이다. 전부하 토크를 내고 1,200[rpm]으로 회전시키려면 2차 회로에 몇 [Ω]의 저항을 넣어야 하는가? (단, 2차 회로는 성형으로 접속하고 매상의 저항은 0.35[Ω]이다.)

① 1.2
② 1.4
③ 0.2
④ 0.4

• 비례 추이 : $\dfrac{r_2}{s} = \dfrac{r_2 + R}{s'}$

동기 속도 : $N_s = \dfrac{120f}{P} = \dfrac{120 \times 50}{4} = 1,500\text{[rpm]}$

슬립 : $s' = \dfrac{N_s - N}{N_s} = \dfrac{1,500 - 1,200}{1,500} = 0.2$

$\dfrac{0.35}{0.04} = \dfrac{0.35 + R}{0.2}$ 에서 $R = 1.4[\Omega]$

정답 226. ① 227. ④ 228. ③ 229. ②

230 3상 유도 전동기가 경부하로 운전 중 1선의 퓨즈가 끊어지면 어떻게 되는가?

① 속도가 증가하여 다른 퓨즈도 녹아 떨어진다.
② 속도가 낮아지고 다른 퓨즈도 녹아 떨어진다.
③ 전류가 감소한 상태에서 회전이 계속된다.
④ 전류가 증가한 상태에서 회전이 계속된다.

3상 유도 전동기가 운전 중 한 상이 결상되면 전류가 $\sqrt{3}$ 배로 증가한다. 이때 무부하나 경부하로 운전 중일 때는 전류는 증가하지만 소손되지 않고 회전은 계속되며, 전부하로 운전 중일 때는 약간 시간이 경과 후에 소손된다.

231 유도 전동기의 제동 방법 중 슬립의 범위를 1~2 사이로 하여 3선 중 2선의 접속을 바꾸어 제동하는 방법은?

① 역상 제동
② 직류 제동
③ 단상 제동
④ 회생 제동

 역상 제동

전동기의 1차 측 3선 중 2선을 바꾸어 접속하면 회전 자계의 방향이 반대로 되며 역상 토크에 의해 유도 전동기는 강력한 유도 제동기가 된다. 이것을 역상 제동기라 한다.

232 선박의 전기 추진용 전동기의 속도 제어에 가장 알맞은 것은?

① 주파수 변화에 의한 제어
② 극수 변화에 의한 제어
③ 1차 회전에 의한 제어
④ 2차 저항에 의한 제어

 주파수 변화에 의한 속도 제어

전동기에 가해지는 전원 주파수를 바꾸어 속도를 제어하는 방법으로 선박의 전기 추진용 전동기, 포트 모터의 속도 제어 등 고속의 운전에 적합한 속도 제어 방법이다.

답안 표기란

230	①	②	③	④
231	①	②	③	④
232	①	②	③	④

TIP
유도 전동기 제동법
① 역상 제동(플러깅)
② 발전 제동
③ 회생 제동
④ 직류 제동
⑤ 단상 제동

TIP
주파수 제어 : 포트 모터와 선박용 추진 모터에서만 이용

233 인견 공업에 쓰이는 포트 모터(pot motor)의 속도 제어는?
① 주파수 변화에 의한 제어
② 극수 변환에 의한 제어
③ 1차 회전에 의한 제어
④ 저항에 의한 제어

포트 모터는 극수는 2극으로 하고 주파수를 130~150[Hz]로 인가하여 고속으로 제어되는 전동기이다.

234 유도 전동기의 동작 특성에서 제동기로 쓰이는 슬립의 영역은?
① 1~2
② 0~1
③ 0~-1
④ -1~-2

 유도기 슬립 범위

① 유도 전동기의 동작 범위 : $1 > s > 0$
② 유도 제동기의 동작 범위 : $s > 1$
③ 유도 발전기의 동작 범위 : $s < 0$

235 단상 유도 전압 조정기에서 1차 전원 전압을 V_1이라 하고, 2차 유도 전압을 E_2라고 할 때 부하 단자 전압을 연속적으로 가변할 수 있는 조정 범위는?
① $0 \sim V_1$까지
② $V_1 + E_2$까지
③ $V_1 - E_2$까지
④ $V_1 + E_2$에서 $V_1 - E_2$까지

 유도 전압 조정기의 전압 조정 범위

$V_2 = V_1 + E_2 \cos \alpha$에서 단상 유도 전압 조정기의 회전자 위상각 α를 0°~ 180°까지 조정한다. 그러므로 V_2는 $V_1 + E_2$에서 $V_1 - E_2$까지 조정될 수 있다.

TIP
유도 전압 조정기 2차 전압
$V_2 = V_1 \pm E_2$

정답 230. ④ 231. ① 232. ① 233. ① 234. ① 235. ④

CHAPTER 3 전기기기

236 단상 유도 전압 조정기의 1차 권선과 2차 권선의 축 사이 각도를 α라 하고, 양 권선의 축이 일치할 때 2차 권선의 유도 전압을 E_2, 전원 전압을 V_1, 부하 측의 전압을 V_2를 나타내는 식은?

① $V_2 = V_1 + E_2\cos\alpha$
② $V_2 = V_1 - E_2\cos\alpha$
③ $V_2 = E_2 + V_1\cos\alpha$
④ $V_2 = E_2 - V_1\cos\alpha$

 유도 전압 조정기 전압 조정 범위

$V_2 = V_1 + E_2\cos\alpha\,(\alpha\,:\,$회전자 위상각$)$

237 단상 유도 전압 조정기에서 단락 권선의 직접적인 역할은?

① 누설 리액턴스로 인한 전압 강하 방지
② 역률 보상
③ 용량 증대
④ 고조파 방지

단상 유도 전압 조정기는 2차 권선의 누설 리액턴스, 특히 $\alpha=90°$에서 매우 크다. 이것으로 인해 전압 변동률이 커지게 되므로 이를 방지하기 위해서 1차 권선과 직각 방향으로 단락 권선을 설치하여 2차 권선에 의한 누설 자속을 상쇄시켜서 누설 리액턴스에 의한 전압 강하를 방지한다.

238 3상 유도 전동기를 불평형 전압으로 운전하면 토크와 입력과의 관계는?

① 토크는 증가하고 입력은 감소
② 토크는 증가하고 입력도 증가
③ 토크는 감소하고 입력은 증가
④ 토크는 감소하고 입력도 감소

전압이 불평형이 되면 불평형 전류가 흘러 전류는 증가한다. 그러나 토크는 감소한다.

답안 표기란

236	①	②	③	④
237	①	②	③	④
238	①	②	③	④

TIP

단상 유도 전압 조정기 특성
① 교번 자계에 의한 전자 유도 작용 이용
② 입력 전압과 출력 전압이 동상
③ 단락 권선이 있다.

239 9차 고조파에 의한 기자력의 회전 방향 및 속도는 기본파 회전 자계와 비교할 때 다음 중 적당한 것은?

① 기본파와 역방향이고 9배의 속도
② 기본파와 역방향이고 1/9배의 속도
③ 기본파와 동방향이고 9배의 속도
④ 회전 자계를 발생하지 않는다.

유도 전동기 계자에 3차, 9차 고조파가 인가되면 회전 자계는 발생하지 않는다.

240 교류 전동기에서 기본파 회전 자계와 같은 방향으로 회전하는 공간 고조파 회전 자계의 고조파 차수 h를 구하면? (단, m은 상수, n은 정수이다.)

① $h = nm$
② $h = 2nm$
③ $h = 2nm + 1$
④ $h = 2nm - 1$

$h = 2nm + 1$(3상의 경우 제7, 13차, … 등) : 기본파와 같은 방향으로 회전한다.
$h = 2nm - 1$(3상의 경우 제5, 11차, … 등) : 기본파와 반대 방향으로 회전한다.

241 횡축에 속도 n을, 종축에 토크 T를 취하여 전동기 및 부하의 속도 토크 특성 곡선을 그릴 때 그 교점이 안정 운전점인 경우에 성립하는 관계식은? (단, 전동기의 발생 토크를 T_M, 부하의 발생 토크를 T_L이라 한다.)

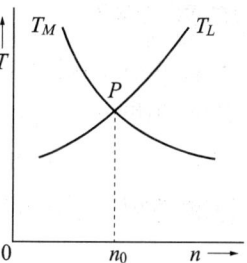

① $\dfrac{dT_M}{dT_L} < \dfrac{dT_L}{dn}$
② $\dfrac{dT_M}{dn} = \dfrac{dT_L}{dn} = 0$
③ $\dfrac{dT_M}{dn} = \dfrac{dT_L}{dn}$
④ $\dfrac{dT_M}{dn} < \dfrac{dT_L}{dn}$

TIP
① 7, 13고조파 : 기본파와 동방향으로 회전 자계를 발생하고 속도는 1/7, 1/13로 된다.
② 5, 11고조파 : 기본파와 역방향으로 회전 자계를 발생하고 속도는 1/5, 1/11로 된다.
③ 3, 9고조파 : 회전 자계가 발생하지 않는다.

정답 236. ① 237. ① 238. ③ 239. ④ 240. ③ 241. ④

전동기가 안정되게 운전하기 위해서는 속도에 대한 토크의 기울기가 전동기의 발생 토크보다 부하에서 요구하는 토크의 기울기가 더 커야 한다.

$$\frac{dT_M}{dn} < \frac{dT_L}{dn} \text{ (안정 운전)}$$

242 권선형 유도 전동기와 직류 분권 전동기와의 유사한 점 두 가지는?

① 정류자가 있다. 저항으로 속도 조정이 된다.
② 속도 변동률이 작다. 저항으로 속도 조정이 된다.
③ 속도 변동률이 작다. 토크가 전류에 비례한다.
④ 속도가 가변, 기동 토크가 기동 전류에 비례한다.

두 전동기는 공히 저항으로 속도 조정을 할 수 있으며, 속도 변동이 작다.

243 2중 농형 유도 전동기에서 외측(회전자 표면에 가까운 쪽) 슬롯에 사용되는 전선으로 적당한 것은?

① 누설 리액턴스가 작고 저항이 커야 한다.
② 누설 리액턴스가 크고 저항이 작아야 한다.
③ 누설 리액턴스가 작고 저항이 작아야 한다.
④ 누설 리액턴스가 크고 저항이 커야 한다.

2중 농형은 회전자 슬롯이 2중으로 되어 있으며, 바깥쪽 도체에는 황동 또는 구리, 니켈 합금과 같은 특수 합금으로 저항이 높은 도체가 사용되고, 안쪽의 도체에는 저항이 낮은 구리가 사용된다.

답안 표기란				
242	①	②	③	④
243	①	②	③	④

244 유도 발전기의 장점을 열거한 것이다. 옳지 않은 것은?

① 농형 회전자를 사용할 수 있으므로 구조가 간단하고 가격이 싸다.
② 선로에 단락이 생기면 여자가 없어지므로 동기 발전기에 비해 단락 전류가 작다.
③ 공극이 크고 역률이 동기기에 비해 좋다.
④ 유도 발전기는 여자기로서 동기 발전기가 필요하다.

유도 발전기는 동기 발전기에 비하여 공극이 매우 작으며 효율, 역률이 나쁘다.

245 단상 유도 전압 조정기와 3상 유도 전압 조정기의 비교 설명으로 옳지 않은 것은?

① 모두 회전자와 고정자가 있으며 한 편에 1차 권선을, 다른 편에 2차 권선을 둔다.
② 모두 입력 전압과 이에 대응한 출력 전압 사이에 위상차가 있다.
③ 단상 유도 전압 조정기에는 단락 코일이 필요하나 3상에서는 필요 없다.
④ 모두 회전자의 회전각에 따라 조정된다.

3상 유도 전압 조정기는 3상 유도 전동기와 같이 직렬 권선에 의한 기전력은 회전 자계의 위치와 관계없이 항상 1차 부하 전류에 의한 분로 권선의 기자력에 의해 소멸되므로 단락 권선이 필요 없다. 단상은 출력 전압과 입력 전압의 위상이 동상이다.

TIP
3상 유도 전압 조정기 특성
① 회전 자계에 의한 전자 유도 현상 이용
② 입력 전압과 출력 전압이 위상차가 있다.
③ 단락 권선이 없다.

246 브러시를 이동하여 회전 속도를 제어하는 전동기는?

① 직류 직권 전동기
② 단상 직권 전동기
③ 반발 전동기
④ 반발 기동형 단상 유도 전동기

정답 242. ② 243. ① 244. ③ 245. ② 246. ③

CHAPTER 3 전기기기

반발 전동기는 브러시 이동만으로 기동, 정지, 속도 제어가 가능하다.

247 유도 전동기의 슬립(slip)을 측정하려고 한다. 다음 중 슬립의 측정법은 어느 것인가?
① 직류 밀리볼트계법
② 동력계법
③ 보조 발전기법
④ 프로니 브레이크법

 슬립 측정 방법
① 직류 밀리볼트계법 ② 수화기법 ③ 스트로보스코프법

248 유도 전동기에서 인가 전압이 일정하고 주파수가 정격값에서 수[%] 감소할 때 다음 현상 중 해당되지 않는 것은?
① 동기 속도가 감소한다.
② 철손이 증가한다.
③ 누설 리액턴스가 증가한다.
④ 효율이 나빠진다.

주파수가 감소하면 누설 리액턴스($X=2\pi fL$)는 감소한다.

249 3상 4극 유도 전동기가 있다. 고정자의 슬롯 수가 24라면 슬롯과 슬롯 사이의 전기각은 얼마인가?
① 20°
② 30°
③ 40°
④ 60°

전기적 각도=기하학적 각도$\times \dfrac{p}{2}$(p : 극수)$=\dfrac{360}{24}\times\dfrac{4}{2}=30°$

답안 표기란
247 ① ② ③ ④
248 ① ② ③ ④
249 ① ② ③ ④

TIP 주파수가 감소하면 철손이 증가하여 효율이 떨어진다.

TIP 4극이므로 1회전의 전기적인 극 간격은 4π이다.
슬롯 사이의 전기적인 각 $=\dfrac{4\pi}{24}=30°$

250 다음 중 SCR의 기호가 맞는 것은 어느 것인가? (단, A는 anode의 약자, K는 cathode의 약자이며 G는 gate의 약자이다.)

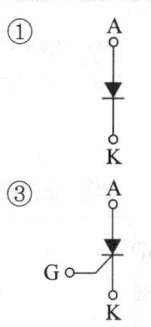

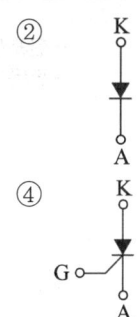

① 다이오드(Diode)
③ SCR(Silicon Controlled Rectifier)

251 SCR(실리콘 정류 소자)의 특징이 아닌 것은?
① 아크가 생기지 않으므로 열의 발생이 적다.
② 과전압에 약하다.
③ 게이트에 신호를 인가할 때부터 도통할 때까지의 시간이 짧다.
④ 전류가 흐르고 있을 때의 양극 전압 강하가 크다.

SCR의 특징
① 아크가 생기지 않으므로 열의 발생이 적다.
② 과전압에 약하다.
③ 열용량이 적어 고온에 약하다.
④ 게이트에 신호를 인가할 때부터 도통할 때까지의 시간이 짧다.
⑤ SCR의 순방향 전압 강하는 보통 1.5[V] 이하로 적다.
⑥ 정류 기능을 갖는 단일 방향성 3단자 소자이다.
⑦ 부하 역률각 이하에서는 제어가 되지 않는다.

TIP
SCR은 단일 방향성 소자로 정류 작용과 위상을 제어하여 전압을 조정할 수 있다.

정답 247. ① 248. ③ 249. ② 250. ③ 251. ④

CHAPTER 3 전기기기

252 SCR의 설명으로 적당하지 않은 것은?

① 게이트 전류(I_G)로 통전 전압을 가변시킨다.
② 주전류를 차단하려면 게이트 전압을 (0) 또는 (−)로 해야 한다.
③ 게이트 전류의 위상각으로 통전 전류의 평균값을 제어시킬 수 있다.
④ 대전류 제어 정류용으로 이용된다.

SCR은 게이트에 (+)의 트리거 펄스가 인가되면 통전 상태로 되어 정류 작용이 개시된다. 통전이 시작되면 게이트 전류를 차단해도 주전류(애노드 전류)는 차단되지 않는다. 주전류를 차단하려면 애노드 전압을 (0) 또는 (−)로 하거나 유지 전류 이하가 되면 차단된다.

TIP
SCR은 유지 전류 이하가 되어야 OFF가 되므로 자기 소호 능력이 없다.
그리고 OFF 시는 게이트하고 전혀 무관하다.

253 SCR을 이용한 인버터 회로에서 SCR이 도통 상태에 있을 때 부하 전류가 20[A] 흘렀다. 게이트 동작 범위 내에서 전류를 $\frac{1}{2}$로 감소시키면 부하 전류는 몇 [A]가 흐르는가?

① 0
② 10
③ 20
④ 40

SCR이 일단 ON 상태로 되면 전류가 유지 전류 이상으로 유지되는 한 게이트 전류 유무에 관계없이 주전류(애노드 전류)는 흐른다.

254 그림의 단상 반파 정류 회로에서 R에 흐르는 직류 전류(A)는? (단, $V = 100[\text{V}]$, $R = 10\sqrt{2}\,[\Omega]$이다.)

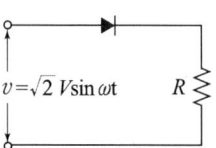

① 2.28
② 3.2
③ 4.5
④ 7.07

직류 전압 : $E_d = \dfrac{\sqrt{2}}{\pi} E = 0.45E[V]$

$\therefore I_d = \dfrac{E_d}{R} = \dfrac{0.45E}{R} = \dfrac{0.45 \times 100}{10\sqrt{2}} = 3.18 \fallingdotseq 3.2[A]$

255 단상 반파 정류 회로에서 변압기 2차 전압의 실횻값을 $E[V]$라 할 때 직류 전류 평균값(A)은 얼마인가? (단, 정류기의 전압 강하는 $e[V]$이다.)

① $\left(\dfrac{\sqrt{2}}{\pi}E - e\right)\Big/ R$ ② $\dfrac{1}{2} \cdot \dfrac{E-e}{R}$

③ $\dfrac{2\sqrt{2}}{\pi} \cdot \dfrac{E}{R}$ ④ $\dfrac{\sqrt{2}}{\pi} \cdot \dfrac{E-e}{R}$

$\therefore$ 직류 전류 평균값 : $I_d = \dfrac{E_d}{R} = \dfrac{\dfrac{\sqrt{2}}{\pi}E - e}{R} = \dfrac{0.45E - e}{R}$ [A]

여기서, E : 변압기 2차 상전압(실횻값)[V], R : 부하 저항[Ω], e : 정류기 전압 강하

256 그림에서 밀리암페어계의 지시를 구하면? (단, 밀리암페어계는 가동 코일형이라 하고 정류기의 저항은 무시한다.)

① 2.5[mA]
② 1.8[mA]
③ 1.2[mA]
④ 0.8[mA]

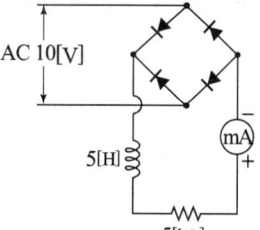

가동 코일형은 직류 측정 계기로 직류 평균값을 지시한다.

$E_d = \dfrac{2\sqrt{2}}{\pi} E = 0.9E = 0.9 \times 10 = 9[V]$

$\therefore I_d = \dfrac{E_d}{R} = \dfrac{9}{5,000} = 1.8 \times 10^{-3}[A] = 1.8[mA]$

정답 252. ② 253. ③ 254. ② 255. ① 256. ②

CHAPTER 3 전기기기

257 전원 전압 100[V]인 단상 전파 제어 정류에서 점호각이 30°일 때 직류 평균 전압(V)은?

① 84　　　　　　　② 87
③ 92　　　　　　　④ 98

직류 전압 : $E_d = \dfrac{2\sqrt{2}\,E}{\pi}\dfrac{(1+\cos\alpha)}{2} = \dfrac{2\sqrt{2}\times 100}{\pi}\left(\dfrac{1+\cos 30°}{2}\right) = 84[V]$

258 그림의 단상 전파 정류 회로에서 교류 측 공급 전압 $628\sin 314t$[V] 직류 측 부하 저항 $20[\Omega]$일 때의 직류 측 부하 전류의 평균값 I_d[A] 및 직류 측 부하 전압의 평균값 E_d[V]는?

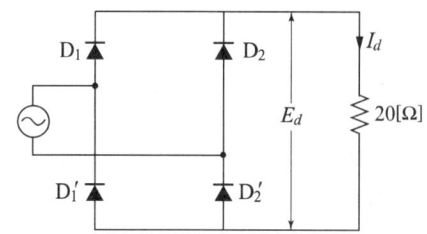

① $I_d = 20[A]$, $E_d = 400[V]$
② $I_d = 10[A]$, $E_d = 200[V]$
③ $I_d = 14.1[A]$, $E_d = 282[V]$
④ $I_d = 28.2[A]$, $E_d = 565[V]$

- 교류 전압 실횻값 : $E = \dfrac{E_m}{\sqrt{2}} = \dfrac{628}{\sqrt{2}} = 444[V]$
- 직류 전압 : $E_d = \dfrac{2\sqrt{2}}{\pi}E = 0.9E = 0.9\times 444 = 400[V]$
- 직류 전류 : $I_d = \dfrac{E_d}{R} = \dfrac{400}{20} = 20[A]$

259 3상 반파 정류 회로에서 맥동률은 몇 [%]인가? (단, 부하는 저항 부하이다.)

① 약 10 ② 약 17
③ 약 28 ④ 약 40

① 단상 반파 맥동률 : 121[%]
② 단상 전파 맥동률 : 48[%]
③ 3상 반파 맥동률 : 17[%]
④ 3상 전파 맥동률 : 4[%]

260 정류 회로의 상수를 크게 했을 경우 옳은 것은?

① 맥동 주파수와 맥동률이 증가한다.
② 맥동률과 맥동 주파수가 감소한다.
③ 맥동 주파수는 증가하고 맥동률은 감소한다.
④ 맥동률과 주파수는 감소하나 출력이 증가한다.

 정류 회로의 맥동 주파수(f_0)

① 단상 반파 정류 $f_0 = f = 60[\text{Hz}]$
② 단상 전파 정류 $f_0 = 2f = 120[\text{Hz}]$
③ 3상 반파 정류 $f_0 = 3f = 180[\text{Hz}]$
④ 3상 전파 정류 $f_0 = 6f = 360[\text{Hz}]$
여기서, 전원 주파수 : f, 맥동 주파수 : f_0

261 다음과 같은 반도체 정류기 중에서 역방향 내전압이 가장 큰 것은?

① 실리콘 정류기
② 게르마늄 정류기
③ 셀렌 정류기
④ 아산화 동 정류기

실리콘 정류기의 역내 전압 : 500~1,000[V] 정도

정답 257. ① 258. ① 259. ② 260. ③ 261. ①

262 SCR의 설명 중 옳지 않은 것은?
① 스위칭 소자이다.
② P-N-P-N 소자이다.
③ 쌍방향성 사이리스터이다.
④ 직류, 교류, 전력 제어용으로 사용한다.

다이오드, SCR, GTO는 단일 방향성 소자이다.

263 다음 사이리스터 중 3단자 사이리스터가 아닌 것은?
① SCR ② GTO
③ TRIAC ④ SCS

① 2단자 : DIAC ② 3단자 : SCR, GTO, TRIAC ④ 4단자: SCS

264 2방향성 3단자 사이리스터는?
① SCR ② SSS
③ SCS ④ TRIAC

트라이악은 2방향성 3단자 소자로 교류 위상 제어 소자로 이용된다.

265 다이오드를 사용한 정류 회로에서 여러 개를 직렬로 연결하여 사용할 경우 얻는 효과는?
① 다이오드를 과전류로부터 보호
② 다이오드를 과전압으로부터 보호
③ 부하 출력의 맥동률 감소
④ 전력 공급의 증대

① 다이오드 직렬연결 : 과전압 방지
② 다이오드 병렬연결 : 과전류 방지

266 반파 정류 회로에서 직류 전압 200[V]를 얻는 데 필요한 변압기 2차 상전압을 구하여라. (단, 부하는 순저항, 변압기 내 전압 강하를 무시하면 정류기 내의 전압 강하는 50[V]로 한다.)

① 68
② 113
③ 333
④ 555

 직류 전압

$E_d = 0.45E - e\,[\mathrm{V}]$ 에서 $E = \dfrac{E_d + e}{0.45} = \dfrac{200 + 50}{0.45} = 555\,[\mathrm{V}]$

267 그림과 같은 정류 회로에 정현파 교류 전원을 가할 때 가동 코일형 전류계의 지시(평균값)는? (단, 전원 전류의 최댓값은 I_m이다.)

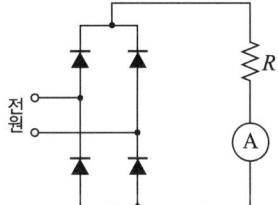

① $\dfrac{I_m}{\sqrt{2}}$
② $\dfrac{2}{\pi} I_m$
③ $\dfrac{I_m}{\pi}$
④ $\dfrac{I_m}{2\sqrt{2}}$

단상 전파 정류에서 직류 전류 평균값 : $I_d = \dfrac{2\sqrt{2}\,I}{\pi} = \dfrac{2I_m}{\pi}\,[\mathrm{A}]$

268 단상 정류로 직류 전압 100[V]를 얻으려면 반파 및 전파 정류인 경우 각각 권선 상전압 E_s는 약 얼마로 하여야 하는가?

① 222[V], 314[V]
② 314[V], 222[V]
③ 111[V], 222[V]
④ 222[V], 111[V]

정답 262. ③ 263. ④ 264. ④ 265. ② 266. ④ 267. ② 268. ④

해설

- 단상 반파 직류 전압 : $E_d = 0.45E$ ∴ $E = \dfrac{E_d}{0.45} = \dfrac{100}{0.45} = 222$

- 단상 전파 직류 전압 : $E_d = 0.9E$ ∴ $E = \dfrac{E_d}{0.9} = \dfrac{100}{0.9} = 111$

269 그림과 같은 단상 전파 제어 회로에서 점호각이 α일 때 출력 전압의 반파 평균값을 나타내는 식은?

① $\dfrac{\sqrt{2}\,V_1}{\pi}(1-\cos\alpha)$

② $\dfrac{\sqrt{2}\,V_1}{\pi}(1+\cos\alpha)$

③ $\dfrac{\pi}{\sqrt{2}\,V_1}(1-\cos\alpha)$

④ $\dfrac{\pi}{\sqrt{2}\,V_1}(1+\cos\alpha)$

해설

- 점호각(제어각)=α일 때 단상 반파의 직류 전압 :
$E_d = \dfrac{\sqrt{2}\,V_1}{2\pi}\left(\dfrac{1+\cos\alpha}{2}\right) = \dfrac{\sqrt{2}\,V_1}{\pi}\left(\dfrac{1+\cos\alpha}{2}\right)$[V]

- 점호각(제어각)=α일 때 단상 전파의 직류 전압 :
$E_d = \dfrac{2\sqrt{2}\,V_1}{\pi}\left(\dfrac{1+\cos\alpha}{2}\right) = \dfrac{\sqrt{2}\,V_1}{\pi}(1+\cos\alpha)$[V]

270 오른쪽 그림과 같은 단상 전파 제어 회로의 전원 전압의 최댓값이 2,300[V]이다. 저항 2.3[Ω], 유도 리액턴스가 2.3[Ω]인 부하에 전력을 공급하고자 한다. 제어 범위는?

① $\dfrac{\pi}{4} \leq \alpha \leq \pi$

② $\dfrac{\pi}{2} \leq \alpha \leq \pi$

③ $0 \leq \alpha \leq \pi$

④ $0 \leq \alpha \leq \dfrac{\pi}{2}$

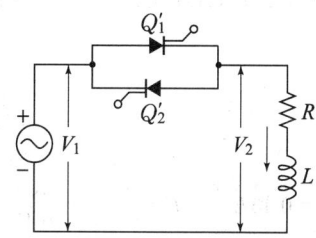

부하 역률각 $\alpha = \tan^{-1}\dfrac{X_L}{R} = \tan^{-1}\dfrac{2.3}{2.3} = \dfrac{\pi}{4}$ 이므로 제어각은 부하 역률각보다 큰 범위에서만 제어가 가능하므로

∴ 제어 범위 : $\dfrac{\pi}{4} \leq \alpha \leq \pi$ 까지만 제어가 가능하다.

271 사이리스터 2개를 사용한 단상 전파 정류 회로에서 직류 전압 100[V]를 얻으려면 1차에 몇 [V]의 교류 전압이 필요하며, PIV가 몇 [V]인 다이오드를 사용하면 되는가?

① 111, 222
② 111, 314
③ 166, 222
④ 166, 314

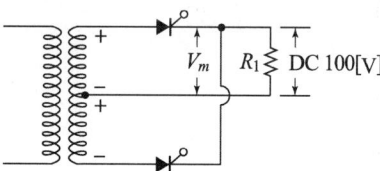

직류 전압 : $E_d = \dfrac{2\sqrt{2}E}{\pi} = 0.9E[V]$ 에서

교류 전압 : $E = \dfrac{100}{0.9} = 111[V]$

∴ PIV $= 2\sqrt{2}E = 2 \times \sqrt{2} \times 111 = 314[V]$,
또는 PIV=직류 전압×3.14=100×3.14=314[V]

정답 269. ② 270. ① 271. ②

CHAPTER 3 전기기기

272 다음 그림과 같이 SCR을 이용한 단상 전파 정류회로에서 각 SCR에 걸리는 역전압 첨둣값(V)은? (단, SCR의 순방향 전압 강하는 무시한다.)

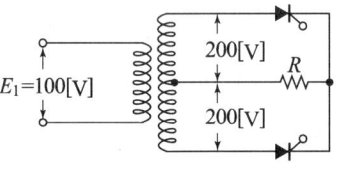

① 약 565.7
② 약 346.4
③ 약 282.8
④ 약 141.4

역첨두 전압 : PIV= $2\sqrt{2}\,E = 2\sqrt{2} \times 200 = 565.7[V]$

273 사이리스터(thyristor) 단상 전파 정류 파형에서의 저항 부하 시 맥동률(%)은?

① 17
② 48
③ 52
④ 83

단상 전파 맥동률 $\gamma = 48[\%]$

TIP

정류 회로의 맥동률
① 단상 반파 : $\gamma = 121[\%]$
② 단상 전파 : $\gamma = 48[\%]$
③ 3상 반파 : $\gamma = 17[\%]$
④ 3상 전파 : $\gamma = 4[\%]$

274 사이리스터를 이용한 정류 회로에서 직류 전압의 맥동률이 가장 작은 정류 회로는?

① 단상 반파 정류 회로
② 단상 전파 정류 회로
③ 3상 반파 정류 회로
④ 3상 전파 정류 회로

정류 회로에서 상수가 클수록 맥동률은 낮아지고 맥동 주파수는 높아진다.

답안 표기란

272	①	②	③	④
273	①	②	③	④
274	①	②	③	④

275 전압을 일정하게 유지하기 위해서 이용되는 다이오드는?

① 정류용 다이오드
② 버랙터 다이오드
③ 배리스터 다이오드
④ 제너 다이오드

- 정류용 다이오드 : AC를 DC로 정류에 사용된다.
- 버랙터 다이오드 : 가변 용량형 다이오드이다.
- 배리스터 다이오드 : 과도 전압, 이상 전압에 대한 회로 보호용에 사용된다.
- 제너 다이오드 : 정전압 회로용에 사용된다.

276 사이클로 컨버터(cycloconverter)란?

① 실리콘 양방향성 소자이다.
② 제어 정류기를 사용한 주파수 변환기이다.
③ 직류 제어 소자이다.
④ 전류 제어 소자이다.

사이클로 컨버터는 정지 사이리스터 회로에 의해 전원 주파수와 다른 주파수의 전력으로 변환시키는 직접 회로 장치를 말한다.

277 반도체 사이리스터로 속도 제어를 할 수 없는 제어는?

① 정지형 레너드 제어
② 일그너 제어
③ 초퍼 제어
④ 인버터 제어

일그너 제어는 회전형으로 플라이휠을 사용하므로 반도체만으로는 제어가 되지 않는다.

정답 272. ① 273. ② 274. ④ 275. ④ 276. ② 277. ②

CHAPTER 3 전기기기

278 그림의 회로에서 저항 부하에 전류를 흘릴 때 부하 측의 파형은?

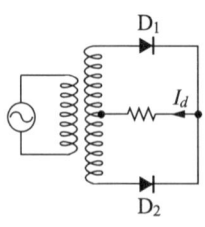

①
②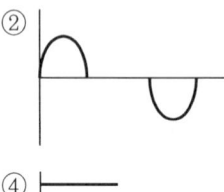
③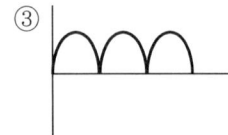
④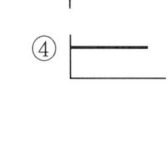

단상 전파 정류 회로이므로 ③과 같은 파형이 나타난다.
①번은 단상 반파 정류 회로이다.

279 권수비가 1 : 2인 변압기(이상 변압기로 한다)를 사용하여 교류 100[V]의 입력을 가했을 때 전파 정류하면 출력 전압의 평균값은?

① $400\sqrt{2}/\pi$
② $300\sqrt{2}/\pi$
③ $600\sqrt{2}/\pi$
④ $200\sqrt{2}/\pi$

직류 전압 : $E_d = \dfrac{2\sqrt{2}}{\pi}E = \dfrac{2\sqrt{2}}{\pi} \times 200 = \dfrac{400\sqrt{2}}{\pi}$[V]

TIP

E는 변압기 2차 측 교류 실횻값이다.
- 단상 전파 정류 회로에서는 아무 말이 없으면 브리지 회로로 답을 낸다.

280 그림과 같은 단상 전파 정류 회로에서 부하 측에 인덕턴스 L을 삽입하면 다음과 같은 효과가 있다. 여기서 틀린 것은?

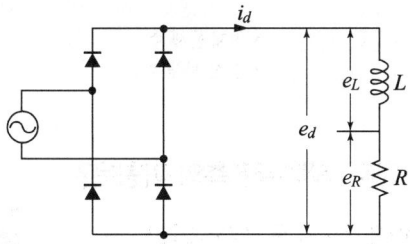

① L이 클수록 e_d, i_d는 평활한 직류에 가까워진다.
② $L = \infty$에서는 완전한 직류가 된다.
③ E_{d0}, I_d에는 변화가 없다.
④ E_{d0}에는 변화가 있다.

정류 회로에서 L과 C는 직류 전압의 크기에 영향을 주지 않으며 파형을 직류에 가깝게 만들어 주는 평활 작용 역할을 한다.

281 오른쪽 그림과 같이 4개의 소자를 전부 사이리스터를 사용한 대칭 브리지 회로에서 사이리스터의 점호각을 α라 하고 부하의 인덕턴스 $L = 0$일 때의 전압 평균값을 나타낸 식은?

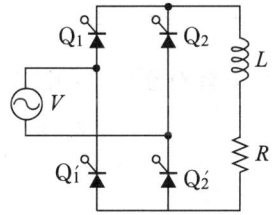

① $E_{d0}\cos\alpha$
② $E_{d0}\sin\alpha$
③ $E_{d0}\left(\dfrac{1+\cos\alpha}{2}\right)$
④ $E_{d0}\left(\dfrac{1-\cos\alpha}{2}\right)$

점호각(제어각)=α일 때 :
$L = 0 \Rightarrow E_{d\alpha} = \dfrac{2\sqrt{2}E}{\pi}\left(\dfrac{1+\cos\alpha}{2}\right) = E_{d0}\left(\dfrac{1+\cos\alpha}{2}\right)$
$L = \infty \Rightarrow E_{d\alpha} = \dfrac{2\sqrt{2}E}{\pi}\cos\alpha [\text{V}]$
$\qquad\qquad\quad = E_{d\alpha}\cos\alpha [\text{V}]$

[정답] 278. ③ 279. ① 280. ④ 281. ③

CHAPTER 3 전기기기

282 정류기에서 부하 전류가 연속하는 경우 직류 전압의 평균값은 $E_d = \dfrac{2\sqrt{2}}{\pi} E\cos\alpha$로 주어진다. 이때 $\cos\alpha$를 무엇이라 하는가? (단, E는 교류 전압 실횻값이며, 정류기는 전파 정류, 유도 부하이다.)

① 왜형률
② 맥동률
③ 격자율
④ 파형률

부하 전류가 연속하는 경우($L=\infty$) 직류 전압의 평균값
$E_d = \dfrac{1}{\pi}\displaystyle\int_0^{\pi+\alpha}\sqrt{2}\,E\sin\theta\cdot d\theta = \dfrac{2\sqrt{2}}{\pi}E\cdot\cos\alpha[\mathrm{V}]$이며
여기서 $\cos\alpha$를 격자율이라고 한다.

283 전압이나 전류의 제어가 불가능한 소자는?

① SCR
② GTO
③ IGBT
④ Diode

다이오드는 정류 소자이며 전압이나 전류를 제어할 수 없다.

284 단상 반파 정류 회로에서 환류 다이오드(free wheeling diode)를 사용할 경우에 대한 설명 중 해당되지 않는 것은?

① 유도성 부하에 잘 이용된다.
② 부하 전류의 평활화를 꾀할 수 있다.
③ PN 다이오드의 역바이어스 전압이 부하에 따라 변한다.
④ 저항 R에 소비되는 전력이 약간 증가한다.

PN 접합 다이오드에서 역바이어스 전압은 부하의 영향을 받지 않는다.

285 자려식 인버터의 출력 전압의 제어법에 주로 사용되는 방식은?

① 펄스폭 방식
② 펄수 주파수 변조 방식
③ 펄스폭 변조 방식
④ 혼합 변조 방식

자려식 인버터의 출력 전압의 제어는 주로 펄스폭 변조(PWM) 방식을 적용한다.

286 인버터(inverter)의 전력 변환은?

① 교류→직류로 변환
② 직류→직류로 변환
③ 교류→교류로 변환
④ 직류→교류로 변환

① 컨버터 : AC→DC
② 인버터 : DC→AC
③ 사이클로 컨버터 : AC→AC(주파수만 변환)
④ 초퍼 : DC→DC

287 전력용 반도체를 사용하여 직류 전압을 직접 제어하는 것은?

① 단상 인버터
② 3상 인버터
③ 초퍼형 인버터
④ 브리지형 인버터

직류 전압을 직접 제어하는 인버터를 초퍼형 인버터라고 한다.

288 초퍼 컨버터 회로에서 입력 전압에 대한 출력 전압을 높게 또는 낮게 변환할 수 있는 회로는?

① 벅 컨버터
② 벅-부스트 컨버터
③ 부스트 컨버터
④ 듀얼 컨버터

 초퍼 컨버터 회로 종류

① 벅-컨버터: 출력 전압을 입력 전압보다 낮게 변환
② 부스트 컨버터: 출력 전압을 입력 전압보다 높게 변환
③ 축 컨버터, 벅-부스트 컨버터: 출력 전압을 입력 전압보다 높게 또는 낮게 변환

답안 표기란				
285	①	②	③	④
286	①	②	③	④
287	①	②	③	④
288	①	②	③	④

정답 282. ③ 283. ④ 284. ③ 285. ③ 286. ④ 287. ③ 288. ②

CHAPTER 3 전기기기

289 직류·교류 양용에 사용되는 만능 전동기는?

① 직권 정류자 전동기 ② 복권 전동기
③ 유도 전동기 ④ 동기 전동기

단상 직권 정류자 전동기(단상 직권 전동기)는 교류, 직류 양용으로 사용할 수 있으며 만능 전동기이다.

TIP

단상 직권 정류자 전동기
① 직류, 교류 양용
② 원리 : 직권 직권 전동기
③ 저항 도선 : 단락 전류 억제
④ 보상 권선
　㉠ 전기자 반작용 감소
　㉡ 역률 개선
⑤ 약계자, 강전기자형
⑥ 용도 : 믹서기, 재봉틀, 치과 의료기기, 전동 공구

290 교류 단상 직권 전동기의 구조를 설명하는 것 중 옳은 것은?

① 역률 개선을 위해 고정자와 회전자의 자로를 성층 철심으로 한다.
② 정류 개선을 위해 강계자 약전기자형으로 한다.
③ 전기자 반작용을 줄이기 위해 약계자 강전기자형으로 한다.
④ 역률 및 정류 개선을 위해 약계자 강전기자형으로 한다.

교류 단상 직권 전동기는 역률을 좋게 하고 정류 개선을 위해 약계자 강전기자형으로 한다.

291 다음은 단상 정류자 전동기에서 보상 권선과 저항 도선의 작용을 설명한 것이다. 옳지 않은 것은?

① 저항 도선은 변압기 기전력에 의한 단락 전류를 작게 한다.
② 변압기 기전력을 크게 한다.
③ 역률을 좋게 한다.
④ 전기자 반작용을 제거해 준다.

 단상 정류자 전동기 각 도선의 역할

• 저항 도선 : 변압기 기전력에 의한 단락 전류를 작게 하여 정류를 좋게 한다.
• 보상 권선 : 전기자 반작용을 상쇄하여 역률을 좋게 하고 변압기 기전력을 작게 해서 정류 작용을 개선한다.

292 3상 직권 정류자 전동기에 중간(직렬) 변압기가 쓰이고 있는 이유가 아닌 것은?

① 정류자 전압의 조정
② 회전자 상수의 감소
③ 경부하 때 속도의 이상 상승 방지
④ 실효 권수비 선정 조정

 3상 직권 정류자 전동기의 중간 변압기 역할
① 전원 전압의 크기에 관계없이 회전자 전압을 정류 작용에 맞는 값으로 선정할 수가 있다.
② 변압기의 권수비를 바꾸어서 전동기 특성을 조정할 수 있다.
③ 경부하에서 속도 상승이 되면 자속을 포화시켜서 속도 상승을 억제할 수 있다.

293 교류 전동기에서 브러시 이동으로 속도 변화가 편리한 것은?

① 시라게 전동기 ② 농형 전동기
③ 동기 전동기   ④ 2중 농형 전동기

3상 분권 정류자 전동기인 시라게 전동기는 브러시 이동으로 간단히 원활하게 속도 제어가 가능하다.

294 자동 제어 장치에 쓰이는 서보 모터의 특성을 나타내는 것 중 옳지 않은 것은?

① 발생 토크는 입력 신호에 비례하고 그 비가 클 것
② 시동 토크는 크나, 회전부의 관성 모멘트가 작고 전기적 시정수가 짧을 것
③ 빈번한 시동, 정지, 역전 등의 가혹한 상태에 견디도록 견고하고 큰 돌입 전류에 견딜 것
④ 직류 서보 모터에 비하여 교류 서보 모터의 시동 토크가 매우 크다.

직류 서보 모터는 속응성을 높이기 위하여 일반 전동기에 비하여 전기자는 가늘고 길게 하며 공극의 자속 밀도를 크게 한 것으로 자동 제어 장치에 사용되며 교류식 보다는 직류식이 기동 시 토크가 더 크다.

답안 표기란
292 ① ② ③ ④
293 ① ② ③ ④
294 ① ② ③ ④

정답 289. ① 290. ④ 291. ② 292. ② 293. ① 294. ④

CHAPTER 3 전기기기

295 단상 정류자 전동기에 보상 권선을 사용하는 가장 큰 이유는?
① 정류 개선
② 기동 토크 조절
③ 속도 제어
④ 역률 개선

단상 정류자 전동기에서 보상 권선은 직류 직권 전동기와 달리 전기자 반작용으로 생기는 필요 없는 자속을 상쇄하도록 하여, 무효 전력의 증대에 의한 역률의 저하를 방지한다.

296 스테핑 모터의 특징 중 잘못된 것은?
① 모터에 가동 부분이 없으므로 보수가 용이하고 신뢰성이 높다.
② 피드백이 필요치 않아 제어계가 간단하고 염가이다.
③ 회전각 오차는 스테핑마다 누적되지 않는다.
④ 모터의 회전각과 속도는 펄스 수에 반비례한다.

스테핑 모터는 디지털 펄스 수에 의하여 각도를 제어하고, 펄스 주파수에 비례하여 속도를 제어한다.

297 정류자형 주파수 변환기의 설명 중 틀린 것은?
① 정류자 위에는 1개의 자극마다 전기각 $\frac{2\pi}{3}$ 간격으로 3조의 브러시가 있다.
② 3차 권선을 설치하여 1차 권선과 조정 권선을 회전자에, 2차 권선을 고정자에 설치하였다.
③ 3개의 슬립 링은 회전자 권선을 3등분한 점에 각각 접속되어 있다.
④ 용량이 큰 것은 정류 작용을 좋게 하기 위해 보상 권선과 보극 권선을 고정자에 설치한다.

정류자형 주파수 변화기는 3상 유도 전동기 회전자에 슬립 주파수 전압을 인가하기 위하여 주파수를 변환하는 장치로 3상 회전 변류기와 거의 같은 구조로 정류자와 3개의 슬립 링을 가지고 있다.

298 스테핑 모터의 여자 방식이 아닌 것은?

① 2-4상 여자
② 1-2상 여자
③ 2상 여자
④ 1상 여자

스테핑 모터의 여자 방식은 1상 여자, 2상 여자, 1-2상 여자 방식이 있다.

299 스테핑 전동기의 스텝각이 3°이고 스테핑 주파수(pulse rate)가 1,200[pps]이다. 이 스테핑 전동기의 회전 속도(rps)는?

① 10
② 12
③ 14
④ 15

스테핑 전동기 회전수 $n = \dfrac{펄스\ 주파수 \times 스텝각}{360°} = \dfrac{1,200 \times 3°}{360°} = 10\,[\text{rps}]$

300 브러시를 이동하여 회전 속도를 제어하는 전동기는?

① 반발 전동기
② 단상 직권 전동기
③ 직류 직권 전동기
④ 반발 기동형 단상 유도 전동기

반발 전동기는 브러시의 이동으로 기동, 정지 속도 제어가 가능하며, 종류는 톰슨형, 데리형, 아트킨손형이 있다.

TIP 스텝 모터의 스텝각

$$스텝각 = \dfrac{360°}{상수 \times 극수}$$

정답 295. ④ 296. ④ 297. ② 298. ① 299. ① 300. ①

CHAPTER 4

핵심요약

회로이론 및 제어공학

CHAPTER 4 회로이론 및 제어공학

1 직류 회로 및 저항의 특성

전압	• 전류가 흐르고 있을 때 얻거나 잃는 에너지 • 전기적 위치 에너지의 차 $V = \dfrac{W}{Q}$ [V] $W = VQ$ [J] $v = \dfrac{dw}{dq}$ [V] $W = \int v\,dq$ [J]
전류	• 어떤 도체 내 단면적을 통하여 흐르는 전기량 • 1[A] : 1초 동안 1[C]의 전하가 이동된 전기량 $I = \dfrac{Q}{t}$ [A] $Q = I \cdot t$ [A·sec] $i = \dfrac{dq}{dt}$ [A] $q = \int i\,dt$ [C]
저항	전기 회로 내에서 전류의 흐름을 방해하는 요소 $R = \rho \dfrac{l}{A} = \rho \dfrac{l}{\dfrac{V}{l}} = \rho \dfrac{l^2}{V}$ ρ : 고유 저항[$\Omega \cdot$ m] A : 단면적 l : 도체 길이 V : 도체 체적 온도 변화에 따른 저항(20[℃] 기준) $R_t = R_{t0}[(1 + \alpha_{t0}(t - t_0)]$ α_{t0} : t_0에 대한 정질량 온도 계수 R_{t0} : 기준 온도 t_0의 저항
저항의 직렬연결	각 소자의 전류는 동일하고 전압은 소자의 크기에 비례 분배 $V_1 = \dfrac{R_1}{R_1 + R_2} \times E$ $E = V_1 + V_2$ $V_2 = \dfrac{R_2}{R_1 + R_2} \times E$ $R_0 = R_1 + R_2$(합성 저항)

저항의 병렬연결	각 소자에 걸리는 전압은 동일하고 지로에 흐르는 각 소자의 저항의 크기에 반비례한다. $E = I_1 R_1 = I_2 R_2$ $R_0 = \dfrac{1}{\dfrac{1}{R_1} + \dfrac{1}{R_2}}$ $I = I_1 + I_2$ $I_1 = \dfrac{R_2}{R_1 + R_2} \times I$ $I_2 = \dfrac{R_1}{R_1 + R_2} \times I$
전력 전력량 줄의 법칙	$P = VI\cos\theta$ (직류 회로 $\cos\theta = 1$) $P = VI = I^2 R = \dfrac{V^2}{R}$ $W = P \cdot t = VIt$ [J] 또는 [Wh] $H = 0.24 VIt = 0.24 I^2 Rt$ [cal] 1[J] = 0.24[cal]

배율기	전압의 측정 범위를 확대하기 위해 기존의 전압계에 직렬로 연결
	$R_m = (m-1)R_s$
	  R_m : 배율기 저항[Ω]
	  R_s : 전압계의 내부 저항[Ω]

분류기	전류의 측정 범위를 확대하기 위하여 기존의 전류계에 병렬로 연결
	$m = \dfrac{R_s + R_p}{R_p}$
	  R_p : 분류기 저항[Ω]
	  R_s : 전류계의 내부 저항[Ω]

브리지 평형 회로	$R_1 R_4 = R_2 R_3$일 때 검류계의 지싯값은 0이고 브리지는 평형 상태가 된다.

2 정현파 교류

주파수와 주기	$f = \dfrac{1}{T}$, $T = \dfrac{1}{f} = \dfrac{1}{60}$	
기본식	$v(t) = V_m \sin(\omega t + \theta)$	ω : 각속도, θ : 위상
파고율과 파형률	파고율 = $\dfrac{\text{최댓값}}{\text{실횻값}} \times 100$ 파고율이 1에 가까우면 파형이 평탄하다는 것을 의미하고, 구형파는 파고율이 1이다. 파형률 = $\dfrac{\text{실횻값}}{\text{평균값}} \times 100$	

	종류	실횻값	평균값	비고
각종 파형의 실횻값 평균값	정현파 전파 정현파	$\dfrac{V_m}{\sqrt{2}}$	$\dfrac{2V_m}{\pi}$	파고율 : $\sqrt{2} = 1.414$ 파형률 : $\dfrac{\pi}{2\sqrt{2}} = 1.111$
	반파 정현파	$\dfrac{V_m}{2}$	$\dfrac{V_m}{\pi}$	파고율이 최대(= 2) 평균값 = 최댓값 $\times \dfrac{1}{\pi}$ (31.8[%])
	구형파	V_m	V_m	실횻값 = 최댓값 = 평균값 파고율 = 파형률 = 1, 가장 평탄한 파형
	반파 구형파	$\dfrac{V_m}{\sqrt{2}}$	$\dfrac{V_m}{2}$	파고율 : $\sqrt{2} = 1.414$ 파형률 : $\sqrt{2} = 1.414$
	삼각파 톱니파	$\dfrac{V_m}{\sqrt{3}}$	$\dfrac{V_m}{2}$	파고율 : 1.732 파형률 : 1.15

3 기본 교류 회로

R만의 회로	
(위상도: $i(t)$와 $v(t)$ 동위상)	$v(t)$와 $i(t)$의 위상이 동위상 $v(t) = V_m \sin\omega t$이면 $i(t) = I_m \sin\omega t$이다. $i(t) = \dfrac{v(t)}{R}$ 역률이 1인 회로

L만의 회로	
(위상도: $v(t)$가 $i(t)$보다 90° 앞섬)	$v(t)$가 $i(t)$보다 90° 앞선 위상 $i(t) = I_m \sin\omega t$이면 $v(t) = V_m \sin(\omega t + 90°)$이다. $V_L = L\dfrac{di(t)}{dt}$, $i_L = \dfrac{1}{L}\int e(t) \cdot dt$

C만의 회로	
(위상도: $i(t)$가 $v(t)$보다 90° 앞섬)	$i(t)$가 $v(t)$보다 90° 앞선 위상 $v(t) = V_m \sin\omega t$이면 $i(t) = I_m \sin(\omega t + 90°)$이다. $V_C = \dfrac{1}{C}\int i(t)dt$, $i_C = C\dfrac{de(t)}{dt}$

구 분	직렬 회로	병렬 회로
$R-L$	$Z=\sqrt{R^2+\omega L^2}\angle\theta=\tan^{-1}\dfrac{\omega L}{R}$	$Y=\sqrt{\left(\dfrac{1}{R}\right)^2+\left(\dfrac{1}{X_L}\right)^2}\angle\theta=\tan^{-1}\dfrac{R}{\omega L}$
	유도성 $e(t)$는 $i(t)$보다 θ만큼 앞선다.	
$R-C$	$Z=\sqrt{R^2+\left(\dfrac{1}{\omega C}\right)^2}\angle\theta=\tan^{-1}\dfrac{1}{\omega CR}$	$Y=\sqrt{\left(\dfrac{1}{R}\right)^2+\left(\dfrac{1}{X_C}\right)^2}\angle\theta=\tan^{-1}\omega CR$
	용량성 $e(t)$는 $i(t)$보다 θ만큼 뒤진다.	
$R-L-C$	$Z=R+j\left(\omega L-\dfrac{1}{\omega C}\right)$ 직렬 공진 $\omega L-\dfrac{1}{\omega C}=0$ $\omega^2 LC=1$ Z: 최소, I: 최대 전류	$Y=\dfrac{1}{R}+j\left(\omega C-\dfrac{1}{\omega L}\right)$ 병렬 공진 $\omega C-\dfrac{1}{\omega L}=0$ $\omega^2 LC=1$ Y: 최소, I: 최소 전류
$R-L-C$ 실제적 공진 회로	$Y_0=Y_1+Y_2=\dfrac{1}{R+j\omega L}+\dfrac{1}{\dfrac{1}{j\omega C}}$ $Y_0=\dfrac{R}{R^2+\omega^2 L^2}+j\left(\omega C-\dfrac{\omega L}{R^2+\omega^2 L^2}\right)$ 공진 조건 $\omega C=\dfrac{\omega L}{R^2+\omega^2 L^2}$ 공진 주파수 $f=\dfrac{1}{2\pi\sqrt{LC}}\sqrt{1-\dfrac{CR^2}{L}}$	

Q의 물리적 의미	직렬 공진(전압 확대비)	$Q=\dfrac{E_L}{E}=\dfrac{E_c}{E}=\dfrac{\omega L}{R}=\dfrac{1}{\omega CR}$ $Q=\dfrac{1}{R}\sqrt{\dfrac{L}{C}}$
	병렬 공진(전류 선택도)	$Q=\dfrac{I_L}{I}=\dfrac{I_c}{I}=\dfrac{R}{\omega L}=\omega CR$ $Q=R\sqrt{\dfrac{C}{L}}$
	공진 곡선의 첨예도	$Q=\dfrac{f_r}{f_2-f_1}=\dfrac{f_r}{\triangle f}$

$\cos\theta$	① 직렬: $\dfrac{R}{Z}$ ② 병렬: $\dfrac{G}{Y}$ ③ $\dfrac{실수}{전체}$ 또한 전력에서의 역률 $=\dfrac{P}{P_a}=\dfrac{유효 전력[\text{W}]}{피상 전력[\text{VA}]}$

4 교류 전력

소자	구 분	전력 및 특징
Z	피상 전력	$P_a = VI = I^2 Z$ $\dot{P}_a = \overline{V}I = P_a \pm jP_r$ $P_r > 0$ 용량성 $P_r < 0$ 유도성
R	유효 전력	$P = VI\cos\theta = I^2 R = \sqrt{P_a^2 - P_r^2}\,[\text{W}]$
X	무효 전력	$P_r = VI\sin\theta = I^2 X = \sqrt{P_a^2 - P^2}\,[\text{Var}]$
최대 전력 전달		$R_L = r = R_g$ (내부 저항과 부하 저항이 같을 때 최대 전력이 전달됨) $P_{\max} = \dfrac{E_g^2}{4R_g} \qquad R_L = \overline{R_g}$ $P_{\max} = \dfrac{E_o^2(\text{최댓값})}{8R_g}$ $R_L = 3r$ 이면 최대 전력의 75[%]
3전류계법에 의한 전력 측정		$P = \dfrac{R}{2}\left(I_1^2 - I_2^2 - I_3^2\right)$ $\cos\theta = \dfrac{I_1^2 - I_2^2 - I_3^2}{2I_2 I_3}$
3전압계법에 의한 전류 측정		$P = \dfrac{1}{2R}\left(V_1^2 - V_2^2 - V_3^2\right)$ $\cos\theta = \dfrac{V_1^2 - V_2^2 - V_3^2}{2V_1 V_2}$

5 상호 유도 결합 회로와 임피던스 정합

가동 결합	$L_0 = L_1 + L_2 + 2M$ $M = k\sqrt{L_1 L_2} \quad 0 \leq k \leq 1$
차동 결합	$L_0 = L_1 + L_2 - 2M$
인덕턴스의 병렬접속	$L_0 = \dfrac{L_1 L_2 - M^2}{L_1 + L_2 - 2M}$ $L_0 = \dfrac{L_1 L_2 - M^2}{L_1 + L_2 + 2M}$
임피던스 정합	$\dfrac{V_1}{V_2} = \dfrac{I_2}{I_1} = N = \dfrac{n_1}{n_2} = a$ $R_1 = a^2 R_2$ $R_2 = \dfrac{R_1}{a^2}$

6 3상 교류 회로

1) 크기와 위상

Y 결선 (성형 결선)	$V_l = \sqrt{3}\, V_p \bigg/ +\dfrac{\pi}{6}\,[\text{V}],\ I_l = I_p$	선간 전압이 상전압의 $\sqrt{3}$ 배이고 30° 앞선다.
△ 결선 (환상 결선)	$I_l = \sqrt{3}\, I_p \bigg/ -\dfrac{\pi}{6},\ V_l = V_p$	선전류가 상전류의 $\sqrt{3}$ 배이고 30° 뒤진다.
V 결선	$V_l = V_p,\ I_l = I_p,\ P = \sqrt{3}\,P$ (1대 용량의 $\sqrt{3}$ 배)	
소비 전력	$P = \sqrt{3}\, V_l I_l \cos\theta$ $P = 3 V_p I_p \cos\theta$ $P = 3I^2 R$ (I: 저항에 흐르는 전류)	
V 결선 이용률	$\dfrac{\sqrt{3}\,p}{p+p} = \dfrac{\sqrt{3}}{2} = 86.6[\%]$	**참고** 결선 출력비 : $\dfrac{\sqrt{3}\,p}{3p} = \dfrac{1}{\sqrt{3}}$

2) 대칭 n상의 크기와 위상

크기	$V_l = 2V_p \sin\dfrac{\pi}{n}$ (Y 결선) $I_l = 2I_p \sin\dfrac{\pi}{n}$ (△ 결선)
위상	$\theta = \dfrac{\pi}{2}\left(1 - \dfrac{2}{n}\right)$ 3상이면 30°, 5상이면 54°, 6상이면 60°
전력	$P = \dfrac{n V_l I_l}{2\sin\dfrac{\pi}{n}} \cos\theta\,[\text{W}]$

3) 회전 자계

대칭 3상	원형 회전 자계
비대칭 3상	타원 회전 자계

4) 2전력계법

유효 전력	$P = P_1 + P_2 = \sqrt{3}\,VI\cos\theta\,[\text{W}]$
피상 전력	$P_a = 2\sqrt{P_1^2 + P_2^2 - P_1 P_2}\,[\text{VA}]$
무효 전력	$P_r = \sqrt{3}\,(P_1 - P_2)\,[\text{Var}]$
$\cos\theta$(역률)	$\dfrac{P_1 + P_2}{2\sqrt{P_1^2 + P_2^2 - P_1 P_2}}$ $P_1 = P_2 \quad \cos\theta = 100\,[\%]$ $P_1 = 2P_2 \quad \cos\theta = 86.6\,[\%]$ 어느 하나의 지싯값이 0이면 $\cos\theta = 50\,[\%]$

5) Y 결선과 △ 결선의 비교

$$\frac{P_\triangle}{P_Y} = \frac{Q_\triangle}{Q_Y} = \frac{I_\triangle}{I_Y} = \frac{R_\triangle}{R_Y} = 3\text{배}$$

△ 결선이 Y 결선으로 바뀌면 $\dfrac{1}{3}$ 배

7 대칭 좌표법

불평형 3상을 계산할 때 영상분, 정상분, 역상분의 대칭 성분으로 분해하여 해석

$a = \underline{/120°} = -\dfrac{1}{2} + j\dfrac{\sqrt{3}}{2}$

$a^2 = \underline{/240°} = -\dfrac{1}{2} - j\dfrac{\sqrt{3}}{2}$

$a^3 = 1$

$1 + a + a^2 = 0$

$$\begin{bmatrix} V_0 \\ V_1 \\ V_2 \end{bmatrix} = \frac{1}{3}\begin{bmatrix} 1 & 1 & 1 \\ 1 & a & a^2 \\ 1 & a^2 & a \end{bmatrix}\begin{bmatrix} V_a \\ V_b \\ V_c \end{bmatrix}$$

$V_0 = \dfrac{1}{3}(V_a + V_b + V_c)$[영상분]

$V_1 = \dfrac{1}{3}(V_a + aV_b + a^2 V_c)$[정상분]

$V_2 = \dfrac{1}{3}(V_a + a^2 V_b + aV_c)$[역상분]

$$V_a = V_0 + V_1 + V_2$$
$$V_b = V_0 + a^2 V_1 + a V_2$$
$$V_c = V_0 + a V_1 + a^2 V_2$$

$$불평형률 = \frac{역상분}{정상분} \times 100$$

발전기 기본식
- 영상분 $V_0 = -Z_0 \cdot I_0$
- 정상분 $V_1 = E_a - Z_1 \cdot I_1$
- 역상분 $V_2 = -Z_2 \cdot I_2$

8 비정현파

무수히 많은 삼각 함수의 집합군
직류분+기본파+고조파의 합

$$f(t) = a_0 + \sum_{n=1}^{\infty} a_n \cos n\omega t + \sum_{n=1}^{\infty} b_n \sin n\omega t$$

1) 주기 함수의 대칭성

구분	대칭 조건식	$f(t)$의 기본식
정현파 대칭	$f(t) = -f(-t)$	sin항의 모든 항 $f(t) = \sum_{n=1}^{\infty} b_n \sin n\omega t$
여현 대칭	$f(t) = f(-t)$	직류분 + cos항의 모든 항 $f(t) = a_0 + \sum_{n=1}^{\infty} a_n \cos n\omega t$
반파 대칭	$f(t) = -f(t \pm \frac{T}{2})$ $= -f(x \pm \pi)$	반주기 평형 이동 후 x축 대칭 sin항과 cos항의 홀수항

2) 비정현파의 실횻값

$$V = \sqrt{각 고조파의 실횻값의 제곱의 합} = \sqrt{V_1^2 + V_2^2 + V_3^2 + \ldots + V_n^2}$$

3) 비정현파의 전력

① 같은 고조파끼리 소비 전력이 발생
② 직류분에서는 무효 전력이 발생되지 않는다.

피상 전력	$P_a = \sqrt{V_1^2 + V_2^2 + ... + V_n^2} \times \sqrt{I_1^2 + I_2^2 + ... + I_n^2}$ [VA]
유효 전력 소비 전력	$P = V_0 I_0 (직류분) + \sum_{n=1}^{\infty} V_n I_n \cos\theta_n$ [W]
무효 전력	$P_r = \sum_{n=1}^{\infty} V_n I_n \sin\theta_n$ [Var]

4) 비정현파의 왜형률(THD)

$$\varepsilon = \frac{\sqrt{각\ 고조파의\ 실횻값의\ 제곱의\ 합}}{기본파의\ 실횻값} \times 100 = \frac{\sqrt{V_2^2 + V_3^2 + ... + V_n^2}}{V_1} \times 100$$

5) n차 고조파 임피던스의 공진

R-L 직렬 회로 $Z_n = \sqrt{R^2 + (n\omega L)^2}$ [Ω]

R-C 직렬 회로 $Z_n = \sqrt{R^2 + \left(\dfrac{1}{n\omega C}\right)^2}$ [Ω]

6) n차 공진 조건

$$Z_n = R + j\left(n\omega L - \frac{1}{n\omega C}\right)$$

$$n\omega L - \frac{1}{n\omega C} = 0$$

$$n^2 \omega^2 LC = 1$$

$$f = \frac{1}{2\pi n \sqrt{LC}}$$

7) 고조파의 종류

① $3n+1$: 기본파와 상회전이 같은 기전력
② $3n-1$: 기본파와 상회전이 반대인 기전력

9 선형 회로망

1	정전압원	내부 임피던스 0	단락 회로 상태
2	정전류원	내부 임피던스 ∞	개방 회로 상태
3	중첩의 원리	2개 이상의 전원(전류원 또는 전압원)이 존재하는 경우 각각 단독으로 가해지는 전류의 합과 같다. 중첩의 원리는 선형 회로인 경우에만 적용된다.	
4	테브난 정리 (등가 전압원의 정리)	하나의 전압원(V_{th})과 하나의 저항을 직렬로 표현	
5	노턴의 정리 (등가 전류원의 정리)	하나의 전류원(I_{sc})과 하나의 저항을 병렬 회로로 표현	
6	밀만의 정리	$V_{ab} = \dfrac{\dfrac{V_1}{R_1} + \dfrac{V_2}{R_2} + \dfrac{V_3}{R_3}}{\dfrac{1}{R_1} + \dfrac{1}{R_2} + \dfrac{1}{R_3}}$	

10 2단자망

영점	$Z(s) = \dfrac{(s+4)(s+5)}{(s+1)(s+2)(s+3)}$ 분자를 0으로 만드는 $s=-4, -5$, 단락 회로
극점	$Z(s) = \dfrac{(s+4)(s+5)}{(s+1)(s+2)(s+3)}$ 분모를 0으로 만드는 $s=-1, -2, -3$, 개방 회로
정저항 회로	- 주파수와 무관한 회로 - 과도 현상이 발생하지 않는 회로 $Z_1 \cdot Z_2 = R^2 \quad R^2 = j\omega L \cdot \dfrac{1}{j\omega C}$ $R^2 = \dfrac{L}{C} \quad R = \sqrt{\dfrac{L}{C}}$
역회로	⟨$L-C$ 병렬 회로⟩ ⟨$L-C$ 직렬 회로⟩ 역회로 조건 $K^2 = \dfrac{L_1}{C_1} = \dfrac{L_2}{C_2}$
$L-C$ 병렬 회로	$Z = \dfrac{1}{\dfrac{1}{Z_1}+\dfrac{1}{Z_2}}$ $Z(j\omega) = \dfrac{1}{\dfrac{1}{j\omega L}+\dfrac{1}{\dfrac{1}{j\omega C}}} = \dfrac{1}{\dfrac{1}{Ls}+Cs} \quad (j\omega = s)$

11 4단자망

1) 4단자의 종류

4단자 전송 파라미터 $AD - BC = 1$	$\begin{bmatrix} V_1 \\ I_1 \end{bmatrix} = \begin{bmatrix} A & B \\ C & D \end{bmatrix} \begin{bmatrix} V_2 \\ I_2 \end{bmatrix}$ $\begin{bmatrix} V_1 = AV_2 + BI_2 \\ I_1 = CV_2 + DI_2 \end{bmatrix}$ A : 전압비 B : 임피던스비 C : 어드미턴스 D : 전류비
임피던스 파라미터	$\begin{bmatrix} V_1 \\ V_2 \end{bmatrix} = \begin{bmatrix} Z_{11} & Z_{12} \\ Z_{21} & Z_{22} \end{bmatrix} \begin{bmatrix} I_1 \\ I_2 \end{bmatrix}$ $V_1 = Z_{11}I_1 + Z_{12}I_2$ $V_2 = Z_{21}I_1 + Z_{22}I_2$
어드미턴스 파라미터	$\begin{bmatrix} I_1 \\ I_2 \end{bmatrix} = \begin{bmatrix} Y_{11} & Y_{12} \\ Y_{21} & Y_{22} \end{bmatrix} \begin{bmatrix} V_1 \\ V_2 \end{bmatrix}$ $I_1 = Y_{11}V_1 + Y_{12}V_2$ $I_2 = Y_{21}V_1 + Y_{22}V_2$

2) 종속 접속법

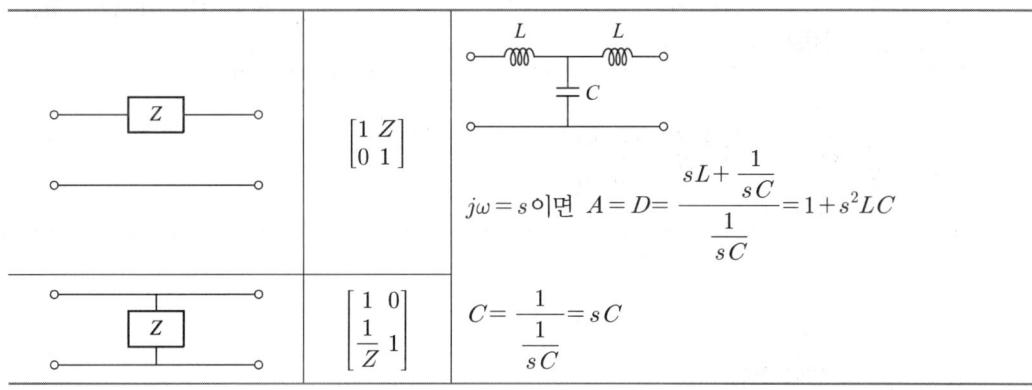

3) 특성 임피던스와 전달 정수

특성 임피던스	$Z_{01} = \sqrt{\dfrac{AB}{CD}}$ $Z_{02} = \sqrt{\dfrac{DB}{CA}}$ ① $Z_{01} \cdot Z_{02} = \dfrac{B}{C}$ ② $\dfrac{Z_{01}}{Z_{02}} = \dfrac{A}{D}$ ③ 대칭 T형이면 $A = D$이고 $Z_{01} = Z_{02} = \sqrt{\dfrac{B}{C}}$
전달 정수	$\theta = \log e(\sqrt{AD} + \sqrt{BC})$ $\theta = \cosh^{-1}\sqrt{AD}$ $\theta = \sinh^{-1}\sqrt{BC}$ $\theta = \tan^{-1}\sqrt{\dfrac{BC}{AD}}$

4) 권수비와 4단자 정수와의 관계

$n_1 : n_2$	$\begin{bmatrix} A & B \\ C & D \end{bmatrix} = \begin{bmatrix} \text{전압비}. & \text{임피던스비} \\ \text{어드미턴스비}. & \text{전류비} \end{bmatrix} = \begin{bmatrix} \dfrac{n_1}{n_2} & 0 \\ 0 & \dfrac{n_2}{n_1} \end{bmatrix} = \begin{bmatrix} n & 0 \\ 0 & \dfrac{1}{n} \end{bmatrix}$ $\left(n = \dfrac{n_1}{n_2}\text{일 때}\right)$
$1 : n$	$\begin{bmatrix} A & B \\ C & D \end{bmatrix} = \begin{bmatrix} \dfrac{1}{n} & 0 \\ 0 & n \end{bmatrix}$

12 분포 정수 회로

구분	조건	특성 임피던스	전파 정수
무손실	$R=0$, $G=0$	$Z_0 = \sqrt{\dfrac{L}{C}}$	α : 감쇠 정수 0 β : 위상 정수 $\omega\sqrt{LC}$
무왜형	$\dfrac{R}{L} = \dfrac{G}{C}$	$Z_0 = \sqrt{\dfrac{L}{C}}$	$\alpha = \sqrt{RG}$ $\beta = \omega\sqrt{LC}$
파장	$\lambda = \dfrac{2\pi}{\beta} = \dfrac{2\pi}{\omega\sqrt{LC}} = \dfrac{1}{f\sqrt{LC}}$		
전파 속도	$V = f\lambda = \dfrac{2\pi f}{\beta} = \dfrac{\omega}{\beta} = \dfrac{1}{\sqrt{LC}}$		
Z_0(특성 임피던스)	Z : 직렬 임피던스 $R+j\omega L$ Y : 병렬 어드미턴스 $G+j\omega C$ $Z_0 = \sqrt{\dfrac{Z}{Y}} = \sqrt{\dfrac{R+j\omega L}{G+j\omega C}} = \sqrt{\dfrac{L}{C}}$		

13 과도 현상

한 정상 상태에서 다른 한 정상 상태로 천이, 변화되는 과정의 현상

시정수	특성근의 절댓값의 역수 $\tau = \dfrac{L}{R}$초 $= \dfrac{L}{R+r}$초 $= RC$초 $= \dfrac{N\phi}{RI}$초 $= \sqrt{LC}$초 정상값에 63.2[%] 도달하기 위한 시간, 시정수가 클수록 과도 현상은 오래 지속
$R-L$ 직렬 회로	$i(t) = \dfrac{E}{R}\left(1 - e^{-\frac{R}{L}t}\right)$ 기전력 인가 상태 $i(t) = \dfrac{E}{R}e^{-\frac{R}{L}t}$ 기전력 제거 상태 $E_R = E\left(1 - e^{-\frac{R}{L}t}\right)$, $E_L = Ee^{-\frac{R}{L}t}$ $i(t) =$ 정상값 $+$ (초깃값 $-$ 정상값)$e^{-\frac{R}{L}t}$ [A] [정상값 = 최종값]
$R-C$ 직렬 회로	$i(t) = \dfrac{E}{R}e^{-\frac{1}{RC}t}$ $\quad E_R = Ee^{-\frac{1}{RC}t}$ $E_c = E\left(1 - e^{-\frac{1}{RC}t}\right)$
$L-C$ 직렬 회로	$i(t) = \dfrac{E}{\sqrt{\dfrac{L}{C}}}\sin\dfrac{1}{\sqrt{LC}}t$ 불변 진동 전류 : 콘덴서에 걸리는 최대 전압, $E_{\max} = 2E$

14 제어 시스템의 형태

1) 개회로 제어 시스템(open loop control system)

가장 간단한 장치로서 제어 동작이 출력과 관계없이 신호의 통로가 열려 있는 제어 계통을 개회로 제어 시스템이라 한다. 또한 이 제어 시스템은 미리 정해 놓은 순서에 따라서 제어의 각 단계가 순차적으로 진행되므로 시퀀스 제어(sequential control)라고도 한다.

〈개회로 제어 시스템의 구성도〉

특성 방정식

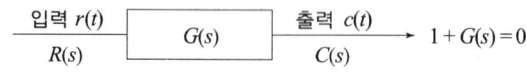

〈제어 시스템의 전달 함수〉

2) 폐회로 제어 시스템(closed loop control system)

제어 시스템의 출력이 목푯값과 일치하는가를 항상 비교하여, 일치하지 않을 때에는 그 차에 비례하는 동작 신호가 제어 시스템으로 다시 보내져서 그 오차를 수정하도록 하는 궤환 경로(feedback path)를 가지고 있는 제어 시스템으로서 궤환 제어 시스템이라고도 한다(입력과 출력을 비교하는 장치가 필수적이다).

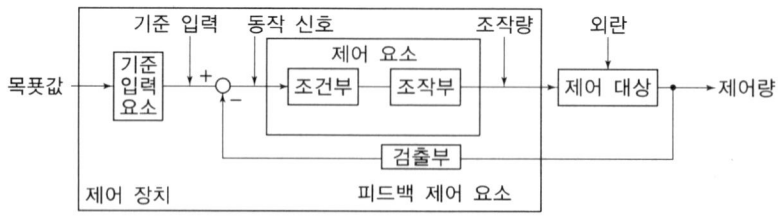

〈폐회로 제어 시스템의 구성도〉

(1) 특성 방정식

특성 방정식

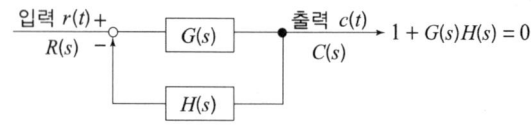

〈제어 시스템의 전달 함수〉

(2) 폐회로 제어 시스템의 특징

[장점]
① 생산 품질 향상이 현저하며 균일한 제품을 얻을 수 있다.
② 원료, 연료 및 동력을 절약할 수 있으며, 인건비를 줄일 수 있다.
③ 생산 속도를 상승시키고, 생산량을 크게 증대시킬 수 있다.
④ 노동 조건의 향상 및 위험 환경의 안정화에 기여한다.
⑤ 생산 설비의 수명 연장, 설비 자동화로 원가를 절감할 수 있다.

[단점]
① 자동 제어의 설비에 많은 비용이 들고 고도화된 기술이 필요하다.
② 제어 장치의 운전, 수리 및 보관에 고도의 지식과 능숙한 기술이 있어야 한다.
③ 설비의 일부에 고장이 있어도 전 생산 라인에 영향을 미치는 점도 있다.

3) 피드백(feedback) 제어 시스템의 기본 구성

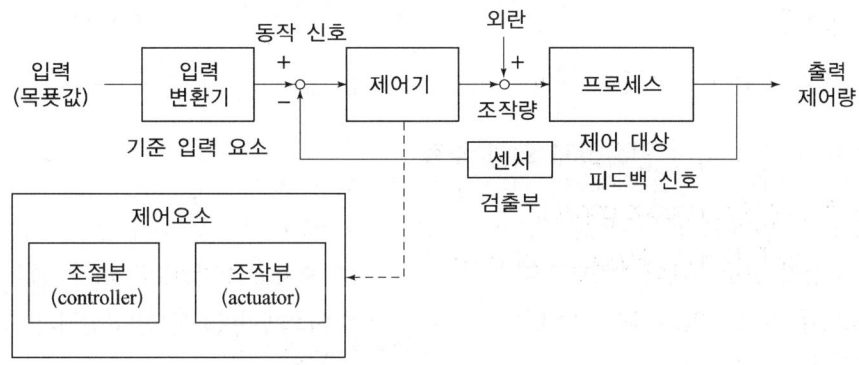

〈피드백 제어 시스템〉

(1) 목푯값(desired value)

외부에서 제어 요소에 주어지는 설정값

(2) 기준 입력 요소(reference input element)

되먹임 검출부의 출력이 대개 전압이나 전류 등의 전기적인 값이므로 입력 변환기는 설정된 목푯값이 되먹임 검출부와 비교할 수 있도록 전압, 전류 등의 기준 입력 신호로 변환하는 장치

(3) 동작 신호(actuating signal)

기준 입력과 되먹임 신호의 차에 해당하는 값으로 제어 오차라 한다.

(4) 제어 요소(control element)

동작 신호를 조작량으로 변환하는 요소로 조절부와 조작부로 구성한다. 조절부는 제어 요소가 동작하는 데 필요한 신호를 만들어 조작부에 보내는 부분이며, 조작부는 조절부로부터 받은 신호를 이용해 제어 대상을 직접 구동시키는 장치(actuator)이다.

(5) 검출부

제어량을 검출하고 입력과 비교하는 장치(센서)로 되먹임 제어 시스템에서는 반드시 필요하다.

(6) 외란(disturbance)

시스템의 외부에서 알 수 없는 시간에 발생하여 목푯값과 다르게 제어량을 변화시키는 크기를 알 수 없는 신호

(7) 제어량(control value)

제어 대상의 출력값

> 제어 목적에 따른 분류
> ① 정치 제어 : 주파수 제어, 프로세스 제어
> ② 프로그램 제어 : 엘리베이터, 로봇, 무인열차
> ③ 추종 제어 : 대공포, 레이더

참고

커피 자판기 → 시퀀스 제어

4) 제어 동작의 시간 연속성에 의한 분류

(1) 연속 제어(continuous control)

① 비례 제어(P ; Proportional control)

$$G(s) = \frac{Y(s)}{X(s)} = K$$

비례 제어(P)는 기준 신호와 현재 신호 사이의 오차 신호에 적당한 비례 상수 이득을 곱해서 제어 신호를 만든다. 구조가 간단하나 잔류 편차(offset)가 발생한다.

② 비례·적분 제어(PI ; Proportional Integral control) : 정상 특성 개선, 잔류 편차 제거

$$G(s) = K + \frac{K}{T_i s} = K\left(1 + \frac{1}{T_i s}\right)$$

비례 적분 제어는 오차 신호를 적분하여 제어 신호를 만드는 적분 제어를 비례 제어에 병렬로 연결해 사용한다. 잔류 편차는 제거되나 시간 지연이 발생한다.

③ 비례·미분 제어(PD ; Proportional Differential control) : 오차가 발생되는 것을 미연에 방지, 속응성 향상

$$G(s) = K \cdot s(1 + T_d s)$$

비례 미분 제어는 오차 신호를 미분하여 제어 신호를 만드는 미분 제어를 비례 제어에 병렬로 연결하여 사용하므로 미분 동작으로 속응성이 향상된다.

④ 비례 · 미분 · 적분 제어(PID ; Proportional integral Differential control) : 정상 특성, 속응성 개선, 최적 제어

비례(Proportional) 제어와 비례 적분(Proportional-Integral) 제어, 비례 미분(Proportional-Derivative) 제어를 조합하여 잔류 편차 개선 및 속응성을 개선시킨 제어 방식이다.

$$G(s) = K\left(1 + T_d s + \frac{1}{T_i s}\right)$$

(2) 불연속 제어(non-continuous control) : on-off 제어

제어량과 목푯값의 제어를 일정 시간 간격을 가지고 하며 오차가 있을 때에만 즉시 제어하는 방식으로 냉동기, 전기다리미, 난방용 보일러 등의 on-off 제어와 샘플링(sampling) 제어가 있다.

5) 제어량에 대한 분류

(1) 프로세스 제어(공정 제어) : 온도, 유량, 압력, 농도

(2) 서보 제어(추종 제어) : 물체의 위치, 방위, 자세

(3) 자동 조정(정치 제어) : 전압, 주파수, 전류

비례 동작(P 동작) $x_0 = K_p x_i$ 단, K_p : 비례 이득(비례 감도)

적분 동작(I 동작) $x_0 = \frac{1}{T_i} \int x_i dt$ 단, T_i : 적분 시간

미분 동작(D 동작) $x_0 = T_d \frac{dx_i}{dt}$ 단, T_d : 미분 시간

비례+적분 동작(PI 동작) $x_0 = K_p \left(x_i + \frac{1}{T_i} \int x_i dt\right)$

비례+미분 동작(PD 동작) $x_0 = K_p \left(x_i + T_d \frac{dx_i}{dt}\right)$

비례+적분+미분 동작(PID 동작) $x_0 = K_p \left(x_i + \frac{1}{T_i} \int x_i dt + T_d \frac{dx_i}{dt}\right)$

15 라플라스 변환

선형 미분 방정식의 해를 구할 때 가장 적합한 수학적 변환 방식으로 시스템 설계에서 가장 많이 사용되는 변환 방식으로 $f(t)$의 시간 함수를 $F(s)$의 라플라스 변환으로 표기할 때

$$\mathcal{L}f(t) = F(s) = \int_0^\infty f(t) \cdot e^{-st} dt$$

1) 중요 기본 함수의 라플라스 변환표

구분	$f(t)$	$F(s)$
1	$\delta(t)$ 임펄스 함수	1
2	상수	$\dfrac{상수}{s}$
3	$u(t)$ 단위 계단 함수 인디셜 함수	$\dfrac{1}{s}$
4	t 경사 함수 기울기 함수	$\dfrac{1}{s^2}$
	t^n	$\dfrac{n!}{s^{n+1}}$
5	e^{-at} 지수 감쇠	$\dfrac{1}{s+a}$
	e^{at} 지수 증가	$\dfrac{1}{s-a}$
6	$t\varepsilon^{-at}$	$\dfrac{1}{(s+a)^2}$
7	$t^n\varepsilon^{-at}$	$\dfrac{n!}{(s+a)^{n+1}}$
8	$\sin\omega t$	$\dfrac{\omega}{s^2+\omega^2}$
9	$\cos\omega t$	$\dfrac{s}{s^2+\omega^2}$
10	$\sinh\omega t$	$\dfrac{\omega}{s^2-\omega^2} \quad s>|\omega|$
11	$\cosh\omega t$	$\dfrac{s}{s^2-\omega^2} \quad s>|\omega|$
12	$t\sin\omega t$	$\dfrac{2\omega s}{(s^2+\omega^2)^2}$
13	$t\cos\omega t$	$\dfrac{s^2-\omega^2}{(s^2+\omega^2)^2}$
14	$\varepsilon^{-at}\sin\omega t$	$\dfrac{\omega}{(s+a)^2+\omega^2}$
15	$\varepsilon^{-at}\cos\omega t$	$\dfrac{s+a}{(s+a)^2+\omega^2}$

2) 중요 파형의 라플라스 변환

구분	파형	라플라스 변환
1	(구형파, 높이 a, 폭 T)	$f(t) = au(t) - a(u-T)$ $F(s) = \dfrac{a}{s} - \dfrac{a}{s}e^{-Ts}$
2	(지연 계단파, 높이 a, 지연 T)	$f(t) = a(t-T)$ $F(s) = \dfrac{1}{s}e^{-Ts}$
3	(구형파 $v(t)$, ± 1, 주기 $T,2T,3T$)	$v(t) = u(t) - 2u(t-T) + 2u(t-2T) - u(t-3T)$
4	(구형 펄스, a에서 b까지)	$f(t) = 1 \cdot \{u(t-a) - u(t-b)\}$ $F(s) = \mathcal{L}[f(t)] = \mathcal{L}[u(t-a)] - \mathcal{L}[u(t-b)]$ $= \dfrac{e^{-as}}{s} - \dfrac{e^{-bs}}{s} = \dfrac{1}{s}(e^{-as} - e^{-bs})$
5	(삼각파, 꼭짓점 $t=1$, 밑 $t=2$)	$f(t) = 0 : t < 0,\ f(t) = t : 0 \leq t < 1$ $f(t) = 2-t : 1 \leq t < 2,\ f(t) = 0 : t \geq 2$ $F(s) = \mathcal{L}[f(t)] = \displaystyle\int_0^1 te^{-st}dt + \int_1^2 (2-t) \cdot e^{-st}dt$ $= -\dfrac{1}{s}e^{-s} - \dfrac{1}{s^2}e^{-s} + \dfrac{1}{s^2} + \dfrac{1}{s}e^{-s} + \dfrac{1}{s^2}e^{-2s} - \dfrac{1}{s^2}e^{-s}$ $= \dfrac{1}{s^2}(1 - 2e^{-s} + e^{-2s})$
6	(램프파, 0에서 E까지 T 구간)	$f(t) = \dfrac{E}{T}t\{u(t) - u(t-T)\}$ $= \dfrac{E}{T}tu(t) - \dfrac{E}{T}(t-T)u(t-T) - Eu(t-T)$ $F(s) = \mathcal{L}[f(t)] = \dfrac{E}{T}\dfrac{1}{s^2} - \dfrac{E}{T}\dfrac{1}{s^2}e^{-Ts} - \dfrac{E}{s}e^{-Ts}$ $= \dfrac{E}{Ts^2}(1 - e^{-Ts} - Tse^{-Ts}) = \dfrac{E}{Ts^2}[1 - (Ts+1)e^{-Ts}]$
7	(반주기 정현파, 크기 E, $0 \sim \tfrac{1}{2}T$)	$f(t) = E\sin\omega t\, u(t) + E\sin\omega\left(t - \dfrac{1}{2}T\right)u\left(t - \dfrac{1}{2}T\right)$ $F(s) = \dfrac{E\omega}{s^2 + \omega^2} + \dfrac{E\omega}{s^2 + \omega^2}e^{-\frac{1}{2}Ts} = \dfrac{E\omega}{s^2 + \omega^2}\left(1 + e^{-\frac{1}{2}Ts}\right)$

3) 각종 라플라스 변환의 정의

1	초깃값 정리	$\lim_{t \to 0} f(t) = \lim_{s \to \infty} sF(s)$
2	최종값 정리	$\lim_{t \to \infty} f(t) = \lim_{s \to 0} sF(s)$
3	시간 추이 정리	$\mathcal{L}[f(t-a)] = e^{-as}F(s)$
4	복소 추이 정리	$\mathcal{L}[e^{\mp at}f(t)] = F(s \pm a)$
5	상사 정리	$\mathcal{L}\left[f\left(\dfrac{t}{a}\right)\right] = aF(as)$
6	미분 정리	$\mathcal{L}\left[\dfrac{df(t)}{dt}\right] = sF(s) - f(0)$ $\mathcal{L}\left[\dfrac{d^n f(t)}{dt^n}\right] = s^n F(s) - s^{n-1}f(0) - s^{n-2}f^{(1)}(0) - \cdots f^{(n-1)}(0)$

4) 라플라스 역변환

$\mathcal{L}^{-1}F(s) = f(t)$

라플라스 변환 함수를 역변환하여 시간 함수로 변환

1	$F(s) = \dfrac{A}{s+\mathcal{L}}$	$f(t) = A \cdot e^{-\mathcal{L}t}$
2	$F(s) = \dfrac{\omega}{s^2 + \omega^2}$	$f(t) = \sin \omega t$
3	$F(s) = \dfrac{s}{s^2 + \omega^2}$	$f(t) = \cos \omega t$
4	$F(s) = \dfrac{2s+3}{s^2+3s+2}$	$F(s) = \dfrac{2s+3}{s^2+3s+2} = \dfrac{2s+3}{(s+1)(s+2)} = \dfrac{K_1}{s+1} + \dfrac{K_2}{s+2}$ $K_1 = \lim_{s \to -1}(s+1)F(s) = \left[\dfrac{2s+3}{s+2}\right]_{s=-1} = 1$ $K_2 = \lim_{s \to -2}(s+2)F(s) = \left[\dfrac{2s+3}{s+1}\right]_{s=-2} = 1$ $F(s) = \dfrac{1}{s+1} + \dfrac{1}{s+2}$ $f(t) = \mathcal{L}^{-1}[F(s)] = \mathcal{L}^{-1}\left[\dfrac{1}{s+1} + \dfrac{1}{s+2}\right] = e^{-t} + e^{-2t}$
5	$F(s) = \dfrac{1}{s^2+6s+10}$	$F(s) = \dfrac{1}{s^2+6s+10} = \dfrac{1}{(s+3)^2+1}$ $\therefore f(t) = e^{-3t}\sin t$

16 전달 함수, 신호 흐름 선도, 블록 선도

전달 함수의 정의 : 모든 초깃값을 0으로 하고 $\dfrac{y(t) \text{ 출력}}{x(t) \text{ 입력}}$의 라플라스 변환

즉 $G(s) = \dfrac{Y(s)}{X(s)}$

시스템의 입력 변수와 출력 변수 사이의 전달 함수는 임펄스 응답의 라플라스 변환으로 정의된다.
전달 함수는 시스템의 입력과는 무관하다.
제어 시스템의 전달 함수는 s만의 함수로 표시된다.

1) 전달 함수의 제어 요소

비례 요소		$G(s) = K(R\text{만의 회로}) \ E = Ri$
	스프링	$f = kx, \ G(s) = \dfrac{X(s)}{F(s)} = k$
	저항	$V_0(t) = \dfrac{R_2}{R_1 + R_2} V_i(t)$ $G(s) = \dfrac{V_0(s)}{V_i(s)} = \dfrac{R_1}{R_1 + R_2} = k$
적분 요소		$G(s) = \dfrac{K}{s}(C \text{ 회로}) \ V_c = \dfrac{1}{C}\int i(t)\,dt$
	유량	$h(t) = \dfrac{1}{A}\int q(t)dt, \ G(s) = \dfrac{H(s)}{Q(s)} = \dfrac{1}{As}$
	콘덴서 C	$e(t) = \dfrac{1}{C}\int i(t)\,dt$ $G(s) = \dfrac{E_c(s)}{I(s)} = \dfrac{1}{Cs}$
미분 요소		$G(s) = Ks(L \text{ 회로}) \ V_L = L\dfrac{di(t)}{dt}$
		$\dfrac{E_2(s)}{E_1(s)} = \dfrac{RCs}{1+RCs}, \ \dfrac{Ks}{1+Ks}$ (1차 지연을 포함한 미분 요소)
1차 지연 요소		$G(s) = \dfrac{K}{1+Ts}$, 여기서 T : 시정수 $\left(T = \dfrac{L}{R}\right), \ K$: 비례 감도
		$\dfrac{E_2(s)}{E_1(s)} = \dfrac{1}{1+RCs}$
2차 지연 요소		$G(s) = \dfrac{\omega_n^2}{s^2 + 2\delta\omega_n s + \omega_n^2}$, 여기서, δ : 제동비, ω_n : 고유 각주파수
		$\dfrac{E_2(s)}{E_1(s)} = \dfrac{1}{LCs^2 + RCs + 1}$
부동작 요소		$G(s) = Ke^{-Ls}$, 여기서 L : 부동작 시간

2) 전기 회로(각종 회로)의 전달 함수

① R, C 직렬 회로의 전달 함수

회로의 미분 방정식은

$$\begin{cases} e_i(t) = Ri(t) + \dfrac{1}{C}\int i(t)dt \\ e_o(t) = \dfrac{1}{C}\int i(t)dt \end{cases}$$

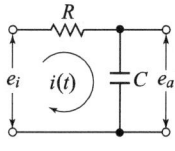

$$\therefore G(s) = \frac{E_o(s)}{E_i(s)} = \frac{\dfrac{1}{Cs}}{R + \dfrac{1}{Cs}} = \frac{1}{RCs+1} = \frac{1}{Ts+1}$$

② R, C 병렬 회로의 임피던스 전달 함수

$$\begin{cases} e_o(t) = \dfrac{1}{C}\int \{i(t) - i_R(t)\}dt \\ i_R(t) = \dfrac{1}{R}e_o(t) \end{cases}$$

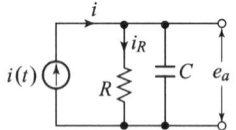

$$G(s) = \frac{E_o(s)}{I(s)} = \frac{\dfrac{1}{Cs}}{1 + \dfrac{1}{RCs}} = \frac{R}{RCs+1}$$

③ R, C 직렬 회로의 어드미턴스 전달 함수

2차 측을 개방하면 $I_2 = 0$이므로

$$v_1(t) = i_1(t)R + \frac{1}{C}\int i_1(t)dt$$

$$Y(s) = \frac{I_1(s)}{V_1(s)} = \frac{1}{R + \dfrac{1}{Cs}} = \frac{Cs}{RCs+1}$$

3) 물리계와 대응 관계

전기계	직선계	회전계
전기량[C]	위치(변위)[m]	각도[rad]
전압[V]	힘[N]	토크[N·m]
전류[A]	속도[m/s]	각속도[rad/s]
전기 저항[Ω]	점성 마찰[N/m/s]	회전 저항[N·m/rad/s]
정전 용량[F]	스프링 강도[m/N]	비틀림 강도[rad/N·m]
인덕턴스[H]	질량[kg]	관성 모멘트[kg·m²]

4) 회로망 보상회로

구분	정의
진상 보상기	진상 회로망은 출력 위상이 입력 위상보다 앞서도록 제어 신호의 위상을 제어시키는 미분 회로이다.
지상 보상기	지상 회로망은 출력 위상이 입력 위상보다 늦도록 제어 신호의 위상을 제어시키는 적분 회로이다.

5) 신호 흐름 선도 정의 및 성질
① 선형 시스템에만 적용된다.
② 결과가 원인의 함수로 표현되는 형태의 대수 방정식이어야 한다.
③ 마디는 변수를 나타내는 데 쓰이고, 마디는 원인과 결과의 순서로 왼쪽으로부터 차례로 배열한다.
④ 신호 흐름 선도의 신호는 가지의 화살표 방향으로만 전송한다.
⑤ 입력 마디에서 출력까지 연결된 가지는 입력 변수가 출력에 종속됨을 나타내고, 역은 성립하지 않는다.

6) 메이슨의 법칙 = $\dfrac{\text{전향 경로}+(\text{전향 경로}-\text{공유하지 않은 루프})}{1-(\text{폐루프 이득의 합}+\text{공유하지 않은 루프 이득})}$

7) 각종 회로의 블록 선도와 신호 흐름 선도의 비교

	블록 선도	신호 흐름 선도
신호	$A \longrightarrow$	$\overset{A}{\circ}$
전달 요소 $B = G \cdot A$	$A \rightarrow \boxed{G} \rightarrow B$	$A \circ \xrightarrow{G} \circ B$
가합점 $C = A \pm B$	$A \xrightarrow{+} \bigcirc \rightarrow C$, $\pm B$	$A \circ \xrightarrow{1} \circ B$, $B \circ \xrightarrow{\pm 1}$
인출점 $A = B = C$	$A \rightarrow \bullet \rightarrow B$, $\rightarrow C$	$A \circ \xrightarrow{1} \circ B$, $\xrightarrow{1} \circ$
직렬접속 $C = G_1 \cdot G_2 \cdot A$	$A \rightarrow \boxed{G_1} \xrightarrow{B} \boxed{G_2} \rightarrow C$	$A \circ \xrightarrow{G_1} \circ \xrightarrow{B}{}^{G_2} \circ C$
병렬접속 $D = (G_1 \pm G_2)A$	$A \rightarrow \boxed{G_1}, \boxed{G_2} \rightarrow \bigcirc \xrightarrow{\pm} D$	$A \circ \xrightarrow{B} \xrightarrow{G_1} \xrightarrow{C} \circ D$, $\pm G_2$
피드백 접속 $D = \dfrac{G}{1 \mp GH} \cdot A$	$A \xrightarrow{+} \bigcirc \rightarrow \boxed{G} \rightarrow D$, $\boxed{H}$	$A \xrightarrow{1} \xrightarrow{G} \xrightarrow{1} D$, $\pm H$

8) 블록 선도의 구성과 결합

명칭	심벌	내용
전달 요소	$G(S)$	입력 신호를 받아서 적당히 변환된 출력 신호를 만드는 부분
화살표	$A(s) \rightarrow G(S) \rightarrow B(s)$	신호의 흐르는 방향을 표시하며 $A(s)$는 입력, $B(s)$는 출력이므로 $B(s)=G(s)\cdot A(s)$로 나타낼 수 있다.
가합점 (합산점)	$A(s) \xrightarrow{+} \bigcirc \rightarrow B(s)$, $\pm$, $C(s)$	두 가지 이상의 신호가 있을 때 이들 신호의 합과 차를 만드는 부분으로 $B(s)=A(s)\pm C(s)$가 된다.
인출점 (분기점)	$A(s) \rightarrow \bullet \rightarrow B(s)$, $\downarrow C(s)$	한 개의 신호를 두 계통으로 분기하기 위한 점으로 $A(s)=B(s)=C(s)$가 된다.
직렬 결합	$A(s) \rightarrow G_1(s) \xrightarrow{Z(s)} G_2(s) \rightarrow C(s)$	$G(S)=G_1(s)\cdot G_2(s)$
병렬 결합	$A(s) \rightarrow G_1(s) \xrightarrow{Z_1(s)} \bigcirc \rightarrow C(s)$, $G_2(s) \xrightarrow{Z_2(s)} \pm$	$G(S)=G_1(s)\pm G_2(s)$
피드백 결합	$A(s) \xrightarrow{+} \bigcirc \xrightarrow{E(s)} G(s) \xrightarrow{Z_1(s)} C(s)$, $B(s) \leftarrow H(s) \leftarrow Z_2(s)$	$G(S)=\dfrac{G(s)}{1\pm G(s)\cdot H(s)}$

17 자동 제어의 과도 응답

1) 제어 시스템의 안정 조건

(1) 임펄스 응답
$$R(s) = 1 \rightarrow G(s) \rightarrow C(s) = R(s) \cdot G(s) = G(s)$$

(2) 인디셜 응답 → 단위 계단 입력
$$R(s) = \frac{1}{s} \rightarrow G(s) \rightarrow C(s) = \frac{1}{s} G(s)$$

(3) 경사 응답
$$R(s) = \frac{1}{s^2} \rightarrow G(s) \rightarrow C(s) = R(S) \cdot G(s) = \frac{1}{s^2} G(s)$$

2) 오버슈트(Over shoot)

과도 상태 중 응답이 목푯값을 넘어간 편차

$$백분율\ 오버슈트 = \frac{최대\ 오버슈트}{최종\ 목푯값} \times 100 [\%]$$

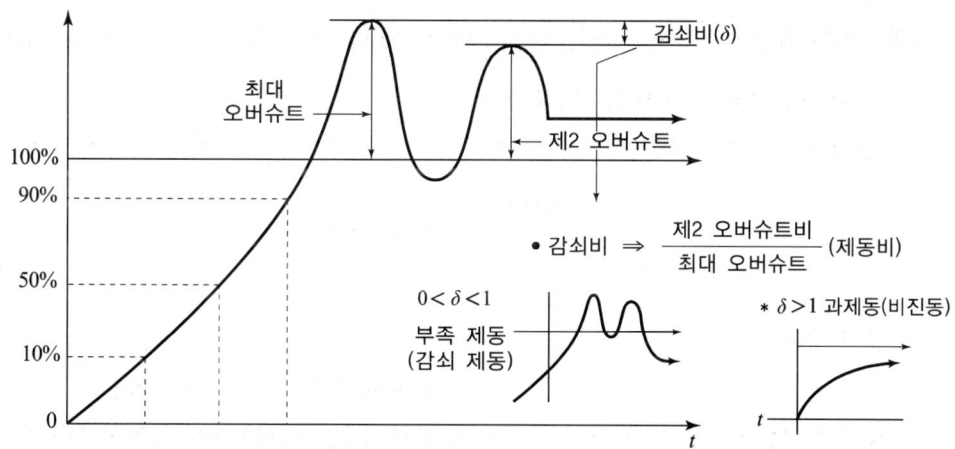

· 감쇠비 ⇒ $\dfrac{제2\ 오버슈트비}{최대\ 오버슈트}$ (제동비)

$0 < \delta < 1$ 부족 제동 (감쇠 제동)

* $\delta > 1$ 과제동(비진동)

(1) 지연 시간
제어 시스템의 출력이 입력값의 50[%]에 도달하는 데 걸리는 시간

(2) 상승 시간
출력의 입력값의 10~90[%]까지의 시간

(3) 정정 시간
목푯값의 5[%] 이내 안정되기까지 요하는 시간

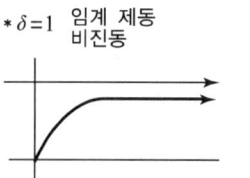
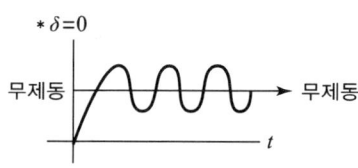

$$\frac{C(s)}{R(s)} = \frac{\omega_n^2}{s^2 + 2\delta\omega_n s + \omega_n^2}$$

δ : 제동비, 감쇠 계수

ω_n : 고유 주파수

$0 < \delta < 1$: 부족 제동(감쇠 제동)

$\delta > 1$: 과제동(비진동)

$\delta = 1$: 임계 제동(비진동)

$\delta = 0$: 무제동(무한 진동)

3) 특성 방정식

폐회로 전달 함수 $\frac{C(s)}{R(s)} = \frac{G(s)}{1 + G(s)H(s)}$ 에서 분모를 0으로 놓은 식, 즉 $1 + G(s)H(s) = 0$을 자동 제어 시스템의 특성 방정식이라 한다.

$$G(s) = \frac{\omega_n^2}{s^2 + 2\delta\omega_n s + \omega_n^2}$$

* 공진 주파수

  $\omega_p = \omega_n \sqrt{1 - 2\delta^2}$ ω_p : 공진 주파수, ω_n : 고유 주파수

* 공진 정점값 → M_p가 커지면 → 분리도가 예리해진다〈제어계가 불안정 동작의 의미〉

  $M_p = \dfrac{1}{2\delta\sqrt{1-\delta^2}}$

* 최대 오버슈트 발생 시간

  $t_p = \dfrac{\pi}{\omega_n\sqrt{1-\delta^2}}$

* 대역폭 B_w : 공진 정점값의 70.7[%] 이상을 만족하는 주파수 영역

* 과도(감쇠) 진동 주파수

  $\omega = \omega_n\sqrt{1-\delta^2}$

주파수 응답	시간 응답

• 공진 정점값(M_p) 증가
  $M_p = \dfrac{1}{2\delta\sqrt{1-\delta^2}}$
• 공진 주파수(ω_p) 증가
  $\omega_p = \omega_n\sqrt{1-2\delta^2}$
• 대역폭 증가
• 회로는 불안정화(안정성 저하)
	• 오버슈트 증가
	• 과도 진동 주파수(ω_d) 증가
	  $\omega_d = \omega_n\sqrt{1-\delta^2}$
	• 응답성 향상(상승 시간, 지연 시간 감소)
	• 정상 오차 감소
	• B_w 대역폭, 공진 정점값 70.7[%]

4) 기준 입력 신호 편차에 따른 정상 편차

(1) 기준 시점 입력은 계단, 램프, 포물선의 3가지 주로 사용된다.

항목	정상 위치 편차	정상 속도 편차	정상 가속도 편차
입력	단위 계단 입력	단위 램프 입력	단위 포물선 입력
편차 상수	위치 편차 상수 k_p $k_p = \lim\limits_{s \to 0} G(s)$	속도 편차 상수 k_v $k_v = \lim\limits_{s \to 0} s G(s)$	가속도 편차 상수 k_a $k_a = \lim\limits_{s \to 0} s^2 G(s)$
형	0형	1형	2형

(2) 감도

$$S_k^T = \frac{dT/T}{dK/K} = \frac{K}{T} \cdot \frac{dT}{dK}$$

Point 문제

$\dfrac{d^2 y(t)}{dt^2} + 6\dfrac{dy(t)}{dt} + 9y(t) = 9x(t)$일 때 감쇠율 δ와 제동의 종류는?

풀이

$s^2 Y(s) + 6s Y(s) + 9 Y(s) = 9 \times (s)$

$G(s) = \dfrac{X(s)}{Y(s)} = \dfrac{9}{s^2 + 6s + 9} = \dfrac{\omega_n^2}{s^2 + 2\delta\omega_n s + \omega_n^2}$

$\omega_n^2 = 9, \; \omega_n = 3$

$2\delta\omega_n = 6 \quad \delta = 1$ 그러므로 임계 제동

Point 문제

단위 부궤환 회로에서
$G(s) = \dfrac{2}{s(s+2)}$ 의 제동의 종류?

풀이

$\dfrac{C(s)}{R(s)} = \dfrac{G(s)}{1+G(s)}$ 부궤환 회로

$\dfrac{\dfrac{2}{s(s+2)}}{1+\dfrac{2}{s(s+2)}} = \dfrac{2}{s^2+2s+2}$

$\omega_n^2 = 2 \quad \omega_n = \sqrt{2} \quad 2\delta\omega_n = 2$

$\delta = \dfrac{1}{\sqrt{2}}$ 그러므로 부족 제동

18 이득, 이득 여유, 보드 선도

주파수 전달 함수를 이용하여 주파수 변화에 따른 제어 장치의 크기와 위상각을 가로축에는 주파수(ω)를 세로축에는 이득 $|G(j\omega)|$을 표시

1) 절점 주파수, 절점 주파수 이득

이득 : $g = 20\log_{10}|G(s)|$[dB]

이득 여유 : $GM = 20\log_{10}\left|\dfrac{1}{G(s)}\right|_{\omega=0}$

위상 여유 $\phi_m > 0$이면 안정

보드 선도의 이득 여유 $g_m > 0$ 안정

2) 절점 주파수

보드 선도가 경사를 이루는 실수부와 허수부가 같아지는 주파수

절점 주파수 이득은 -3[dB]

경사 $g = k\log_{10}\omega$[dB]에서 k는 경사를 의미

Point 문제

$G(s) = \dfrac{1}{1+sT}$에서 $\omega T = 10$일 때 $|G(j\omega)|$의 값(dB)을 구하면?

풀이

$G(j\omega) = \dfrac{1}{1+j\omega T} = \dfrac{1}{1+j10} = \dfrac{1}{\sqrt{1^2+10^2}} \fallingdotseq \dfrac{1}{10} = 10^{-1}$

$g = 20\log_{10}|G(j\omega)| = 20\log_{10}10^{-1} = -20$[dB]

Point 문제

$G(j\omega) = \dfrac{1}{1+j2T}$이고, $T = 2$초일 때 크기 $|G(j\omega)|$와 위상각 $\underline{/G(j\omega)}$는 각각 얼마인가?

풀이

$G(j\omega) = \dfrac{1}{1+j2\times 2} = \dfrac{1}{1+j4} = \dfrac{1}{\sqrt{17}}$

위상각 $\underline{/G(j\omega)} = \dfrac{\underline{/0°}}{\underline{/\tan^{-1}\frac{4}{1}}} = \dfrac{1}{\underline{/\tan^{-1}4}} = \underline{/-76°}$

Point 문제

$G(s)H(s) = \dfrac{K}{(s+1)(s+3)}$ 일 때 이득 여유가 $20[\text{dB}]$이면 이때의 k값은?

풀이

$$|G(s)H(s)| = GM = 20\log_{10}\left|\dfrac{1}{\dfrac{K}{(s+1)(s+3)}}\right|_{s=0}$$

$20[\text{dB}] = 20\log_{10}\dfrac{3}{K}$ 이므로 $K = \dfrac{3}{10}$

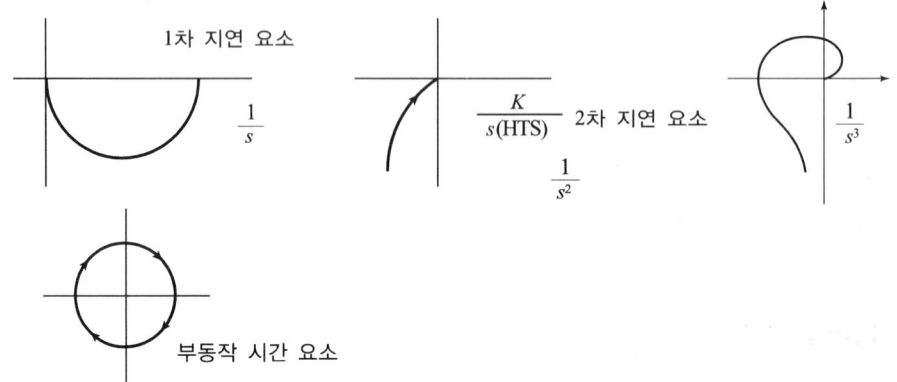

3) 보드 선도

(1) 이득 선도

횡축에 주파수와 종축에 이득값(데시벨)으로 그린 그림

(2) 위상 선도

횡축에 주파수와 종축에 위상값(°)으로 그린 그림

$G[\text{dB}] = 20\log|G(j\omega)|$

$G(s) = s$의 보드 선도	$+20[\text{dB/dec}]$의 경사를 가지며 위상각은 $90°$
$G(s) = s^2$의 보드 선도	$+40[\text{dB/dec}]$의 경사를 가지며 위상각은 $180°$
$G(s) = s^3$의 보드 선도	$+60[\text{dB/dec}]$의 경사를 가지며 위상각은 $270°$

19 안정도 판별

(루스표에 의한 안정도 판별) 특성 방정식의 근을 구하지 않고 계수 수열에서 안정도를 판별
① 특성 방정식의 모든 계수의 부호가 같을 것.
② 특성 방정식의 모든 차수가 존재할 것.
③ 루스의 제1열 요소의 부호 변화가 없을 것.
　제1열의 부호 변화의 횟수만큼 복소 평면의 우반부(불안전한 영역)에 특성근이 존재한다.

1) 루스표 작성 방법

(1) 자동 제어 시스템의 특성 방정식이

$$F(s) = 1 + G(s)H(s) = a_0 s^n + a_1 s^{n-1} + a_2^{n-2} + \ldots a_{n-1} s + a_n = 0$$

로 주어질 때 위 식의 계수를 아래와 같이 두 줄로 나열한다.

$$\begin{cases} a_0 \, a_2 \, a_4 \, a_6 \, a_8 \, \cdots \\ a_1 \, a_3 \, a_5 \, a_7 \, a_9 \, \cdots \end{cases}$$

(2) 다음과 같은 루스표를 작성한다. (4차 방정식의 경우)

$$a_0 s^4 + a_1 s^3 + a_2 s^2 + a_3 s^1 + a_4 s^0 = 0$$

s^4	a_0	a_2	a_4	0
s^3	a_1	a_3	0	0
s^2	A	B	0	
s^1	C	0	0	

$$A = \frac{a_1 a_2 - a_0 a_3}{a_1}$$

$$B = \frac{a_1 \cdot a_4 - a_0 \times 0}{a_1}$$

$$C = \frac{A \cdot a_3 - a_1 B}{A}$$

(3) 위 루스표의 제1열 요소, 즉 a_0, a_1, A, C의 부호 변화가 없으면 안정, 부호 변화가 있으면 불안정이 된다(만약에 0이 포함되면 임계 안정이 된다).

20 근궤적법

1) 근궤적법 개요

제어 시스템의 전달 함수 $\dfrac{C(s)}{R(s)} = \dfrac{G(s)}{1+G(s)H(s)}$ 에서

$$G(s)H(s) = K\dfrac{N(s)}{D(s)} = K\dfrac{(s+Z_1)(s+Z_2)(s+Z_3)\ldots(s+Z_n)}{(s+P_1)(s+P_2)(s+P_3)\ldots(s+P_n)}$$

특성 방정식은 $1+G(s)H(s) = 0$ 이므로, $1+K\dfrac{N(s)}{D(s)} = 0$

∴ 특성 방정식 : $D(s) + KN(s) = 0$

근궤적이란 s 평면상에서 개루프 전달 함수의 이득 상수 K를 0에서 ∞까지 변화시킬 때 특성 방정식의 근이 그리는 궤적으로 시간 영역 응답에 대한 정보와 주파수 응답에 관한 정보를 얻는 데 사용된다.

2) 근궤적 작성법

(1) 근궤적의 경로
극(pole)점($K=0$)에서 시작해서 영(zero)점($K=\infty$)에서 끝난다.

(2) 근궤적의 개수
영점과 극점의 개수 중 큰 것과 일치한다.

(3) 근궤적의 대칭성
특성 방정식의 근은 실근, 공액 복소근이므로 근궤적은 언제나 실수축에 대칭이다.

(4) 점근선의 교차점
점근선은 언제나 실수축에 대칭이며 교차점은 다음과 같다.

$$\delta = \dfrac{\Sigma G(s)H(s)\text{의 극점} - \Sigma G(s)H(s)\text{의 영점}}{P-Z}$$

단, Z는 영점의 개수, P는 극점의 개수

(5) 점근선의 각도

$$\alpha = \dfrac{(2k+1)\pi}{P-Z} \text{ (단 } k = 0, 1, 2\ldots\text{)}$$

단, Z는 영점의 개수, P는 극점의 개수

21 상태 방정식, 천이 행렬 Z 변환

제어 회로의 동작 상태를 미분 방정식을 이용하여 벡터 행렬로 표현, 즉 고차 방정식(n차 방정식)을 1차 미분 방정식으로 표현한 식

1) 천이 행렬

상태 방정식 $\dot{x}(+) = Ax(t) + Bu(t)$의 해를 구하여 제어 시스템의 급격한 과도 상태에서의 제어 장치의 특성을 파악하기 위한 행렬식으로 표현할 수 있다.

$$\Phi(t) = \mathcal{L}^{-1}[(sI-A)^{-1}]$$

① $\Phi(0) = I$ (I : 단위 행렬)
② $\Phi^{-1}(t) = \Phi(-t) = e^{-At}$

(1) 2차 제어 시스템

$$\frac{d^2y(t)}{dt^2} + a\frac{dy(t)}{dt} + by(t) = cr(t)$$

벡터 행렬 $A = \begin{bmatrix} 0 & 1 \\ -b & -a \end{bmatrix}$, $B = \begin{bmatrix} 0 \\ c \end{bmatrix}$

(2) 3차 제어 시스템

$$\frac{d^3y(t)}{dt^3} + a\frac{d^2y(t)}{dt^2} + b\frac{dy(t)}{dt} + cy(t) = dr(t)$$

벡터 행렬 $A = \begin{bmatrix} 0 & 1 & 0 \\ 0 & 0 & 1 \\ -c & -b & -a \end{bmatrix}$, $B = \begin{bmatrix} 0 \\ 0 \\ d \end{bmatrix}$

(3) n차 선형 시불변 시스템의 상태 방정식

$$\frac{d}{dt}x(t) = Ax(t) + By(t)$$

특성 방정식 $|sI - A| = 0$

2) Z 변환

(1) 정의

라플라스 변환은 연속적인 선형 미분 방정식을 해석하는 것에만 적용한다.
Z 변환은 라플라스 변환으로는 해석이 불가능한 불연속 시스템인 차분 방정식 또는 이산 시스템을 해석하는 데 적용한다.

(2) z 평면상에서 제어 시스템의 안정도 판정 방법

z 평면상에서의 안정도 판정은 반지름의 크기가 1인 단위원을 기준으로 하여 다음과 같이 안정도 여부를 결정한다.

① 안정 조건 : 단위원 내부에 극점이 모두 존재할 것.
② 불안정 조건 : 단위원 외부에 극점이 하나라도 존재할 것.
③ 임계 상태 : 단위원에 접하는 극점이 존재하는 경우.

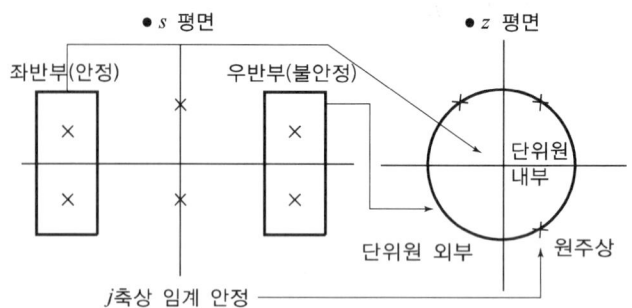

(3) 주요 z 변환 공식표

시간 함수 $f(t)$	라플라스 변환 $F(s)$	z 변환 $F(z)$
임펄스 함수 $\delta(t)$	1	1
단위 계단 함수 $u(t)$	$\dfrac{1}{s}$	$\dfrac{z}{z-1}$
속도 함수 t	$\dfrac{1}{s^2}$	$\dfrac{Tz}{(z-1)^2}$
지수 함수 e^{-at}	$\dfrac{1}{s+a}$	$\dfrac{z}{z-e^{-aT}}$
$\sin\omega t$	$\dfrac{\omega}{s^2+\omega^2}$	$\dfrac{z\sin\omega T}{z^2-2z\cos\omega T+1}$
$\cos\omega t$	$\dfrac{s}{s^2+\omega^2}$	$\dfrac{z^2-z\cos\omega T}{z^2-2z\cos\omega T+1}$

초깃값 정리 : $\lim\limits_{t\to 0}f(t) \to \lim\limits_{s\to\infty}sF(s) = \lim\limits_{z\to\infty}F(z)$

최종값 정리 : $\lim\limits_{t\to\infty}f(t) \to \lim\limits_{s\to 0}sF(s) \to \lim\limits_{z\to 1}(1-z^{-1})F(z) \to \lim\limits_{z\to 1}(1-\dfrac{1}{z})F(z)$

- $3u(t) \to \dfrac{3z}{z-1}$
- $u(t-z) = \dfrac{z}{z-2}$
- $2u(t-3) \to \dfrac{2z}{z-3}$
- $\dfrac{3z}{z-e^{-3t}} \to \dfrac{3}{s+3}$
- $\dfrac{1}{s-a} \to f(t) = e^{at}$

22 시퀀스 제어

▶ R = 릴레이이고 그 출력이 X일 때

회로	유접점	무접점	논리 회로	진리표
AND 회로			$X = A \cdot B$	A, B, X: 000/0, 010/0, 100/0, 111
OR 회로			$X = A + B$	A, B, X: 000, 011, 101, 111
NOT 회로			$X = \overline{A}$	A, X: 01, 10
NAND 회로			$X = \overline{A \cdot B}$	A, B, X: 001, 011, 101, 110
NOR 회로			$X = \overline{A + B}$	A, B, X: 001, 010, 100, 110
exclusive-OR 회로			$X = \overline{A} \cdot B + A \cdot \overline{B} = A \oplus B$	A, B, X: 000, 011, 101, 110

〈논리 대수 정리 및 스위치 회로 표시〉

정리	스위치 회로
T1 : 교환의 법칙 ① $A+B=B+A$ ② $A \cdot B = B \cdot A$	
T2 : 결합의 법칙 ① $(A+B)+C=A+(B+C)$ ② $(A \cdot B) \cdot C = A \cdot (B \cdot C)$	
T3 : 분배의 법칙 ① $A \cdot (B+C) = A \cdot B + A \cdot C$ ② $A+(B \cdot C) = (A+B) \cdot (A+C)$	
T4 : 동일의 법칙 ① $A+A=A$ ② $A \cdot A = A$	

CHAPTER 4

예상문제

회로이론 및 제어공학

CHAPTER 4 회로이론 및 제어공학

001 그림과 같은 직류 회로에서 저항 $R[\Omega]$의 값은?

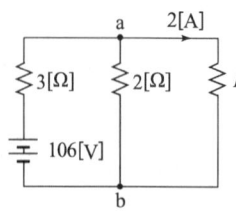

① 10
② 20
③ 30
④ 40

a점을 V라 하고

$$\frac{V-106}{3} = \frac{V}{2} + 2$$

$V = 40[\text{V}]$ $I = \dfrac{V}{R}$ 이므로 $R = \dfrac{V}{I} = \dfrac{40}{2} = 20[\Omega]$

002 그림의 회로에서 $E_0 = 10\,[\text{V}]$, $R_a = 2\,[\Omega]$, $R_b = 1\,[\Omega]$이다. V_1 및 V_2의 전압은?

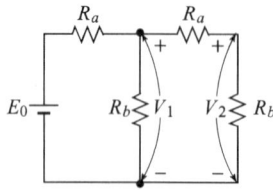

① $\dfrac{20}{11}\,[\text{V}]$ 및 $\dfrac{10}{11}\,[\text{V}]$
② $\dfrac{10}{11}\,[\text{V}]$ 및 $\dfrac{20}{11}\,[\text{V}]$
③ $\dfrac{10}{11}\,[\text{V}]$ 및 $\dfrac{10}{11}\,[\text{V}]$
④ $\dfrac{30}{11}\,[\text{V}]$ 및 $\dfrac{10}{11}\,[\text{V}]$

절점 방정식 $\langle KCL,\ KVL \rangle$

$$\frac{10-V_1}{2} = \frac{V_1}{1} + \frac{V_1}{2+1}$$

$V_1 = \dfrac{30}{11}$ 이고, $V_2 = \dfrac{1}{2+1} \times V_1 = \dfrac{10}{11}$

003 그림의 회로에서 I_1에 흐르는 전류는 1.5[A]이다. 회로의 합성 저항(Ω)은?

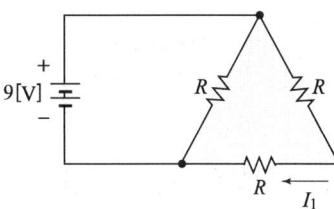

① 2   ② 3
③ 6   ④ 9

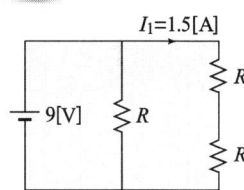

$I_1 = \dfrac{9}{2R} = 1.5$

$3R = 9 \quad R = 3$

∴ 합성 저항 $\dfrac{3 \times 6}{3 + 6} = 2$

004 〈보기〉와 같은 RLC 직렬 회로에 $v = 10\sqrt{2}\sin(10t)[\text{V}]$의 교류 전압을 가할 때, 유효 전력이 6[W]였다면, C의 값(F)은? (단, 전체 부하는 유도성 부하이다.)

| 〈보기〉 | $R=6[\Omega]$ | $L=1[\text{H}]$ | $C=?$ |

① 0.01   ② 0.05
③ 0.1   ④ 1

$P = I^2 R = \left(\dfrac{V}{Z}\right)^2 R$, $R = 6[\Omega]$이므로 $Z = 10[\Omega]$

$Z = R + j\left(\omega L - \dfrac{1}{\omega C}\right) = 10[\Omega]$

$\omega L - \dfrac{1}{\omega C} = 8[\Omega]$

$\omega = 10$을 대입하여 C를 구하면 $C = 0.05[\text{F}]$

정답 001. ② 002. ④ 003. ① 004. ②

회로이론 및 제어공학

005 50[V], 250[W] 니크롬선의 길이를 반으로 잘라서 20[V] 전압에 연결하였을 때, 니크롬선의 소비 전력(W)은?

① 80
② 100
③ 120
④ 140

$P = \dfrac{V^2}{R}$, $R = \dfrac{V^2}{P} = \dfrac{50^2}{250} = 10\,[\Omega]$

$P' = \dfrac{20^2}{10 \times \dfrac{1}{2}} = \dfrac{400}{5} = 80\,[\text{W}]$

006 그림과 같은 회로에서 Z_1의 단자 전압 $V_1 = \sqrt{3} + jy$, Z_2의 단자 전압 $V_2 = |V| \angle 30°$ 일 때, y 및 $|V|$의 값은?

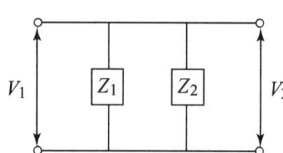

① $y = 1$, $|V| = 2$
② $y = \sqrt{3}$, $|V| = 2$
③ $y = 2\sqrt{3}$, $|V| = 1$
④ $y = 1$, $|V| = \sqrt{3}$

Z_1과 Z_2 병렬연결이므로 걸리는 전압 $V_1 = V_2$이다.

$\sqrt{3} + jy = |V|(\cos 30° + j\sin 30°) = \dfrac{\sqrt{3}}{2}|V| + j\dfrac{1}{2}|V|$

실수부와 허수부끼리 같아야 하므로 $\dfrac{\sqrt{3}}{2}|V| = \sqrt{3}$, $|V| = 2$

$y = \dfrac{1}{2}|V| = 1$

007 다음 그림의 회로에서 공진이 발생할 때의 임피던스(Ω)는? (단, $Q = \dfrac{\omega L}{R}$ 이다.)

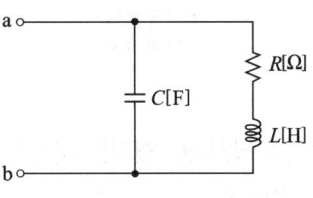

① $R + Q^2$
② Q^2
③ $R(1+Q^2)$
④ ∞

$Y = Y_1 + Y_2 = \dfrac{1}{R+j\omega L} + j\omega C$ 에서 공진 시

$Y_0 = \dfrac{R}{R^2 + (\omega L)^2}$

$Z_0 = \dfrac{1}{Y} = \dfrac{R^2 + (\omega L)^2}{R}$ 에서 $Q = \dfrac{\omega L}{R}$ 이므로

$Z_0 = R(1+Q^2)$

008 인덕터의 특징을 요약한 것 중 잘못된 것은?

① 일정한 전류가 흐를 때 전압은 0이 된다.
② 인덕터는 에너지를 축적하지만 소모하지는 않는다.
③ 인덕터의 전류가 불연속적으로 급격히 변화하면 전압은 0이 된다.
④ 인덕터는 직류에 대하여 단락 회로로 작용한다.

$V_L = L\dfrac{di(t)}{dt}$ i가 급격히 변화하면 전압이 무한대가 된다.

[정답] 005. ① 006. ① 007. ③ 008. ③

009 2[F]의 커패시터에 그림과 같은 삼각 파형의 전압을 인가할 때 흐르는 전류 파형은? (단, 콘덴서 초기 전압은 0이다.)

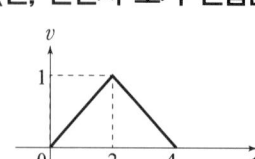

① 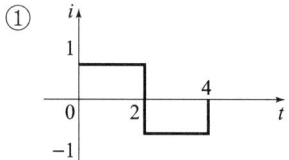   ②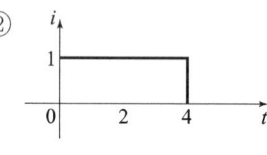

③ 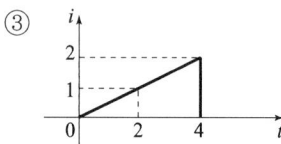   ④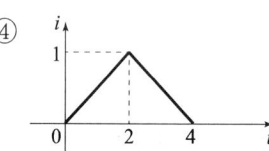

커패시터 양단에 $v(t)$ 전압 인가 시 흐르는 전류 $i(t)C = \dfrac{dv(t)}{dt}$ 이며

$0 \leq t \leq 2$ $i(t) = C\dfrac{dv(t)}{dt} = 2 \times \dfrac{1-0}{2-0} = 1$

$2 \leq t \leq 4$ $i(t) = C\dfrac{dv(t)}{dt} = 2 \times \dfrac{0-1}{4-2} = -1$

010 다음 회로에서 입력 전압 $v_s(t)$가 그림과 같은 반파 정류 형태의 정현파 전압이 인가될 때, 회로에서 소모되는 평균 전력(W)은?

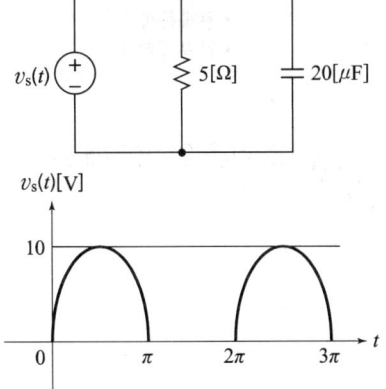

① 2.5　　　　　　② 5.0
③ 10　　　　　　 ④ 1.5

$$P = \frac{V^2}{R} = \frac{\left(\frac{V_m}{2}\right)^2}{5} = \frac{\left(\frac{10}{2}\right)^2}{5} = 5\,[\text{W}]$$

011 최댓값 V_0, 내부 임피던스 $Z_0 = R_0 + jX_0\,(R_0 > 0)$인 전원에서 공급할 수 있는 최대 전력은?

① $\dfrac{V_0^2}{8R_0}$　　　　　② $\dfrac{V_0^2}{4R_0}$

③ $\dfrac{V_0^2}{2R_0}$　　　　　④ $\dfrac{V_0^2}{2\sqrt{2}\,R_0}$

전원 전압이 정현파이고 그 실횻값이 V라면 $Z_0 = \overline{Z_L}$인 경우 최대 전력은

$$P_{\max} = \frac{V^2}{4R_0} = \frac{\left(\frac{V_0}{\sqrt{2}}\right)^2}{4R_0} = \frac{V_0^2}{8R_0}$$

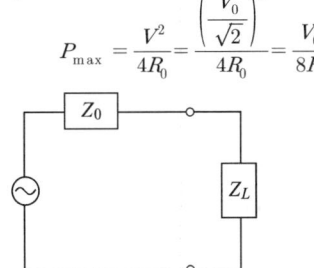

[정답] 009. ① 010. ② 011. ①

CHAPTER 4 회로이론 및 제어공학

012 $f(t) = \mathcal{L}^{-1}\left[\dfrac{1}{s^2+6s+10}\right]$의 값은 얼마인가?

① $e^{-3t}\sin t$ ② $e^{-3t}\cos t$
③ $e^{-t}\sin 5t$ ④ $e^{-t}\sin 5\omega t$

해설

$F(s) = \dfrac{1}{s^2+6s+10} = \dfrac{1}{(s+3)^2+1}$

$\therefore f(t) = e^{-3t}\sin t$

013 공진 회로의 Q가 갖는 물리적 의미와 관계없는 것은?

① 공진 회로의 저항에 대한 리액턴스의 비
② 공진 곡선의 첨예도
③ 공진 시의 전압 확대비
④ 공진 회로에서 에너지 소비 능률

해설

① 직렬 공진이면 전압 확대비
② 병렬 공진이면 전류 선택도
③ 공진 곡선에서 $Q = \dfrac{f_r}{\Delta f} = \dfrac{f_r}{f_2 - f_1}$ 공진 곡선의 첨예도

014 40[mH] 인덕터에 $100\cos 10\pi t\,[\text{mA}]$의 전류가 흐른다. $t = \dfrac{1}{30}\,[\sec]$에서 에너지($\mu$J)는?

① $50\,[\mu J]$ ② $100\,[\mu J]$
③ $150\,[\mu J]$ ④ $200\,[\mu J]$

$i = 100\cos 10\pi t$에서 $t = \dfrac{1}{30}[\text{s}]$이므로 $i = 100\cos 10\pi \times \dfrac{1}{30} = 50[\text{mA}]$

$W_L(L\text{에 축적되는 에너지}) = \dfrac{1}{2}LI^2 = \dfrac{1}{2} \times 40 \times 10^{-3} \times (50 \times 10^{-3})^2$
$= 50 \times 10^{-6}[\text{J}]$
$= 50[\mu\text{J}]$

015 평형 3상 $Y-Y$ 회로의 선간 전압이 $100[\text{V}_{\text{rms}}]$이고 한 상의 부하가 $Z_L = 3 + j4[\Omega]$일 때 3상 전체의 유효 전력(kW)은?

① 0.4
② 0.7
③ 1.2
④ 2.1

$P = 3V_P I_P \cos\theta = \sqrt{3}\, V_l I_l \cos\theta = \sqrt{3} \times 100 \times \left(\dfrac{\dfrac{100}{\sqrt{3}}}{3+j4}\right) \times \dfrac{3}{\sqrt{3^2+4^2}}$

또는 $P = 3I^2 R = 3\left(\dfrac{\dfrac{100}{\sqrt{3}}}{5}\right)^2 \times 3 = 1,200[\text{W}] = 1.2[\text{kW}]$

016 대칭분을 I_0, I_1, I_2라 하고, 선전류를 I_a, I_b, I_c라 할 때, I_b는?

① $I_0 + I_1 + I_2$
② $\dfrac{1}{3}(I_0 + I_1 + I_2)$
③ $I_0 + a^2 I_1 + a I_2$
④ $I_0 + a I_1 + a^2 I_2$

$\begin{bmatrix} I_0 \\ I_1 \\ I_2 \end{bmatrix} = \begin{bmatrix} \text{영상분} \\ \text{정상분} \\ \text{역상분} \end{bmatrix} = \dfrac{1}{3}\begin{bmatrix} 1 & 1 & 1 \\ 1 & a & a^2 \\ 1 & a^2 & a \end{bmatrix}\begin{bmatrix} I_a \\ I_b \\ I_c \end{bmatrix}$

$I_0 = \dfrac{1}{3}(I_a + I_b + I_c)$

$I_1 = \dfrac{1}{3}(I_a + aI_b + a^2 I_c)$

$I_2 = \dfrac{1}{3}(I_a + a^2 I_b + aI_c)$이고

대칭분
$I_a = I_0 + I_1 + I_2$
$I_b = I_0 + a^2 I_1 + aI_2$
$I_c = I_0 + aI_1 + a^2 I_2$이다.

정답 012. ① 013. ④ 014. ① 015. ③ 016. ③

CHAPTER 4 회로이론 및 제어공학

017 용량이 20[kVA]의 단상 변압기 2대를 V 결선하여 역률 0.6 전력 15[kW]의 평형 3상 부하에 전력을 공급할 때 변압기 1대가 분담하는 피상 전력(kVA)은?

① $\dfrac{25}{\sqrt{3}}$ ② 20

③ $\dfrac{30}{\sqrt{3}}$ ④ 30

V 결선 변압기 용량은 $\sqrt{3}P$ (P: 단상 1대 용량)

$\sqrt{3}P = \dfrac{20}{0.6}$, $P = \dfrac{25}{\sqrt{3}}$ [kVA]

018 Y 결선된 평형 3상 부하에 평형 3상 전압이 인가될 때, 전체 부하가 소비하는 총 3상 유효 전력(W)은? (단, 선간 전압 V_L은 $100\sqrt{3}$ [V]이다.)

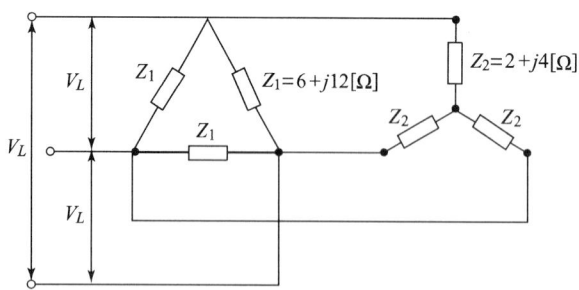

① $1,200\sqrt{3}$ ② $1,200\sqrt{5}$

③ 3,600 ④ 6,000

Z_1과 Z_2는 병렬연결

Δ 결선을 Y 결선으로 변환하면 $Z_{1Y} = 2 + j4$

합성 임피던스 $Z = \dfrac{Z_1 \cdot Z_2}{Z_1 + Z_2} = \dfrac{2+j4}{2} = 1 + j2 = \sqrt{5}$

$P = 3I^2R = 3\left(\dfrac{V}{Z}\right)^2 R = 3\left(\dfrac{100\sqrt{3}/\sqrt{3}}{\sqrt{5}}\right)^2 \times 1 = 6,000$ [W]

019 다음 분포 정수 전송 회로에 대한 서술에서 옳지 않은 것은?

① $\dfrac{R}{L} = \dfrac{G}{C}$인 회로를 무왜 회로라 한다.

② $R = G = 0$인 회로를 무손실 회로라 한다.

③ 무손실 회로, 무왜 회로의 감쇠 정수는 $\sqrt{RG}$이다.

④ 무손실 회로, 무왜 회로에서의 위상 속도는 $\dfrac{1}{\sqrt{CL}}$이다.

무손실 회로	$R=0$ $G=0$	$Z_0 = \sqrt{\dfrac{L}{C}}$	$\alpha = 0$ $\beta = \omega\sqrt{LC}$
무왜형 회로	$\dfrac{R}{L} = \dfrac{G}{C}$	$Z_0 = \sqrt{\dfrac{L}{C}}$	$\alpha = \sqrt{RG}$ $\beta = \omega\sqrt{LC}$

α : 감쇠 정수, β : 위상 정수
무손실 회로 감쇠 정수 $\alpha = 0$, 무왜형 회로 감쇠 정수 $\alpha = \sqrt{RG}$

020 $\dfrac{6s+2}{s(6s+1)}$의 역라플라스 변환은?

① $4 - e^{-\frac{1}{6}t}$
② $2 - e^{-\frac{1}{6}t}$
③ $4 - e^{-\frac{1}{3}t}$
④ $2 - e^{-\frac{1}{3}t}$

$F(s) = \dfrac{6s+2}{s(6s+1)} = \dfrac{s+\dfrac{1}{3}}{s\left(s+\dfrac{1}{6}\right)} = \dfrac{A}{s} + \dfrac{B}{s+\dfrac{1}{6}}$

$A = \dfrac{s+\dfrac{1}{3}}{s+\dfrac{1}{6}}\bigg|_{s=0} = 2, \quad B = \dfrac{s+\dfrac{1}{3}}{s}\bigg|_{s=-\frac{1}{6}} = \dfrac{-\dfrac{1}{6}+\dfrac{1}{3}}{-\dfrac{1}{6}} = -1$ 이므로

$\therefore \mathcal{L}^{-1}[F(s)] = \mathcal{L}^{-1}\left[\dfrac{2}{s} - \dfrac{1}{s+\dfrac{1}{6}}\right] = 2 - e^{-\frac{1}{6}t}$

정답 017. ① 018. ④ 019. ③ 020. ②

CHAPTER 4 회로이론 및 제어공학

021 그림의 파형을 단위 함수(unit step function) $u(t)$로 표시하면?

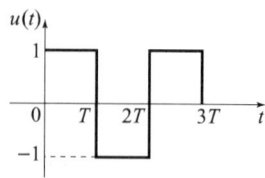

① $u(t) - u(t-T) + u(t-2T) - u(t-3T)$
② $u(t) - 2u(t-T) + 2u(t-2T) - u(t-3T)$
③ $u(t-T) - u(t-2T) + u(t-3T)$
④ $u(t-T) - 2u(t-2T) + 2u(t-3T)$

$f(t) = u(t) - 2u(t-T) + 2u(t-2T) - u(t-3T)$

022 그림과 같은 게이트 함수의 라플라스 변환을 구하면?

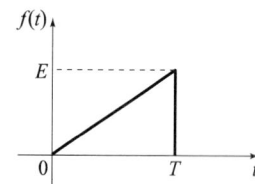

① $\dfrac{E}{Ts^2}\left[1 - (Ts+1)e^{-Ts}\right]$ ② $\dfrac{E}{Ts^2}\left[1 + (Ts+1)e^{-Ts}\right]$

③ $\dfrac{E}{Ts^2}(Ts+1)e^{-Ts}$ ④ $\dfrac{E}{Ts^2}(Ts-1)e^{-Ts}$

$f(t) = \dfrac{E}{T}t\{u(t) - u(t-T)\}$
$= \dfrac{E}{T}tu(t) - \dfrac{E}{T}(t-T)u(t-T) - E_u(t-T)$

$F(s) = \mathcal{L}[f(t)] = \dfrac{E}{T} \cdot \dfrac{1}{s^2} - \dfrac{E}{T} \cdot \dfrac{1}{s^2}e^{-Ts} - Ee^{-Ts}$
$= \dfrac{E}{Ts^2}(1 - e^{-Ts} - Tse^{-Ts}) = \dfrac{E}{Ts^2}\left[1 - (Ts+1)e^{-Ts}\right]$

023 그림과 같이 3개의 저항을 Y 결선하여 3상 대칭 전원에 연결하여 운전하다가 한 선이 × 표시한 곳에서 단선되었다. 이때 회로의 선전류 I_0는 단선 전에 비해 몇 [%]가 되는가? (단, 부하의 상전압은 100[V]이다.)

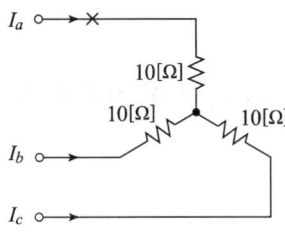

① 100
② 86.6
③ 57.7
④ 50

×점에서 단선하기 전에 흐르는 전류 I_0는

$$I_0 = \frac{\frac{V}{\sqrt{3}}}{10}$$

단선 후에는 $I_\times = \frac{V}{10+10} = \frac{V}{20}$

$$\frac{I_\times}{I_0} = \frac{\frac{V}{\sqrt{3}}}{\frac{V}{20}} = \frac{\sqrt{3}}{2} = 86.6[\%]$$

024 각 상의 전압이 $V_a = 30\sin\omega t\,[V]$, $V_b = 30\sin(\omega t - 90°)\,[V]$, $V_c = 30\sin(\omega t + 90°)\,[V]$일 때 영상 대칭분 전압(V)은?

① $10\sin\omega t$
② $10\sin\frac{\omega t}{3}$
③ $\frac{30}{\sqrt{3}}\sin(\omega t + 45°)$
④ $30\sin\omega t$

 3상 전원의 대칭 성분 표현

V_0(영상분) $= \frac{1}{3}(V_a + V_b + V_c)$

$V_0 = \frac{1}{3}(30\sin\omega t + 30\sin(\omega t - 90°) + 30\sin(\omega t + 90°)) = 10\sin\omega t$

※ $V_{정}$(정상분) $= \frac{1}{3}(V_a + aV_b + a^2V_c)$

$V_{역}$(역상분) $= \frac{1}{3}(V_a + a^2V_b + aV_c)$

[정답] 021. ② 022. ① 023. ② 024. ①

025 그림과 같은 블록 선도에서 등가 합성 전달 함수 $\dfrac{C}{R}$는?

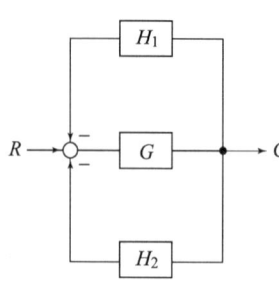

① $\dfrac{H_1+H_2}{1+G}$ ② $\dfrac{H_1}{1+H_1H_2G}$

③ $\dfrac{G}{1+H_1+H_2}$ ④ $\dfrac{G}{1+H_1G+H_2G}$

$(R-CH_1-CH_2)G=C$, $RG=C(1+H_1G+H_2G)$

$\therefore \dfrac{C}{R}=\dfrac{G}{(1+H_1G+H_2G)}$

또한 메이슨의 간이 법칙을 적용하면

$\therefore \dfrac{C}{R}=\dfrac{\Sigma 전향\ 경로\ 이득}{1-\Sigma 루프\ 이득}=\dfrac{G_1+G_2}{(1+H_1G+H_2G)}$

전향 경로 이득 : G, 루프 이득 : $-H_1G-H_2G$

026 그림과 같은 회로에서 $t=0$의 시각에 스위치 S를 닫을 때 전류 $i(t)$의 라플라스 변환 $I(s)$는? (단, $V_c(0)=1[V]$이다.)

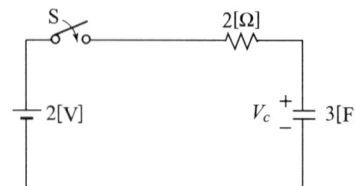

① $\dfrac{3s}{6s+1}$ ② $\dfrac{3}{6s+1}$

③ $\dfrac{6}{6s+1}$ ④ $\dfrac{-s}{6s+1}$

$$Ri + \frac{1}{C}\int i\,dt = 2, \quad 2I(s) + \frac{1}{3s}\{I(s) + i^{-1}(0_+)\} = \frac{2}{s}$$

여기서, $i^{-1}(0_+)$는 초기 충전 전하이므로 $Q_0 = CV_c(0) = 3 \times 1 = 3$

$$\therefore I(s) = \frac{\frac{2}{s} - \frac{1}{s}}{2 + \frac{1}{3s}} = \frac{3}{6s+1}$$

027 다음 중 푸리에(Fourier) 급수로 비정현파 교류를 해석하는 데 적당하지 않은 것은?

① 반파 대칭인 경우 직류분은 없다.
② 우함수인 비정현파에서는 사인(sin)항이 없다.
③ 기함수인 경우 사인항을 구할 때 반주기 기간만 적분하여 2배 한다.
④ 반파 대칭에서는 반주기마다 동일한 파형이 반복되나 부호의 변화가 없다.

- 반파 대칭의 왜형파에서는 $b_0 = 0$(직류분)이고, a_n, b_n만 남는다.
- 우함수인 경우는 정현항이 없다.
- 기함수 정현항을 구할 때는 반주기마다 적분하여 2배 한다.
- 반파 대칭의 경우 한 주기마다 동일한 파형이 반복된다.

028 $e^{-at}\cos\omega t$의 라플라스 변환은?

① $\dfrac{s+a}{(s+a)^2 + \omega^2}$ 　　② $\dfrac{\omega}{(s+a)^2 + \omega^2}$

③ $\dfrac{\omega}{(s^2+a^2)^2}$ 　　④ $\dfrac{s+a}{(s^2+a^2)^2}$

복소 추이 정리에 의해서

$$\mathcal{L}[e^{-at}\cos\omega t] = \mathcal{L}[\cos\omega t]_{s=s+a} = \left[\frac{s}{s^2+\omega^2}\right]_{s=s+a} = \frac{s+a}{(s+a)^2+\omega^2}$$

답안 표기란
027 ① ② ③ ④
028 ① ② ③ ④

정답　025. ④　026. ②　027. ④　028. ①

029 기본파의 40[%]인 제3 고조파와 20[%]인 제5 고조파를 포함하는 전압파의 왜형률은?

① $\dfrac{1}{\sqrt{5}}$ 　　② $\dfrac{1}{\sqrt{2}}$

③ $\dfrac{2}{\sqrt{5}}$ 　　④ $\dfrac{1}{\sqrt{3}}$

왜형률 $= \dfrac{\sqrt{V_3^{\,2}+V_5^{\,2}}}{V_1} = \sqrt{\left(\dfrac{V_3}{V_1}\right)^2+\left(\dfrac{V_5}{V_1}\right)^2} = \sqrt{0.4^2+0.2^2} = \sqrt{\left(\dfrac{4}{10}\right)^2+\left(\dfrac{2}{10}\right)^2}$
$= \sqrt{\dfrac{20}{100}} = \dfrac{1}{\sqrt{5}}$

030 그림과 같은 신호 흐름 선도의 전달 함수 $\dfrac{C}{R}$를 구하면?

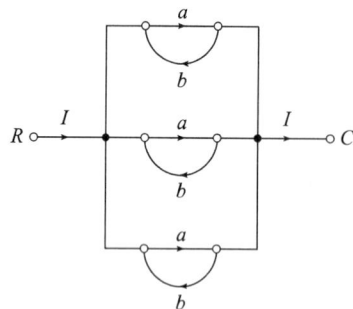

① $\dfrac{a^3}{(1-ab)^3}$ 　　② $\dfrac{a^3}{1-3ab+a^2b^2}$

③ $\dfrac{3a}{1-ab}$ 　　④ $\dfrac{a^3}{1-3ab+2a^2b^2}$

병렬 종속 접속 $G_1 = G_2 = G_3 = \dfrac{a}{1-ab}$

$G = G_1 + G_2 + G_3 = \dfrac{a}{1-ab} + \dfrac{a}{1-ab} + \dfrac{a}{1-ab} = \dfrac{3a}{1-ab}$

031 그림의 신호 흐름 선도에서 $\dfrac{y_2}{y_1}$는?

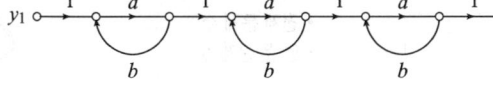

① $\dfrac{a}{1-3ab}$ ② $\dfrac{a^3}{(1-ab)^3}$

③ $\dfrac{a^3}{(1+3ab+ab)}$ ④ $\dfrac{a^3}{1-3ab-2ab}$

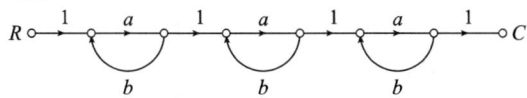

위 그림에서 G_1, G_2, G_3는 서로 직렬로 종속적인 관계로 각 전달 함수를 구한다.

$G_1 = G_2 = G_3 = \dfrac{a}{1-ab}$

따라서 전체 전달 함수는 다음과 같다.

$G = G_1 \times G_2 \times G_3 = \dfrac{a}{1-ab} \times \dfrac{a}{1-ab} \times \dfrac{a}{1-ab} = \dfrac{a^3}{(1-ab)^3}$

032 다음 회로에 교류 전압(v_s)을 인가하였다. 전압(v_s)과 전류(i)가 동상이 되었을 때 X의 값(Ω)은?

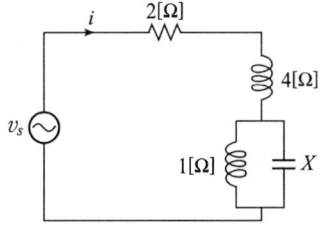

① 0.8 ② 0.6
③ 1.2 ④ 1.0

동위상이 되기 위한 조건은 Z의 허수부가 0이어야 하므로

$Z = 2 + j4 + \dfrac{j(-jX)}{j-jX} = 2 + j4 + \dfrac{X}{j(1-X)} = 2 + j4 - j\dfrac{X}{1-X}$, $4 = \dfrac{X}{1-X}$

∴ $X = 0.8$

정답 029. ① 030. ③ 031. ② 032. ①

CHAPTER 4 회로이론 및 제어공학

033 $F(s) = \dfrac{3s+10}{s^3+2s^2+5s}$ 일 때 $f(t)$의 최종값은?

① 0
② 1
③ 2
④ 8

최종값 정리에 의해서 $\lim\limits_{t\to\infty} f(t) = \lim\limits_{s\to 0} sF(s) = \lim\limits_{s\to 0} s \cdot \dfrac{3s+10}{s(s^2+2s+5)} = \dfrac{10}{5} = 2$

034 전류가 1[H]의 인덕터를 흐르고 있을 때 인덕터에 축적되는 에너지(J)는 얼마인가? (단, $i = 5 + 10\sqrt{2}\sin 100t + 5\sqrt{2}\sin 200t$ [A] 이다.)

① 150
② 100
③ 75
④ 50

인덕터에 축적 에너지 $W_L = \dfrac{1}{2}I^2$ [J]

$W_L = \dfrac{1}{2} \times \left(\sqrt{5^2+10^2+5^2}\right)^2 = 75$ [J]

035 다음 관계식 중 옳지 않은 것은?

① $\mathcal{L}\left[af_1(t)+bf_2(t)\right] = aF_1(s)+bF_2(s)$
② $\mathcal{L}\left[f(t-a)\right] = eF(s)$
③ $\mathcal{L}\left[e^{-at}f(t)\right] = F(s+a)$
④ $\mathcal{L}\left[f\left(\dfrac{t}{a}\right)\right] = aF(as)\,(a>0)$

라플라스 변환의 중요한 성질 중
① 선형성의 정리 : $\mathcal{L}[af_1(t)+bf_2(t)]=aF_1(s)+bF_2(s)$
② 시간 추이 정리 : $\mathcal{L}[f(t-a)]=e^{-as}F(s)$
③ 복소 추이 정리 : $\mathcal{L}[e^{-at}f(t)]=F(s+a)$
④ 상사 정리 : $\mathcal{L}[f(at)]=\dfrac{1}{a}F\left(\dfrac{s}{a}\right)$, $\mathcal{L}\left[f\left(\dfrac{t}{a}\right)\right]=aF(as)$

036 $\dfrac{dx}{dt}+3x=5$의 라플라스 변환은? (단, $x(0_+)=0$이다.)

① $\dfrac{5}{s+3}$ ② $\dfrac{5}{s(s+5)}$

③ $\dfrac{3s}{s+5}$ ④ $\dfrac{5}{s(s+3)}$

$\dfrac{dx(t)}{dt}+3x(t)=5$를 라플라스 변환하면

$sX(s)+3X(s)=\dfrac{5}{s}$ $X(s)=\dfrac{5}{(s+3)\cdot s}$

037 $\dfrac{1}{s(s-1)}$의 라플라스 역변환은?

① $1-2e^t$ ② $-1+e^t$
③ e^t-2 ④ $e^{-t}-1$

$\mathcal{L}^{-1}\dfrac{1}{s(s-1)}=\dfrac{k_1}{s}+\dfrac{k_2}{s-1}$
$k_1=-1$, $k_2=1$이므로
$\mathcal{L}^{-1}\left(\dfrac{-1}{s}+\dfrac{1}{s-1}\right)$
∴ $f(t)=-1+e^t$

정답 033. ③ 034. ③ 035. ② 036. ④ 037. ②

038 다음 Y-Y 결선 평형 3상 회로에서 부하 한 상에 공급되는 평균 전력(W)은? (단, 극좌표의 크기는 실횻값이다.)

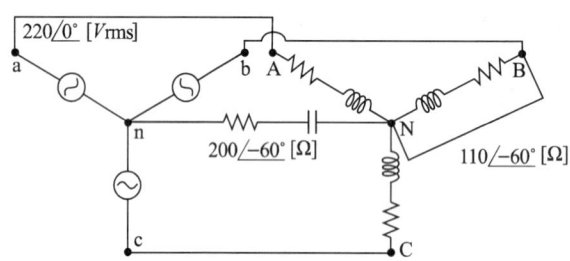

① 110
② 220
③ 330
④ 440

$I = \dfrac{220\angle 0°}{110\angle 60°} = 2\,[\text{A}]$

소비 전력 $P = I^2 R(\text{한 상 전력}) = 2^2 \times 110\cos 60°$
$= 4 \times 55 = 220\,[\text{W}]$

039 그림과 같은 T형 4단자 회로의 임피던스 파라미터 Z_{21}은?

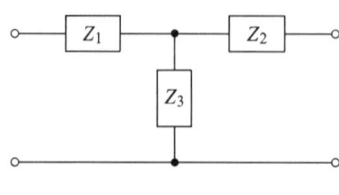

① $Z_1 + Z_2$
② $-Z_3$
③ Z_2
④ $Z_2 + Z_3$

4단자망의 접속은 역방향이 기준이다. 그러므로 ①망과 ②망 사이의 임피던스는 ②망과 ①망 사이의 임피던스와 서로 같다.

즉 $Z_{12} = Z_{21} = -\dfrac{1}{C} = -Z_3 [\Omega]$이다.

$Z_{11} = \dfrac{A}{C} = Z_1 + Z_3$, $Z_{22} = \dfrac{D}{C} = Z_2 + Z_3$

040 직류 과도 현상의 저항 $R[\Omega]$과 인덕턴스 $L[H]$의 직렬 회로에서 옳지 않은 것은?

① 회로의 시정수는 $\tau = \dfrac{L}{R} [s]$이다.

② $t=0$에서 직류 저항 $E[V]$를 가했을 때 $t[s]$후의 전류는
$i(t) = \dfrac{E}{R}\left(1 - e^{-\frac{R}{L}t}\right)[A]$이다.

③ 과도 기간에 있어서의 인덕턴스 L의 단자 전압은
$v_L(t) = Ee^{-\frac{L}{R}t}$이다.

④ 과도 기간에 있어서의 저항 R의 단자 전압
$v_R(t) = E\left(1 - e^{-\frac{R}{L}t}\right)$이다.

과도 기간에 인덕턴스 L의 단자 전압 $v_L(t)$는
$\dfrac{di(t)}{dt} = L \cdot \dfrac{d}{dt} \dfrac{E}{R}\left(1 - e^{-\frac{R}{L}t}\right) = L \cdot \dfrac{E}{R} \cdot \dfrac{R}{L} e^{-\frac{R}{L}t} = Ee^{-\frac{R}{L}t}$

041 그림과 같은 파형의 라플라스 변환은?

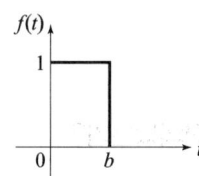

① $\dfrac{1}{b}\left(\dfrac{1-e^{-bs}}{s}\right)$ ② $\dfrac{1}{b}\left(\dfrac{1+e^{-bs}}{s}\right)$

③ $\dfrac{1}{s}\left(1-e^{-bs}\right)$ ④ $\dfrac{1}{s}\left(1+e^{-bs}\right)$

[정답] 038. ② 039. ② 040. ③ 041. ③

$f(t) = u(t) - u(t-b)$ 이므로

$\mathcal{L}[f(t)] = \mathcal{L}[u(t)] - \mathcal{L}[u(t-b)] = \dfrac{1}{s} - \dfrac{1}{s}e^{-bs} = \dfrac{1}{s}(1 - e^{-bs})$

042 그림과 같이 $10[\Omega]$의 저항에 감은 비가 10 : 1의 결합 회로를 연결했을 때 4단자 정수 A, B, C, D는?

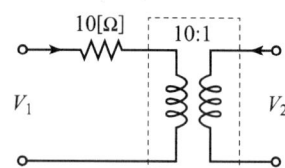

① $A = 10,\ B = 1,\ C = 0,\ D = \dfrac{1}{10}$

② $A = 1,\ B = 10,\ C = 0,\ D = 10$

③ $A = 10,\ B = 1,\ C = 0,\ D = 10$

④ $A = 10,\ B = 0,\ C = 1,\ D = \dfrac{1}{10}$

종속 접속법으로 계산하면

$\begin{bmatrix} A & B \\ C & D \end{bmatrix} = \begin{bmatrix} 1 & 10 \\ 0 & 1 \end{bmatrix} = \begin{bmatrix} 10 & 0 \\ 0 & \dfrac{1}{10} \end{bmatrix} = \begin{bmatrix} 10 & 1 \\ 0 & \dfrac{1}{10} \end{bmatrix}$

043 함수 $f(t)$의 라플라스 변환은 어떤 식으로 정의되는가?

① $\displaystyle\int_{-\infty}^{\infty} f(t)e^{st}\,dt$

② $\displaystyle\int_{-\infty}^{\infty} f(t)e^{-st}\,dt$

③ $\displaystyle\int_{0}^{\infty} f(t)e^{-st}\,dt$

④ $\displaystyle\int_{0}^{\infty} f(t)e^{st}\,dt$

시간 $t \geq 0$의 조건에서 시간 함수 $f(t)$에 관한 다음과 같은 적분을 함수 $f(t)$의 라플라스 변환이라 한다.

$$\mathcal{L}[f(t)] = F(s) = \int_0^\infty f(t)e^{-st}dt$$

여기서, $s = \sigma + j\omega$를 뜻하는 복소량이다.

044 다음과 같은 회로망에서 영상 파라미터(영상 전달 정수) θ는?

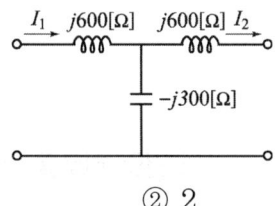

① 10
② 2
③ 1
④ 0

전달 함수 $\begin{cases} \theta = \sinh^{-1}\sqrt{BC} \\ \theta = \cosh^{-1}\sqrt{AD} \\ \theta = \log_e(\sqrt{AB}+\sqrt{BC}) \end{cases}$

대칭 T형이므로 $A = D$

$\begin{bmatrix} A & B \\ C & D \end{bmatrix} = \begin{bmatrix} 1 & j600 \\ 0 & 1 \end{bmatrix} \begin{bmatrix} 1 & 0 \\ \frac{1}{-j300} & 1 \end{bmatrix} = \begin{bmatrix} 1 & j600 \\ 0 & 1 \end{bmatrix}$

계산하여 정리하면 $A = D = -1$이므로 $\theta = \cosh^{-1}\sqrt{AD} = \cosh^{-1}1 = 0$

[편법]

$A = \dfrac{1+3}{3}$

$B = \dfrac{1 \times 3 + 2 \times 3 + 1 \times 3}{3}$

$C = \dfrac{1}{3}$

$D = \dfrac{3+2}{3}$

$A = D = \dfrac{j600 + (-j300)}{-j300} = -1$

정답 042. ① 043. ③ 044. ④

CHAPTER 4 회로이론 및 제어공학

045 △ 결선된 대칭 3상 부하가 있다. 역률이 0.8(지상)이고 소비 전력이 1,800[W]이다. 선로의 저항 0.5[Ω]에서 발생하는 선로 손실이 50[W]이면 부하 단자 전압(V)은?

① 627 ② 525
③ 326 ④ 225

$P_l = 3I^2R$, $P = \sqrt{3}\,VI\cos\theta$

먼저 I를 구하면

$I^2 = \dfrac{P}{3R} = \dfrac{50}{3 \times 0.5}$

$I = \sqrt{\dfrac{100}{3}}\,[A]$

$V = \dfrac{P}{\sqrt{3}\,I\cos\theta} = \dfrac{1,800}{\sqrt{3} \times \sqrt{\dfrac{100}{3}} \times 0.8} = 225\,[V]$

046 $E = 40 + j30\,[V]$의 전압을 가하면 $I = 30 + j10\,[A]$의 전류가 흐르는 회로의 역률은?

① 0.949 ② 0.831
③ 0.764 ④ 0.651

역률 $\cos\theta = \dfrac{\text{실수}}{\text{전체}} = \dfrac{R}{Z}$

Z을 구하는 방법
① 페이저로 계산, ② 복소수로 계산
2가지 방법 중에서 복소수로 계산

$Z = \dfrac{E}{I} = \dfrac{40 + j30}{30 + j10} = \dfrac{(40 + j30)(30 - j10)}{(30 + j10)(30 - j10)} = \dfrac{1,200 - j400 + j900 + 300}{900} = 1.5 + j0.5$

$\cos\theta = \dfrac{R}{Z} = \dfrac{1.5}{\sqrt{1.5^2 + 0.5^2}} = 0.949$

답안 표기란				
45	①	②	③	④
46	①	②	③	④

047 그림과 같은 회로에서 스위치 S를 닫았을 때, 과도분을 포함하지 않기 위한 $R[\Omega]$은?

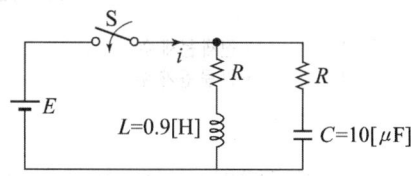

① 100
② 200
③ 300
④ 400

 정저항 회로의 조건

$R^2 = \dfrac{L}{C}$ $R = \sqrt{\dfrac{L}{C}} = \sqrt{\dfrac{0.9}{10 \times 10^{-6}}} = 300[\Omega]$

048 분포 정수 회로에서 직렬 임피던스를 Z, 병렬 어드미턴스를 Y라 할 때, 선로의 특성 임피던스 Z_0는?

① ZY
② $\sqrt{ZY}$
③ $\sqrt{\dfrac{Y}{Z}}$
④ $\sqrt{\dfrac{Z}{Y}}$

직렬 임피던스 $Z = R + j\omega L$
병렬 어드미턴스 $Y = G + j\omega C$

Z_0(특성 임피던스) $= \sqrt{\dfrac{Z}{Y}} = \sqrt{\dfrac{R + j\omega L}{G + j\omega C}} = \sqrt{\dfrac{L}{C}}$

무손실 $R = 0$ $G = 0$, 무왜형 $\dfrac{R}{L} = \dfrac{G}{C}$

049 다음과 같은 회로의 공진 시 어드미턴스는?

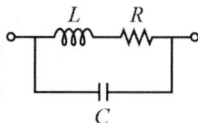

① $\dfrac{RL}{C}$
② $\dfrac{RC}{L}$
③ $\dfrac{L}{RC}$
④ $\dfrac{R}{LC}$

정저항 회로 조건

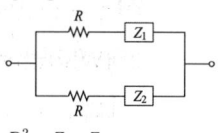

$R^2 = Z_1 \cdot Z_2$
$R = \sqrt{Z_1 \cdot Z_2}$
$Z_1 = j\omega L$이고
$Z_2 = \dfrac{1}{j\omega C}$이면
$R^2 = j\omega L \cdot \dfrac{1}{j\omega L} = \dfrac{L}{C}$
$R = \sqrt{\dfrac{L}{C}}$

[정답] 045. ④ 046. ① 047. ③ 048. ④ 049. ②

회로이론 및 제어공학

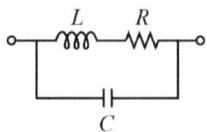

병렬이므로 $Y_0 = Y_1 + Y_2$

$Y_0 = \dfrac{1}{Z_1} + \dfrac{1}{Z_2} = \dfrac{1}{R+j\omega L} + \dfrac{1}{\dfrac{1}{j\omega C}} = \dfrac{R-j\omega L}{(R+j\omega L)(R-j\omega L)} + j\omega C = \dfrac{R-j\omega L}{R^2 + \omega^2 L^2} + j\omega C$

$= \dfrac{R}{R^2 + \omega^2 L^2} + j\left(\omega C - \dfrac{\omega L}{R^2 + \omega^2 L^2}\right)$ 에서

허수부가 0이면 공진 조건이므로

$\omega C = \dfrac{\omega L}{R^2 + \omega^2 L^2}$ 이고 $R^2 + \omega^2 L^2 = \dfrac{\omega L}{\omega C}$

$R^2 + \omega^2 L^2 = \dfrac{L}{C}$

그러므로 $Y_0 = \dfrac{R}{R^2 + \omega^2 L^2}$ 에서 대입하면

$Y_0 = \dfrac{R}{\dfrac{L}{C}} = \dfrac{CR}{L}$

050 그림과 같은 회로에서 전류 $I[\mathrm{A}]$는?

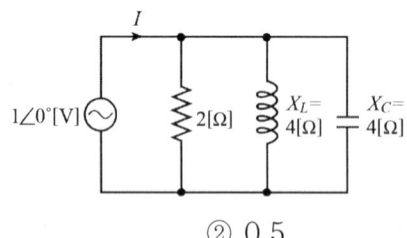

① 0.2 ② 0.5
③ 0.7 ④ 0.9

RLC 병렬 회로에서 전류를 계산하면 각 지로 전류의 합이므로

$I = I_R + I_L + I_C = \dfrac{1\angle 0}{2} + \dfrac{1\angle 0}{j4} + \dfrac{1\angle 0}{-j4} = 0.5 - j0.25 + j0.25 = 0.5$

051 $F(s) = \dfrac{s+1}{s^2+2s}$ 로 주어졌을 때 $F(s)$의 역변환은?

① $\dfrac{1}{2}(1+e^t)$ ② $\dfrac{1}{2}(1+e^{-2t})$

③ $\dfrac{1}{2}(1-e^{-t})$ ④ $\dfrac{1}{2}(1-e^{-2t})$

$F(s) = \dfrac{s+1}{s(s+2)} = \dfrac{K_1}{s} + \dfrac{K_2}{s+2}$

$K_1 = \lim\limits_{s \to 0} \dfrac{s+1}{s+2} = \dfrac{1}{2}$

$K_2 = \lim\limits_{s \to -2} \dfrac{s+1}{s} = \dfrac{1}{2}$

$F(s) = \dfrac{\frac{1}{2}}{s} + \dfrac{\frac{1}{2}}{s+2} = \dfrac{1}{2}\left(\dfrac{1}{s} + \dfrac{1}{s+2}\right)$

$\mathcal{L}^{-1} F(s) = f(t) = \dfrac{1}{2}(1+e^{-2t})$

052 $e(t) = 100\sqrt{2}\sin\omega t + 150\sqrt{2}\sin 3\omega t + 260\sqrt{2}\sin 5\omega t [\text{V}]$인 전압을 R-L 직렬 회로에 가할 때에 제5 고조파 전류의 실횻값은 약 몇 [A]인가? (단, $R=12[\Omega]$, $\omega L=1[\Omega]$이다.)

① 10 ② 15
③ 20 ④ 25

제5 고조파 전류 $I_5 = \dfrac{E_5}{Z_5}$

$I_5 = \dfrac{E_5}{\sqrt{R^2+(5\omega L)^2}} = \dfrac{260}{\sqrt{12^2+(5\times 1)^2}} = \dfrac{260}{13} = 20[\text{A}]$

정답 050. ② 051. ② 052. ③

4 회로이론 및 제어공학

053 그림과 같은 파형의 전압 순싯값은?

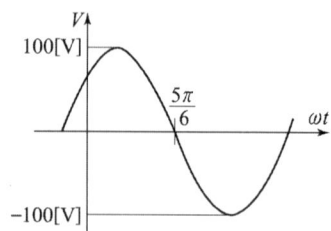

① $100\sin(\omega t + \frac{\pi}{6})$
② $100\sqrt{2}\sin(\omega t + \frac{\pi}{6})$
③ $100\sin(\omega t - \frac{\pi}{6})$
④ $100\sqrt{2}\sin(\omega t - \frac{\pi}{6})$

그림에서 최댓값 $100[V]$
위상은 sin파보다 $\frac{\pi}{6}\left[\pi - \frac{5\pi}{6}\right]$ 만큼 앞선 파형이므로
$v(t) = 100\sin\left(\omega t + \frac{\pi}{6}\right)$ 이다.

054 대칭 좌표법에서 대칭분을 각 상전압으로 표시한 것 중 틀린 것은?

① $E_0 = \frac{1}{3}(E_a + E_b + E_c)$
② $E_1 = \frac{1}{3}(E_a + aE_b + a^2E_c)$
③ $E_2 = \frac{1}{3}(E_a + a^2E_b + aE_c)$
④ $E_3 = \frac{1}{3}(E_a^2 + E_b^2 + E_c^2)$

 대칭 좌표법

$E_0(영상분) = \frac{1}{3}(E_a + E_b + E_c)$

$E_1(정상분) = \frac{1}{3}(E_a + aE_b + a^2E_c)$

$E_2(역상분) = \frac{1}{3}(E_a + a^2E_b + aE_c)$

055 R–L 직렬 회로에서 스위치 S가 1번 위치에 오랫동안 있다가 $t=0^+$에서 위치 2번으로 옮겨진 후, $\dfrac{L}{R}[\text{s}]$ 후에 L에 흐르는 전류(A)는?

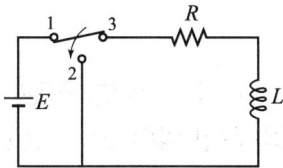

① $\dfrac{E}{R}$

② $0.5\dfrac{E}{R}$

③ $0.368\dfrac{E}{R}$

④ $0.632\dfrac{E}{R}$

해설 R–L 직렬 과도 현상

시정수 $\tau = \dfrac{L}{R}$

특성근 $-\dfrac{L}{R}$

S → close(기전력 인가)

$i(t) = \dfrac{E}{R}\left(1-e^{-\frac{R}{L}t}\right)$

S → open(기전력 제거)

$i(t) = \dfrac{E}{R}e^{-\frac{R}{L}t}$

그러므로 $i(t) = \dfrac{E}{R}e^{-\frac{R}{L}t}$

$t = \dfrac{L}{R}$ 초

$i(t) = \dfrac{E}{R}e^{-1} = 0.368\dfrac{E}{R}$

CHAPTER 4 회로이론 및 제어공학

056 분포 정수 회로에서 선로 정수가 R, L, C, G이고 무왜형 조건이 $RC = GL$과 같은 관계가 성립될 때 선로의 특성 임피던스 Z_o는? (단, 선로의 단위 길이당 저항을 R, 인덕턴스를 L, 정전 용량을 C, 누설 컨덕턴스를 G라 한다.)

① $Z_0 = \dfrac{1}{\sqrt{CL}}$ ② $Z_0 = \sqrt{\dfrac{L}{C}}$

③ $Z_0 = \sqrt{CL}$ ④ $Z_0 = \sqrt{RG}$

해설

구분	무손실	무왜형(일그러짐이 없는)
조건	$R=0$, $G=0$	$\dfrac{R}{L} = \dfrac{G}{C}$
특성 임피던스	$\sqrt{\dfrac{L}{C}}$	$\sqrt{\dfrac{L}{C}}$
전파 정수 $\alpha+j\beta$	α : 감쇠 정수 0 β : 위상 정수 $\omega\sqrt{LC}$	$\alpha = \sqrt{RG}$ (감쇠량 최소) $\beta = \omega\sqrt{LC}$

057 그림과 같은 4단자 회로망에서 하이브리드 파라미터 H_{11}은?

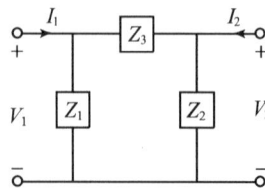

① $\dfrac{Z_1}{Z_1 + Z_3}$ ② $\dfrac{Z_1}{Z_1 + Z_2}$

③ $\dfrac{Z_1 Z_3}{Z_1 + Z_3}$ ④ $\dfrac{Z_1 Z_2}{Z_1 + Z_2}$

[해설] H 파라미터 행렬 계산식

$$\begin{bmatrix} V_1 \\ I_2 \end{bmatrix} = \begin{bmatrix} H_{11} & H_{12} \\ H_{21} & H_{22} \end{bmatrix} \begin{bmatrix} I_1 \\ V_2 \end{bmatrix}$$

$V_1 = H_{11}I_1 + H_{12}V_2$

$H_{11} = \left.\dfrac{V_1}{I_1}\right|_{V_2=0}$

$V_2 = 0$ 2차 측 단락이므로

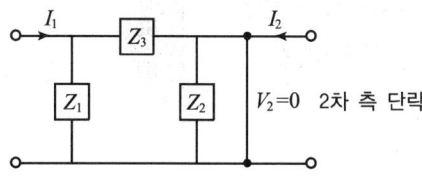

$$H_{11} = \left.\dfrac{V_1}{I_1}\right|_{V_2=0} = \dfrac{\dfrac{Z_1 \cdot Z_3}{Z_1+Z_3} \cdot I_1}{I_1} = \dfrac{Z_1 \cdot Z_3}{Z_1+Z_3}$$

058 내부 저항 $0.1[\Omega]$인 건전지 10개를 직렬로 접속하고 이것을 한 조로 하여 5조 병렬로 접속하면 합성 내부 저항은 몇 $[\Omega]$인가?

① 5
② 1
③ 0.5
④ 0.2

 건전지 내부 합성 저항

$$\dfrac{0.1 \times 10(10개\ 직렬)}{5(5조\ 병렬)} = 0.2[\Omega]$$

059 라플라스 변환과 z 변환의 값이 1이 되는 함수는?

① $\mu(t)$
② $\delta(t)$
③ t
④ t^2

시간 함수 $f(t)$	라플라스 변환 $F(s)$	z 변환 $F(z)$
임펄스 함수 $\delta(t)$	1	1

[정답] 056. ② 057. ③ 058. ④ 059. ②

CHAPTER 4 회로이론 및 제어공학

060 대칭 좌표법에서 불평형률을 나타내는 것은?

① $\dfrac{영상분}{정상분} \times 100$ ② $\dfrac{정상분}{역상분} \times 100$

③ $\dfrac{정상분}{영상분} \times 100$ ④ $\dfrac{역상분}{정상분} \times 100$

해설 대칭 좌표법에서 불평형률

$\dfrac{역상분}{정상분} \times 100$

061 그림의 왜형파 푸리에의 급수로 전개할 때, 옳은 것은?

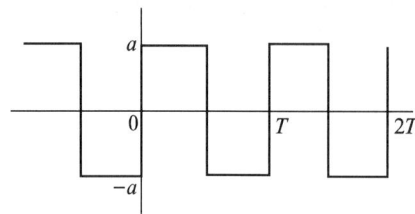

① 우수파만 포함한다.
② 기수파만 포함한다.
③ 우수파·기수파 모두 포함한다.
④ 푸리에의 급수로 전개할 수 없다.

해설 그림의 파형은 반파 정현 대칭이므로 sin항과 cos항의 홀수항(기수항)만 존재한다.

062 최댓값 E_m인 반파 정류 정현파의 실횻값은 몇 [V]인가?

① $\dfrac{2E_m}{\pi}$ ② $\sqrt{2}\,E_m$

③ $\dfrac{E_m}{\sqrt{2}}$ ④ $\dfrac{E_m}{2}$

구분	실횻값	평균값	비고
정현파 전파 정현파	$\dfrac{V_m}{\sqrt{2}}$	$\dfrac{2}{\pi}V_m$	파고율 $\sqrt{2}=1.414$ 파형률 $\dfrac{\pi}{2\sqrt{2}}=1.11$
반파 정현파	$\dfrac{V_m}{2}$	$\dfrac{V_m}{\pi}$	파고율 2[최대]
구형파	V_m	V_m	실횻값 = 최댓값 = 평균값 파고율 = 파형률 = 1
반파 구형파	$\dfrac{V_m}{\sqrt{2}}$	$\dfrac{V_m}{2}$	파고율이 정현파와 같다. $\sqrt{2}=1.414$
삼각파 톱니파	$\dfrac{V_m}{\sqrt{3}}$	$\dfrac{V_m}{2}$	파고율 1.732 파형률 1.15

063 $R=100[\Omega]$, $X_c=100[\Omega]$이고 L만을 가변할 수 있는 RLC 직렬 회로가 있다. 이때 $f=500[\text{Hz}]$, $E=100[\text{V}]$를 인가하여 L을 변화시킬 때 L의 단자 전압 E_L의 최댓값은 몇 [V]인가? (단, 공진 회로이다.)

① 50   ② 100
③ 150   ④ 200

공진 회로이므로
$E_L = I \cdot X_c$ (L에 걸리는 전압과 C에 걸리는 전압은 같다.)
$I = \dfrac{E}{R} = \dfrac{100}{100} = 1[\text{A}]$
그러므로 L에 걸리는 최대 전압
$E_L = I \cdot X_c = 1 \times 100 = 100[\text{V}]$

[정답] 060. ④ 061. ② 062. ④ 063. ②

CHAPTER 4 회로이론 및 제어공학

064 어떤 회로에 전압을 115[V] 인가하였더니 유효 전력이 230[W], 무효 전력이 345[Var]를 지시한다면 회로에 흐르는 전류는 약 몇 [A]인가?

① 2.5
② 5.6
③ 3.6
④ 4.5

$P_a = \sqrt{P^2 + P_r^2} = VI\text{[VA]}$

$I = \dfrac{P_a}{V} = \dfrac{\sqrt{230^2 + 345^2}}{115} = 3.6\text{[A]}$

065 시정수의 의미를 설명한 것 중 틀린 것은?

① 시정수가 작으면 과도 현상이 짧다.
② 시정수가 크면 정상 상태에 늦게 도달한다.
③ 시정수는 τ로 표기하며, 단위는 초(sec)이다.
④ 시정수는 과도 기간 중 변화해야 할 양의 0.632[%]가 변화하는 데 소요된 시간이다.

 시정수

특성근의 절댓값의 역수[sec]

㉠ R-L 직렬 회로, $\dfrac{L}{R}$, $\dfrac{L}{R+r}$ ($R-r$의 직렬 회로)
㉡ R-C 직렬 회로, RC
㉢ L-C 직렬 회로, $\sqrt{LC}$
㉣ 시정수가 크면 클수록 과도 현상은 오래 지속된다. 정상값에 천천히 도달한다.
㉤ 초깃값에 63.2[%]에 도달하기 위한 시간

066 무손실 선로에 있어서 감쇠 정수 α, 위상 정수를 β라 하면 α와 β의 값은? (단, R, G, L, C는 선로 단위 길이당의 저항, 컨덕턴스, 인덕턴스, 커패시턴스이다.)

① $\alpha = \sqrt{RG}$, $\beta = 0$
② $\alpha = 0$, $\beta = -\dfrac{1}{\sqrt{LC}}$
③ $\alpha = 0$, $\beta = \omega\sqrt{LC}$
④ $\alpha = \sqrt{RG}$, $\beta = \omega\sqrt{LC}$

무손실 회로와 무왜형 회로를 비교하면
① 무손실 무왜형 회로는 특성 임피던스와 β(위상 정수) 전파 속도 V는 같다.
$$Z_0 = \sqrt{\dfrac{L}{C}}, \quad \beta = \dfrac{1}{\sqrt{LC}}, \quad V = \dfrac{1}{\sqrt{LC}}$$
② 감쇠 정수 γ만 다르다.
　무손실 $\gamma = 0$, 무왜형 $\gamma = \sqrt{RG}$
　무손실 회로는 α(감쇠 정수)=0, β(위상 정수)=$\sqrt{LC}$

067 어떤 소자에 걸리는 전압이 $100\sqrt{2}\cos\left(314t - \dfrac{\pi}{6}\right)[\text{V}]$이고, 흐르는 전류가 $3\sqrt{2}\cos\left(314t + \dfrac{\pi}{6}\right)[\text{A}]$일 때 소비되는 전력(W)은?

① 100
② 150
③ 250
④ 300

소비 전력 $P = VI\cos\theta$
$P = 100 \times 3 \cos\left(\left(-\dfrac{\pi}{6}\right) - \left(\dfrac{\pi}{6}\right)\right)$
$P = 100 \times 3 \times \cos\left(-\dfrac{\pi}{3}\right) = 150[\text{W}]$

068 그림 (a)와 그림 (b)가 역회로 관계에 있으려면 L의 값은 몇 [mH]인가?

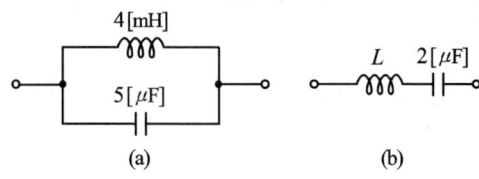

① 1
② 2
③ 5
④ 10

[정답] 064. ③　065. ④　066. ③　067. ②　068. ④

CHAPTER 4 회로이론 및 제어공학

그림 (a)와 그림 (b)는 서로 역회로 관계

$\dfrac{L_2}{C_1} = \dfrac{L_1}{C_2} = K^2$

$L_2 = \dfrac{L_1}{C_2} \times C_1 = \dfrac{4 \times 10^{-3}}{2 \times 10^{-6}} \times 5 \times 10^{-6}$

$\quad = 10 \times 10^{-3} = 10 [\text{mH}]$

069 2개의 전력계로 평형 3상 부하의 전력을 측정하였더니 한쪽의 지시가 다른 쪽 전력계 지시의 3배였다면 부하의 역률은 약 얼마인가?

① 0.46
② 0.55
③ 0.65
④ 0.76

2전력계법(단상 전력계 2개로 3상 전력을 측정하는 방법)에서

$\cos\theta(\text{역률}) = \dfrac{P_1 + P_2}{2\sqrt{P_1^2 + P_2^2 - P_1 P_2}}$

㉠ 두 개의 전력계가 같으면 $\cos\theta = 100[\%]$
㉡ 하나의 지싯값이 다른 하나의 지싯값의 2배이면 $\cos\theta = 86.6[\%]$
㉢ 하나의 지싯값이 다른 하나의 지싯값의 3배이면 $\cos\theta = 76[\%]$
㉣ 어느 하나의 지싯값이 0이면 $\cos\theta = 50[\%]$

070 $F(s) = \dfrac{1}{s(s+a)}$ 의 라플라스 역변환은?

① e^{-at}
② $1 - e^{-at}$
③ $a(1 - e^{-at})$
④ $\dfrac{1}{a}(1 - e^{-at})$

$$F(s) = \frac{K_1}{s} + \frac{K_2}{s+a}$$

$$K_1 = \lim_{s \to 0} \frac{1}{s+a} = \frac{1}{a}$$

$$K_2 = \lim_{s \to -a} \frac{1}{s} = -\frac{1}{a}$$

그러므로 $F(s) = \dfrac{\frac{1}{a}}{s} - \dfrac{\frac{1}{a}}{s+a}$

$$\mathcal{L}^{-1} F(s) = f(t) = \frac{1}{a}(1 - e^{-at})$$

071 선간 전압이 200[V]인 대칭 3상 전원에 평형 3상 부하가 접속되어 있다. 부하 1상의 저항은 $10[\Omega]$, 유도 리액턴스 $15[\Omega]$, 용량 리액턴스 $5[\Omega]$이 직렬로 접속된 것이다. 부하가 △ 결선일 경우, 선로 전류(A)와 3상 전력(W)은 약 얼마인가?

① $I_l = 10\sqrt{6}$, $P_3 = 6,000$
② $I_l = 10\sqrt{6}$, $P_3 = 8,000$
③ $I_l = 10\sqrt{3}$, $P_3 = 6,000$
④ $I_l = 10\sqrt{3}$, $P_3 = 8,000$

Y 결선 한 상 임피던스 = $R + j(X_L - X_c)$
$Z = 10 + j(15-5) = 10 + j10$
$I = \dfrac{V}{Z} = \dfrac{200}{10\sqrt{2}} = \dfrac{20}{\sqrt{2}}$

△ 결선으로 변환하면 선전류가 $\sqrt{3}$ 배이므로
$\dfrac{20}{\sqrt{2}} \times \sqrt{3} = 10\sqrt{6}$ [A]

3상 전력은 $3I_2 R = 3\left(\dfrac{20}{\sqrt{2}}\right)^2 \times 10 = 6,000$ [W]

072 공간적으로 서로 $\dfrac{2\pi}{n}$[rad]의 각도를 두고 배치한 n개의 코일에 대칭 n상 교류를 흘리면 그 중심에 생기는 회전 자계의 모양은?

① 원형 회전 자계
② 타원형 회전 자계
③ 원통형 회전 자계
④ 원추형 회전 자계

답안 표기란				
71	①	②	③	④
72	①	②	③	④

[정답] 069. ④ 070. ④ 071. ① 072. ②

자계

- 1ϕ : 교번 자계
- 3ϕ : 회전 자계
- 대칭 3ϕ : 원형 회전 자계
- 비대칭 3ϕ : 타원형 회전 자계

073 $R=100[\Omega]$, $C=30[\mu F]$의 직렬 회로에 $f=60[Hz]$, $V=100[V]$의 교류 전압을 인가할 때 전류는 약 몇 [A]인가?

① 0.42
② 0.64
③ 0.75
④ 0.87

 R-C 직렬 회로의 전류 I_c는

$$I_c = \frac{E}{Z} = \frac{E}{\sqrt{R^2+\left(\frac{1}{\omega c}\right)^2}} = \frac{100}{\sqrt{100^2+\left(\frac{1}{2\times\pi\times60\times30\times10^{-6}}\right)^2}} = 0.75[A]$$

074 무손실 선로의 정상 상태에 대한 설명으로 틀린 것은?

① 전파 정수 γ는 $j\omega\sqrt{LC}$이다.
② 특성 임피던스 $Z_0 = \sqrt{\frac{C}{L}}$이다.
③ 진행파의 전파 속도 $v = \frac{1}{\sqrt{LC}}$이다.
④ 감쇠 정수 $\alpha=0$, $\beta=\omega\sqrt{LC}$이다.

구분	조건	특성 임피던스	감쇠 정수	위상 정수	전파 속도
무손실	$R=0$, $G=0$	$\sqrt{\frac{L}{C}}$	0	$\omega\sqrt{LC}$	$\frac{1}{\sqrt{LC}}$
무왜형	$\frac{R}{L}=\frac{G}{C}$	$\sqrt{\frac{L}{C}}$	$\sqrt{RG}$	$\omega\sqrt{LC}$	$\frac{1}{\sqrt{LC}}$

075 2전력계법으로 평형 3상 전력을 측정하였더니 한쪽의 지시가 700[W], 다른 쪽의 지시가 1,400[W]이었다. 피상 전력은 약 몇 [VA]인가?

① 2,425
② 2,771
③ 2,873
④ 2,974

 2전력계법

$P_a = 2\sqrt{P_1^2 + P_2^2 - P_1 P_2} = 2\sqrt{700^2 + 1,400^2 - 700 \times 1,400} = 2,424.87[\text{VA}]$

TIP
- 유효 전력 $P_0 = P_1 + P_2$
- 무효 전력 $P_r = \sqrt{3}(P_1 - P_2)$

076 그림과 같은 파형의 파고율은?

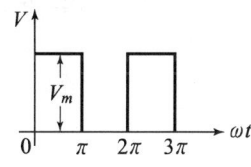

① 1
② $\dfrac{1}{\sqrt{2}}$
③ $\sqrt{2}$
④ $\sqrt{3}$

62번 해설 참고

077 그림과 같은 RC 회로에서 스위치를 넣은 순간 전류는? (단, 초기 조건은 0이다.)

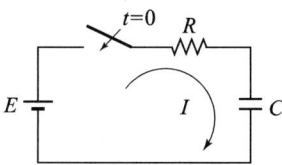

① 불변 전류이다.
② 진동 전류이다.
③ 증가 함수로 나타난다.
④ 감쇠 함수로 나타난다.

[정답] 073. ③   074. ②   075. ①   076. ③   077. ④

회로이론 및 제어공학

R-C 회로의 과도 현상의 전류 $i(t)$는

$$i(t) = \frac{E}{R} e^{-\frac{1}{RC}t}$$

지수 감쇠 함수로 나타난다.

즉, 초깃값은 $\frac{E}{R}$에서 시간이 증가함에 따라 지수적으로 감쇠하여 0이 되는 값을 나타낸다.

답안 표기란

078 ① ② ③ ④

078 회로에서 저항 R에 흐르는 전류 $I[\text{A}]$는?

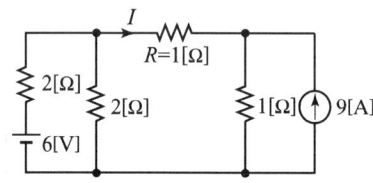

① -1
② -2
③ 2
④ 4

회로 변경법으로 해석해 보면(직렬 ↔ 병렬, 전류원 ↔ 전압원)

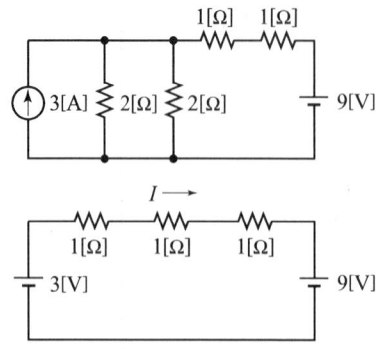

$$I = \frac{3-9}{1+1+1} = \frac{-6}{3} = -2[\text{A}]$$

079 전류의 대칭분을 I_0, I_1, I_2, 유기 기전력을 E_a, E_b, E_c, 단자 전압의 대칭분을 V_0, V_1, V_2라 할 때 3상 교류 발전기의 기본식 중 정상분 V_1 값은? (단, Z_0, Z_1, Z_2는 영상, 정상, 역상 임피던스이다.)

① $-Z_0 I_0$
② $-Z_2 I_2$
③ $E_a - Z_1 I_1$
④ $E_b - Z_2 I_2$

영상분 $V_0 = -Z_0 I_0$
정상분 $V_1 = E_a - Z_1 I_1$
역상 전압 $V_2 = -Z_2 I_2$

080 $e = 100\sqrt{2}\sin\omega t + 75\sqrt{2}\sin 3\omega t + 20\sqrt{2}\sin 5\omega t [\text{V}]$인 전압을 RL 직렬 회로에 가할 때 제3 고조파 전류의 실횻값은 몇 [A]인가? (단, $R = 4[\Omega]$, $\omega L = 1[\Omega]$이다.)

① 15
② $15\sqrt{2}$
③ 20
④ $20\sqrt{2}$

 제3 고조파 전류의 실횻값

$$I_3 = \frac{E_3}{Z_3} = \frac{E_3}{\sqrt{R^2 + (3\omega L)^2}} = \frac{75}{\sqrt{4^2 + (3 \times 1)^2}} = \frac{75}{5} = 15[\text{A}]$$

081 전원과 부하가 △ 결선된 3상 평형 회로가 있다. 전원 전압이 200[V], 부하 1상의 임피던스가 $6 + j8[\Omega]$일 때 선전류(A)는?

① 20
② $20\sqrt{3}$
③ $\dfrac{20}{\sqrt{3}}$
④ $\dfrac{\sqrt{3}}{20}$

△ 결선의 선전류 $I_ℓ$는 $\sqrt{3} I_p$(상전류)이므로
$I_p = \dfrac{E}{Z} = \dfrac{200}{\sqrt{6^2 + 8^2}} = 20[\text{A}]$
$I_ℓ = \sqrt{3} I_p = 20\sqrt{3}[\text{A}]$

정답 078. ② 079. ③ 080. ① 081. ②

CHAPTER 4 회로이론 및 제어공학

082 분포 정수 선로에서 무왜형 조건이 성립하면 어떻게 되는가?

① 감쇠량이 최소로 된다.
② 전파 속도가 최대로 된다.
③ 감쇠량은 주파수에 비례한다.
④ 위상 정수가 주파수에 관계없이 일정하다.

일그러짐이 없는 조건(무왜형 조건)은
$\dfrac{R}{L} = \dfrac{G}{C}$, $LG = RC$이고

㉠ 특성 임피던스 $Z_0 = \sqrt{\dfrac{L}{C}}$

㉡ γ(전파 정수) $= \sqrt{RG} + j\omega\sqrt{LC}$
  α(감쇠 정수) $= \sqrt{RG}$
  β(위상 정수) $= \omega\sqrt{LC}$

㉢ 전파 속도
  $V = \dfrac{\omega}{\beta} = \dfrac{\omega}{\omega\sqrt{LC}} = \dfrac{1}{\sqrt{LC}}$

일그러짐이 없는 무왜형은 감쇠량이 최소이다.

083 회로에서 $V = 10[\text{V}]$, $R = 10[\Omega]$, $L = 1[\text{H}]$, $C = 10[\mu\text{F}]$ 그리고 $V_C(0) = 0$일 때 스위치 K를 닫은 직후 전류의 변화율 $\dfrac{di}{dt}(0^+)$의 값(A/sec)은?

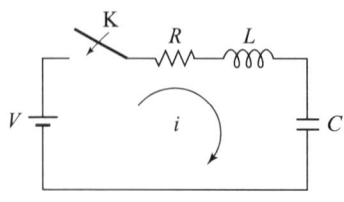

① 0   ② 1
③ 5   ④ 10

$$V_L = L\frac{di(t)}{dt} = 1\frac{di(t)}{dt} = 10$$

$$\therefore \frac{di(t)}{dt} = 10[\text{A/sec}]$$

084 정현파 전압 및 전류를 복소수로 표시하는 페이저 기호 방법 중 잘못된 것은?

① 정현파 전압 또는 전류를 복소수 평면에 있어서의 페이저로서 표시한다.
② 정현파 전압 또는 전류의 순시 값을 구할 때에는 복소수의 허수부를 취급하지 않는다.
③ 회전 페이저를 정지 페이저로서 취급한다.
④ 최댓값 대신에 실횻값을 쓰기도 한다.

 페이저(Phasor)

– 페이저 표시 : $\dot{V} = \dfrac{v_m}{\sqrt{2}} \angle \theta$

크기는 실횻값이나 최댓값으로 표현할 수 있다.
회전 페이저를 정지 페이저로 나타낼 수 있다.

085 대칭 5상 교류 성형 결선에서 선간 전압과 상전압 간의 위상차는 몇 도인가?

① 27°
② 36°
③ 54°
④ 72°

대칭 n상일 때 선간 전압(선전류)과 상전압(상전류)의 위상

$$\theta = \frac{\pi}{2}\left(1 - \frac{2}{n}\right)$$

3ϕ	30°
5ϕ	54°
6ϕ	60°

정답 082. ① 083. ④ 084. ② 085. ③

CHAPTER 4 회로이론 및 제어공학

086 회로망 출력 단자 a–b에서 바라본 등가 임피던스는? (단, $V_1 = 6[V]$, $V_2 = 3[V]$, $I_1 = 10[A]$, $R_1 = 15[\Omega]$, $R_2 = 10[\Omega]$, $L = 2[H]$, $j\omega = s$ 이다.)

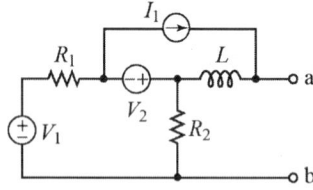

① $s + 15$
② $2s + 6$
③ $\dfrac{3}{s+2}$
④ $\dfrac{1}{s+3}$

[해설]

테브난의 등가 저항은 단자에서 회로망으로 본 임피던스이고, 전압원은 단락 전류원은 개방이므로 Z_{ab} 는

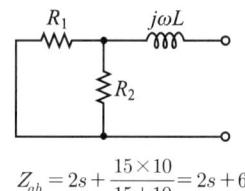

$Z_{ab} = 2s + \dfrac{15 \times 10}{15 + 10} = 2s + 6$

087 대칭 3상 전압이 a상 V_a, b상 $V_b = a^2 V_a$, c상 $V_c = a V_a$ 일 때 a상을 기준으로 한 대칭분 전압 중 정상분 $V_1[V]$은 어떻게 표시되는가?

① $\dfrac{1}{3} V_a$
② V_a
③ $a V_a$
④ $a^2 V_a$

TIP

$a = -\dfrac{1}{2} + j\dfrac{\sqrt{3}}{2}$

$a^2 = -\dfrac{1}{2} - j\dfrac{\sqrt{3}}{2}$

$a^3 = 1$

$a + a^2 = -1$

$V_1 = \frac{1}{3}(V_a + aV_b + a^2V_c)$이고 a상 기준으로 하면

$V_b = a^2V_a$, $V_c = aV_a$이므로

$V_1 = \frac{1}{3}(V_a + a^3V_a + a^3V_a) = \frac{V_a}{3}(1+a^3+a^3) = \frac{V_a}{3} \times 3 = V_a$

088 다음과 같은 비정현파 기전력 및 전류에 의한 평균 전력을 구하면 몇 [W]인가?

$$e = 100\sin\omega t - 50\sin(3\omega t + 30°) + 20\sin(5\omega t + 45°)[V]$$
$$I = 20\sin\omega t + 10\sin(3\omega t - 30°) + 5\sin(5\omega t - 45°)[A]$$

① 825
② 875
③ 925
④ 1175

 비정현파 소비 전력

$P = V_1I_1\cos\theta_1 + V_3I_3\cos\theta_3 + V_5I_5\cos\theta_5$

$P = \frac{100}{\sqrt{2}} \times \frac{20}{\sqrt{2}} \times \cos0° + \frac{-50}{\sqrt{2}} \times \frac{10}{\sqrt{2}} \times \cos60° + \frac{20}{\sqrt{2}} \cdot \frac{5}{\sqrt{2}} \times \cos90° = 875[W]$

089 평형 3상 3선식 회로에서 부하는 Y 결선이고, 선간 전압이 173.2∠0°[V]일 때 선전류는 20∠-120°[A]이었다면, Y 결선된 부하 한 상의 임피던스는 약 몇 [Ω]인가?

① 5∠60°
② 5∠90°
③ 5√3 ∠60°
④ 5√3 ∠90°

$Z = \frac{V_p}{I_p} = \frac{100\sqrt{3}\angle 0-30°}{20\angle -120°}$

Y 결선에서 $I_l = I_p$이고

상전압 $= \frac{선간\ 전압}{\sqrt{3}} \angle -30°$

그러므로
$Z = 5\angle -30° + 120°$
$= 5\angle 90°$

정답 086. ② 087. ② 088. ② 089. ②

090 그림과 같은 RC 저역 통과 필터 회로에 단위 임펄스를 입력으로 가했을 때 응답 $h(t)$는?

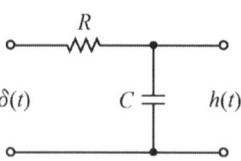

① $h(t) = RCe^{-\frac{t}{RC}}$ ② $h(t) = \frac{1}{RC}e^{-\frac{t}{RC}}$

③ $h(t) = \frac{R}{1+j\omega RC}$ ④ $h(t) = \frac{1}{RC}e^{-\frac{C}{R}t}$

해설

단위 임펄스 입력 $\delta(t)$를 가했으므로 전달 함수의 역라플라스와 같다.

$h(t) = \dfrac{\frac{1}{Cs}}{R+\frac{1}{Cs}} = \dfrac{1}{1+RCs} = \dfrac{\frac{1}{RC}}{s+\frac{1}{RC}}$ 로 변형하고

$\mathcal{L}^{-1}h(t)$하면 $\dfrac{1}{RC}e^{-\frac{1}{RC}t}$

091 저항 $R = 5,000[\Omega]$, 정전 용량 $C = 20[\mu F]$이 직렬로 접속된 회로에 일정 전압 $E = 100[V]$를 가하고, $t = 0$에서 스위치를 넣을 때 콘덴서 단자 전압(V)을 구하면? (단, 처음에 콘덴서는 충전되지 않았다.)

① $100(1-e^{10t})$ ② $100e^{-10t}$

③ $100(1-e^{-10t})$ ④ $100e^{10t}$

R-C 직렬 회로	직류 기전력 인가 시 (S/W on)	직류 기전력 인가 시 (S/W off)
전하 $q(t)$	$q(t)=CE(1-e^{-\frac{1}{RC}t})$	$q(t)=CEe^{-\frac{1}{RC}t}$
전류 $i(t)$	$i=\frac{E}{R}e^{-\frac{1}{RC}t}$ [A]	$i=-\frac{E}{R}e^{-\frac{1}{RC}t}$ [A]
특성근	$P=-\frac{1}{RC}$	$P=-\frac{1}{RC}$
시정수	$\tau=RC$[sec]	$\tau=RC$[sec]
V_R	$V_R=Ee^{-\frac{1}{RC}t}$ [V]	
V_c	$V_c=E(1-e^{-\frac{1}{RC}t})$ [V]	

따라서, 콘덴서에 걸리는 전압

$$v_c(t)=100\left(1-e^{-\frac{1}{5000\times 20\times 10^{-6}}t}\right)=100(1-e^{-10t})$$

092 회로에서 4단자 정수 A, B, C, D의 값은?

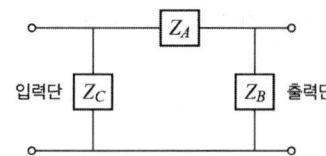

① $A=1+\frac{Z_A}{Z_B}$, $B=Z_A$, $C=\frac{1}{Z_A}$, $D=1+\frac{Z_B}{Z_A}$

② $A=1+\frac{Z_A}{Z_B}$, $B=Z_A$, $C=\frac{1}{Z_B}$, $D=1+\frac{Z_A}{Z_B}$

③ $A=1+\frac{Z_A}{Z_B}$, $B=Z_A$, $C=\frac{Z_A+Z_B+Z_C}{Z_BZ_C}$, $D=\frac{1}{Z_BZ_C}$

④ $A=1+\frac{Z_A}{Z_B}$, $B=Z_A$, $C=\frac{Z_A+Z_B+Z_C}{Z_BZ_C}$, $D=1+\frac{Z_A}{Z_C}$

종속 접속법으로 4단자 정수 ABCD를 구하면

$$\begin{bmatrix}A&B\\C&D\end{bmatrix}=\begin{bmatrix}1&0\\\frac{1}{Z_c}&1\end{bmatrix}\begin{bmatrix}1&Z_A\\0&1\end{bmatrix}\begin{bmatrix}1&0\\\frac{1}{Z_B}&1\end{bmatrix}=\begin{bmatrix}1&Z_A\\\frac{1}{Z_c}&1+\frac{Z_A}{Z_C}\end{bmatrix}\begin{bmatrix}1&0\\\frac{1}{Z_B}&1\end{bmatrix}$$

$$=\begin{bmatrix}1+\frac{Z_A}{Z_B}&Z_A\\\frac{Z_A+Z_B+Z_C}{Z_BZ_C}&1+\frac{Z_A}{Z_C}\end{bmatrix}$$

정답 090. ② 091. ③ 092. ④

CHAPTER 4 회로이론 및 제어공학

093 길이에 따라 비례하는 저항값을 가진 어떤 전열선에 E_0[V]의 전압을 인가하면 P_0[W]의 전력이 소비된다. 이 전열선을 잘라 원래 길이의 2/3로 만들고 E[V]의 전압을 가한다면 소비 전력 P[W]는?

① $P = \dfrac{P_0}{2}(\dfrac{E}{E_0})^2$ ② $P = \dfrac{3P_0}{2}(\dfrac{E}{E_0})^2$

③ $P = \dfrac{2P_0}{3}(\dfrac{E}{E_0})^2$ ④ $P = \dfrac{\sqrt{3}\,P_0}{2}(\dfrac{E}{E_0})^2$

$R = \rho \dfrac{l}{A}$ 이고 $P = \dfrac{V^2}{R}$ 이므로 전력은 저항에 반비례하고, 전력선의 길이와 저항은 비례한다.

기존의 소비 전력 $P_0 = \dfrac{E_0^2}{R_0}$ $R_0 = \dfrac{E_0^2}{P_0}$

전열선의 길이가 $\dfrac{2}{3}$ 일 때 $P = \dfrac{E_0^2}{\dfrac{2}{3}R_0} = \dfrac{3E_0^2}{2R_0}$

094 $f(t) = e^{j\omega t}$의 라플라스 변환은?

① $\dfrac{1}{s-j\omega}$ ② $\dfrac{1}{s+j\omega}$

③ $\dfrac{1}{s^2+\omega^2}$ ④ $\dfrac{\omega}{s^2+\omega^2}$

지수 함수 $\begin{bmatrix} e^{at} \Rightarrow \dfrac{1}{s-a} \\ e^{-at} \Rightarrow \dfrac{1}{s+a} \end{bmatrix}$ 이므로

$f(t) = e^{j\omega t}$를 라플라스 변환하면 $F(s) = \dfrac{1}{s-j\omega}$

095 그림과 같은 순 저항 회로에서 대칭 3상 전압을 가할 때 각 선에 흐르는 전류가 같으려면 R의 값은 몇 [Ω]인가?

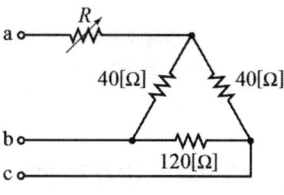

① 8 ② 12
③ 16 ④ 20

△ 결선 저항을 Y 결선으로 변환하면

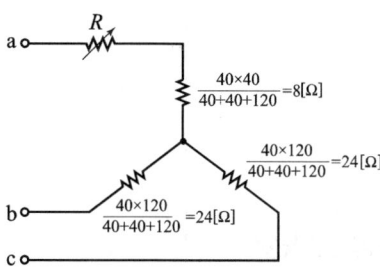

선간 전압이 같기 때문에 각 선에 같은 전류가 흐르기 위해서는 저항이 같아야 한다.
즉 $R+8=24$
$R=16[\Omega]$

096 전류 $i(t)=30\sin\omega t+40\sin(3\omega t+45°)[A]$의 실횻값(A)은?

① 25 ② $25\sqrt{2}$
③ 50 ④ $50\sqrt{2}$

$I=\sqrt{\left(\dfrac{30}{\sqrt{2}}\right)^2+\left(\dfrac{40}{\sqrt{2}}\right)^2}=\sqrt{\dfrac{30^2+40^2}{2}}=25\sqrt{2}$

CHAPTER 4 회로이론 및 제어공학

097 어떤 콘덴서를 300[V]로 충전하는데 9[J]의 에너지가 필요하였다. 이 콘덴서의 정전 용량은 몇 [μF]인가?

① 100
② 200
③ 300
④ 400

 콘덴서의 축적 에너지

$$W_c = \frac{1}{2}CV^2 = \frac{1}{2}QV = \frac{Q^2}{2C}$$

$$C = \frac{2W_c}{V^2} = \frac{2 \times 9}{300^2} = 200 \times 10^{-6} = 200[\mu F]$$

098 4단자 회로망에서 4단자 정수가 A, B, C, D일 때, 영상 임피던스 $\dfrac{Z_{01}}{Z_{02}}$은?

① $\dfrac{D}{A}$
② $\dfrac{B}{C}$
③ $\dfrac{C}{B}$
④ $\dfrac{A}{D}$

$Z_{01} = \sqrt{\dfrac{AB}{CD}}$, $Z_{02} = \sqrt{\dfrac{DB}{CA}}$

대칭 T형인 경우 A = D이므로

$Z_{01} = Z_{02} = \sqrt{\dfrac{B}{C}}$

$Z_{01} \cdot Z_{02} = \dfrac{B}{C}$

$\dfrac{Z_{01}}{Z_{02}} = \dfrac{A}{D}$

099 RL 직렬 회로에서 $R=20[\Omega]$, $L=40[\text{mH}]$일 때, 이 회로의 시정수(sec)는?

① 2×10^3 ② 2×10^{-3}
③ $\frac{1}{2} \times 10^3$ ④ $\frac{1}{2} \times 10^{-3}$

R-L 직렬 회로의 시정수
$\tau = \frac{L}{R}$ 초
$\tau = \frac{40 \times 10^{-3}}{20} = 2 \times 10^{-3}[\text{sec}]$

100 비정현파 전류가 $i(t) = 56\sin\omega t + 20\sin2\omega t + 30\sin(3\omega t + 30°) + 40\sin(4\omega t + 60°)$로 표현될 때, 왜형률은 약 얼마인가?

① 1.0 ② 0.96
③ 0.55 ④ 0.11

왜형률(THD) $= \frac{\text{각 고조파의 실횻값}}{\text{기본파 실횻값}} = \frac{\sqrt{\left(\frac{20}{\sqrt{2}}\right)^2 + \left(\frac{30}{\sqrt{2}}\right)^2 + \left(\frac{40}{\sqrt{2}}\right)^2}}{\frac{56}{\sqrt{2}}}$

$= \frac{38.08}{39.6} \fallingdotseq 0.96$

101 대칭 6상 성형(star) 결선에서 선간 전압 크기와 상전압 크기의 관계로 옳은 것은? (단, V_l : 선간 전압 크기, V_p : 상전압 크기)

① $V_l = V_p$ ② $V_l = \sqrt{3}\, V_p$
③ $V_l = \frac{1}{\sqrt{3}} V_p$ ④ $V_l = \frac{2}{\sqrt{3}} V_p$

 대칭 6상 Y 결선 선간 전압

$V_l = 2V_p \sin\frac{\pi}{n} = 2V_p \sin\frac{\pi}{6} = 2V_p \sin 30°$
$V_l = V_p$
대칭 6상은 $V_l = V_p$이다.

정답 097. ② 098. ④ 099. ② 100. ② 101. ①

CHAPTER 4 회로이론 및 제어공학

102 3상 불평형 전압 V_a, V_b, V_c가 주어진다면, 정상분 전압은? (단, $a = e^{j2\pi/3} = 1\angle 120°$ 이다.)

① $V_a + a^2 V_b + a V_c$
② $V_a + a V_b + a^2 V_c$
③ $\dfrac{1}{3}(V_a + a^2 V_b + a V_c)$
④ $\dfrac{1}{3}(V_a + a V_b + a^2 V_c)$

[해설]

$$\begin{bmatrix} V_0 \\ V_1 \\ V_2 \end{bmatrix} = \frac{1}{3}\begin{bmatrix} 1 & 1 & 1 \\ 1 & a & a^2 \\ 1 & a^2 & a \end{bmatrix}\begin{bmatrix} V_a \\ V_b \\ V_c \end{bmatrix}$$

영상분 $V_0 = \dfrac{1}{3}(V_a + V_b + V_c)$

정상분 $V_1 = \dfrac{1}{3}(V_a + a V_b + a^2 V_c)$

역상분 $V_2 = \dfrac{1}{3}(V_a + a^2 V_b + a V_c)$

103 송전 선로가 무손실 선로일 때, $L = 96[\text{mH}]$이고 $C = 0.6[\mu\text{F}]$이면 특성 임피던스(Ω)는?

① 100
② 200
③ 400
④ 600

[해설]

무손실 선로($R=0$, $G=0$)

특성 임피던스 $Z_0 = \sqrt{\dfrac{Z}{Y}} = \sqrt{\dfrac{R+j\omega L}{G+j\omega C}} = \sqrt{\dfrac{L}{C}} = \sqrt{\dfrac{96\times 10^{-3}}{0.6\times 10^{-6}}} = 400[\Omega]$

104 커패시터와 인덕터에서 물리적으로 급격히 변화할 수 없는 것은?

① 커패시터와 인덕터에서 모두 전압
② 커패시터와 인덕터에서 모두 전류
③ 커패시터에서 전류, 인덕터에서 전압
④ 커패시터에서 전압, 인덕터에서 전류

TIP

구분	L 인덕턴스	C 커패시터
전압식	$V_L = L\dfrac{di(t)}{dt}$	$V_C = \dfrac{1}{C}\int i(t)dt$
전류식	$i_L = \dfrac{1}{L}\int e(t)dt$	$i_c = C\dfrac{de}{dt}$
저장 에너지	$\dfrac{1}{2}LI^2[\text{J}]$ 자계에너지	$\dfrac{1}{2}CV^2[\text{J}]$ 전계에너지

인덕턴스는 전류를 급변할 수 없고, 커패시터는 전압을 급변할 수 없다.

105 인덕턴스가 0.1[H]인 코일에 실횻값 100[V], 60[Hz], 위상 30도인 전압을 가했을 때 흐르는 전류의 실횻값 크기는 약 몇 [A]인가?

① 43.7 ② 37.7
③ 5.46 ④ 2.65

 L만의 회로

$I = \dfrac{E}{X_L} = \dfrac{E}{\omega L} = \dfrac{100}{2\pi \times 60 \times 0.1} = 2.65[\text{A}]$

실횻값만 계산해도 되므로 위상 30°는 무시하고 계산

106 $f(t) = \delta(t-T)$의 라플라스 변환 $F(s)$는?

① e^{Ts} ② e^{-Ts}
③ $\dfrac{1}{s}e^{Ts}$ ④ $\dfrac{1}{s}e^{-Ts}$

$\delta = \delta(t-T) = 1 \cdot e^{-TS} = e^{-TS}$
$\mathcal{L}\delta = 1$

107 3상 전류가 $I_a = 10+j3[\text{A}]$, $I_b = -5-j2[\text{A}]$, $I_c = -3+j4[\text{A}]$ 일 때 정상분 전류의 크기는 약 몇 [A]인가?

① 5 ② 6.4
③ 10.5 ④ 13.34

$I_1 = \dfrac{1}{3}(I_a + aI_b + a^2 I_c)$
$= \dfrac{1}{3}(10+j3) + \left(-\dfrac{1}{2}+j\dfrac{\sqrt{3}}{2}\right)(-5-j2) + \left(-\dfrac{1}{2}-j\dfrac{\sqrt{3}}{2}\right)(-3+j4)$
$= 6.39 + j0.08$
∴ $\sqrt{6.39^2 + 0.08^2} = 6.4[\text{A}]$

정답 102. ④ 103. ③ 104. ④ 105. ④ 106. ② 107. ②

108 그림의 회로에서 영상 임피던스 Z_{01}이 $6[\Omega]$일 때, 저항 R의 값은 몇 $[\Omega]$인가?

① 2　　　　　　　② 4
③ 6　　　　　　　④ 9

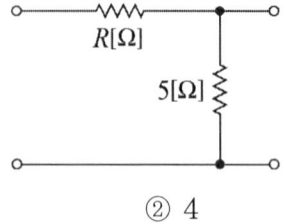

$Z_{01} = \sqrt{\dfrac{AB}{CD}}$, $Z_{02} = \sqrt{\dfrac{DB}{CA}}$

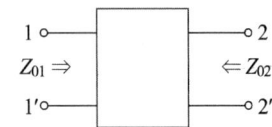

T형 회로의 4단자 정수

$A = \dfrac{R+5}{5}$, $B = \dfrac{R \cdot 5}{5} = R$, $C = \dfrac{1}{5}$, $D = \dfrac{5+0}{5} = 1$

$Z_{01} = \sqrt{\dfrac{AB}{CD}} = 6$ 이므로 대칭 T형 $A = D$

$\sqrt{\dfrac{\left(\dfrac{R+5}{5}\right) \cdot R}{\dfrac{1}{5} \cdot 1}} = 6$ 그러므로 $R = 4$

109 Y 결선의 평형 3상 회로에서 선간 전압 V_{ab}와 상전압 V_{an}의 관계로 옳은 것은? (단, $V_{bn} = V_{an}e^{-j(2\pi/3)}$, $V_{cn} = V_{bn}e^{-j(2\pi/3)}$)

① $V_{ab} = \dfrac{1}{\sqrt{3}}e^{j(\pi/6)}V_{an}$
② $V_{ab} = \sqrt{3}e^{j(\pi/6)}V_{an}$
③ $V_{ab} = \dfrac{1}{\sqrt{3}}e^{-j(\pi/6)}V_{an}$
④ $V_{ab} = \sqrt{3}e^{-j(\pi/6)}V_{an}$

Y 결선	성형 결선	$V_l = V_p \angle \dfrac{\pi}{6}$, $I_l = I_p$
△ 결선	환상 결선	$V_l = V_p$, $I_l = \sqrt{3}I_p \angle -\dfrac{\pi}{6}$

Y 결선이므로 지수 함수 좌표로 비교하면 $V_{ab} = \sqrt{3}e^{j(\pi/6)}V_{an}$

110 $f(t) = t^2 e^{-\alpha t}$를 라플라스 변환하면?

① $\dfrac{2}{(s+\alpha)^2}$
② $\dfrac{3}{(s+\alpha)^2}$
③ $\dfrac{2}{(s+\alpha)^3}$
④ $\dfrac{3}{(s+\alpha)^3}$

$\delta(t^2, e^{-\alpha t})$변환 복소수의 정리

$\left.\dfrac{2}{s^3}\right|_{s=s+\alpha} = \dfrac{2}{(s+\alpha)^3}$

111 선로의 단위 길이당 인덕턴스, 저항, 정전 용량, 누설 컨덕턴스를 각각 L, R, C, G라 하면 전파 정수는?

① $\dfrac{\sqrt{(R+j\omega L)}}{(G+j\omega C)}$
② $\sqrt{(R+j\omega L)(G+j\omega C)}$
③ $\sqrt{\dfrac{(R+j\omega L)}{(G+j\omega C)}}$
④ $\sqrt{\dfrac{(G+j\omega C)}{(R+j\omega L)}}$

$\dot{\gamma}$(전파 정수)$= \alpha + j\beta = \sqrt{(R+j\omega L)(G+j\omega C)}$

정답 108. ② 109. ② 110. ③ 111. ②

CHAPTER 4 회로이론 및 제어공학

112 RLC 직렬 회로의 파라미터가 $R^2 = \dfrac{4L}{C}$의 관계를 가진다면, 이 회로에 직류 전압을 인가하는 경우 과도 응답 특성은?

① 무제동 ② 과제동
③ 부족 제동 ④ 임계 제동

$R^2 - 4\dfrac{L}{C} > 0$ 과제동(비진동)

$R^2 - 4\dfrac{L}{C} < 0$ 부족 제동(진동)

$R^2 - 4\dfrac{L}{C} = 0$ 임계 제동

113 $v(t) = 3 + 5\sqrt{2}\sin\omega t + 10\sqrt{2}\sin(3\omega t - \dfrac{\pi}{3})[\text{V}]$의 실횻값 크기는 약 몇 [V]인가?

① 9.6 ② 10.6
③ 11.6 ④ 12.6

 비정현파의 실횻값

$= \sqrt{\text{각 고조파의 실횻값의 제곱의 합}} = \sqrt{3^2 + \left(\dfrac{5\sqrt{2}}{\sqrt{2}}\right)^2 + \left(\dfrac{10\sqrt{2}}{\sqrt{2}}\right)^2} = 11.6[\text{V}]$

114 $8 + j6[\Omega]$인 임피던스에 $13 + j20[\text{V}]$의 전압을 인가할 때 복소 전력은 약 몇 [VA]인가?

① $12.7 + j34.1$ ② $12.7 + j55.5$
③ $45.5 + j34.1$ ④ $45.5 + j55.5$

복소 전력 $\dot{P}_a = V \cdot \overline{I} = (13+j20)\left(\dfrac{13+j20}{8+j6}\right)$

$\dot{P}_a = V \cdot \overline{I} = (13+j20)(2.24-j0.82) = 45.5+j34.4[VA]$

$P_a = \overline{V} \cdot I = P \pm jP_r$

$P_r > 0$(용량성)

$P_r < 0$(유도성)

115 선간 전압이 $V_{ab}[V]$인 3상 평형 전원에 대칭 부하 $R[\Omega]$이 그림과 같이 접속되어 있을 때, a, b 두 상 간에 접속된 전력계의 지싯값이 $W[W]$라면 C상 전류의 크기(A)는?

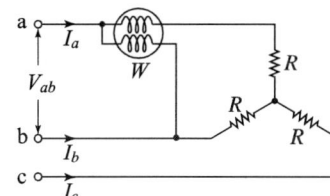

① $\dfrac{W}{3V_{ab}}$ ② $\dfrac{2W}{3V_{ab}}$

③ $\dfrac{2W}{\sqrt{3}\,V_{ab}}$ ④ $\dfrac{\sqrt{3}\,W}{V_{ab}}$

그림은 1전력계법이며 순저항 부하이다.

$P_a = P$, $P_r = 0$, $P = 2W = \sqrt{3}\,V_{ab} \cdot I_c \cos\theta$, $\cos\theta = 1$이다.

C상 전류 $I_c = \dfrac{2W}{\sqrt{3}\,V_{ab}}$

116 불평형 3상 전류가 $I_a = 15+j2[A]$, $I_b = -20-j14[A]$, $I_c = -3+j10[A]$일 때, 역상분 전류 $I_2[A]$는?

① $1.91+j6.24$ ② $15.74-j3.57$

③ $-2.67-j0.67$ ④ $-8-j2$

$I_2 = \dfrac{1}{3}(I_a + a^2 I_b + aI_c)$

$= \dfrac{1}{3}\left[15+j2+\left(-\dfrac{1}{2}-j\dfrac{\sqrt{3}}{2}\right)(-20-j14)+\left(-\dfrac{1}{2}+j\dfrac{\sqrt{3}}{2}\right)(-3+j10)\right]$

$= 1.91+j6.24$

정답 112. ④ 113. ③ 114. ③ 115. ③ 116. ①

117 회로에서 $20[\Omega]$의 저항이 소비하는 전력은 몇 [W]인가?

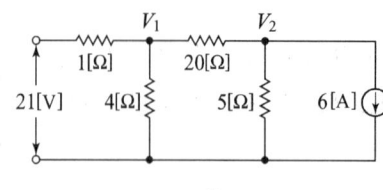

① 14
② 27
③ 40
④ 80

절점 방정식으로 풀면

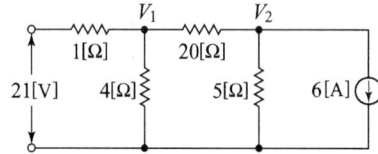

$$\frac{21-V_1}{1} = \frac{V_1}{4} + \frac{V_1-V_2}{20} \quad \cdots\cdots ①$$

$$\frac{V_1-V_2}{20} = \frac{V_2}{5} + 6 \quad \cdots\cdots ②$$

① $420 - 20V_1 = 5V_1 + V_1 - V_2$

$26V_1 - V_2 = 420$

② $V_1 - V_2 = 4V_2 + 120$

$V_1 - 5V_2 = 120[V]$

①과 ②식에서 $V_1 - V_2 = 40[V]$

그러므로 $P = \dfrac{V^2}{R} = \dfrac{(V_1-V_2)^2}{20} = \dfrac{40^2}{20} = 80[W]$

118 RC 직렬 회로에 직류 전압 $V[\text{V}]$가 인가되었을 때, 전류 $i(t)$에 대한 전압 방정식(KVL)이 $V = Ri(t) + \frac{1}{C}\int i(t)dt[\text{V}]$이다. 전류 $i(t)$의 라플라스 변환인 $I(s)$는? (단, C에는 초기 전하가 없다.)

① $I(s) = \frac{V}{R}\dfrac{1}{s - \frac{1}{RC}}$

② $I(s) = \frac{C}{R}\dfrac{1}{s + \frac{1}{RC}}$

③ $I(s) = \frac{V}{R}\dfrac{1}{s + \frac{1}{RC}}$

④ $I(s) = \frac{R}{C}\dfrac{1}{s - \frac{1}{RC}}$

$V(t) = Ri(t) + \frac{1}{C}\int i(t)dt$

라플라스 변환하면 직류 전압 V가 인가

$\frac{V}{s} = RI(s) + \frac{I(s)}{Cs}$

$I(s)\left[R + \frac{1}{Cs}\right] = \frac{V}{s}$

$I(s) = \dfrac{V}{s\left(R + \frac{1}{Cs}\right)} = \dfrac{V}{Rs + \frac{1}{C}} \times \dfrac{\frac{1}{R}}{\frac{1}{R}}$

$I(s) = \frac{V}{R} \cdot \dfrac{1}{s + \frac{1}{RC}}$

119 선간 전압이 100[V]이고, 역률이 0.6인 평형 3상 부하에서 무효 전력이 $Q = 10$[kvar]일 때, 선전류의 크기는 약 몇 [A]인가?

① 57.7 ② 72.2
③ 96.2 ④ 125

정답 117. ④ 118. ③ 119. ②

CHAPTER 4 회로이론 및 제어공학

$P = \sqrt{3}\, VI\cos\theta$, $P_r = \sqrt{3}\, VI\sin\theta$

$I = \dfrac{P_r}{\sqrt{3}\, V\sin\theta} = \dfrac{10\times 10^3}{\sqrt{3}\times 100 \times \sqrt{1-0.8^2}}$

$I = 72.2[A]$

120 그림과 같은 T형 4단자 회로망에서 4단자 정수 A와 C는?
(단, $Z_1 = \dfrac{1}{Y_1}$, $Z_2 = \dfrac{1}{Y_2}$, $Z_3 = \dfrac{1}{Y_3}$)

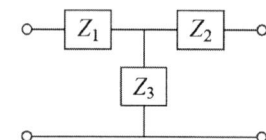

① $A = 1 + \dfrac{Y_3}{Y_1}$, $C = Y_2$

② $A = 1 + \dfrac{Y_3}{Y_1}$, $C = \dfrac{1}{Y_3}$

③ $A = 1 + \dfrac{Y_3}{Y_1}$, $C = Y_3$

④ $A = 1 + \dfrac{Y_1}{Y_3}$, $C = \left(1 + \dfrac{Y_1}{Y_3}\right)\dfrac{1}{Y_3} + \dfrac{1}{Y_2}$

 T형 회로에서 4단자 정수

$A = \dfrac{Z_1 + Z_3}{Z_3}$, $C = \dfrac{1}{Z_3}$

$A = \dfrac{\dfrac{1}{Y_1} + \dfrac{1}{Y_3}}{\dfrac{1}{Y_3}}$, $C = \dfrac{1}{\dfrac{1}{Y_3}}$

$\therefore\ A = 1 + \dfrac{Y_3}{Y_1}$, $C = Y_3$

121 어떤 회로의 유효 전력이 300[W], 무효 전력이 400[var]이다. 이 회로의 복소 전력의 크기(VA)는?

① 350
② 500
③ 600
④ 700

$$P_a = P \pm jP_r = \sqrt{P^2 + P_r^2} = \sqrt{300^2 + 400^2} = 500[\text{VA}]$$

122 $R = 4[\Omega]$, $\omega L = 3[\Omega]$의 직렬 회로에 $e = 100\sqrt{2}\sin\omega t + 50\sqrt{2}\sin 3\omega t$를 인가할 때 이 회로의 소비 전력은 약 몇 [W]인가?

① 1,000
② 1,414
③ 1,560
④ 1,703

 비정현파의 소비 전력

$$P = I_1^2 R + I_3^2 R = \left(\frac{V_1}{Z_1}\right)^2 R + \left(\frac{V_3}{Z_3}\right)^2 R$$
$$= \left(\frac{100}{\sqrt{4^2 + 3^2}}\right)^2 \times 4 + \left(\frac{50}{\sqrt{4^2 + (3 \times 3)^2}}\right)^2 \times 4 = 1,703[\text{W}]$$

123 단위 길이당 인덕턴스가 $L[\text{H/m}]$이고, 단위 길이당 정전 용량이 $C[\text{F/m}]$인 무손실 선로에서의 진행파 속도(m/s)는?

① $\sqrt{LC}$
② $\dfrac{1}{\sqrt{LC}}$
③ $\sqrt{\dfrac{C}{L}}$
④ $\sqrt{\dfrac{L}{C}}$

무손실 또는 무왜형 회로의 전파 속도 $V = \dfrac{\omega}{\beta}$

$$V = \dfrac{\omega}{\omega\sqrt{LC}} = \dfrac{1}{\sqrt{LC}}$$

정답 120. ③ 121. ② 122. ④ 123. ②

124 $t=0$에서 스위치(S)를 닫았을 때 $t=0^+$에서의 $i(t)$는 몇 [A]인가? (단, 커패시터에 초기 전하는 없다.)

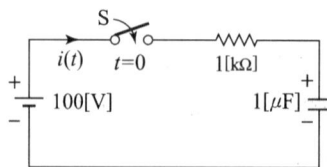

① 0.1
② 0.2
③ 0.4
④ 1.0

$$i(t) = \frac{E}{R} e^{-\frac{1}{RC}t} [A] \bigg|_{t=0} = \frac{100}{1,000} = 0.1[A]$$

125 RL 직렬 회로에 순싯값 전압 $v(t) = 20 + 100\sin\omega t + 40\sin(3\omega t + 60°) + 40\sin 5\omega t [V]$를 가할 때 제5 고조파 전류의 실횻값 크기는 약 몇 [A]인가? (단, $R=4[\Omega]$, $\omega L = 1[\Omega]$이다.)

① 4.4
② 5.66
③ 6.25
④ 8.0

제5 고조파 전류 실횻값 $I_5 = \dfrac{E_5}{z_5}$

$$I_s = \frac{E_5}{\sqrt{R^2 + (5\omega L)^2}} = \frac{40/\sqrt{2}}{\sqrt{4^2 + (5 \times 1)^2}} = 4.4[A]$$

126 대칭 3상 전압이 공급되는 3상 유도 전동기에서 각 계기의 지시는 다음과 같다. 유도 전동기의 역률은 약 얼마인가?

- 전력계(W_1) : 2.84[kW]
- 전력계(W_2) : 6.00[kW]
- 전압계(V) : 200[V]
- 전류계(A) : 30[A]

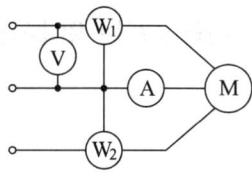

① 0.70　② 0.75
③ 0.80　④ 0.85

 2전력계법의 역률 $\cos\theta$

$$\cos\theta = \frac{P}{P_a} = \frac{P_1 + P_2}{2\sqrt{P_1^2 + P_2^2 - P_1 P_2}}$$

또 $\cos\theta = \frac{P}{\sqrt{3}\,VI} = \frac{P_1+P_2}{\sqrt{3}\,VI} = \frac{(2.84+6)\times 10^3}{\sqrt{3}\times 200\times 30} = 0.85$

127 불평형 3상 전류 $I_a = 25 + j4[A]$, $I_b = -18 - j16[A]$, $I_c = 7 + j15[A]$일 때 영상 전류 $I_0[A]$는?

① $2.67+j$　② $2.67+j2$
③ $4.67+j$　④ $4.67+j2$

$I_0 = \frac{1}{3}(I_a + I_b + I_c) = \frac{1}{3}(25+j4-18-j16+7+j15) = 4.67+j$

128 회로 단자 a와 b 사이에 나타나는 전압 V_{ab}는 몇 [V]인가?

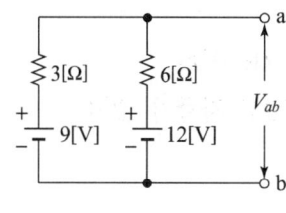

① 3　② 9
③ 10　④ 12

[정답] 124. ①　125. ①　126. ④　127. ③　128. ③

CHAPTER 4 회로이론 및 제어공학

[해설]

V_{ab} 전압을 밀만의 정리에서 풀면

$$V_{ab} = \frac{\frac{9}{3} + \frac{12}{6}}{\frac{1}{3} + \frac{1}{6}} = 10[\text{V}]$$

129 4단자 정수 A, B, C, D 중에서 전압 이득의 차원을 가진 정수는?

① A ② B
③ C ④ D

[해설]

$$\begin{bmatrix} V_1 \\ V_2 \end{bmatrix} = \begin{bmatrix} A & B \\ C & D \end{bmatrix} \begin{bmatrix} V_1 \\ V_2 \end{bmatrix}$$

$V_1 = AV_2 + BI_2$
$I_1 = CV_2 + DI_2$

$A = \dfrac{V_1}{V_2} \bigg|_{I_2=0}$ 입출력 전압비 전압 이득[N]

$B = \dfrac{V_1}{I_2} \bigg|_{V_2=0}$ 단락 전달 임피던스[Ω]

$C = \dfrac{Z_1}{V_2} \bigg|_{I_2=0}$ 개방 전달 어드미턴스[℧]

$D = \dfrac{I_1}{I_2} \bigg|_{V_2=0}$ 입출력 전류비 전류 이득[$\dfrac{1}{N}$]

130 R-L 직렬 회로에서 시정수의 값이 클수록 과도현상의 소멸 시간은 어떻게 되는가?

① 천천히 사라진다. ② 빨리 사라진다.
③ 관계가 없다. ④ 과도현상 자체가 없다.

[해설]

R-L 직렬 회로의 시정수 $\tau = \dfrac{L}{R}[\sec]$로서 $L[\text{H}]$가 크면 클수록 τ(시정수)가 크다. 시정수가 크면 클수록 과도현상은 ① 길어진다. ② 천천히 사라진다. ③ 오래 지속된다.

131 그림과 같은 회로의 구동점 임피던스 $Z[\Omega]$는?

① $\dfrac{2(2s+1)}{2s^2+s+2}$ ② $\dfrac{2s^2+s-2}{-2(2s+1)}$

③ $\dfrac{-2(2s+1)}{2s^2+s-2}$ ④ $\dfrac{2s^2+s+2}{2(2s+1)}$

구동점 임피던스의 계산 $Z(s)$는

$\dfrac{1}{j\omega C}=\dfrac{1}{s\dfrac{1}{2}}=\dfrac{2}{s}$

$j\omega L = 2s$

$Z(s)=\dfrac{\dfrac{2}{s}(1+2s)}{\dfrac{2}{s}+(1+2s)}=\dfrac{2(2s+1)}{2s^2+s+2}$

132 △ 결선으로 운전 중인 3상 변압기에서 하나의 변압기 고장에 의해 V 결선으로 운전하는 경우, V 결선으로 공급할 수 있는 전력은 고장 전 △ 결선으로 공급할 수 있는 전력에 비해 약 몇 [%]인가?

① 86.6 ② 75.0
③ 66.7 ④ 57.7

V 결선

출력	$\sqrt{3}P$ (1ϕ 한 대 용량의 $\sqrt{3}$배)
이용률	$\dfrac{\sqrt{3}P}{P+P}=\dfrac{\sqrt{3}}{2}=86.6[\%]$
출력비	$\dfrac{\sqrt{3}P}{3P}=\dfrac{1}{\sqrt{3}}=57.7[\%]$

[정답] 129. ① 130. ① 131. ① 132. ④

CHAPTER 4 회로이론 및 제어공학

133 그림의 교류 브리지 회로가 평형이 되는 조건은?

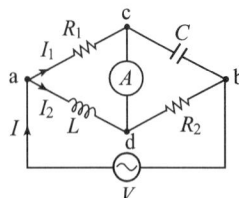

① $L = \dfrac{R_1 R_2}{C}$ ② $L = \dfrac{C}{R_1 R_2}$

③ $L = R_1 R_2 C$ ④ $L = \dfrac{R_2}{R_1} C$

$R_1 R_2 = j\omega L \times \dfrac{1}{j\omega C}$

$R_1 R_2 = \dfrac{L}{C}$

$L = R_1 R_2 \cdot C$

134 $f(t) = t^n$의 라플라스 변환식은?

① n/s^n ② $n + 1/s^{n+1}$

③ $n!/s^{n+1}$ ④ $n + 1/s^{n!}$

$\mathcal{L} t^n = \dfrac{n!}{s^{n+1}}$

135 회로에서 $t=0$초일 때 닫혀 있는 스위치 S를 열었다. 이때 $\dfrac{dv(0^+)}{dt}$의 값은? (단, C의 초기 전압은 0[V]이다.)

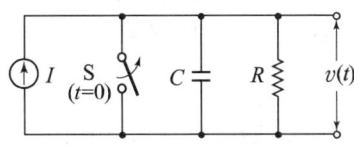

① $\dfrac{1}{RI}$ ② $\dfrac{C}{I}$

③ RI ④ $\dfrac{I}{C}$

C의 전류 $i(t) = C \cdot \dfrac{dv(t)}{dt}$

$t=0,\ I=0 = C \cdot \dfrac{dv(0)}{dt}$

$\dfrac{dv(0)}{dt} = \dfrac{I(0)}{C}$

136 그림과 같이 △ 회로를 Y 회로로 등가 변환하였을 때 임피던스 $Z_a[\Omega]$는?

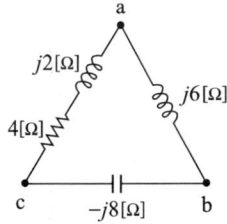 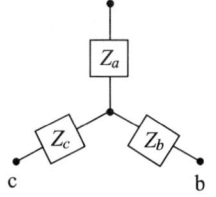

① 12 ② $-3+j6$
③ $4-j8$ ④ $6+j8$

$\Delta \to Y$

$Z_a = \dfrac{Z_a \cdot Z_b}{Z_a + Z_b + Z_c}$

$Z_a = \dfrac{(4+j2)j6}{(4+j2)+j6+(-j8)} = -3+j6$

TIP

인덕턴스
$V_L = L \dfrac{di(t)}{dt}$
$i_L = \dfrac{1}{L} \int e(t)$

커패시턴스
$V_C = \dfrac{1}{C} \int i(t)dt$
$i_C = C \dfrac{de(t)}{dt}$

TIP

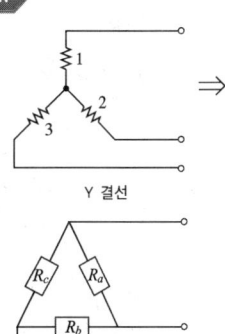

Y 결선

△ 결선

$R_a = \dfrac{1 \times 2 + 2 \times 3 + 3 \times 1}{3}$
$= \dfrac{11}{3}$

$R_b = \dfrac{1 \times 2 + 2 \times 3 + 3 \times 1}{1}$
$= 11$

$R_c = \dfrac{1 \times 2 + 2 \times 3 + 3 \times 1}{2}$
$= \dfrac{11}{2}$

[정답] 133. ③ 134. ③ 135. ④ 136. ②

137 그림과 같은 H형의 4단자 회로망에서 4단자 정수(전송 파라미터) A는? (단, V_1은 입력 전압이고, V_2는 출력 전압이고, A는 출력 개방 시 회로망의 전압 이득 $\left(\dfrac{V_1}{V_2}\right)$이다.)

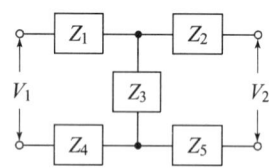

① $\dfrac{Z_1 + Z_2 + Z_3}{Z_3}$

② $\dfrac{Z_1 + Z_3 + Z_4}{Z_3}$

③ $\dfrac{Z_2 + Z_3 + Z_5}{Z_3}$

④ $\dfrac{Z_3 + Z_4 + Z_5}{Z_3}$

해설

먼저 T형 회로를 변경하면

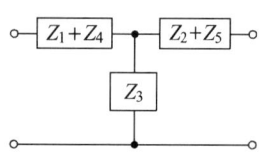

$\dfrac{V_1}{V_2}$=전압 이득=$A = \dfrac{Z_1 + Z_4 + Z_3}{Z_3}$

전달 임피던스

$B = \dfrac{(Z_1 + Z_4) \cdot Z_3 + (Z_1 + Z_4)(Z_2 + Z_5) + (Z_2 + Z_5) \cdot Z_3}{Z_3}$

전달 어드미턴스

$C = \dfrac{1}{Z_3}$

$\dfrac{I_1}{I_3}$=전류 이득=$D = \dfrac{Z_2 + Z_5 + Z_3}{Z_3}$

138 특성 임피던스가 400[Ω]인 회로 말단에 1,200[Ω]의 부하가 연결되어 있다. 전원 측에 20[kV]의 전압을 인가할 때 반사파의 크기(kV)는? (단, 선로에서의 전압 감쇠는 없는 것으로 간주한다.)

① 3.3　　　　　　② 5
③ 10　　　　　　 ④ 33

반사파 전압 = 반사 계수 × 전원 측 인가 전압
$= \dfrac{Z_R - Z_0}{Z_R + Z_0} \times$ 전원 측 인가 전압
$= \dfrac{1{,}200 - 400}{1{,}200 + 400} \times 20 = 10[\text{kV}]$

139 회로에서 전압 $V_{ab}[\text{V}]$는?

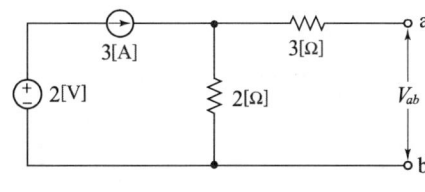

① 2　　　　　　② 3
③ 6　　　　　　④ 9

중첩의 원리를 적용, 단자에 나타나는 전압
$V_{ab} = I \cdot R = 3 \times 2[\text{V}]$
전원은 단락, 전류원은 개방

140 △ 결선된 평형 3상 부하로 흐르는 선전류가 I_a, I_b, I_c일 때, 이 부하로 흐르는 영상분 전류 $I_0(\text{A})$는?

① $3I_a$　　　　　　② I_a
③ $\dfrac{1}{3}I_a$　　　　　　④ 0

정답　137. ②　138. ③　139. ③　140. ④

회로이론 및 제어공학

 영상 전류

$I_0 = \frac{1}{3}(I_a + I_b + I_c)$ 이고

평형 부하에서는

$I_a + I_b + I_c = 0$ 이므로 영상분 $I_a = 0$ 이다.

141 저항 $R = 15[\Omega]$과 인덕턴스 $L = 3[\text{mH}]$를 병렬로 접속한 회로의 서셉턴스의 크기는 약 몇 $[\mho]$인가? (단, $\omega = 2\pi \times 10^5$)

① 3.2×10^{-2} ② 8.6×10^{-3}
③ 5.3×10^{-4} ④ 4.9×10^{-5}

병렬 회로의 $Y_0 = Y_1 + Y_2 = \frac{1}{Z_1} + \frac{1}{Z_2}$

$= \frac{1}{R} + \frac{1}{jX_L} = \frac{1}{R} + \frac{1}{j2\pi fL} = \frac{1}{15} + \frac{1}{j2\pi \times 10^5 \times 3 \times 10^{-3}}$

$= 0.07 - j5.31 \times 10^{-4}$

R-L 병렬 회로의 $Y_0 = G - jB$ 이므로

$B = 5.31 \times 10^{-4}[\mho]$

142 회로에서 저항 $1[\Omega]$에 흐르는 전류 $I[A]$는?

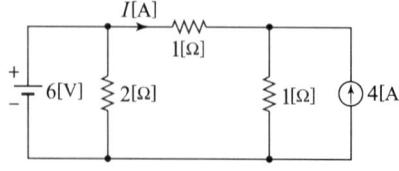

① 3 ② 2
③ 1 ④ -1

답안 표기란

141 ① ② ③ ④
142 ① ② ③ ④

중첩의 원리를 적용

㉠ 6[V] 전압원만 존재 4[A] 전류원 개방

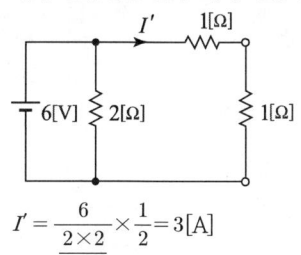

$$I' = \frac{6}{\frac{2 \times 2}{2+2}} \times \frac{1}{2} = 3[A]$$

㉡ 4[A]의 전류원만 존재

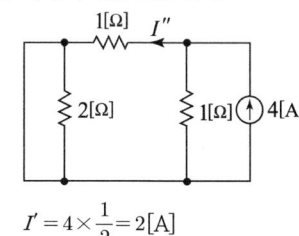

$$I'' = 4 \times \frac{1}{2} = 2[A]$$

그러므로

$$\overrightarrow{I} = \overrightarrow{I'} + \overleftarrow{I''}$$
$$= 3 + (-2) = 1[A]$$

143 파형이 톱니파인 경우 파형률은 약 얼마인가?

① 1.155　　　　② 1.732
③ 1.414　　　　④ 0.577

 톱니파(삼각파)

실횻값 $= \frac{최댓값}{\sqrt{3}} = \frac{1}{\sqrt{3}}$, 평균값 $= \frac{최댓값}{2} = \frac{1}{2}$

파고율 $= \frac{최댓값}{실횻값} = \frac{최댓값}{\frac{최댓값}{\sqrt{3}}} = \sqrt{3} = 1.732$

파형률 $= \frac{실횻값}{평균값} = \frac{\frac{최댓값}{\sqrt{3}}}{\frac{최댓값}{2}} = \frac{2}{\sqrt{3}} = 1.15$

[정답] 141. ③　142. ③　143. ①

CHAPTER 4 회로이론 및 제어공학

144 무한장 무손실 전송 선로의 임의의 위치에서 전압이 100[V]이었다. 이 선로의 인덕턴스가 $7.5[\mu\text{H/m}]$이고, 커패시턴스가 $0.012[\mu\text{F/m}]$일 때 이 위치에서 전류(A)는?

① 2
② 4
③ 6
④ 8

 무한장 무손실에서의 임의의 한 점에서 전류

$$I = \frac{V}{Z_0} = \frac{V}{\sqrt{\dfrac{L}{C}}}$$

$$I = \frac{100}{\sqrt{\dfrac{7.5 \times 10^{-6}}{0.012 \times 10^{-6}}}} = \frac{100}{25} = 4[\text{A}]$$

145 전압 $v(t) = 14.14\sin\omega t + 7.07\sin(3\omega t + \dfrac{\pi}{6})[\text{V}]$의 실횻값은 약 몇 [V]인가?

① 3.87
② 11.2
③ 15.8
④ 21.2

 비정현파의 실횻값 = $\sqrt{\text{각 고조파의 실횻값의 제곱의 합}}$
$$= \sqrt{V_1^2 + V_3^2} = \sqrt{\left(\dfrac{14.14}{\sqrt{2}}\right)^2 + \left(\dfrac{7.07}{\sqrt{2}}\right)^2} = 11.2[\text{V}]$$

답안 표기란				
144	①	②	③	④
145	①	②	③	④

146 그림과 같은 평형 3상 회로에서 전원 전압이 $V_{ab} = 200[V]$이고 부하 한 상의 임피던스가 $Z = 4 + j3[\Omega]$인 경우 전원과 부하 사이 선전류 I_a는 약 몇 [A]인가?

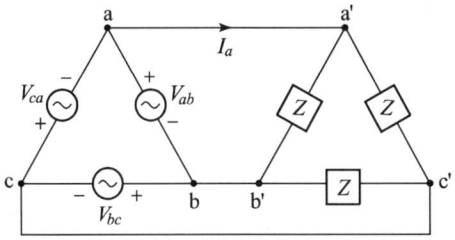

① $40\sqrt{3} \angle 36.87°$
② $40\sqrt{3} \angle -36.87°$
③ $40\sqrt{3} \angle 66.87°$
④ $40\sqrt{3} \angle -66.87°$

 전원과 부하 모두가 △ 결선이므로 상전류

$I_p = \dfrac{V}{Z} = \dfrac{200}{\sqrt{4^2 + 3^2}} = 40[A]$

$\theta = \tan^{-1}\dfrac{\omega L}{R} = \tan^{-1}\dfrac{3}{4} = -36.87°$

$I_l = \sqrt{3} I_p \underline{/-30} = \sqrt{3} \times 40 \underline{/-36.87 - 30} = 40\sqrt{30} \underline{/-66.87°}$

147 정상 상태에서 $t = 0$초인 순간에 스위치 S를 열었다. 이때 흐르는 전류 $i(t)$는?

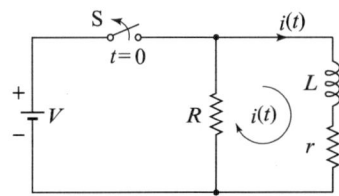

① $\dfrac{V}{R} e^{-\frac{R+r}{L}t}$
② $\dfrac{V}{r} e^{-\frac{R+r}{L}t}$
③ $\dfrac{V}{R} e^{-\frac{L}{R+r}t}$
④ $\dfrac{V}{r} e^{-\frac{L}{R+r}t}$

정답 144. ② 145. ② 146. ④ 147. ②

CHAPTER 4 회로이론 및 제어공학

해설

스위치를 열면 전원이 제거 상태이므로
$i(t) = \dfrac{V}{r} e^{-\frac{R+r}{L}t}$ [A]

초깃값 : $\dfrac{E}{r}$

정상값 : 0

특성근 : $-\dfrac{R+r}{L}$

시정수 : $\tau = \dfrac{L}{R+r}$ [s]

148 선간 전압이 $150[\text{V}]$, 선전류가 $10\sqrt{3}\,[\text{A}]$, 역률이 80[%]인 평형 3상 유도성 부하로 공급되는 무효 전력(var)은?

① 3,600
② 3,000
③ 2,700
④ 1,800

해설

$P_r = \sqrt{3}\,VI\sin\theta$
$= \sqrt{3} \times 150 \times 10\sqrt{3} \times \sqrt{1-0.8^2} = 2,700[\text{var}]$

149 그림과 같은 함수의 라플라스 변환은?

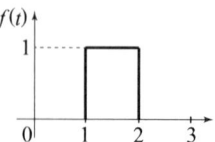

① $\dfrac{1}{s}(e^{s} - e^{2s})$
② $\dfrac{1}{s}(e^{-s} - e^{-2s})$
③ $\dfrac{1}{s}(e^{-2s} - e^{-s})$
④ $\dfrac{1}{s}(e^{-s} + e^{-2s})$

해설

$f(t) = u(t-1) - u(t-2)$ 이므로
$\mathcal{L}f(t) = F(s) = \dfrac{1}{s}e^{-s} - \dfrac{1}{s}e^{-2s} = \dfrac{1}{s}(e^{-s} - e^{-2s})$

150 상의 순서가 $a-b-c$인 불평형 3상 전류가 $I_a=15+j2[\text{A}]$, $I_b=-20-j14[\text{A}]$, $I_c=-3+j10[\text{A}]$일 때 영상분 전류 I_0는 약 몇 [A]인가?

① $2.67+j0.38$
② $2.02+j6.98$
③ $15.5-j3.56$
④ $-2.67-j0.67$

$I_0(\text{영상분}) = \frac{1}{3}(I_a+I_b+I_c) = \frac{1}{3}(15+j2-20-j14-3+j10)$
$= \frac{1}{3}(-8-j2) = -2.67-j0.67[\text{A}]$

151 평형 3상 부하에 선간 전압의 크기가 200[V]인 평형 3상 전압을 인가했을 때 흐르는 선전류의 크기가 8.6[A]이고 무효 전력이 1,298[var]이었다. 이때 이 부하의 역률은 약 얼마인가?

① 0.6
② 0.7
③ 0.8
④ 0.9

$P_r = \sqrt{3}\,VI\sin\theta$
$\sin\theta = \frac{P_r}{\sqrt{3}\,VI} = \frac{1,298}{\sqrt{3}\times 200\times 8.6} = 0.436$
$\cos\theta = \sqrt{1-\sin^2\theta} = \sqrt{1-0.436^2} = 0.9$

152 단위 길이당 인덕턴스 및 커패시턴스가 각각 L 및 C일 때 전송선로의 특성 임피던스는? (단, 전송 선로는 직류 송전 선로이다.)

① $\sqrt{\dfrac{L}{C}}$
② $\sqrt{\dfrac{R}{G}}$
③ $\dfrac{L}{C}$
④ $\dfrac{R}{G}$

$Z_0 = \sqrt{\dfrac{Z}{Y}} = \sqrt{\dfrac{R+j\omega L}{G+j\omega C}} = \sqrt{\dfrac{R}{G}}$

정답 148. ③ 149. ② 150. ④ 151. ④ 152. ②

회로이론 및 제어공학

153 각상의 전류가 $i_a = 90\sin\omega t [A]$, $i_b = 90\sin(\omega t - 90°)[A]$, $i_c = 90\sin(\omega t + 90°)[A]$일 때 영상분 전류(A)의 순싯값은?

① $30\cos\omega t$
② $30\sin\omega t$
③ $90\sin\omega t$
④ $90\cos\omega t$

$I_0 = \dfrac{1}{3}(I_a + I_b + I_c)$

$= \dfrac{1}{3}(90\sin\omega t + 90\sin(\omega t - 90°) + 90\sin(\omega t + 90°))$

i_b와 i_c는 180° 위상 관계, 즉 역위상 관계이고 역위상의 합은 0이다.

∴ $30\sin\omega t$

154 내부 임피던스가 $0.3 + j2[\Omega]$인 발전기에 임피던스가 $1.1 + j3[\Omega]$인 선로를 연결하여 어떤 부하에 전력을 공급하고 있다. 이 부하의 임피던스가 몇 $[\Omega]$일 때 발전기로부터 부하로 전달되는 전력이 최대가 되는가?

① $1.4 - j5$
② $1.4 + j5$
③ 1.4
④ $j5$

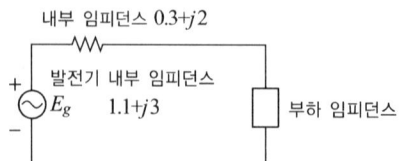

최대 전력이 전달되기 위해서는 부하 임피던스와 내부 임피던스 + 발전기 임피던스의 합에 공액 복소수

∴ Z_L(부하 임피던스) = $\overline{0.3 + j2 + 1.1 + j3}$
　　　　　　　　　공액 복소수를 취해 주면(허수부 부호만 바꿔줌)
　　　　　　　　$= 1.4 - j5$

155 그림과 같은 파형의 라플라스 변환은?

① $\dfrac{1}{s^2}(1-2e^s)$ ② $\dfrac{1}{s^2}(1-2e^{-s})$

③ $\dfrac{1}{s^2}(1-2e^s+e^{2s})$ ④ $\dfrac{1}{s^2}(1-2e^{-s}+e^{-2s})$

그림의 삼각파를 $f(t)$함수로 표현하면
$f(t)=tu(t)-2tu(t-1)+tu(t-2)$
$F(s)=\dfrac{1}{s^2}-\dfrac{2}{s^2}e^{-s}+\dfrac{1}{s^2}e^{-2s}=\dfrac{1}{s^2}(1-2e^{-s}+e^{-2s})$

156 어떤 회로에서 $t=0$초에 스위치를 닫은 후 $i=2t+3t^2$[A]의 전류가 흘렀다. 30초까지 스위치를 통과한 총전기량(Ah)은?

① 4.25   ② 6.75
③ 7.75   ④ 8.25

전기량
$Q=\displaystyle\int_0^{30}(3t^2+2t)dt=\left[3\times\dfrac{1}{3}\times t^{2+1}+2\times\dfrac{1}{2}t^2\right]_0^{30}$
$=\left[t^3+t^2\right]_0^{30}=30^3+30^2=27,900\text{[C]}$
총전기량[Ah]
$=\dfrac{27,900}{3,600}\text{[A}\cdot\text{sec]}=7.75\text{[Ah]}$

157 전압 $v(t)$를 RL 직렬 회로에 인가했을 때 제3 고조파 전류의 실횻값(A)의 크기는? (단, $R=8[\Omega]$, $\omega L=2[\Omega]$, $v(t)=100\sqrt{2}\sin\omega t+200\sqrt{2}\sin3\omega t+50\sqrt{2}\sin5\omega$[V]이다.)

① 10   ② 14
③ 20   ④ 28

정답 153. ② 154. ① 155. ④ 156. ③ 157. ③

CHAPTER 4 회로이론 및 제어공학

I_3(제3 고조파 전류) $= \dfrac{E_3}{Z_3}$

$= \dfrac{E_3}{\sqrt{R^2+(3\omega L)^2}} = \dfrac{200}{\sqrt{8^2+(3\times 2)^2}}$

$= \dfrac{200}{10} = 20[\text{A}]$

158 회로에서 $t=0$초에 전압 $v_1(t)=e^{-4t}[\text{V}]$를 인가하였을 때 $v_2(t)$는 몇 [V]인가? (단, $R=2[\Omega]$, $L=1[\text{H}]$이다.)

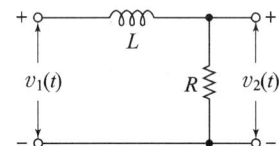

① $e^{-2t}-e^{-4t}$
② $2e^{-2t}-2e^{-4t}$
③ $-2e^{-2t}+2e^{-4t}$
④ $-2e^{-2t}-2e^{-4t}$

$V_2(t) \to s$ 함수로 먼저 표현하면

$G(s) = \dfrac{V_2(s)}{V_1(s)} = \dfrac{R}{Ls+R} = \dfrac{2}{s+2}$

$V_2(s) = \dfrac{2}{s+2} \cdot V_1(s) = \dfrac{2}{s+2} \times \dfrac{1}{s+4}$

$V_2 = \dfrac{2}{(s+2)(s+4)} = \dfrac{K_1}{s+2} + \dfrac{K_2}{s+4}$

$K_1 = \lim\limits_{s \to -2} \dfrac{2}{s+4} = 1$

$K_2 = \lim\limits_{s \to -4} \dfrac{2}{s+2} = -1$

$V_2 = \dfrac{1}{s+2} - \dfrac{1}{s+4}$

$\mathcal{L}^{-1} V_2(s) = v_2(t) = e^{-2t} - e^{-4t}$

158 ① ② ③ ④

TIP

$V_1(t) = e^{-4t}$

$V_1(s) = \dfrac{1}{s+4}$

159 동일한 저항 $R[\Omega]$ 6개를 그림과 같이 결선하고 대칭 3상 전압 $V[V]$를 가하였을 때 전류 $I[A]$의 크기는?

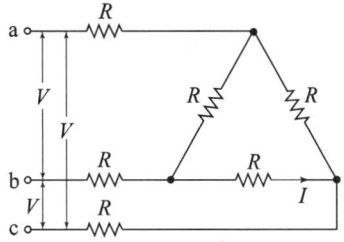

① $\dfrac{V}{R}$
② $\dfrac{V}{2R}$
③ $\dfrac{V}{4R}$
④ $\dfrac{V}{5R}$

△ 저항을 Y로 변경하여 등가 회로를 그리면

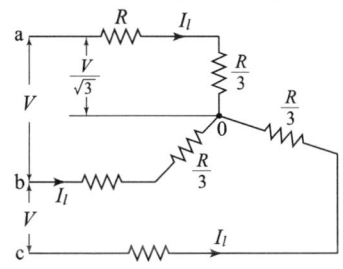

선전류

$I_l = \dfrac{\dfrac{V}{\sqrt{3}}}{R+\dfrac{R}{3}} = \dfrac{\sqrt{3}\,V}{4R}$ 이고

상전류

$I = I_l \times \dfrac{1}{\sqrt{3}} = \dfrac{\sqrt{3}\,V}{4R} \times \dfrac{1}{\sqrt{3}} = \dfrac{V}{4R}$

160 어떤 선형 회로망의 4단자 정수가 $A=8$, $B=j2$, $D=1.625+j$일 때, 이 회로망의 4단자 정수 C는?

① $24-j14$
② $8-j11.5$
③ $4-j6$
④ $3-j4$

 4단자 정수 회로의 특징

$AD-BC=1$

$C = \dfrac{AD-1}{B} = \dfrac{8(1.625+j)-1}{j2} = 4-j6$

CHAPTER 4 회로이론 및 제어공학

161 그림에서 ㉠에 알맞은 신호 이름은?

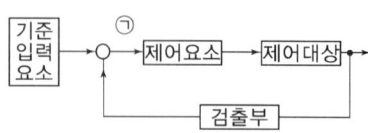

① 조작량 ② 제어량
③ 기준 입력량 ④ 동작 신호

[해설]
- 동작 신호 : 기준 입력 요소가 제어 요소에 주는 신호
- 조작량 : 제어 요소가 제어 대상에 주는 신호

162 피드백 제어계에서 제어 요소에 대한 설명 중 옳은 것은?

① 목푯값에 비례하는 신호를 발생하는 요소이다.
② 조작부와 검출부로 구성되어 있다.
③ 조절부와 검출부로 구성되어 있다.
④ 동작 신호를 조작량으로 변환시키는 요소이다.

[해설]
제어 요소는 동작 신호를 조작량으로 변환하는 요소이고 조절부와 조작부로 이루어진다.

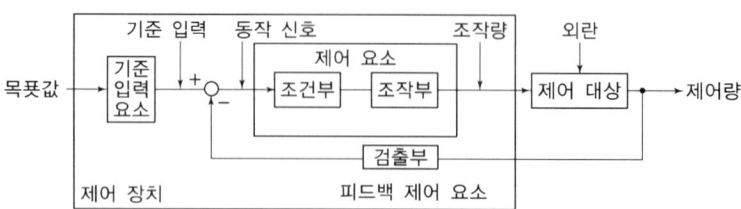

〈폐회로 제어 시스템의 구성도〉

163 제어 요소가 제어 대상에 주는 양은?

① 기준 입력 ② 동작 신호
③ 제어량   ④ 조작량

 자동 제어 시스템의 구성

- 조작량 : 제어 요소가 제어 대상에 주는 양으로 제어 요소의 출력이고, 제어 대상의 입력이다.
- 제어 요소 : 동작 신호를 조작량으로 변환하는 부분이고 조절부와 조작부로 구성된다.
- 동작 신호 : 기준 입력과 궤환 신호의 차를 나타내는 신호이며 오차 신호이다.

164 연료의 유량과 공기의 유량 사이의 비율을 연소에 적합한 것으로 유지하고자 하는 제어는?

① 비율 제어   ② 추종 제어
③ 프로그램 제어 ④ 시퀀스 제어

비율 제어는 목푯값이 다른 것과 일정 비율 관계를 가지고 변화하는 경우의 추종 제어이다.

165 적분 시간이 2분, 비례 감도가 3인 PI 조절계의 전달 함수는?

① $3+2s$
② $3+\dfrac{1}{2s}$
③ $\dfrac{2s}{6s+3}$
④ $\dfrac{6s+3}{2s}$

PI 동작 (비례 적분 제어)이므로
$x_o(t) = K_p\left[x_i(t) + \dfrac{1}{T_I}\int x_i(t)dt\right]$
$X_o(s) = K_p\left(1 + \dfrac{i}{T_I s}\right)X_i(s)$
$\therefore G(s) = \dfrac{X_o(s)}{X_i(s)} = K_P\left(1 + \dfrac{1}{T_I s}\right) = 3\left(1 + \dfrac{1}{2s}\right) = \dfrac{6s+3}{2s}$

정답 161. ④ 162. ④ 163. ④ 164. ① 165. ④

CHAPTER 4 회로이론 및 제어공학

166 비례 적분 동작을 하는 PI 조절계의 전달 함수는?

① $K_p\left(1+\dfrac{1}{T_I s}\right)$
② $K_p+\dfrac{1}{T_I s}$
③ $1+\dfrac{1}{T_I s}$
④ $\dfrac{K_p}{T_I s}$

$x_o(t)=K_p\left[x_i(t)+\dfrac{1}{T_I}\int x_i(t)dt\right]$

$X_o(s)=K_p\left(1+\dfrac{i}{T_I s}\right)X_i(s)$

$\therefore G(s)=\dfrac{X_o(s)}{X_i(s)}=K_P\left(1+\dfrac{1}{T_I s}\right)$

167 PD 제어계는 제어계의 과도 특성 개선을 위해 흔히 사용된다. 이것에 대응하는 보상기는?

① 지·진상 보상기
② 지상 보상기
③ 진상 보상기
④ 동상 보상기

PD 동작은 진상 요소(진상 보상기)에 대응한다.

168 PI 제어 동작은 공정 제어계의 무엇을 개선하기 위해 쓰이고 있는가?

① 속응성
② 정상 특성
③ 이득
④ 안정도

PI 제어 동작은 정상 특성, 즉 제어의 정도를 개선하는 지상 요소이다.

169 진동이 일어나는 장치의 진동을 억제시키는 데 가장 효과적인 제어 동작은?

① on-off 동작 ② 비례 동작
③ 미분 동작 ④ 적분 동작

미분 동작(D 동작)은 시정수가 큰 프로세스 제어 등에 있어서 응답의 오버슈트를 감소시킨다.

170 다음 과도 응답에 관한 설명 중 옳지 않은 것은?

① 지연 시간은 응답이 최초로 목푯값의 90[%]가 되는 데 소요되는 시간이다.
② 시간 늦음(time delay)이란 응답이 최초로 희망값의 50[%] 진행되는 데 요하는 시간을 말한다.
③ 입상 시간(rise time)이란 응답이 희망값의 10[%]에서 90[%]까지 도달하는 데 요하는 시간을 말한다.
④ 감쇠비 = $\dfrac{\text{제2의 오버슈트}}{\text{최대 오버슈트}}$

171 다음의 블록 선도에서 특성 방정식의 근은?

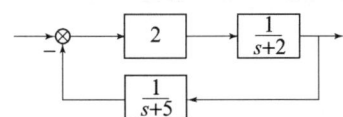

① -2, -5 ② 2, 5
③ -3, -4 ④ 3, 4

문제에 주어진 블록 선도에서 전달 함수를 구한다.

$$G(s) = \frac{2 \times \frac{1}{s+2}}{1 - \left(-2 \times \frac{1}{s+2} \times \frac{1}{s+5}\right)} = \frac{2(s+5)}{(s+2)(s+5)+2} = \frac{2s+10}{s^2+7s+12}$$

특성 방정식은 전달 함수의 분모가 0이 되는 방정식이다.
$s^2 + 7s + 12 = (s+3)(s+4)$ 따라서 특성 방정식의 근은 -3과 -4이다.
[별해] 특성 방정식 쉽게 구하는 방법
특성 방정식은 주어진 블록 선도의 (분모 + 분자 = 0)으로 하면 쉽게 구할 수 있다.
즉, $\therefore (s+2)(s+5) + 2 = s^2 + 7s + 12 = 0$

172 단위 부궤환 제어 시스템의 루프 전달 함수인 $G(s)H(s)$가 다음과 같이 주어져 있다. 이득 여유가 20[dB]이면 이때의 K의 값은?

$$G(s)H(s) = \frac{K}{(s+1)(s+3)}$$

① $\frac{3}{10}$ ② $\frac{3}{20}$

③ $\frac{1}{20}$ ④ $\frac{1}{40}$

허수부 $s = j\omega = 0$에서의 $G(s)H(s)$의 크기를 구한다.
$|G(s)H(s)| = \left|\frac{K}{(s+1)(s+3)}\right|_{s=0} = \frac{K}{3}$

이득 여유가 20[dB]이라고 주어졌으므로
$20[\mathrm{dB}] = 20\log_{10}\frac{1}{|G(s)H(s)|} = 20\log\frac{3}{K}$ 이 성립해야 하므로 $K = \frac{3}{10}$ 이다.

173 주파수 응답에 의한 위치 제어계의 설계에서 계통의 안정도 척도와 관계가 적은 것은?

① 공진치 ② 위상 여유
③ 이득 여유 ④ 고유 주파수

 제어계의 이득이 최대인 공진 주파

$\omega_p = \omega_n \sqrt{1+2\delta^2}$
(ω_p: 공진 주파수, ω_n: 고유 주파수, δ: 제동비)
제어계의 공진 정점값
$M_p = \dfrac{1}{2\delta\sqrt{1-\delta^2}}$
보드 선도의 이득 여유 $g_m > 0$, 위상 여유 $\phi_m > 0$의 조건에서 제어 장치의 동작이 안정

174 주파수 특성의 정수 중 대역폭이 좁으면 좁을수록 이때의 응답속도는 어떻게 되는가?

① 빨라진다. ② 늦어진다.
③ 빨라졌다 늦어진다. ④ 늦어졌다 빨라진다.

보드 선도에서 대역폭이 넓으면 제어 장치의 응답 속도는 빨라지고, 대역폭이 좁으면 제어 장치의 응답 속도는 늦어진다.

175 다음의 전달 함수 중에서 극점이 $-1 \pm j2$, 영점이 -2인 것은?

① $\dfrac{s+2}{(s+1)^2+4}$ ② $\dfrac{s-2}{(s+1)^2+4}$
③ $\dfrac{s+2}{(s-1)^2+4}$ ④ $\dfrac{s-2}{(s-1)^2+4}$

문제에 주어진 영점과 극점을 이용한다.
분자 : $s+2$
분모 : $(s+1+j2)(s+1+j2) = (s+1)^2 + 4$
따라서 이에 맞는 전달 함수는 다음과 같다.
$G(s) = \dfrac{s+2}{(s+1)^2+4}$

정답 172. ① 173. ④ 174. ② 175. ①

CHAPTER 4 회로이론 및 제어공학

176 $G(j\omega) = \dfrac{1}{j\omega T + 1}$ 의 크기와 위상각은?

① $G(j\omega) = \sqrt{\omega^2 T^2 + 1}$, $\angle \tan^{-1} \omega T$
② $G(j\omega) = \sqrt{\omega^2 T^2 + 1}$, $\angle -\tan^{-1} \omega T$
③ $G(j\omega) = \dfrac{1}{\sqrt{\omega^2 T^2 + 1}}$, $\angle \tan^{-1} \omega T$
④ $G(j\omega) = \dfrac{1}{\sqrt{\omega^2 T^2 + 1}}$, $\angle -\tan^{-1} \omega T$

해설

크기 $|G(j\omega)| = \dfrac{\sqrt{1^2}}{\sqrt{(\omega T)^2 + 1^2}} = \dfrac{1}{\sqrt{\omega^2 T^2 + 1}}$

위상각 $\angle G(j\omega) = \dfrac{\angle \tan^{-1} \dfrac{0}{1}}{\angle \tan^{-1} \dfrac{\omega T}{1}} = \angle 0° - \angle \tan^{-1} \omega T = \angle -\tan^{-1} \omega T$

177 벡터 궤적이 그림과 같이 표시되는 요소는?

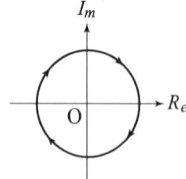

① 비례 요소
② 1차 지연 요소
③ 부동작 시간 요소
④ 2차 지연 요소

해설

부동작 시간 요소 $G(s) = e^{-Ls}$는 $G(j\omega) = e^{-j\omega L} = \cos\omega L - j\sin\omega L$

$|G(j\omega)| = \sqrt{(\cos\omega L)^2 + (\sin\omega L)^2} = 1$

$\angle G(j\omega) = \tan^{-1}\left(\dfrac{\sin\omega L}{\cos\omega L}\right) = -\omega L$

크기는 1이고, ω의 증가에 따라 벡터 궤적 $G(j\omega)$는 원주상을 시계 방향으로 회전한다.

178 $G(s) = \dfrac{K}{s(1+Ts)}$ 의 벡터 궤적은?

①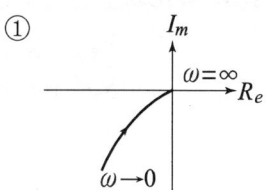

②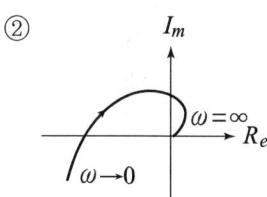

③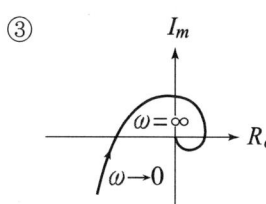

④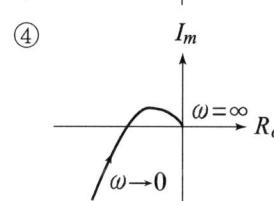

$G(j\omega) = \dfrac{K}{j\omega(1+j\omega T)}$

$\lim\limits_{\omega \to 0} |G(j\omega)| = \lim\limits_{\omega \to 0} \left| \dfrac{K}{j\omega(1+j\omega T)} \right| = \lim\limits_{\omega \to 0} \left| \dfrac{K}{j\omega} \right| = \infty$

$\lim\limits_{\omega \to 0} \angle G(j\omega) = \lim\limits_{\omega \to 0} \angle \dfrac{K}{j\omega(1+j\omega T)} = \lim\limits_{\omega \to 0} \angle \dfrac{K}{j\omega} = -90°$

$\lim\limits_{\omega \to \infty} |G(j\omega)| = \lim\limits_{\omega \to \infty} \left| \dfrac{K}{j\omega(1+j\omega T)} \right| = \lim\limits_{\omega \to \infty} \left| \dfrac{K}{(j\omega)^2 T} \right| = 0$

$\lim\limits_{\omega \to \infty} \angle G(j\omega) = \lim\limits_{\omega \to \infty} \angle \dfrac{K}{j\omega(1+j\omega T)} = \lim\limits_{\omega \to \infty} \angle \dfrac{K}{(j\omega)^2 T} = -180°$

정답 176. ④ 177. ③ 178. ①

179 그림과 같은 극좌표 선도를 갖는 계통의 전달 함수는?

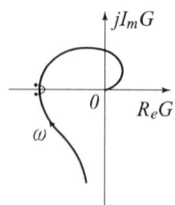

① $G(s) = \dfrac{K_0}{1+sT}$

② $G(s) = \dfrac{K_0}{s(1+sT)}$

③ $G(s) = \dfrac{K_0}{s(1+sT_1)(1+sT_2)}$

④ $G(s) = \dfrac{K_0}{s(1+sT_1)(1+sT_2)(1+sT_3)}$

180 1차 지연 요소의 벡터 궤적은?

①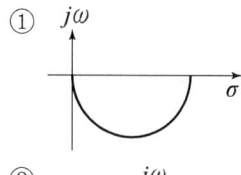

②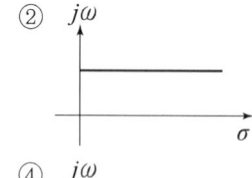

③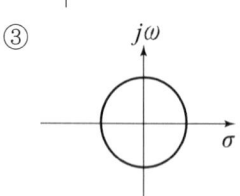

④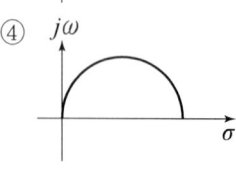

1차 지연 요소의 전달 함수는 $G(s) = \dfrac{1}{1+Ts}$ 에서 $s = j\omega$로 대치하면 $G(j\omega) = \dfrac{1}{1+j\omega T}$이 되므로 ω를 $0 \sim \infty$까지 변화시키면 중심 $\left(\dfrac{1}{2}, 0\right)$이고 반지름 $\dfrac{1}{2}$인 반원이 된다.

181 그림과 같은 벡터 궤적을 갖는 계의 주파수 전달 함수는?

① $\dfrac{1}{j\omega+1}$ ② $\dfrac{1}{j2\omega+1}$

③ $\dfrac{j\omega+1}{j2\omega+1}$ ④ $\dfrac{j2\omega+1}{j\omega+1}$

$G(j\omega) = \dfrac{1+j\omega T_2}{1+j\omega T_1}$ 에서

$\omega = 0$일 때, $|G(j\omega)| = 1$

$\omega = \infty$일 때, $|G(j\omega)| = \dfrac{T_2}{T_1} = 2$

$T_2 > T_1$이고, 위상각은 (+)값이므로

∴ $G(j\omega) = \dfrac{1+j2\omega}{1+j\omega}$

182 그림과 같은 보드 선도를 갖는 계의 전달 함수는?

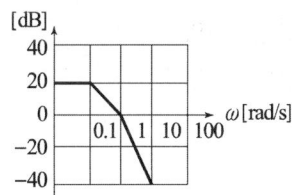

① $G(s) = \dfrac{20}{(s+1)(s+10)}$ ② $G(s) = \dfrac{10}{(s+1)(5s+1)}$

③ $G(s) = \dfrac{20}{(s+10)(10s+1)}$ ④ $G(s) = \dfrac{10}{(s+1)(10s+1)}$

정답 179. ④ 180. ① 181. ④ 182. ④

CHAPTER 4 회로이론 및 제어공학

문제에 주어진 보드 선도의 절점 주파수는 0.1과 1에 위치해 있으므로 전달 함수의 형태는 다음과 같다.

$$G(s) = \frac{K}{(j\omega+1)(j\omega+0.1)} = \frac{K}{(s+1)(s+0.1)}$$

문제의 보드 선도에서 $\omega=0$인 경우의 이득 여윳값에서 미정 계수 K를 구해 보면 다음과 같다.

$$G(s) = \left|\frac{K}{(j\omega+1)(j\omega+0.1)}\right|_{\omega=0} = 10K \rightarrow g = 20\log_{10}10K = 20[\text{dB}] \therefore K=1$$

따라서 문제에 주어진 보드 선도의 전달 함수는 다음과 같다.

$$g(s) = \frac{1}{(s+1)(j\omega+0.1)} = \frac{10}{(s+1)(10s+1)}$$

183 $G(s) = \dfrac{1}{0.005s(0.1s+1)^2}$ 에서 $\omega=10[\text{rad/s}]$일 때 이득 및 위상각은?

① 20[dB], $-90°$ ② 20[dB], $-180°$
③ 40[dB], $-90°$ ④ 40[dB], $-180°$

$$G(j\omega) = \frac{1}{0.005j\omega(0.1j\omega+1)^2}\bigg|_{\omega=10} = \frac{1}{j0.05(j+1)^2} = \frac{1}{j0.05(-1+2j+1)} = -10$$

이므로 크기는 10이 된다. 따라서 이득 $g[\text{dB}]$은 $g = 20\log_{10}10 = 20[\text{dB}]$이다.

$$G(j\omega) = \frac{1}{j0.05(-1+2j+1)} = \frac{1}{0.1j^2}$$ 이므로 위상각 $\angle G(j\omega) = \dfrac{\angle 0°}{\angle 180°} = \angle -180°$ 이다.

184 안정한 제어 시스템의 보드 선도에서 이득 여유는?

① $-20\sim20[\text{dB}]$ 사이에 있는 크기(dB) 값이다.
② $0\sim20[\text{dB}]$ 사이에 있는 크기 선도의 길이이다.
③ 위상이 $0°$가 되는 주파수에서 이득의 크기(dB)이다.
④ 위상이 $-180°$가 되는 주파수에서 이득의 크기(dB)이다.

답안 표기란

| 183 | ① ② ③ ④ |
| 184 | ① ② ③ ④ |

보드 선도에서 이득 곡선이 0[dB]인 점을 지날 때의 주파수에서 양의 위상 여유가 생기고 위상 곡선이 −180°를 지날 때 양의 이득 여유가 생기면 안정한 시스템이다.

185 어떤 계통의 보드 선도 중 이득 선도가 그림과 같을 때 이에 해당하는 계통의 전달 함수는?

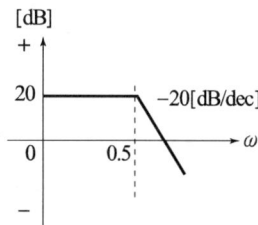

① $\dfrac{20}{1+5s}$ ② $\dfrac{10}{1+2s}$

③ $\dfrac{10}{1+5s}$ ④ $\dfrac{20}{1+2s}$

$G(j\omega)=\dfrac{K}{1+j\omega T}$ 에서 절점 주파수는 $1=\omega T \rightarrow 1=0.5T$ ∴ $T=\dfrac{1}{0.5}=2$

$g=20\,[\text{dB}]=20\log_{10}|K|_{\omega=0} \rightarrow K=10$ 이에 알맞은 전달 함수는 다음과 같다.

$G(j\omega)=\dfrac{K}{1+j\omega T} \rightarrow G(s)=\dfrac{10}{1+2s}$

186 2차 제어 시스템의 특성 방정식이 $s^2+2\delta\omega_n s+\omega_n^2=0$인 경우 s가 서로 다른 2개의 실근을 가졌을 때의 제동 특성은?

① 과제동 ② 무제동
③ 부족 제동 ④ 임계 제동

정답 183. ② 184. ④ 185. ② 186. ①

CHAPTER 4 회로이론 및 제어공학

서로 다른 2개의 실근을 갖는 전달 함수의 예는
$\dfrac{C(s)}{R(s)} = \dfrac{K}{(s+1)(s+2)} = \dfrac{K}{s^2+3s+2}$ 와 같은 함수로서 이를 2차 지연 요소의 전달 함수와 비교하여 제동 계수를 구한다.

$\dfrac{C(s)}{R(s)} = \dfrac{K}{s^2+3s+2} = \dfrac{\omega_n}{s^2+s\delta\omega_n+\omega_n^2}$ 고유 주파수 $\omega_n = \sqrt{2}$, $\delta = \dfrac{3}{2\times\sqrt{2}} = 1.06$

으로 과제동 특성을 보인다.
근의 종류에 따른 제동 특성은 다음과 같다.
서로 다른 2개의 실근 : 과제동
서로 다른 공액 복소근 : 부족 제동
중근 : 임계 제동

187 보드 선도에서 이득 곡선이 0[dB]인 선을 지날 때의 주파수에서 양의 위상 여유가 생기고 위상 곡선이 −180°를 지날 때 양의 이득 여유가 생긴다면 이 폐루프 시스템의 안정도는 어떻게 되겠는가?

① 항상 안정하다.
② 항상 불안정하다.
③ 조건부 안정하다.
④ 안정성 여부를 알 수 없다.

보드 선도에서 이득 여유와 위상 여유가 모두 양(+)의 값을 가지면 제어 시스템은 안정하다.

188 $G(s) = \dfrac{1}{s(s+10)}$ 인 선형 제어계에서 $\omega = 0.1$일 때 주파수 전달 함수의 이득(dB)은 얼마인가?

① 10
② 0
③ 20
④ 40

$$G(j\omega) = \frac{1}{j\omega(j\omega+10)} = \frac{1}{j0.1(j0.1+10)} = \frac{1}{-00.1+j1}$$

$$|G(j\omega)| = \frac{1}{\sqrt{(-0.01)^2+1^2}} \approx 1$$

$$g = 20\log_{10}|G(j\omega)| = 20\log_{10}1 = 0\,[\text{dB}]$$

189 $G(j\omega) = \dfrac{1}{1+j2T}$이고, $T=2$초일 때 크기 $|G(j\omega)|$와 위상 $\angle G(j\omega)$는 각각 얼마인가?

① 0.24, 76°
② 0.44, 36°
③ 0.24, −76°
④ 0.44, −36°

$$|G(j\omega)| = \frac{1}{1+j2\times2} = \frac{1}{1+j4} = \frac{1}{\sqrt{1^2+4^2}} = 0.24$$

$$G(j\omega) = \frac{1}{1+j2\times2} = \frac{1}{1+j4}$$ 이므로

$$\angle G(j\omega) = \frac{\angle 0°}{\angle \tan^{-1}\frac{4}{1}} = \frac{\angle 0°}{\angle 76°} = \angle -76°$$

190 그림과 같은 블록 선도로 표시되는 제어계는 무슨 형인가?

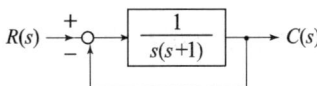

① 0형
② 1형
③ 2형
④ 3형

문제에 주어진 블록 선도 요소에서 분모의 괄호 밖의 차수가 1차형으로 1형 제어계이다.

정답 187. ① 188. ② 189. ③ 190. ②

회로이론 및 제어공학

191 폐루프 전달 함수 $\dfrac{C(s)}{R(s)}$가 다음과 같을 때 2차 제어계에 대한 설명 중 틀린 것은?

$$\frac{C(s)}{R(s)} = \frac{\omega_n^2}{s^2 + 2\delta\omega_n s + \omega_n^2}$$

① 최대 오버슈트는 $e^{-\pi\delta/\sqrt{1-\delta^2}}$이다.
② 이 폐루프계의 특성 방정식은 $s^2 + 2\delta\omega_n s + \omega_n^2 = 0$이다.
③ 이 계는 $\delta = 0.1$일 때 부족 제동된 상태에 있다.
④ δ값을 작게 할수록 제동은 많이 걸리게 되어 비교 안정도는 향상된다.

해설
제동 계수 δ가 작아질수록 제동이 작게 걸리므로 안정도는 저하되는 특성이 있다.

192 주어진 계통의 특성 방정식이 다음 식과 같다. 안정하기 위한 K의 범위는?

$$s^4 + 6s^3 + 11s^2 + 6s + K = 0$$

① $K<0,\ K>20$
② $0<K<20$
③ $0<K<10$
④ $K<20$

안정계의 필요조건 $K>0$
충분 조건은 루스의 표에서 구한다.
루스의 표

s^4	1	11	K
s^3	6	6	0
s^2	10	K	
s^1	$\frac{60-6K}{10}$	0	
s^0	K		

제1열의 요소가 모두 양이 되기 위해서는
$\frac{60-6K}{10}>0$ ∴ $K<10$, $K>0$ ∴ $0<K<10$

193 단위 궤환 제어 시스템의 전향 경로 전달 함수가
$G(s)=\dfrac{K}{s(s^2+5s+4)}$ 일 때, 이 시스템이 안정하기 위한 K의 범위는?

① $K<20$
② $-20<K<0$
③ $0<K<20$
④ $20<K$

특성 방정식
$1+G(s)H(s)=0$ (단위 궤환 시스템 $H(s)=1$)
$1+G(s)=1+\dfrac{K}{s(s^2+5s+4)}=0$
$s(s^2+5s+4)+K+0$
$s^3+5s^2+4s+K+0$

루스의 표

s^3	1	4
s^2	5	K
s^1	$\frac{20-K}{5}$	0
s^0	K	

∴ $0<K<20$

정답 191. ④ 192. ③ 193. ③

CHAPTER 4 회로이론 및 제어공학

194 특성 방정식 중에서 안정된 시스템인 것은?

① $2s^3 + 3s^2 + 4s + 5 = 0$
② $s^4 + 3s^3 - s^2 + s + 10 = 0$
③ $s^5 + s^3 + 2s^2 + 4s + 3 = 0$
④ $s^4 - 2s^3 - 3s^2 + 4s + 5 = 0$

 안정도의 기준

모든 차수항이 존재한다.
각 계수의 부호가 같다.
S 평면 좌반부에 근이 있고, S 평면 우반부에 근이 없다.

195 특성 방정식 $s^3 + s^2 + s = 0$일 때 이 계통은 어떻게 되는가?

① 안정하다.
② 불안정하다.
③ 조건부 안정이다.
④ 임계 상태이다.

 루스의 표

s^3	1	1
s^2	1	0
s^1	1	
s^0	0	

제1열의 부호가 변하지 않았으나, 0이 있으므로 임계 상태이다.

196 특성 방정식 $s^4 + 7s^3 + 17s^2 + 17s + 6 = 0$의 특성근 중에는 양의 실수부를 갖는 근이 몇 개인가?

① 3
② 2
③ 1
④ 무근

특성 방정식을 이용하여 루스표를 작성하면 다음과 같다.

차수	제1열 계수	제2열 계수	제3열 계수
s^4	1	17	6
s^3	7	17	0
s^2	$\dfrac{7 \times 17 - 1 \times 17}{7} = 14.57$	$\dfrac{7 \times 6 - 1 \times 0}{7} = 6$	0
s^1	$\dfrac{14.57 \times 17 - 7 \times 6}{14.57} = 14$	$\dfrac{14.57 \times 0 - 7 \times 0}{14.57} = 0$	0
s^0	$\dfrac{14 \times 6 - 14.57 \times 0}{14} = 6$	$\dfrac{14 \times 0 - 14.57 \times 0}{14} = 0$	0

제1열의 부호 변화가 없으므로 제어계는 안정하고 양의 실수부에는 근이 존재하지 않는다.

197 Routh-Hurwitz 표에서 제1열의 부호가 변하는 횟수로부터 알 수 있는 것은?

① s-평면의 좌반면에 존재하는 근의 수
② s-평면의 우반면에 존재하는 근의 수
③ s-평면의 허수축에 존재하는 근의 수
④ s-평면의 원점에 존재하는 근의 수

특성 방정식 $a_0s^4 + a_1s^3 + a_2s^2 + a_3s + a_4 = 0$에서 제어계가 안정하기 위한 필수 조건

- 특성 방정식의 모든 계수의 부호가 같아야 한다.
- 특성 방정식의 모든 차수가 존재해야 한다.
- 루스표를 작성하여 제1열의 부호 변화가 없어야 한다.
 (부호 변화 개수는 s평면의 우반 평면에 존재하는 근의 수를 의미한다.)

198 특성 방정식의 모든 근이 s 평면(복소 평면)의 $j\omega$축(허수축)에 있을 때 이 제어 시스템의 안정도는?

① 알 수 없다.   ② 안정하다.
③ 불안정하다.   ④ 임계 안정적이다.

복소 s평면의 좌반면에 특성 방정식 근이 존재하면 안정, 우반면에 근이 존재하면 불안정, 허수축($j\omega$축)에 있으면 임계 안정(임계 상태)이다.

정답 194. ① 195. ④ 196. ④ 197. ② 198. ④

CHAPTER 4 회로이론 및 제어공학

199 Nyquist 판정법의 설명으로 틀린 것은?
① 제어계의 안정성을 판정하는 동시에 안정도를 제시해 준다.
② 제어계의 안정도를 개선하는 방법에 대한 정보를 제시해 준다.
③ 나이퀴스트(Nyquist) 선도는 제어계의 오차 응답에 관한 정보를 준다.
④ 루스-허비츠(Routh-Hurwitz) 판정법과 같이 계의 안정 여부를 직접 판정해 준다.

 나이퀴스트 선도 안정도 판정법의 특징

제어 장치의 안정성을 판정하는 동시에 안정도를 제시해 준다.
제어계의 안정도를 개선하는 방법에 대한 정보를 제시해 준다.
제어계의 주파수 응답에 관한 정보를 준다.
루스-허비쯔 안정도 판정법과 마찬가지로 제어계의 안정도를 직접 판정해 준다.

200 특성 방정식이 $s^3 + Ks^2 + 2s + K + 1 = 0$으로 주어진 제어계가 안정하기 위한 K의 범위는?
① $K \geq 0$
② $K > 1$
③ $-1 \leq K < 1$
④ $K < -1$

특성 방정식을 이용하여 루스표를 작성하면 다음과 같다.

차수	제1열 계수	제2열 계수	제3열 계수
s^3	1	2	0
s^2	K	$K+1$	0
s^1	$\dfrac{K \times 2 - 1 \times (K+1)}{K} = 1 - \dfrac{1}{K}$	$\dfrac{K \times 0 - 1 \times 0}{K} = 0$	0
s^0	$K+1$	0	0

제어계가 안정하려면 위 루스표 제1열의 부호 변화가 없어야 한다.
$K > 0$, $1 - \dfrac{1}{K} > 0 \rightarrow K > 1$
$K + 1 > 0 \rightarrow K > -1$
안정하기 위한 위의 3가지 조건을 모두 충족하는 조건은 $K > 1$

답안 표기란

199	①	②	③	④
200	①	②	③	④

201 특성 방정식 $P(s)$가 다음과 같이 주어지는 계가 있다. 이 계가 안정되기 위한 K와 T의 관계로 옳은 것은? (단, K와 T는 양의 실수이다.)

$$P(s) = 2s^3 + 3s^2 + (1+5KT)s + 5K = 0$$

① $K > 2T$
② $15KT > 3K$
③ $3 + 15KT > 10K$
④ $3 - 15KT > 5K$

특성 방정식을 이용하여 루스표를 작성하면 다음과 같다.

차수	제1열 계수	제2열 계수	제3열 계수
s^3	2	$1+5KT$	0
s^2	3	$5K$	0
s^1	$\dfrac{3+15KT-10K}{3}$	$\dfrac{3\times 0 - 2\times 0}{3}=0$	0
s^0	$5K$	0	0

따라서 제어계가 안정하려면 위 루스표의 제1열 부호가 (+)이어야 한다.
$\dfrac{3+15KT-10K}{3} > 0 \rightarrow 3+15KT > 10K$

202 −1, −5에 극을 1과 −2에 영점을 가지는 계가 있다. 이 계의 안정판별은?

① 불안정하다.
② 임계 상태이다.
③ 안정하다.
④ 알 수 없다.

제어계의 안정도 판정 기준
극점 (−1, −5)의 위치가 좌평면이면 안정하다.

정답 199. ③ 200. ② 201. ③ 202. ③

CHAPTER 4 회로이론 및 제어공학

203 Routh 안정 판별표에서 수열의 제1열이 다음과 같을 때 이 계통의 특성 방정식에 양의 실수부를 갖는 근이 몇 개인가?

$$\begin{array}{c} 1 \\ 2 \\ -1 \\ 3 \\ 1 \end{array}$$

① 전혀 없음 ② 1개
③ 2개 ④ 3개

루스표에서 제1열의 부호 변화는 s 평면 우측(양(+)의 값) 상에 위치하는 근의 수를 말한다. 문제에 주어진 루스표의 부호 변화가 2번 일어났으므로 양(+)의 실수부 근이 2개 존재한다.

204 특성 방정식이 $Ks^3 + 2s^2 - s + 5 = 0$인 제어계가 안정하기 위한 K의 범위는?

① $K<0$ ② $K<-\dfrac{2}{5}$
③ $K>\dfrac{2}{5}$ ④ 절대 불안정

제어계가 안정하기 위한 필수 조건은 특성 방정식의 모든 계수의 부호가 같아야 하고, 특성 방정식의 모든 차수가 존재해야 한다. 따라서 K의 값에 상관없이 (−) 값이 포함되어 있으므로 절대 불안정이다.

205 근궤적에 관한 설명으로 틀린 것은?

① 근궤적은 허수축에 대칭이다.
② 근궤적은 $K=0$일 때 극에서 출발하고 $K=\infty$일 때 영점에 도착한다.
③ 실수축 위의 극과 영점을 더한 수가 홀수 개가 되는 극 또는 영점에서 왼쪽의 실수축에 근궤적이 존재한다.
④ 극의 수가 영점보다 많을 경우 K가 무한에 접근하면 근궤적은 점근선을 따라 무한 원점으로 간다.

 근궤적

개루프 전달 함수의 이득 정수 K를 $0 \sim \infty$까지 변화시킬 때의 극점의 이동 궤적을 그린 선도이다.
근궤적의 출발점($K=0$)은 $G(s)H(s)$의 극점으로부터 출발한다.
근궤적의 종착점($K=\infty$)은 $G(s)H(s)$의 영점에서 끝난다.
근궤적은 항상 실수축에 대하여 대칭이다.
근궤적의 개수는 영점(z)수와 극점(p)수 중에서 큰 것과 일치한다.

206 다음과 같은 특성 방정식의 근궤적의 수는 몇 개인가?

$$s(s+1)(s+2)+K(s+3)=0$$

① 6개　　　② 5개
③ 4개　　　④ 3개

문제에 주어진 특성 방정식의 전달 함수를 구한다.
$\dfrac{C}{R} = \dfrac{K(s+3)}{s(s+1)(s+2)}$
위의 식에서 영점 수는 1개(-3), 극점 수는 3개($0, -1, -2$)이므로 근궤적의 개수는 영점 수와 극점 수 중 큰 극점의 개수 3개와 일치한다.

207 제어 시스템의 개루프 전달 함수가

$G(s)H(s)=\dfrac{K(s+30)}{s^4+s^3+2s^2+s+7}$로 주어질 때 다음 중 $K>0$인 경우 근궤적의 점근선이 실수축과 이루는 각은?

① $20°$　　　② $60°$
③ $90°$　　　④ $120°$

정답　203. ③　204. ④　205. ①　206. ④　207. ②

> 해설

점근선의 각도 $\theta = \dfrac{(2K+1)}{극점수(P) - 영점수(Z)} \times 180°$
$(K = 0, 1, 2, 3 \cdots)$
주어진 함수에서 $P = 4$, $Z = 1$이므로 다음과 같다.
$K = 0$일 때 $\theta_0 = \dfrac{2 \times 0 + 1}{4 - 1} \times 180° = \dfrac{180°}{3} = 60°$
$K = 1$일 때 $\theta_1 = \dfrac{2 \times 1 + 1}{4 - 1} \times 180° = 180°$
$K = 2$일 때 $\theta_2 = \dfrac{2 \times 2 + 1}{4 - 1} \times 180° = 300°$

208 개루프 전달 함수 $G(s)H(s)$가 다음과 같을 때 실수축 상의 근궤적의 범위는 어떻게 되는가?

$$G(s)H(s) = \dfrac{K(s+1)}{s(s+2)}$$

① 원점과 (−2) 사이
② 원점에서 점 (−1) 사이와 (−2)~(−∞) 사이
③ (−2)와 (+∞) 사이
④ 원점과 (+2) 사이

> 해설

영점은 −1, 극점은 0과 −2이므로 이를 근궤적으로 그려 본다.

$-\infty \longleftarrow -2 \longleftarrow -1 \quad 0$

따라서 근궤적의 범위는 $(-1 \sim 0)$과 $(-\infty \sim -2)$ 사이이다.

209 $G(s)H(s) = \dfrac{K(s+1)}{s(s+5)(s+8)}$ 일 때 근궤적에서 점근선의 실수축과의 교차점은?

① -6
② -5
③ -4
④ -1

 근궤적에서 점근선의 실수축과의 교차점

$$A = \dfrac{\sum P - \sum Z}{P - Z} = \dfrac{(0-5-8)-(-1)}{3-1} = -6$$

210 근궤적에 관한 설명으로 틀린 것은?

① 근궤적은 실수축에 대해 상하 대칭으로 나타난다.
② 근궤적의 출발점은 극점이고 근궤적의 도착점은 영점이다.
③ 근궤적의 가짓수는 극점의 수와 영점의 수 중에서 큰 수와 같다.
④ 근궤적이 s 평면의 우반면에 위치하는 K의 범위는 시스템이 안정하기 위한 조건이다.

 근궤적의 성질

근궤적의 출발점($K=0$): $G(s)H(s)$의 극점으로부터 출발한다.
근궤적의 종착점($K=\infty$): $G(s)H(s)$의 영점에서 끝난다.
근궤적은 항상 실수축에 대하여 대칭이다.
근궤적의 개수는 영점(Z) 수와 극점(P) 수 중에서 큰 것과 일치한다.

211 $G(s)H(s) = \dfrac{K(s+1)}{s(s+2)(s+3)}$ 에서 근궤적의 수는?

① 1
② 2
③ 3
④ 4

영점의 수 : 1개($Z=-1$)
극점의 수 : 3개($P=0, -2, -3$)
근궤적의 개수는 영점과 극점의 개수 중에서 큰 것과 일치하므로 3개가 된다.
(단, Z: 영점, P: 극점)

정답 208. ② 209. ① 210. ④ 211. ③

CHAPTER 4 회로이론 및 제어공학

212 보드 선도의 안정 판정에 대한 설명으로 옳은 것은?

① 위상 곡선이 $-180°$ 점에서 이득값이 양이다.
② 이득 여유는 음의 값, 위상 여유는 양의 값이다.
③ 이득 곡선의 0[dB]점에서 위상차가 180°보다 크다.
④ 이득(0[dB])축과 위상($-180°$)축을 일치시킬 때 위상 곡선이 위에 있다.

보드 선도에서 제어계가 안정할 조건은 이득(0[dB])축과 위상($-180°$)축 기준에서 상반부에 위치해야 한다.

213 단위 궤환 제어계의 개루프 전달 함수가 $G(s) = \dfrac{K}{s(s+2)}$ 일 때, K가 $-\infty$로부터 $+\infty$까지 변하는 경우 특성 방정식의 근에 대한 설명으로 틀린 것은?

① $-\infty < K < 0$에 대하여 근은 모두 실근이다.
② $0 < K < 1$에 대하여 2개의 근은 모두 음의 실근이다.
③ $K=0$에 대하여 $s_1=0$, $s_2=-2$의 근은 $G(s)$의 극점과 일치한다.
④ $1 < K < \infty$에 대하여 2개의 근은 음의 실수부 중근이다.

문제에 주어진 개루프 전달 함수의 특성 방정식을 구하여 근을 구한다.
$s^2 + 2s + K = 0$
$\therefore s = \dfrac{-2 \pm \sqrt{2^2 - 4 \times 1 \times K}}{2 \times 1} = -1 \pm \sqrt{1-K}$

따라서 $1 < K < \infty$에 대하여 2개의 근은 음의 실수부 중근이 나올 수 없다.

214 3차인 이산치 시스템의 특성 방정식 근이 $-0.3, -0.2, +0.5$로 주어져 있다. 이 시스템의 안정도는?

① 이 시스템은 안정한 시스템이다.
② 이 시스템은 임계 안정한 시스템이다.
③ 이 시스템은 불안정한 시스템이다.
④ 위 정보로는 이 시스템의 안정도를 알 수 없다.

이산치 시스템 = z 평면상의 제어계
z 평면상에서 근의 위치가 $-0.3, -0.2, +0.5$로 모두 크기가 1보다 작은 단위원 내에 존재하므로 이 제어계는 안정하다.

215 샘플러의 주기를 T라 할 때 s 평면상의 모든 점은 식 $z = e^{sT}$에 의하여 z 평면상에 사상된다. s 평면의 우반 평면상의 모든 점은 z 평면상 단위원의 어느 부분으로 사상되는가?

① 내점
② 외점
③ z 평면 전체 영역
④ 원주상의 점

자동 제어계에서 s 평면의 우반 평면에 근이 위치하면 불안정한 제어계가 되고 이에 대응되는 z 평면상에서의 불안정 근의 위치는 단위원의 외부에 존재하게 된다.

216 n차 선형 시불변 시스템의 상태 방정식 $\dfrac{d}{dt}x(t) = Ax(t) + Br(t)$로 표시할 때 상태 천이 행렬 $\phi(t)(n \times n$ 행렬$)$에 관하여 틀린 것은?

① $\phi(t) = e^{At}$
② $\dfrac{d\phi(t)}{dt} = A \cdot \phi(t)$
③ $\phi(t) = \mathcal{L}^{-1}[(sI-A)^{-1}]$
④ $\phi(t)$는 시스템의 정상 상태 응답을 나타낸다.

정답 212. ④ 213. ④ 214. ① 215. ② 216. ④

CHAPTER 4 회로이론 및 제어공학

n차 선형 시불변 시스템의 상태 방정식을 $\frac{d}{dt}x(t) = Ax(t) + Br(t)$로 표시할 때 상태 천이 행렬 $\phi(t)$($n \times n$ 행렬)에 관한 성질

$\frac{d\phi(t)}{dt} = A\phi(t)$

$\phi(t) = \mathcal{L}^{-1}[(sI-A)^{-1}]$

$\phi(t) = e^{At}$

$\phi(t)$함수 : 시스템의 과도 상태 응답을 표현

217 상태 방정식 $x(t) = Ax(t) + Br(t)$인 제어계의 특성 방정식은?

① $|sI - B| = I$ ② $|sI - A| = I$
③ $|sI - B| = 0$ ④ $|sI - A| = 0$

특성 방정식 : $|sI - A| = 0$
(단, s : 복소 함수, I : 단위 행렬, A : 보조 행렬)

218 시스템 행렬 A가 다음과 같을 때 상태 천이 행렬을 구하면?

$$A = \begin{bmatrix} 0 & 1 \\ -2 & -3 \end{bmatrix}$$

① $\begin{bmatrix} 2e^t - e^{2t} & -e^t + e^{2t} \\ 2e^t - 2e^{2t} & -e^t - 2e^{2t} \end{bmatrix}$

② $\begin{bmatrix} 2e^t - e^{-2t} & e^{-t} - e^{-2t} \\ -2e^{-t} + 2e^{-2t} & -e^{-t} - 2e^{2t} \end{bmatrix}$

③ $\begin{bmatrix} 2e^{-t} - e^{-2t} & -e^{-t} + e^{-2t} \\ 2e^{-t} - 2e^{-2t} & -e^{-t} - 2e^{2t} \end{bmatrix}$

④ $\begin{bmatrix} 2e^{-t} - e^{-2t} & -e^t - e^{-2t} \\ -2e^{-t} + 2e^{-2t} & -e^{-t} + 2e^{-2t} \end{bmatrix}$

천이 행렬 $\phi(t) \mathcal{L}^{-1}[(sI-A)^{-1}]$이므로 순서대로 풀이를 하면 다음과 같다.

- $sI-A = \begin{bmatrix} s & 0 \\ 0 & s \end{bmatrix} - \begin{bmatrix} 0 & 1 \\ -2 & -3 \end{bmatrix} = \begin{bmatrix} s & -1 \\ 2 & s+3 \end{bmatrix}$

  $|sI-A| = s(s+3) - (-1) \times 2 = s^2 + 3s + 2 = (s+1)(s+2)$

- $(sI-A)^{-1} = \dfrac{1}{(s+1)(s+2)} \begin{bmatrix} s+3 & 1 \\ -2 & s \end{bmatrix}$

  $= \begin{bmatrix} \dfrac{s+3}{(s+1)(s+2)} & \dfrac{1}{(s+1)(s+2)} \\ \dfrac{-2}{(s+1)(s+2)} & \dfrac{s}{(s+1)(s+2)} \end{bmatrix}$

여기서 행렬의 각각의 s함수를 시간 함수로 역변환하면 다음과 같다.

$\mathcal{L}^{-1}[(sI-A)^{-1}] = \begin{bmatrix} 2e^{-t} - e^{-2t} & e^{-t} - e^{-2t} \\ -2e^{-t} + 2e^{-2t} & -e^{-t} + 2e^{-2t} \end{bmatrix}$

219 다음과 같은 상태 방정식의 고윳값은?

$$\begin{bmatrix} \dot{X}_1 \\ \dot{X}_2 \end{bmatrix} = \begin{bmatrix} 1 & -2 \\ -3 & 2 \end{bmatrix} \begin{bmatrix} X_1 \\ X_2 \end{bmatrix} + \begin{bmatrix} 2 & -3 \\ -4 & 3 \end{bmatrix} \begin{bmatrix} t_1 \\ t_2 \end{bmatrix}$$

① 4, -1
② -4, 1
③ 8, -1
④ -8, 1

$sI-A = s\begin{bmatrix} 1 & 0 \\ 0 & 1 \end{bmatrix} - \begin{bmatrix} 1 & -2 \\ -3 & 2 \end{bmatrix} = \begin{bmatrix} s-1 & 2 \\ 3 & s-2 \end{bmatrix}$

$\therefore [sI-A] = (s-1)(s-2) - 2 \times 3 = s^2 - 3s - 4 = (s-4)(s+1) = 0$

따라서 근의 $s = 4$와 -1이 된다.
그리고, 고윳값은 특성 방정식의 근을 의미한다.

220 $e(t)$의 z 변환을 $E(z)$라고 했을 때 $e(t)$의 초깃값 $e(0)$는?

① $\lim\limits_{z \to 1} E(z)$
② $\lim\limits_{z \to \infty} E(z)$
③ $\lim\limits_{z \to 1}(1-z^{-1})E(z)$
④ $\lim\limits_{z \to \infty}(1-z^{-1})E(z)$

초깃값 정리 : $\lim\limits_{t \to 0} f(t) \to \lim\limits_{s \to \infty} sF(s) = \lim\limits_{z \to \infty} E(z)$

최종값 정리 : $\lim\limits_{t \to \infty} f(t) \to \lim\limits_{s \to 0} sF(s) \to \lim\limits_{z \to 1}(1-z^{-1})E(z) \to \lim\limits_{z \to 1}(1-\dfrac{1}{z})E(z)$

정답 217. ④ 218. ④ 219. ① 220. ②

CHAPTER 4 회로이론 및 제어공학

221 다음과 같은 미분 방정식으로 표현되는 제어 시스템의 시스템 행렬 A는?

$$\frac{d^2c(t)}{dt^2}+5\frac{dc(t)}{dt}+3c(t)=r(t)$$

① $\begin{bmatrix} -5 & -3 \\ 0 & 1 \end{bmatrix}$ ② $\begin{bmatrix} -3 & -5 \\ 0 & 1 \end{bmatrix}$

③ $\begin{bmatrix} 0 & 1 \\ -3 & -5 \end{bmatrix}$ ④ $\begin{bmatrix} 0 & 1 \\ -5 & -3 \end{bmatrix}$

상태 방정식 $\frac{d^2c(t)}{dt^2}+a\frac{dc(t)}{dt}+bc(t)=cr(t)$ 일 때

벡터 행렬 $A=\begin{bmatrix} 0 & 1 \\ -b & -a \end{bmatrix}, B=\begin{bmatrix} 0 \\ c \end{bmatrix}$ 이므로

A 행렬은 $\begin{bmatrix} 0 & 1 \\ -3 & -5 \end{bmatrix}$, B 행렬은 $\begin{bmatrix} 0 \\ 1 \end{bmatrix}$ 이다.

222 제어 시스템의 상태 방정식이 $\frac{dx(t)}{dt}Ax(t)+Bu(t)$, $A=\begin{bmatrix} 0 & 1 \\ -3 & 4 \end{bmatrix}$, $B=\begin{bmatrix} 1 \\ 1 \end{bmatrix}$ 일 때 특성 방정식을 구하면?

① $s^2-4s-3=0$ ② $s^2-4s+3=0$
③ $s^2+4s+3=0$ ④ $s^2+4s-3=0$

특성 방정식은 $|sI-A|=0$ 이다.

$sI-A=\begin{bmatrix} s & 0 \\ 0 & s \end{bmatrix}-\begin{bmatrix} 0 & 1 \\ -3 & 4 \end{bmatrix}=\begin{bmatrix} s & -1 \\ 3 & s-4 \end{bmatrix}$

$|sI-A|=s(s-4)-\{(-1)\times3\}=s^2-4s+3=0$

223 다음과 같은 상태 방정식으로 표현되는 제어계에 대한 설명으로 틀린 것은?

$$\dot{x} = \begin{bmatrix} 0 & 1 \\ -2 & -3 \end{bmatrix} x + \begin{bmatrix} 1 & 1 \\ 0 & -2 \end{bmatrix} u$$

① 2차 제어계로 동작한다.
② x는 (2×1)의 벡터 행렬이다.
③ 특성 방정식은 $(s+1)(s+2) = 0$이 된다.
④ 제어계는 부족 제동된 상태에 있다.

 해설

특성 방정식을 구해 보면 다음과
$sI - A = \begin{bmatrix} s & 0 \\ 0 & s \end{bmatrix} - \begin{bmatrix} 0 & 1 \\ -2 & -3 \end{bmatrix} = \begin{bmatrix} s & -1 \\ 2 & s+3 \end{bmatrix}$
$|sI - A| = s(s+3) + 2 = s^2 + 3s + 2 = (s+1)(s+2) = 0$
2차 지연 방정식은 다음과 같다.
$G(s) = \dfrac{\omega_n}{s^2 + 2\delta\omega_n s + \omega_n^2} = \dfrac{K}{s^2 + 3s + 2}$
위의 식에서 고유 주파수와 제동비를 구하여 동작 상태를 파악해 보면 다음과 같다.
$\omega_n^2 = 2 \rightarrow \omega_n = \sqrt{2}$
$3 = 2\delta\omega_n,\ \delta = \dfrac{3}{2\omega_n} = \dfrac{3}{2 \times \sqrt{2}} = 1.06 > 1\ (\therefore \text{과제동})$

224 상태 방정식으로 표시되는 제어계의 천이 행렬 $\phi(t)$는?

$$\dot{X} = \begin{bmatrix} 0 & 1 \\ 0 & 0 \end{bmatrix} X + \begin{bmatrix} 0 \\ 1 \end{bmatrix} U$$

① $\begin{bmatrix} 0 & t \\ 1 & 1 \end{bmatrix}$
② $\begin{bmatrix} 0 & 1 \\ 1 & t \end{bmatrix}$
③ $\begin{bmatrix} 1 & t \\ 0 & 1 \end{bmatrix}$
④ $\begin{bmatrix} 0 & t \\ 1 & 0 \end{bmatrix}$

정답 221. ③ 222. ② 223. ④ 224. ③

회로이론 및 제어공학

 문제에 주어진 행렬 방정식에서 $sI-A$ 행렬을 구한다.

$$s\begin{bmatrix}1&0\\0&1\end{bmatrix}-\begin{bmatrix}0&1\\0&0\end{bmatrix}=\begin{bmatrix}s&-1\\0&s\end{bmatrix}$$

따라서 천이 행렬은 다음과 같다.

$$(sI-A)^{-1}=\frac{1}{|sI-A|}\begin{bmatrix}s&1\\0&s\end{bmatrix}=\frac{1}{s^2}\begin{bmatrix}s&1\\0&s\end{bmatrix}=\begin{bmatrix}\frac{1}{s}&\frac{1}{s^2}\\0&\frac{1}{s}\end{bmatrix}$$

$$\therefore\ \phi(t)=\mathcal{L}^{-1}[(sI-A)^{-1}]=\begin{bmatrix}1&t\\0&1\end{bmatrix}$$

225 시간 함수 $f(t)=\sin\omega t$의 z변환은? (단, T는 샘플링 주기이다.)

① $\dfrac{z\sin\omega T}{z^2+2z\cos\omega T+1}$

② $\dfrac{z\sin\omega T}{z^2-2z\cos\omega T+1}$

③ $\dfrac{z\cos\omega T}{z^2-2z\sin\omega T+1}$

④ $\dfrac{z\cos\omega T}{z^2+2z\sin\omega T+1}$

시간 함수 : $f(t)$	라플라스 변환 : $F(s)$	z 변환 : $F(z)$
임펄스 함수 : $\delta(t)$	1	1
단위 계단 함수 : $u(t)=1$	$\dfrac{1}{s}$	$\dfrac{z}{z-1}$
속도 함수 : t	$\dfrac{1}{s^2}$	$\dfrac{Tz}{(z-1)^2}$
지수 함수 : e^{-at}	$\dfrac{1}{s+a}$	$\dfrac{z}{z-e^{-aT}}$
$\sin\omega t$	$\dfrac{\omega}{s^2+\omega^2}$	$\dfrac{z\sin\omega T}{z^2-2z\cos\omega T+1}$
$\cos\omega t$	$\dfrac{s}{s^2+\omega^2}$	$\dfrac{z^2-z\cos\omega T}{z^2-2z\cos\omega T+1}$

답안 표기란

225 ① ② ③ ④

226 z 변환을 이용한 샘플값 제어계가 안정하려면 특성 방정식의 근의 위치가 있어야 할 위치는?

① z 평면의 좌반면
② z 평면의 우반면
③ z 평면의 단위원 내부
④ z 평면의 단위원 외부

 자동 제어계의 안정하기 위한 근의 위치 조건

s 평면(라플라스 변환법) : 좌반 평면에 근이 위치하면 안정한 제어계
z 평면(z 변환법) : 단위원의 내부에 근이 위치하면 안정한 제어계
s 평면상과 z 평면상에서의 판정 기준을 나타내면 아래 그림과 같다.

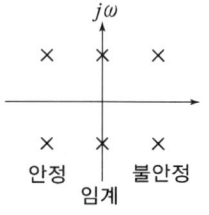
⟨s 평면에서의 안정도⟩

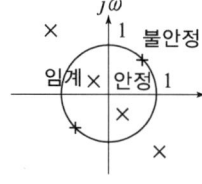
⟨z 평면에서의 안정도⟩

227 이산 시스템(Discrete data system)에서의 안정도 해석에 대한 설명으로 옳은 것은?

① 특성 방정식의 모든 근이 z 평면의 음의 반평면에 있으면 안정하다.
② 특성 방정식의 모든 근이 z 평면의 양의 반평면에 있으면 안정하다.
③ 특성 방정식의 모든 근이 z 평면의 단위원 내부에 있으면 안정하다.
④ 특성 방정식의 모든 근이 z 평면의 단위원 외부에 있으면 안정하다.

 이산 시스템=z 평면상에서의 제어 시스템

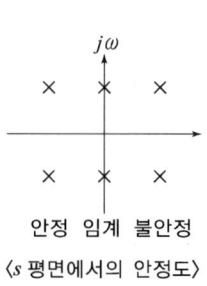
⟨s 평면에서의 안정도⟩

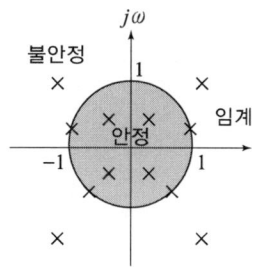
⟨z 평면에서의 안정도⟩

정답 225. ② 226. ③ 227. ③

CHAPTER 4 회로이론 및 제어공학

228 다음 그림의 전달 함수 $\dfrac{Y(z)}{R(z)}$는 다음 중 어느 것인가?

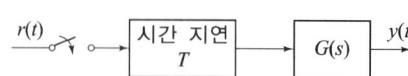

① $G(z)z$
② $G(z)z^{-1}$
③ $G(z)Tz^{-1}$
④ $G(z)Tz$

[해설]

$$\dfrac{Y(z)}{R(z)} = \dfrac{1}{z} \times G(z) = G(z)z^{-1}$$

229 $R(z) = \dfrac{(1-e^{-aT})z}{(z-1)(z-e^{-aT})}$ 의 역변환은?

① te^{aT}
② te^{-aT}
③ $1-e^{-aT}$
④ $1+e^{-aT}$

[해설]

문제에 주어진 함수를 변형한다.

$$R(z) = \dfrac{(1-e^{aT})z}{(z-1)(z-e^{-aT})} \rightarrow \dfrac{R(z)}{z} = \dfrac{1-e^{-aT}}{(z-1)(z-e^{-aT})}$$

위의 식을 부분 분수로 전개한다.

$$\dfrac{R(z)}{z} = \dfrac{1-e^{-aT}}{(z-1)(z-e^{-aT})} = \dfrac{A}{z-1} + \dfrac{B}{z-e^{-aT}}$$

$$A = \dfrac{1-e^{-aT}}{z-e^{-aT}}\bigg|_{z=1} = 1$$

$$B = \dfrac{1-e^{-aT}}{z-1}\bigg|_{z=e^{-aT}} = -1$$

230 함수 e^{-at}의 z 변환으로 옳은 것은?

① $\dfrac{z}{z-e^{-aT}}$ ② $\dfrac{z}{z-a}$

③ $\dfrac{1}{z-e^{-aT}}$ ④ $\dfrac{1}{z-a}$

시간 함수 : $f(t)$	라플라스 변환 : $F(s)$	z 변환 : $F(z)$
임펄스 함수 : $\delta(t)$	1	1
$u(t)=1$	$\dfrac{1}{s}$	$\dfrac{z}{z-1}$
속도 함수 : t	$\dfrac{1}{s^2}$	$\dfrac{Tz}{(z-1)^2}$
지수 함수 : e^{-at}	$\dfrac{1}{s+a}$	$\dfrac{z}{z-e^{-aT}}$

231 $\dfrac{d^3}{dt^3}c(t)+8\dfrac{d^2}{dt^2}c(t)+19\dfrac{d}{dt}c(t)+12c(t)=6u(t)$의 미분 방정식을 상태 방정식 $\dfrac{dx(t)}{dt}=A\cdot x(t)+B\cdot u(t)$로 표현할 때 옳은 것은?

① $A=\begin{bmatrix} 0 & 1 & 0 \\ 0 & 0 & 1 \\ -12 & -19 & -8 \end{bmatrix}$, $B=\begin{bmatrix} 0 \\ 0 \\ 6 \end{bmatrix}$

② $A=\begin{bmatrix} 0 & 1 & 0 \\ 0 & 0 & 1 \\ -8 & -19 & -12 \end{bmatrix}$, $B=\begin{bmatrix} 0 \\ 0 \\ 6 \end{bmatrix}$

③ $A=\begin{bmatrix} 0 & 1 & 0 \\ 0 & 0 & 1 \\ -12 & -19 & -8 \end{bmatrix}$, $B=\begin{bmatrix} 6 \\ 0 \\ 0 \end{bmatrix}$

④ $A=\begin{bmatrix} 0 & 1 & 0 \\ 0 & 0 & 1 \\ -8 & -19 & -12 \end{bmatrix}$, $B=\begin{bmatrix} 6 \\ 0 \\ 0 \end{bmatrix}$

정답 228. ② 229. ③ 230. ① 231. ①

CHAPTER 4 회로이론 및 제어공학

3차 제어 시스템의 벡터 행렬은
상태 방정식
$\dfrac{d^3 y(t)}{dt^3} + a\dfrac{d^2 y(t)}{dt^2} + b\dfrac{dy(t)}{dt} + cy(t) = dy(t)$
벡터 행렬
$A = \begin{bmatrix} 0 & 1 & 0 \\ 0 & 0 & 1 \\ -c & -b & -a \end{bmatrix},\ B = \begin{bmatrix} 0 \\ 0 \\ d \end{bmatrix}$
따라서 문제에 주어진 식의 벡터 행렬은
$A = \begin{bmatrix} 0 & 1 & 0 \\ 0 & 0 & 1 \\ -12 & -19 & -8 \end{bmatrix},\ B = \begin{bmatrix} 0 \\ 0 \\ 6 \end{bmatrix}$

232 $\dfrac{1}{s-a}$ 을 z변환하면?

① $\dfrac{1}{1 - ze^{aT}}$
② $\dfrac{1}{1 + ze^{aT}}$
③ $\dfrac{1}{1 - z^{-1}e^{aT}}$
④ $\dfrac{1}{1 - z^{-1}e^{-aT}}$

z 변환 공식은 다음과 같다.

시간 함수 : $f(t)$	라플라스 변환 : $F(s)$	z 변환 : $F(z)$
임펄스 함수 : $\delta(t)$	1	1
단위 계단 함수 : $u(t)=1$	$\dfrac{1}{s}$	$\dfrac{z}{z-1}$
속도 함수 : t	$\dfrac{1}{s^2}$	$\dfrac{Tz}{(z-1)^2}$
지수 함수 : e^{-at}	$\dfrac{1}{s+a}$	$\dfrac{z}{z - e^{-aT}}$
지수 함수 : e^{at}	$\dfrac{1}{s-a}$	$\dfrac{z}{z - e^{aT}}$

문제에 주어진 함수에 대한 z변환은 다음과 같다.
$F(s) = \dfrac{1}{s-a} \Rightarrow f(t) = e^{at}$
$\therefore F(z) = \dfrac{z}{z - e^{aT}} = \dfrac{1}{\dfrac{z}{z} - \dfrac{e^{aT}}{z}} = \dfrac{1}{1 - z^{-1}e^{aT}}$

233 단위 계단 함수의 라플라스 변환과 z 변환 함수를 구하면?

① $\dfrac{1}{s}$, $\dfrac{z}{z-1}$ ② s, $\dfrac{z}{z-1}$

③ $\dfrac{1}{s}$, $\dfrac{z-1}{z}$ ④ s, $\dfrac{z-1}{z}$

시간 함수 : $f(t)$	라플라스 변환 : $F(s)$	z 변환 : $F(z)$
임펄스 함수 : $\delta(t)$	1	1
단위 계단 함수 : $u(t)=1$	$\dfrac{1}{s}$	$\dfrac{z}{z-1}$
속도 함수 : t	$\dfrac{1}{s^2}$	$\dfrac{Tz}{(z-1)^2}$
지수 함수 : e^{-at}	$\dfrac{1}{s+a}$	$\dfrac{z}{z-e^{-aT}}$

234 그림의 시퀀스 회로에서 접자 접촉기 X에 의한 A 접점(Normal open contact)의 사용 목적은?

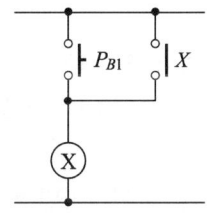

① 자기 유지 회로   ② 지연 회로
③ 우선 선택 회로   ④ 인터록(interlock) 회로

 자기 유지 회로

논리식 ⊗ = $P_{B1} + X$ 논리합이므로 OR 게이트이며, P_{B1}은 OFF하더라도 ⊗는 계속 여자이므로 자기 유지 회로이다.

정답 232. ③ 233. ① 234. ①

CHAPTER 4 회로이론 및 제어공학

235 다음 논리식을 간단히 한 것은?

$$Y = \overline{A}BC\overline{D} + \overline{A}BCD + \overline{A}\,\overline{B}C\overline{D} + \overline{A}\,\overline{B}CD$$

① $Y = \overline{A}C$
② $Y = A\overline{C}$
③ $Y = AB$
④ $Y = BC$

$Y = \overline{A}BC\overline{D} + \overline{A}BCD + \overline{A}\,\overline{B}C\overline{D} + \overline{A}\,\overline{B}CD$
$= \overline{A}C(B\overline{D} + BD + \overline{B}\,\overline{D} + \overline{B}D)$
$= \overline{A}C(B + \overline{B})(D + \overline{D})$
$= \overline{A}C\;(\because \overline{B} + B = 1,\;\overline{D} + D = 1)$

236 논리 회로의 종류에서 설명이 잘못된 것은?

① AND 회로 : 입력 신호 A, B, C의 값이 모두 1일 때에만 출력 신호 Z의 값이 1이 되는 신호로 논리식은 A·B·C = Z로 표시한다.
② OR 회로 : 입력 신호 A, B, C 중 어느 한 값이 1이면 출력 신호 Z의 값이 1이 되는 회로로 논리식은 A + B + C = Z로 표시한다.
③ NOT 회로 : 입력 신호 A와 출력 신호 Z가 서로 반대되는 회로로 논리식은 $\overline{A}$ = Z로 표시한다.
④ NOR 회로 : AND 회로의 부정 회로로 논리식은 A + B = C로 표시한다.

NOR 회로는 OR 회로의 부정 회로이므로 $\overline{A + B}$ = C로 표시된다.

237 그림과 같은 논리 회로에서 A = 1, B = 1인 입력에 대한 출력 x, y는 각각 얼마인가?

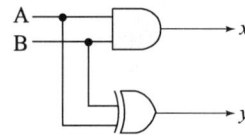

① $x=0$, $y=0$
② $x=0$, $y=1$
③ $x=1$, $y=0$
④ $x=1$, $y=1$

x는 AND 조건, y는 EX OR 조건을 만족해야 한다. 그러므로 $x=1, y=0$

238 그림의 게이트 명칭은?

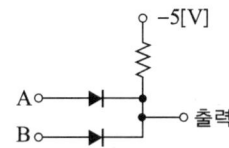

① AND gate
② OR gate
③ NAND gate
④ NOR gate

병렬 입력

A와 B중 어느 하나 이상이 입력되면 출력이 발생한다.

239 그림은 무엇을 나타낸 논리 연산 회로인가?

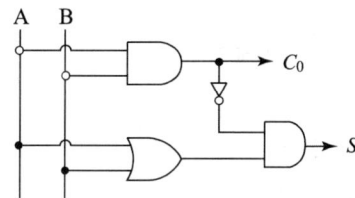

① NAND 회로
② Exclusive OR 회로
③ HALF-ADDER 회로
④ FULL-ADDER 회로

[정답] 235. ① 236. ④ 237. ③ 238. ② 239. ③

CHAPTER 4 회로이론 및 제어공학

240 다음 회로와 동일한 논리 심벌은?

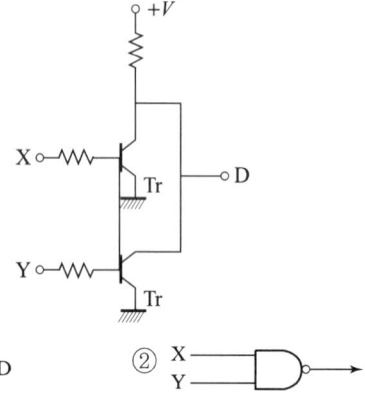

① X, Y → D (NOR)
② X, Y → D (NAND)
③ X, Y → D (OR)
④ X, Y → D (AND)

[해설]
X 또는 Y에 신호가 입력되면 Tr이 동작하여 출력 D가 소멸된다. 따라서 NOR 회로에 해당된다.

241 다음 그림과 같은 논리 회로는?

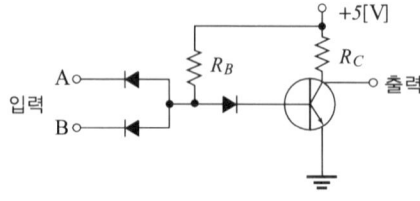

① AND 회로
② NAND 회로
③ OR 회로
④ NOR 회로

242 그림의 게이트(gate) 명칭은 어떻게 되는가?

① AND gate ② OR gate
③ NAND gate ④ NOR gate

해설
A, B, C에 신호가 입력되면 Tr이 동작하여 출력 Z가 소멸되므로 NAND 회로에 해당된다.

243 그림의 논리 회로에서 두 입력 X, Y와 출력 Z 사이의 관계를 나타낸 진리표에서 A, B, C, D의 값으로 옳은 것은?

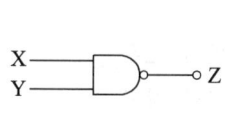

A	B	X
1	1	A
1	0	B
0	1	C
0	0	D

① A, B, C, D = 0, 1, 1, 1
② A, B, C, D = 0, 0, 1, 1
③ A, B, C, D = 1, 0, 1, 0
④ A, B, C, D = 0, 1, 0, 1

주어진 회로는 NAND 회로이므로 $Z = \overline{X \cdot Y} = \overline{X} \cdot \overline{Y}$

[정답] 240. ① 241. ② 242. ③ 243. ①

CHAPTER 4 회로이론 및 제어공학

244 그림과 같은 동작을 하는 2진 계수(binary conter)를 만들려면 최소한 플립-플롭(flip-flop)이 몇 개가 필요한가?

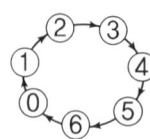

① 7개 ② 6개
③ 4개 ④ 3개

해설

3비트 2진 카운터(n 비트 2진 카운터는 n개의 플립-플롭으로 구성되어 있고 2^n-1까지 셀 수 있다.)

245 다음은 s 평면에 극점(×)과 영점(○)을 도시한 것이다. 나이퀴스트 안정도 판별법으로 안정도를 알아내기 위하여 Z, P의 값을 알아야 한다. 이를 바르게 나타낸 것은?

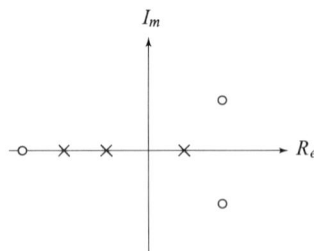

① $Z=3$, $P=3$ ② $Z=1$, $P=2$
③ $Z=2$, $P=1$ ④ $Z=1$, $P=3$

해설

s평면의 우반 평면상에 존재하는 영점과 극점의 수를 나타낸다.

246 개루프 전달 함수 $G(s)$가 다음과 같이 주어지는 단위 부궤환 계가 있다. 단위 계단 입력이 주어졌을 때, 정상 상태 편차가 0.05가 되기 위해서는 K의 값은 얼마인가?

$$G(s) = \frac{6K(s+1)}{(s+2)(s+3)}$$

① 19 ② 20
③ 0.95 ④ 0.05

 계단 입력의 정상 편차

$e_{ss} = \dfrac{1}{1+K_p} = 0.05$

$K_p = \lim_{s \to 0} G(s) = \lim_{s \to 0} \dfrac{6K(s+1)}{(s+2)(s+3)} = \dfrac{6K}{6} = K$

그러므로

$e_{ss} = \dfrac{1}{1+K_p} = 0.05$

$K_p = 19$

247 제어량의 종류에 의한 분류가 아닌 것은?

① 자동 조정 ② 서보 기구
③ 적응 제어 ④ 프로세스 제어

 제어량에 따른 분류

프로세스 제어	공정 제어	온도, 유량, 압력
서보 제어	추종 제어	위치 방어, 자세
자동 조정 제어	정치 제어	전압 주파수, 전류

제어 목적에 따른 분류

정치 제어	주파수 제어, 프로세스 제어
프로그램 제어	엘리베이터, 산업 로봇, 무인 열차
추종 제어	대공포, 레이더
시퀀스 제어	커피 및 음료 자판기

[정답] 244. ④ 245. ③ 246. ① 247. ③

CHAPTER 4 회로이론 및 제어공학

248 개루프 전달 함수 $G(s)H(s) = \dfrac{K(s-5)}{s(s-1)^2(s+2)^2}$ 일 때 주어지는 계에서 점근선의 교차점은?

① $-\dfrac{3}{2}$
② $-\dfrac{7}{4}$
③ $\dfrac{5}{3}$
④ $-\dfrac{1}{5}$

점근선 교차점 : $\dfrac{\Sigma P - \Sigma Z}{P - Z}$

$\dfrac{\text{극점의 합} - \text{영점의 합}}{\text{극점의 개수} - \text{영점의 개수}}$

그러므로 점근선 교차점 $= \dfrac{[0+1+1-2-2]-5}{5-1} = \dfrac{-7}{4}$

249 다음 방정식으로 표시되는 제어계가 있다. 이 계를 상태 방정식 $\dot{x}(t) = Ax(t) + Bu(t)$로 나타내면 계수 행렬 A는?

$$\dfrac{d^3c(t)}{dt^3} + 5\dfrac{d^2c(t)}{dt^2} + \dfrac{dc(t)}{dt} + 2c(t) = r(t)$$

① $\begin{bmatrix} 0 & 1 & 0 \\ 0 & 0 & 1 \\ -2 & -1 & -5 \end{bmatrix}$
② $\begin{bmatrix} 0 & 1 & 0 \\ 1 & 0 & 0 \\ 5 & 1 & 2 \end{bmatrix}$
③ $\begin{bmatrix} 0 & 0 & 1 \\ 1 & 0 & 0 \\ 0 & 5 & 2 \end{bmatrix}$
④ $\begin{bmatrix} 0 & 1 & 0 \\ 0 & 0 & 1 \\ -2 & -1 & 0 \end{bmatrix}$

TIP
㉠ 근궤적은 실수축에 대칭
㉡ 근궤적은 극점에서 출발, 영점으로 돌아온다.
㉢ 근궤적은 수는 특성 방정식의 최고 차수이고 그 값은 극점과 영점 중 큰 값과 같다.

해설

계수 행렬의 값 A는
$\dot{x}_1 = x_2$
$\dot{x}_2 = x_3$
$\dot{x}_3(t) = -2x_1(t) - x_2(t) - 5x_3(t) + r(t)$ 이므로

$$\begin{bmatrix} \dot{x}_1(t) \\ \dot{x}_2(t) \\ \dot{x}_3(t) \end{bmatrix} = \begin{pmatrix} 0 & 1 & 0 \\ 0 & 0 & 1 \\ -2 & -1 & -5 \end{pmatrix} \begin{bmatrix} x_1(t) \\ x_2(t) \\ x_3(t) \end{bmatrix} + \begin{bmatrix} 0 \\ 0 \\ 1 \end{bmatrix} = r(t)$$

250 안정한 제어계의 임펄스 응답을 가했을 때 제어계의 정상 상태 출력은?

① 0
② $+\infty$ 또는 $-\infty$
③ $+$의 일정한 값
④ $-$의 일정한 값

해설

안정된 제어계에서 임펄스 응답을 가하면 제어계의 정상 상태의 출력은 0이다.

251 신호 흐름 선도에서 전달 함수 $\dfrac{C}{R}$를 구하면?

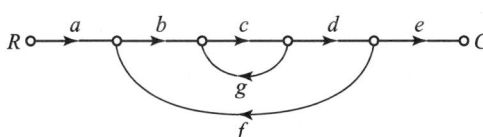

① $\dfrac{abcdg}{1-abcde}$
② $\dfrac{abcde}{1-cg-bcdf}$
③ $\dfrac{abcde}{1-cg-cgf}$
④ $\dfrac{abcde}{1+cg+cgf}$

해설

전달 함수 $\dfrac{C}{R} = \dfrac{\Sigma 전향\ 경로\ 이득}{1-\Sigma 폐루프\ 이득} = \dfrac{abcde}{1-cg-bcdf}$

정답 248. ② 249. ① 250. ① 251. ②

CHAPTER 4 회로이론 및 제어공학

252 특성 방정식이 $s^3 + 2s^2 + Ks + 5 = 0$가 안정하기 위한 K의 값은?

① $K > 0$
② $K < 0$
③ $K > \dfrac{5}{2}$
④ $K < \dfrac{5}{2}$

해설

Routh표를 작성해 보면

차수	제1열	제2열
s^3	1	K
s^2	2	5
s^1	$\dfrac{2K-5}{2}$	0
s^0	5	0

$\dfrac{2K-5}{2} > 0$

$K > \dfrac{5}{2}$

253 다음과 같은 진리표를 갖는 회로의 종류는?

입력		출력
A	B	
0	0	0
0	1	1
1	0	1
1	1	0

① AND
② NOR
③ NAND
④ EX-OR

입력		출력					
A	B	AND 회로	NAND 회로	OR 회로	NOR 회로	일치 회로	불일치 회로
0	0	0	1	1	0	1	0
0	1	0	1	1	0	0	1
1	0	0	1	1	0	0	1
1	1	1	0	0	1	1	0

불일치 회로 EX−OR = A$\overline{B}$+$\overline{A}$B

254 그림과 같은 논리 회로는?

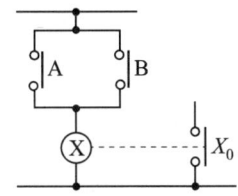

① OR 회로
② AND 회로
③ NOT 회로
④ NOR 회로

A와 B 두 입력 모두가 1인 경우 동작하는 OR 회로이며 논리식은 A+B

255 그림은 제어계와 그 제어계의 근궤적을 작도한 것이다. 이것으로부터 결정된 이득 여윳값은?

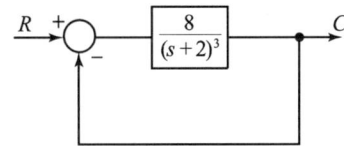

① 2
② 4
③ 8
④ 64

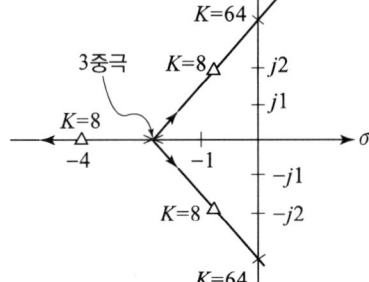

이득 여유 g_m

$= \dfrac{\text{허수축과의 교차점 } K}{\text{이득 정수 } K} = \dfrac{64}{8} = 8$

정답 252. ③ 253. ④ 254. ① 255. ③

CHAPTER 4 회로이론 및 제어공학

256 그림과 같은 스프링 시스템을 전기적 시스템으로 변환했을 때 이에 대응하는 회로는?

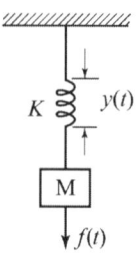

① 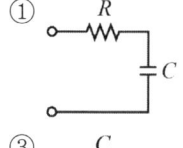 ②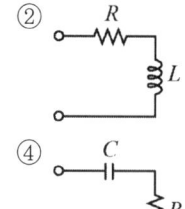

③ 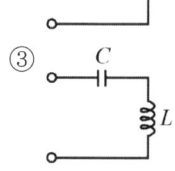 ④

해설 스프링 시스템과 전기 시스템의 비교

전기계	기계적 시스템
저항	제동 계수 B
인덕턴스	질량, 관성 모멘트 M, J
정전 용량	탄성 계수, 스프링 상수 K

그림에서 스프링 상수 K와 질량 M이므로 C와 L은 직렬 회로

257 전달 함수 $G(s) = \dfrac{1}{s+1}$일 때, 이 계의 임펄스 응답 $c(t)$를 나타내는 것은? (단, a는 상수이다.)

①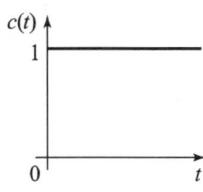
②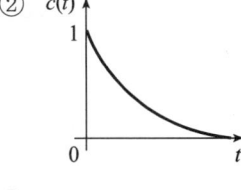
③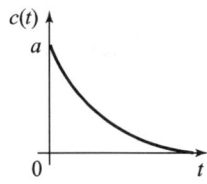
④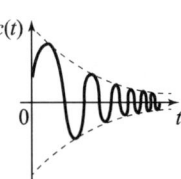

임펄스 응답에 따른 전달 함수 $c(t)$의 그래프

㉠ $G(s) = \dfrac{1}{s}$, 임계 $c(t) = 1$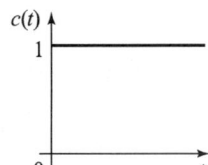

㉡ $G(s) = \dfrac{1}{s+a}$, 안정 $c(t) = e^{-at}$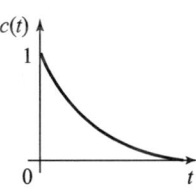

㉢ $G(s) = \dfrac{b}{(s+a)^2 + b^2}$, 안정 $c(t) = e^{-at}, \sin bt$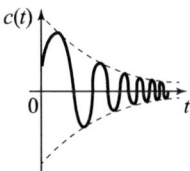

[정답] 256. ③ 257. ②

CHAPTER 4 회로이론 및 제어공학

258 궤환(Feed back) 제어계의 특징이 아닌 것은?

① 정확성이 증가한다.
② 대역폭이 증가한다.
③ 구조가 간단하고 설치비가 저렴하다.
④ 계(系)의 특성 변화에 대한 입력대 출력비의 감도가 감소한다.

 피드백 제어계의 특징

㉠ 오차가 감소하고 정확성은 증가
㉡ 시스템의 이득 감소
㉢ 특성 변화에 따른 입력과 출력비의 감도가 감소한다.
㉣ 대역폭 증가
㉤ 입력과 출력의 비교 장치가 필요하여 구조가 복잡 설치비가 고가이다.

259 노내 온도를 제어하는 프로세스 제어계에서 검출부에 해당하는 것은?

① 노   ② 밸브
③ 증폭기   ④ 열전대

 변환 요소

전압 → 변위, 전자 코일, 전자석
변위 → 전압, 전위차계, 차동 변압기
압력 → 변위, 벨로우즈, 다이어프램
변위 → 압력, 유압 분사관, 노즐 플래퍼
열전대 : 온도를 열기전력으로 변환, 온도 제어
　　　　구리-콘스탄탄, 철-콘스탄탄
　　　　백금-백금 로듐, 크로멜-알루멜

260 다음의 회로를 블록 선도로 그린 것 중 옳은 것은?

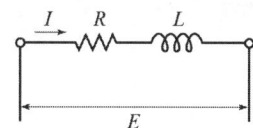

① 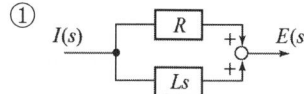 ②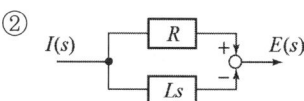

③ 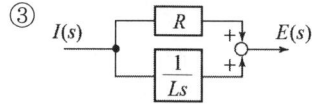 ④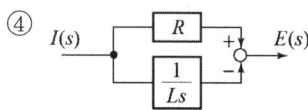

 R-L 직렬 회로

$E = E_R + E_L = Ri(t) + L\dfrac{di(t)}{dt}$

라플라스 변환하면
$E(s) = RI(s) + LsI(s)$
전향 경로만 존재하는 블록 선도에서
$E = RI(s) + LsI(s)$

261 특성 방정식 $s^2 + 2\zeta\omega_n s + \omega_n^2 = 0$에서 감쇠 진동을 하는 제동비 ζ의 값은?

① $\zeta > 1$ ② $\zeta = 1$
③ $\zeta = 0$ ④ $0 < \zeta < 1$

2차 제어계 폐루프 전달 함수 $G(s) = \dfrac{\omega_n}{s^2 + 2\delta\omega_n s + \omega_n^2}$

특성 방정식 $s^2 + 2\delta\omega_n s + \omega_n^2 = 0$
㉠ $\delta > 1$인 경우 : 과제동(비진동)
㉡ $\delta = 1$인 경우 : 임계 제동
㉢ $0 < \delta < 1$인 경우 : 부족 제동(감쇠 제동)

정답 258. ③ 259. ④ 260. ① 261. ④

CHAPTER 4 회로이론 및 제어공학

262 일반적인 제어 시스템에서 안정의 조건은?

① 입력이 있는 경우 초깃값에 관계없이 출력이 0으로 간다.
② 입력이 없는 경우 초깃값에 관계없이 출력이 무한대로 간다.
③ 시스템이 유한한 입력에 대해서 무한한 출력을 얻는 경우
④ 시스템이 유한한 입력에 대해서 유한한 출력을 얻는 경우

제어 시스템에서 안정 조건은 유한한 입력에 대하여 유한한 출력을 얻는 경우이다.

263 논리식 $L = \overline{x} \cdot \overline{y} + \overline{x} \cdot y + x \cdot y$를 간략화한 것은?

① $x + y$
② $\overline{x} + y$
③ $x + \overline{y}$
④ $\overline{x} + \overline{y}$

논리식을 간소화하면
$L = \overline{x} \cdot \overline{y} + \overline{x} \cdot y + x \cdot y$
$= \overline{x}(\overline{y} + y) + xy = \overline{x} + xy$
$= (\overline{x} + x)(\overline{x} + y) = \overline{x} + y$

264 $G(j\omega) = \dfrac{K}{j\omega(j\omega + 1)}$에 있어서 진폭 A 및 위상각 θ은?

$$\lim_{\omega \to \infty} G(j\omega) = A \angle \theta$$

① $A = 0$, $\theta = -90°$
② $A = 0$, $\theta = -180°$
③ $A = \infty$, $\theta = -90°$
④ $A = \infty$, $\theta = -180°$

$G(j\omega) = \dfrac{K}{j\omega(j\omega+1)} = \dfrac{1}{\omega\sqrt{1+\omega^2}}$

진폭 A는 ω가 ∞일 때이므로 $A=0$

위상각 $\theta = \angle \dfrac{K}{j\omega(j\omega+1)} = \angle \dfrac{1}{(j\omega)^2} = \angle -180°$

265 다음의 신호 흐름 선도를 메이슨의 공식을 이용하여 전달 함수를 구하고자 한다. 이 신호 흐름 선도에서 루프(Loop)는 몇 개인가?

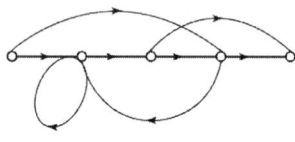

① 0
② 1
③ 2
④ 3

 루프(Loop)

어느 한 점에서 출발하여 다시 그 점으로 되돌아오는 경로이며, 그림은 루프가 2개, 전향 경로가 3개로 구성된 회로

266 타이머에서 입력 신호가 주어지면 바로 동작하고, 입력 신호가 차단된 후에는 일정 시간이 지난 후에 출력이 소멸되는 동작 형태는?

① 한시 동작 순시 복귀
② 순시 동작 순시 복귀
③ 한시 동작 한시 복귀
④ 순시 동작 한시 복귀

입력 신호가 주어지면 바로 동작하고 입력 시간이 지나면 출력이 소멸되는 접점

(순시 동작 한시 복귀 a 접점)

[정답] 262. ④ 263. ② 264. ② 265. ③ 266. ④

CHAPTER 4 회로이론 및 제어공학

267 시간 영역에서 자동 제어계를 해석할 때 기본 시험 입력에 보통 사용되지 않는 입력은?

① 정속도 입력　　② 정현파 입력
③ 단위 계단 입력　④ 정가속도 입력

 자동 제어계의 시간 영역 해석을 위한 시험 입력

입력	편차
단위 계산 입력	정상 위치 편차
정속도 입력	정상 속도 편차
정가속도 입력	정상 가속도 편차

268 PD 조절기와 전달 함수 $G(s) = 1.2 + 0.02s$의 영점은?

① -60　　② -50
③ 50　　　④ 60

영점은 $G(s) = 1.2 + 0.02s = 0$
그러므로 $s = \dfrac{-1.2}{0.02} = -60$

269 폐루프 전달 함수 $\dfrac{G(s)}{1+G(s)H(s)}$의 극의 위치를 개루프 전달 함수 $G(s)H(s)$의 이득 상수 K의 함수로 나타내는 기법은?

① 근궤적법　　　② 보드 선도법
③ 이득 선도법　　④ Nyguist 판정법

루프 전달 함수 $G(s)H(s)$의 이득 상수 K를 나타내는 기법은 근궤적법이며, 극점, 즉 $K=0$에서 시작하여 영점 $K=\infty$에서 동작하는 궤적을 말한다. 개루프 전달 함수를 이득 상수 K의 함수로 표현하는 궤적

270 블록 선도 변환이 틀린 것은?

① $X_1 \circ \rightarrow [G] \rightarrow X_3$, X_2 피드백 $\Rightarrow$ $X_1 \rightarrow [G] \rightarrow \circ \rightarrow X_3$, $[G] \leftarrow X_2$

② $X_1 \rightarrow [G] \rightarrow X_3$, $X_2 \leftarrow$ $\Rightarrow$ $X_1 \rightarrow \rightarrow [G] \rightarrow X_3$, $X_2 \leftarrow [G] \leftarrow$

③ $X_1 \rightarrow [G] \rightarrow X_3$, $X_2 \leftarrow$ $\Rightarrow$ $X_1 \rightarrow [G] \rightarrow X_3$, $X_2 \leftarrow [\frac{1}{G}] \leftarrow$

④ $X_1 \rightarrow [G] \rightarrow \circ \rightarrow X_3$, $X_2 \uparrow$ $\Rightarrow$ $X_1 \rightarrow \circ \rightarrow [G] \rightarrow X_3$, $[G] \leftarrow X_2$

① 번 $X_3 = (X_1 + X_2)G = X_1G + X_2G$
② 번 $X_2 = X_1G$
③ 번 $X_1G = X_2$ 또는 $X_2\dfrac{1}{G} = X_3 = X_1G$
④ 번 $X_3 = X_1G + X_2$, $X_3 = (X_1 + GX_2)G = X_1G + G^2X_2$

271 다음 회로망에서 입력 전압을 $V_1(t)$, 출력 전압을 $V_2(t)$라 할 때, $\dfrac{V_2(s)}{V_1(s)}$에 대한 고유 주파수 ω_n과 제동비 ζ의 값은? (단, $R=100$ [Ω], $L=2$[H], $C=200[\mu F]$이고, 모든 초기 전하는 0이다.)

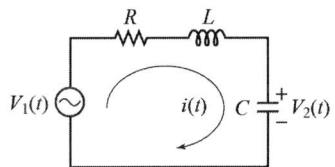

① $\omega_n = 50$, $\zeta = 0.5$ ② $\omega_n = 50$, $\zeta = 0.7$
③ $\omega_n = 250$, $\zeta = 0.5$ ④ $\omega_n = 250$, $\zeta = 0.7$

정답 267. ② 268. ① 269. ① 270. ④ 271. ①

회로이론 및 제어공학

 입출력 전달 함수

$$\frac{V_2(s)}{V_1(s)} = \frac{\frac{1}{Cs}}{R + Ls + \frac{1}{Cs}}$$

조건의 수치를 대입하면

$$\frac{\frac{5{,}000}{s}}{100 + 2s + \frac{5{,}000}{s}} = \frac{5{,}000}{2s^2 + 100s + 5{,}000} = \frac{2{,}500}{s^2 + 50s + 2{,}500}$$

2차 제어계의 전달 함수

$G(s) = \dfrac{\omega_n}{s^2 + 2\delta\omega_n s + \omega_n^2}$ 이므로 인수를 비교하면

$\omega_n^2 = 2{,}500, \ \omega_n = 50$

$2\delta\omega_n = 50, \ \delta = \dfrac{50}{2\omega_n} = 0.5$

272 다음 중 이진값 신호가 아닌 것은?

① 디지털 신호
② 아날로그 신호
③ 스위치의 On-Off 신호
④ 반도체 소자의 동작, 부동작 상태

이진값 신호 : 0,1로 표현
디지털 신호, ON-OFF 스위칭 소자
반도체 소자의 동작은 부동작 상태, 아날로그식 상태 신호는 동작 상태

272 ① ② ③ ④

273 보드 선도에서 이득 여유에 대한 정보를 얻을 수 있는 것은?

① 위상 곡선 0°에서의 이득과 0[dB]과의 차이
② 위상 곡선 180°에서의 이득과 0[dB]과의 차이
③ 위상 곡선 −90°에서의 이득과 0[dB]과의 차이
④ 위상 곡선 −180°에서의 이득과 0[dB]과의 차이

 이득 여유 G_m의 그래프

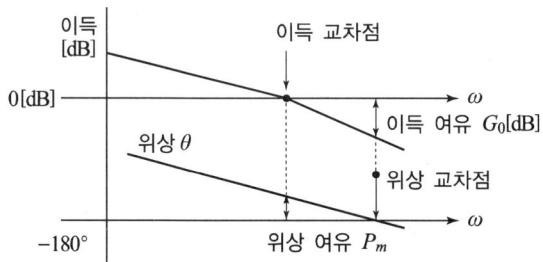

• 이득 여유 : 위상 곡선이 −180°에서의 이득값
• 위상 여유 : 이득 곡선이 G[dB]인 점에서의 위상값

274 제어 시스템에서 출력이 얼마나 목푯값을 잘 추종하는지를 알아볼 때, 시험용으로 많이 사용되는 신호로 다음 식의 조건을 만족하는 것은?

$$u(t-a) = \begin{cases} 0 \sim t < 0 \\ a \sim t \geq u \end{cases}$$

① 사인 함수 　　② 임펄스 함수
③ 램프 함수 　　④ 단위 계단 함수

주어진 조건 $u(t-a)$는 a에서 시작되는 높이 1인 단위 계단 함수이다.

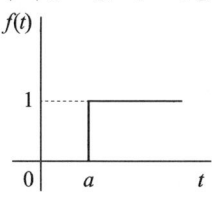

$t < 0$이면 0이고, $t \geq a$이면 1이다.

정답　272. ②　273. ④　274. ④

CHAPTER 4 회로이론 및 제어공학

275 신호 흐름 선도의 전달 함수 $T(s) = \dfrac{C(s)}{R(s)}$ 로 옳은 것은?

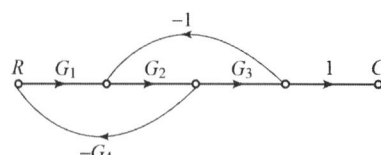

① $\dfrac{G_1 G_2 G_3}{1 - G_2 G_3 + G_1 G_2 G_4}$

② $\dfrac{G_1 G_2 G_3}{1 + G_1 G_2 G_4 + G_2 G_3}$

③ $\dfrac{G_1 G_2 G_3}{1 + G_1 G_3 - G_1 G_2 G_4}$

④ $\dfrac{G_1 G_2 G_3}{1 - G_1 G_3 - G_1 G_2 G_4}$

해설 신호 흐름 선도의 전달 함수

$G(s) = \dfrac{C(s)}{R(s)} = \dfrac{\text{전향 경로}}{1 - \text{페루프}} = \dfrac{G_1 G_2 G_3}{1 + G_2 G_3 + G_1 G_2 G_4}$

276 불 대수식 중 틀린 것은?

① $A \cdot \overline{A} = 1$
② $A + 1 = 1$
③ $A + A = A$
④ $A \cdot A = A$

해설 불 대수

$A + A = A$
$A \cdot A = A$
$A + \overline{A} = 1$

$A + 1 = 1$
$A \cdot \overline{A} = 0$

277 z 변환된 함수 $F(z) = \dfrac{3z}{(z-e^{-3T})}$ 에 대응되는 라플라스 변환 함수는?

① $\dfrac{1}{(s+3)}$ ② $\dfrac{3}{(s-3)}$

③ $\dfrac{1}{(s-3)}$ ④ $\dfrac{3}{(s+3)}$

$f(t)$	$F(s)$	$F(z)$
임펄스 함수 $\delta(t)$	1	1
단위 계단 함수 $u(t)$	$\dfrac{1}{s}$	$\dfrac{z}{z-1}$
상수	$\dfrac{상수}{s}$	$\dfrac{상수\, z}{z-1}$
경사 함수 램프 함수 t	$\dfrac{1}{s^2}$	$\dfrac{Tz}{(z-1)^2}$
지수 함수 e^{-at}	$\dfrac{1}{s+a}$	$\dfrac{z}{z-e^{-at}}$

278 단위 피드백 제어계에서 개루프 전달 함수 $G(s)$가 다음과 같이 주어졌을 때 단위 계단 입력에 대한 정상 상태 편차는?

$$G(s) = \dfrac{5}{s(s+1)(s+2)}$$

① 0 ② 1
③ 2 ④ 3

 계단 입력에 대한 정상 상태 편차

$$e_{ss} = \dfrac{1}{1+K_p} \quad (K_p : \text{위치 편차 상수})$$

위치 편차 상수 $K_p = \lim\limits_{s \to 0} G(s) = \lim\limits_{s \to 0} s\,\dfrac{5}{s(s+1)(s+2)} = \infty$

그러므로 $e_{ss} = \dfrac{1}{1+\infty} = 0$

TIP

$3u(t) \to \dfrac{3z}{z-1}$

$u(t-z) \to \dfrac{z}{z-2}$

삼각함수 z 변환 s 대신 $\dfrac{1}{T}I_n z$ 대입

$\sin\omega t \quad \dfrac{\omega}{s^2+\omega^2}$

$\dfrac{z\sin\omega t}{z^2-2z\cos\omega t+1}$

$\cos\omega t \quad \dfrac{s}{s^2+\omega^2}$

$\dfrac{z(z-\cos\omega t)}{z^2-2z\cos\omega t+1}$

(분모 sin과 동일)

초깃값 $\lim\limits_{t \to 0} x(f)$
$= \lim\limits_{s \to \infty} sF(s) = \lim\limits_{z \to \infty} E(z)$

최종값 $\lim\limits_{t \to \infty} x(t)$
$= \lim\limits_{s \to 0} sF(s)$
$= \lim\limits_{z \to 1}(1-z^{-1})E(z)$

정답 275. ② 276. ① 277. ④ 278. ①

CHAPTER 4 회로이론 및 제어공학

279 그림의 신호 흐름 선도에서 전달 함수 $\dfrac{C(s)}{R(s)}$는?

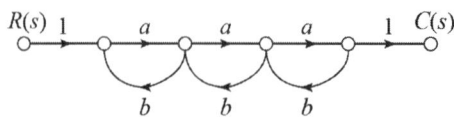

① $\dfrac{a^3}{(1-ab^3)}$
② $\dfrac{a^3}{1-3ab+a^2b^2}$
③ $\dfrac{a^3}{1-3ab}$
④ $\dfrac{a^3}{1-3ab+2a^2b^2}$

해설

$$G(s) = \frac{C(s)}{R(s)} = \frac{전향 경로}{1-폐루프+서로 공유하지 않은 루프 이득}$$

$$= \frac{a \cdot a \cdot a}{1-(ab+ab+ab)+(ab \cdot ab)}$$

$$= \frac{a^3}{1-3ab+a^2b^2}$$

280 그림과 같은 피드백 제어 시스템에서 입력이 단위 계단 함수일 때 정상 상태의 오차 상수인 위치 상수(K_p)는?

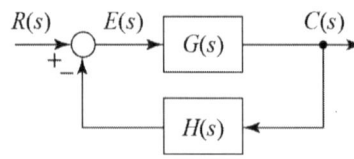

① $K_p = \lim\limits_{s \to 0} G(s)H(s)$
② $K_p = \lim\limits_{s \to 0} \dfrac{G(s)}{H(s)}$
③ $K_p = \lim\limits_{s \to \infty} G(s)H(s)$
④ $K_p = \lim\limits_{s \to \infty} \dfrac{G(s)}{H(s)}$

TIP

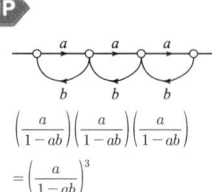

$$\left(\frac{a}{1-ab}\right)\left(\frac{a}{1-ab}\right)\left(\frac{a}{1-ab}\right) = \left(\frac{a}{1-ab}\right)^3$$

편차 상수(오차)	
위치 편차 상수	$K_p = \lim_{s \to 0} G(s) \cdot H(s)$
속도 편차 상수	$K_p = \lim_{s \to 0} s \cdot G(s) \cdot H(s)$
가속도 편차 상수	$K_p = \lim_{s \to 0} s^2 \cdot G(s) \cdot H(s)$

281 적분 시간 4[s], 비례 감도가 4인 비례 적분 동작을 하는 제어 요소에 동작 신호 $z(t) = 2t$를 주었을 때 이 제어 요소의 조작량은? (단, 조작량의 초깃값은 0이다.)

① $t^2 + 8t$
② $t^2 + 2t$
③ $t^2 - 8t$
④ $t^2 - 2t$

제어 요소의 조작량 $y(t)$는 비례 적분 요소인 경우

$y(t) = K\left(1 + \dfrac{1}{T_i s}\right) z(s)$

$y(t) = 4\left(1 + \dfrac{1}{4s}\right) \dfrac{2}{s^2}$ [$\because z(t) = 2t$]

$= \dfrac{2}{s^3} + \dfrac{8}{s^2}$

$\mathcal{L}^{-1} y(t) = t^2 + 8t$

제어 요소의 조작량

비례 요소	$y(t) = K$
비례 미분 요소	$y(t) = K(1 + T_D s) z(s)$
비례 적분 요소	$y(t) = K(1 + \dfrac{1}{T_i s}) z(s)$
비례 미분 적분 요소	$y(t) = K(1 + T_D s + \dfrac{1}{T_i s}) z(s)$

정답 279. ② 280. ① 281. ①

CHAPTER 4 회로이론 및 제어공학

282 다음과 같은 신호 흐름 선도에서 $\dfrac{C(s)}{R(s)}$의 값은?

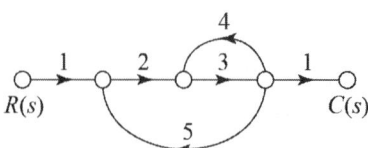

① $-\dfrac{1}{41}$ ② $-\dfrac{3}{41}$

③ $-\dfrac{6}{41}$ ④ $-\dfrac{8}{41}$

해설

$G(s) = \dfrac{C(s)}{R(s)} = \dfrac{\text{전향 경로}}{1-\text{폐루프}} = \dfrac{1\times 2\times 3}{1-(4\times 3+2\times 3\times 5)} = \dfrac{6}{-41}$

283 다음 회로에서 입력 전압 $V_1(t)$에 대한 출력 전압 $V_2(t)$의 전달 함수 $G(s)$는?

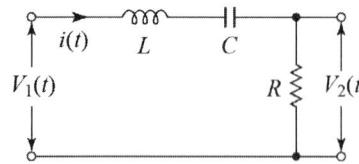

① $\dfrac{RCs}{LCs^2+RCs+1}$ ② $\dfrac{RCs}{LCs^2-RCs-1}$

③ $\dfrac{Cs}{LCs^2+RCs+1}$ ④ $\dfrac{Cs}{LCs^2-RCs-1}$

해설

입출력 전압비 $G(s)$를 정리하면

$G(s) = \dfrac{V_2(s)}{V_1(s)} = \dfrac{R}{Ls+\dfrac{1}{Cs}+R} = \dfrac{RCs}{LCs^2+RCs+1}$

284 논리식 $((AB+A\overline{B})+AB)+\overline{A}B$를 간단히 하면?

① $A+B$
② $\overline{A}+B$
③ $A+\overline{B}$
④ $A+A \cdot B$

$A+\overline{A}=1 \quad A+1=1$
$A \cdot \overline{A}=0 \quad A \cdot 1=A$
$[(A \cdot B+A\overline{B})+AB]+\overline{A}B$
$=[A(B+\overline{B})+AB]+\overline{A}B$
$=[A+AB]+\overline{A}B$
$=A(1+B)+\overline{A}B$
$=A+\overline{A}B=(A+\overline{A}) \cdot (A+B)$
$=A+B$

285 전달 함수가 $G(s)=\dfrac{10}{s^2+3s+2}$으로 표현되는 제어 시스템에서 직류 이득은 얼마인가?

① 1
② 2
③ 3
④ 5

직류 이득 $G(s)=\dfrac{10}{s^2+3s+2}\bigg|_{s=0}$ 이므로 $G(0)=\dfrac{10}{2}=5$

286 그림과 같은 블록 선도의 제어 시스템에서 속도 편차 상수 K_v는 얼마인가?

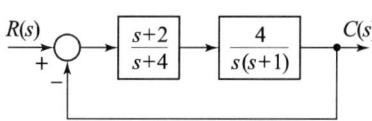

① 0
② 0.5
③ 2
④ ∞

속도 편차 상수 K_v 계산식은
$K_v = \lim\limits_{s \to 0} s\, G(s)$
$G(s)=\dfrac{4(s+2)}{s(s+1)(s+4)}$
$K_v = \lim\limits_{s \to 0} s\,\dfrac{4(s+2)}{s(s+1)(s+4)}=\dfrac{8}{4}=2$

정답 282. ③ 283. ① 284. ④ 285. ④ 286. ③

CHAPTER 4 회로이론 및 제어공학

287 3상 4선식에서 중성선이 필요하지 않아서 중성선을 제거하여 3상 3선식을 만들기 위한 중성선에서의 조건식은 어떻게 되는가? (단, I_a, I_b, I_c는 각 상의 전류이다.)

① 불평형 3상 $I_a + I_b + I_c = 1$
② 불평형 3상 $I_a + I_b + I_c = \sqrt{3}$
③ 불평형 3상 $I_a + I_b + I_c = 3$
④ 평형 3상 $I_a + I_b + I_c = 0$

해설

평형 3상은 $I_a + I_b + I_c = 0$이므로 중성선에는 전류가 흐르지 않는다.

288 전달 함수가 $\dfrac{C(s)}{R(s)} = \dfrac{25}{s^2 + 6s + 25}$ 인 2차 제어 시스템의 감쇠 진동 주파수(ω_d)는 몇 [rad/sec]인가?

① 3 ② 4
③ 5 ④ 6

해설

2차 제어계의 전달 함수 $G(s) = \dfrac{25}{s^2 + 6s + 25}$

$\omega_n^2 = 25$ $2\delta\omega_n = 6$
$\omega_n = 5$ $2\delta \times 5 = 6$

$\delta = \dfrac{6}{10} = \dfrac{3}{5}$ 이다.

감쇠 진동 주파수 ω_d = 고유 각주파수(ω_n) $\times \sqrt{1-\text{제동비}^2} = 5\sqrt{1-\left(\dfrac{3}{5}\right)^2} = 4$[rad/sec]

289 개루프 전달 함수 $G(s)H(s)$로부터 근궤적을 작성할 때 실수축에서의 점근선의 교차점은?

$$G(s)H(s) = \frac{K(s-2)(s-3)}{s(s+1)(s+2)(s+4)}$$

① 2 ② 5
③ −4 ④ −6

 근궤적의 점근선의 교차점

$$K = \frac{\text{극점의 합} - \text{영점의 합}}{\text{극점의 수}(P) - \text{영점의 수}(Z)}$$
$$= \frac{(0-1-2-4)-(2+3)}{4-2} = -6$$

290 신호 흐름 선도에서 전달 함수 $\left(\dfrac{C(s)}{R(s)}\right)$는?

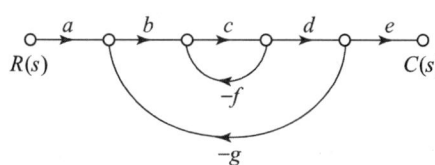

① $\dfrac{abcde}{1-cg-bcdg}$ ② $\dfrac{abcde}{1-cf+bcdg}$
③ $\dfrac{abcde}{1+cf-bcdg}$ ④ $\dfrac{abcde}{1+cf+bcdg}$

$G(s) = \dfrac{C(s)}{R(s)} = \dfrac{abcde}{1-(-cf)-(-bcdg)}$
$= \dfrac{abcde}{1+cf+bcdg}$

답안 표기란

| 289 | ① ② ③ ④ |
| 290 | ① ② ③ ④ |

TIP

근궤적
㉠ 실수축에 대칭
㉡ 근궤적의 지로의 수(개수)
  극점(P)와 영점(Z)의 큰 값 또 특성 방정식의 최고 차수
㉢ 교차점
  $\dfrac{\Sigma G(s)H(s)\text{의 극점} - \Sigma G(s)H(s)\text{ 영점의 합}}{P-Z}$
㉣ 근궤적의 점근선 각도
  $\theta = \dfrac{(2K+1)}{P-Z} \times \pi$

정답 287. ④ 288. ② 289. ④ 290. ④

CHAPTER 4 회로이론 및 제어공학

291 $\overline{A} + \overline{B} \cdot \overline{C}$ 와 등가인 논리식은?

① $\overline{A \cdot (B+C)}$
② $\overline{A+B \cdot C}$
③ $\overline{A \cdot B + C}$
④ $\overline{A \cdot B} + C$

불 대수, 드모르간 정리를 이용하면
$\overline{A+B} = \overline{A} \cdot \overline{B}$
$\overline{A \cdot B} = \overline{A} + \overline{B}$
$\overline{A} + \overline{B} \cdot \overline{C} = \overline{A \cdot (B+C)}$ 이다.

292 $F(s) = \dfrac{2s^2 + s - 3}{s(s^2 + 4s + 3)}$ 의 라플라스 역변환은?

① $1 - e^{-t} + 2e^{-3t}$
② $1 - e^{-t} - 2e^{-3t}$
③ $-1 - e^{-t} - 2e^{-3t}$
④ $-1 + e^{-t} + 2e^{-3t}$

분모를 인수 분해하여 정리하면
$F(s) = \dfrac{2s^2 + s - 3}{s(s+1)(s+3)}$
그러므로 부분 분수하여 K_1, K_2, K_3 의 인수를 구하면
$F(s) = \dfrac{K_1}{s} + \dfrac{K_2}{s+1} + \dfrac{K_3}{s+3}$
$K_1 = \lim\limits_{s \to 0} \dfrac{2s^2 + s - 3}{(s+1)(s+3)} = -1$
$K_2 = \lim\limits_{s \to -1} \dfrac{2s^2 + s - 3}{s(s+3)} = 1$
$K_3 = \lim\limits_{s \to -3} \dfrac{2s^2 + s - 3}{s(s+1)} = 2$
$F(s) = \dfrac{-1}{s} + \dfrac{1}{s+1} + \dfrac{2}{s+3}$
$\mathcal{L}^{-1} F(s) = f(t) = -1 + e^{-t} + 2e^{-3t}$

293 전달 함수가 $G_c(s)=\dfrac{s^2+3s+5}{2s}$인 제어기가 있다. 이 제어기는 어떤 제어기인가?

① 비례 미분 제어기 ② 적분 제어기
③ 비례 적분 제어기 ④ 비례 미분 적분 제어기

해설

PID 제어계에서 $G(s)=K\left(1+T_d s+\dfrac{1}{T_i s}\right)$

K : 비례 감도, T_d : 미분 시간, T_i : 적분 시간

$G(s)=\dfrac{s^2}{2s}+\dfrac{3s}{2s}+\dfrac{5}{2s}=2s+\dfrac{3}{2}+\dfrac{5}{2s}=\dfrac{3}{2}\left(1+\dfrac{4}{3}s+\dfrac{5}{3s}\right)$

$K=1,\ T_d=\dfrac{4}{3},\ T_i=\dfrac{3}{5}$인 비례 미분 적분기이다.

294 그림과 같은 제어 시스템이 안정하기 위한 K의 범위는?

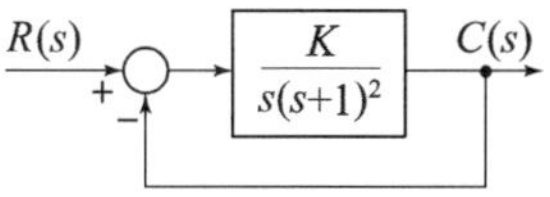

① $K>0$ ② $K>1$
③ $0<K<1$ ④ $0<K<2$

해설 루스-허비츠(Routh-Hurwitz) 판별

특성 방정식 $s(s+1)^2+K=s^3+2s^2+s+K=0$

차수	제1열	제2열
s^3	1	1
s^2	2	K
s^1	$\dfrac{2-K}{2}$	0
s^0	K	

제1열의 부호 변화가 없기 위해서는 $K>0$이고

$\dfrac{2-K}{2}>0$이므로 $0<K<2$이다.

정답 291. ① 292. ④ 293. ④ 294. ④

답안 표기란

293	①	②	③	④
294	①	②	③	④

CHAPTER 4 회로이론 및 제어공학

295 그림의 블록 선도와 같이 표현되는 제어 시스템에서 A=1, B=1일 때, 블록 선도의 출력 C는 약 얼마인가?

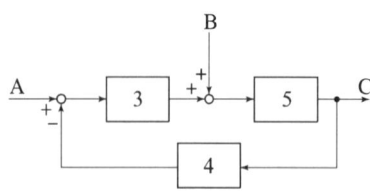

① 0.22
② 0.33
③ 1.22
④ 3.1

$$G(s) = \frac{C(s)}{R(s)} = \frac{전향\ 경로}{1 - 폐루프} = \frac{3 \times 5 + 5}{1 - (-3 \times 5 \times 4)} = \frac{20}{61} \fallingdotseq 0.33$$

296 전달 함수가 $\dfrac{C(s)}{R(s)} = \dfrac{1}{3s^2 + 4s + 1}$ 인 제어 시스템의 과도 응답 특성은?

① 무제동
② 부족 제동
③ 임계 제동
④ 과제동

2차 제어계의 과도 응답 특성

$$\frac{C(s)}{R(s)} = \frac{1}{3s^2 + 4s + 1} = \frac{\frac{1}{3}}{s^2 + \frac{4}{3}s + \frac{1}{3}}$$

$\dfrac{\omega_n}{s^2 + 2\delta\omega_n s + \omega_n^2}$ 과 인수를 비교하면

$2\delta\omega_n = \dfrac{4}{3},\ \omega_n^2 = \dfrac{1}{3},\ \omega_n = \dfrac{1}{\sqrt{3}}$

$\delta = \dfrac{4}{2\omega_n 3} = \dfrac{4}{2 \times \dfrac{3}{\sqrt{3}}} = \dfrac{4}{2\sqrt{3}} = \dfrac{4\sqrt{3}}{6}$

$\delta > 1$ 이므로 과제동(비진동)이다.

TIP

제동비 δ와 제동 특성

δ의 크기	특성
$\delta > 1$	과제동
$\delta = 1$	임계 진동
$0 < \delta < 1$	부족 제동
$\delta = 0$	무제동

297 제어 시스템의 주파수 전달 함수가 $G(j\omega) = j5\omega$ 이고, 주파수가 $\omega = 0.02[\text{rad/sec}]$ 일 때 이 제어 시스템의 이득(dB)은?

① 20
② 10
③ -10
④ -20

$G(j\omega) = j5 \times 0.02 = j0.1$

이득 $g = 20\log_{10}|G(j\omega)| = 20\log_{10}|0.1| = 20\log_{10}\dfrac{1}{10} = -20[\text{dB}]$

298 그림과 같은 제어 시스템의 폐루프 전달 함수 $T(s) = \dfrac{C(s)}{R(s)}$ 에 대한 감도 S_k^T 는?

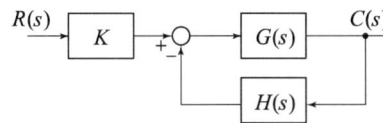

① 0.5
② 1
③ $\dfrac{G}{1+GH}$
④ $\dfrac{-GH}{1+GH}$

 감도

$S_K^T = \dfrac{K}{T} \cdot \dfrac{dT}{dK}$

T : 전달 함수 $= \dfrac{C(s)}{R(s)} = \dfrac{KG}{1+G(s) \cdot H(s)}$

$S_K^T(\text{감도}) = \dfrac{K}{T} \cdot \dfrac{dT}{dK} = \dfrac{K}{\dfrac{KG}{1+GH}} \cdot \dfrac{dT}{dK} = \dfrac{K(1+GH)}{KG} \cdot \dfrac{d}{dK} \dfrac{G}{1+GH} K$

$\quad = \left(\dfrac{HGH}{G}\right)\left(\dfrac{G}{1+GH}\right)\dfrac{d}{dt} \cdot K$

$S_K^T(\text{감도}) = 1$

[정답] 295. ② 296. ④ 297. ④ 298. ②

299 블록 선도의 전달 함수가 $\dfrac{C(s)}{R(s)} = 10$과 같이 되기 위한 조건은?

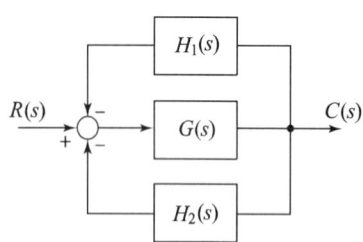

① $G(s) = \dfrac{1}{1 - H_1(s) - H_2(s)}$

② $G(s) = \dfrac{10}{1 - H_1(s) - H_2(s)}$

③ $G(s) = \dfrac{1}{1 - 10H_1(s) - 10H_2(s)}$

④ $G(s) = \dfrac{10}{1 - 10H_1(s) - 10H_2(s)}$

해설

$G(s) = \dfrac{C(s)}{R(s)} = \dfrac{\text{전향 경로}}{1 - \text{폐루프}} = \dfrac{G}{1 - (-H_1 G - H_2 G)} = \dfrac{G}{1 + GH_1 + GH_2} = 1$

$G = GH_1 + GH_2 + 1$

$G(1 - H_1 - H_2) = 1$

$G = \dfrac{1}{1 - H_1 - H_2}$

300 주파수 전달 함수가 $G(j\omega) = \dfrac{1}{j100\omega}$ 인 제어 시스템에서 $\omega = 0.1[\text{rad/s}]$일 때의 이득(dB)과 위상각(°)은 각각 얼마인가?

① 20[dB], 90° ② 40[dB], 90°
③ −20[dB], −90° ④ −40[dB], −90°

$g(\text{이득}) = 20\log_{10}|G(j\omega)| = 20\log_{10}\left|\dfrac{1}{j100 \times 0.1}\right| = 20\log_{10}\dfrac{1}{10} = 20\log_{10}10^{-1}$
$= -20[\text{dB}]$
위상각 $\theta = \dfrac{1}{j} = \dfrac{1}{\angle 90} = 1\angle -90°$

301 개루프 전달 함수가 다음과 같은 제어 시스템의 근궤적이 $j\omega$(허수)축과 교차할 때 K는 얼마인가?

$$G(s)H(s) = \dfrac{K}{s(s+3)(s+4)}$$

① 30 ② 48
③ 84 ④ 180

근궤적이 허수축과 교차하면 임계 안정이며 루스 선도의 제1열 값이 0이 되면 임계 안정 조건이 만족하므로
Routh표를 작성하면

차수	제1열	제2열
s^3	1	12
s^2	7	K
s^1	$\dfrac{84-K}{7}$	0
s^0	K	0

$\dfrac{84-K}{7} = 0 \quad K = 84$

정답 299. ① 300. ③ 301. ③

302 그림과 같은 신호 흐름 선도에서 $\dfrac{C(s)}{R(s)}$ 는?

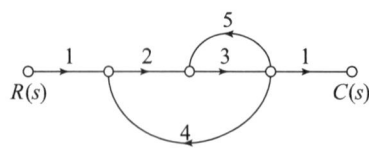

① $-\dfrac{6}{38}$ ② $\dfrac{6}{38}$

③ $-\dfrac{6}{41}$ ④ $\dfrac{6}{41}$

전달 함수 $G(s) = \dfrac{C(s)}{R(s)} = \dfrac{1 \times 2 \times 3 \times 1}{1-(3 \times 5 + 2 \times 3 \times 4)} = -\dfrac{6}{38}$

정답 302. ①

CHAPTER 5

핵심요약

전기설비 기술기준

 전기설비 기술기준

1 공통사항

1) 접근 상태
   ① 2차 접근 상태 : 3[m] 미만
   ② 1차 접근 상태 : 지지물 길이를 반지름으로 시설

2) 전압의 구분
   ① 저압 : 직류는 1.5[kV] 이하, 교류는 1[kV] 이하
   ② 고압 : 직류는 1.5[kV]를, 교류는 1[kV]를 초과하고, 7[kV] 이하
   ③ 특고압 : 7[kV]를 초과하는 것.

   [참고] 특별 저압(ELV : Extra Low Voltage)
   인체에 위험을 초래하지 않을 정도의 저압
   ⇨ 전기 설비 기술 기준 : 전압이 AC 50[V], DC 120[V] 이하
   SELV(Safety Extra Low Voltage)는 비접지 회로에 해당
   PELV(Protective Extra Low Voltage)는 접지 회로에 해당

3) 전선의 색상(KEC에 의함)

[전선 식별]

상(문자)	색상
L1	갈색
L2	흑색
L3	회색
N	청색
보호 도체	녹색-노란색

2 저압 전기설비

1) 저압 전로의 절연 성능
   ① 누설 전류 : 누설 전류를 1[mA] 이하로 유지

② 절연 저항 : 절연 저항값은 1[MΩ] 이상 유지

전로의 사용 전압 (V)	DC 시험 전압 (V)	절연 저항 (MΩ)
SELV 및 PELV	250	0.5
FELV, 500[V] 이하	500	1.0
500[V] 초과	1,000	1.0

[주] 특별 저압(extra low voltage : 2차 전압이 AC 50[V], DC 120[V] 이하)

2) 전선의 접속

① 전선의 세기를 20[%] 이상 감소시키지 아니할 것.
② 접속 부분은 접속관 기타의 기구를 사용할 것.
③ 절연 전선 상호·절연 전선과 코드, 캡타이어 케이블과 접속하는 경우에는 동등 이상의 절연 성능이 있는 것으로 충분히 피복할 것.
④ 코드 상호, 캡타이어 케이블 상호 접속하는 경우에는 코드 접속기·접속함 기타의 기구를 사용할 것.
⑤ 전기 화학적 성질이 다른 도체를 접속하는 경우에는 접속 부분에 전기적 부식이 생기지 않도록 할 것.

3) 전선의 병렬 사용

① 각 전선의 굵기는 동선 50[mm^2] 이상 또는 알루미늄 70[mm^2] 이상으로 하고, 전선은 같은 재질의 동일한 도체, 길이 및 굵기의 것을 사용할 것.
② 같은 극의 전선은 동일한 터미널 러그에 완전히 접속할 것.
③ 같은 극인 각 전선의 터미널 러그는 2개 이상의 리벳 또는 2개 이상의 나사로 접속할 것.
④ 병렬로 사용하는 전선에는 각각에 퓨즈를 설치하지 말 것.
⑤ 교류 회로에서 병렬로 사용하는 전선은 금속관 안에 전자적 불평형이 생기지 않도록 시설할 것.

4) 절연 내력 시험 : 10분간

① 변압기(권선 간), 전로(전로와 대지 간)
 • 비접지식
  ⅰ) 7,000[V] 이하 : 1.5배(전로만 : 최저 500[V])
  ⅱ) 7,000[V] 초과 : 1.25배(최저 10,500[V])
 • 25[kV] 이하 중성점 다중 접지 : 0.92배
 • 60[kV] 넘는 중성점 접지 : 1.1배(최저 75,000[V])
 • 60[kV]~170[kV] 이하 직접 접지 : 0.72배
 • 170[kV] 넘는 직접 접지 : 0.64배 → 직류 시험 : 교류 시험 전압×2배

② **발전기, 전동기**(권선과 대지 간)
- 7,000[V] 이하 : 1.5배 (500[V])
- 7,000[V] 초과 : 1.25배(10,500[V]) → 직류 시험 : 교류 시험 전압×1.6배

③ **정류기** : 직류 최대 사용 전압×1배의 교류 전압

단, 주 양극과 외함 간은 2배의 교류 전압

④ **연료 전지 및 태양 전지 모듈** : 충전부와 대지 간

최대 사용 전압의 1.5배의 직류 전압 또는 1배의 교류 전압(최저 시험 전압 500[V])

5) 접지 시설 원칙

① **접지극의 매설 깊이** : 75[cm] 이상
② **접지극과 지지물**(철제)**과의 이격 거리** : 1[m] 이상
③ 지지물 직하 부분에 접지극 매설 시 30[cm] 이상 이격
④ **병렬 시공 접지극 간 이격 거리** : 2[m] 이상
⑤ **지하 75[cm], 지상 2[m]** : 합성수지관(접지선 보호용)
⑥ **접지선** : 절연 전선(OW 제외), 케이블(통신용 제외)
⑦ 접지극 접속의 경우에는 용접, 압착, 클램프 등 적절한 기계적 접속 장치로 접속하여야 한다.
⑧ 가연성 액체나 가스를 운반하는 금속제 배관은 접지 설비의 접지극으로 사용 금지.

6) 수도관, 철골 등의 접지극 사용

① **수도관** : 3[Ω] 이하
- 안지름 75[mm] 이상
- 75[mm] 미만 분기한 경우 : 5[m] 이하에 시설 (단, 전기 저항 2[Ω] 이하 : 5[m] 초과 가능)

② **철골** : 2[Ω] 이하

7) 접지 도체

① **최소 단면적** : 구리 6[mm^2] 이상, 철제 50[mm^2] 이상
② **피뢰 시스템** : 구리 16[mm^2] 이상, 철 50[mm^2] 이상
③ **접지 도체와 접지극의 접속**
- 접속은 견고하고 전기적인 연속성이 보장되도록, 접속부는 용접, 압착, 클램프 등의 기계적 접속 장치를 사용할 것.
- 클램프 사용 시, 접지극 또는 접지 도체를 손상시키지 말 것.
- 납땜에만 의존하는 접속은 사용해서는 안 된다.

④ 특고압·고압 전기 설비용 접지 도체는 단면적 6[mm^2] 이상의 연동선 또는 동등 이상의 단면적 및 강도를 가질 것.
⑤ 중성점 접지용 접지 도체는 공칭 단면적 16[mm^2] 이상의 연동선 또는 동등 이상의 단면적 및 세기를 가질 것.

⑥ 중성점 접지용 접지 도체로 공칭 단면적 6[mm²] 이상 가능한 경우
- 7[kV] 이하의 전로
- 사용 전압이 25[kV] 이하인 중성선 다중 접지 방식의 특고압 가공 전선로. 전로에 지락이 생겼을 때 2초 이내에 자동적으로 이를 차단하는 장치가 되어 있는 경우.

⑦ 이동하여 사용하는 전기 기계 기구의 금속제 외함 등의 접지 시스템
- 특고압·고압 전기 설비용 접지 도체 및 중성점 접지용 접지 도체는 클로로프렌 캡타이어 케이블(3종 및 4종) 또는 클로로설포네이트 폴리에틸렌 캡타이어 케이블(3종 및 4종)의 1개 도체 또는 다심 캡타이어 케이블의 차폐 또는 기타의 금속체 : 단면적이 10[mm²] 이상
- 저압 전기 설비용 접지 도체는 다심 코드 또는 다심 캡타이어 케이블의 1개 도체 : 단면적이 0.75[mm²] 이상
  단, 연동 연선의 1개 도체 : 단면적이 1.5[mm²] 이상

8) 보호 도체

[보호 도체의 최소 단면적]

선도체의 단면적 S (mm², 구리)	보호 도체의 최소 단면적(mm², 구리)	
	보호 도체의 재질	
	선도체와 같은 경우	선도체와 다른 경우
$S \leq 16$	S	$(k_1/k_2) \times S$
$16 < S \leq 35$	16^a	$(k_1/k_2) \times 16$
$S > 35$	$S^a/2$	$(k_1/k_2) \times (S/2)$

여기서,
k_1 : 재질에 따라 선정된 선도체에 대한 k값
k_2 : 재질에 따라 선정된 보호 도체에 대한 k값
a : PEN 도체의 최소 단면적은 중성선과 동일하게 적용한다.

① 차단 시간 5초 이하인 경우

$$S = \frac{\sqrt{I^2 \cdot t}}{k} \, [\text{mm}^2]$$

여기서,
A : 보호 도체의 단면적(mm²)
I : 보호 장치에 흐를 수 있는 예상 고장 전류 실횻값(A)
t : 자동 차단을 위한 보호 장치의 동작 시간(s)
k : 도체의 절연물 등 재질 및 온도에 따른 계수

② 보호 도체가 케이블의 일부가 아니거나 선도체와 동일 외함에 설치되지 않는 경우
  ⇒ 기계적 손상 보호 : 구리 2.5[mm^2], 알루미늄 16[mm^2] 이상
  ⇒ 기계적 손상 비보호 : 구리 4[mm^2], 알루미늄 16[mm^2] 이상
③ 보호 도체의 종류
  - 다심 케이블의 도체
  - 트렁킹에 수납된 절연 도체 또는 나도체
  - 고정된 절연 도체 또는 나도체
  - 금속 케이블 외장, 케이블 차폐, 케이블 외장, 전선 묶음(편조 전선), 동심 도체, 금속관

9) 보호 도체와 계통 도체 겸용
① 겸용 도체는 고정된 전기 설비에서만 사용할 수 있으며, 단면적은 구리 10[mm^2] 또는 알루미늄 16[mm^2] 이상.
② 겸용 도체는 전기 설비의 부하 측으로 시설 금지.
③ 폭발성 분위기 장소는 보호 도체를 전용으로 할 것.
④ 겸용 도체는 보호 도체용 단자 또는 바에 접속할 것.
⑤ 계통외 도전부는 겸용 도체로 사용해서는 안 된다.

10) 저압 수용가 인입구의 접지
① 3[Ω] 이하 금속제 수도관, 철골
② 접지선 : 6[mm^2] 이상 연동선 또는 동등 이상 부식되지 않는 금속선

11) 저압 수용가 인입구 접지
① 수용 장소 인입구 부근에서 접지극으로 사용하여 변압기 중성점 접지를 한 저압 전선로의 중성선 또는 접지 측 전선에 추가로 접지 공사를 할 수 있다.
  - 지중에 매설되어 있고 대지와의 전기 저항값이 3[Ω] 이하로 유지되는 금속제 수도관로
  - 대지와의 전기 저항값이 3[Ω] 이하로 유지되는 건물의 철골
  - 접지 도체 : 공칭 단면적 6[mm^2] 이상의 연동선 또는 이와 동등 이상의 세기 및 굵기의 쉽게 부식하지 않는 금속선
② 주택 등 저압 수용 장소 접지
  - 저압 수용 장소에서 계통 접지가 TN-C-S 방식인 경우에 보호 도체는 [11]에 의한 값 이상일 것
  - PEN 도체 : 고정 전기 설비에만 사용 가능, 도체의 단면적은 구리 10[mm^2] 이상, 알루미늄은 16[mm^2] 이상, 계통의 최고 전압에 대하여 반드시 절연되어 있을 것.
③ 감전 보호용 등전위 본딩을 할 것
④ 충족시키지 못하는 경우에 중성선 겸용 보호 도체를 수용 장소의 인입구 부근에 추가로 접지
⑤ 접지 저항값은 접촉 전압을 허용 접촉 전압 범위 내로 제한하는 값 이하로 유지할 것.

12) 변압기 중성점 접지

① 변압기의 고압·특고압 측 전로 1선 지락 전류로 150을 나눈 값과 같은 저항값 이하
② 사용 전압이 35[kV] 이하의 특고압 전로가 저압 측 전로와 혼촉하고 저압 전로의 대지 전압이 150[V]를 초과하는 경우
  - 1초 초과 2초 이내 자동 차단하는 장치 : 300
  - 1초 이내 자동 차단하는 장치 : 600을 나눈 값 이하
③ 전로의 1선 지락 전류는 실측값에 의한다. 다만, 실측이 곤란한 경우에는 선로 정수 등으로 계산한 값에 의한다.

13) 공통 접지와 통합 접지

① 고압 및 특고압과 저압 전기 설비의 접지극이 서로 근접하여 시설되어 있는 변전소 등에서는 다음과 같이 공통 접지 시스템으로 할 수 있다.
  - 저압 전기 설비의 접지극이 고압 및 특고압 접지극의 접지 저항 형성 영역에 완전히 포함되어 있다면 위험 전압이 발생하지 않도록 이들 접지극을 상호 접속할 것.
  - 접지 시스템에서 고압 및 특고압 계통의 지락 사고 시 저압 계통에 가해지는 상용 주파 과전압은 다음 표에서 정한 값을 초과해서는 안 된다.

고압 계통에서 지락 고장 시간 (s)	저압 설비 허용 상용 주파 과전압(V)	비 고
>5	U_0 + 250	중성선 도체가 없는 계통에서 U_0는 선간 전압을 말한다.
≤5	U_0 + 1,200	

② 전기 설비의 접지 설비, 건축물의 피뢰 설비·전자 통신 설비 등의 접지극을 공용하는 통합 접지 시스템으로 하는 경우 다음과 같이 하여야 한다.
  - 통합 접지 시스템은 제 ①에 의할 것.
  - 낙뢰에 의한 과전압 등으로부터 전기 전자 기기 등을 보호하기 위해 규정에 따라 서지 보호 장치를 설치할 것.

14) 기계 기구의 철대 및 외함의 접지

① 전로에 시설하는 기계 기구의 철대 및 금속제 외함(외함이 없는 변압기 또는 계기용 변성기는 철심)에는 접지 공사를 하여야 한다.
② 다음의 어느 하나에 해당하는 경우에는 접지 공사를 하지 않아도 된다.
  - 사용 전압이 직류 300[V] 또는 교류 대지 전압이 150[V] 이하인 기계 기구를 건조한 곳에 시설하는 경우
  - 저압용의 기계 기구를 건조한 목재의 마루 기타 이와 유사한 절연성 물건 위에서 취급하도록 시설하는 경우

- 저압용이나 고압용의 기계 기구, 특고압 전선로에 접속하는 배전용 변압기나 이에 접속하는 전선에 시설하는 기계 기구 또는 특고압 가공 전선로의 전로에 시설하는 기계 기구를 사람이 쉽게 접촉할 우려가 없도록 목주 기타 이와 유사한 것 위에 시설하는 경우
- 철대 또는 외함의 주위에 적당한 절연대를 설치하는 경우
- 외함이 없는 계기용 변성기가 고무·합성수지 기타의 절연물로 피복한 것일 경우
- 이중 절연 구조로 되어 있는 기계 기구를 시설하는 경우
- 저압용 기계 기구에 전기를 공급하는 전로의 전원 측에 절연 변압기(2차 전압 300[V] 이하, 정격 용량 3[kVA] 이하)를 시설하고 또한 그 절연 변압기의 부하 측 전로를 접지하지 않은 경우
- 물기 있는 장소 이외의 장소에 시설하는 저압용의 개별 기계 기구에 전기를 공급하는 전로에 인체 감전 보호용 누전 차단기(정격 감도 전류 30[mA] 이하, 동작 시간 0.03초 이하, 전류 동작형에 한함)를 시설하는 경우
- 외함을 충전하여 사용하는 기계 기구에 사람이 접촉할 우려가 없도록 시설하거나 절연대를 시설하는 경우

15) 등전위 본딩 시설
① 1개소에 집중하여 인입하고, 인입구 부근에서 서로 접속하여 등전위 본딩 바에 접속할 것.
② 대형 건축물 등으로 1개소에 집중하여 인입하기 어려운 경우에는 본딩 도체를 1개의 본딩 바에 연결.
③ 수도관·가스관의 경우 내부로 인입된 최초의 밸브 후단에서 등전위 본딩을 할 것.
④ 건축물·구조물의 철근, 철골 등 금속 보강재는 등전위 본딩을 할 것.

16) 등전위 본딩 도체
① 설비 내에 있는 가장 큰 보호 접지 도체 단면적의 1/2 이상의 단면적으로 다음 이상의 것일 것
   - 구리 도체 6[mm^2]
   - 알루미늄 도체 16[mm^2]
   - 강철 도체 50[mm^2]
② 보호 본딩 도체의 단면적은 구리 도체 25[mm^2] 또는 다른 재질의 동등한 단면적을 초과할 필요는 없다.

17) 피뢰 시스템의 적용
① 낙뢰로부터 보호가 필요한 것
② 지상으로부터 높이가 20[m] 이상인 것
③ 낙뢰로부터 보호가 필요한 설비
   - 외부 피뢰 시스템 : 직격뢰로부터 대상물을 보호
   - 내부 피뢰 시스템 : 간접뢰 및 유도뢰로부터 대상물을 보호

18) 수뢰부 시스템
   ① 돌침, 수평 도체, 메시 도체의 요소 중에 한 가지 또는 이를 조합한 형식으로 시설한다.
   ② 수뢰부 시스템의 배치는 다음에 의한다.
   - 보호각법, 회전구체법, 메시법 중 하나 또는 조합된 방법으로 배치한다.
   - 건축물·구조물의 뾰족한 부분, 모서리 등에 우선하여 배치한다.
   ③ 지상으로부터 높이 60[m]를 초과하는 건축물·구조물에 측뢰 보호가 필요한 경우에는 수뢰부 시스템을 시설한다.
   ④ 건축물·구조물과 분리되지 않은 수뢰부 시스템의 시설은 다음에 따른다.
   - 지붕 마감재가 불연성 재료로 된 경우 지붕 표면에 시설할 수 있다.
   - 지붕 마감재가 높은 가연성 재료로 된 경우 지붕 재료와 다음과 같이 이격하여 시설한다.
      ⇒ 초가지붕 또는 이와 유사한 경우 0.15[m] 이상
      ⇒ 다른 재료의 가연성 재료인 경우 0.1[m] 이상

19) 인하 도선 시스템
   ① 수뢰부 시스템과 접지 시스템을 전기적으로 연결하는 것으로 다음에 의한다.
   - 복수의 인하 도선을 병렬로 구성해야 한다. 다만, 건축물·구조물과 분리된 피뢰 시스템인 경우 예외로 할 수 있다.
   - 도선 경로의 길이가 최소가 되도록 한다.
   ② 배치 방법은 다음에 의한다
   - 건축물·구조물과 분리된 피뢰 시스템인 경우
      ⇒ 뇌전류의 경로가 보호 대상물에 접촉하지 않도록 할 것.
      ⇒ 별개의 지주에 설치되어 있는 경우 각 지주마다 1가닥 이상의 인하 도선을 시설할 것.
      ⇒ 수평 도체 또는 메시 도체인 경우 지지 구조물마다 1가닥 이상의 인하 도선을 시설할 것.
   - 건축물·구조물과 분리되지 않은 피뢰 시스템인 경우
      ⇒ 벽이 불연성 재료로 된 경우에는 벽의 표면 또는 내부에 시설할 수 있다. 다만, 벽이 가연성 재료인 경우에는 0.1[m] 이상 이격하고, 이격이 불가능한 경우에는 도체의 단면적을 100[mm^2] 이상으로 한다.
      ⇒ 인하 도선의 수는 2가닥 이상으로 한다.
      ⇒ 보호 대상 건축물·구조물의 투영에 따른 둘레에 가능한 한 균등한 간격으로 배치한다. 다만, 노출된 모서리 부분에 우선하여 설치한다.
      ⇒ 병렬 인하 도선의 최대 간격은 피뢰 시스템 등급에 따라 Ⅰ·Ⅱ 등급은 10[m], Ⅲ 등급은 15[m], Ⅳ 등급은 20[m]로 한다.
   ③ 수뢰부 시스템과 접지극 시스템 사이에 전기적 연속성이 형성되도록 다음에 따라 시설하여야 한다.
   - 경로는 가능한 한 루프 형성이 되지 않도록 하고, 최단 거리로 곧게 수직으로 시설하여야 하며, 처마 또는 수직으로 설치된 홈통 내부에 시설 금지.

- 철근 콘크리트 구조물의 철근을 자연적 구성 부재의 인하 도선으로 사용하기 위해서는 해당 철근 전체 길이의 전기 저항값은 0.2[Ω] 이하가 되어야 한다.
- 시험용 접속점을 접지극 시스템과 가까운 인하 도선과 접지극 시스템의 연결 부분에 시설하고, 이 접속점은 항상 폐로되어야 하며 측정 시에 공구 등으로만 개방할 것.

④ 인하 도선으로 사용하는 자연적 구성 부재는 다음에 따른다.
- 각 부분의 전기적 연속성과 내구성이 확실한 것
- 전기적 연속성이 있는 구조물 등의 금속제 구조체
- 구조물 등의 상호 접속된 강제 구조체
- 건축물 외벽 등을 구성하는 금속 구조재의 크기가 인하 도선에 대한 요구 사항에 부합하고 또한 두께가 0.5[mm] 이상인 금속판 또는 금속관
- 인하 도선을 구조물 등의 상호 접속된 철근·철골 등과 본딩하거나, 철근·철골 등을 인하 도선으로 사용하는 경우 수평 환상 도체는 설치하지 않아도 된다.

20) 접지극 시스템

① 뇌전류를 대지로 방류시키기 위한 접지극 시스템은 다음에 의한다.
- A형 접지극(수평 또는 수직 접지극) 또는 B형 접지극(환상 도체 또는 기초 접지극) 중 하나 또는 조합하여 시설할 수 있다.

② 접지극 시스템 배치는 다음에 의한다.
- A형 접지극은 최소 2개 이상을 균등한 간격으로 배치해야 하고, 대지 저항률에 따른 최소 길이 이상으로 한다.
- B형 접지극은 접지극 면적을 환산한 평균 반지름을 최소 길이 이상으로 하여야 하며, 평균 반지름이 최소 길이 미만인 경우에는 해당하는 길이의 수평 또는 수직 매설 접지극을 추가로 시설한다. 다만, 추가하는 수평 또는 수직 매설 접지극의 수는 최소 2개 이상으로 한다.
- 접지극 시스템의 접지 저항이 10[Ω] 이하인 경우 최소 길이 이하로 할 수 있다.

③ 접지극은 다음에 따라 시설한다.
- 지표면에서 0.75[m] 이상 깊이로 매설하여야 한다. 다만, 필요시는 해당 지역의 동결 심도를 고려한 깊이로 할 수 있다.
- 대지가 암반 지역으로 대지 저항이 높거나 건축물·구조물이 전자 통신 시스템을 많이 사용하는 시설의 경우에는 환상 도체 접지극 또는 기초 접지극으로 한다.
- 접지극 재료는 대지에 환경 오염 및 부식의 문제가 없어야 한다.
- 철근 콘크리트 기초 내부의 상호 접속된 철근 또는 금속제 지하 구조물 등 자연적 구성 부재는 접지극으로 사용할 수 있다.

21) 저압 전기 설비의 배전 방식

① 교류 회로 : 교류 1[kV] 이하에 전기를 공급하는 전기 설비
- 3상 4선식의 중성선 또는 PEN 도체는 충전 도체는 아니지만 운전 전류를 흘리는 도체이다.
- 3상 4선식에서 파생되는 단상 2선식 배전 방식의 경우 두 도체 모두가 선도체이거나 하나의 선도체와 중성선 또는 하나의 선도체와 PEN 도체이다.
- 모든 부하가 선간에 접속된 전기 설비에서는 중성선의 설치가 필요하지 않을 수 있다.

② 직류 회로
- PEL과 PEM 도체는 충전 도체는 아니지만 운전 전류를 흘리는 도체이다. 2선식 배전 방식이나 3선식 배전 방식을 적용한다.

22) 계통 접지의 구성 방식

① 저압 전로의 보호 도체 및 중성선의 접속 방식에 따라 접지 계통은 다음과 같이 분류한다.
- TN 계통
- TT 계통
- IT 계통

② 계통 접지에서 사용되는 문자의 정의는 다음과 같다.
- 제1문자-전원 계통과 대지의 관계
  T : 한 점을 대지에 직접 접속
  I : 모든 충전부를 대지와 절연시키거나 높은 임피던스를 통하여 한 점을 대지에 직접 접속
- 제2문자-전기 설비의 노출 도전부와 대지의 관계
  T : 노출 도전부를 대지로 직접 접속. 전원 계통의 접지와는 무관
  N : 노출 도전부를 전원 계통의 접지점(교류 계통에서는 통상적으로 중성점, 중성점이 없을 경우는 선도체)에 직접 접속
- 그다음 문자(문자가 있을 경우)-중성선과 보호 도체의 배치 상태 및 관계
  S : 중성선 또는 접지된 선도체 외에 별도의 도체에 의해 제공되는 보호 기능
  C : 중성선과 보호 기능을 1개의 도체로 겸용(PEN 도체)

③ 각 계통에서 나타내는 그림의 기호는 다음과 같다.

	기호 설명
─╱─	중성선(N), 중간 도체(M)
─╤─	보호 도체(PE)
─╪─	중성선과 보호 도체 겸용(PEN)

23) TN 계통

전원 측의 한 점을 직접 접지하고 설비의 노출 도전부를 보호 도체로 접속시키는 방식으로 중성선 및 보호 도체(PE 도체)의 배치 및 접속 방식에 따라 다음과 같이 분류한다.

① TN-S 계통 : 계통 전체에 대해 별도의 중성선 또는 PE 도체를 사용한다. 배전 계통에서 PE 도체를 추가로 접지할 수 있다.

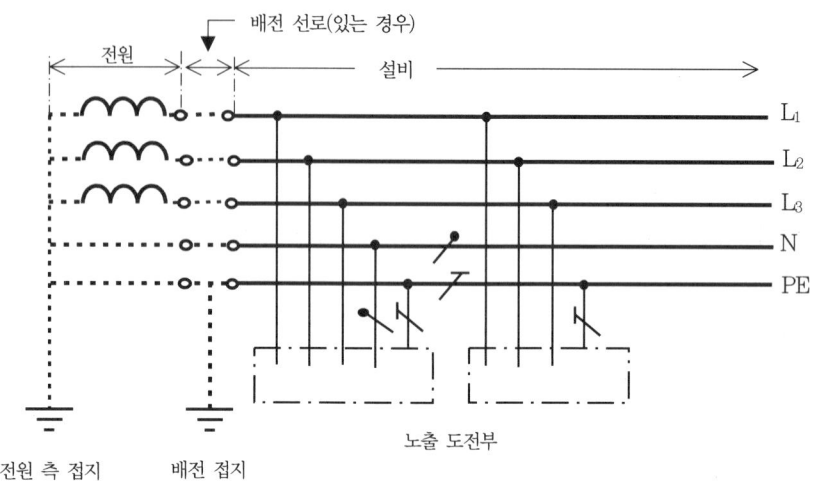

[계통 내에서 별도의 중성선과 보호 도체가 있는 TN-S 계통]

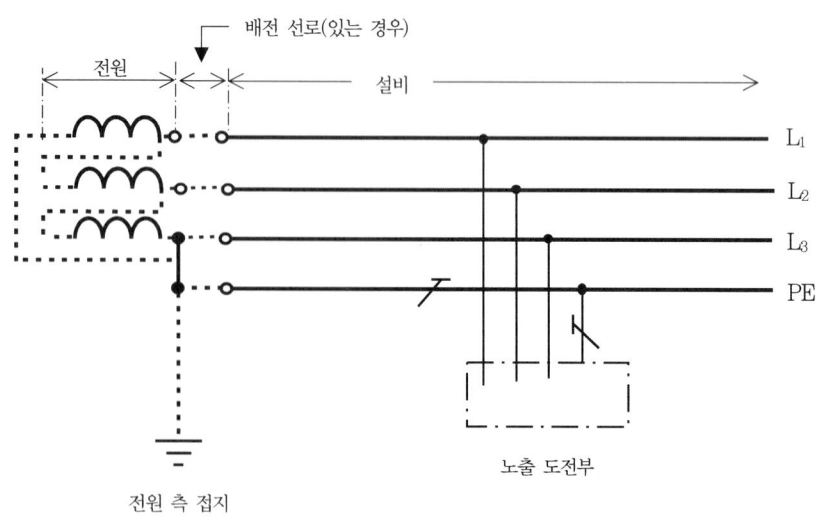

[계통 내에서 별도의 접지된 선도체와 보호 도체가 있는 TN-S 계통]

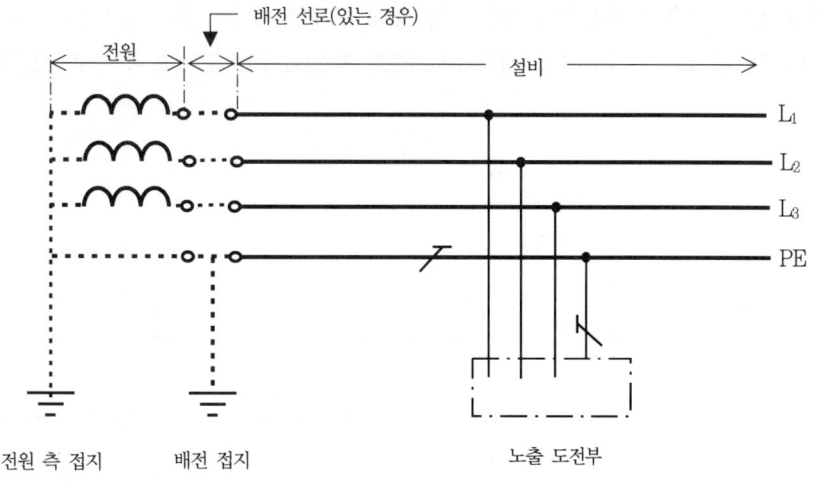

[계통 내에서 접지된 보호 도체는 있으나 중성선의 배선이 없는 TN-S 계통]

② TN-C 계통은 그 계통 전체에 대해 중성선과 보호 도체의 기능을 동일 도체로 겸용한 PEN 도체를 사용한다. 배전 계통에서 PEN 도체를 추가로 접지할 수 있다.

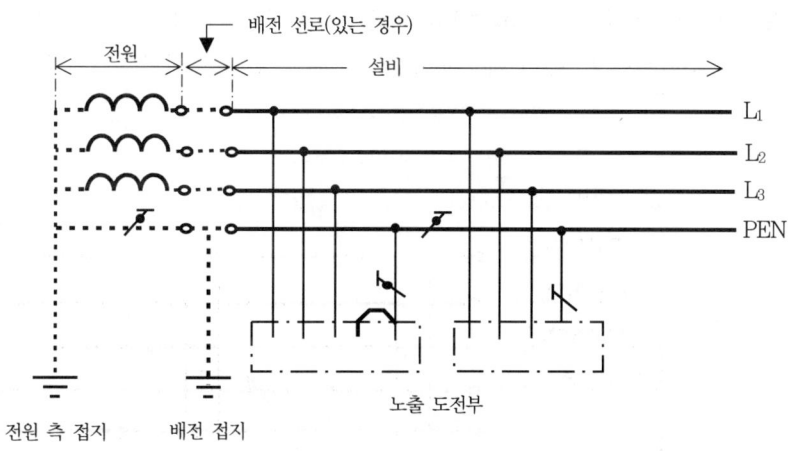

[TN-C 계통]

③ TN-C-S 계통은 계통의 일부분에서 PEN 도체를 사용하거나, 중성선과 별도의 PE 도체를 사용하는 방식이 있다. 배전 계통에서 PEN 도체와 PE 도체를 추가로 접지할 수 있다.

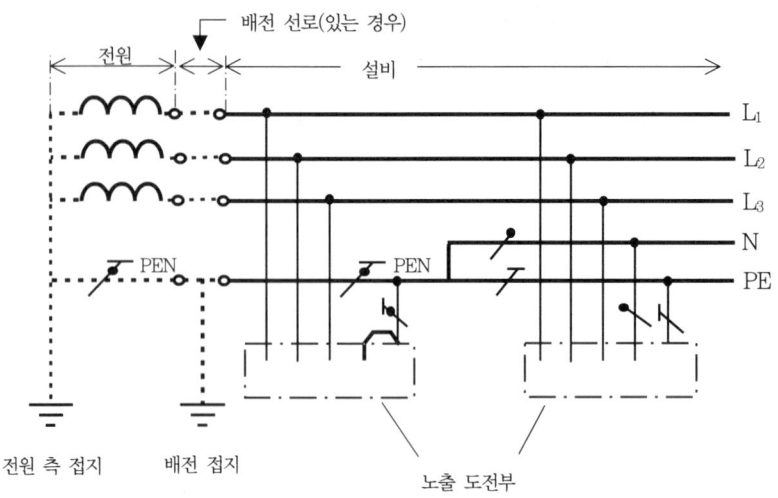

[설비의 어느 곳에서 PEN이 PE와 N으로 분리된 3상 4선식 TN-C-S 계통]

④ 전원의 한 점을 직접 접지하고 설비의 노출 도전부는 전원의 접지 전극과 전기적으로 독립적인 접지극에 접속시킨다. 배전 계통에서 PE 도체를 추가로 접지할 수 있다.

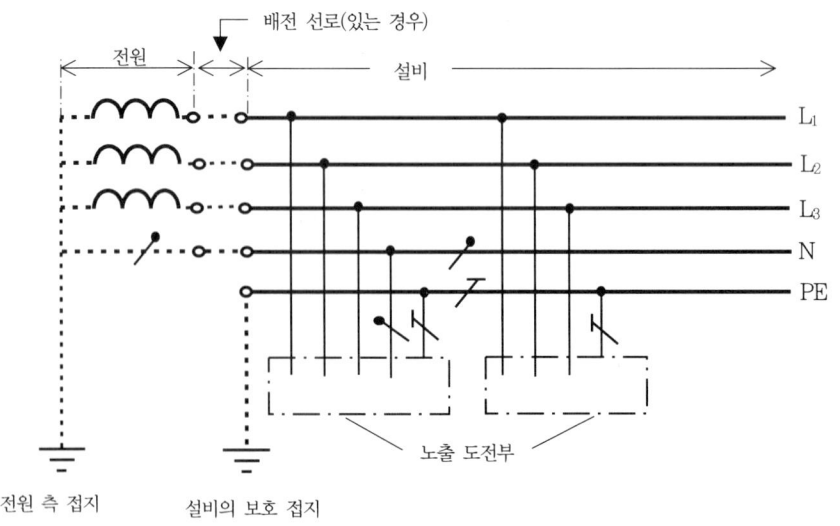

[설비 전체에서 별도의 중성선과 보호 도체가 있는 TT 계통]

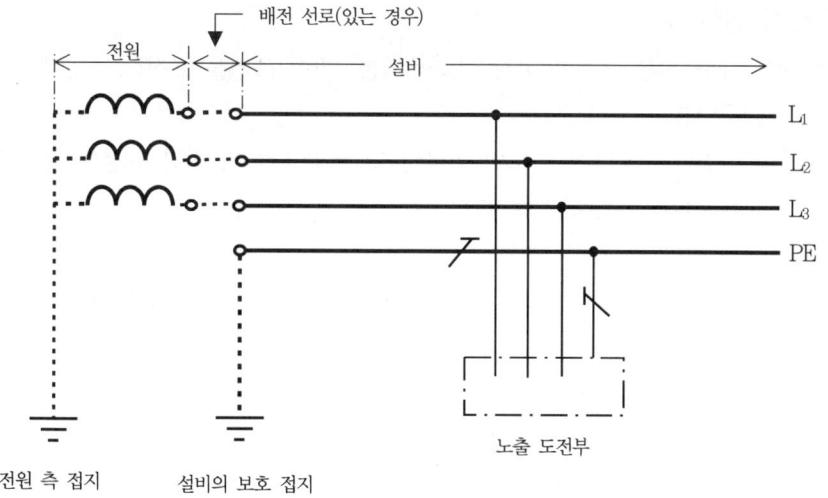

[설비 전체에서 접지된 보호 도체가 있으나 배전용 중성선이 없는 TT 계통]

⑤ IT 계통
- 충전부 전체를 대지로부터 절연시키거나, 한 점을 임피던스를 통해 대지에 접속시킨다. 전기설비의 노출 도전부를 단독 또는 일괄적으로 계통의 PE 도체에 접속시킨다. 배전 계통에서 추가 접지가 가능하다.
- 계통은 충분히 높은 임피던스를 통하여 접지할 수 있다. 이 접속은 중성점, 인위적 중성점, 선도체 등에서 할 수 있다. 중성선은 배선할 수도 있고, 배선하지 않을 수도 있다.

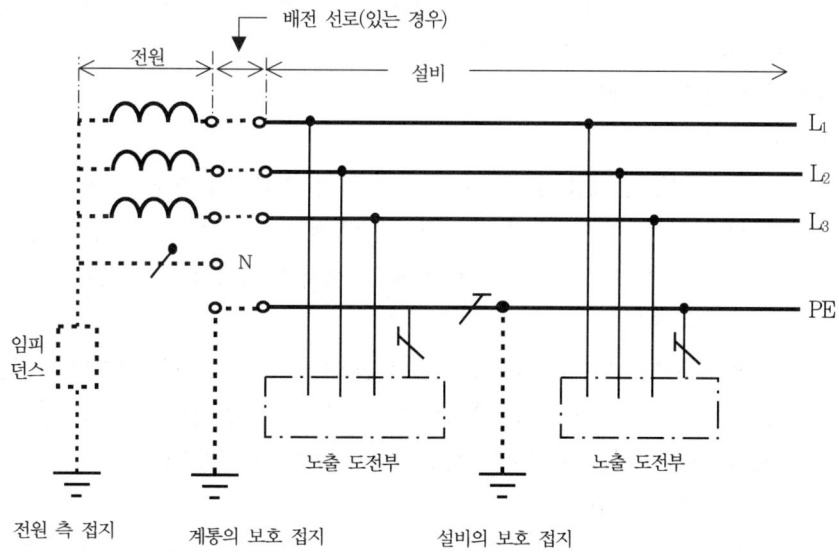

[계통 내의 모든 노출 도전부가 보호 도체에 의해 접속되어 일괄 접지된 IT 계통]

24) 감전에 대한 보호
① 인축에 대한 기본 보호와 고장 보호를 위한 필수 조건을 규정하고 있다.
② 일반 요구 사항
- 안전을 위한 보호에서 별도의 언급이 없는 한 다음의 전압 규정에 따른다.
  ⇒ 교류 전압은 실횻값으로 한다.
  ⇒ 직류 전압은 리플 프리로 한다.
- 설비의 각 부분에서 하나 이상의 보호 대책은 외부영향의 조건을 고려하여 보호 대책을 일반적으로 적용하여야 한다.
  ⇒ 전원의 자동 차단
  ⇒ 이중 절연 또는 강화 절연
  ⇒ 1개의 전기 사용 기기에 전기를 공급하기 위한 전기적 분리
  ⇒ SELV와 PELV에 의한 특별 저압

25) 전원의 자동 차단에 의한 보호 대책
① 보호 대책 일반 요구 사항
- 전원의 자동 차단에 의한 보호 대책
  ⇒ 기본 보호는 충전부의 기본 절연 또는 격벽이나 외함에 의한다.
  ⇒ 고장 보호는 보호 등전위 본딩 및 자동 차단에 의한다.
  ⇒ 추가적인 보호로 누전 차단기를 시설할 수 있다.
- 누설 전류 감시 장치는 보호 장치는 아니지만 전기 설비의 누설 전류를 감시하는 데 사용된다. 다만, 누설 전류 감시 장치는 누설 전류의 설정값을 초과하는 경우 음향 또는 음향과 시각적인 신호를 발생시켜야 한다.
② 고장 보호의 요구 사항
- 보호 접지
  ⇒ 노출 도전부는 계통 접지별로 규정된 특정 조건에서 보호 도체에 접속할 것.
  ⇒ 동시에 접근 가능한 노출 도전부는 개별적 또는 집합적으로 같은 접지 계통에 접속한다. 보호 접지에 관한 각 회로는 해당 접지 단자에 접속된 보호 도체를 이용한다.
- 보호 등전위 본딩
  ⇒ 도전성 부분은 보호 등전위 본딩으로 접속하고, 건축물 외부로부터 인입된 도전부는 건축물 안쪽의 가까운 지점에서 본딩한다. 다만, 통신 케이블의 금속 외피는 소유자 또는 운영자의 요구 사항을 고려하여 보호 등전위 본딩에 접속한다.
- 고장 시의 자동 차단
  ⇒ 보호 장치는 회로의 선도체와 노출 도전부 또는 선도체와 기기의 보호 도체 사이의 임피던스가 무시할 정도로 되는 고장의 경우 규정된 차단 시간 내에서 회로의 선도체 또는 설비의 전원을 자동으로 차단하여야 한다.

⇒ 다음 표의 최대 차단 시간은 32[A] 이하 분기 회로에 적용.

(단위: 초)

계통	50[V]< U_0 ≤120[V]		120[V]< U_0 ≤230[V]		230[V]< U_0 ≤400[V]		U_0 >400[V]	
	교류	직류	교류	직류	교류	직류	교류	직류
TN	0.8	[비고]	0.4	5	0.2	0.4	0.1	0.1
TT	0.3	[비고]	0.2	0.4	0.07	0.2	0.04	0.1

TT 계통에서 차단은 과전류 보호 장치에 의해 이루어지고 보호 등전위 본딩은 설비 안의 모든 계통외 도전부와 접속되는 경우 TN 계통에 적용 가능한 최대 차단 시간이 사용될 수 있다. U_0는 대지에서 공칭 교류 전압 또는 직류 선간 전압이다.

[비고] 차단은 감전 보호 외에 다른 원인에 의해 요구될 수도 있다.

⇒ TN 계통에서 배전 회로(간선)와 표의 경우를 제외하고는 5초 이하의 차단 시간을 허용한다.
⇒ TT 계통에서 배전 회로(간선)와 표의 경우를 제외하고는 1초 이하의 차단 시간을 허용한다.
• 추가적인 보호 : 누전 차단기에 의한 보호를 할 것.
  ⇒ 일반적으로 사용되며 일반인이 사용하는 정격 전류 20[A] 이하 콘센트
  ⇒ 옥외에서 사용되는 정격 전류 32[A] 이하 이동용 전기 기기

26) 누전 차단기의 시설

① 금속제 외함을 가지는 사용 전압이 50[V]를 초과하는 저압의 기계 기구로서 사람이 쉽게 접촉할 우려가 있는 곳에 시설하는 것에 전기를 공급하는 전로에 반드시 시설한다. 단, 다음의 경우에는 시설하지 않는다
• 기계 기구를 발전소·변전소·개폐소 또는 이에 준하는 곳에 시설하는 경우
• 기계 기구를 건조한 곳에 시설하는 경우
• 대지 전압이 150[V] 이하인 기계 기구를 물기가 있는 곳 이외의 곳에 시설하는 경우
• 이중 절연 구조의 기계 기구를 시설하는 경우
• 전로의 전원 측에 절연 변압기(2차 전압 300[V] 이하)를 시설하고, 부하 측의 전로에 접지하지 아니하는 경우
• 기계 기구가 고무·합성수지 기타 절연물로 피복된 경우
• 기계 기구가 유도 전동기의 2차 측 전로에 접속되는 것일 경우
② 주택의 인입구 등 누전 차단기 설치를 요구하는 전로
③ 특고압 전로, 고압 전로 또는 저압 전로와 변압기에 의하여 결합되는 사용 전압 400[V] 초과의 저압 전로 또는 발전기에서 공급하는 사용 전압 400[V] 초과의 저압 전로
④ 다음의 전로에는 자동 복구 기능을 갖는 누전 차단기를 시설할 수 있다.
• 독립된 무인 통신 중계소·기지국

- 관련 법령에 의해 일반인의 출입을 금지 또는 제한하는 곳
- 옥외의 장소에 무인으로 운전하는 통신 중계기 또는 단위 기기 전용 회로. 단, 일반인이 특정한 목적을 위해 지체하는 장소로서 버스 정류장, 횡단 보도 등에는 시설할 수 없다.

27) TN 계통

① TN 계통에서 설비의 접지 신뢰성은 PEN 도체 또는 PE 도체와 접지극과의 효과적인 접속에 의한다.

② 접지가 공공 계통 또는 다른 전원 계통으로부터 제공되는 경우 그 설비의 외부 측에 필요한 조건은 전기 공급자가 준수하여야 한다. 조건에 포함된 예는 다음과 같다.
- PEN 도체는 여러 지점에서 접지하여 PEN 도체의 단선 위험을 최소화할 수 있도록 한다.
- $R_B/R_E \leq 50/(U_0-50)$

    R_B : 병렬 접지극 전체의 접지 저항값(Ω)

    R_E : 1선 지락이 발생할 수 있으며 보호 도체와 접속되어 있지 않은 계통외도전부의 대지와의 접촉 저항의 최솟값(Ω)

    U_0 : 공칭 대지 전압(실횻값)

③ 전원 공급 계통의 중성점이나 중간점은 접지한다. 중성점이나 중간점을 접지할 수 없는 경우에는 선도체 중 하나를 접지한다. 설비의 노출 도전부는 보호 도체로 전원 공급 계통의 접지점에 접속한다.

④ 다른 유효한 접지점이 있다면, 보호 도체(PE 및 PEN 도체)는 건물이나 구내의 인입구 또는 추가로 접지한다.

⑤ 고정 설비에서 보호 도체와 중성선을 겸한 PEN 도체를 사용할 수 있다. 이러한 경우에는 PEN 도체에는 어떠한 개폐 장치나 단로 장치가 삽입되지 않아야 한다.

⑥ 보호 장치의 특성과 회로의 임피던스는 다음 조건을 충족하여야 한다.

$$Z_s \times I_a \leq U_0$$

Z_s : 다음과 같이 구성된 고장 루프 임피던스(Ω)
- 전원의 임피던스
- 고장점까지의 선도체 임피던스
- 고장점과 전원 사이의 보호 도체 임피던스

I_a : 제한된 시간 내에 차단 장치 또는 누전 차단기를 자동으로 동작하게 하는 전류(A)

U_0 : 공칭 대지 전압(V)

⑦ TN 계통에서 과전류 보호 장치 및 누전 차단기는 고장 보호에 사용할 수 있다. 누전 차단기를 사용하는 경우 과전류 보호 겸용의 것을 사용해야 한다.

⑧ TN-C 계통에는 누전 차단기를 사용해서는 안 된다. TN-C-S 계통에 누전 차단기를 설치하는 경우에는 누전 차단기의 부하 측에는 PEN 도체를 사용할 수 없다. 이러한 경우 PE도체는 누전 차단기의 전원 측에서 PEN 도체에 접속한다.

28) TT 계통

① 전원 계통의 중성점이나 중간점은 접지한다. 중성점이나 중간점을 이용할 수 없는 경우, 선도체 중 하나를 접지한다.

② TT 계통은 누전 차단기를 사용하여 고장 보호를 하여야 한다. 다만, 고장 루프 임피던스가 충분히 낮을 때는 과전류 보호 장치에 의하여 고장 보호를 할 수 있다.

③ 누전 차단기를 사용하여 TT 계통의 고장 보호를 하는 경우에는 다음에 적합하여야 한다.

- $R_A \times I_{\Delta n} \leq 50\ V$

  R_A : 노출 도전부에 접속된 보호 도체와 접지극 저항의 합(Ω)

  $I_{\Delta n}$: 누전 차단기의 정격 동작 전류(A)

④ 과전류 보호 장치를 사용하여 TT 계통의 고장 보호를 할 때에는 다음의 조건을 충족하여야 한다.

$$Z_s \times I_a \leq U_0$$

Z_s : 다음과 같이 구성된 고장 루프 임피던스(Ω)

- 전원
- 고장점까지의 선도체
- 노출 도전부의 보호 도체
- 접지 도체
- 설비의 접지극
- 전원의 접지극

I_a : 차단 시간 내에 차단 장치가 자동 작동하는 전류(A)

U_0 : 공칭 대지 전압(V)

29) IT 계통

① 노출 도전부 또는 대지로 단일 고장이 발생한 경우에는 고장 전류가 작기 때문에 자동 차단이 절대적 요구 사항은 아니다. 그러나 두 곳에서 고장 발생 시 동시에 접근이 가능한 노출 도전부에 접촉되는 경우에는 인체에 위험을 피하기 위한 조치를 하여야 한다.

② 노출 도전부는 개별 또는 집합적으로 접지하여야 하며, 다음 조건을 충족하여야 한다.

- 교류 계통 : $R_A \times I_d \leq 50[V]$
- 직류 계통 : $R_A \times I_d \leq 120[V]$

  R_A : 접지극과 노출 도전부에 접속된 보호 도체 저항의 합

  I_d : 하나의 선도체와 노출 도전부 사이에서 무시할 수 있는 임피던스로 1차 고장이 발생했을 때의 고장 전류(A)로 전기 설비의 누설 전류와 총접지 임피던스를 고려한 값

③ IT 계통은 다음과 같은 감시 장치와 보호 장치를 사용할 수 있으며, 1차 고장이 지속되는 동안 작동될 것. 절연 감시 장치는 음향 및 시각 신호를 갖추어야 한다.

- 절연 감시 장치

- 누설 전류 감시 장치
- 절연 고장점 검출 장치
- 과전류 보호 장치
- 누전 차단기

30) 기능적 특별 저압(FELV)

기능상의 이유로 교류 50[V], 직류 120[V] 이하인 공칭 전압을 사용하지만, SELV 또는 PELV에 대한 모든 요구 조건이 충족되지 않고 SELV와 PELV가 필요치 않은 경우에는 기본 보호 및 고장 보호의 보장을 위해 다음에 따라야 한다. 이러한 조건의 조합을 FELV라 한다.

① 기본 보호는 다음 중 어느 하나에 따른다.
- 전원의 1차 회로의 공칭 전압에 대응하는 기본 절연
- 격벽 또는 외함

② 고장 보호는 1차 회로가 전원의 자동 차단에 의한 보호가 될 경우 FELV 회로 기기의 노출 도전부는 전원의 1차 회로의 보호 도체에 접속할 것.

③ FELV 계통의 전원은 최소한 단순 분리형 변압기에 의한다. 만약 계통이 단권 변압기 등과 같이 최소한의 단순 분리가 되지 않은 기기에 의해 높은 전압 계통으로부터 공급되는 경우 FELV 계통은 높은 전압 계통의 연장으로 간주되고 높은 전압 계통에 적용되는 보호 방법에 의해 보호해야 한다.

④ FELV 계통용 플러그와 콘센트는 다음의 모든 요구 사항에 부합하여야 한다.
- 플러그를 다른 계통의 콘센트에 꽂을 수 없을 것.
- 콘센트는 다른 계통의 플러그를 수용할 수 없을 것.
- 콘센트는 보호 도체에 접속하여야 한다.

31) SELV와 PELV를 적용한 특별 저압에 의한 보호

① 특별 저압에 의한 보호는 다음의 특별 저압 계통에 의한 보호 대책이다.
- SELV(Safety Extra-Low Voltage)
- PELV(Protective Extra-Low Voltage)

② 보호 대책의 요구 사항
- 특별 저압 계통의 전압한계는 교류 50[V] 이하, 직류 120[V] 이하이어야 한다.
- 특별 저압 회로를 제외한 모든 회로로부터 특별 저압 계통을 보호 분리하고, 특별 저압 계통과 다른 특별 저압 계통 간에는 기본 절연을 하여야 한다.
- SELV 계통과 대지 간의 기본 절연을 하여야 한다.

③ SELV와 PELV용 전원 : 특별 저압 계통에는 다음의 전원을 사용해야 한다.
- 안전 절연 변압기 전원
- 안전 절연 변압기 및 이와 동등한 절연의 전원
- 축전지 및 디젤 발전기 등과 같은 독립 전원

- 내부 고장이 발생한 경우에도 출력 단자의 전압이 규정된 값을 초과하지 않도록 적절한 표준에 따른 전자장치
- 안전 절연 변압기, 전동 발전기 등 저압으로 공급되는 이중 또는 강화 절연된 이동용 전원

32) SELV와 PELV 회로에 대한 요구 사항

① SELV 및 PELV 회로는 다음을 포함하여야 한다.
- 충전부와 다른 SELV와 PELV 회로 사이의 기본 절연
- 이중 절연 또는 강화 절연 또는 최고 전압에 대한 기본 절연 및 보호 차폐에 의한 SELV 또는 PELV 이외의 회로들의 충전부로부터 보호 분리
- SELV 회로는 충전부와 대지 사이에 기본 절연
- PELV 회로 및 PELV 회로에 의해 공급되는 기기의 노출 도전부는 접지

② 기본 절연이 된 다른 회로의 충전부로부터 특별 저압 회로 배선 계통의 보호 분리는 다음의 방법 중 하나에 의할 것.
- SELV와 PELV 회로의 도체들은 기본 절연을 하고 비금속 외피 또는 절연된 외함으로 시설할 것.
- SELV와 PELV 회로의 도체들은 전압 밴드 I보다 높은 전압 회로의 도체들로부터 접지된 금속 시스 또는 접지된 금속 차폐물에 의해 분리할 것.
- SELV와 PELV 회로의 도체들이 사용 최고 전압에 대해 절연된 경우 전압 밴드 I보다 높은 전압의 다른 회로 도체들과 함께 다심 케이블 또는 다른 도체 그룹에 수용할 것.

③ SELV와 PELV 계통의 플러그와 콘센트는 다음에 따를 것.
- 플러그는 다른 전압 계통의 콘센트에 꽂을 수 없어야 한다.
- 콘센트는 다른 전압 계통의 플러그를 수용할 수 없어야 한다.
- SELV 계통에서 플러그 및 콘센트는 보호 도체에 접속하지 않아야 한다.

④ SELV 회로의 노출 도전부는 대지 또는 다른 회로의 노출 도전부나 보호 도체에 접속하지 않아야 한다.

⑤ 공칭 전압이 교류 25[V] 또는 직류 60[V]를 초과하거나 기기가 물에 잠겨 있는 경우 절연 및 격벽 또는 외함에 기본 보호는 특별 저압 회로에 준해서 시설한다.

⑥ 건조한 상태에서 다음의 경우는 기본 보호를 하지 않아도 된다.
- SELV 회로에서 공칭 전압이 교류 25[V] 또는 직류 60[V]를 초과하지 않는 경우
- PELV 회로에서 공칭 전압이 교류 25[V] 또는 직류 60[V]를 초과하지 않고 노출 도전부 및 충전부가 보호 도체에 의해서 주접지 단자에 접속된 경우

⑦ SELV 또는 PELV 계통의 공칭 전압이 교류 12[V] 또는 직류 30[V]를 초과하지 않는 경우에는 기본 보호를 하지 않아도 된다.

33) 과전류에 대한 선도체의 보호

① 과전류 검출기의 설치
- 과전류의 검출은 모든 선도체에 대하여 과전류 검출기를 설치하여 과전류가 발생할 때 전원을 안전하게 차단해야 한다. 다만, 과전류가 검출된 도체 이외의 다른 선도체는 차단하지 않아도 된다.
- 3상 전동기 등과 같이 단상 차단이 위험을 일으킬 수 있는 경우 적절한 보호 조치를 해야 한다.

② 과전류 검출기 설치 예외 : TT 계통 또는 TN 계통에서, 선도체만을 이용하여 전원을 공급하는 회로의 경우, 다음 조건들을 충족하면 선도체 중 어느 하나에는 과전류 검출기를 설치하지 않아도 된다.
- 동일 회로 또는 전원 측에서 부하 불평형을 감지하고 모든 선도체를 차단하기 위한 보호 장치를 갖춘 경우
- 위에서 규정한 보호 장치의 부하 측에 위치한 회로의 인위적 중성점으로부터 중성선을 배선하지 않는 경우

34) 과전류에 대한 중성선의 보호

① TT 계통 또는 TN 계통
- 중성선의 단면적이 선도체의 단면적과 동등 이상의 크기이고, 그 중성선의 전류가 선도체의 전류보다 크지 않을 것으로 예상될 경우, 중성선에는 과전류 검출기 또는 차단 장치를 설치하지 않아도 된다.
- 단락 전류로부터 중성선을 보호해야 한다.
- 중성선에 관한 요구 사항은 차단에 관한 것을 제외하고 중성선과 보호 도체 겸용(PEN) 도체에도 적용한다.

② IT 계통
- 중성선을 배선하는 경우 중성선에 과전류 검출기를 설치해야 하며, 과전류가 검출되면 중성선을 포함한 해당 회로의 모든 충전 도체를 차단해야 한다.
- 다음의 경우에는 과전류 검출기를 설치하지 않아도 된다.
  ⇒ 설비의 전력 공급점과 같은 전원 측에 설치된 보호 장치에 의해 그 중성선이 과전류에 대해 효과적으로 보호되는 경우
  ⇒ 정격 감도 전류가 해당 중성선 허용 전류의 0.2배 이하인 누전 차단기로 그 회로를 보호하는 경우

③ 중성선의 차단 및 재폐로
중성선을 차단 및 재폐로하는 회로의 경우에 설치하는 개폐기 및 차단기는 차단 시에는 중성선이 선도체보다 늦게 차단되어야 하며, 재폐로 시에는 선도체와 동시 또는 그 이전에 재폐로되는 것을 설치하여야 한다.

35) 보호 장치의 종류

- 과부하 전류 및 단락 전류 겸용 보호 장치 : 예상되는 단락 전류를 포함한 모든 과전류를 차단 및 투입할 수 있는 능력이 있을 것.
- 과부하 전류 전용 보호 장치 : 과부하 전류 전용 보호 장치의 차단 용량은 그 설치 점에서의 예상 단락 전륫값 미만으로 할 수 있다.
- 단락 전류 전용 보호 장치 : 단락 전류 전용 보호 장치는 과부하 보호를 별도의 보호 장치에 의하거나, 과부하 보호 장치의 생략이 허용되는 경우에 설치할 수 있다. 이 보호 장치는 예상 단락 전류를 차단할 수 있어야 하며, 차단기인 경우에는 이 단락 전류를 투입할 수 있는 능력이 있어야 한다.

36) 보호 장치의 특성

① 과전류 보호 장치는 KS C 또는 KS C IEC 관련 표준의 동작 특성에 적합하여야 한다.
② 과전류 차단기로 저압 전로에 사용하는 범용의 퓨즈는 다음 표에 적합한 것이어야 한다.

[퓨즈(gG)의 용단 특성]

정격 전류의 구분	시 간	정격 전류의 배수	
		불용단 전류	용단 전류
4[A] 이하	60분	1.5배	2.1배
4[A] 초과 16[A] 미만	60분	1.5배	1.9배
16[A] 이상 63[A] 이하	60분	1.25배	1.6배
63[A] 초과 160[A] 이하	120분	1.25배	1.6배
160[A] 초과 400[A] 이하	180분	1.25배	1.6배
400[A] 초과	240분	1.25배	1.6배

③ 과전류 차단기로 저압 전로에 사용하는 산업용 배선 차단기와 주택용 배선 차단기는 다음의 표의 특성에 적합한 것이어야 한다. 다만, 일반인이 접촉할 우려가 있는 장소(세대 내 분전반 및 이와 유사한 장소)에는 주택용 배선 차단기를 시설하여야 한다.

[과전류 트립 동작 시간 및 특성(산업용 배선 차단기)]

정격 전류의 구분	시 간	정격 전류의 배수 (모든 극에 통전)	
		부동작 전류	동작 전류
63[A] 이하	60분	1.05배	1.3배
63[A] 초과	120분	1.05배	1.3배

[순시 트립에 따른 구분(주택용 배선 차단기)]

형	순시 트립 범위
B	3[In] 초과 ~ 5[In] 이하
C	5[In] 초과 ~ 10[In] 이하
D	10[In] 초과 ~ 20[In] 이하

비고 1. B, C, D : 순시 트립 전류에 따른 차단기 분류
    2. In : 차단기 정격 전류

[과전류 트립 동작 시간 및 특성(주택용 배선 차단기)]

정격 전류의 구분	시간	정격 전류의 배수 (모든 극에 통전)	
		부동작 전류	동작 전류
63[A] 이하	60분	1.13배	1.45배
63[A] 초과	120분	1.13배	1.45배

37) 과부하 전류에 대한 보호

① 도체와 과부하 보호 장치 사이의 협조
- 보호하는 장치의 동작 특성

$$I_B \leq I_n \leq I_Z, \ I_2 \leq 1.45 \times I_Z$$

I_B : 회로의 설계 전류, I_Z : 케이블의 허용 전류

I_n : 보호 장치의 정격 전류

I_2 : 보호 장치가 규약 시간 이내에 유효하게 동작하는 것을 보장하는 전류

② 조정할 수 있게 설계 및 제작된 보호 장치의 경우, 정격 전류 I_n은 사용 현장에 적합하게 조정된 전류의 설정값이다.

③ 보호 장치의 유효한 동작을 보장하는 전류 I_2는 제조자로부터 제공되거나 제품 표준에 제시되어야 한다.

④ $I_2 \leq 1.45 \times I_Z$ 식에 따른 보호는 조건에 따라서는 보호가 불확실한 경우가 발생할 수 있다. 이러한 경우에는 식에 따라 선정된 케이블보다 단면적이 큰 케이블을 선정하여야 한다.

⑤ I_B는 선도체를 흐르는 설계 전류이거나, 함유율이 높은 영상분 고조파(특히 제3 고조파)가 지속적으로 흐르는 경우 중성선에 흐르는 전류이다.

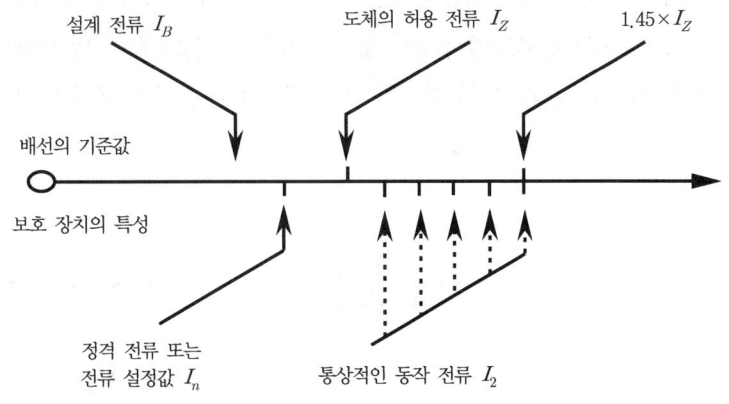

[과부하 보호 설계 조건도]

38) 과부하 보호 장치의 설치 위치

① **설치 위치**

과부하 보호 장치는 전로 중 도체의 단면적, 특성, 설치 방법, 구성의 변경으로 도체의 허용 전룻값이 줄어드는 곳, 즉 분기점에 설치해야 한다.

② **설치 위치의 예외**

과부하 보호 장치는 분기점(O)에 설치해야 하나, 분기점(O)과 분기 회로의 과부하 보호 장치의 설치점 사이의 배선 부분에 다른 분기 회로나 콘센트 회로가 접속되어 있지 않고, 다음 중 하나를 충족하는 경우에는 변경이 있는 배선에 설치할 수 있다.

- 그림과 같이 분기 회로(S_2)의 과부하 보호 장치(P_2)의 전원 측에 다른 분기 회로 또는 콘센트의 접속이 없고, 분기 회로에 대한 단락 보호가 이루어지고 있는 경우, P_2는 분기 회로의 분기점(O)으로부터 부하 측으로 거리에 구애받지 않고 이동하여 설치할 수 있다.

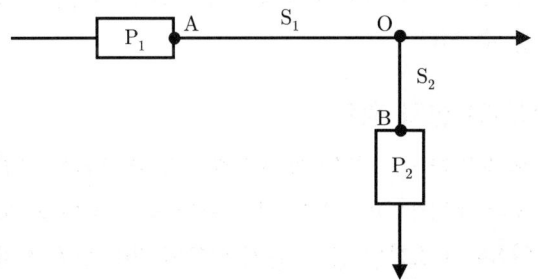

[분기 회로(S_2)의 분기점(O)에 설치되지 않은 분기 회로 과부하 보호 장치(P_2)]

- 그림과 같이 분기 회로(S_2)의 보호 장치(P_2)는 (P_2)의 전원 측에서 분기점(O) 사이에 다른 분기 회로 또는 콘센트의 접속이 없고, 단락의 위험과 화재 및 인체에 대한 위험성이 최소화 되도록 시설된 경우, 분기 회로의 보호 장치(P_2)는 분기 회로의 분기점(O)으로부터 3[m]까지 이동하여 설치할 수 있다.

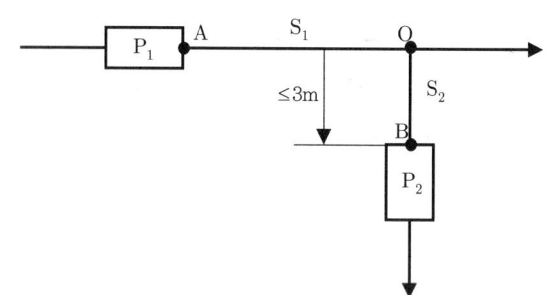

[분기 회로(S_2)의 분기점(O)에서 3[m] 이내에 설치된 과부하 보호 장치(P_2)]

③ 과부하 보호 장치의 생략
(단, 화재 또는 폭발 위험성이 있는 장소에 설치되는 설비 또는 특수 설비 및 특수 장소의 요구 사항들을 별도로 규정하는 경우 생략 불가)
- 분기 회로의 전원 측에 설치된 보호 장치에 의하여 분기 회로에서 발생하는 과부하에 대해 유효하게 보호되고 있는 분기 회로
- 단락 전류에 의한 보호가 되고 있으며, 분기점 이후의 분기 회로에 다른 분기 회로 및 콘센트가 접속되지 않는 분기 회로 중, 부하에 설치된 과부하 보호 장치가 유효하게 동작하여 과부하 전류가 분기 회로에 전달되지 않도록 조치를 하는 경우
- 통신 회로용, 제어 회로용, 신호 회로용 및 이와 유사한 설비

④ 하나의 보호 장치가 여러 개의 병렬 도체를 보호할 경우, 병렬 도체는 분기 회로, 분리, 개폐 장치를 사용할 수 없다.

39) 단락 보호 장치의 설치 위치
① 단락 전류 보호 장치는 분기점(O)에 설치해야 한다. 다만, 그림과 같이 분기 회로의 단락 보호 장치 설치점(B)과 분기점(O) 사이에 다른 분기 회로 또는 콘센트의 접속이 없고 단락, 화재 및 인체에 대한 위험이 최소화될 경우, 분기 회로의 단락 보호 장치 P_2는 분기점(O)으로부터 3[m]까지 이동하여 설치할 수 있다.

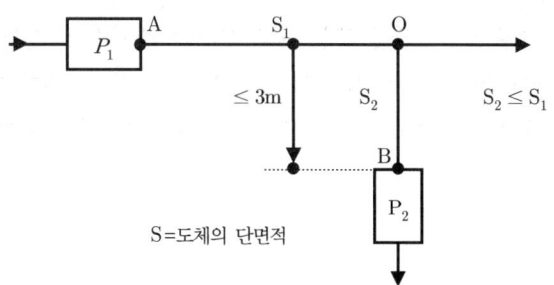

[분기 회로 단락 보호 장치(P_2)의 제한된 위치 변경]

② 도체의 단면적이 줄어들거나 다른 변경이 이루어진 분기 회로의 시작점(O)과 이 분기 회로의 단락 보호 장치(P_2) 사이에 있는 도체가 전원 측에 설치되는 보호 장치(P_1)에 의해 단락 보호가 되는 경우에, P_2의 설치 위치는 분기점(O)으로부터 거리 제한이 없이 설치할 수 있다. 단, 전원 측 단락 보호 장치(P_1)는 부하 측 배선(S_2)에 대하여 단락 보호를 할 수 있는 특성을 가져야 한다.

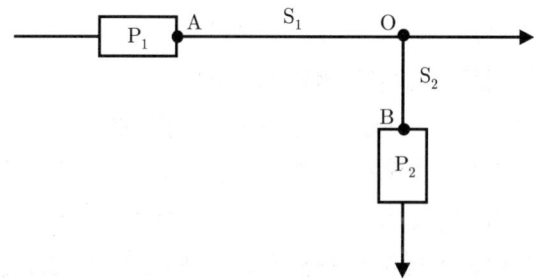

[분기 회로 단락 보호 장치(P_2)의 설치 위치]

③ 단락 보호 장치의 생략

배선을 단락 위험이 최소화할 수 있는 방법과 가연성 물질 근처에 설치하지 않는 조건이 모두 충족되면 다음과 같은 경우 단락 보호 장치를 생략할 수 있다.
- 발전기, 변압기, 정류기, 축전지와 보호 장치가 설치된 제어반을 연결하는 도체
- 전원 차단이 설비의 운전에 위험을 가져올 수 있는 회로
- 특정 측정 회로

40) 단락 보호 장치의 특성

① **차단 용량** : 정격 차단 용량은 단락전류 보호 장치 설치점에서 예상되는 최대 크기의 단락 전류보다 커야 한다. 다만, 전원 측 전로에 단락 고장 전류 이상의 차단 능력이 있는 과전류 차단기가 설치되는 경우에는 그러하지 아니하다. 이 경우에 두 장치를 통과하는 에너지가 부하 측 장치와 이 보호 장치로 보호를 받는 도체가 손상을 입지 않고 견뎌낼 수 있는 에너지를 초과하지 않도록 양쪽 보호 장치의 특성이 협조되도록 해야 한다.

② 케이블 등의 단락 전류

회로의 임의의 지점에서 발생한 모든 단락 전류는 케이블 및 절연 도체의 허용 온도를 초과하지 않는 시간 내에 차단되도록 해야 한다. 단락 지속 시간이 5초 이하인 경우, 통상 사용 조건에서의 단락 전류에 의해 절연체의 허용 온도에 도달하기까지의 시간 t는 다음 식과 같이 계산할 수 있다.

$$t = \left(\frac{kS}{I}\right)^2$$

t : 단락 전류 지속 시간(s)
S : 도체의 단면적(mm^2)
I : 유효 단락 전류(A, rms)
k : 도체 재료의 저항률, 온도 계수, 열용량, 해당 초기 온도와 최종 온도를 고려한 계수

41) 저압 전로 중의 개폐기 및 과전류 차단 장치의 시설

① 저압 전로 중의 개폐기의 시설
- 개폐기를 시설하는 경우 각 극에 설치할 것.
- 사용 전압이 다른 개폐기는 상호 식별이 용이하도록 시설하여야 한다.

② 저압 옥내 전로 인입구에서의 개폐기의 시설
- 저압 옥내 전로(화약류 저장소 제외)에는 인입구에 가까운 곳으로서 쉽게 개폐할 수 있는 곳에 개폐기(개폐기의 용량이 큰 경우에는 적정 회로로 분할하여 개폐기를 시설할 수 있으며, 각 개폐기는 집합하여 시설)를 각 극에 시설하여야 한다.
- 사용 전압이 400[V] 이하인 옥내 전로로서 다른 옥내 전로(정격 전류가 16[A] 이하인 과전류 차단기 또는 정격 전류가 16[A]를 초과하고 20[A] 이하인 배선 차단기에 한함)에 접속하는 길이 15[m] 이하의 전로에서 전기의 공급을 받는 것은 각 극마다 시설하지 않아도 된다.
- 저압 옥내 전로에 접속하는 전원 측의 전로(전로에 가공 부분 또는 옥상 부분이 있는 경우에는 그 부분보다 부하 측에 있는 부분에 한함)의 그 저압 옥내 전로의 인입구에 가까운 곳에 전용의 개폐기를 쉽게 개폐할 수 있는 곳의 각 극에 시설하는 경우에는 각 극에 시설하지 아니할 수 있다.

③ 저압 전로 중의 전동기 보호용 과전류 보호 장치의 시설
㉠ 과전류 차단기로 저압 전로에 시설하는 과부하 보호 장치와 단락 보호 전용 차단기 또는 과부하 보호 장치와 단락 보호 전용 퓨즈를 조합한 장치는 전동기에만 연결하는 저압 전로에 사용하고 다음 각각에 적합한 것이어야 한다.
- 과부하 보호 장치, 단락 보호 전용 차단기 및 단락 보호 전용 퓨즈는 다음에 따라 시설할 것.
  ⇒ 과부하 보호 장치로 전자 접촉기를 사용할 경우에는 반드시 과부하 계전기가 부착되어 있을 것.

⇒ 단락 보호 전용 차단기의 단락 동작 설정 전륫값은 전동기의 기동 방식에 따른 기동 돌입 전류를 고려할 것.

⇒ 단락 보호 전용 퓨즈는 다음 표의 용단 특성에 적합한 것일 것.

[단락 보호 전용 퓨즈(aM)의 용단 특성]

정격 전류의 배수	불용단 시간	용단 시간
4배	60초 이내	–
6.3배	–	60초 이내
8배	0.5초 이내	–
10배	0.2초 이내	–
12.5배	–	0.5초 이내
19배	–	0.1초 이내

• 과부하 보호 장치와 단락 보호 전용 차단기 또는 단락 보호 전용 퓨즈를 하나의 전용함 속에 넣어 시설한 것일 것.

• 과부하 보호 장치가 단락 전류에 의하여 손상되기 전에 그 단락 전류를 차단하는 능력을 가진 단락 보호 전용 차단기 또는 단락 보호 전용 퓨즈를 시설한 것일 것.

• 과부하 보호 장치와 단락 보호 전용 퓨즈를 조합한 장치는 단락 보호 전용 퓨즈의 정격 전류가 과부하 보호 장치의 설정 전륫(setting current)값 이하가 되도록 시설한 것(그 값이 단락 보호 전용 퓨즈의 표준 정격에 해당하지 아니하는 경우는 단락 보호 전용 퓨즈의 정격 전류가 그 값의 바로 상위의 정격이 되도록 시설한 것을 포함)일 것.

ⓒ 저압 옥내 시설하는 보호 장치의 정격 전류 또는 전류 설정값은 전동기 등이 접속되는 경우에는 그 전동기의 기동 방식에 따른 기동 전류와 다른 전기 사용 기계 기구의 정격 전류를 고려하여 선정하여야 한다.

ⓒ 옥내에 시설하는 전동기(정격 출력 0.2[kW] 이하인 것 제외)에는 전동기가 손상될 우려가 있는 과전류가 생겼을 때에 자동적으로 이를 저지하거나 이를 경보하는 장치를 하여야 한다. 다만, 다음의 어느 하나에 해당하는 경우에는 그러하지 아니하다.

• 전동기를 운전 중 상시 취급자가 감시할 수 있는 위치에 시설하는 경우

• 전동기의 구조나 부하의 성질로 보아 전동기가 손상될 수 있는 과전류가 생길 우려가 없는 경우

• 단상 전동기로 그 전원 측 전로에 시설하는 과전류 차단기의 정격 전류가 16[A](배선 차단기는 20[A]) 이하인 경우

42) 가공 인입선

① 사용 전선

• 저압 : 2.6[mm] 경동선 또는 2.30[kN] 이상
(단, 선로 긍장이 15[m] 이하인 경우 : 2.0[mm] 경동선 또는 1.25[kN] 사용 가능)

- 고압 : 5.0[mm] 절연 전선 또는 8.01[kN] 이상, 케이블
- 특별 고압 : 케이블(단, 100[kV] 이하)

② 건조물 등과의 접근 시 이격 거리(나선, 절연 전선, 케이블)
- 상부 조영재 위쪽 : 2, 1, 0.5[m] 이상
- 상부 조영재 옆쪽, 아래쪽 : 0.3, -, 0.15[m] 이상
- 이외의 시설물 : 0.3, -, 0.15[m] 이상

③ 전선 높이
- 저압 : 도로 횡단 5[m] 이상, 횡단보도교 3[m] 이상(기술상 교통에 지장이 없는 경우 2.5[m] 이상), 기타 4[m] 이상
- 고압 : 도로 횡단 6[m] 이상, 위험 표시 : 3.5[m] 이상

장소 구분	저압(m)	고압(m)
도로 횡단	5[m] 이상 (단, 기술상 부득이하고 교통에 지장이 없는 경우 3[m])	6[m] 이상
철도 횡단	6.5[m] 이상	6.5[m] 이상
횡단보도교	3[m] 이상	3.5[m] 이상
기타 장소	4[m] 이상 (단, 기술상 부득이하고 교통에 지장이 없는 경우 2.5[m])	5[m] 이상 (단, 절연 전선으로 하단에 위험 표시 경우 3.5[m] 이상)

	도로 횡단	철도 횡단	횡단보도교	기타 장소
35[kV] 이하	6[m]	6.5[m]	4[m] (특고압 절연 전선, 케이블 사용)	5[m]
35[kV] 초과 160[kV] 이하	6[m]	6.5[m]	5[m] (케이블 사용)	6[m]
160[kV] 초과	• 다음 경우 10[kV] 단수마다 12[cm]씩 가산할 것. • 기타 장소 : 6+α[m] 이상 • 산악 지역 : 5+α[m] 이상			

43) 연접 인입선(저압에 한함)

한 수용 장소의 인입선에서 나와 지지물을 경과하여 다른 수용 장소의 인입구에 이르는 부분의 전선

① 선로 긍장 : 100[m] 이하
② 폭 5[m] 넘는 도로 횡단 금지
③ 옥내 관통 금지

44) 옥측 전선로

① 전압 : 저, 고, 특고(100[kV] 이하)
② 전선 : 저압 4.0[mm²] 이상 연동 절연 전선(OW, DV 제외)
③ 공사 방법 : 애자(전개), 합성수지관, 버스 덕트, 케이블
④ 애자 : 4[mm²] 이상의 연동 절연 전선(OW, DV 제외)

[시설 장소별 조영재 사이의 이격 거리]

시설 장소	전선 상호 간		전선과 조영재	
	400[V] 이하	400[V] 초과	400[V] 이하	400[V] 초과
비나 이슬에 젖지 않는 장소	0.06[m]	0.06[m]	0.025[m]	0.025[m]
비나 이슬에 젖는 장소	0.06[m]	0.12[m]	0.025[m]	0.045[m]

⑤ 전선 지지점 간 거리 : 2[m]
  단, 2.0[mm] 이상 경동선(1.38[kN] 이상)으로 전선 상호 간격 20[cm] 이상, 조영재 이격 거리 30[cm] 이상 - OW 사용 가능, 2[m] 넘고 15[m] 이하로 할 수 있다.
⑥ 조영물과의 접근 시 이격 거리(나선, 절연 전선 또는 케이블)
  • 상부 조영재 위쪽 : 2, 1[m] 이상
  • 상부 조영재 옆쪽, 아래쪽 : 0.6, 0.3[m] 이상
  • 이외의 시설물 : 0.6, 0.3[m] 이상
⑦ 식물과의 이격 거리 : 0.2[m] 이상(단, 고·특고압 절연 전선은 접촉만 안 하면 됨)

45) 옥상 전선로 : 특별 고압사용불가

① 전선 : 2.6[mm] 이상 경동선(2.30[kN] 이상)(OW 포함)
② 전선 지지점 간 간격 : 15[m] 이하
③ 조영재와 이격 거리 : 2[m] 이상
  (단, 고압 및 특·고압 절연 전선, 케이블 - 1[m] 이상)
④ 다른 전선 및 안테나, 가스관 등과의 이격 거리 : 1[m] 이상
  (단, 절연 전선 및 케이블 - 0.3[m] 이상)
⑤ 식물과의 이격 거리 : 접촉만 안 하면 됨

46) 저압 가공 전선의 시설

① 전선의 안전율(경동선, 내열동 합금선) : 2.2 이상(기타 전선 : 2.5 이상)
② 400[V] 이하 : 3.2[mm] 이상 또는 3.43[kN] 이상(단, 절연 전선 2.6[mm] 이상 또는 2.3[kN] 이상)
③ 400[V] 초과 : DV 사용 금지
  • 시가지 내 : 5[mm] 이상 경동선 또는 8.01[kN] 이상

- 시가지 외 : 4[mm] 이상 경동선 또는 5.26[kN] 이상

④ 가공 전선의 높이
- 저압 가공 전선 ⇒ 5[m](교통에 지장 없는 경우 4[m]) 이상
- 도로 횡단 시 : 6[m] 이상
- 철도 횡단 시 : 궤조면상 6.5[m] 이상
- 횡단보도교의 위에 시설하는 경우 그 노면상 3.5[m](절연 전선·다심형 전선·고압 절연 전선·특별 고압 절연 전선 또는 케이블인 경우에는 3[m]) 이상

⑤ 지지물의 강도
  목주의 경우 풍압 하중의 1.2배의 하중, 기타의 경우에는 풍압 하중에 견디는 강도를 가질 것

47) 병행 시설
① 고·저압 : 50[cm] 이상(케이블 : 30[cm] 이상)
② 저·고압 가공 전선과 교류 전차선의 이격 거리 : 3[m]
- 저·고압 가공 전선로의 경간 : 60[m] 이하.
- 저·고압 가공 전선 : 인장 강도 8.71[kN] 이상 또는 단면적 22[mm^2] 이상 경동 연선일 것. 다만, 저압 가공 전선을 교류 전차선의 아래에 시설 : 인장 강도 8.01[kN] 이상 또는 지름 5[mm](저압 가공 전선로의 경간 30[m] 이하 : 인장 하중 5.26[kN] 이상 또는 지름 4[mm] 이상 경동선) 이상의 경동선을 사용.

48) 저압 보안 공사
① 전선 : 400[V] 이하 4.0[mm] 이상 경동선, 5.26[kN]
       400[V] 초과 5.0[mm] 이상 경동선, 8.01[kN]
② 목주의 말구 지름 : 12[cm] 이상, 안전율 1.5 이상
③ 22[mm^2] 이상 경동 연선(8.71[kN] 이상) : 표준 경간 시설 가능

	표준 경간	저압 보안 공사
목주, A종	150	100
B종	250	150
철탑	600	400

49) 건조물 등과의 이격 거리
① 상부 조영재 위쪽
- 저압 가공 전선 : 2[m]
② 상부 조영재 옆쪽, 아래쪽
- 저압 가공 전선 : 1.2[m]

③ 도로, 횡단 보도, 철도
  • 저압 가공 전선 : 3[m]
④ 저압 가공 전선 접근 교차
  • 저압 가공 전선 : 0.6[m](단, 절연 전선, 케이블 - 0.3[m])
  • 고압 가공 전선 : 0.8[m](단, 케이블 - 0.4[m])
  • 전화선, 안테나 : 0.6[m](단, 절연 전선, 케이블 - 0.3[m])
⑤ 삭도 등과의 최소 이격 거리
  • 저압 가공 전선 : 0.6[m]

건조물과 조영재 구분		전선 종류	저압
건조물 (조영재)	상부 조영재 위쪽	일반 전선	2[m]
		고압 절연 전선	1[m]
		케이블	1[m]
	상부 조영재 옆쪽, 아래쪽 기타 조영재	일반 전선	1.2[m]
		사람 접촉 우려 없는 경우	0.8[m]
		고압 절연 전선	0.4[m]
		케이블	0.4[m]
	건조물 아래쪽	일반 전선	0.6[m]
		고압 절연 전선	0.3[m]
		케이블	0.3[m]

건조물과 조영재 구분		전선 종류	저압
도로, 횡단 보도, 철도			3[m]
삭도나 그 지주 저압 전차선, 안테나 저압 가공 전선 가공 약전류 전선		일반 전선	0.6[m]
		고압 절연 전선	0.3[m]
		케이블	0.3[m]
		※ 저압 가공 전선과 고압 전차선은 1.2[m]	
저·고압 가공 전선 등의 지지물 저압 전차 선로 지지물		일반 전선	0.3[m]
		고압 절연 전선	0.3[m]
		케이블	0.3[m]
다른 시설물	조영물의 상부 조영재 위쪽	일반 전선	2[m]
		고압 절연 전선	1[m]
		케이블	1[m]
	조영물의 상부 조영재 옆쪽, 아래쪽 또는 상부 조영재 이외 부분	일반 전선	0.6[m]
		고압 절연 전선	0.3[m]
		케이블	0.3[m]

50) 식물과의 이격 거리
① **저압** : 접촉 안 하면 됨. 절연 전선 및 케이블 사용

51) 농사용 전선로
① **사용 전압** : 저압
② 인장 강도 1.38[kN] 이상 또는 지름 2[mm] 이상 경동선
③ 지표상 3.5[m] 이상.
  단, 사람이 쉽게 출입 못 하는 곳 : 3[m]
④ 목주의 말구 지름 : 9[cm] 이상
⑤ 경간 : 30[m] 이하
⑥ 전용의 개폐기 및 과전류 차단기를 각 극(중성극 제외) 시설

52) 구내 전선로
① 1 구내에만 시설
② **사용 전압** : 400[V] 이하
③ 전선은 지름 2[mm] 이상 경동선의 절연 전선 또는 동등 세기 및 굵기의 절연 전선. 단, 경간 10[m] 이하에 한하여 공칭 단면적 4[mm^2] 이상 연동 절연 전선 사용.
④ 경간 : 30[m] 이하
⑤ 다른 시설물 등과의 이격 거리
  • 상부 조영재 위쪽 : 1[m] 이상
  • 상부 조영재 옆쪽, 아래쪽 : 0.6(절연 전선, 케이블 - 0.3)[m] 이상
  • 이외의 시설물 : 0.6(절연 전선, 케이블 - 0.3)[m] 이상
⑥ 도로 횡단 : 4[m] 이상
  기타 : 3[m] 이상

53) 저압 직류 가공 전선로
① **사용 전압** : 1.5[kV] 이하
② **절연 저항** : 절연 저항값은 1[MΩ] 이상 유지

전로의 사용 전압 (V)	DC 시험 전압 (V)	절연 저항 (MΩ)
SELV 및 PELV	250	0.5
FELV, 500[V] 이하	500	1.0
500[V] 초과	1,000	1.0

③ 전로에 지락 발생 시 자동 차단 장치 시설. IT 계통인 경우에는 다음 각 호에 따라 시설한다.
  • 전로의 절연 상태를 지속적으로 감시할 수 있는 장치를 설치하고 지락 발생 시 전로를 차단하

거나 고장이 제거되기 전까지 관리자가 확인할 수 있는 음향 또는 시각적인 신호를 지속적으로 보낼 수 있도록 시설하여야 한다.
- 한 극의 지락 고장이 제거되지 않은 상태에서 다른 상의 전로에 지락이 발생했을 때에는 전로를 자동적으로 차단하는 장치를 시설하여야 한다.

④ 전로에는 과전류 차단기를 설치하여야 하고 이를 시설하는 곳을 통과하는 단락 전류를 차단하는 능력을 가지는 것이어야 한다.
⑤ 낙뢰 등의 서지로부터 전로 및 기기를 보호하기 위해 서지 보호 장치를 설치하여야 한다.
⑥ 기기 외함은 충전부에 일반인이 쉽게 접촉하지 못하도록 공구 또는 열쇠에 의해서만 개방할 수 있도록 설치하고, 옥외에 시설하는 기기 외함은 충분한 방수 보호 등급(IPX4 이상)을 갖는 것이어야 한다.
⑦ 교류 전로와 동일한 지지물에 시설되는 경우 직류 전로를 구분하기 위한 표시를 하고, 모든 전로의 종단 및 접속점에서 극성을 식별하기 위한 표시(양극-적색, 음극-백색, 중점선/중성선-청색)를 하여야 한다.

54) 저압 옥내 배선의 사용 전선

① 단면적 2.5[mm^2] 이상의 연동선 또는 이와 동등 이상의 강도 및 굵기의 것.
② 사용 전압이 400[V] 이하인 경우로 다음의 경우는 제외
- 전광 표시 장치·제어 회로 : 단면적 1.5[mm^2] 이상의 연동선(공사 방법-합성수지관 공사·금속관 공사·금속 몰드 공사·금속 덕트 공사·플로어 덕트 공사 또는 셀룰러 덕트 공사)을 사용
- 전광 표시 장치·제어 회로 : 단면적 0.75[mm^2] 이상인 다심 케이블 또는 다심 캡타이어 케이블을 사용하고 또한 과전류가 생겼을 때에 자동적으로 전로에서 차단하는 장치를 시설
- 진열장 또는 이와 유사한 것의 내부 배선 : 단면적 0.75[mm^2] 이상인 코드 또는 캡타이어 케이블을 사용
- 엘리베이터·덤웨이터 등의 승강로 안의 배선 : 리프트 케이블을 사용

55) 중성선의 단면적

① 다음의 경우는 중성선의 단면적은 최소한 선도체의 단면적 이상이어야 한다.
- 2선식 단상 회로
- 선도체의 단면적이 구리선 16[mm^2], 알루미늄선 25[mm^2] 이하인 다상 회로
- 제3 고조파 및 제3 고조파의 홀수 배수의 고조파 전류가 흐를 가능성이 높고 전류 종합 고조파 왜형률이 15~33[%]인 3상 회로
② 제3 고조파 및 제3 고조파 홀수 배수의 전류 종합 고조파 왜형률이 33[%]를 초과하는 경우, 다음과 같이 중성선의 단면적을 증가시켜야 한다.
- 다심 케이블의 경우 선도체의 단면적은 중성선의 단면적과 같아야 하며, 이 단면적은 선도체의 1.45×I_B(회로 설계 전류)를 흘릴 수 있는 중성선을 선정한다.

- 단심 케이블은 선도체의 단면적이 중성선 단면적보다 작을 수도 있다. 계산은 다음과 같다.
  ⇒ 선 : I_B(회로 설계 전류)
  ⇒ 중성선 : 선도체의 $1.45I_B$와 동등 이상의 전류
③ 다상 회로의 각 선도체 단면적이 구리선 $16[mm^2]$ 또는 알루미늄선 $25[mm^2]$를 초과하는 경우 다음 조건을 모두 충족하면 중성선의 단면적을 선도체 단면적보다 작게 할 수 있다.
- 통상적인 사용 시에 상(phase)과 제3 고조파 전류 간에 회로 부하가 균형을 이루고 있고, 제3 고조파 홀수 배수 전류가 선도체 전류의 15[%]를 넘지 않는다.
- 중성선은 TT · TN 또는 IT 계통의 중성선 보호 규정에 따라 과전류 보호된다.
- 중성선의 단면적은 구리선 $16[mm^2]$, 알루미늄선 $25[mm^2]$ 이상이다.

56) 나전선의 사용 제한
옥내 전선에는 나전선 사용 금지.
단, 다음의 경우 제외
① 애자 공사에 의하여 전개된 곳에 다음의 전선을 시설
- 전기로용 전선
- 전선의 피복 절연물이 부식하는 장소에 시설하는 전선
- 취급자 이외의 자가 출입할 수 없도록 설비한 장소에 시설하는 전선
② 버스 덕트 공사에 의하여 시설하는 경우
③ 라이팅 덕트 공사에 의하여 시설하는 경우
④ 접촉 전선을 시설하는 경우

57) 고주파 전류에 의한 장해의 방지
무선 설비의 기능 장해를 방지하기 위하여 다음과 같이 시설
① 형광 방전등 : 정전 용량이 $0.006[\mu F]$ 이상 $0.5[\mu F]$ 이하(예열시동식 – 글로우 램프에 병렬접속 $0.006[\mu F]$ 이상 $0.01[\mu F]$ 이하)인 커패시터를 시설.
② 사용 전압이 저압으로서 정격 출력이 1[kW] 이하인 교류 직권 전동기는 다음 중 어느 하나에 의할 것.
- 단자 상호 간 : $0.1[\mu F]$ 및 $0.003[\mu F]$
- 단자 상호 간 또는 단자와 대지 : $0.1[\mu F]$
- 단자 상호 간 및 외함 또는 대지 사이 : $0.1[\mu F]$ 및 $0.003[\mu F]$
③ 정격 출력이 1[kW] 이하인 전기 드릴용 소형 교류 직권 전동기 : 단자 상호 간 $0.1[\mu F]$의 무유도형, 단자와 대지 간 $0.003[\mu F]$인 충분한 측로 효과가 있는 관통형 커패시터를 시설.

58) 옥내 전로의 대지 전압의 제한
① 백열전등 또는 방전등에 전기를 공급하는 옥내 전로의 대지 전압은 300[V] 이하일 것. 단, 대지 전압 150[V] 이하의 전로인 경우 따르지 않을 수 있다.

- 백열전등 또는 방전등 및 이에 부속하는 전선은 사람이 접촉할 우려가 없도록 시설할 것.
- 백열전등 또는 방전등용 안정기는 저압의 옥내 배선과 직접 접속하여 시설할 것.
- 백열전등의 전구 소켓은 키나 그 밖의 점멸 기구가 없을 것.

② 주택의 옥내 전로의 대지 전압은 300[V] 이하일 것. 단, 대지 전압 150[V] 이하의 전로인 경우 따르지 않을 수 있다.
- 사용 전압은 400[V] 이하일 것.
- 주택의 전로 인입구에는 감전 보호용 누전 차단기를 시설.
  단, 전원 측에 정격 용량이 3[kVA] 이하인 절연 변압기를 사람이 쉽게 접촉할 우려가 없도록 시설하고 부하 측 전로를 비접지로 하는 경우 시설하지 않아도 된다.
- 누전 차단기를 지하 주택에 시설하는 경우에는 침수 시 위험의 우려가 없도록 지상에 시설하여야 한다.
- 전기 기계 기구 및 옥내의 전선은 사람이 쉽게 접촉할 우려가 없도록 시설하여야 한다.
- 백열전등의 전구 소켓은 키나 그 밖의 점멸 기구가 없는 것이어야 한다.
- 정격 소비 전력 3[kW] 이상의 전기 기계 기구에 전기를 공급하기 위한 전로에는 전용의 개폐기 및 과전류 차단기를 시설하고 그 전로의 옥내 배선과 직접 접속하거나 적정 용량의 전용 콘센트를 시설하여야 한다.
- 주택의 옥내를 통과하여 그 주택 이외의 장소에 전기를 공급하기 위한 옥내 배선은 사람이 접촉할 우려가 없는 은폐된 장소에는 합성수지관 공사, 금속관 공사 또는 케이블 공사에 의하여 시설하여야 한다.
- 주택의 옥내를 통과하여 시설하는 전선로는 사람이 접촉할 우려가 없는 은폐된 장소에 합성 수지관 공사, 금속관 공사나 케이블 공사에 의하여 시설하여야 한다.

③ 주택 이외의 곳의 옥내(여관, 호텔, 다방, 사무소, 공장 등의 옥내를 말함)에 시설하는 가정용 전기 기계 기구에 전기를 공급하는 옥내 전로의 대지 전압은 300[V] 이하이어야 하며, 가정용 전기 기계 기구와 이에 전기를 공급하기 위한 옥내 배선과 배선 기구를 규정에 준하여 시설하거나 또는 취급자 이외의 자가 쉽게 접촉할 우려가 없도록 시설하여야 한다.

59) 교류 회로-전기 자기적 영향(맴돌이 전류 방지)

① 강자성체(강제 금속관 또는 강제 덕트 등) 안에 설치하는 교류 회로의 도체는 보호 도체를 포함하여 각 회로의 모든 도체를 동일한 외함에 수납하도록 시설하여야 한다. 이러한 도체를 철제 외함에 수납하는 도체는 집합적으로 금속 물질로 둘러싸이도록 시설하여야 한다.

② 강선 외장 또는 강대 외장 단심 케이블은 교류 회로에 사용해서는 안 된다. 이러한 경우 알루미늄 외장 케이블을 권장한다.

60) 수용가 설비에서의 전압 강하

다른 조건을 고려하지 않는다면 수용가 설비의 인입구로부터 기기까지의 전압 강하는 저압으로 수전하는 경우 조명 3[%], 기타 5[%], 고압 이상으로 수전하는 경우 조명 6[%], 기타 8[%] 이하이어야 한다. 또한, 고압 이상으로 수전하는 경우 가능한 한 최종 회로 내의 전압 강하가 저압으로 수전하는 경우의 값을 넘지 않도록 하는 것이 바람직하다. 사용자의 배선 설비가 100[m]를 넘는 부분의 전압 강하는 미터당 0.005[%] 증가할 수 있으나 이러한 증가분은 0.5[%]를 넘지 않아야 한다.

61) 합성수지관 공사

① **사용 전선** : 절연 전선(단, OW 제외)
② **전선** : 연선(동 10[mm^2] 이하, 알루미늄선 16[mm^2] 이하, 짧고 가는 합성수지관에 넣은 것 미적용)
③ 이중 천장(반자 속 포함) 내에는 시설할 수 없다.
④ **관 삽입 깊이** : 외경의 1.2배(접착제를 사용 시 0.8배) 이상
⑤ **관의 두께** : 2[mm] 이상. 단, 전개된 장소 또는 점검할 수 있는 은폐된 장소로서 건조한 장소에 사람이 접촉할 우려가 없도록 시설한 경우(400[V] 이하)에는 그러하지 아니하다.
⑥ **관의 지지점 간 거리** : 1.5[m] 이하
⑦ 콤바인 덕트관은 직접 콘크리트에 매입 시설하거나 옥내 전개된 장소에 시설하는 경우 이외에는 불연성 마감재 내부, 전용의 불연성관 또는 덕트에 넣어 시설할 것.
⑧ 합성수지제 가요 전선관 상호 간은 직접 접속하지 말 것.

62) 금속관 공사

① **전선** : 연선 (10[mm^2] 이하, 알루미늄선 16[mm^2] 이하 미적용), 사용 전선 : 절연 전선 (단, OW 제외)
② **관의 두께** : 콘크리트 매입 시 1.2[mm](기타 : 1.0[mm]) 이상
단, 이음매가 없는 길이 4[m] 이하(건조하고 전개된 곳에 시설)−0.5[mm] 이상
③ 관에는 규정에 준하여 접지 공사를 할 것
④ 전선관과의 접속 부분의 나사는 5턱 이상
⑤ **금속제 가요 전선관 공사**
- 전선 : 연선 사용(10[mm^2] 이하, 알루미늄선 16[mm^2] 이하 미적용)
- 접지 공사 : 금속관과 동일
- 가요 전선관은 2종 금속제 가요 전선관일 것. 단, 전개된 장소 또는 점검할 수 있는 은폐된 장소에는 1종 가요 전선관(습기 또는 물기가 있는 장소에는 비닐 피복 1종 가요 전선관에 한함)을 사용할 수 있다.

63) 합성수지 몰드 공사

① **몰드의 두께** : 1.2[mm] 이상
② **몰드 홈의 폭 및 깊이** : 3.5[cm] 이하
단, 사람의 접촉 우려 없는 경우 : 폭 5[cm] 이하, 두께 1[mm] 이상

64) 금속 몰드 공사
① **사용 전선** : 절연 전선, 단 옥외용 비닐 절연 전선(OW) 제외
② **덕트** : 폭 5[cm] 넘고, 두께 0.5[mm] 이상
③ **사용 전압** : 400[V] 이하, 건조·전개된 장소, 점검 가능한 은폐 장소에 한함.
④ 몰드에는 규정에 따라 접지 공사를 할 것.
  단, 몰드의 길이는 4[m] 이하로 시설한 경우.
  • 사용 전압 직류 300[V] 또는 교류 대지 전압 150[V] 이하로서 관의 길이가 8[m] 이하인 것을 사람의 접촉 우려가 없도록 시설하는 경우 또는 건조한 장소에 시설하는 경우에는 생략 가능.

65) 금속 덕트 공사
① **덕트** : 폭 4[cm] 넘고, 두께 1.2[mm] 철판 사용
② **덕트의 지지점 간 거리** : 3[m] 이하(수직 6[m])
③ **덕트 내 전선 단면적**
  • 일반 전선 : 20[%] 이하
  • 제어 회로 전선 : 50[%] 이하
④ **사용 전선** : 절연 전선, 단 OW 제외
⑤ 덕트의 끝부분은 막을 것.
⑥ 덕트에는 규정에 따라 접지 공사를 할 것.

66) 플로어 덕트 공사
① **전선** : 연선 사용(10[mm^2] 이하, 알루미늄선 16[mm^2] 이하 미적용)
② **사용 전선** : 절연 전선, 단 OW 제외
③ 덕트 내 전선의 접속점이 없도록 할 것. 단, 전선을 분기하는 경우에 접속점을 쉽게 점검할 수 있을 때에는 가능.
④ 덕트의 끝부분은 막을 것.
⑤ 덕트에는 규정에 따라 접지 공사를 할 것.

67) 케이블 공사
① **전선** : 케이블 및 캡타이어 케이블
② **지지점 간 거리** : 2[m] 이하(수직 6[m]), 캡타이어 1[m]
③ 방호 장치의 금속제 부분·금속제의 전선 접속함 및 전선의 피복에 사용하는 금속체 : 접지 공사 실시
  단, 400[V] 이하로
  • 금속제 부분의 길이가 4[m] 이하 – 건조한 곳에 시설
  • 사용 전압 직류 300[V] 또는 교류 대지 전압 150[V] 이하로서 방호 장치의 금속제 부분 길이가 8[m] 이하 – 사람의 접촉 우려가 없도록 시설 또는 건조한 것에 시설

68) 애자 공사

① 전선 : 절연 전선(OW, DV 제외), 단 나전선 가능한 경우
  - 전기로용 전선
  - 전선의 피복물이 부식하는 장소에 시설하는 전선
  - 취급자 이외의 자가 출입할 수 없도록 설비한 장소에 시설하는 전선

② 전선 상호 간격 : 6[cm] 이상

③ 전선과 조영재 : 사용 전압 400[V] 이하 - 25[mm] 이상
                              400[V] 초과 - 45[mm](건조 - 25[mm]) 이상

④ 지지점 거리 : 조영재의 윗면 또는 옆면 - 2[m] 이하

⑤ 400[V] 초과 : 조영재의 윗면 또는 옆면 이외 지지점 간의 거리는 6[m] 이하

69) 버스 덕트 공사

① 덕트 지지점 간 거리 : 3[m] 이하(수직 - 6[m])

② 도체 : 동 - 단면적 20[mm^2] 이상, 지름 5[mm] 이상, 알루미늄선 - 단면적 30[mm^2] 이상

70) 라이팅 덕트 공사

① 덕트 지지점 간 거리 : 2[m] 이하

② 덕트의 개구부는 아래로 향하여 시설. 단, 사람의 접촉 우려가 없는 장소, 덕트의 내부에 먼지가 들어가지 아니하도록 시설하는 경우 - 옆으로 향하여 시설 가능.

③ 덕트에 사람의 접촉 우려가 있는 장소에 시설 : 전로에 지락 발생 시 자동적으로 전로를 차단하는 장치를 시설.

71) 셀룰러 덕트

① 사용 전선 : 절연 전선(OW 제외)

② 전선 : 연선(10[mm^2] 이하, 알루미늄선 16[mm^2] 이하 미적용)

③ 덕트 내 전선의 접속점이 없도록 할 것. 단, 전선을 분기하는 경우에 접속점을 쉽게 점검할 수 있을 때에는 가능.

72) 케이블 트레이

① 종류 : 사다리형, 펀칭형, 메시형, 바닥 밀폐형

② 사용 전선 : 연피 케이블, 알루미늄 피 케이블 등 난연성 케이블 또는 기타 케이블(연소(延燒)방지 조치를 한 것) 또는 금속관 혹은 합성수지관 등에 넣은 절연 전선

③ 저압 케이블과 고압 또는 특고압 케이블은 동일 케이블 트레이 안에 포설 금지. 단, 견고한 불연성의 격벽을 시설하는 경우 또는 금속 외장 케이블인 경우 제외

④ 수평 트레이 : 사다리형, 바닥 밀폐형, 펀칭형, 메시형 케이블 트레이 내에 단심 · 다심 케이블 포설 시 케이블의 외경의 합계는 트레이의 내측 폭 이하로 하고 단층으로 시설할 것.

⑤ 벽면과의 간격은 20[mm] 이상 이격하여 설치.
⑥ 케이블 트레이의 안전율은 1.5 이상

73) 조명용 코드 및 이동 전선
① **코드의 사용**
- 코드는 조명용 전원 코드 및 이동 전선으로만 사용 가능, 고정 배선 금지
- 건조한 곳에 시설, 진열장 등의 내부에 배선할 경우는 고정 배선으로 사용할 수 있다.
- 코드는 사용 전압 400[V] 이하의 전로에 사용

② **조명용 전원 코드 또는 이동 전선** : 단면적 0.75[mm^2] 이상의 코드 또는 캡타이어 케이블

③ **조명용 전원 코드** : 비나 이슬에 맞지 않도록 시설(옥측에 시설)하고, 사람이 쉽게 접촉되지 않도록 시설할 경우 − 단면적이 0.75[mm^2] 이상인 450/750[V] 내열성 에틸렌아세테이트 고무 절연 전선을 사용. 이 경우 전구수구의 리드 인출부의 전선 간격이 10[mm] 이상인 전구 소켓을 사용하는 경우 0.75[mm^2] 이상인 450/750[V] 일반용 단심 비닐 절연 전선을 사용할 수 있다.

④ **옥내 조명용 전원 코드 또는 이동 전선** : 습기·수분이 있는 장소에 시설할 경우에는 고무 코드(사용 전압 400[V] 이하) 또는 0.6/1[kV] EP 고무 절연 클로로프렌 캡타이어 케이블로서 단면적이 0.75[mm^2] 이상인 것이어야 한다.

74) 콘센트의 시설
① **노출형 콘센트** : 기둥과 같은 조영재에 견고하게 부착.
② **매입형** : 금속제 또는 난연성 절연물로 된 박스 속에 시설.
③ **바닥에 시설** : 방수구조의 플로어 박스에 설치 또는 박스의 표면 플레이트에 틀어서 부착할 수 있도록 된 콘센트 사용
④ **인체가 물에 젖어 있는 상태에서 전기를 사용하는 장소에 콘센트를 시설** : 인체 감전 보호용 누전 차단기(정격 감도 전류 15[mA] 이하, 동작 시간 0.03초 이하의 전류 동작형) 또는 절연 변압기(정격 용량 3[kVA] 이하)로 보호된 전로에 접속하거나, 인체 감전 보호용 누전 차단기가 부착된 콘센트를 시설하여야 한다.
- 콘센트는 접지극이 있는 방적형 콘센트를 사용하여 규정에 준하여 접지하여야 한다.

⑤ 주택의 옥내 전로에는 접지극이 있는 콘센트를 사용, 규정에 준하여 접지하여야 한다.

75) 점멸기의 시설
① 점멸기는 전로의 비접지 측에 시설, 분기 개폐기에 배선 차단기 사용 시 점멸기로 대용 가능
② **노출형 점멸기** : 기둥 등의 조영재에 견고하게 설치.
③ **매입형의 경우**
- 금속제 또는 난연성 절연물의 박스에 넣어 시설
- 점멸기 자체의 충전부가 노출되지 않도록 견고한 난연성 절연물로 덮어 벽 등에 견고하게 설치하고 방호 커버를 설치한 경우에는 박스에 넣지 않아도 된다.

④ 욕실 내 점멸기 시설 금지. 단, 방수형의 경우 제외.
⑤ 가정용 전등은 매 등 기구마다 점멸이 가능하도록 할 것.
　다만, 장식용 등 기구 및 발코니 등 기구는 예외.
⑥ 공장·사무실·학교·상점 등의 옥내에 시설하는 전체 조명용 전등은 부분 조명이 가능하도록 전등군으로 구분하여 전등군마다 점멸이 가능하도록 하되, 태양 광선이 들어오는 창과 가장 가까운 전등은 따로 점멸이 가능하도록 할 것.
⑦ 여인숙을 제외한 객실 수가 30실 이상인 호텔이나 여관의 각 객실의 조명용 전원에는 출입문 개폐용 기구 또는 집중 제어 방식을 이용한 자동 또는 반자동의 점멸이 가능한 장치를 할 것. 다만, 타임스위치를 설치한 입구 등의 조명용 전원은 적용받지 않는다.
⑧ 센서 등(타임스위치 포함)의 시설
　• 관광 숙박업 또는 숙박업(여인숙업 제외)에 이용되는 객실의 입구 등 : 1분 이내에 소등.
　• 일반 주택 및 아파트 현관 등은 3분 이내에 소등.
⑨ 가로등, 보안등, 옥외에 시설하는 공중 전화기를 위한 조명등용 분기 회로에는 주광 센서를 설치하여 자동 점멸하도록 시설할 것. 다만, 타이머를 설치 또는 집중 제어 방식을 이용하여 점멸하는 경우 제외.
⑩ 국부 조명 설비는 그 조명 대상에 따라 점멸할 수 있도록 시설할 것.

76) 진열장 등의 내부 배선

① 사용 전압이 400[V] 이하의 배선을 외부에서 잘 보이는 장소에 한하여 코드 또는 캡타이어 케이블로 직접 조영재에 밀착하여 배선할 수 있다.
② 배선은 단면적 $0.75[mm^2]$ 이상의 코드 또는 캡타이어 케이블일 것.
③ 배선 또는 이것에 접속하는 이동 전선과 다른 사용 전압이 400[V] 이하인 배선과의 접속은 꽂음 플러그 접속기 등의 기구를 사용하여 시공할 것.

77) 옥외등

① **사용 전압** : 대지 전압 300[V] 이하일 것.
② 분기 회로는 규정에 따라 시설하며, 옥내용의 것을 사용해서는 안된다. 다만, 다음의 경우는 예외로 한다.
　• 옥외등과 옥내등을 병용하는 분기 회로는 20[A] 과전류 차단기 분기 회로로 할 것.
　• 옥내등 분기 회로에서 옥외등 배선을 인출할 경우는 인출점 부근에 개폐기 및 과전류 차단기를 시설할 것.
③ **옥외등의 인하선 공사 방법**
　• 애자 공사(지표상 2[m] 이상, 노출된 장소에 시설)
　• 금속관 공사
　• 합성수지관 공사
　• 케이블 공사(금속제 외피가 있는 것은 목조 이외의 조영물에 시설하는 경우에 한함)

④ 기구의 시설
- 개폐기, 과전류 차단기 등의 기구는 옥내에 시설할 것. 다만, 견고한 방수함 속에 설치하거나 또는 방수형의 것은 예외.
- 노출하여 사용하는 소켓 등은 선이 부착된 방수 소켓 또는 방수형 리셉터클을 사용하고 하향으로 시설할 것.
- 브래킷 등을 부착하는 목대에 삽입하는 절연관은 하향으로 하고 전선을 따라 빗물이 새어 들어가지 않도록 할 것.
- 파이프 펜던트 및 직부 기구는 하향으로 부착하지 말 것. 다만, 처마 밑에 부착하는 것 또는 방수 장치가 되어 플랜지 내에 빗물이 스며들 우려가 없는 것은 부착할 수 있다.
- 파이프 펜던트 및 직부 기구를 상향으로 부착할 경우는 홀더의 최하부에 지름 3[mm] 이상의 물 빼는 구멍을 2개소 이상 만들거나 또는 방수형으로 할 것.

⑤ 옥측 및 옥외에 시설하는 저압의 전로에 지락이 생겼을 때에 자동으로 차단하는 누전 차단기를 시설할 것.

78) 전주 외등

① 대지 전압 300[V] 이하, 형광등, 고압 방전등, LED등 등을 배전 선로의 지지물 등에 시설하는 경우에 적용.

② 조명 기구 및 부착 금구
- 기구는 광원의 손상을 방지하기 위하여 원칙적으로 갓 또는 글로브가 붙은 것일 것.
- 기구는 전구를 쉽게 갈아 끼울 수 있는 구조일 것.
- 기구의 인출선은 도체 단면적이 0.75[mm^2] 이상일 것.
- 기구의 부착 밴드 및 부착용 부속 금구류는 아연 도금하여 방식 처리한 강판제 또는 스테인리스제이고, 또한 쉽게 부착할 수도 있고 뗄 수도 있는 것일 것.
- 가로등, 보안등에 LED 등 기구를 사용하는 경우에는 KS C 7658에 적합한 것을 시설할 것.

③ 배선
- 배선은 단면적 2.5[mm^2] 이상의 절연 전선을 사용하고, 케이블 공사, 합성수지관 공사, 금속관 공사 중에서 시설.
- 배선이 전주에 연한 부분은 1.5[m] 이내마다 새들 또는 밴드로 지지할 것.
- 등주 안에서 전선의 접속은 절연 및 방수 성능이 있는 방수형 접속재를 사용하거나 적절한 방수함 안에서 접속할 것.
- 사용 전압 400[V] 이하인 관등 회로의 배선에 사용하는 전선은 케이블을 사용하거나 이와 동등 이상의 절연 성능을 가진 전선을 사용할 것.

④ **누전 차단기** : 방전등에 공급하는 전로의 사용 전압이 150[V]를 초과하는 경우에는 다음에 따라 시설하여야 한다.
- 전로에 지락이 생겼을 때에 자동적으로 전로를 차단하는 장치를 각 분기 회로에 시설하여야 한다.

- 전로의 길이는 상시 충전 전류에 의한 누설 전류로 인하여 누전 차단기가 불필요하게 동작하지 않도록 시설할 것.
- 가로등, 보안등, 조경등 등의 금속제 등주에는 접지 공사를 할 것.

79) 1[kV] 이하 방전등

① 관등 회로의 사용 전압이 1[kV] 이하인 경우 적용, 전로의 대지 전압 : 300[V] 이하, 전등은 사람이 접촉될 우려가 없도록 시설하고, 방전등용 안정기는 옥내 배선과 직접 접속하여 시설할 것. 단, 대지 전압 150[V] 이하는 적용하지 않는다.

② 방전등용 안정기
- 안정기를 견고한 내화성의 외함 속에 넣은 경우
- 노출 장소에 시설할 경우는 외함을 가연성의 조영재에서 0.01[m] 이상 이격하여 견고하게 부착한 경우.
- 간접 조명을 위한 벽 안 및 진열장 안의 은폐 장소에는 외함을 가연성의 조영재에서 10[mm] 이상 이격하여 견고하게 부착하고 쉽게 점검할 수 있도록 시설한 경우.
- 은폐 장소에 시설할 경우는 외함을 또 다른 내화성 함 속에 넣고 그 함은 가연성의 조영재로부터 10[mm] 이상 떼어서 견고하게 부착하고 쉽게 점검할 수 있도록 시설한 경우.

위의 네 가지 경우는 조명 기구의 외부에 방전등용 안정기를 시설할 수 있다. 원칙적으로는 조명 기구에 내장하여야 한다.

③ 방전등용 변압기
- 관등 회로의 사용 전압이 400[V] 초과인 경우
- 방전등용 변압기는 절연 변압기를 사용할 것. 다만, 방전관을 떼어냈을 때 1차 측 전로를 자동적으로 차단할 수 있도록 시설할 경우에는 그러하지 아니하다.

④ 관등 회로의 배선
- 관등 회로의 사용 전압이 400[V] 이하인 배선은 공칭 단면적 2.5[mm^2] 이상의 연동선과 이와 동등 이상의 세기 및 굵기의 절연 전선(OW 및 DV 제외), 캡타이어 케이블 또는 케이블을 사용하여 시설하여야 한다. 다만, 방전관에 네온 방전관을 사용하는 것은 제외한다.
- 관등 회로의 사용 전압이 400[V] 초과이고, 1[kV] 이하인 배선은 그 시설 장소에 따라 합성 수지관 공사·금속관 공사·가요 전선관 공사나 케이블 공사에 의하여야 한다.

80) 네온 방전등

① **전로의 대지 전압** : 300[V] 이하, 전등은 사람이 접촉될 우려가 없도록 시설하고, 방전등용 안정기는 옥내 배선과 직접 접속하여 시설할 것. 단, 대지 전압 150[V] 이하는 적용하지 않는다.

② 네온 변압기 : 사람이 쉽게 접촉될 우려가 없는 장소에 위험하지 않도록 시설하여야 한다.

③ 관등 회로의 배선
- 전선은 네온관용 전선을 사용할 것.
- 배선은 외상을 받을 우려가 없고 사람이 접촉될 우려가 없는 노출 장소에 시설할 것.

④ 네온 변압기의 외함, 금속함 및 관 등을 지지하는 금속제 프레임 등은 규정에 따라 접지 공사를 한다.

81) 수중 조명등

① **절연 변압기의 사용 전압**
- 1차 측 전로의 사용 전압은 400[V] 이하
- 2차 측 전로의 사용 전압은 150[V] 이하

② **절연 변압기의 시설**
- 2차 측 전로는 접지하지 말 것.
- 교류 5[kV]의 시험 전압으로 하나의 권선과 다른 권선, 철심 및 외함 사이에 1분간 가하여 절연 내력을 시험할 경우, 이에 견디는 것이어야 한다.

③ **2차 측 배선 및 이동 전선**
- 2차 측 배선은 금속관 공사에 의하여 시설할 것.
- 접속점이 없는 단면적 2.5[mm^2] 이상의 0.6/1[kV] EP 고무 절연 클로로프렌 캡타이어 케이블 일 것.

④ 절연 변압기의 2차 측 전로에는 개폐기 및 과전류 차단기를 각 극에 시설한다.

⑤ 절연 변압기는 그 2차 측 전로의 사용 전압이 30[V] 이하인 경우, 1차 권선과 2차 권선 사이에 금속제의 혼촉 방지판을 설치하고, 규정에 준하여 접지 공사를 하여야 한다.

⑥ 절연 변압기의 2차 측 전로의 사용 전압이 30[V]를 초과하는 경우에는 그 전로에 지락이 생겼을 때에 자동적으로 전로를 차단하는 정격 감도 전류 30[mA] 이하의 누전 차단기를 시설하여야 한다.

⑦ **사람 출입의 우려가 없는 수중 조명등의 시설**
- 전로의 대지 전압은 150[V] 이하일 것.
- 케이블은 정격 전압 450/750[V] 이하 고무 절연 케이블 시리즈에 따라 형식 66 또는 이와 동등 이상의 성능을 갖는 것을 사용할 것.
- 전선에는 접속점이 없을 것.
- 수중 조명등의 용기, 용기의 금속제 부분에는 규정에 준하여 접지 공사를 할 것.

82) 교통 신호등 시설

① **제어 장치의 2차 측 배선의 사용 전압 : 300[V] 이하**

② **2차 측 배선**
- 케이블로 시설하는 경우에는 지중 전선로 규정에 따라 시설할 것.
- 전선은 케이블인 경우 이외에는 공칭 단면적 2.5[mm^2] 연동선과 동등 이상의 세기 및 굵기의 450/750[V] 일반용 단심 비닐 절연 전선 또는 450/750[V] 내열성 에틸렌아세테이트 고무 절연 전선일 것.

- 조가용선은 인장 강도 3.7[kN] 이상의 금속선 또는 지름 4[mm] 이상의 아연도철선을 2가닥 이상 꼰 금속선을 사용할 것.
- 전선을 매다는 금속선에는 지지점 또는 이에 근접하는 곳에 애자를 삽입할 것.

③ 교통 신호등 회로의 배선과 다른 회로의 배선 사이의 이격 거리는 0.6[m](케이블인 경우 0.3[m] 이상이어야 한다.
④ 전선의 지표상의 높이는 2.5[m] 이상일 것.

83) 전기 울타리

① **사용 전압** : 250[V] 이하
② **전선** : 2[mm] 이상 경동선 또는 인장 강도 1.38[kN] 이상
③ **전선과 기둥과의 이격 거리** : 2.5[cm] 이상
④ **전선과 수목 사이의 이격 거리** : 30[cm] 이상
⑤ 사람이 전기 울타리 전선에 접근 가능한 모든 곳에 사람이 보기 쉽도록 적당한 간격으로 경고 표시 그림 또는 글자로 위험 표시를 하여야 한다.
⑥ **위험 표시판**
  - 크기는 100[mm]×200[mm] 이상
  - 배경색은 노란색일 것.
  - 글자색은 검은색으로, '감전주의 : 전기 울타리'일 것.
  - 글자의 크기는 25[mm] 이상일 것.
⑦ 전기 울타리 전원 장치의 외함 및 변압기의 철심은 규정에 따라 접지 공사를 하여야 하며, 접지 전극과 다른 접지 전극의 거리는 2[m] 이상이어야 한다. 또한, 가공 전선로의 아래를 통과하는 전기 울타리의 금속 부분은 교차 지점의 양쪽으로부터 5[m] 이상의 간격을 두고 접지하여야 한다.

84) 전기 욕기

① **2차 측 전로 사용 전압** : 10[V] 이하
② **2차 측 배선** : 공칭 단면적 2.5[mm^2] 이상의 연동선과 이와 동등 이상의 세기 및 굵기의 절연 전선(OW 제외)이나 케이블 또는 공칭 단면적이 1.5[mm^2] 이상의 캡타이어 케이블을 합성수지관 공사, 금속관 공사 또는 케이블 공사에 의하여 시설.
또는 공칭 단면적이 1.5[mm^2] 이상의 캡타이어 코드를 합성수지관이나 금속관에 넣고 관을 조영재에 견고하게 고정하여야 한다.
③ **욕기 내 전극 간 이격 거리** : 1[m] 이상
④ 욕기 안 전극까지의 전선 상호 간 및 전선과 대지 간 절연 저항은 0.5[MΩ] 이상일 것

85) 전기 온상

① **사용 전압** : 대지 전압 300[V] 이하
② **발열선의 허용 온도** : 80[℃] 이하

③ 발열선 상호 간격 : 3[cm] 이상(함 내 설치 시 2[cm] 이상)
④ 조영재와의 이격 거리 : 2.5[cm] 이상

86) 전격 살충기
① 전격 격자 : 지표상 3.5[m] 이상 높이에 시설(단, 사람 접촉 시 자동 차단 보호 장치 시설시 1.8[m])
② 식물과의 이격 거리 : 30[cm] 이상

87) 유희용 전차의 시설
① 사용 전압 : 변압기의 1차 전압은 400[V] 이하, 전원 장치 2차 측 단자 전압 – DC 60[V] 이하, AC 40[V] 이하
② 전원 장치의 변압기 : 절연 변압기, 절연 변압기의 2차 전압 – 150[V] 이하
③ 접촉 전선 : 3궤조 방식
④ 누설 전류 : 레일 연장 1[km]마다 100[mA] 이하, 절연 저항은 누설 전류가 $\frac{1}{5,000}$ 이하로 유지

88) 소세력 회로
전자 개폐기의 조작 회로 또는 초인벨·경보벨 등에 접속하는 전로로서 최대 사용 전압이 60[V] 이하
① 절연 변압기의 사용 전압 : 대지 전압 300[V] 이하
② 전선 : 공칭 단면적 1[mm^2] 이상 연동선이거나 코드·캡타이어 케이블 또는 케이블(통신용 포함)일 것.
③ 가공 시설 시 : 인장 강도 508[N/mm^2] 이상 또는 지름 1.2[mm]의 경동선
④ 전선 높이 : 도로 횡단–지표면상 6[m] 이상, 철도 횡단–레일면상 6.5[m] 이상, 기타–지표상 4[m] 이상(단, 도로 이외의 위험하지 않은 곳–2.5[m] 이상)
⑤ 지지점 간 거리 : 15[m] 이하

89) 전기 부식 방지 시설
① 회로 사용 전압 : DC 60[V] 이하
② 지중 시설 매입 깊이 : 0.75[m] 이상
③ 수중 시설 양극과 1[m] 이내 임의점 간의 전위차 : 10[V]
④ 지표에서 1[m] 간격의 임의 2점 간의 전위차 : 5[V]

90) 특수 장소의 시설
① 폭연성 분진, 화약류 분말, 가연가스 : 금속관, 케이블 공사
② 가연성 분진 : 합성수지관, 금속관, 케이블 공사

③ 먼지가 많은 그 밖의 장소 : 애자 공사 · 합성수지관 공사 · 금속관 공사 · 유연성 전선관 공사 · 금속 덕트 공사 · 버스 덕트 공사
④ 가연성 가스 : 금속관, 케이블 공사, 전기 기계 기구—내압 방폭 구조 · 압력 방폭 구조 · 유입 방폭 구조 · 안전증 방폭 구조
⑤ 위험물 등이 있는 장소 : 합성수지관, 금속관, 케이블 공사
⑥ 화약류 저장소 : 금속관, 케이블 공사
- 전로의 대지 전압 : 300[V] 이하
- 전기 기계 기구 : 전폐형
- 개폐기 및 과전류 차단기는 각 극마다 시설.
- 지락 발생 시 자동 차단 장치, 경보 장치 시설
⑦ 공연장 : 400[V] 이하

91) 터널, 갱도의 시설
① 사용 전압 : 저압
② 전선 : 2.5[mm^2]의 연동선과 동등 이상의 세기 및 굵기의 절연 전선(OW 및 DV 제외), 애자 공사로 시설, 노면상 높이 2.5[m] 이상.

92) 의료 장소
① 계통 접지
- 그룹 0 : TT 계통 또는 TN 계통
- 그룹 1 : TT 계통 또는 TN 계통
- 그룹 2 : 의료 IT 계통
- 의료 장소에 TN 계통을 적용할 때에는 주배전반 이후의 부하 계통에서는 TN-C 계통으로 시설하지 말 것.
    cf) • 그룹 0 : 일반 병실, 진찰실, 검사실, 처치실, 재활 치료실 등 장착부를 사용하지 않는 의료 장소
        • 그룹 1 : 분만실, MRI실, X선 검사실, 회복실, 구급처치실, 인공투석실, 내시경실 등 장착부를 환자의 신체 외부 또는 심장 부위를 제외한 환자의 신체 내부에 삽입시켜 사용하는 의료 장소
        • 그룹 2 : 관상동맥질환 처치실(심장 카테터실), 심혈관 조영실, 중환자실(집중 치료실), 마취실, 수술실, 회복실 등 장착부를 환자의 심장 부위에 삽입 또는 접촉시켜 사용하는 의료 장소
② 보호 설비 : 의료 IT 계통의 시설
- 전원 측에 의료 설비용 이중 또는 강화 절연을 한 비단락보증 절연 변압기를 설치하고 그 2차 측 전로는 접지하지 말 것.

- 비단락보증 절연 변압기의 2차 측 정격 전압은 교류 250[V] 이하로 하며 공급 방식은 단상 2선식, 정격 출력은 10[kVA] 이하로 할 것.
- 3상 부하에 대한 전력 공급이 요구되는 경우 비단락보증 3상 절연 변압기를 사용할 것.
- 비단락보증 절연 변압기의 과부하 전류 및 초과 온도를 지속적으로 감시하는 장치를 적절한 장소에 설치할 것.
- 의료 IT 계통에 접속되는 콘센트는 TT 계통 또는 TN 계통에 접속되는 콘센트와 혼용됨을 방지하기 위하여 적절하게 구분 표시할 것.

③ 의료 장소에서 사용하는 교류 콘센트는 배선용 콘센트를 사용할 것.(필요에 따라 걸림형)

④ 의료 장소에 무영등 등을 위한 특별 저압(SELV 또는 PELV) 회로를 시설하는 경우에는 사용 전압은 교류 실횻값 25[V] 또는 리플 프리 직류 60[V] 이하로 할 것.

⑤ 의료 장소의 전로에는 정격 감도 전류 30[mA] 이하, 동작 시간 0.03초 이내의 누전 차단기를 설치할 것.

⑥ 의료 장소 내의 비상 전원
- 절환 시간 0.5초 이내에 비상 전원을 공급
  ⇒ 0.5초 이내에 전력 공급이 필요한 생명 유지 장치
  ⇒ 의료 장소의 수술 등, 내시경, 수술실 테이블, 기타 필수 조명
- 절환 시간 15초 이내에 비상 전원을 공급
  ⇒ 15초 이내에 전력 공급이 필요한 생명 유지 장치
  ⇒ 그룹 2-의료 장소에 최소 50[%]의 조명, 그룹-1 의료 장소에 최소 1개의 조명
- 절환 시간 15초를 초과하여 비상 전원을 공급
  ⇒ 병원 기능을 유지하기 위한 기본 작업에 필요한 조명
  ⇒ 그 밖의 병원 기능을 유지하기 위하여 중요한 기기 또는 설비

93) 저압 옥내 직류 전기 설비

① **저압 직류 과전류 차단 장치**
- 직류 단락 전류를 차단하는 능력을 가질 것.
- '직류용' 표시를 할 것.
- 다중 전원 전로의 과전류 차단기는 모든 전원을 차단할 수 있을 것.

② 저압 직류 전로에 지락이 생겼을 때 자동으로 전로를 차단하는 장치를 시설하여야 하며 '직류용' 표시를 하여야 한다.

③ **축전지실 등의 시설**
- 30[V]를 초과하는 축전지는 비접지 측 도체에 쉽게 차단할 수 있는 곳에 개폐기를 시설하여야 한다.
- 옥내 전로에 연계되는 축전지는 비접지 측 도체에 과전류 보호 장치를 시설하여야 한다.
- 축전지실 등은 폭발성의 가스가 축적되지 않도록 환기 장치 등을 시설하여야 한다.

94) 비상용 예비 전원 설비

상용 전원의 고장 또는 화재 등으로 정전되었을 때 수용 장소에 전력을 공급하기 위한 설비

① 비상용 예비 전원 설비의 조건 및 분류
- 화재 시 운전이 요구되는 조건
  ⇒ 충분한 시간 동안 전력 공급이 지속되도록 선정
  ⇒ 모든 비상용 예비 전원의 기기는 충분한 시간의 내화 보호 성능을 갖도록 선정

② 비상용 예비 전원 설비의 전원 공급 방법에 따른 분류
- 수동 전원 공급
- 자동 전원 공급

③ 자동 전원 공급은 절환 시간에 따른 분류
- 무순단 : 과도 시간 내에 전압 또는 주파수 변동 등 정해진 조건에서 연속적인 전원 공급이 가능한 것
- 순단 : 0.15초 이내 자동 전원 공급이 가능한 것
- 단시간 차단 : 0.5초 이내 자동 전원 공급이 가능한 것
- 보통 차단 : 5초 이내 자동 전원 공급이 가능한 것
- 중간 차단 : 15초 이내 자동 전원 공급이 가능한 것
- 장시간 차단 : 자동 전원 공급이 15초 이후에 가능한 것

④ 비상용 예비 전원 설비에 필수적인 기기는 지정된 동작을 유지하기 위해 절환 시간과 호환되어야 한다.

⑤ 비상용 예비 전원의 시설
- 고정 설비로 하고, 상용 전원의 고장에 의해 해로운 영향을 받지 않는 방법으로 설치하도록 한다.
- 운전에 적절한 장소에 설치해야 하며, 기능자 및 숙련자만 접근 가능하도록 설치하도록 한다.
- 발생하는 가스, 연기 또는 증기가 사람이 있는 장소로 침투하지 않도록 확실하고 충분히 환기하여야 한다.
- 비상용 예비 전원의 유효성이 손상되지 않는 경우에만 비상용 예비 전원 설비 이외의 목적으로 사용할 수 있다.
- 비상용 예비 전원으로 병렬 운전이 가능하도록 시설하는 경우, 독립 운전 또는 병렬 운전 시 단락 보호 및 고장 보호가 확보되어야 한다.
- 상용 전원의 정전으로 비상용 전원이 대체되는 경우에는 상용 전원과 병렬 운전이 되지 않도록 한다.

⑥ 비상용 예비 전원 설비의 배선
- 다른 전로로부터 독립되어야 한다.

- 내화성이 아니라면, 어떠한 경우라도 화재의 위험과 폭발의 위험에 노출되어 있는 지역을 통과해서는 안 된다.
- 과전류 보호 장치는 하나의 전로에서의 과전류가 다른 비상용 예비 전원 설비 전로의 정확한 작동에 손상을 주지 않도록 선정 및 설치하여야 한다.
- 소방 전용 엘리베이터 전원 케이블 및 특수 요구 사항이 있는 엘리베이터용 배선을 제외한 비상용 예비 전원 설비 전로는 엘리베이터 샤프트 또는 굴뚝같은 개구부에 설치해서는 안 된다.
- 비상용 예비 전원 설비의 제어 및 간선 배선은 비상용 예비 전원 설비에 사용되는 배선과 동일한 요구 사항에 따라야 한다.
- 직류로 공급될 수 있는 전로는 2극 과전류 보호 장치를 구비하여야 한다.
- 교류 전원과 직류 전원 모두에서 사용하는 개폐 장치 및 제어 장치는 교류 조작 및 직류 조작 모두에 적합하여야 한다.

3 고압·특고압 전기설비

1) 고압 또는 특고압과 저압의 혼촉에 의한 위험 방지 시설
  ① 고압·특고압 전로와 저압 전로를 결합하는 변압기의 저압 측의 중성점에 접지 공사 시행 : 35[kV] 이하의 전로에 지락 발생 시 1초 이내에 자동 차단하는 장치가 되어 있는 것 및 계산된 접지 저항값이 10[Ω]을 넘을 때에는 접지 저항값이 10[Ω] 이하. 다만, 사용 전압이 300[V] 이하인 경우 중성점 접지가 어려울 때에는 저압 측의 1단자에 시행할 수 있다.
  ② 접지 공사는 변압기의 시설 장소마다 시행하여야 한다.
    단, 변압기의 시설 장소에서 접지 저항값을 얻기 어려운 경우, 인장 강도 5.26[kN] 이상 또는 지름 4[mm] 이상의 가공 접지 도체를 시설할 때에는 변압기의 시설 장소로부터 200[m]까지 떼어 놓을 수 있다.
  ③ 가공 접지 도체를 시설하기 어려운 경우 가공 공동 지선을 설치하여 2 이상의 시설 장소에 접지 공사를 할 수 있다.
    - 가공 공동 지선은 인장 강도 5.26[kN] 이상 또는 지름 4[mm] 이상의 경동선을 사용할 것
    - 각 변압기를 중심으로 지름 400[m] 이내 변압기의 양쪽에 접지할 것.
    - 가공 공동 지선과 대지 사이의 합성 전기 저항값은 1[km]를 지름으로 하는 지역 안마다 규정된 접지 저항값을 가지는 것으로 하고 또한 가공 공동 지선으로부터 분리된 경우 접지 도체와 대지 사이의 전기 저항값은 300[Ω] 이하로 할 것.

2) 혼촉 방지판이 있는 변압기의 시설

① 고압 전로 또는 특고압 전로와 비접지식의 저압 전로를 결합하는 변압기로서 고압 또는 특고압 권선과 저압 권선 간에 금속제의 혼촉 방지판이 있고, 혼촉 방지판에 규정에 의하여 접지 공사를 한 것.

② 35[kV] 이하의 전로에 지락 발생 시 1초 이내에 자동 차단하는 장치가 되어 있는 것 및 계산된 접지 저항값이 10[Ω]을 넘을 때에는 접지 저항값이 10[Ω] 이하.

③ 혼촉 방지판 변압기 접속 저압 가공 전선의 시설
- 전선 : 케이블
- 저압 전선은 1구내에만 시설
- 저압 전선과 고압·특고압 전선은 병가하지 않을 것(단, 케이블 제외)

3) 특고압과 고압의 혼촉 등에 의한 위험 방지 시설

① 변압기에 의하여 특고압 전로에 결합되는 고압 전로 : 사용 전압의 3배 이하인 전압이 가하여진 경우에 방전하는 장치를 그 변압기의 단자에 가까운 1극에 설치하여야 한다.

② 사용 전압의 3배 이하인 전압이 가하여진 경우에 방전하는 피뢰기를 고압 전로 모선의 각상에 시설한 경우, 특고압 권선과 고압 권선 간에 혼촉 방지판을 시설하여 접지 저항값이 10[Ω] 이하의 접지 공사를 한 경우에는 그러하지 아니하다.

4) 전로의 중성점의 접지

① 전로의 보호 장치의 확실한 동작의 확보, 이상 전압의 억제 및 대지 전압의 저하를 위하여 전로의 중성점에 접지 공사를 한다.
- 접지극은 고장 시 대지 사이의 전위차에 의하여 사람이나 가축 또는 다른 시설물에 위험을 줄 우려가 없도록 시설할 것.
- 접지 도체는 공칭 단면적 16[mm^2] 이상(저압 전로의 중성점에 시설하는 것-공칭 단면적 6[mm^2] 이상)의 연동선 또는 이와 동등 이상의 세기 및 굵기의 쉽게 부식하지 아니하는 금속선으로서 고장 전류를 안전하게 통전시킬 수 있는 것을 사용하고 또한 손상을 받을 우려가 없도록 시설할 것.
- 접지 도체에 접속하는 저항기·리액터 등은 고장 시 흐르는 전류를 안전하게 통할 수 있는 것을 사용할 것.
- 접지 도체·저항기·리액터 등은 취급자 이외의 자가 출입하지 아니하도록 설비한 곳에 시설하는 경우 이외에는 사람이 접촉할 우려가 없도록 시설할 것.

② 저압 전로에 시설하는 보호 장치의 확실한 동작을 확보하기 위하여 전로의 중성점에 접지 공사를 할 경우 접지 도체는 공칭 단면적 6[mm^2] 이상의 연동선 또는 이와 동등 이상의 세기 및 굵기의 쉽게 부식하지 않는 금속선으로서 고장 전류를 안전하게 통전시킬 수 있는 것을 사용하고, 손상을 받을 우려가 없도록 시설하여야 하며 규정에 따라 접지 공사를 하여야 한다.

③ 변압기의 안정권선이나 유휴 권선 또는 전압 조정기의 내장 권선을 이상 전압으로부터 보호하기 위하여, 특히 필요할 경우에 그 권선에는 규정에 의하여 접지 공사를 하여야 한다.

5) 전선로 일반
① **가공 전선의 분기** : 가공 전선의 분기는 분기점에서 전선에 장력이 가하여지지 않도록 시설하는 경우 이외에는 그 전선의 지지점에서 하여야 한다.
② **가공 전선로 지지물의 철탑 오름 및 전주 오름 방지** : 발판 볼트 등을 지표상 1.8[m] 미만에는 시설 금지. 단, 다음의 경우 제외
  • 발판 볼트 등을 내부에 넣을 수 있는 구조로 되어 있는 지지물에 시설하는 경우
  • 지지물에 철탑 오름 및 전주 오름 방지 장치를 시설하는 경우
  • 지지물 주위에 취급자 이외의 사람이 출입할 수 없도록 울타리·담 등을 시설하는 경우
  • 지지물이 산간(山間) 등에 있으며 사람이 쉽게 접근할 우려가 없는 곳에 시설하는 경우

6) 풍압 하중 : 구성재의 수직 투영 면적 1[m2]에 대한 풍압을 기초로 하여 계산
① **갑종 풍압 하중** : 고온계
  • 목주, 원형 철주, 철근 콘크리트주 : 588[Pa]
  • 삼각철주, 마름모형의 것 : 1412[Pa], 강관에 의한 4각형 : 1117[Pa]
  • 철탑 : 강관 구성 1255[Pa] (기타 : 2157[Pa])
  • 전선 : 다도체 666[Pa] (기타 : 745[Pa])
  • 특별 고압용 애자 장치 : 1039[Pa]
  • 특별 고압용 완금 : 단일재 1196[Pa] (기타 : 1627[Pa])
② **을종 풍압 하중** : 저온계 ⇒ 두께 6[mm] 비중 0.9의 빙설
  • 단도체 : 372[Pa], 다도체 : 333[Pa]
  • 그 외의 것 : 갑종의 1/2
③ **병종 풍압 하중** : 인가 밀집 지역(저·고압 전선로 등)
  • 갑종의 1/2

7) 가공 전선로 지지물의 기초 안전율
① **지지물의 기초 안전율** : 2 이상
② **이상 시 상정 하중에 대한 철탑의 안전율** : 1.33 이상
③ **철주, CP주 16[m] 이하 설계 하중 6.8[kN] 이하 또는 목주**
  • 전체 길이 15[m] 이하 : 전체 길이 $\times \frac{1}{6}$ 이상
  • 15[m] 초과 : 2.5[m] 이상 근입
  • 지반 연약한 곳 : 근가 시설

④ CP주로서 16[m] 초과 20[m] 이하이고, 설계 하중 6.8[kN] 이하 : 2.8[m] 이상 근입
⑤ 14[m] 이상 20[m] 이하 설계 하중 6.8[kN] 초과 9.8[kN] 이하 : 전체 길이 $\times \frac{1}{6}$ 또는 2.5[m]에 0.3[m] 가산
⑥ 14[m] 이상 20[m] 이하 설계 하중 9.81[kN] 초과 14.72[kN] 이하
- 15[m] 이하 : 0.5[m] 가산
- 15[m] 넘고 18[m] 이하 : 3.0[m] 이상 근입
- 18[m] 초과 : 3.2[m] 이상 근입

⑦ 목주의 강도 계산 : 지표면의 목주 지름(cm를 단위로 한다)으로 다음 계산식에 의하여 계산한 값([cm]를 단위로 한다.)

$$D_0 = D + 0.9H$$

- D : 목주의 말구([cm]를 단위로 한다.)
- H : 목주의 지표상 높이([m]을 단위로 한다.)

8) 지선의 시설

① **지선의 안전율** : 2.5 이상
② **허용 인장 하중** : 4.31[kN]
③ **소선**
  - 3가닥 이상을 꼬아 만든 선일 것
  - 2.6[mm] 이상(단, 2.0[mm]는 아연도 강연선으로 0.68[kN/mm^2] 이상)
④ 지중의 부분 및 지표상 30[cm]까지의 부분에는 아연 도금을 한 철봉 또는 이와 동등 이상의 세기 및 내식 효력이 있는 것을 사용하고 이를 쉽게 부식하지 아니하는 근가에 견고하게 붙일 것
⑤ **지선 높이** : 도로 횡단 시 5[m](단, 도로 교통 지장 없는 경우 4.5[m]), 보도 횡단 시 2.5[m]
⑥ 가공 전선로의 지지물에 시설하는 지선은 이와 동등 이상의 효력이 있는 지주로 대체할 수 있다.

9) 고압 가공 인입선의 시설

① 전선에는 인장 강도 8.01[kN] 이상의 고압 절연 전선, 특고압 절연 전선 또는 지름 5[mm] 이상의 경동선의 고압 절연 전선, 특고압 절연 전선 또는 인하용 절연 전선을 애자 사용 배선에 의하여 시설하거나 케이블로 시설하여야 한다.
② **고압 가공 인입선의 높이** : 지표상 5[m] 이상. 단, 케이블 이외의 것인 때에는 그 전선의 아래쪽에 위험 표시를 한 경우 지표상 3.5[m]까지로 감할 수 있다.
③ 고압 연접 인입선은 시설하여서는 아니 된다.

10) 특고압 가공 인입선의 시설

① 특고압 가공 인입선의 높이는 35[kV] 이하 5[m], 35[kV] 초과 160[kV] 이하 6[m], 160[kV] 초과 6[m]+α, 여기서 α는 160[kV]를 초과하는 매 10[kV]의 단수마다 0.12[m]를 가산한 값이다.
② 변전소 또는 개폐소에 준하는 곳 이외의 곳에 인입하는 특고압 가공 인입선의 사용 전압은 100[kV] 이하.
③ 사용 전압이 35[kV] 이하이고 또한 전선에 케이블을 사용하는 경우에 특고압 가공 인입선의 높이는 도로·횡단보도교·철도 및 궤도를 횡단하는 이외의 경우에 한하여 지표상 4[m]까지로 감할 수 있다.
④ 특고압 연접 인입선은 시설하여서는 아니 된다.

11) 고압 옥측 전선로의 시설

전개된 장소에는 다음에 따라 시설하여야 한다.
① 전선은 케이블일 것.
② 케이블은 견고한 관 또는 트라프에 넣거나 사람이 접촉할 우려가 없도록 시설할 것.
③ 케이블을 조영재의 옆면 또는 아랫면에 따라 붙일 경우에는 케이블의 지지점 간의 거리를 2[m](수직 6[m]) 이하로 하고 또한 피복을 손상하지 아니하도록 붙일 것.
④ 관 기타의 케이블을 넣는 방호 장치의 금속제 부분·금속제의 전선 접속함 및 케이블의 피복에 사용하는 금속제에는 이들의 방식 조치를 한 부분 및 대지와의 사이의 전기 저항값이 10[Ω] 이하인 부분을 제외하고 규정에 준하여 접지 공사를 할 것.

12) 특고압 옥측 전선로의 시설

특고압 옥측 전선로는 시설하여서는 아니 된다. 다만, 사용 전압이 100[kV] 이하이고 규정에 준하여 시설하는 경우에는 그러하지 아니하다.

13) 고압 옥상 전선로의 시설

① 고압 옥상 전선로에는 케이블을 사용하고 전개된 장소에 조영재에 견고하게 붙인 지지주 또는 지지대에 의하여 지지하고 또한 조영재 사이의 이격 거리를 1.2[m] 이상으로 시설하여야 한다.
② 고압 옥상 전선로의 전선이 다른 시설물과 접근하거나 교차하는 경우 이격 거리는 0.6[m] 이상이어야 한다.
③ 고압 옥상 전선로의 전선은 상시 부는 바람 등에 의하여 식물에 접촉하지 아니하도록 시설하여야 한다.

14) 특고압 옥상 전선로의 시설

특고압 옥상 전선로는 시설하여서는 아니 된다.

15) 가공 약전류 전선로의 유도 장해 방지

① 저압 또는 고압 가공 전선로와 기설 가공 약전류 전선로가 병행하는 경우에는 유도 작용에 의하여 통신상의 장해가 생기지 않도록 이격 거리는 2[m] 이상이어야 한다.

② 기설 가공 약전류 전선로에 장해를 줄 우려가 있는 경우에는 다음 중 한 가지 이상을 기준으로 하여 시설하여야 한다.
- 가공 전선과 가공 약전류 전선 간의 이격 거리를 증가시킬 것.
- 교류식 가공 전선로의 경우에는 연가할 것.
- 인장 강도 5.26[kN] 이상의 것 또는 지름 4[mm] 이상인 경동선의 금속선 2가닥 이상을 시설하고 규정에 준하여 접지 공사를 할 것.

16) 가공 케이블의 시설

① 조가용선의 행거 간격은 50[cm] 이하일 것
② 조가용선은 22[mm^2] 이상 또는 5.93[kN] (단, 특고인 경우 13.93[kN]) 이상 아연도 철연선일 것
③ 조가용선, 케이블의 금속체 : 접지 공사 실시
④ 금속제 테이프의 간격은 20[cm] 이하의 간격으로 나선상으로 한다.

17) 고압 가공 전선의 시설

① 전선의 안전율(경동선, 내열동 합금선) : 2.2 이상(기타 전선 : 2.5 이상)
② 고압 절연 전선, 특고압 절연 전선 또는 케이블 사용
③ 5[mm] 이상 경동선 또는 8.01[kN] 이상
④ 가공 전선의 높이
- 고압 가공 전선 ⇒ 5[m] (교통 지장 없는 경우 4[m]) 이상
- 도로 횡단 시 : 6[m] 이상
- 철도 횡단 시 : 궤조면상 6.5[m] 이상
- 횡단보도교의 위에 시설하는 경우에는 저압 가공 전선은 그 노면상 3.5[m](절연 전선·다심형 전선·고압 절연 전선·특별 고압 절연 전선 또는 케이블인 경우에는 3[m]) 이상, 고압 가공 전선은 그 노면상 3.5[m] 이상, 특고압 가공 전선은 그 노면상 4[m] 이상

⑤ 가공 지선
- 안전율(경동선, 내열동 합금선) : 2.2 이상(기타 전선 : 2.5 이상)
- 전선 : 인장 강도 5.26[kN] 이상의 것 또는 지름 4.0[mm] 이상 나경동선

18) 고압 가공 전선 등의 병행 설치

① 저압 가공 전선(다중 접지 중성선 제외)과 고압 가공 전선을 동일 지지물에 시설하는 경우에는 다음에 따라야 한다.
- 저압 가공 전선을 고압 가공 전선의 아래로 하고 별개의 완금류에 시설할 것.

- 저압 가공 전선과 고압 가공 전선 사이의 이격 거리는 0.5[m] 이상일 것.
② 다음의 어느 하나에 해당하는 경우에는 ①에 의하지 아니할 수 있다.
- 고압 가공 전선에 케이블을 사용하고, 또한 그 케이블과 저압 가공 전선 사이의 이격 거리를 0.3[m] 이상으로 하여 시설하는 경우
- 저압 가공 인입선을 분기하기 위하여 저압 가공 전선을 고압용의 완금류에 견고하게 시설하는 경우

19) 고압 가공 전선로 경간의 제한
① 고압 가공 전선로의 경간은 다음 표의 값 이하이어야 한다.

지지물의 종류	경간
목주 · A종	150[m]
B종	250[m]
철탑	600[m]

② 경간이 100[m]를 초과하는 경우 다음에 따라 시설하여야 한다.
- 인장 강도 8.01[kN] 이상의 것 또는 지름 5[mm] 이상의 경동선의 것.
- 목주의 풍압 하중에 대한 안전율은 1.5 이상일 것.
③ 인장 강도 8.71[kN] 이상의 것 또는 단면적 22[mm^2] 이상의 경동 연선의 것을 시설하는 경우의 경간
- 목주 · A종 : 300[m] 이하
- B종 : 500[m] 이하

20) 고압 보안 공사
① **전선** : 인장 강도 8.01[kN] 이상 또는 5.0[mm] 이상 경동선.
② 목주의 풍압 하중에 대한 안전율 1.5 이상
③ **38[mm^2] 이상 경동 연선(14.51[kN] 이상)** : 표준 경간 시설 가능

	표준 경간	고압 보안 공사
목주, A종	150	100
B종	250	150
철탑	600	400

21) 고압 가공 전선과 건조물의 접근
① 저압 가공 전선 또는 고압 가공 전선이 건조물과 접근 상태로 시설되는 경우에는 다음에 따라야 한다.
- 고압 가공 전선로는 고압 보안 공사에 의할 것.
- 고압 가공 전선과 건조물의 조영재 사이의 이격 거리는 표에서 정한 값 이상일 것.

건조물과 조영재 구분		전선 종류	저압	고압
건조물 (조영재)	상부 조영재 위쪽	일반 전선	2[m]	2[m]
		고압 절연 전선	1[m]	2[m]
		케이블	1[m]	1[m]
	상부 조영재 옆쪽, 아래쪽 기타 조영재	일반 전선	1.2[m]	1.2[m]
		사람의 접촉 우려가 없는 경우	0.8[m]	0.8[m]
		고압 절연 전선	0.4[m]	0.4[m]
		케이블	0.4[m]	0.4[m]
건조물 아래쪽		일반 전선	0.6[m]	0.8[m]
		고압 절연 전선	0.3[m]	0.8[m]
		케이블	0.3[m]	0.4[m]
도로, 횡단보도, 철도		–	3[m]	3[m]
삭도나 그 지주 저압 전차선, 안테나 저압 가공 전선 가공 약전류 전선,		일반 전선	0.6[m]	0.8[m]
		고압 절연 전선	0.3[m]	0.8[m]
		케이블	0.3[m]	0.4[m]
		※ 저압 가공 전선과 고압 전차선은 1.2[m]		
저·고압 가공 전선 등의 지지물 저압 전차 선로 지지물		일반 전선	0.3[m]	0.6[m]
		고압 절연 전선	0.3[m]	0.6[m]
		케이블	0.3[m]	0.3[m]
다른 시설물	조영물의 상부 조영재 위쪽	일반 전선	2[m]	2[m]
		고압 절연 전선	1[m]	2[m]
		케이블	1[m]	1[m]
	조영물의 상부 조영재 옆쪽, 아래쪽 또는 상부 조영재 이외 부분	일반 전선	0.6[m]	0.8[m]
		고압 절연 전선	0.3[m]	0.8[m]
		케이블	0.3[m]	0.4[m]

22) 고압 가공 전선과 가공 약전류 전선 등의 접근 또는 교차
   ① 고압 가공 전선은 고압 보안 공사에 의할 것.
   ② 가공 전선이 가공 약전류 전선 등과 접근하는 경우에는 다음 표에 따를 것.

가공 약전류 전선	저압 가공 전선		고압 가공 전선	
	절연 전선	고압 및 특고압 절연 전선, 케이블	절연 전선	케이블
일반	0.6[m]	0.3[m]	0.8[m]	0.4[m]
절연 전선 또는 광섬유 케이블	0.3[m]	0.15[m]		
지지물	0.3[m]	0.3[m]	0.6[m]	0.3[m]

23) 고압 가공 전선과 안테나의 접근 또는 교차
① 고압 가공 전선은 고압 보안 공사에 의할 것.
② 가공 전선이 안테나에 접근하는 경우에는 다음에 따를 것.
  - 저압 0.6[m] (고압 절연 전선, 특고압 절연 전선 또는 케이블 0.3[m]) 이상
  - 고압 0.8[m] (케이블 0.4[m]) 이상

24) 고압 가공 전선과 교류 전차선 등의 접근 또는 교차
① 저압 가공 전선 또는 고압 가공 전선이 교류 전차선 등과 접근하는 경우에 저압 가공 전선 또는 고압 가공 전선은 교류 전차선의 위쪽에 시설하는 경우 다음에 따라야 한다.
  - 저압 가공 전선로는 저압 보안 공사, 고압 가공 전선로는 고압 보안 공사에 의할 것.
  - 저압 가공 전선은 인장 강도 8.01[kN] 이상의 것 또는 지름 5[mm] 이상의 경동선일 것.
  - 고압 가공 전선은 인장 강도 14.51[kN] 이상의 것 또는 단면적 38[mm^2] 이상의 경동 연선일 것.
  - 저압 가공 전선에 케이블을 사용하는 경우 단면적 35[mm^2] 이상인 아연도 강연선으로서 인장 강도 19.61[kN] 이상인 것으로 조가하여 시설할 것.
  - 고압 가공 전선에 케이블을 사용하는 경우 단면적 38[mm^2] 이상인 아연도 강연선으로서 인장 강도 19.61[kN] 이상인 것으로 조가하여 시설할 것.
② 저압 가공 전선 또는 고압 가공 전선이 교류 전차선 등과 교차하는 경우에 저압 가공 전선 또는 고압 가공 전선은 교류 전차선의 위쪽에 시설하는 경우 다음에 따라야 한다.
  - 저압 가공 전선에 케이블을 사용하는 경우 단면적 35[mm^2] 이상인 아연도 강연선으로서 인장 강도 19.61[kN] 이상인 것으로 조가하여 시설할 것.
  - 고압 가공 전선은 인장 강도 14.51[kN] 이상의 것 또는 단면적 38[mm^2] 이상의 경동 연선일 것.
  - 고압 가공 전선에 케이블을 사용하는 경우 단면적 38[mm^2] 이상인 아연도 강연선으로서 인장 강도 19.61[kN] 이상인 것으로 조가하여 시설할 것.
  - 고압 가공 전선 상호 간의 간격은 0.65[m] 이상일 것.
  - 목주의 풍압 하중에 대한 안전율은 2 이상일 것.
  - 경간 : 목주·A종 - 60[m] 이하, B종 - 120[m] 이하일 것.

25) 고압 가공 전선 등과 저압 가공 전선 등의 접근 또는 교차
① 고압 가공 전선로는 고압 보안 공사에 의할 것.
② 고압 가공 전선과 저압 가공 전선 등 또는 그 지지물 사이의 이격 거리
  - 저압 가공 전선 등 : 0.8[m] (케이블 : 0.4[m]) 이상
  - 저압 가공 전선 등의 지지물 : 0.6[m] (케이블 : 0.3[m]) 이상
③ 저압 가공 전선과 고압 가공 전선 등 또는 그 지지물 사이의 이격 거리
  - 고압 가공 전선 등 : 0.8[m] (케이블 : 0.4[m]) 이상

- 고압 전차선 : 1.2[m] 이상
- 고압 가공 전선 등의 지지물 : 0.6[m] 이상

26) 고압 가공 전선 상호 간의 접근 또는 교차
① 고압 가공 전선로는 고압 보안 공사에 의할 것.
② 고압 가공 전선 상호 간의 이격 거리는 0.8[m] (케이블 0.4[m]) 이상일 것.
③ 하나의 고압 가공 전선과 다른 고압 가공 전선로의 지지물 사이의 이격 거리는 0.6[m] (케이블 0.3[m]) 이상일 것.

27) 고압 가공 전선과 다른 시설물의 접근 또는 교차
① 고압 가공 전선로는 고압 보안 공사에 의하여야 한다.
② 고압 가공 전선과 다른 시설물의 이격 거리

다른 시설물의 구분	접근형태	이격 거리
조영물의 상부 조영재	위쪽	2[m] (케이블 1[m])
	옆쪽 또는 아래쪽	0.8[m] (케이블 0.4[m])
조영물의 상부 조영재 이외의 부분 또는 조영물 이외의 시설물		0.8[m] (케이블 0.4[m])

28) 고압 가공 전선과 식물의 이격 거리
고압 가공 전선은 상시 부는 바람 등에 의하여 식물에 접촉하지 않도록 시설하여야 한다.

29) 고압 가공 전선과 가공 약전류 전선 등의 공용 설치
① 목주의 풍압 하중에 대한 안전율은 1.5 이상일 것.
② 가공 전선을 가공 약전류 전선 등의 위로하고 별개의 완금류에 시설할 것.
③ 가공 전선과 가공 약전류 전선 등 사이의 이격 거리
- 저압 : 0.75[m] 이상, 고압은 1.5[m] 이상일 것. 다만, 가공 약전류 전선 등이 절연 전선과 동등 이상의 절연 성능이 있는 것 또는 통신용 케이블인 경우에 이격 거리를 저압 가공 전선이 고압 절연 전선, 특고압 절연 전선 또는 케이블인 경우에는 0.3[m], 고압 가공 전선이 케이블인 때에는 0.5[m]까지, 가공 약전류 전선로 등의 관리자의 승낙을 얻은 경우에는 이격 거리를 저압은 0.6[m], 고압은 1[m]까지로 각각 감할 수 있다.

④ 가공 전선이 가공 약전류 전선에 대하여 유도 작용에 의한 통신상의 장해를 줄 우려가 있는 경우에는 다음에 의하여 시설할 것.
- 가공 전선과 가공 약전류 전선 간의 이격 거리를 증가시킬 것.
- 교류식 가공 전선로의 경우에는 연가할 것.
- 인장 강도 5.26[kN] 이상의 것 또는 지름 4[mm] 이상인 경동선의 금속선 2가닥 이상을 시설하고 규정에 준하여 접지 공사를 할 것.

30) 시가지 등에서 특고압 가공 전선로의 시설

① 170[kV] 이하 특고압 가공 전선로의 경간(목주 해당 안 됨)
- A종 : 75[m] 이하
- B종 : 150[m] 이하
- 철탑 : 400[m] 이하(단, 도체 간 수평 거리 4[m] 미만 250[m] 이하)

② 170[kV] 이하 특고압 전선의 단면적
- 100[kV] 미만 : 55[mm^2] 이상 경동 연선(21.67[kN] 이상)
- 100[kV] 이상 : 150[mm^2] 이상 경동 연선(58.84[kN] 이상)

③ 170[kV] 이하 특고압 전선로의 높이
- 35[kV] 이하 : 10[m] 이상(단, 특고 절연 전선 : 8[m])
- 35[kV] 초과 : 10 + α

④ 애자 장치는 50[%] 충격 섬락 전압 기타 부분 애자 장치의 110[%] (130[kV] 초과 시 105[%]) 이상일 것

⑤ 지지물에는 위험 표시를 보기 쉬운 곳에 시설할 것(단, 35[kV] 이하의 특고압 절연 전선사용 시 안해도 됨).

31) 170[kV]를 초과하는 특고압 가공 전선로

① 특고압 가공 전선에 지락 또는 단락이 생겼을 때에는 1초 이내에 자동적으로 이를 전로로부터 차단하는 장치를 시설할 것.

② 전선로는 회선 수 2 이상 또는 그 전선로의 손괴에 의하여 현저한 공급 지장이 발생하지 않도록 시설할 것.

③ 지지물은 철탑을 사용하고, 경간은 600[m] 이하일 것.

④ 전선은 단면적 240[mm^2] 이상의 강심 알루미늄선 또는 이와 동등 이상의 인장 강도 및 내아크 성능을 가지는 연선을 사용할 것.

⑤ 전선로의 높이 10[m] + α (35[kV]를 초과하는 10[kV]의 단수마다 0.12[m]씩 가산)

32) 유도 장해의 방지

① 유도 전류의 제한
- 60[kV] 이하 : 12[km] 이하마다 2[μA]
- 60[kV] 초과 : 40[km] 이하마다 3[μA]

33) 특고압 가공 케이블의 시설

① 조가용선의 행거 간격은 50[cm] 이하일 것

② 조가용선은 22[mm^2] 이상 아연도 강연선 또는 13.93[kN] 이상 연선일 것

③ 조가용선, 케이블의 금속체 : 접지 공사 실시

④ 금속제 테이프의 간격은 20[cm] 이하의 간격으로 나선상으로 한다.

34) 특고압 가공 전선의 굵기 및 종류

인장 강도 8.71[kN] 이상의 연선 또는 단면적 22[mm²] 이상의 경동 연선 또는 동등 이상의 인장 강도를 갖는 알루미늄 전선이나 절연 전선이어야 한다.

35) 특고압 전로와 지지물(완금)의 간격

① 25[kV] 미만 : 20[cm] 이상
② 35[kV] 미만 : 25[cm] 이상
③ 60[kV] 이상 70[kV] 미만 : 40[cm] 이상
④ 130[kV] 이상 160[kV] 미만 : 90[cm] 이상
⑤ 230[kV] 이상 : 160[cm] 이상

36) 특고압 가공 전선의 높이

- 35[kV] 이하의 특고압 : 5[m]
- 35[kV] 초과 160[kV] 이하 : 6[m] (단, 산악지 등 5[m])
- 160[kV] 초과 : 6 + α
- 도로 횡단 시 : 6[m] 이상
- 철도 횡단 시 : 궤조면상 6.5[m] 이상
- 사람이 쉽게 들어갈 수 없는 장소 : 5[m] 이상
- 35[kV] 이하의 특고압 가공 전선이 횡단보도교의 위에 시설하는 경우로 전선이 특고압 절연 전선 또는 케이블인 경우 : 4[m] 이상
- 35[kV] 초과 160[kV] 이하의 특고압 가공 전선이 횡단보도교의 위에 시설하는 경우로 케이블인 경우 : 5[m] 이상

37) 특고압 가공 전선로의 가공 지선에 사용되는 전선

① 인장 강도 8.01[kN] 이상의 나선
② 지름 5[mm] 이상의 나경동선
③ 22[mm²] 이상의 나경동 연선
④ 아연도 강연선 22[mm²]
⑤ OPGW 전선

38) 특고압 가공 전선로의 목주 시설

- 풍압 하중에 대한 안전율은 1.5 이상일 것.(고 : 1.3, 저 : 1.2)
- 굵기는 말구 지름 0.12[m] 이상일 것

39) 특고압 철탑의 종류

① 직선형 : 수평각 3° 이하의 직선 부분
② 각도형 : 수평각 3°를 초과하는 곳에 사용

③ 인류형 : 전가섭선이 인류되는 곳에 사용

④ 내장형 : 양쪽의 경간차가 큰 곳에 사용

⑤ 보강형 : 직선 부분에서 강도를 보강하기 위하여 사용

40) 특별 고압 전선로의 지지물 시설

① 목주, A종 지지물
- 5기 이하 : 전선로의 직각 방향으로 양쪽 시설
- 15기 이하 : 전선로 방향 및 직각 방향으로 시설

② B종 지지물
- 5기 이하 : 보강형 시설
- 10기 이하 : 내장형 시설

③ 직선형 철탑 : 10기 이하마다 내장 애자 장치 1기 시설

41) 특고압 가공 전선과 저고압 가공 전선 등의 병행 설치

① 사용 전압이 35[kV] 이하인 특고압 가공 전선과 저압 또는 고압의 가공 전선을 동일 지지물에 시설하는 경우
- 특고압 가공 전선은 저압 또는 고압 가공 전선의 위에 시설하고 별개의 완금류에 시설할 것.
- 특고압 가공 전선은 연선일 것.
- 저·고압 가공 전선은 인장 강도 8.31[kN] 이상의 것 또는 케이블인 경우 이외에는 다음에 해당하는 것.
  ⇒ 가공 전선로의 경간이 50[m] 이하인 경우에는 인장 강도 5.26[kN] 이상의 것 또는 지름 4[mm] 이상의 경동선
  ⇒ 가공 전선로의 경간이 50[m] 초과하는 경우에는 인장 강도 8.01[kN] 이상의 것 또는 지름 5[mm] 이상의 경동선

② 사용 전압이 35[kV]을 초과하고 100[kV] 미만인 특고압 가공 전선과 저압 또는 고압 가공 전선을 동일 지지물에 시설하는 경우
- 제2종 특고압 보안 공사에 의할 것.
- 저·고압 가공 전선 사이의 이격 거리는 2[m] 이상일 것.
- 특고압 가공 전선은 케이블인 경우를 제외하고는 인장 강도 21.67[kN] 이상의 연선 또는 단면적이 50[mm^2] 이상인 경동 연선일 것.

③ 사용 전압이 100[kV] 이상인 특고압 가공 전선과 저압 또는 고압 가공 전선은 동일 지지물에 시설하여서는 아니 된다.

④ 특고압 가공 전선과 저고압 가공 전선의 병가 시 이격 거리
- 35[kV] 이하 : 1.2[m] (단, 케이블 : 50[cm]) 이상
- 35[kV] 초과 60[kV] 이하 : 2[m] (단, 케이블 : 1[m]) 이상
- 60[kV] 초과 100[kV] 미만 : 2+α[m](단, 케이블 : 1[m]) 이상

42) 특고압 가공 전선과 가공 약전류 전선 등의 공용 설치

① 특고압 전로는 제2종 특고 보안 공사에 의할 것
② 전선 : 50[mm^2] 이상인 경동 연선 또는 인장 강도 21.67[kN] 이상인 연선일 것.
③ 이격 거리 : 35[kV] 이하 2[m] 이상(단, 케이블 : 50[cm] 이상)
④ 특고압 가공 전선로의 접지 도체에는 절연 전선 또는 케이블을 사용하고 또한 특고압 가공 전선로의 접지 도체 및 접지극과 가공 약전류 전선로 등의 접지 도체 및 접지극은 각각 별개로 시설할 것.
⑤ 35[kV] 초과하는 특고압 가공 전선과 가공 약전류 전선은 동일 지지물에 시설하여서는 아니된다.

43) 특고압 가공 전선로의 경간 제한

지지물의 종류	경간	
	인장 강도 8.71[kN] 이상의 것 또는 단면적 22[mm^2] 이상인 경동 연선	인장 강도 21.67[kN] 이상의 것 또는 단면적이 50[mm^2] 이상인 경동 연선
목주 · A종	150[m]	300[m]
B종	250[m]	500[m]
철탑	600[m] (단주인 경우에는 400[m])	600[m]

44) 제1종 특고 보안 공사 : 35[kV] 초과 2차 접근 상태

① 전선
  - 100[kV] 미만 : 55[mm^2] 이상 또는 21.67[kN] 이상
  - 300[kV] 미만 : 150[mm^2] 이상 또는 58.84[kN] 이상
  - 300[kV] 이상 : 200[mm^2] 이상 또는 77.47[kN] 이상
② 애자 장치 : 50[%] 충격 섬락 전압 기타 부분 애자 장치의 110[%](130[kV] 초과 시 105[%]) 이상일 것
③ 지락 또는 단락 발생 시 100[kV] 이하에서는 3초, 100[kV] 초과 시는 2초 이내에 자동 차단 장치 시설
④ 경간 : 58.84[kN] 이상의 연선 또는 150[mm^2] 이상 경동 연선 사용 시 표준 경간 시설 가능

지지물의 종류	경간	
	제종 특고압 보안 공사	인장 강도 58.84[kN] 이상의 것 또는 단면적이 150[mm^2] 이상인 경동 연선
B종	150[m]	250[m]
철탑	400[m]	600[m]

45) **제2종 특고 보안 공사** : 35[kV] 이하 2차 접근 상태
① **전선** : 55[mm²] 이상 연선
② **경간** : 95[mm²](38.05[kN]) 이상 사용 시 표준 경간 가능
③ **목주의 안전율** : 2 이상
   ⇒ 제3종 특고 보안 공사 : 특고압 가공 전선과 1차 접근 상태
     A종 : 38[mm²](14.51[kN]) 이상 사용 시 표준 경간 시설 가능
     B종, 철탑 : 55[mm²](21.67[kN]) 이상 사용 시 표준 경간 시설 가능

46) **특고압 가공 전선과 건조물의 접근**
① 특고압 가공 전선이 1차 접근 상태로 시설된 경우 전선로는 제3종 특고압 보안 공사에 의할 것.
② **이격 거리**
   • 35[kV] 이하 : 3[m] 이상(케이블 0.5[m])
   • 35[kV] 초과 : 3+β [m] 이상(β는 기준 전압[V]을 초과하는 매 10,000[V] 단수마다 15[cm]씩 가산)

건조물과 조영재 구분		35[kV] 이하	35[kV] 초과
건조물	상부 조영재 위쪽	기타 전선	3[m]	건조물의 조영재 구분 및 조영재에 따라 35[kV] 이하 규정값에 35[kV] 넘는 10[kV] 단수마다 15[cm]씩을 가산할 것.
		특고압 절연 전선 (접촉 우려 없을 때)	2.5[m] (1[m])	
		케이블	1.2[m]	
	상부 조영재 옆쪽 아래쪽 기타 조영재	기타 전선	3[m]	
		특고압 절연 전선 (접촉 우려 없을 때)	1.5[m] (1[m])	
		케이블	0.5[m]	

③ 35[kV] 이하인 특고압 가공 전선이 건조물과 제2차 접근 상태로 시설된 경우 전선로는 제2종 특고압 보안 공사에 의할 것.
④ 35[kV] 초과 400[kV] 미만인 특고압 가공 전선이 건조물과 제2차 접근 상태로 시설된 경우 전선로는 제1종 특고압 보안 공사에 의할 것.
⑤ 400[kV] 이상의 특고압 가공 전선이 건조물과 제2차 접근 상태로 있는 경우에는 다음에 의한다.
   • 전선 높이가 최저 상태일 때 가공 전선과 건조물 상부와의 수직 거리가 28[m] 이상일 것.
   • 독립된 주거 생활을 할 수 있는 단독 주택, 공동 주택 및 학교, 병원 등 불특정 다수가 이용하는 다중 이용 시설의 건조물이 아닐 것.
   • 폭연성 분진, 가연성 가스, 인화성 물질, 석유류, 화학류 등 위험 물질을 다루는 건조물에 해당되지 아니할 것.
   • 건조물 최상부에서 전계(3.5[kV/m]) 및 자계(83.3[μT])를 초과하지 아니할 것.

47) 특고압 가공 전선과 도로 등의 접근 또는 교차

① 특고압 가공 전선이 도로 · 횡단보도교 · 철도 또는 궤도와 제1차 접근 상태로 시설되는 경우에는 다음에 따라야 한다.
- 제3종 특고압 보안 공사에 의할 것.
- 도로 등 사이의 이격 거리
  ⇒ 35[kV] 이하 : 3[m] 이상 (케이블 0.5[m])
  ⇒ 35[kV] 초과 : 3 +β [m] 이상

② 특고압 가공 전선이 도로 등과 제1차 접근 상태로 시설되는 경우에는 다음에 따라야 한다.
- 제2종 특고압 보안 공사에 의할 것.
- 특고압 가공 전선 중 도로 등에서 수평 거리 3[m] 미만으로 시설되는 부분의 길이가 연속하여 100[m] 이하이고 또한 1경간 안에서의 그 부분의 길이의 합계가 100[m] 이하일 것

③ 특고압 가공 전선이 도로 등과 교차하는 경우에 특고압 가공 전선이 도로 등의 위에 시설되는 때에는 다음에 따라야 한다.
- 제2종 특고압 보안 공사에 의할 것.(단, 보호망 시설 시 제외)
- 보호망은 규정에 따라 접지 공사를 한 금속제의 망상 장치로 하고 견고하게 지지할 것.
- 보호망을 구성하는 금속선은 특고압 가공 전선의 직하에 시설하는 금속선에는 인장 강도 8.01[kN] 이상의 것 또는 지름 5[mm] 이상의 경동선을 사용하고 그 밖의 부분에 시설하는 금속선에는 인장 강도 5.26[kN] 이상의 것 또는 지름 4[mm] 이상의 경동선을 사용할 것.
- 보호망을 구성하는 금속선 상호 간격은 가로, 세로 각 1.5[m] 이하일 것.

④ 특고압 가공 전선이 도로 등과 접근하는 경우에 특고압 가공 전선을 도로 등의 아래쪽에 시설할 때에는 상호 간의 수평 이격 거리는 3[m] 이상으로 하고 또한 상호의 이격 거리는 전압에 따라 3[m] 이상 또는 3+β [m] 이상으로 시설하여야 한다. 다만, 특고압 절연 전선 또는 케이블을 사용하는 사용 전압이 35[kV] 이하인 특고압 가공 전선과 도로 등 사이의 수평 이격 거리는 3[m] 이상으로 하지 아니하여도 된다.

48) 특고압 가공 전선과 삭도의 접근 또는 교차

① 특고압 보안 공사에 의할 것.
② 삭도 등과의 접근 교차 시 이격 거리(제1차 접근 상태)
- 35[kV] 이하 : 2[m] (절연 전선 : 1[m], 케이블 : 0.5[m]) 이상
- 35[kV] 초과 60[kV] 이하 : 2[m] 이상
- 60[kV] 초과 : 2+α[m] 이상

49) 특고압 가공 전선과 저고압 가공 전선 등의 접근 또는 교차

① 제1차 접근 상태로 시설된 경우 제3종 특고압 보안 공사에 의할 것.
- 특고압 전선의 접근 교차 시 이격 거리
  ⇒ 60[kV] 이하 : 2[m] 이상

⇒ 60[kV] 초과 : 2+α[m] 이상
② 제2차 접근 상태로 시설된 경우 제2종 특고압 보안 공사에 의할 것.
- 특고압 전선의 수평 이격 거리는 2[m] 이상일 것. 단, 다음의 경우는 그러하지 아니하다.
  ⇒ 저고압 가공 전선 등이 인장 강도 8.01[kN] 이상의 것 또는 지름 5[mm] 이상의 경동선이나 케이블인 경우
  ⇒ 가공 약전류 전선 등을 인장 강도 3.64[kN] 이상의 것 또는 지름 4[mm] 이상의 아연도철선으로 조가하여 시설하는 경우 또는 가공 약전류 전선 등이 경간 15[m] 이하의 인입선인 경우
- 특고압 가공 전선 중 저고압 가공 전선 등에서 수평 거리로 3[m] 미만으로 시설되는 부분의 길이가 연속하여 50[m] 이하이고 또한 1경간 안에서의 그 부분의 길이의 합계가 50[m] 이하일 것.
③ 보호망은 접지 공사를 한 금속제의 망상 장치로 하고 견고하게 지지하여야 한다.
- 보호망을 구성하는 금속선은 특고압 가공 전선의 바로 아래에 시설하는 금속선에 인장 강도 8.01[kN] 이상의 것 또는 지름 5[mm] 이상의 경동선을 사용하고 기타 부분에 시설하는 금속선에 인장 강도 3.64[kN] 이상 또는 지름 4[mm] 이상의 아연도철선을 사용할 것.
- 보호망을 구성하는 금속선 상호 간의 간격은 가로세로 각 1.5[m] 이하일 것. 다만, 특고압 가공 전선이 저고압 가공 전선 등과 45°를 초과하는 수평 각도로 교차하는 경우에는 특고압 가공 전선과 같은 방향의 금속선은 그 외주에 시설하는 금속선 및 특고압 가공 전선의 양외선의 바로 아래에 시설하는 금속선 사이의 간격이 1.5[m]를 초과하는 것 이외의 것은 시설하지 아니하여도 된다.
- 보호망과 저고압 가공 전선 등과의 수직 이격 거리는 60[cm] 이상일 것.

50) 특고압 가공 전선 상호 간의 접근 또는 교차
① 제3종 특고압 보안 공사에 의할 것.
② 특고압 가공 전선과 다른 특고압 가공 전선 사이의 이격 거리는 다음에 의할 것.
- 60[kV] 이하 : 2[m] 이상
- 60[kV] 초과 : 2+α[m] 이상
③ 35[kV] 이하의 특고압 가공 전선 상호 간에 케이블을 사용하는 경우의 이격 거리 : 0.5[m] 이상
④ 35[kV] 이하의 특고압 가공 전선 상호 간에 특고압 절연 전선을 사용하는 경우의 이격 거리 : 1[m] 이상

51) 특고압 가공 전선과 다른 시설물의 접근 또는 교차
① 특고압 가공 전선이 다른 시설물과 제1차 접근 상태로 시설되는 경우의 이격 거리
- 60[kV] 이하 : 2[m] 이상
- 60[kV] 초과 : 2+α[m] 이상

② 특고압 가공 전선이 다른 시설물에 접촉함으로써 사람에게 위험을 줄 우려가 있는 때에는 특고압 가공 전선로는 제3종 특고압 보안 공사에 의하여야 한다.

③ 특고압 절연 전선 또는 케이블을 사용하는 사용 전압이 35[kV] 이하의 특고압 가공 전선과 다른 시설물 사이의 이격 거리

다른 시설물의 구분	접근형태	이격 거리
조영물의 상부 조영재	위쪽	2[m] (케이블 1.2[m])
	옆쪽 또는 아래쪽	1[m] (케이블 0.5[m])
조영물의 상부 조영재 이외의 부분 또는 조영물 이외의 시설물		1[m] (케이블 0.5[m])

52) 특고압 가공 전선과 식물의 이격 거리

① 특고압 가공 전선
- 60[kV] 이하 : 2[m] 이상
- 60[kV] 초과 : 2+α[m] 이상

② 35[kV] 이하인 특고압 가공 전선과 식물의 이격 거리
- 고압 절연 전선 사용 시 : 0.5[m] 이상
- 특고압 절연 전선 또는 케이블을 사용 시 : 접촉하지 않도록 시설.

53) 25[kV] 이하인 특고압 가공 전선로의 시설(중성점 다중 접지 방식)

① 사용 전압이 15[kV] 이하인 특고압 가공 전선로의 중성선의 다중 접지 및 중성선의 시설은 다음에 의할 것.
- 접지 도체 : 공칭 단면적 6[mm^2] 이상의 연동선
- 접지한 곳 상호 간의 거리는 전선로에 따라 300[m] 이하일 것.
- 특고압 가공 전선로의 다중 접지를 한 중성선은 저압 가공 전선의 규정에 준하여 시설할 것.
- 각 접지 도체를 중성선으로부터 분리하였을 경우의 접지점과 대지 간 합성저항 : 30[Ω/km](단, 단독 저항 300[Ω])
- 다중 접지한 중성선은 저압 전로의 접지 측 전선이나 중성선과 공용할 수 있다.

② 사용 전압이 15[kV] 이하의 특고압 가공 전선로의 전선과 저압 또는 고압의 가공 전선과를 동일 지지물에 시설하는 경우
- 특고압 가공 전선과 저압 또는 고압의 가공 전선 사이의 이격 거리는 0.75[m] 이상일 것.
- 특고압 가공 전선은 저압 또는 고압의 가공 전선의 위로하고 별개의 완금류에 시설할 것.

③ 사용 전압이 15[kV]를 초과하고 25[kV] 이하인 특고압 가공 전선로(중성선 다중 접지 방식의 것으로서 전로에 지락이 생겼을 때에 2초 이내에 자동적으로 이를 전로로부터 차단하는 장치가 되어 있는 것)를 다음에 따라 시설하여야 한다.

- 특고압 가공 전선이 건조물·도로·횡단보도교·철도·궤도·삭도·가공 약전류 전선 등·안테나·저압이나 고압의 가공 전선 또는 저압이나 고압의 전차선과 접근 또는 교차 상태로 시설되는 경우의 경간

지지물의 종류	경간	
	25[kV] 이하 중성선 다중 접지 방식	인장 강도 14.51[kN] 이상의 것 또는 단면적이 38[mm^2] 이상인 경동 연선
A종	100[m]	150[m]
B종	150[m]	250[m]
철탑	400[m]	600[m]

- 15[kV] 초과 25[kV] 이하 특고압 가공 전선로 이격 거리

건조물의 조영재	접근 형태	전선의 종류	이격 거리
상부 조영재	위쪽	나전선	3.0[m]
		절연 전선	2.5[m]
		케이블	1.2[m]
	옆쪽 또는 아래쪽	나전선	1.5[m]
		절연 전선	1.0[m]
		케이블	0.5[m]
기타 조영재		나전선	1.5[m]
		절연 전선	1.0[m]
		케이블	0.5[m]

특고압 가공 전선	전선의 종류	이격 거리
도로, 횡단보도교, 철도, 궤도와 접근하는 경우	나전선	1.5[m]
	절연 전선	1.0[m]
	케이블	0.5[m]
삭도와 접근 또는 교차하는 경우	나전선	2.0[m]
	절연 전선	1.0[m]
	케이블	0.5[m]
삭도의 아래쪽에서 접근하여 시설될 때	나전선	0.75[m]
	절연 전선	0.75[m]
	케이블	0.5[m]

- 특고압 가공 전선이 가공 약전류 전선 등·저고압 가공 전선 등과 접근 또는 교차하는 경우의 이격 거리는 다음 표에 의할 것.

구분	가공 전선의 종류	이격(수평 이격)거리
가공 약전류 전선 등·저압 또는 고압의 가공 전선·저압 또는 고압의 전차선·안테나	나전선	2.0[m]
	특고압 절연 전선	1.5[m]
	케이블	0.5[m]
가공 약전류 전선로 등·저압 또는 고압의 가공 전선로·저압 또는 고압의 전차 선로의 지지물	나전선	1.0[m]
	특고압 절연 전선	0.75[m]
	케이블	0.5[m]

- 특고압 가공 전선이 교류 전차선 등과 접근 또는 교차하는 경우에는 다음에 의할 것.
  ⇒ 특고압 가공 전선은 케이블인 경우 이외에는 인장 강도 14.5[kN] 이상의 특고압 절연 전선 또는 단면적 38[mm^2] 이상의 경동선일 것.
  ⇒ 특고압 가공 전선이 케이블인 경우에는 이를 인장 강도가 19.61[kN] 이상의 것 또는 단면적 38[mm^2] 이상의 강연선인 것으로 조가하여 시설할 것.
  ⇒ 케이블 이외의 것을 사용하는 특고압 가공 전선 상호 간의 간격은 0.65[m] 이상일 것.
  ⇒ 특고압 가공 전선로의 지지물에 사용하는 목주의 풍압 하중에 대한 안전율은 2.0 이상일 것.
  ⇒ 특고압 가공 전선로의 경간은 다음의 값 이하일 것.
    목주·A종 : 60[m], B종 : 120[m]
  ⇒ 특고압 가공 전선로의 전선, 완금류, 지지물, 지선 또는 지주와 교류 전차선 사이의 이격 거리는 2.5[m] 이상일 것.
- 특고압 가공 전선로가 상호 간 접근 또는 교차하는 경우에는 다음에 의할 것.
  ⇒ 특고압 가공 전선이 다른 특고압 가공 전선과 접근 또는 교차하는 경우의 이격 거리

사용 전선의 종류	이격 거리
어느 한쪽 또는 양쪽이 나전선인 경우	1.5[m]
양쪽이 특고압 절연 전선인 경우	1.0[m]
한쪽이 케이블이고 다른 한쪽이 케이블이거나 특고압 절연 전선인 경우	0.5[m]

  ⇒ 특고압 가공 전선과 다른 특고압 가공 전선로의 지지물 사이의 이격 거리는 1[m](사용 전선이 케이블인 경우에는 0.6[m]) 이상일 것.
- 특고압 가공 전선과 식물 사이의 이격 거리는 1.5[m] 이상일 것. 다만, 특고압 가공 전선이 특고압 절연 전선이거나 케이블인 경우로서 특고압 가공 전선을 식물에 접촉하지 아니하도록 시설하는 경우에는 그러하지 아니하다.
- 특고압 가공 전선로의 중성선의 다중 접지는 다음에 의할 것.
  ⇒ 접지 도체는 공칭 단면적 6[mm^2] 이상의 연동선
  ⇒ 접지 공사는 각각 접지한 곳 상호 간의 거리는 전선로에 따라 150[m] 이하일 것.
  ⇒ 각 접지 도체를 중성선으로부터 분리하였을 경우의 접지점과 대지 간 합성 저항 : 15[Ω/km](단, 단독 저항 300[Ω])

- 특고압 가공 전선로의 다중 접지를 한 중성선은 저압 가공 전선의 규정에 준하여 시설할 것.
- 특고압 가공 전선과 저압 또는 고압의 가공 전선을 동일 지지물에 병가하는 경우 이격 거리는 다음과 같이 시설하여야 한다. 다만, 특고압 가공 전선의 다중 접지한 중성선은 저압 전선의 접지 측 전선이나 중성선과 공용할 수 있다.
    ⇒ 특고압 가공 전선과 저압 또는 고압의 가공 전선 사이의 이격 거리는 1[m] 이상일 것. 다만, 특고압 가공 전선이 케이블이고 저압 가공 전선이 저압 절연 전선이거나 케이블인 때 또는 고압 가공 전선이 고압 절연 전선이거나 케이블인 때에는 0.5[m]까지 감할 수 있다.

54) 지중 전선로

① **전선** : 케이블 → 매설 방식 : 직접 매설식, 관로식, 암거식
② **매설 깊이(관로식)**
   - 중량 압력이 없는 곳 : 0.6[m] 이상
   - 중량 압력이 있는 곳 : 1.0[m] 이상
③ **매설 깊이(직매식)**
   - 중량 압력이 없는 곳 : 0.6[m] 이상
   - 중량 압력이 있는 곳 : 1.0[m] 이상으로 하고 지중 전선을 견고한 트라프 기타 방호물에 넣어 시설하여야 한다. 다만, 다음의 경우에는 그러하지 아니하다.
      ⇒ 저압 또는 고압의 지중 전선을 차량 기타 중량물의 압력을 받을 우려가 없는 경우에 그 위를 견고한 판 또는 몰드로 덮어 시설하는 경우
      ⇒ 저압 또는 고압의 지중 전선에 콤바인 덕트 케이블 또는 개장한 케이블을 사용하여 시설하는 경우
      ⇒ 지중 전선에 파이프형 압력 케이블을 사용하거나 최대 사용 전압이 60[kV] 초과하는 연피 케이블, 알루미늄 피 케이블 그 밖의 금속 피복을 한 특고압 케이블을 사용하고 또한 지중 전선의 위를 견고한 판 또는 몰드 등으로 덮어 시설하는 경우
③ **지중함 사용 시** : 1[m^2] 이상 가스 발산 통풍 장치
   - 견고하고 차량 기타 중량물의 압력에 견디는 구조일 것.
   - 고인물을 제거할 수 있는 구조로 되어 있을 것.
   - 뚜껑은 시설자 이외의 자가 쉽게 열 수 없도록 시설할 것.
   - 차도 이외의 장소에 설치하는 저압 지중함은 절연 성능이 있는 재질의 뚜껑을 사용할 수 있다.
④ **케이블 가압 장치**
   - 1.5배 유압, 수압 또는 1.25배 기압으로 10분간 가하여 견디고 누설되지 않는 것일 것
   - 가압 장치 압력관 : 최고 사용 압력 294[kPa]
⑤ **지중 약전류 전선의 유도 장해 방지** : 지중 전선로는 기설 지중 약전류 전선로에 대하여 누설 전류 또는 유도 작용에 의하여 통신상의 장해를 주지 않도록 기설 약전류 전선로로부터 충분히

이격시키거나 기타 적당한 방법으로 시설하여야 한다.
⑥ **피복체에는 접지 공사(방식 조치를 한 부분 제외)**
- 기설 지중 약전류 전선로 : 충분히 이격
⑦ **지중 전선과 지중 약전류 전선 등의 이격 거리**
- 저·고압 지중 전선(약전류 전선과 접근·교차 시) : 30[cm] 이상
- 특고압 지중 전선과 약전류 전선 : 60[cm] 이상(이하 시 격벽 설치 또는 불연성·난연성의 관에 넣어 시설)
- 특고압 지중 전선과 가연성·유독성 관 : 1[m] 이상(단, 25[kV] 이하 다중 접지 방식 : 0.5[m])
- 이외의 관 접근·교차 시 : 0.3[m] 이하 시 격벽 설치 또는 불연성·난연성의 관에 넣어 시설
⑧ **지중 전선 상호 간의 접근 또는 교차**
- 저·고압 지중 전선 : 0.15[m] 이상, 저·고압 지중 전선과 특고압 지중 전선 : 0.3[m] 이상
- 사용 전압 25[kV] 이하 다중 접지 방식 지중 전선로를 관로식 또는 직매식으로 시설 : 0.1[m] 이상

55) 터널 안 전선로의 시설
① **철도·궤도 또는 자동차도 전용 터널 안의 전선로**
  (가) 저압 전선
   - 인장 강도 2.30[kN] 이상의 절연 전선 또는 지름 2.6[mm] 이상의 경동선의 절연 전선을 사용
   - 애자 사용 배선에 의하여 시설하여야 하며 또한 이를 레일면상 또는 노면상 2.5[m] 이상의 높이로 유지할 것.
   - 합성수지관 공사, 금속관 공사, 금속제 가요 전선관 공사, 케이블 공사에 의하여 시설할 것.
  (나) 고압 전선
   - 인장 강도 5.26[kN] 이상의 것 또는 지름 4[mm] 이상의 경동선의 고압 절연 전선 또는 특고압 절연 전선을 사용
   - 애자 사용 배선에 의하여 시설하고 또한 이를 레일면상 또는 노면상 3[m] 이상의 높이로 유지하여 시설
   - 케이블 공사에 의하여 시설할 것.
  (다) 특고압 전선
   - 케이블 배선에 의하여 시설할 것.
② **사람이 상시 통행하는 터널 안의 전선로**
  (가) 저압 전선
   - 인장 강도 2.30[kN] 이상의 절연 전선 또는 지름 2.6[mm] 이상의 경동선의 절연 전선을 사용

- 애자 사용 배선에 의하여 시설하여야 하며 또한 이를 레일면상 또는 노면상 2.5[m] 이상의 높이로 유지할 것.
- 합성수지관 공사, 금속관 공사, 금속제 가요 전선관 공사, 케이블 공사에 의하여 시설할 것.

㈏ 고압 전선
- 케이블 배선에 의하여 시설할 것.

③ 터널 안 전선로의 전선과 약전류 전선 등 또는 관 사이의 이격 거리
- 터널 안의 전선로의 저압 전선이 그 터널 안의 다른 저압 전선·약전류 전선 등 또는 수관·가스관이나 이와 유사한 것과 접근하거나 교차하는 경우에는 이격 거리를 0.1[m] 이상으로 유지하여야 한다.
- 터널 안의 전선로의 고압 전선 또는 특고압 전선이 그 터널 안의 저압 전선·고압 전선·약전류 전선 등 또는 수관·가스관이나 이와 유사한 것과 접근하거나 교차하는 경우에는 이격 거리를 0.15[m] 이상으로 유지하여야 한다.

56) 수상 전선로의 시설

① 수상 전선로를 시설하는 경우에는 그 사용 전압은 저압 또는 고압인 것에 한하며 위험의 우려가 없도록 시설하여야 한다.
② 전선은 저압인 경우에는 클로로프렌 캡타이어 케이블이어야 하며, 고압인 경우에는 캡타이어 케이블일 것.
③ 수상 전선로의 전선을 가공 전선로의 전선과 접속하는 경우 전선의 접속점은 다음의 높이로 지지물에 견고하게 붙일 것.
- 접속점이 육상에 있는 경우 지표상 5[m] 이상.
  다만, 수상 전선로의 사용 전압이 저압인 경우에 도로상 이외의 곳에 있을 때에는 지표상 4[m]까지 감할 수 있다.
- 접속점이 수면상에 있는 경우에는 수상 전선로의 사용 전압이 저압인 경우에는 수면상 4[m] 이상, 고압인 경우에는 수면상 5[m] 이상
④ 수상 전선로에는 이와 접속하는 가공 전선로에 전용 개폐기 및 과전류 차단기를 각 극(과전류 차단기는 다선식 전로의 중성극을 제외)에 시설하고 또한 수상 전선로의 사용 전압이 고압인 경우에는 전로에 지락이 생겼을 때에 자동적으로 전로를 차단하기 위한 장치를 시설하여야 한다.

57) 지상에 시설하는 전선로

① 지상에 시설하는 저압 또는 고압의 전선로는 다음의 어느 하나에 해당하는 경우 이외에는 시설하여서는 아니 된다.
- 1구내에만 시설하는 전선로의 전부 또는 일부로 시설하는 경우
- 1구내 전용의 전선로 중 그 구내에 시설하는 부분의 전부 또는 일부로 시설하는 경우

- 지중 전선로와 교량에 시설하는 전선로 또는 전선로 전용교 등에 시설하는 전선로와의 사이에서 취급자 이외의 자가 출입하지 않도록 조치한 장소에 시설하는 경우

② 전선로는 교통에 지장을 줄 우려가 없는 곳에서는 다음에 따르고 또한 위험의 우려가 없도록 시설하여야 한다.
- 전선은 케이블 또는 클로로프렌 캡타이어 케이블일 것.
- 전선이 케이블인 경우에는 철근 콘크리트제의 견고한 개거 또는 트라프에 넣어야 하며 개거 또는 트라프에는 취급자 이외의 자가 쉽게 열 수 없는 구조로 된 철제 또는 철근 콘크리트제 기타 견고한 뚜껑을 설치할 것.
- 전선이 캡타이어 케이블인 경우에는 다음에 의할 것.
  ⇒ 전선의 도중에는 접속점을 만들지 아니할 것.
  ⇒ 전선은 손상을 받을 우려가 없도록 개거 등에 넣을 것. 다만, 취급자 이외의 자가 출입할 수 없도록 설치한 곳에 시설하는 경우에는 그러하지 아니하다.
  ⇒ 전선로의 전원 측 전로에는 전용의 개폐기 및 과전류 차단기를 각 극(과전류 차단기는 다선식 전로의 중성극을)에 시설할 것.
  ⇒ 사용 전압이 0.4[kV] 초과하는 저압 또는 고압의 전로 중에는 전로에 지락이 생겼을 때에 자동적으로 전로를 차단하는 장치를 시설할 것.

③ 지상에 시설하는 특고압 전선로는 사용 전압이 100[kV] 이하인 경우 이외에는 시설하여 서는 아니 된다.

58) 교량에 시설하는 전선로

① 교량에 시설하는 저압 전선로는 다음에 따라 시설하여야 한다.
  (개) 교량의 윗면에 시설하는 것은 다음에 의하는 이외에 전선의 높이를 교량의 노면상 5[m] 이상으로 하여 시설할 것.
  - 전선은 케이블인 경우 이외에는 인장 강도 2.30[kN] 이상의 것 또는 지름 2.6[mm] 이상의 경동선의 절연 전선일 것.
  - 전선과 조영재 사이의 이격 거리는 전선이 케이블인 경우 이외에는 0.3[m] 이상일 것.
  - 전선은 케이블인 경우 이외에는 조영재에 견고하게 붙인 완금류에 절연성·난연성 및 내수성의 애자로 지지할 것.
  - 전선이 케이블인 경우에는 전선과 조영재 사이의 이격 거리를 0.15[m] 이상으로 하여 시설할 것.
  (내) 교량의 아랫면에 시설하는 것은 합성수지관 배선, 금속관 배선, 가요 전선관 배선 또는 케이블 배선에 의하여 시설할 것.

59) 급경사지에 시설하는 전선로의 시설

① 급경사지에 시설하는 저압 또는 고압의 전선로는 그 전선이 건조물의 위에 시설되는 경우, 도로·철도·궤도·삭도

- 가공 약전류 전선 등·가공 전선 또는 전차선과 교차하여 시설되는 경우 및 수평 거리로 이들과 3[m] 미만에 접근하여 시설되는 경우 이외의 경우로서 기술상 부득이한 경우 이외에는 시설하여서는 안 된다.
② 전선로는 다음에 따르고 시설하여야 한다.
- 전선의 지지점 간의 거리는 15[m] 이하일 것.
- 저압 전선로와 고압 전선로를 같은 벼랑에 시설하는 경우에는 고압 전선로를 저압 전선로의 위로하고 또한 고압 전선과 저압 전선 사이의 이격 거리는 0.5[m] 이상일 것.

60) 특고압용 변압기의 시설 장소

특고압용 변압기는 발전소·변전소·개폐소 또는 이에 준하는 곳에 시설하여야 한다. 다만, 다음의 변압기는 각각의 규정에 따라 필요한 장소에 시설할 수 있다.
- 배전용 변압기
- 다중 접지 방식 특고압 가공 전선로에 접속하는 변압기
- 교류식 전기 철도용 신호 회로 등에 전기를 공급하기 위한 변압기

61) 특고압 배전용 변압기의 시설

특고압 전선로에 접속하는 배전용 변압기를 시설하는 경우에는 특고압 전선에 특고압 절연 전선 또는 케이블을 사용하고 또한 다음에 따라야 한다.
① 1차 전압 35[kV] 이하, 2차 전압은 저·고압일 것
② 1차 측에 개폐기, 과전류 차단기를 시설할 것
③ 2차 측이 고압일 경우 고압 측에 개폐기를 시설하고 또한 쉽게 개폐할 수 있도록 할 것

62) 특고압을 직접 저압으로 변성하는 변압기의 시설

특고압을 직접 저압으로 변성하는 변압기는 다음의 것 이외에는 시설하여서는 아니 된다.
① 전기로 등 전류가 큰 전기를 소비하기 위한 변압기
② 발전소·변전소·개폐소 또는 이에 준하는 곳의 소내용 변압기
③ 25[kV] 이하인 특고압 가공 전선로(중성점 다중 접지식의 것으로 전로에 지락 사고 발생시 2초 이내에 자동 차단하는 장치가 되어 있는 것에 한함)에 접속하는 변압기
④ 사용 전압이 35[kV] 이하인 변압기로서 그 특고압 측 권선과 저압 측 권선이 혼촉한 경우에 자동적으로 변압기를 전로로부터 차단하기 위한 장치를 설치한 것.
⑤ 사용 전압이 100[kV] 이하인 변압기로서 그 특고압 측 권선과 저압 측 권선 사이에 접지 저항값이 10[Ω] 이하인 금속제의 혼촉 방지판이 있는 것.
⑥ 교류식 전기 철도용 신호 회로에 전기를 공급하기 위한 변압기

63) 특별 고압용 기계 기구의 시설

① 기계 기구의 주위에 규정에 준하여 울타리·담 등을 시설하는 경우
- 울타리·담 등의 지표상 높이 : 2[m] 이상

- 지표면과 울타리·담 등 하단 사이의 간격 : 15[cm] 이상

② 기계 기구를 지표상 높이 5[m] 이상의 높이에 시설하고 충전 부분의 지표상의 높이를 다음에서 정한 값 이상으로 하고 또한 사람이 접촉할 우려가 없도록 시설할 것.
- 35[kV] 이하 : 5[m] 이상
- 160[kV] 이하 : 6[m] 이상
- 160[kV] 초과 : 6+α (α는 기준 전압[V]을 초과하는 매 10,000[V] 단수마다 12[cm]씩 가산)

64) 고주파 이용 전기 설비의 장해 방지

고주파 이용 전기 설비에서 다른 고주파 이용 전기 설비에 누설되는 고주파 전류의 허용 한도는 아래 그림의 측정 장치 또는 이에 준하는 측정 장치로 2회 이상 연속하여 10분간 측정하였을 때에 각각 측정값의 최댓값에 대한 평균값이 −30[dB](1[mW]를 0[dB]로 한다)일 것

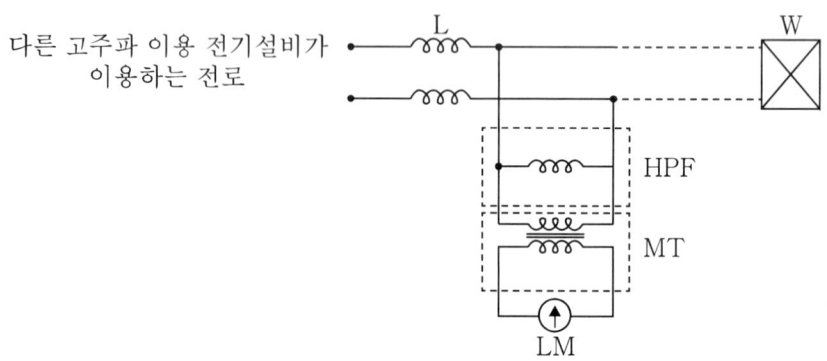

[고주파 이용 전기설비의 장해 판정을 위한 측정장치]

- LM : 선택 레벨계
- MT : 정합 변성기
- L : 고주파 대역의 하이임피던스 장치(고주파 이용 전기설비가 이용하는 전로와 다른 고주파 이용 전기설비가 이용하는 전로와의 경계점에 시설할 것)
- HPF : 고역여파기
- W : 고주파 이용 전기설비

65) 아크를 발생하는 기구의 시설

① 고압용 : 1[m] 이상
② 특별 고압용 : 2[m] 이상(단, 35[kV] 이하, 화재 우려 없는 경우 1[m] 이상)

66) 고압용 기계 기구의 시설

① 울타리 안에 시설하는 경우 : 5[m] 이상
- 울타리, 담 등의 높이 : 2[m] 이상
- 울타리, 담 등의 하단 간격 : 15[cm] 이하

② 지지물 위에 시설하는 경우
- 시가지 내 : 4.5[m] 이상
- 시가지 외 : 4[m] 이상

67) 개폐기의 시설
① 각 극에 설치하여야 한다.
② 고압, 특고압용은 개폐 상태를 표시하는 장치를 할 것
③ 고압, 특고압용은 중력 등에 의한 자연히 동작할 우려가 있는 것은 자물쇠 장치 기타 이를 방지하는 장치를 시설할 것
④ 부하 전류를 차단하기 위한 것이 아닌 개폐기는 부하 전류를 개폐할 수 없도록 할 것
→ 예외 사항
- 부하 전류의 유무를 표시한 장치가 있는 경우
- 전화기 기타의 지령 장치를 시설한 경우
- 태블릿을 사용하는 경우

68) 고압 및 특고압 전로 중의 과전류 차단기의 시설
① 과전류 차단기로 시설하는 퓨즈 중 고압 전로에 사용하는 포장 퓨즈는 정격 전류의 1.3배의 전류에 견디고 또한 2배의 전류로 120분 안에 용단되는 것 또는 규정에 적합한 고압 전류 제한 퓨즈이어야 한다.
② 과전류 차단기로 시설하는 퓨즈 중 고압 전로에 사용하는 비포장 퓨즈는 정격 전류의 1.25배의 전류에 견디고 또한 2배의 전류로 2분 안에 용단되는 것이어야 한다.
③ 고압 또는 특고압의 전로에 단락이 생긴 경우에 동작하는 과전류 차단기는 이것을 시설하는 곳을 통과하는 단락 전류를 차단하는 능력을 가지는 것이어야 한다.
④ 고압 또는 특고압의 과전류 차단기는 동작에 따라 그 개폐 상태를 표시하는 장치가 되어 있는 것이어야 한다. 다만, 그 개폐 상태가 쉽게 확인될 수 있는 것은 적용하지 않는다.

69) 과전류 차단기의 시설 제한
① 다음의 경우에는 과전류 차단기를 시설하여서는 안 된다.
- 접지 공사의 접지 도체
- 다선식 전로의 중성선
- 전로의 일부에 접지 공사를 한 저압 가공 전선로의 접지 측 전선
② 다만, 다음의 경우에는 예외로 한다.
- 다선식 전로의 중성선에 시설한 과전류 차단기가 동작한 경우에 각 극이 동시에 차단될 때
- 저항기·리액터 등을 사용하여 접지 공사를 한 때에 과전류 차단기의 동작에 의하여 그 접지 도체가 비접지 상태로 되지 아니할 때

70) 지락 차단 장치 등의 시설

① 특고압 전로 또는 고압 전로에 변압기에 의하여 결합되는 사용 전압 400[V] 초과의 저압 전로 또는 발전기에서 공급하는 사용 전압 400[V] 초과의 저압 전로에는 전로에 지락이 생겼을 때에 자동적으로 전로를 차단하는 장치를 시설하여야 한다.

② 고압 및 특고압 전로 중 다음에 열거하는 곳 또는 이에 근접한 곳에는 전로에 지락이 생겼을 때에 자동적으로 전로를 차단하는 장치를 시설하여야 한다. 다만, 전기 사업자로부터 공급을 받는 수전점에서 수전하는 전기를 모두 그 수전점에 속하는 수전 장소에서 변성하거나 또는 사용하는 경우는 그러하지 아니하다.
  - 발전소 · 변전소 또는 이에 준하는 곳의 인출구
  - 다른 전기 사업자로부터 공급받는 수전점
  - 배전용 변압기의 시설 장소

③ 저압 또는 고압 전로로서 비상용 조명 장치 · 비상용 승강기 · 유도등 · 철도용 신호 장치, 300[V] 초과 1[kV] 이하의 비접지 전로, 전로의 중성점의 접지의 규정에 의한 전로, 기타 그 정지가 공공의 안전 확보에 지장을 줄 우려가 있는 기계 기구에 전기를 공급하는 것에는 전로에 지락이 생겼을 때에 이를 기술원 감시소에 경보하는 장치를 설치한 때에는 장치를 시설하지 않을 수 있다.

71) 피뢰기의 시설

① **시설 장소**
  - 발 · 변전소 또는 이에 준하는 장소의 가공 전선 인입구 및 인출구
  - 고압 및 특별 고압 가공 전선로로부터 공급을 받는 수용 장소의 인입구
  - 가공 전선로와 지중 전선로가 접속되는 곳
  - 특고압 가공 전선로에 접속하는 배전용 변압기의 고압 측 및 특고압 측

② **피뢰기의 생략**
  - 직접 접속되는 전선의 길이가 짧은 경우
  - 피보호 기기가 보호 범위 내에 위치하는 경우

③ **피뢰기의 접지** : 10[Ω] 이하
  단, 고압 가공 전선로에 시설하는 피뢰기의 접지 도체가 그 접지 공사 전용의 것인 경우에 그 접지 공사의 접지 저항값이 30[Ω] 이하인 때에는 그 피뢰기의 접지 저항값이 10[Ω] 이하가 아니어도 된다.

72) 압축 공기 계통

개폐기, 차단기에 사용하는 압축 공기 장치는 다음의 압력을 연속하여 10분간 가하여 시험을 하였을 때에 이에 견디고 또한 새지 아니할 것.
① **수압 시험** : 최고 사용 압력×1.5배
② **기압 시험** : 최고 사용 압력×1.25배

③ **공기 탱크의 용량** : 투입과 차단을 최소 1회 이상 동작 가능
④ **주공기 탱크의 압력이 저하한 경우에 자동적으로 압력을 회복하는 장치를 시설할 것.**
⑤ **주공기 탱크 압력계 눈금** : 사용 압력의 1.5배 이상 3배 이하

73) 고압 옥내 배선 등의 시설
① 고압 옥내 배선은 다음 중 하나에 의하여 시설할 것.
- 애자 사용 배선(건조한 장소로서 전개된 장소에 한한다.)
- 케이블 배선
- 케이블 트레이 배선

② 애자 사용 배선에 의한 고압 옥내 배선은 다음에 의하고, 또한 사람이 접촉할 우려가 없도록 시설할 것.
- 전선은 공칭 단면적 6[mm^2] 이상의 연동선 또는 이와 동등 이상의 세기 및 굵기의 고압 절연 전선이나 특고압 절연 전선 또는 인하용 고압 절연 전선일 것.
- 전선 지지점 간의 거리는 6[m] 이하일 것. 다만, 전선을 조영재의 면을 따라 붙이는 경우에는 2[m] 이하
- 전선 상호 간의 간격은 0.08[m] 이상, 전선과 조영재 사이의 이격 거리는 0.05[m] 이상일 것
- 고압 옥내 배선은 저압 옥내 배선과 쉽게 식별되도록 시설할 것.

③ 케이블 배선에 의한 고압 옥내 배선은 전선에 케이블을 사용하고 또한 관 기타의 케이블을 넣는 방호 장치의 금속제 부분, 금속제의 전선 접속함 및 케이블의 피복에 사용하는 금속체에는 접지 공사를 하여야 한다.

④ 케이블 트레이 배선에 의한 고압 옥내 배선은 다음에 의하여 시설하여야 한다.
- 전선은 연피 케이블, 알루미늄피 케이블 등 난연성 케이블, 기타 케이블(적당한 간격으로 연소 방지 조치)을 사용하여야 한다.
- 금속제 케이블 트레이 계통은 기계적 및 전기적으로 완전하게 접속하여야 하며 금속제 트레이에는 적합한 도체로 접지 시스템에 접속하여야 한다.

74) 옥내 고압용 이동 전선의 시설
① 전선은 고압용의 캡타이어 케이블일 것.
② 이동 전선과 전기 사용 기계 기구와는 볼트 조임 기타의 방법에 의하여 견고하게 접속할 것.
③ 이동 전선에 전기를 공급하는 전로에는 전용 개폐기 및 과전류 차단기를 각 극(과전류 차단기는 다선식 전로의 중성극을 제외)에 시설하고, 또한 전로에 지락이 생겼을 때에 자동적으로 전로를 차단하는 장치를 시설할 것.

75) 발전소 등의 울타리·담 등의 시설
① 고압 또는 특고압의 기계 기구·모선 등을 옥외에 시설하는 발전소·변전소·개폐소 또는 이에 준하는 곳에는 다음에 따라 구내에 취급자 이외의 사람이 들어가지 아니하도록 시설하여야 한다.

- 울타리 · 담 등을 시설할 것.
- 출입구에는 출입 금지의 표시를 할 것.
- 출입구에는 자물쇠 장치 기타 적당한 장치를 할 것.

② 울타리 · 담 등은 다음에 따라 시설하여야 한다.
- 울타리 · 담 등의 높이는 2[m] 이상
- 지표면과 울타리 · 담 등의 하단 사이의 간격은 0.15[m] 이하

③ 울타리 · 담 등의 높이와 충전 부분까지의 거리의 합계
- 35[kV] 이하 : 5[m] 이상
- 160[kV] 이하 : 6[m] 이상
- 160[kV] 초과 : 6+α (α는 기준 전압[V]을 초과하는 매 10,000[V] 단수마다 12[cm]씩 가산)

76) 특고압 전로의 상 및 접속 상태의 표시

① 발전소 · 변전소 또는 이에 준하는 곳의 특고압 전로에는 그의 보기 쉬운 곳에 상별 표시를 하여야 한다.

② 발전소 · 변전소 또는 이에 준하는 곳의 특고압 전로에 대하여는 그 접속 상태를 모의 모선의 사용 기타 방법에 의하여 표시하여야 한다. 다만, 이러한 전로에 접속하는 특고압 전선로의 회선수가 2 이하이고 또한 특고압의 모선이 단일 모선인 경우에는 그러하지 아니하다.

77) 발전기의 보호 장치

① **과전류 발생** : 자동 차단 장치 시설
② **수차 압유 장치 유압 저하** : 500[kVA] 이상 자동 차단 장치
③ **풍차 압유 장치 유압 저하** : 100[kVA] 이상 자동 차단 장치
④ **수차 발전기 스러스트 베어링 온도 상승** : 2,000[kVA] 이상 자동 차단 장치 시설
⑤ **내부 고장** : 10,000[kVA] 이상 자동 차단 장치 시설
⑥ **증기 터빈 베어링의 마모, 온도 상승** : 10,000[kW] 이상 자동 차단 장치 시설
⑦ 연료 전지는 다음의 경우에 자동적으로 이를 전로에서 차단하고 연료 전지에 연료 가스 공급을 자동적으로 차단하며, 연료 전지 내의 연료 가스를 자동적으로 배제하는 장치를 시설하여야 한다.
- 연료 전지에 과전류가 생긴 경우
- 발전 요소의 발전 전압에 이상이 생겼을 경우 또는 연료 가스 출구에서의 산소 농도 또는 공기 출구에서의 연료 가스 농도가 현저히 상승한 경우
- 연료 전지의 온도가 현저하게 상승한 경우

⑧ 상용 전원으로 쓰이는 축전지에는 이에 과전류가 생겼을 경우에 자동적으로 이를 전로로부터 차단하는 장치를 시설하여야 한다.

78) 특별 고압용 변압기의 보호 장치

① 내부 고장 시 자동 차단 : 뱅크 용량 5,000[kVA] 이상
  (단, 10,000[kVA] 미만에서는 경보 장치만 가능)
② 냉각 장치 고장(타냉식), 온도 상승 : 경보 장치 시설

79) 조상 설비의 보호 장치

① 전력용 콘덴서, 분로 리액터의 보호 장치
  → 뱅크 용량에 따라 자동 차단 장치 시설
    • 500[kVA] 초과 15,000[kVA] 미만 : 내부 고장, 과전류
    • 15,000[kVA] 이상 : 내부 고장, 과전류, 과전압
② 동기 조상기의 보호 장치
  → 내부 고장 시 자동 차단 장치 시설 : 15,000[kVA] 이상

80) 계측 장치

① 발전기, 연료 전지, 태양 전지 모듈 : 전압, 전류, 전력
② 10,000[kW]를 초과하는 증기 터빈에 접속하는 발전기의 진동의 진폭
③ 변압기
  • 주요 변압기 : 전압, 전류, 전력
  • 특고압용 변압기 : 온도
④ 동기 발전기 : 동기 검정 장치
  → 동기 검정 장치를 생략할 수 있는 경우 : 용량이 계통 용량에 비해 현저히 적은 경우
⑤ 동기 조상기 : 동기 검정 장치
  → 동기 검정 장치를 생략할 수 있는 경우 : 용량이 계통 용량에 비해 현저히 적은 경우
    • 동기 조상기 : 전압, 전류, 전력
    • 동기 조상기의 베어링 및 고정자의 온도

81) 상주 감시를 하지 아니하는 발변전소의 시설

• 발전기 내부 고장 시 자동 차단 시설 : 2,000[kVA] 초과
• 수소 냉각 발전기-수소의 순도 85[%] 이하 : 경보 장치 시설
• 변압기 온도 상승 시 경보 장치 시설 : 3,000[kVA] 초과

82) 전력 보안 통신 설비의 시설

① 시설 장소
  • 송전 선로(66, 154, 345, 765[kV])
  • 배전 선로(22.9[kV])
  • 발전소 : 수력 발전소 상호 간, 2개 이상의 급전소(분소) 상호 간 등
  • 변전소 : 원격 감시 제어가 되지 아니하는 변전소 등

- 급전소, 개폐소, 변환소 : 발전소·변전소 및 개폐소와 기술원 주재소 간 등
② 전력 보안 통신 설비는 정전 시에도 그 기능을 잃지 않도록 비상용 예비 전원을 구비하여야 한다.
③ 전력 보안 통신선 시설 기준
  - 통신선의 종류 : 광섬유 케이블, 동축 케이블 및 차폐용 실드 케이블(STP) 또는 이와 동등 이상이어야 한다.
  - 가공 통신선은 반드시 조가선에 시설할 것.
  - 가공 전선로의 지지물에 시설하는 가공 통신선에 직접 접속하는 통신선은 절연 전선, 일반 통신용 케이블 이외의 케이블 또는 광섬유 케이블이어야 한다.
  - 전력구에 시설하는 경우 난연 조치를 하여야 한다.
④ 전력 보안 통신선의 시설 높이
  - 도로 위에 시설하는 경우 지표상 5[m] 이상. (단, 교통에 지장을 줄 우려가 없는 경우 지표상 4.5[m])
  - 철도 또는 궤도를 횡단하는 경우 레일면상 6.5[m] 이상
  - 횡단보도교 위에 시설하는 경우 그 노면상 3[m] 이상
  - 기타 지표상 3.5[m] 이상
⑤ 가공 전선로의 지지물에 시설하는 통신선의 높이
  - 도로를 횡단하는 경우 지표상 6[m] 이상 (단, 직접 접속하는 가공 통신선을 시설하는 경우에 교통에 지장을 줄 우려가 없을 때에는 지표상 5[m])
  - 철도 또는 궤도를 횡단하는 경우 레일면상 6.5[m] 이상
  - 횡단보도교 위에 시설하는 경우 그 노면상 5[m] 이상
    ⇒ 저압 또는 고압의 가공 전선로의 지지물에 시설하는 통신선은 노면상 3.5[m](통신선이 절연 전선인 경우에는 3[m]) 이상
    ⇒ 특고압 전선로의 지지물에 시설하는 통신선으로서 광섬유 케이블을 사용하는 것은 노면상 4[m] 이상
  - 기타 지표상 3.5[m] 이상
    ⇒ 횡단보도교의 하부에 시설하는 경우 통신선에 절연 전선을 사용하는 경우 지표상 4[m] 이상
    ⇒ 도로 이외의 곳에 시설하는 경우 지표상 4[m] (통신선이 광섬유 케이블인 경우 3.5[m]) 이상
⑥ 가공 전선과 첨가 통신선과의 이격 거리
  - 통신선은 가공 전선의 아래에 시설할 것.
  - 통신선과 특고압 가공 전선로의 다중 접지를 한 중성선 사이의 이격 거리는 0.6[m] 이상일 것. (단, 특고압 가공 전선이 절연 전선 또는 케이블인 경우에 통신선이 절연 전선인 경우에는 0.3[m](저압 가공 전선이 인입선이고 또한 통신선이 첨가 통신용 제2종 케이블 또는 광섬유 케이블일 경우에는 0.15[m] 이상)

- 통신선과 고압 가공 전선 사이의 이격 거리는 0.6[m] 이상일 것. (단, 고압 가공 전선이 케이블인 경우에 통신선이 절연 전선인 경우에는 0.3[m] 이상)
- 통신선과 특고압 가공 전선 사이의 이격 거리는 1.2[m](25[kV] 이하의 특고압 가공 전선은 0.75[m]) 이상일 것. 다만, 특고압 가공 전선이 케이블인 경우에 통신선이 절연 전선인 경우에는 0.3[m] 이상으로 할 수 있다.

⑦ 조가선 시설 기준
- 조가선은 단면적 38[mm^2] 이상의 아연도 강연선을 사용할 것.
- 조가선은 매 500[m]마다 또는 증폭기, 옥외형 광송수신기 및 전력 공급기 등이 시설된 위치에서 연선의 경우 단면적 16[mm^2](단선의 경우 지름 4[mm]) 이상의 연동선과 접지선 서비스 커넥터 등을 이용하여 접지할 것.

83) 특고압 가공 전선로 첨가 설치 통신선의 시가지 인입 제한

① 시가지에 시설하는 통신선은 특고압 가공 전선로의 지지물에 시설하여서는 아니 된다. 다만, 통신선이 절연 전선과 동등 이상의 절연 성능이 있고 인장 강도 5.26[kN] 이상의 것 또는 연선의 경우 단면적 16[mm^2](단선의 경우 지름 4[mm]) 이상의 절연 전선 또는 광섬유 케이블인 경우에는 그러하지 아니하다.

② ③부터 ⑤까지에 열거하는 통신선 이외의 통신선인 경우에는 다음의 급전 전용 통신선용 보안 장치일 것.

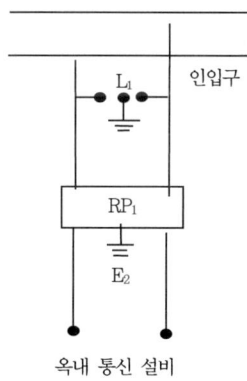

- RP$_1$: 교류 300[V] 이하에서 동작하고, 최소 감도 전류가 3[A] 이하로서 최소 감도 전류 때의 응동 시간이 1사이클 이하이고 또한 전류 용량이 50[A], 20[초] 이상인 자복성(自復性)이 있는 릴레이 보안기
- L$_1$: 교류 1[kV] 이하에서 동작하는 피뢰기
- E$_1$ 및 E$_2$: 접지

③ 저압 가공 전선로의 지지물에 시설하는 통신선 또는 이것에 직접 접속하는 통신선인 경우에는 다음의 저압용 보안 장치일 것.

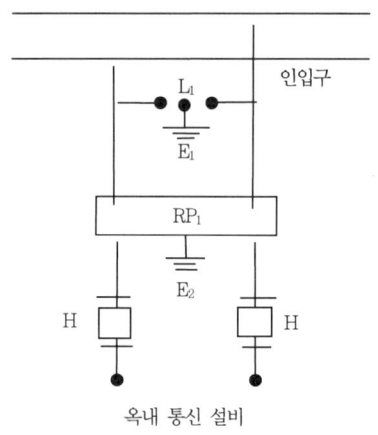

- H : 250[mA] 이하에서 동작하는 열 코일
- RP₁, L₁, E₁, E₂ : ②에서 정하는 바에 따른다.

④ 고압 가공 전선로의 지지물에 시설하는 통신선 또는 이것에 직접 접속하는 통신선의 경우에는 다음의 보안 장치일 것.

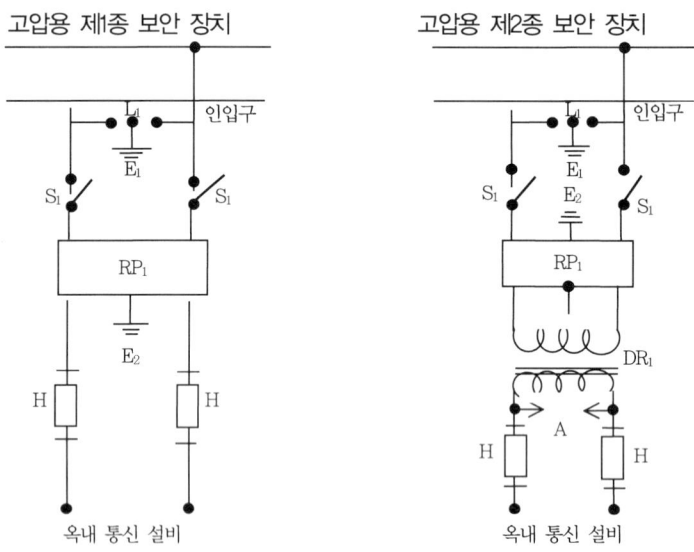

- S₁ : 인입용 개폐기
- A : 교류 300[V] 이하에서 동작하는 방전 갭
- DR₁ : 고압용 배류 중계 코일(선로 측 코일과 옥내 측 코일 사이 및 선로 측 코일과 대지사이의 절연 내력은 교류 3[kV]의 시험 전압으로 시험하였을 때 연속하여 1분간 이에 견디는 것일 것.)
- RP₁, L₁, E₁, E₂ 및 H : ②에서 정하는 바에 따른다. 이 경우에 고압용 제2종 보안 장치에 RP₁이 최소 감도 전류 0.5[A] 이하인 것일 때는 H를 생략할 수 있다.
- S₁ : L₁보다 인입구 측에 시설할 수가 있다.

⑤ 특고압 가공 전선로의 지지물에 시설하는 통신선 또는 이것에 직접 접속하는 통신선인 경우에는 다음의 보안 장치일 것.

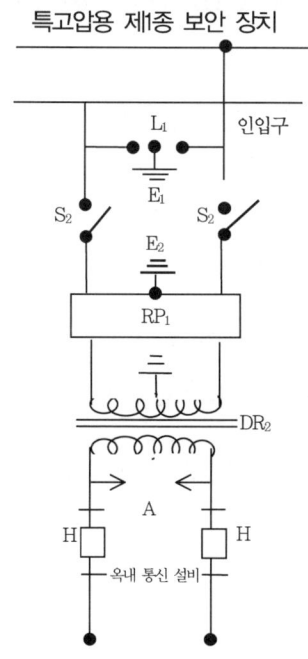
특고압용 제1종 보안 장치

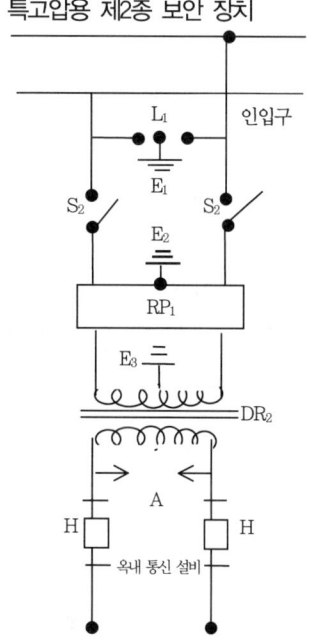
특고압용 제2종 보안 장치

- S_2 : 인입용 고압 개폐기
- DR_2 : 특고압용 배류 중계 코일(선로 측 코일과 옥내 측 코일 사이 및 선로 측 코일과 대지 사이의 절연 내력은 교류 6[kV]의 시험 전압으로 시험하였을 때 연속하여 1분간 이에 견디는 것일 것.)
- E_3 : 접지
- RP_1, L_1, E_1, E_2, H, 및 A : ②, ③, ④에 정하는 바에 따른다.

84) 25[kV] 이하인 특고압 가공 전선로 첨가 통신선의 시설에 관한 특례

특고압 가공 전선로의 지지물에 시설하는 통신선 또는 이에 직접 접속하는 통신선은 광섬유 케이블일 것. 다만, 통신선은 광섬유 케이블 이외의 특고압용 제2종 보안 장치 또는 이에 준하는 보안 장치를 시설할 때에는 그러하지 아니하다.

85) 전원 공급기의 시설

① 전원 공급기는 다음에 따라 시설하여야 한다.
  - 지상에서 4[m] 이상 유지할 것.
  - 누전 차단기를 내장할 것.
  - 시설 방향은 인도 측으로 시설하며, 외함은 접지를 시행할 것.

② 기기주, 변대주 및 분기주 등 설비 복잡 개소에는 전원 공급기를 시설할 수 없다. 다만, 현장 여건상 부득이한 경우에는 예외적으로 전원 공급기를 시설할 수 있다.
③ 전원 공급기 시설 시 통신 사업자는 기기 전면에 명판을 부착하여야 한다.

86) 전력 보안 통신 설비의 보안 장치

① 통신선(광섬유 케이블을 제외한다.)에 직접 접속하는 옥내 통신 설비를 시설하는 곳에는 통신선의 구별에 따라 표준에 적합한 보안 장치 또는 이에 준하는 보안 장치를 시설하여야 한다. 다만, 통신선이 통신용 케이블인 경우에 뇌(雷) 또는 전선과의 혼촉에 의하여 사람에게 위험을 줄 우려가 없도록 시설하는 경우에는 그러하지 아니하다.
② 특고압 가공 전선로의 지지물에 시설하는 통신선 또는 이에 직접 접속하는 통신선에 접속하는 휴대전화기를 접속하는 곳 및 옥외 전화기를 시설하는 곳에는 표준에 적합한 특고압용 제1종 보안 장치, 특고압용 제2종 보안 장치 또는 이에 준하는 보안 장치를 시설하여야 한다.

87) 전력선 반송 통신용 결합 커패시터(고장점 표점 장치 기타 이와 유사한 보호 장치에 병용하는 것을 제외한다)에 접속하는 회로에는 보안 장치 또는 이에 준하는 보안 장치를 시설하여야 한다.

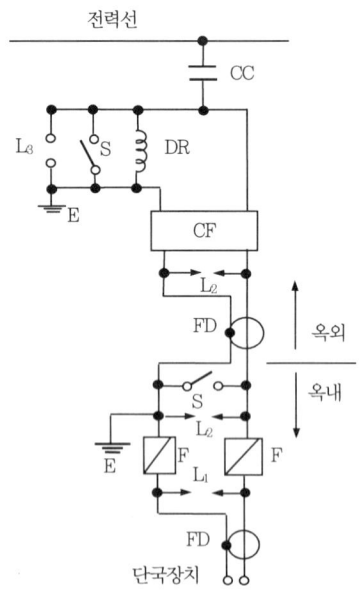

- FD : 동축 케이블
- F : 정격 전류 10[A] 이하의 포장 퓨즈
- DR : 전류 용량 2[A] 이상의 배류 선륜
- L_1 : 교류 300[V] 이하에서 동작하는 피뢰기
- L_2 : 동작 전압이 교류 1.3[kV]를 초과하고 1.6[kV] 이하로 조정된 방전 갭
- L_3 : 동작 전압이 교류 2[kV]를 초과하고 3[kV] 이하로 조정된 구상 방전 갭
- S : 접지용 개폐기

- CF : 결합 필터
- CC : 결합 커패시터(결합 안테나를 포함한다.)
- E : 접지

88) 가공 통신 인입선 시설

① 가공 통신선의 가공 통신 인입선 부분의 높이는 교통에 지장을 줄 우려가 없을 때 높이는 다음과 같다.
- 차량이 통행하는 노면상의 높이는 4.5[m] 이상
- 조영물의 붙임점에서의 지표상의 높이는 2.5[m] 이상

② 특고압 가공 전선로의 지지물에 시설하는 통신선의 지지물에서의 지지점 및 분기점 이외의 가공 통신 인입선 부분의 높이 및 이격 거리
- 교통에 지장이 없고 또한 위험의 우려가 없을 때 노면상의 높이는 5[m] 이상
- 조영물의 붙임점에서의 지표상의 높이는 3.5[m] 이상
- 다른 가공 약전류 전선 등 사이의 이격 거리는 0.6[m] 이상

89) 무선용 안테나 등을 지지하는 철탑 등의 시설

전력 보안 통신 설비인 무선 통신용 안테나 또는 반사판을 지지하는 목주·철주·철근 콘크리트주 또는 철탑은 다음에 따라 시설하여야 한다. 다만, 무선용 안테나 등이 전선로의 주위 상태를 감시할 목적으로 시설되는 것일 경우에는 그러하지 아니하다.

① 목주는 풍압 하중에 대한 안전율은 1.5 이상이어야 한다.
② 철주·철근 콘크리트주 또는 철탑의 기초 안전율은 1.5 이상이어야 한다.

90) 무선용 안테나 등의 시설 제한

무선용 안테나 등은 전선로의 주위 상태를 감시하거나 배전 자동화, 원격 검침 등 지능형 전력망을 목적으로 시설하는 것 이외에는 가공 전선로의 지지물에 시설하여서는 아니 된다.

4 전기철도설비

1) 전기 철도의 전력 수급 조건

① 수전 선로의 전력 수급 조건은 부하의 크기 및 특성, 지리적 조건, 환경적 조건, 전력 조류, 전압 강하, 수전 안정도, 회로의 공진 및 운용의 합리성, 장래의 수송 수요, 전기 사업자 협의 등을 고려하여 표의 공칭 전압(수전 전압)으로 선정하여야 한다.

[공칭 전압(수전 전압)]

공칭 전압(수전 전압)[kV]	교류 3상 22.9, 154, 345

② 수전 선로의 계통 구성에는 3상 단락 전류, 3상 단락 용량, 전압 강하, 전압 불평형 및 전압 왜형률, 플리커 등을 고려하여 시설하여야 한다.
③ 수전 선로는 지형적 여건 등 시설 조건에 따라 가공 또는 지중 방식으로 시설하며, 비상시를 대비하여 예비 선로를 확보하여야 한다.

2) 전차 선로의 전압

전차 선로의 전압은 전원 측 도체와 전류 귀환 도체 사이에서 측정된 집전 장치의 전위로서 전원 공급 시스템이 정상 동작 상태에서의 값이며, 직류 방식과 교류 방식으로 구분된다.

① **직류 방식** : 사용 전압과 각 전압별 최고, 최저 전압은 표에 따라 선정하여야 한다. 다만, 비지속성 최고 전압은 지속 시간이 5분 이하로 예상되는 전압의 최곳값으로 하되, 기존 운행 중인 전기 철도 차량과의 인터페이스를 고려한다.

[직류 방식의 급전 전압]

구분	지속성 최저 전압 (V)	공칭 전압 (V)	지속성 최고 전압 (V)	비지속성 최고 전압 (V)	장기 과전압 (V)
DC (평균값)	500	750	900	950(^{1})	1,269
	900	1,500	1,800	1,950	2,538

(^{1}) 회생 제동의 경우 1,000[V]의 비지속성 최고 전압은 허용 가능하다.

② **교류 방식** : 사용 전압과 각 전압별 최고, 최저 전압은 표에 따라 선정하여야 한다. 다만, 비지속성 최저 전압은 지속 시간이 2분 이하로 예상되는 전압의 최젓값으로 하되, 기존 운행 중인 전기 철도 차량과의 인터페이스를 고려한다.

[교류 방식의 급전 전압]

주파수 (실횻값)	비지속성 최저 전압 (V)	지속성 최저 전압 (V)	공칭 전압 (V)(^{2})	지속성 최고 전압 (V)	비지속성 최고 전압 (V)	장기 과전압 (V)
60 Hz	17,500	19,000	25,000	27,500	29,000	38,746
	35,000	38,000	50,000	55,000	58,000	77,492

(^{2}) 급전선과 전차선 간의 공칭 전압은 단상 교류 50[kV](급전선과 레일 및 전차선과 레일 사이의 전압은 25[kV])를 표준으로 한다.

3) 변전소의 용량

① 변전소의 용량은 급전 구간별 정상적인 열차 부하 조건에서 1시간 최대 출력 또는 순시 최대 출력을 기준으로 결정하고, 연장급전 등 부하의 증가를 고려하여야 한다.
② 변전소의 용량 산정 시 현재의 부하와 장래의 수송 수요 및 고장 등을 고려하여 변압기 뱅크를 구성하여야 한다.

4) 전차선 가선 방식

전차선의 가선 방식은 열차의 속도 및 노반의 형태, 부하 전류 특성에 따라 적합한 방식을 채택하여야 하며, 가공 방식, 강체 방식, 제3 레일 방식을 표준으로 한다.

5) 전차 선로의 충전부와 건조물 간의 절연 이격

① 건조물과 전차선, 급전선 및 전기 철도 차량 집전 장치의 공기 절연 이격 거리는 표에 제시되어 있는 정적 및 동적 최소 절연 이격 거리 이상을 확보하여야 한다. 동적 절연 이격의 경우 팬터그래프가 통과하는 동안의 일시적인 전선의 움직임을 고려하여야 한다.

[전차선과 건조물 간의 최소 절연 이격 거리]

시스템 종류	공칭 전압 (V)	동적(mm)		정적(mm)	
		비오염	오염	비오염	오염
직류	750	25	25	25	25
	1,500	100	110	150	160
단상 교류	25,000	170	220	270	320

② 해안 인접 지역, 공해 지역, 열기관을 포함한 교통량이 과중한 곳, 오염이 심한 곳, 안개가 자주 끼는 지역, 강풍 또는 강설 지역 등 특정한 위험도가 있는 구역에서는 최소 절연 이격 거리보다 증가시켜야 한다.

6) 전차 선로의 충전부와 차량 간의 절연 이격

① 차량과 전차 선로나 충전부 간의 절연 이격은 표에 제시되어 있는 정적 및 동적 최소 절연 이격 거리 이상을 확보하여야 한다. 동적 절연 이격의 경우 팬터그래프가 통과하는 동안의 일시적인 전선의 움직임을 고려하여야 한다.

[전차선과 차량 간의 최소 절연 이격 거리]

시스템 종류	공칭 전압(V)	동적(mm)	정적(mm)
직류	750	25	25
	1,500	100	150
단상 교류	25,000	170	270

② 해안 인접 지역, 공해 지역, 안개가 자주 끼는 지역, 강풍 또는 강설 지역 등 특정한 위험도가 있는 구역에서는 최소 절연 이격 거리보다 증가시켜야 한다.

7) 전차선 및 급전선의 높이

전차선과 급전선의 최소 높이는 표의 값 이상을 확보하여야 한다. 다만, 전차선 및 급전선의 최소 높이는 최대 대기 온도에서 바람이나 팬터그래프의 영향이 없는 안정된 위치에 놓여 있는 경우 사람의 안전 측면에서 건널목, 터널, 교량, 과선교 등을 고려하여 궤도면상 높이로 정의한다. 전차선의 최소 높이는 항상 열차의 통과 게이지보다 높아야 하며 전기적 이격 거리와 팬터그래프의 최소 작동 높이를 고려하여야 한다.

[전차선 및 급전선의 최소 높이]

시스템 종류	공칭 전압(V)	동적(mm)	정적(mm)
직류	750	4,800	4,400
	1,500	4,800	4,400
단상 교류	25,000	4,800	4,570

8) 전차선의 편위
   ① 전차선의 편위는 오버랩이나 분기 구간 등 특수 구간을 제외하고 레일면에 수직인 궤도 중심선으로부터 좌우로 각각 200[mm]를 표준으로 하며, 팬터그래프 집전판의 고른 마모를 위하여 지그재그 편위를 준다.
   ② 전차선의 편위는 선로의 곡선 반경, 궤도 조건, 열차 속도, 차량의 편위량, 바람과 온도의 영향 등을 고려하여 최악의 운행 환경에서도 전차선이 팬터그래프 집전판의 집전 범위를 벗어나지 않아야 한다.
   ③ 제3 레일 방식에서 전차선의 편위는 차량의 집전 장치의 집전 범위를 벗어나지 않아야 한다.

9) 전차 선로 설비의 안전율
   하중을 지탱하는 전차 선로 설비의 강도는 작용이 예상되는 하중의 최악 조건 조합에 대하여 다음의 최소 안전율이 곱해진 값을 견디어야 한다.
   ① 합금 전차선의 경우 2.0 이상
   ② 경동선의 경우 2.2 이상
   ③ 조가선 및 조가선 장력을 지탱하는 부품에 대하여 2.5 이상
   ④ 복합체 자재(고분자 애자 포함)에 대하여 2.5 이상
   ⑤ 지지물 기초에 대하여 2.0 이상
   ⑥ 장력 조정 장치 2.0 이상
   ⑦ 빔 및 브래킷은 소재 허용 응력에 대하여 1.0 이상
   ⑧ 철주는 소재 허용 응력에 대하여 1.0 이상
   ⑨ 브래킷의 애자는 최대 만곡 하중에 대하여 2.5 이상
   ⑩ 지선은 선형일 경우 2.5 이상, 강봉형은 소재 허용 응력에 대하여 1.0 이상

10) 전차선 등과 식물 사이의 이격 거리
    교류 전차선 등 충전부와 식물 사이의 이격 거리는 5[m] 이상이어야 한다. 다만, 5[m] 이상 확보하기 곤란한 경우에는 현장 여건을 고려하여 방호벽 등 안전 조치를 하여야 한다.

11) 전기 철도 차량의 역률

① 표에 규정된 비지속성 최저 전압에서 비지속성 최고 전압까지의 전압 범위에서 유도성 역률 및 전력 소비에 대해서만 적용되며, 회생 제동 중에는 전압을 제한 범위 내로 유지시키기 위하여 유도성 역률을 낮출 수 있다. 다만, 전기 철도 차량이 전차 선로와 접촉한 상태에서 견인력을 끄고 보조 전력을 가동한 상태로 정지해 있는 경우, 가공 전차 선로의 유효 전력이 200[kW] 이상일 경우 총역률은 0.8보다는 작아서는 안 된다.

[팬터그래프에서의 전기 철도 차량 순간 전력 및 유도성 역률]

팬터그래프에서의 전기 철도 차량 순간 전력 P[MW]	전기 철도 차량의 유도성 역률(λ)
$P>6$	$\lambda \geq 0.95$
$2 \leq P \leq 6$	$\lambda \geq 0.93$

② 역행 모드에서 전압을 제한 범위 내로 유지하기 위하여 용량성 역률이 허용되며, [180]에서 규정된 비지속성 최저 전압에서 비지속성 최고 전압까지의 전압 범위에서 용량성 역률은 제한을 받지 않는다.

12) 회생 제동

① 전기 철도 차량은 다음과 같은 경우에 회생 제동의 사용을 중단해야 한다.
- 전차 선로 지락이 발생한 경우
- 전차 선로에서 전력을 받을 수 없는 경우
- [180]에서 규정된 선로 전압이 장기 과전압보다 높은 경우

② 회생 전력을 다른 전기 장치에서 흡수할 수 없는 경우에는 전기 철도 차량은 다른 제동 시스템으로 전환되어야 한다.

③ 전기 철도 전력 공급 시스템은 회생 제동이 상용 제동으로 사용이 가능하고 다른 전기 철도 차량과 전력을 지속적으로 주고받을 수 있도록 설계되어야 한다.

13) 전기 철도 차량 전기 설비의 전기 위험 방지를 위한 보호 대책

① 감전을 일으킬 수 있는 충전부는 직접 접촉에 대한 보호가 있어야 한다.

② 간접 접촉에 대한 보호 대책은 노출된 도전부는 고장 조건 하에서 부근 충전부와의 유도 및 접촉에 의한 감전이 일어나지 않아야 한다. 그 목적은 위험도가 노출된 도전부가 같은 전위가 되도록 보장하는 데 있다. 이는 보호용 본딩으로만 달성될 수 있으며 또는 자동 급전 차단 등 적절한 방법을 통하여 달성할 수 있다.

③ 주행 레일과 분리되어 있거나 또는 공동으로 되어 있는 보호용 도체를 채택한 시스템에서 운행되는 모든 전기 철도 차량은 차체와 고정 설비의 보호용 도체 사이에는 최소 2개 이상의 보호용 본딩 연결로가 있어야 하며, 한쪽 경로에 고장이 발생하더라도 감전 위험이 없어야 한다.

④ 차체와 주행 레일과 같은 고정 설비의 보호용 도체 간의 임피던스는 이들 사이에 위험 전압이 발생하지 않을 만큼 낮은 수준인 표에 따른다. 이 값은 적용 전압이 50[V]를 초과하지 않는 곳에서 50[A]의 일정 전류로 측정하여야 한다.

[전기 철도 차량별 최대 임피던스]

차량 종류	최대 임피던스(Ω)
기관차	0.05
객차	0.15

14) 피뢰기

① 다음의 장소에 피뢰기를 설치하여야 한다.
- 변전소 인입 측 및 급전선 인출 측
- 가공 전선과 직접 접속하는 지중 케이블에서 낙뢰에 의해 절연 파괴의 우려가 있는 케이블 단말

② 피뢰기는 가능한 한 보호하는 기기와 가깝게 시설하되 누설 전류 측정이 용이하도록 지지대와 절연하여 설치한다.

③ 피뢰기는 다음의 조건을 고려하여 선정한다.
- 피뢰기는 밀봉형을 사용하고 유효 보호 거리를 증가시키기 위하여 방전 개시 전압 및 제한 전압이 낮은 것을 사용한다.
- 유도뢰 서지에 대하여 2선 또는 3선의 피뢰기 동시 동작이 우려되는 변전소 근처의 단락 전류가 큰 장소에는 속류 차단 능력이 크고 또한 차단 성능이 회로 조건의 영향을 받을 우려가 적은 것을 사용한다.

15) 전식 방지 대책

① 주행 레일을 귀선으로 이용하는 경우에는 누설 전류에 의하여 케이블, 금속제 지중 관로 및 선로 구조물 등에 영향을 미치는 것을 방지하기 위한 적절한 시설을 하여야 한다.

② 전기 철도 측의 전식 방식 또는 전식 예방을 위해서는 다음 방법을 고려하여야 한다.
- 변전소 간 간격 축소
- 레일 본드의 양호한 시공
- 장대 레일 채택
- 절연도상 및 레일과 침목 사이에 절연층의 설치
- 기타

③ 매설 금속체 측의 누설 전류에 의한 전식의 피해가 예상되는 곳은 다음 방법을 고려하여야 한다.
- 배류 장치 설치
- 절연 코팅

- 매설 금속체 접속부 절연
- 저준위 금속체를 접속
- 궤도와의 이격 거리 증대
- 금속판 등의 도체로 차폐

16) 누설 전류 간섭에 대한 방지

① 직류 전기 철도 시스템의 누설 전류를 최소화하기 위해 귀선 전류를 금속 귀선로 내부로만 흐르도록 하여야 한다.

② 심각한 누설 전류의 영향이 예상되는 지역에서는 정상 운전 시 단위 길이당 컨덕턴스값은 표의 값 이하로 유지될 수 있도록 하여야 한다.

[단위 길이당 컨덕턴스]

견인 시스템	옥외(s/km)	터널(s/km)
철도 선로(레일)	0.5	0.5
개방 구성에서의 대량 수송 시스템	0.5	0.1
폐쇄 구성에서의 대량 수송 시스템	2.5	–

③ 귀선 시스템의 종 방향 전기 저항을 낮추기 위해서는 레일 사이에 저저항 레일 본드를 접합 또는 접속하여 전체 종방향 저항이 5[%] 이상 증가하지 않도록 하여야 한다.

④ 귀선 시스템의 어떠한 부분도 대지와 절연되지 않은 설비, 부속물 또는 구조물과 접속되어서는 안 된다.

⑤ 직류 전기 철도 시스템이 매설 배관 또는 케이블과 인접할 경우 누설 전류를 피하기 위해 최대한 이격시켜야 하며, 주행 레일과 최소 1[m] 이상의 거리를 유지하여야 한다.

5 분산형 전원설비

1) 분산형 전원 설비의 전기 공급 방식

① 분산형 전원 설비의 전기 공급 방식은 전력 계통과 연계되는 전기 공급 방식과 동일할 것
② 분산형 전원 설비 사업자의 한 사업장의 설비 용량 합계가 250[kVA] 이상일 경우에는 송·배전 계통과 연계 지점의 연결 상태를 감시 또는 유효 전력, 무효 전력 및 전압을 측정할 수 있는 장치를 시설할 것

2) 저압 계통 연계 시 직류 유출 방지 변압기의 시설

분산형 전원 설비를 인버터를 이용하여 전기 판매 사업자의 저압 전력 계통에 연계하는 경우 인버터로부터 직류가 계통으로 유출되는 것을 방지하기 위하여 접속점과 인버터 사이에 상용 주파수

변압기를 시설하여야 한다. 다만, 다음을 모두 충족하는 경우에는 예외로 한다.
① 인버터의 직류 측 회로가 비접지인 경우 또는 고주파 변압기를 사용하는 경우
② 인버터의 교류 출력 측에 직류 검출기를 구비하고, 직류 검출 시에 교류 출력을 정지하는 기능을 갖춘 경우

3) 계통 연계용 보호 장치의 시설
① 계통 연계하는 분산형 전원 설비를 설치하는 경우 다음에 해당하는 이상 또는 고장 발생 시 자동적으로 분산형 전원 설비를 전력 계통으로부터 분리하기 위한 장치 시설 및 해당 계통과의 보호 협조를 실시하여야 한다.
- 분산형 전원 설비의 이상 또는 고장
- 연계한 전력 계통의 이상 또는 고장
- 단독 운전 상태

② 연계한 전력 계통의 이상 또는 고장 발생 시 분산형 전원의 분리 시점은 해당 계통의 재폐로 시점 이전이어야 하며, 이상 발생 후 해당 계통의 전압 및 주파수가 정상 범위 내에 들어올 때까지 계통과의 분리 상태를 유지하는 등 연계한 계통의 재폐로 방식과 협조를 이루어야 한다.

③ 단순 병렬 운전 분산형 전원 설비의 경우에는 역전력 계전기를 설치한다. 단, 신재생 에너지를 이용하여 동일 전기 사용 장소에서 전기를 생산하는 합계 용량이 50[kW] 이하의 소규모 분산형 전원(단, 해당 구내 계통 내의 전기 사용 부하의 수전 계약 전력이 분산형 전원 용량을 초과하는 경우에 한함)으로서 단독 운전 방지 기능을 가진 것을 단순 병렬로 연계하는 경우에는 역전력 계전기 설치를 생략할 수 있다.

4) 전기 저장 장치 시설 장소의 요구 사항
① 전기 저장 장치의 이차 전지, 제어반, 배전반의 시설은 기기 등을 조작 또는 보수·점검할 수 있는 충분한 공간을 확보하고 조명 설비를 설치하여야 한다.
② 전기 저장 장치를 시설하는 장소는 폭발성 가스의 축적을 방지하기 위한 환기 시설을 갖추고 제조사가 권장하는 온도·습도·수분·분진 등 적정 운영 환경을 상시 유지하여야 한다.
③ 침수의 우려가 없도록 시설하여야 한다.
④ 전기 저장 장치 시설 장소에는 외벽 등 확인하기 쉬운 위치에 '전기 저장 장치 시설 장소' 표지를 하고, 일반인의 출입을 통제하기 위한 잠금 장치 등을 설치하여야 한다.

5) 옥내 전로의 대지 전압 제한
주택의 전기 저장 장치의 축전지에 접속하는 부하 측 옥내 배선을 다음에 따라 시설하는 경우에 주택의 옥내 전로의 대지 전압은 직류 600[V]까지 적용할 수 있다.
① 전로에 지락이 생겼을 때 자동적으로 전로를 차단하는 장치를 시설할 것
② 사람이 접촉할 우려가 없는 은폐된 장소에 합성수지관 배선, 금속관 배선 및 케이블 배선에 의하여 시설하거나, 사람이 접촉할 우려가 없도록 케이블 배선에 의하여 시설하고 전선에 적당한 방호 장치를 시설할 것

6) 전기 저장 장치의 전기 배선 시설 기준

전기 배선은 다음에 의하여 시설하여야 한다.
① 전선은 공칭 단면적 2.5[mm^2] 이상의 연동선 또는 이와 동등 이상의 세기 및 굵기의 것일 것.
② 배선 설비 공사는 옥내에 시설할 경우에는 합성수지관 공사, 금속관 공사, 금속제 가요 전선관 공사, 케이블 공사의 규정에 준하여 시설할 것.
③ 옥측 또는 옥외에 시설할 경우에는 합성수지관 공사, 금속관 공사, 금속제 가요 전선관 공사, 케이블 공사의 규정에 준하여 시설할 것.

7) 충전, 방전 기능 및 제어, 보호 장치

① **충전 기능**
- 전기 저장 장치는 배터리의 SOC 특성(충전 상태 : State of Charge)에 따라 제조자가 제시한 정격으로 충전할 수 있어야 한다.
- 충전할 때에는 전기 저장 장치의 충전 상태 또는 배터리 상태를 시각화하여 정보를 제공해야 한다.

② **방전 기능**
- 전기 저장 장치는 배터리의 SOC 특성에 따라 제조자가 제시한 정격으로 방전할 수 있어야 한다.
- 방전할 때에는 전기 저장 장치의 방전 상태 또는 배터리 상태를 시각화하여 정보를 제공해야 한다.

③ 전기 저장 장치를 계통에 연계하는 경우 계통 연계용 보호 장치의 시설 및 해당 계통과의 보호 협조에 따라 시설하여야 한다.

④ **해당 계통과의 보호 협조**
- 상용 전원이 정전되었을 때 비상용 부하에 전기를 안정적으로 공급할 수 있는 시설을 갖출 것
- 관련 법령에서 정하는 전원 유지 시간 동안 비상용 부하에 전기를 공급할 수 있는 충전 용량을 상시 보존하도록 시설할 것

⑤ 전기 저장 장치의 접속점에는 쉽게 개폐할 수 있는 곳에 개방 상태를 육안으로 확인할 수 있는 전용의 개폐기를 시설하여야 한다.

⑥ 전기 저장 장치의 이차 전지는 다음에 따라 자동으로 전로로부터 차단하는 장치를 시설하여야 한다.
- 과전압 또는 과전류가 발생한 경우
- 제어 장치에 이상이 발생한 경우
- 이차 전지 모듈의 내부 온도가 급격히 상승할 경우

⑦ 직류 전로에 과전류 차단기를 설치하는 경우 직류 단락 전류를 차단하는 능력을 가지는 것이어야 하고 '직류용' 표시를 하여야 한다.

⑧ 전기 저장 장치의 직류 전로에는 지락이 생겼을 때에 자동적으로 전로를 차단하는 장치를 시설하여야 한다.
⑨ 발전소 또는 변전소 혹은 이에 준하는 장소에 전기 저장 장치를 시설하는 경우 전로가 차단되었을 때에 경보하는 장치를 시설하여야 한다.

8) 계측 장치
전기 저장 장치를 시설하는 곳에는 다음의 사항을 계측하는 장치를 시설하여야 한다.
① 축전지 출력 단자의 전압, 전류, 전력 및 충방전 상태
② 주요 변압기의 전압, 전류 및 전력

9) 태양광 발전 설비 설치 장소의 요구 사항
① 인버터, 제어반, 배전반 등의 시설은 기기 등을 조작 또는 보수 점검할 수 있는 충분한 공간을 확보하고 필요한 조명 설비를 시설하여야 한다.
② 인버터 등을 수납하는 공간에는 실내 온도의 과열 상승을 방지하기 위한 환기 시설을 갖추어야 하며 적정한 온도와 습도를 유지하도록 시설하여야 한다.
③ 배전반, 인버터, 접속 장치 등을 옥외에 시설하는 경우 침수의 우려가 없도록 시설하여야 한다.
④ 태양 전지 모듈의 직렬군 최대 개방 전압이 직류 750[V] 초과 1,500[V] 이하인 시설 장소는 다음에 따라 울타리 등의 안전 조치를 하여야 한다.
- 태양 전지 모듈을 지상에 설치하는 경우는 울타리·담 등을 시설하여야 한다.
- 태양 전지 모듈을 일반인이 쉽게 출입할 수 있는 옥상 등에 시설하는 경우는 울타리·담 등을 시설하거나 충전 부분이 노출하지 아니하는 기계 기구를 사람이 쉽게 접촉할 우려가 없도록 시설하여야 하고 식별이 가능하도록 위험 표시를 하여야 한다.
- 태양 전지 모듈을 일반인이 쉽게 출입할 수 없는 옥상·지붕에 설치하는 경우는 모듈 프레임 등 쉽게 식별할 수 있는 위치에 위험 표시를 하여야 한다.
- 태양 전지 모듈을 주차장 상부에 시설하는 경우는 울타리·담 등을 시설하거나 사람이 쉽게 접촉할 우려가 없도록 시설하여야 하고 차량의 출입 등에 의한 구조물, 모듈 등의 손상이 없도록 하여야 한다.
- 태양 전지 모듈을 수상에 설치하는 경우는 모듈 프레임 등 쉽게 식별할 수 있는 위치에 위험 표시를 하여야 한다.

10) 태양광 설비의 전기 배선
① 모듈 및 기타 기구에 전선을 접속하는 경우는 나사로 조이고, 기타 이와 동등 이상의 효력이 있는 방법으로 기계적·전기적으로 안전하게 접속하고, 접속점에 장력이 가해지지 않도록 할 것.
② 배선 시스템은 바람, 결빙, 온도, 태양 방사와 같이 예상되는 외부 영향을 견디도록 시설할 것
③ 모듈의 출력 배선은 극성별로 확인할 수 있도록 표시할 것.

④ 직렬연결된 태양 전지 모듈의 배선은 과도 과전압의 유도에 의한 영향을 줄이기 위하여 스트링 양극 간의 배선 간격이 최소가 되도록 배치할 것.
⑤ 기타 사항은 전기 저장 장치의 전기 배선에 따를 것.

11) 태양 전지 모듈의 시설

① 모듈은 자중, 적설, 풍압, 지진 및 기타의 진동과 충격에 대하여 탈락하지 아니하도록 지지물에 의하여 견고하게 설치할 것.
② 모듈의 각 직렬군은 동일한 단락 전류를 가진 모듈로 구성하여야 하며 1대의 인버터(멀티스트링 인버터의 경우 1대의 MPPT 제어기)에 연결된 모듈 직렬군이 2병렬 이상일 경우에는 각 직렬군의 출력 전압 및 출력 전류가 동일하게 형성되도록 배열할 것.

12) 전력 변환 장치의 시설

① 인버터는 실내·실외용을 구분할 것.
② 각 직렬군의 태양 전지 개방 전압은 인버터 입력 전압 범위 이내일 것.
③ 옥외에 시설하는 경우 방수 등급은 IPX4 이상일 것.

13) 어레이 출력 개폐기

① 태양 전지 모듈에 접속하는 부하 측의 태양 전지 어레이에서 전력 변환 장치에 이르는 전로에는 그 접속점에 근접하여 개폐기 기타 부하 전류를 개폐할 수 있는 기구를 시설할 것.
② 어레이 출력 개폐기는 점검이나 조작이 가능한 곳에 시설할 것.

14) 과전류 및 지락 보호 장치

① 모듈을 병렬로 접속하는 전로에는 그 전로에 단락 전류가 발생할 경우에 전로를 보호하는 과전류 차단기 또는 기타 기구를 시설하여야 한다. 단, 그 전로가 단락 전류에 견딜 수 있는 경우에는 그러하지 아니하다.
② 태양 전지 발전 설비의 직류 전로에 지락이 발생했을 때 자동적으로 전로를 차단하는 장치를 시설하여야 한다.

15) 태양광 설비의 계측 장치

태양광 설비에는 전압과 전류 또는 전압과 전력을 계측하는 장치를 시설하여야 한다.

16) 풍력 설비의 간선의 시설 기준

① 풍력 발전기에서 출력 배선에 쓰이는 전선은 CV선 또는 TFR-CV선을 사용하거나 동등 이상의 성능을 가진 제품을 사용하여야 하며, 전선이 지면을 통과하는 경우에는 피복이 손상되지 않도록 별도의 조치를 취할 것.
② 기타 사항은 전기 저장 장치의 전기 배선에 따를 것.

17) 제어 및 보호 장치 시설의 일반 요구 사항

① 제어 장치는 다음과 같은 기능 등을 보유하여야 한다.
- 풍속에 따른 출력 조절
- 출력 제한
- 회전 속도 제어
- 계통과의 연계
- 기동 및 정지
- 계통 정전 또는 부하의 손실에 의한 정지
- 요잉에 의한 케이블 꼬임 제한

② 보호 장치는 다음의 조건에서 풍력 발전기를 보호하여야 한다.
- 과풍속
- 발전기의 과출력 또는 고장
- 이상 진동
- 계통 정전 또는 사고
- 케이블의 꼬임 한계

18) 주 전원 개폐 장치

풍력 터빈은 작업자의 안전을 위하여 유지, 보수 및 점검 시 전원 차단을 위해 풍력 터빈 타워의 기저부에 개폐 장치를 시설하여야 한다.

19) 접지 설비

접지 설비는 풍력 발전 설비 타워 기초를 이용한 통합 접지 공사를 하여야 하며, 설비 사이의 전위 차가 없도록 등전위 본딩을 하여야 한다.

20) 피뢰 설비

① 피뢰 설비는 KS C IEC 61400-24(풍력 발전기-낙뢰 보호)에서 정하고 있는 피뢰 구역(Lightning Protection Zones)에 적합하여야 하며, 다만 별도의 언급이 없다면 피뢰 레벨(Lightning Protection Level : LPL)은 Ⅰ 등급을 적용하여야 한다.

② 풍력 터빈의 피뢰 설비는 다음에 따라 시설하여야 한다.
- 수뢰부를 풍력 터빈 선단 부분 및 가장자리 부분에 배치하되 뇌격 전류에 의한 발열에 용손(溶損)되지 않도록 재질, 크기, 두께 및 형상 등을 고려할 것.
- 풍력 터빈에 설치하는 인하 도선은 쉽게 부식되지 않는 금속선으로서 뇌격 전류를 안전하게 흘릴 수 있는 충분한 굵기여야 하며, 가능한 직선으로 시설할 것.
- 풍력 터빈 내부의 계측 센서용 케이블은 금속관 또는 차폐 케이블 등을 사용하여 뇌유도 과전 압으로부터 보호할 것.

- 풍력 터빈에 설치한 피뢰 설비(리셉터, 인하 도선 등)의 기능 저하로 인해 다른 기능에 영향을 미치지 않을 것.
③ 풍향·풍속계가 보호 범위에 들도록 나셀 상부에 피뢰침을 시설하고 피뢰 도선은 나셀 프레임에 접속하여야 한다.
④ 전력 기기·제어 기기 등의 피뢰 설비는 다음에 따라 시설하여야 한다.
- 전력 기기는 금속 시스케이블, 내뢰 변압기 및 서지 보호 장치(SPD)를 적용할 것.
- 제어 기기는 광케이블 및 포토커플러를 적용할 것.

21) 계측 장치의 시설

풍력 터빈에는 설비의 손상을 방지하기 위하여 운전 상태를 계측하는 다음의 계측 장치를 시설하여야 한다.
① 회전 속도계
② 나셀(nacelle) 내의 진동을 감시하기 위한 진동계
③ 풍속계
④ 압력계
⑤ 온도계

CHAPTER 5

예상문제

전기설비 기술기준

CHAPTER 5 전기설비 기술기준

001 전기 설비 기술 기준에서 정하는 안전 원칙에 대한 내용으로 틀린 것은?

① 전기 설비는 감전, 화재 그 밖에 사람에게 위해를 주거나 물건에 손상을 줄 우려가 없도록 시설하여야 한다.
② 전기 설비는 다른 전기 설비, 그 밖의 물건 기능에 전기적 또는 자기적인 장해를 주지 않도록 시설하여야 한다.
③ 전기 설비는 경쟁과 새로운 기술 및 사업의 도입을 촉진함으로써 전기 사업의 건전한 발전을 도모하도록 시설하여야 한다.
④ 전기 설비는 사용 목적에 적절하고 안전하게 작동하여야 하며, 그 손상으로 인하여 전기 공급에 지장을 주지 않도록 시설하여야 한다.

 전기 설비 기술 기준 제2조 안전 원칙

① 전기 설비는 감전, 화재 그 밖에 사람에게 위해(危害)를 주거나 물건에 손상을 줄 우려가 없도록 시설하여야 한다.
② 전기 설비는 사용 목적에 적절하고 안전하게 작동하여야 하며, 그 손상으로 인하여 전기 공급에 지장을 주지 않도록 시설하여야 한다.
③ 전기 설비는 다른 전기 설비, 그 밖의 물건 기능에 전기적 또는 자기적인 장해를 주지 않도록 시설하여야 한다.

002 '변전소'라 함은 구내 외의 장소로부터 전송되는 전기를 변성하여 이를 구내 이외의 장소에 전송하거나 구내 이외의 장소로부터 전송되는 전압 몇 [V] 이상의 전기를 변성하기 위하여 설치하는 변압기 기타의 전기 설비의 총합계를 말하는가?

① 15,000
② 20,000
③ 25,000
④ 50,000

 전기사업법 시행 규칙에 의한 용어 정의

'변전소', '개폐소'는 50,000[V] 이상의 전기를 전송하거나, 연결 또는 차단하기 위한 전기 설비

003 '개폐소'라 함은 발전소 상호 간, 변전소 상호 간 또는 발전소와 변전소 간의 전압 몇 [V] 이상의 송전 선로를 연결 또는 차단하기 위한 전기 설비를 말하는가?

① 7,000
② 11,000
③ 23,000
④ 50,000

 전기사업법 시행 규칙에 의한 용어 정의

'변전소', '개폐소'는 50,000[V] 이상의 전기를 전송하거나, 연결 또는 차단하기 위한 전기 설비

004 구내에 시설한 개폐기 기타 장치에 의하여 전로를 투입과 차단하는 곳으로서 발전소, 변전소 및 수용 장소 이외의 곳을 무엇이라 하는가?

① 급전소
② 송전소
③ 개폐소
④ 배전소

 전기 설비기준에 의한 용어 정의

'개폐소'란 구내에 시설한 개폐기 기계 기구에 의하여 전로를 개폐하는 곳으로서 발전소·변전소 및 수용 장소 이외의 곳.

005 전력 계통의 운용에 관한 지시를 하는 곳은?

① 변전소
② 개폐소
③ 급전소
④ 배전소

 전기 설비기준에 의한 용어의 정의

전력 계통의 운용에 관한 지시 및 급전 조작을 하는 곳을 급전소라 한다.

006 방전등용 안정기로부터 방전관까지의 전로를 무엇이라고 하는가?

① 소세력 회로
② 관등 회로
③ 급전 선로
④ 약전류 전선로

 전기 설비 기술 기준에 의한 용어 정의

방전등용 안정기(방전등용 변압기를 포함한다)부터 방전관까지 전로.

정답 001. ③ 002. ④ 003. ④ 004. ③ 005. ③ 006. ②

CHAPTER 5 전기설비 기술기준

007 전기 설비 기술 기준은 발전, 송전, 변전, 배전 또는 전기 사용을 위하여 시설하는 기계, 기구, 댐, 수로, 저수지, ( ), ( ), 그 밖의 시설물의 안전에 필요한 성능과 기술적 요건을 규정함을 목적으로 한다. ( ) 속에 맞는 내용은?

① 급전소, 개폐소
② 전선로, 보안 통신 선로
③ 궤전 선로, 약전류 전선로
④ 옥내 배선, 옥외 배선

 전기 설비 기술 기준 제조(목적 등)

이 고시는 전기사업법 제67조 및 동법 시행령 제43조의 규정에 의하여 발전·송전·변전·배전 또는 전기 사용을 위하여 시설하는 기계·기구·댐·수로·저수지·전선로·보안 통신 선로 그 밖의 시설물의 안전에 필요한 성능과 기술적 요건을 규정함을 목적으로 한다.

008 제2차 접근 상태라는 것은 가공 전선이 다른 공작물과 접근하는 경우에 당해 가공 전선이 다른 공작물의 상방 또는 측방에서 수평 거리로 몇 [m] 미만인 곳에 시설되는 상태를 말하는가?

① 1.6   ② 2
③ 3   ④ 5

 KEC 112 (이하 KEC 생략)

'제2차 접근 상태'라 함은 가공 전선이 다른 시설물과 접근하는 경우에 그 가공 전선이 다른 시설물의 위쪽 또는 옆쪽에서 수평 거리로 3[m] 미만인 곳에 시설되는 상태를 말한다.

009 교류에서 고압의 범위로 옳은 것은?

① 1,000[V]를 넘고 6,000[V] 이하인 것.
② 1,000[V]를 넘고 7,000[V] 이하인 것.
③ 1,500[V]를 넘고 6,000[V] 이하인 것.
④ 1,500[V]를 넘고 7,000[V] 이하인 것.

전압을 구분하는 저압, 고압 및 특고압은 다음 각 호의 것을 말한다.
1. 저압 : 직류는 1,500[V] 이하, 교류는 1,000[V] 이하인 것.
2. 고압 : 직류는 1,500[V]를, 교류는 1,000[V]를 초과하고, 7,000[V] 이하인 것.
3. 특고압 : 7,000[V]를 초과하는 것.

010 전선의 접속법을 열거한 것 중 잘못 설명한 것은?

① 전선의 세기를 30[%] 이상 감소시키지 않는다.
② 접속 부분은 절연 전선의 절연물과 동등 이상의 절연 효력이 있도록 충분히 피복한다.
③ 접속 부분은 접속관, 기타의 기구를 사용한다.
④ 알루미늄 도체의 전선과 동 도체의 전선을 접속할 때에는 전기적 부식이 생기지 않도록 한다.

1) 전선의 세기(인장 하중)를 20[%] 이상 감소시키지 않을 것.
2) 접속 부분에는 접속관 그 밖의 다른 기구를 사용하여 접속하든가 또는 납땜할 것.
3) 절연 전선 상호 또는 절연 전선과 코드 캡타이어 케이블 또는 케이블을 접속하는 경우는 접속 부분의 절연 전선과 동등 이상의 절연 효력이 있는 접속기를 사용하든가 또는 접속 부분을 그 전선의 절연물과 동등 이상의 절연 효력이 있는 것으로 충분히 피복할 것.
4) 코드 상호, 캡타이어 케이블 상호, 또는 케이블 상호 간을 접속하는 경우는 접속 상자, 그 밖의 기구를 사용할 것. 다만, 10[mm^3] 이상인 캡타이어 케이블인 경우 접속 부위를 방호 장치하면 그러하지 아니하다.
5) 도체에 알루미늄을 사용하는 전선과 동을 사용하는 전선을 접속하는 경우는 전기 부분에 전기적 부식이 생기지 아니하도록 할 것.
6) 도체에 알루미늄을 사용하는 절연 전선 또는 케이블을 옥내 배선, 옥측 배선 또는 옥외 배선에 사용하는 경우에 있어서 그 전선을 접속할 때에는 KS C IEC 60998-1(가정용 및 이와 유사한 용도의 저전압용 접속 기구)에 적합한 기구를 사용할 것.
7) 밀폐된 공간에서 전선의 접속부에 사용하는 테이프 및 튜브 등 도체의 절연에 사용되는 절연 피복은 KS C IEC 60454(전기용 접착 테이프)에 적합한 것을 사용할 것.

CHAPTER 5 전기설비 기술기준

011 전선을 접속하는 경우에는 전선의 세기를 몇 [%] 이상 감소시키지 않아야 하는가?

① 10 ② 15
③ 20 ④ 25

 123

전선의 세기(인장 하중)를 20[%] 이상 감소시키지 않을 것.

012 대지로부터 반드시 절연하여야 하는 것은?

① 전로의 중성점에 접지 공사를 하는 경우의 접지점
② 계기용 변성기 2차 측 전로에 접지 공사를 하는 경우의 접지점
③ 시험용 변압기
④ 저압 가공 전선로 접지 측 전선

 131

대지로부터 절연하지 않아도 되는 경우
1) 접지 공사를 하는 경우의 접지점.
2) 전로의 일부를 대지로부터 절연하지 아니하고 전기를 사용하는 것이 부득이한 것(시험용 변압기, 전력선 반송용 결합 리액터, 전기 울타리용 전원 장치, X선 발생 장치, 전기 방식용(電氣防飾用) 양극, 단선식 전기 철도의 귀선 등).
3) 대지로부터 절연하는 것이 기술상 곤란한 것(전기 욕기(電氣浴器)·전기로·전기보일러·전해조 등).

013 저압 전로에서 정전이 어려운 경우 등 절연 저항 측정이 곤란한 경우 저항 성분의 누설 전류가 몇 [mA] 이하이면 그 전로의 절연 성능은 적합한 것으로 보는가?

① 1 ② 2
③ 3 ④ 4

132

사용 전압이 저압인 전로의 절연 성능은 기술기준 제52조를 충족하여야 한다. 다만, 저압 전로에서 정전이 어려운 경우 등 절연 저항 측정이 곤란한 경우 저항 성분의 누설 전류가 1[mA] 이하이면 그 전로의 절연 성능은 적합한 것으로 본다.

014 전로를 대지로부터 절연하여야 하는 것은 다음 중 어느 것인가?

① 전기보일러　　　② 전기다리미
③ 전기욕기　　　　④ 전기로

 131

대지로부터 절연하지 않아도 되는 경우
1) 접지 공사를 하는 경우의 접지점.
2) 부득이한 경우(시험용 변압기, 전력선 반송용 결합 리액터, 전기 울타리용 전원 장치, X선 발생 장치, 전기 방식용(電氣防蝕用) 양극, 단선식 전기 철도의 귀선 등)
3) 기술상 곤란한 것(전기욕기(電氣浴器)·전기로·전기보일러·전해조 등).
☞ 전기다리미는 충전 부분에 사람의 접촉 우려가 대단히 높기 때문에 반드시 절연하여야 한다.

015 전동기의 절연 내력 시험은 권선과 대지 사이에 계속하여 시험 전압을 가할 경우 몇 분간을 견디어야 하는가?

① 5　　　　　　　② 10
③ 20　　　　　　④ 30

 132

권선과 대지 사이에 연속하여 10분간 가할 경우 이를 견디어야 한다.

016 고압 및 특별 고압 전로의 절연 내력 시험을 하는 경우 시험 전압에 몇 분간 견디어야 하는가?

① 1분　　　　　　② 3분
③ 5분　　　　　　④ 10분

 132

전로와 대지 사이에 연속하여 10분간 가한다.

정답　011. ③　012. ④　013. ①　014. ②　015. ②　016. ④

017 용량 10[kVA], 전압 3,450/105[V] 단상 변압기 전로의 절연 내력을 시험할 때 시험 전압을 연속하여 몇 분간 가하였을 때 이에 견디어야 하는가?

① 5
② 10
③ 15
④ 30

 135-1

시험 되는 권선과 다른 권선, 철심 및 외함 간에 시험 전압을 연속하여 10분간 가한다.

018 3,300[V] 고압 유도 전동기의 절연 내력 시험 전압은 최대 사용 전압의 몇 배를 10분간 가하는가?

① 1
② 1.25
③ 1.5
④ 2

 133-1

종류			시험 전압	시험방법
회전기	발전기·전동기·조상기·기타 회전기 (회전 변류기 제외)	최대 사용 전압 7,000[V] 이하	최대 사용 전압의 1.5배의 전압(500[V] 미만으로 되는 경우에는 500[V])	권선과 대지 사이에 연속하여 10분간 가한다.
		최대 사용 전압 7,000[V] 초과	최대 사용 전압의 1.25배의 전압(10,500[V] 미만으로 되는 경우에는 10,500[V])	

019 3,300[V]용 전동기의 절연 내력 시험은 ( )[V] 전압에서 10분간 견디어야 한다. ( ) 안에 알맞은 전압은 얼마인가?

① 4,125
② 4,950
③ 6,600
④ 7,600

 132

7,000[V] 이하는 1.5배이므로 3,300×1.5=4,950[V]이다.

020 사용 전압 6,600[V]인 변압기의 절연 내력 시험은 사용 전압의 몇 배의 시험 전압에서 10분간 견디어야 하는가?

① 0.8 ② 1.0
③ 1.25 ④ 1.5

 135

시험 되는 권선과 다른 권선, 철심 및 외함 간에 시험 전압을 연속하여 10분간 가한다.

021 최대 사용 전압 6,600[V]의 3상 유도 전동기의 권선과 대지 사이의 절연 내력 시험 전압은 얼마인가?

① 7,260[V] ② 7,920[V]
③ 8,250[V] ④ 9,900[V]

 133

7,000[V] 이하는 1.5배이므로 6,600×1.5=9,900[V]이다.

022 어떤 변압기의 1차 전압이 6,900[V], 6,600[V], 6,300[V], 6,000[V], 5,700[V]로 되어 있다. 절연 내력 시험 전압은 몇 [V]인가?

① 7,590 ② 8,625
③ 10,350 ④ 13,800

 135

최대 사용 전압이 6,900[V]이므로 7,000[V] 이하는 1.5배이다.
그러므로 6,900×1.5=10,350[V]이다.

023 6.6[kV] 지중 전선로의 케이블을 직류 전원으로 절연 내력 시험을 하자면 시험 전압은 직류 몇 [V]인가?

① 9,900[V] ② 14,420[V]
③ 16,500[V] ④ 19,800[V]

정답 017. ② 018. ③ 019. ② 020. ④ 021. ④ 022. ③ 023. ④

136

7,000[V] 이하는 1.5배이고, 또한 직류 전원으로 시험하였으므로 계산값에 2배를 한다.
그러므로 6,600×1.5×2=19,800[V]이다.

024 전압이 22.9[kV]로 중성선 다중 접지하는 전선로의 절연 내력 시험 전압은 최대 사용 전압의 몇 배인가?

① 0.72
② 0.92
③ 1.1
④ 1.25

 132

전로의 종류(최대 사용 전압)	시험 전압
1. 7,000[V] 이하	최대 사용 전압의 1.5배의 전압
2. 7,000[V] 초과 25,000[V] 이하인 중성점 접지식 전로(중성선을 가지는 것으로서 그 중성선을 다중 접지하는 것에 한한다)	최대 사용 전압의 0.92배의 전압

그러므로 중성선 다중 접지하는 전선로는 0.92배이다.

025 최대 사용 전압이 7,000[V] 초과하는 변압기의 전로로서 중성점이 접지되고 다중 접지된 중성선을 가지는 전로에 접속하는 것은 몇 [V]의 절연 내력 시험 전압에 견디어야 하는가?

① 6,440
② 7,700
③ 8,750
④ 10,500

 132

중성선 다중 접지이므로 7,000×0.92=6,440[V] 이상이어야 한다.

026 최대 사용 전압 23,000[V]의 권선으로서 중성점 접지식 전로(중성선을 가지는 것으로서 그 중성선에 다중 접지를 하는 전로)에 접속되는 변압기는 최소 몇 [V]의 절연 내력 시험 전압에 견디어야 하는가?

① 21,160
② 25,300
③ 38,750
④ 34,500

 135

중성선 다중 접지이므로 23,000×0.92=21,160[V] 이상이어야 한다.

027 2개의 단상 변압기(200/6,000[V])를 그림과 같이 연결하여 최대 사용 전압 6,600[V]의 고압 전동기의 권선과 대지 사이의 절연 내력 시험을 하는 경우에 전압계의 전압(V)과 시험 전압(V)의 값으로 옳은 것은?

① $V=82.5[V]$, $E=8,250[V]$
② $V=165[V]$, $E=13,200[V]$
③ $V=165[V]$, $E=9,900[V]$
④ $V=200[V]$, $E=1,200[V]$

 135

시험 전압 $E=6,000\times1.5=9,900[V]$

전압계 전압 $V=9,900\times\dfrac{1}{2}\times\dfrac{200}{6,000}=165[V]$

028 3상 4선식 22.9[kV] 중성점 다중 접지식 가공 전선로의 전로 대지 간의 절연 내력 시험 전압은?

① 28,625[V]
② 22,900[V]
③ 21,068[V]
④ 16,488[V]

 132

중성선 다중 접지이므로 22,900×0.92=21,068[V] 이상이어야 한다.

정답 024. ② 025. ① 026. ① 027. ③ 028. ③

029 최대 사용 전압 23[kV]인 중성점 비접지식 전로의 절연 내력 시험 전압은 몇 [kV]인가?

① 16.56
② 21.16
③ 25.30
④ 28.75

 132

7,000[V]를 초과하고 60,000[V] 이하, 중성점 비접지이므로 1.25배를 한다. 그러므로 23×1.25=28.75[kV]이다.

030 최대 사용 전압이 154,000[V]인 중성점 직접 접지식 전로의 절연 내력 시험 전압은 몇 [V]인가?

① 110,880
② 141,680
③ 169,400
④ 192,500

 132

154,000×0.72=110,880[V]이다.

031 최대 사용 전압이 161[kV]인 중성점 직접 접지식 전로가 전위 변성기를 사용하여 접지되어 있을 경우 절연 내력 시험 전압은 몇 [kV]로 하는가?

① 99.82
② 115.92
③ 148.12
④ 177.1

 132

161,000×0.72=115.92[V]이다. 또는 161×0.72=115.92[kV]이다.

032 중성점 직접 접지식 전로에 접속되는 최대 사용 전압 161[kV]인 3상 변압기의 권선(성형 결선)의 절연 내력 시험을 할 때 접지시켜서는 안 되는 것은?

① 시험되는 권선의 중성점 단자
② 시험되는 권선의 중성점 단자 이외의 임의의 1단자
③ 시험되지 않는 각 권선의 임의의 1단자
④ 철심 및 외함

 135

시험되는 권선의 중성점 단자 이외의 임의의 1단자, 다른 권선의 임의의 1단자, 철심 및 외함을 접지하고 시험되는 권선의 중성점 단자 이외의 각 단자에 3상 교류의 시험 전압을 연속하여 10분간 가한다.

033 최대 사용 전압이 69[kV]인 중성점 비접지식 지중 케이블 선로의 절연 내력 시험을 직류 전압으로 실시하는 경우 시험 전압의 값은 얼마인가?

① 126.8[kV]   ② 151.8[kV]
③ 172.5[kV]   ④ 207.4[kV]

 136

60[kV]를 초과하고 중성점 비접지식이고, 직류로 시험하므로
$69 \times 1.25 \times 2 = 172.5$[kV]이다.

034 최대 사용 전압이 170,000[V]를 초과하는 권선(성형 결선)으로서 중성점 직접 접지식 전로에 접속하고 또한 그 중성점을 직접 접지하는 변압기 전로의 절연 내력 시험 전압은 최대 사용 전압의 몇 배의 전압인가?

① 0.3   ② 0.64
③ 0.72 ④ 1.1

[정답] 029. ④ 030. ① 031. ② 032. ② 033. ③ 034. ②

CHAPTER 5 전기설비 기술기준

 135

7. 최대 사용 전압이 170,000[V]를 초과하는 권선으로서 중성점 직접 접지식 전로에 접속하고 또한 그 중성점을 직접 접지하는 것.

| | 최대 사용 전압의 0.64배의 전압 | 시험되는 권선의 중성점 단자, 다른 권선의 임의의 1단자, 철심 및 외함을 접지하고 시험되는 권선의 중성점 단자 이외의 임의의 1단자와 대지 간에 시험 전압을 연속하여 10분간 가한다. |

035 직류 전기 철도에 전력을 공급하는 최대 사용 전압 1,500[V]의 실리콘 정류기는 몇 [V]의 절연 내력 시험 전압을 견디어야 하는가?

① 1,500[V]   ② 1,650[V]
③ 1,875[V]   ④ 2,250[V]

 133

종류		시험 전압	시험방법
정류기	최대 사용 전압이 60,000[V] 이하	직류 측의 최대 사용 전압의 1배의 교류 전압(500[V] 미만으로 되는 경우에는 500[V])	충전 부분과 외함 간에 연속하여 10분간 가한다.
	최대 사용 전압 60,000[V] 초과	교류 측의 최대 사용 전압의 1.1배의 교류 전압 또는 직류 측의 최대 사용 전압의 1.1배의 직류 전압	교류 측 및 직류 고전압 측 단자와 대지 간에 연속하여 10분간 가한다.

036 접지 시 사용하는 접지 도체를 사람이 접촉할 우려가 있을 때 최소 어느 부분의 접지 도체에 대하여 합성수지관 또는 이와 동등 이상의 절연 효력 및 강도를 가지는 몰드로 설계되어 있는가?

① 지하 50[cm]부터 지표상 1.5[m]까지의 부분
② 지하 60[cm]부터 지표상 1.8[m]까지의 부분
③ 지하 75[cm]부터 지표상 2[m]까지의 부분
④ 지하 80[cm]부터 지표상 2.5[m]까지의 부분

답안 표기란

| 35 | ① ② ③ ④ |
| 36 | ① ② ③ ④ |

 142.3

접지 도체의 지하 75[cm]로부터 지표상 2[m]까지의 부분은 합성수지관(두께 2[mm] 미만 제외) 또는 이와 동등 이상의 절연 효력 및 강도를 가지는 몰드로 덮을 것.

037 사람이 접촉할 우려가 있는 접지 도체는 지하 75[cm]로부터 지표상 2[m]까지 사람 등의 접촉 우려가 없도록 하기 위하여 어느 것을 사용하여 보호하는가?

① 두께 1[mm] 이상의 콤바인 덕트관
② 두께 2[mm] 이상의 합성수지관
③ 피막의 두께가 균일한 비닐 포장지
④ 이음 부분이 없는 플로어 덕트

 142.3

접지선의 지하 75[cm]로부터 지표상 2[m]까지의 부분은 합성수지관(두께 2[mm] 미만 제외) 또는 이와 동등 이상의 절연 효력 및 강도를 가지는 몰드로 덮을 것.

038 변압기를 보호하기 위한 접지 공사의 접지 저항값을 $\dfrac{300}{I}$으로 정하고 있는데, 이때 I에 해당되는 것은?

① 변압기의 고압 측 또는 특별 고압 측 전로의 1선 지락 전류의 암페어 수
② 변압기의 고압 측 또는 특별 고압 전로의 단락 사고 시의 고장 전류의 암페어 수
③ 변압기의 1차 측과 2차 측의 혼촉에 의한 단락 전류의 암페어 수
④ 변압기의 1차와 2차에 해당되는 전류의 합

 142.5

변압기 중성점 접지 저항값은 일반적으로 고압 및 특고압 측 전로 1선 지락 전류로 150을 나눈 값과 같은 값 이하이어야 한다. 사용 전압이 35[kV] 이하의 특고압 전로가 저압 측 전로와 혼촉하고 저압 전로의 대지 전압이 150[V]를 초과하는 경우는 저항값은 다음에 의한다.
1) 1초 초과 2초 이내에 고압·특고압 전로를 자동으로 차단하는 장치를 설치할 때는 300을 나눈 값 이하

정답 035. ①   036. ③   037. ②   038. ①

CHAPTER 5 전기설비 기술기준

2) 1초 이내에 고압·특고압 전로를 자동으로 차단하는 장치를 설치할 때는 600을 나눈 값 이하

여기서, 전로의 1선 지락 전류는 실측값에 의한다. 다만, 실측이 곤란한 경우에는 선로 정수 등으로 계산한 값에 의한다(변압기의 고압 측 또는 특별 고압 측의 전로의 1선 지락 전류의 암페어 수).

039 변압기 고압 측 전로의 1선 지락 전류가 10[A]일 때 변압기를 보호하기 위한 접지 공사의 접지 저항값은 얼마인가?

① 15[Ω] ② 20[Ω]
③ 25[Ω] ④ 30[Ω]

 142.5

$$R_2 = \frac{150}{I} = \frac{150}{10} = 15[\Omega]$$

040 고압 전로의 1선 지락 전류가 20[A]의 경우에 이에 결합된 변압기 저압 측의 접지 저항값은 최대 몇 [Ω]이 되는가? (단, 이 전로는 고·저압 혼촉 시에 저압 전로의 대지 전압이 150[V]를 초과하는 경우에 1초를 넘고 2초 이내에 자동 차단하는 장치가 되어 있다.)

① 7.5 ② 10
③ 15 ④ 30

 142.5

변압기 2차 측 대지 전압이 150[V]를 초과하는 경우에 1초를 넘고 2초 이내에 자동 차단하는 장치가 되어 있으므로 $R_2 = \frac{300}{I} = \frac{300}{20} = 15[\Omega]$

041 변압기의 접지 공사를 시행하여야 할 경우, 토지의 상황에 의하여 소정의 접지 저항값을 얻기 위하여 가공 접지선에 의해 변압기 설치 장소로부터 떨어진 위치에 시설할 수 있다. 이때 변압기 시설 장소로부터 몇 [m]까지 떼어 놓을 수 있는가?

① 200[m]까지
② 300[m]까지
③ 400[m]까지
④ 500[m]까지

 322.1

변압기의 접지 공사는 변압기의 시설 장소마다 시행하여야 한다. 다만, 토지의 상황에 의하여 변압기의 시설 장소에서 규정된 접지 저항값을 얻기 어려운 경우에 인장 강도 5.26[kN] 이상 또는 지름 4[mm] 이상의 가공 접지 도체를 변압기로부터 200[m]까지 떼어 놓을 수 있다.

042 가공 공동 지선을 설치하여 2 이상의 시설 장소에 공동의 접지 공사를 할 경우 각 변압기에 접속되는 전선로 직하의 부분에서 각 변압기의 양측에 있도록 시설되어야 하는 지역은 각 변압기를 중심으로 하는 지름 몇 [m] 안의 지역인가?

① 200
② 300
③ 400
④ 800

 322.1

가공 공동 지선은 각 변압기를 중심으로 하는 지름 400[m] 이내의 지역으로서 그 변압기에 접속되는 전선로 바로 아래의 부분에서 각 변압기의 양쪽에 있도록 할 것.

043 특별 고압과 저압의 혼촉에 의한 위험방지시설로 경동선을 사용하여 가공 공동 지선을 설치한다면 그 굵기는 몇 [mm] 이상의 것을 사용하여야 하는가?

① 3.2
② 3.5
③ 4.0
④ 5.0

 322.1

변압기의 접지 공사는 변압기의 시설 장소마다 시행하여야 한다. 다만, 토지의 상황에 의하여 변압기의 시설 장소에서 규정된 접지 저항값을 얻기 어려운 경우에 인장 강도 5.26[kN] 이상 또는 지름 4[mm] 이상의 가공 접지선을 변압기로부터 200[m]까지 떼어 놓을 수 있다.

정답 039. ① 040. ③ 041. ① 042. ③ 043. ③

CHAPTER 5 전기설비 기술기준

044 고압 또는 특별 고압과 저압의 혼촉에 의한 위험방지시설에서 가공 공동 지선은 인장 강도 몇 [kN] 이상 또는 지름 4[mm] 가공 접지선을 사용하는가?

① 1.04
② 2.46
③ 5.26
④ 8.01

 322.1

변압기의 중성점 접지 공사는 변압기의 시설 장소마다 시행하여야 한다. 다만, 토지의 상황에 의하여 변압기의 시설 장소에서 규정된 접지 저항값을 얻기 어려운 경우에 인장 강도 5.26[kN] 이상 또는 지름 4[mm] 이상의 가공 접지선을 변압기로부터 200[m]까지 떼어 놓을 수 있다.

045 고저압 혼촉에 의한 위험방지시설로 가공 공동 지선을 설치하여 시설하는 경우에 각 접지선을 가공 공동 지선으로부터 분리하였을 경우에 각 접지선과 대지 간의 전기 저항값은 몇 [Ω] 이하로 하여야 하는가?

① 75
② 150
③ 300
④ 600

 322.1

가공 공동 지선과 대지 간의 합성 전기 저항값은 1[km]를 지름으로 하는 지역 안마다 접지 공사의 접지 저항값을 가지는 것으로 하고 또한 각 접지선을 가공 공동 지선으로부터 분리하였을 경우의 각 접지선과 대지 간의 전기 저항값은 300[Ω] 이하로 할 것.

046 변압기에 의하여 특별 고압 전로에 결합되는 고압 전로에는 혼촉 등에 의한 위험방지시설로 어떤 것을 그 변압기 단자의 가까운 1극에 설치하여야 하는가?

① 댐퍼
② 절연 애자
③ 퓨즈 장치
④ 방전 장치

322.3

① 변압기에 의하여 특별 고압 전로(25[kV] 이하 중성선 다중 접지 특별 고압 가공 전선로의 전로 제외)에 결합되는 고압 전로에는 사용 전압의 3배 이하인 전압이 가하여진 경우에 방전하는 장치를 그 변압기의 단자에 가까운 1극에 설치하여야 한다. 다만, 사용 전압의 3배 이하인 전압이 가하여진 경우에 방전하는 피뢰기를 고압 전로의 모선의 각 상에 시설하는 때에는 그러하지 아니하다.
② 방전하는 장치의 접지는 접지 시스템의 규정에 따라 시설하여야 한다.

047 변압기에 의하여 특별 고압 전로에 결합되는 고압 전로에는 사용 전압의 3배 이하인 전압이 가하여진 경우에 어떤 장치를 그 변압기 단자의 가까운 1극에 설치하여야 하는가?

① 스위치 장치　　　② 계전 보호 장치
③ 누전 전류 검지 장치　　　④ 방전하는 장치

 322.3

① 변압기에 의하여 특별 고압 전로(25[kV] 이하 중성선 다중 접지 특별 고압 가공 전선로의 전로 제외)에 결합되는 고압 전로에는 사용 전압의 3배 이하인 전압이 가하여진 경우에 방전하는 장치를 그 변압기의 단자에 가까운 1극에 설치하여야 한다. 다만, 사용 전압의 3배 이하인 전압이 가하여진 경우에 방전하는 피뢰기를 고압 전로의 모선의 각 상에 시설하는 때에는 그러하지 아니하다.
② 방전하는 장치의 접지는 접지 시스템의 규정에 따라 시설하여야 한다.

048 변압기에 의하여 특별 고압 전로에 결합되는 고압 전로에는 사용 전압의 몇 배 이하인 전압이 가하여진 경우에 방전하는 장치를 그 변압기의 단자에 가까운 1극에 설치하여야 하는가?

① 6　　　② 5
③ 4　　　④ 3

 322.3

변압기에 의하여 특별 고압 전로에 결합되는 고압 전로에는 사용 전압의 3배 이하인 전압이 가하여진 경우에 방전하는 장치를 그 변압기의 단자에 가까운 1극에 설치하여야 한다.

정답　044. ③　045. ③　046. ④　047. ④　048. ④

CHAPTER 5 전기설비 기술기준

049 154[kV]에 연결된 3,300[V] 전로의 변압기 단자에 시설하는 방전 장치의 최대 방전 전압은 얼마로 되는가?

① 4,950[V]
② 6,600[V]
③ 8,250[V]
④ 9,900[V]

 322.3

방전 전압 3,300×3=9,900[V]

050 큰 고장 전류가 구리 소재의 접지 도체를 통하여 흐르지 않을 경우 접지 도체의 최소 단면적은 몇 [mm²] 이상이어야 하는가? (단, 접지 도체에 피뢰 시스템이 접속되지 않는 경우이다.)

① 0.75
② 2.5
③ 6
④ 16

 142.3.1 접지 도체·보호 도체

접지 도체의 단면적은 142.3.2의 1에 의하며 큰 고장 전류가 접지 도체를 통하여 흐르지 않을 경우 접지 도체의 최소 단면적은 다음과 같다.
(1) 구리는 6[mm²] 이상
(2) 철제는 50[mm²] 이상

051 고압 전로와 저압 전로를 결합하는 변압기로서 그 고압 권선과 저압 권선 사이에 금속제의 혼촉 방지판이 있고 또한 그 혼촉 방지판에 접지 공사를 한 것에 접속하는 저압 전선을 옥외에 시설할 때 잘못된 것은?

① 저압 가공 전선로의 전선은 케이블을 사용하였다.
② 저압 전선은 1구내에만 시설하였다.
③ 저압 옥상 전선로의 전선으로는 절연 전선을 사용하였다.
④ 저압 가공 전선과 고압 가공 전선은 별개의 지지물에 시설하였다.

 322.3

1. 저압 전선은 1구내에만 시설할 것.
2. 저압 가공 전선로 또는 저압 옥상 전선로의 전선은 케이블일 것.
3. 저압 가공 전선과 고압 또는 특별 고압의 가공 전선을 동일 지지물에 시설하지 아니할 것. 다만, 고압 가공 전선로 또는 특별 고압 가공 전선로의 전선이 케이블인 경우에는 그러하지 아니하다.

052 고압 전로와 비접지식의 저압 전로를 결합하는 변압기로 그 고압 권선과 저압 권선 간에 금속제의 혼촉 방지판이 있고 그 혼촉 방지판에 제2종 접지 공사를 한 것에 접속하는 저압 전선을 옥외에 시설하는 경우로 옳지 않은 것은?

① 저압 옥상 전선로의 전선은 케이블이어야 한다.
② 저압 가공 전선과 전선이 케이블인 경우의 고압의 가공 전선은 동일 지지물에 시설하지 않아야 한다.
③ 저압 전선은 1구내에만 시설한다.
④ 저압 가공 전선로의 전선은 케이블이어야 한다.

 322.3

1. 저압 전선은 1구내에만 시설할 것.
2. 저압 가공 전선로 또는 저압 옥상 전선로의 전선은 케이블일 것.
3. 저압 가공 전선과 고압 또는 특별 고압의 가공 전선을 동일 지지물에 시설하지 아니할 것. 다만, 고압 가공 전선로 또는 특별 고압 가공 전선로의 전선이 케이블인 경우에는 그러하지 아니하다.

053 변압기 보호용 접지 공사를 한 혼촉 방지판이 설치된 변압기로 고압 전로 또는 특별 고압 전로와 저압 전로를 결합하는 변압기 2차측 저압 전로를 옥외에 시설하는 경우 기술 기준에 부합되지 않는 것은 다음 중 어느 것인가?

① 저압선 가공 전선로 또는 저압 옥상 전선로의 전선은 케이블일 것.
② 저압 전선은 1구내에만 시설할 것.
③ 저압 전선이 구외로의 연장 범위는 200[m] 이하일 것.
④ 저압 가공 전선과 또는 특별 고압의 가공 전선은 동일 지지물에 시설하지 말 것.

[정답] 049. ④ 050. ③ 051. ③ 052. ② 053. ③

322.3

저압 전선은 1구내에만 시설하므로, 구외로의 연장을 할 수 없다.

054 전로의 중성점을 접지하는 목적이 아닌 것은?

① 보호 장치의 확실한 동작의 확보
② 부하 전류의 일부를 대지로 방류하여 전선 절약
③ 이상 전압의 억제
④ 대지 전압의 저하

 322.5

전로의 보호 장치의 확실한 동작의 확보, 이상 전압의 억제 및 대지 전압의 저하를 위하여 특히 필요한 경우에 전로의 중성점에 접지 공사를 한다.

055 전로의 중성점 접지의 목적으로 볼 수 없는 것은?

① 대지 전압의 저하
② 이상 전압의 억제
③ 손실 전력의 감소
④ 보호 장치의 확실한 동작의 확보

 322.5

전로의 보호 장치의 확실한 동작의 확보, 이상 전압의 억제 및 대지 전압의 저하를 위하여 특히 필요한 경우에 전로의 중성점에 접지 공사를 한다.

056 전선과 중성선 사이의 전압이 100[V]인 단상 3선식 전로의 중성점 접지선의 최소 굵기는 얼마인가?

① 공칭 단면적 16[mm^2]
② 공칭 단면적 6[mm^2]
③ 공칭 단면적 10[mm^2]
④ 공칭 단면적 25[mm^2]

322.5

접지 도체는 공칭 단면적 16[mm²] 이상의 연동선 또는 이와 동등 이상의 세기 및 굵기의 쉽게 부식하지 아니하는 금속선(저압 전로의 중성점에 시설하는 것은 공칭 단면적 6[mm²] 이상의 연동선 또는 이와 동등 이상의 세기 및 굵기의 쉽게 부식하지 않는 금속선)으로서 고장 시 흐르는 전류가 안전하게 통할 수 있는 것을 사용하고 또한 손상을 받을 우려가 없도록 시설할 것.

057 220/380[V] 전로의 중성점을 접지할 때 연동선의 최소 지름은 몇 [mm²]인가?

① 4.0   ② 10.0
③ 6.0   ④ 16

 22.5

접지 도체는 공칭 단면적 16[mm²] 이상의 연동선 또는 이와 동등 이상의 세기 및 굵기의 쉽게 부식하지 아니하는 금속선(저압 전로의 중성점에 시설하는 것은 공칭 단면적 6[mm²] 이상의 연동선 또는 이와 동등 이상의 세기 및 굵기의 쉽게 부식하지 않는 금속선)으로서 고장 시 흐르는 전류가 안전하게 통할 수 있는 것을 사용하고 또한 손상을 받을 우려가 없도록 시설할 것.

058 접지 공사의 접지극으로 사용되는 수도관의 접지 저항의 최댓값은 몇 [Ω]인가?

① 2   ② 3
③ 5   ④ 10

 142.2

지중에 매설되어 있고 대지와의 전기 저항값이 3[Ω] 이하의 값을 유지하고 있는 금속제 수도관로는 이를 접지 공사의 접지극으로 사용할 수 있다.

059 지중에 매설되어 있고 대지와의 전기 저항값이 최대 몇 [Ω] 이하의 값을 유지하고 있는 금속체 수도관로는 이를 각종 접지 공사의 접지극으로 사용할 수 있는가?

① 3   ② 5
③ 7   ④ 10

정답 054. ② 055. ③ 056. ② 057. ③ 058. ② 059. ①

CHAPTER 5 전기설비 기술기준

 142.2

지중에 매설되어 있고 대지와의 전기 저항값이 3[Ω] 이하의 값을 유지하고 있는 금속제 수도관로는 접지 공사의 접지극으로 사용할 수 있다.

060 지중에 매설될 금속제 수도관로는 각종 접지 공사의 접지극으로 사용할 수 있다. 다음 중에서 접지극으로 사용할 수 없는 것은 어느 것인가?

① 안지름 75[mm]에서 분기한 안지름 50[mm]의 수도관의 길이가 6[m]이고 저항값이 3[Ω] 이하의 것.
② 안지름 30[mm]인 수도관의 전기 저항값이 2[Ω] 이하의 것.
③ 안지름 75[mm] 이상이고 전기 저항값이 3[Ω] 이하의 것.
④ 안지름 75[mm]에서 분기한 안지름 30[mm] 수도관 길이가 5[m] 이내이고 전기 저항값이 3[Ω] 이하의 것.

 142.2

접지선과 금속제 수도관로의 접속은 안지름 75[mm] 이상인 금속제 수도관의 부분 또는 이로부터 분기한 안지름 75[mm] 미만인 금속제 수도관의 분기점으로부터 5[m] 이내의 부분에서 할 것. 다만, 금속제 수도관로와 대지 간의 전기 저항값이 2[Ω] 이하인 경우에는 분기점으로부터의 거리는 5[m]를 넘을 수 있다.

061 특별 고압 전선로에 접속하는 배전용 변압기의 1,2차 전압은?

① 1차 : 35,000[V] 이하,   2차 : 저압 또는 고압
② 1차 : 35,000[V] 이하,   2차 : 특별 고압 또는 고압
③ 1차 : 50,000[V] 이하,   2차 : 저압 또는 고압
④ 1차 : 50,000[V] 이하,   2차 : 특별 고압 또는 고압

 341.2

1. 변압기의 1차 전압은 35,000[V] 이하, 2차 전압은 저압 또는 고압일 것.
2. 변압기의 특별 고압 측에 개폐기 및 과전류 차단기를 시설할 것.
3. 변압기의 2차 전압이 고압인 경우에는 고압 측에 개폐기를 시설하고 또한 쉽게 개폐할 수 있도록 할 것.

062 발전소, 변전소, 개폐소 또는 이에 준하는 곳 이외에 시설하는 특별 고압 옥외 배전용 변압기를 시가지 외에서 옥외에 시설하는 경우 변압기의 1차 전압은 특별한 경우를 제외하고 몇 [V] 이하이어야 하는가?

① 10,000
② 25,000
③ 35,000
④ 50,000

 341.2

1. 변압기의 1차 전압은 35,000[V] 이하, 2차 전압은 저압 또는 고압일 것.

063 특별 고압을 직접 저압으로 변성하는 변압기를 시설할 수 없는 장소는?

① 전기로용
② 광산 양수기용
③ 발·변전소 소내용
④ 전기 철도 신호용

 341.3

1. 전기로 등 전류가 큰 전기를 소비하기 위한 변압기
2. 발전소·변전소·개폐소 또는 이에 준하는 곳의 소내용 변압기
3. 25[kV] 이하 중성선 다중 접지한 특고압 전선로에 접속하는 변압기
4. 사용 전압이 35[kV] 이하인 변압기로서 그 특별 고압 측 권선과 저압 측 권선이 혼촉한 경우에 자동적으로 변압기를 전로로부터 차단하기 위한 장치를 설치한 것.
5. 사용 전압이 100[kV] 이하인 변압기로서 그 특별 고압 측 권선과 저압 측 권선 사이에 제2종 접지 공사(접지 저항값이 10[Ω] 이하인 것)를 한 금속제의 혼촉 방지판이 있는 것.
6. 교류식 전기 철도용 신호 회로에 전기를 공급하기 위한 변압기

064 345,000[V]의 전압을 변전하는 변전소가 있다. 이 변전소에 울타리를 시설하고자 하는 경우 울타리의 높이는 몇 [m] 이상이어야 하는가?

① 1.6
② 2
③ 2.2
④ 2.4

 351.1

울타리·담 등의 높이는 2[m] 이상으로 하고 지표면과 울타리·담 등의 하단 사이의 간격은 15[cm] 이하로 할 것

[정답] 060. ④ 061. ② 062. ③ 063. ② 064. ②

CHAPTER 5 전기설비 기술기준

065 고압용 기계 기구를 시설하지 않아야 할 곳은?

① 발전소, 변전소, 개폐소 또는 이에 준하는 곳.
② 시가지 외로서 주의 표시가 있는 지표상 3[m]인 곳.
③ 공장 등의 구내에서 기계 기구의 주위에 사람이 쉽게 접촉할 우려가 없도록 적당한 울타리를 설치한 곳.
④ 옥내에 설치할 경우 취급자 이외의 사람이 출입할 수 없도록 설치한 곳.

 341.8

1. 발전소·변전소·개폐소 또는 이에 준하는 곳.
2. 기계 기구의 주위에 울타리·담 등을 시설하는 경우.
3. 기계 기구를 지표상 4.5[m](시가지 외에는 4[m]) 이상의 높이에 시설하고 또한 사람이 쉽게 접촉할 우려가 없도록 시설하는 경우.
4. 공장 등의 구내에서 기계 기구의 주위에 사람이 쉽게 접촉할 우려가 없도록 적당한 울타리를 설치하는 경우.
5. 옥내에 설치한 기계 기구를 취급자 이외의 사람이 출입할 수 없도록 설치한 곳에 시설하는 경우.
6. 기계 기구를 콘크리트제의 함 또는 규정에 따른 접지 공사를 한 금속제 함에 넣고 또한 충전 부분이 노출하지 아니하도록 시설하는 경우.
7. 충전 부분이 노출하지 아니하는 기계 기구를 사람이 쉽게 접촉할 우려가 없도록 시설하는 경우.
8. 충전 부분이 노출하지 아니하는 기계 기구를 온도 상승에 의하여 또는 고장 시 그 근처의 대지와의 사이에 생기는 전위차에 의하여 사람이나 가축 또는 다른 시설물에 위험의 우려가 없도록 시설하는 경우.

066 23[kV] 변압기의 충전부와 울타리 높이를 가산한 충전부까지 거리의 최솟값은 몇 [m]인가? (단, 위험하다는 내용의 표시를 할 경우임.)

① 4　　　　　　② 5
③ 6　　　　　　④ 7

341.4

사용 전압의 구분	울타리의 높이와 울타리로부터 충전 부분까지의 거리의 합계 또는 지표상의 높이
35,000[V] 이하	5[m]
35,000[V] 초과 160,000[V] 이하	6[m]
160,000[V] 초과	6[m]에 160,000[V]를 초과하는 10,000[V] 또는 그 단수마다 12[cm]를 더한 값

067 20[kV] 전로에 접속한 전력용 콘덴서 장치에 울타리를 시설하고자 한다. 울타리의 높이를 2[m]로 하면 울타리로부터 콘덴서 장치의 최단 충전부까지의 거리는 몇 [m] 이상이어야 하는가?

① 1   ② 2
③ 3   ④ 4

 341.4

35,000[V] 이하는 울타리의 높이와 울타리로부터 충전 부분까지의 거리의 합계가 5[m] 이상이므로 울타리 높이가 2[m]이면 울타리까지 거리는 3[m] 이상이어야 한다.

068 변전소에 고압용 기계 기구를 시가지 내에 사람이 쉽게 접촉할 우려가 없도록 시설하는 경우 지표상 몇 [m] 이상의 높이에 시설하여야 하는가? (단, 고압용 기계 기구에 부속하는 전선으로는 케이블을 사용하였다.)

① 4   ② 4.5
③ 5   ④ 5.5

341.8

기계 기구를 지표상 4.5[m](시가지 외에는 4[m]) 이상의 높이에 시설하고 또한 사람이 쉽게 접촉할 우려가 없도록 시설하는 경우

069 고압용 기계 기구를 시가지에 시설할 때 지표상의 최소 높이는 몇 [m]인가?

① 4   ② 4.5
③ 5   ④ 5.5

[정답] 065. ② 066. ② 067. ③ 068. ② 069. ②

CHAPTER 5 전기설비 기술기준

 341.8

기계 기구를 지표상 4.5[m](시가지 외에는 4[m]) 이상의 높이에 시설하고 또한 사람이 쉽게 접촉할 우려가 없도록 시설하는 경우.

070 농촌지역에서 고압 가공 전선로에 접속되는 배전용 변압기를 시설하는 경우, 지표상의 높이는 몇 [m] 이상이어야 하는가?

① 3.5
② 4
③ 4.5
④ 5

 341.8

기계 기구를 지표상 4.5[m](시가지 외에는 4[m]) 이상의 높이에 시설하고 또한 사람이 쉽게 접촉할 우려가 없도록 시설하는 경우.

071 고압 또는 특별 고압의 기계 기구 주위에 취급자 이외의 자가 들어가지 않도록 울타리를 설치할 때 울타리와 특별 고압의 충전 부분이 접근하는 경우 울타리의 높이와 울타리로부터 충전 부분까지의 거리 합은 최소 몇 [m] 이상이 되어야 하는가?

① 4
② 5
③ 6
④ 7

 341.4 특고압용 기계 기구의 시설

35[kV] 이하의 특별 고압의 기계 기구 주위에 취급자 이외의 자가 들어가지 않도록 울타리를 설치할 때 울타리와 특별 고압의 충전 부분이 접근하는 경우 울타리의 높이와 울타리로부터 충전 부분까지의 거리 합은 최소 5[m] 이상이 되어야 한다.

072 66[kV] 변압기를 주위에 사람이 접촉한 우려가 없도록 울타리를 설치하여 시설하는 경우 울타리의 높이와 울타리부터 충전 부분까지의 거리의 합계는 최저 몇 [m] 이상으로 하여야 하는가?

① 4　　　　② 6
③ 8　　　　④ 10

 341.4

사용 전압의 구분	울타리의 높이와 울타리로부터 충전 부분까지의 거리의 합계 또는 지표상의 높이
35[kV] 이하	5[m]
35[kV] 초과 160[kV] 이하	6[m]
160[kV] 초과	6[m]에 160[kV]를 초과하는 10[kV] 또는 그 단수마다 12[cm]를 더한 값

073 변전소에서 154[kV], 용량 2,100[kVA] 변압기를 옥외에 시설할 때 울타리의 높이와 울타리에서 충전 부분까지의 거리의 합계는 몇 [m] 이상이어야 하는가?

① 5　　　　② 5.5
③ 6　　　　④ 6.5

 341.4

160[kV] 이하이므로 6[m] 이상

074 345[kV]의 옥외 변전소에 있어서 울타리의 높이와 울타리에서 기기의 충전 부분까지의 거리의 합계는 최소 몇 [m] 이상이어야 하는가?

① 6.48　　　② 8.16
③ 8.28　　　④ 8.40

 341.4

160[kV] 초과이므로 $\frac{345-160}{10}=18.5$

절상하여 19이므로
$6+19\times 0.12=8.28$

정답　070. ②　071. ②　072. ②　073. ③　074. ③

CHAPTER 5 전기설비 기술기준

075 345[kV] 변전소의 충전 부분에서 5.78[m]의 거리에 울타리를 설치하고자 한다. 울타리의 높이는 최소 몇 [m]로 하여야 하는가?

① 2
② 2.25
③ 2.5
④ 3

 341.4

160[kV] 초과이므로 $\frac{345-160}{10}=18.5$

절상하여 19이므로
6+19×0.12=8.28이므로
8.28−5.78=2.5

076 저압용 기계 기구에, 인체에 대한 감전 보호용 누전 차단기를 시설하면 외함의 접지를 생략할 수 있다. 이 경우의 누전 차단기 정격에 대한 기술기준으로 적합한 것은?

① 정격 감도 전류 30[mA] 이하, 동작 시간 0.03초 이하의 전류 동작형
② 정격 감도 전류 30[mA] 이하, 동작 시간 0.1초 이하의 전류 동작형
③ 정격 감도 전류 60[mA] 이하, 동작 시간 0.03초 이하의 전류 동작형
④ 정격 감도 전류 60[mA] 이하, 동작 시간 0.1초 이하의 전류 동작형

 142.7

물기 있는 장소 이외의 장소에 시설하는 저압용의 개별 기계 기구에 전기를 공급하는 전로에 전기용품 및 생활용품 안전관리법의 적용을 받는 인체 감전 보호용 누전 차단기(정격 감도 전류가 30[mA] 이하, 동작 시간이 0.03초 이하의 전류 동작형의 것에 한한다.)를 시설하는 경우에는 기계 기구의 철대 및 외함 접지를 생략할 수 있다.

077 고압용의 개폐기, 차단기, 피뢰기 기타 이와 유사한 기구로서 동작 시에 아크가 생기는 것은 목재의 벽 또는 천정 기타의 가연성 물체로부터 몇 [m] 이상 떼어 놓아야 하는가?

① 1
② 0.8
③ 0.5
④ 0.3

 341.7

고압용의 것은 1[m] 이상, 특별 고압용의 것은 2[m] 이상

078 고압용 또는 특별 고압용 개폐기를 시설할 때 반드시 조치하지 않아도 되는 것은?

① 작동 시에 개폐 상태가 쉽게 확인될 수 없는 경우에는 개폐 상태를 표시하는 장치
② 중력 등에 의하여 자연히 작동할 우려가 있는 것은 자물쇠 장치 기타 이를 방지하는 장치
③ 고압용 또는 특별 고압용이라는 위험 표시
④ 부하 전류의 차단용이 아닌 것은 부하 전류가 통하고 있을 경우 개로할 수 없도록 시설

 341.9

① 전로 중에 개폐기는 각 극에 설치하여야 한다.
② 고압용 또는 특별 고압용의 개폐기는 그 작동에 따라 그 개폐 상태를 표시하는 장치가 되어 있는 것이어야 한다.
③ 고압용 또는 특별 고압용의 개폐기로서 중력 등에 의하여 자연히 작동할 우려가 있는 것은 자물쇠 장치 기타 이를 방지하는 장치를 시설하여야 한다.
④ 고압용 또는 특별 고압용의 개폐기로서 부하 전류를 차단하기 위한 것이 아닌 개폐기는 부하 전류가 통하고 있을 경우에는 개로(開路)할 수 없도록 시설하여야 한다.
⑤ 전로에 이상이 생겼을 때 자동적으로 전로를 개폐하는 장치를 시설하는 경우에는 그 개폐기의 자동 개폐 기능에 장해가 생기지 않도록 시설하여야 한다.

정답 075. ③ 076. ① 077. ① 078. ③

CHAPTER 5 전기설비 기술기준

079 고압용 또는 특별 고압용 단로기로서 부하 전류의 차단을 방지하기 위한 조치가 아닌 것은?

① 단로기의 조작 위치에 부하 전류 유무 표시
② 단로기 설치 위치의 1차 측에 방전 장치 시설
③ 단로기의 조작 위치에 전화기 기타의 지령 장치 시설
④ 태블릿 등을 사용함으로써 부하 전류가 통하고 있을 때에 개로 조작을 방지하기 위한 조치

 341.9 4항

고압용 또는 특별 고압용의 개폐기로서 부하 전류를 차단하기 위한 것이 아닌 개폐기는 부하 전류가 통하고 있을 경우에는 개로(開路)할 수 없도록 시설하여야 한다. 다만, 개폐기를 조작하는 곳의 보기 쉬운 위치에 부하 전류의 유무를 표시한 장치 또는 전화기 기타의 지령 장치를 시설하거나 태블릿 등을 사용함으로써 부하 전류가 통하고 있을 때에 개로 조작을 방지하기 위한 조치를 하는 경우는 그러하지 아니하다.

080 고압용 또는 특별 고압용의 개폐기로서 부하 전류의 차단 능력이 없는 것은 부하 전류가 통하고 있을 때 개로될 수 없도록 개로 조작의 방지 조치로 적합하지 못한 것은?

① 태블릿 등을 사용한다.
② 용접을 하여 둔다.
③ 전화기 기타의 지시 장치를 한다.
④ 보기 쉬운 곳에 부하 전류의 유무를 표시하는 장치를 한다.

 341.9 4항

고압용 또는 특별 고압용의 개폐기로서 부하 전류를 차단하기 위한 것이 아닌 개폐기는 부하 전류가 통하고 있을 경우에는 개로(開路)할 수 없도록 시설하여야 한다. 다만, 개폐기를 조작하는 곳의 보기 쉬운 위치에 부하 전류의 유무를 표시한 장치 또는 전화기 기타의 지령 장치를 시설하거나 태블릿 등을 사용함으로써 부하 전류가 통하고 있을 때에 개로 조작을 방지하기 위한 조치를 하는 경우는 그러하지 아니하다.

081 고압용 또는 특별 고압용의 개폐기로서 중력 등에 의하여 자연히 작동할 우려가 있는 것은 다음 중 어떤 장치를 시설하여야 하는가?

① 차단 장치
② 제어 장치
③ 단락 장치
④ 자물쇠 장치

 341.9 3항

고압용 또는 특별 고압용의 개폐기로서 중력 등에 의하여 자연히 작동할 우려가 있는 것은 자물쇠 장치 기타 이를 방지하는 장치를 시설하여야 한다.

082 고압 또는 특별 고압의 전로에 단락이 생긴 경우에 동작하는 (   )는 이것을 시설하는 곳을 통과하는 단락 전류를 차단하는 능력을 가지는 것이어야 한다. (   ) 안에 적당한 것은?

① 영상 변류기
② 과전류 차단기
③ 콘덴서형 변성기
④ 지락 차단기

 341.10

① 고압 전로에 사용하는 포장 퓨즈는 정격 전류의 1.3배의 전류에 견디고 또한 2배의 전류로 120분 안에 용단되는 것 또는 다음에 적합한 고압 전류 제한 퓨즈이어야 한다.
② 고압 전로에 사용하는 비포장 퓨즈는 정격 전류의 1.25배의 전류에 견디고 또한 2배의 전류로 2분 안에 용단되는 것이어야 한다.
③ 고압 또는 특별 고압의 전로에 단락이 생긴 경우에 동작하는 과전류 차단기는 이것을 시설하는 곳을 통과하는 단락 전류를 차단하는 능력을 가지는 것이어야 한다.
④ 고압 또는 특별 고압의 과전류 차단기는 그 동작에 따라 그 개폐 상태를 표시하는 장치가 되어 있는 것이어야 한다.

083 기계 기구 및 전선을 보호하기 위한 과전류 차단기를 전로 중에 시설할 수 있는 곳은?

① 다선식 전로의 중성선
② 접지 공사의 접지선
③ 전로의 일부에 접지 공사를 한 저압 가공 전선로의 접지 측 전선
④ 저압 옥내 배선의 전원선

정답 079. ② 080. ② 081. ④ 082. ② 083. ④

CHAPTER 5 전기설비 기술기준

 341.11

접지 공사의 접지 도체, 다선식 전로의 중성선 및 전로의 일부에 접지 공사를 한 저압 가공 전선로의 접지 측 전선에는 과전류 차단기를 시설하여서는 안 된다.

084 설비기준에서 과전류 차단기를 시설할 수 있는 곳은 어느 것인가?

① 접지 공사의 접지선
② 공동 가공 지선
③ 단상 3선식 전로의 중성선
④ 단상 2선식 전로의 고압 또는 저압 측 전선

 341.11

접지 공사의 접지 도체, 다선식 전로의 중성선 및 전로의 일부에 접지 공사를 한 저압 가공 전선로의 접지 측 전선에는 과전류 차단기를 시설하여서는 안 된다.

085 전로 중에서 기계 기구 및 전선을 보호하기 위한 과전류 차단기의 시설 제한 사항이 아닌 것은?

① 다선식 전로의 중성선
② 저압 옥내 배선의 접지 측 전선
③ 전로의 일부에 접지 공사를 한 저압 가공 전선로의 접지 측 전선
④ 접지 공사의 접지선

 341.11

접지 공사의 접지 도체, 다선식 전로의 중성선 및 전로의 일부에 접지 공사를 한 저압 가공 전선로의 접지 측 전선에는 과전류 차단기를 시설하여서는 안 된다.

086 그림의 1, 2, 3, 4의 X는 과전류 차단기를 시설한 곳이다. 이 중에서 전기설비 기술기준에 저촉되는 곳은?

① 1
② 2
③ 3
④ 4

 341.11

접지 공사의 접지 도체, 다선식 전로의 중성선 및 전로의 일부에 접지 공사를 한 저압 가공 전선로의 접지 측 전선에는 과전류 차단기를 시설하여서는 안 된다.

087 금속제 외함을 가진 저압의 기계 기구로서 사람이 쉽게 접촉될 우려가 있는 곳에 시설하는 경우 전기를 공급받는 전로에 지락이 생겼을 때 자동적으로 전로를 차단하는 장치를 설치하여야 하는 기계 기구의 사용 전압이 몇 [V]를 초과하는 경우인가?

① 30
② 50
③ 100
④ 150

 211.2.4 누전 차단기의 시설. 1의 가항

전원의 자동 차단에 의한 저압 전로의 보호 대책으로 누전 차단기를 시설해야 할 대상은 금속제 외함을 가지는 사용 전압이 50[V]를 초과하는 저압의 기계 기구로서 사람이 쉽게 접촉할 우려가 있는 곳에 시설하는 것에 전기를 공급하는 전로

088 과전류 차단기로 저압 전로에 사용하는 15[A] 퓨즈를 수평으로 붙인 경우 이 퓨즈는 정격 전류의 몇 배의 전류에 견딜 수 있어야 하는가?

① 1.5배
② 1.6배
③ 1.9배
④ 2배

 212.3.4 보호 장치의 특성

1. 과전류 보호 장치는 KS C 또는 KS C IEC 관련 표준(배선 차단기, 누전 차단기, 퓨즈 등의 표준)의 동작 특성에 적합하여야 한다.
2. 과전류 차단기로 저압 전로에 사용하는 범용의 퓨즈(「전기용품 및 생활용품 안전관리법」에서 규정하는 것을 제외한다)는 표 212.3-1에 적합한 것이어야 한다.

정답 084. ④ 085. ② 086. ③ 087. ③ 088. ①

[212.3-1 퓨즈(gG)의 용단 특성]

정격 전류의 구분	시 간	정격 전류의 배수	
		불용단 전류	용단 전류
4[A] 이하	60분	1.5배	2.1배
4[A] 초과 16[A] 미만	60분	1.5배	1.9배
16[A] 이상 63[A] 이하	60분	1.25배	1.6배
63[A] 초과 160[A] 이하	120분	1.25배	1.6배
160[A] 초과 400[A] 이하	180분	1.25배	1.6배
400[A] 초과	240분	1.25배	1.6배

089 과전류 차단기로 저압 전로에 사용하는 50[A] 퓨즈를 수평으로 붙인 경우 이 퓨즈는 정격 전류의 몇 배의 전류에 견딜 수 있어야 하는가?

① 1.1배
② 1.2배
③ 1.25배
④ 1.5배

212.3.4 보호 장치의 특성

1. 과전류 보호 장치는 KS C 또는 KS C IEC 관련 표준(배선 차단기, 누전 차단기, 퓨즈 등의 표준)의 동작 특성에 적합하여야 한다.
2. 과전류 차단기로 저압 전로에 사용하는 범용의 퓨즈(「전기용품 및 생활용품 안전관리법」에서 규정하는 것을 제외한다)는 표 212.3-1에 적합한 것이어야 한다.

[212.3-1 퓨즈(gG)의 용단 특성]

정격 전류의 구분	시 간	정격 전류의 배수	
		불용단 전류	용단 전류
4[A] 이하	60분	1.5배	2.1배
4[A] 초과 16[A] 미만	60분	1.5배	1.9배
16[A] 이상 63[A] 이하	60분	1.25배	1.6배
63[A] 초과 160[A] 이하	120분	1.25배	1.6배
160[A] 초과 400[A] 이하	180분	1.25배	1.6배
400[A] 초과	240분	1.25배	1.6배

090 과전류 차단기로 저압 전로에 사용하는 80[A] 퓨즈는 수평으로 붙일 경우 정격 전류의 1.6배 전류를 통한 경우에 몇 분 안에 용단되어야 하는가?

① 30
② 60
③ 120
④ 180

 212.3.4 보호 장치의 특성

1. 과전류 보호 장치는 KS C 또는 KS C IEC 관련 표준(배선 차단기, 누전 차단기, 퓨즈 등의 표준)의 동작 특성에 적합하여야 한다.
2. 과전류 차단기로 저압 전로에 사용하는 범용의 퓨즈(「전기용품 및 생활용품 안전관리법」에서 규정하는 것을 제외한다)는 표 212.3-1에 적합한 것이어야 한다.

[212.3-1 퓨즈(gG)의 용단 특성]

정격 전류의 구분	시 간	정격 전류의 배수	
		불용단 전류	용단 전류
4[A] 이하	60분	1.5배	2.1배
4[A] 초과 16[A] 미만	60분	1.5배	1.9배
16[A] 이상 63[A] 이하	60분	1.25배	1.6배
63[A] 초과 160[A] 이하	120분	1.25배	1.6배
160[A] 초과 400[A] 이하	180분	1.25배	1.6배
400[A] 초과	240분	1.25배	1.6배

091 과전류 차단기로 저압 전로에 사용하는 100[A] 퓨즈는 수평으로 붙여서 설치할 경우의 동작 특성으로 옳은 것은?

① 정격 전류의 1.25배로 120분 이상 견딜 것.
② 정격 전류의 1.6배로 180분 이상 견딜 것.
③ 정격 전류의 1.8배로 120분 이내에 용단될 것.
④ 정격 전류의 2배로 240분 이내에 용단될 것.

 212.3.4 보호 장치의 특성

1. 과전류 보호 장치는 KS C 또는 KS C IEC 관련 표준(배선 차단기, 누전 차단기, 퓨즈 등의 표준)의 동작 특성에 적합하여야 한다.
2. 과전류 차단기로 저압 전로에 사용하는 범용의 퓨즈(「전기용품 및 생활용품 안전관리법」에서 규정하는 것을 제외한다)는 표 212.3-1에 적합한 것이어야 한다.

[정답] 089. ③ 090. ③ 091. ①

[212.3-1 퓨즈(gG)의 용단 특성]

정격 전류의 구분	시 간	정격 전류의 배수	
		불용단 전류	용단 전류
4[A] 이하	60분	1.5배	2.1배
4[A] 초과 16[A] 미만	60분	1.5배	1.9배
16[A] 이상 63[A] 이하	60분	1.25배	1.6배
63[A] 초과 160[A] 이하	120분	1.25배	1.6배
160[A] 초과 400[A] 이하	180분	1.25배	1.6배
400[A] 초과	240분	1.25배	1.6배

092 금속제 외함을 가지는 저압용 기계 기구로서 사람이 닿을 우려가 있는 곳에 시설하는 전로에 지락 차단 장치를 생략할 수 없는 경우는?

① 기계 기구를 건조한 곳에 시설하는 경우.
② 2중 절연의 기계 기구를 사용하는 경우.
③ 기계 기구에 설치한 외함의 접지 저항이 10[Ω] 이하인 경우.
④ 절연 변압기를 써서 부하 측을 비접지로 사용하는 경우.

 211.2.4 누전 차단기의 시설

금속제 외함을 가지는 사용 전압이 50[V]를 초과하는 저압의 기계 기구로서 사람이 쉽게 접촉할 우려가 있는 곳에 시설하는 것에 전기를 공급하는 전로. 다만, 다음의 어느 하나에 해당하는 경우에는 적용하지 않는다.
1) 기계 기구를 발전소·변전소·개폐소 또는 이에 준하는 곳에 시설하는 경우
2) 기계 기구를 건조한 곳에 시설하는 경우.
3) 대지 전압이 150[V] 이하인 기계 기구를 물기가 있는 곳 이외의 곳에 시설하는 경우.
4) 「전기용품 및 생활용품 안전관리법」의 적용을 받는 이중 절연 구조의 기계 기구를 시설하는 경우.
5) 그 전로의 전원 측에 절연 변압기(2차 전압이 300[V] 이하인 경우에 한한다)를 시설하고 또한 그 절연 변압기의 부하 측의 전로에 접지하지 아니하는 경우.
6) 기계 기구가 고무·합성수지 기타 절연물로 피복된 경우.
7) 기계 기구가 유도 전동기의 2차 측 전로에 접속되는 것일 경우.
8) 기계 기구가 131의 8에 규정하는 것일 경우.
9) 기계 기구 내에 「전기용품 및 생활용품 안전관리법」의 적용을 받는 누전 차단기를 설치하고 또한 기계 기구의 전원 연결선이 손상을 받을 우려가 없도록 시설하는 경우.

093 금속제 외함을 가지는 사용 전압 50[V]를 초과하는 저압의 기계 기구의 전기를 공급하는 전로로서 지락 차단 장치를 시설하여야 되는 것은?

① 기계 기구가 고무, 합성수지, 기타 절연물로 피복된 경우.
② 기계 기구를 건조한 장소에 시설하는 경우.
③ 기계 기구에 설치한 접지 공사의 접지 저항값이 10[Ω]인 경우.
④ 전원 측에 절연 변압기를 시설하고 변압기의 부하 측을 비접지로 시설하는 경우.

 211.2.4 누전 차단기의 시설

금속제 외함을 가지는 사용 전압이 50[V]를 초과하는 저압의 기계 기구로서 사람이 쉽게 접촉할 우려가 있는 곳에 시설하는 것에 전기를 공급하는 전로. 다만, 다음의 어느 하나에 해당하는 경우에는 적용하지 않는다.
(1) 기계 기구를 발전소·변전소·개폐소 또는 이에 준하는 곳에 시설하는 경우
(2) 기계 기구를 건조한 곳에 시설하는 경우.
(3) 대지 전압이 150[V] 이하인 기계 기구를 물기가 있는 곳 이외의 곳에 시설하는 경우.
(4) 「전기용품 및 생활용품 안전관리법」의 적용을 받는 이중 절연 구조의 기계 기구를 시설하는 경우.
(5) 그 전로의 전원 측에 절연 변압기(2차 전압이 300[V] 이하인 경우에 한한다)를 시설하고 또한 그 절연 변압기의 부하 측의 전로에 접지하지 아니하는 경우.
(6) 기계 기구가 고무·합성수지 기타 절연물로 피복된 경우.
(7) 기계 기구가 유도 전동기의 2차 측 전로에 접속되는 것일 경우.
(8) 기계 기구가 131의 8에 규정하는 것일 경우.
(9) 기계 기구 내에 「전기용품 및 생활용품 안전관리법」의 적용을 받는 누전 차단기를 설치하고 또한 기계 기구의 전원 연결선이 손상을 받을 우려가 없도록 시설하는 경우.

094 지락 차단 장치 등을 시설하여야 하는 전로는 사용 전압이 몇 [V]를 초과하는 금속제 외함을 가지는 저압의 기계 기구로서 사람이 쉽게 접촉할 우려가 있는 곳에 전기를 공급하는 전로인가?

① 40
② 50
③ 60
④ 70

 211.2.4 누전 차단기의 시설

금속제 외함을 가지는 사용 전압이 50[V]를 초과하는 저압의 기계 기구로서 사람이 쉽게 접촉할 우려가 있는 곳에 시설하는 것에 전기를 공급하는 전로.

정답 092. ③ 093. ③ 094. ②

CHAPTER 5 전기설비 기술기준

095 일반적으로 고압 및 특별 고압 전로 중 전로에 접지가 생긴 경우에 자동 차단 장치가 필요하지만 법규상으로 꼭 자동 차단 장치를 하지 않아도 되는 곳은 다음 중 어느 곳인가?

① 발전소, 변전소 또는 이에 준하는 곳의 인출구
② 개폐소에 있어서 송전 선로의 인출구
③ 다른 전기 사업자로부터 공급을 받는 수전점
④ 전원 측의 사용 전압이 고압이고, 부하 측의 사용 전압이 고압으로 되는 배전용 변압기의 시설 장소

 341.12 지락 차단 장치의 시설

고압 및 특고압 전로 중 다음에 열거하는 곳 또는 이에 근접한 곳에는 전로에 지락이 생겼을 때에 자동적으로 전로를 차단하는 장치를 시설하여야 한다.
가. 발전소·변전소 또는 이에 준하는 곳의 인출구
나. 다른 전기사업자로부터 공급받는 수전점
다. 배전용 변압기(단권 변압기를 제외한다)의 시설 장소

096 피뢰기를 설치하지 않아도 되는 곳은?

① 발·변전소의 가공 전선 인입구 및 인출구
② 가공 전선로의 말구 부분
③ 가공 전선에 접속한 1차 측 전압이 35[kV] 이하인 배전용 변압기의 고압 측 및 특고압 측
④ 특고압 가공 전선로로부터 공급을 받는 수용 장소의 인입구

 341.13

고압 및 특고압의 전로 중 다음에 열거하는 곳 또는 이에 근접한 곳에는 피뢰기를 시설하여야 한다.
가. 발전소·변전소 또는 이에 준하는 장소의 가공 전선 인입구 및 인출구
나. 35[kV] 이하의 특고압 가공 전선로에 접속하는 배전용 변압기의 고압 측 및 특고압 측
다. 고압 및 특고압 가공 전선로로부터 공급을 받는 수용 장소의 인입구
라. 가공 전선로와 지중 전선로가 접속되는 곳.

097 고압 가공 전선로로부터 수전하는 수용가는 수전 용량 얼마 이상인 경우 인입구에 피뢰기를 설치하도록 되어 있는가?
① 50[kW]
② 100[kW]
③ 500[kW]
④ 용량에 관계없이 시설한다.

 341.13

고압 및 특고압 가공 전선로로부터 공급을 받는 수용 장소의 인입구

098 가공 전선로와 지중 전선로가 접속되는 곳에 반드시 시설하여야 하는 것은?
① 단로기
② 차단기
③ 피뢰기
④ 조상기

 341.13

가공 전선로와 지중 전선로가 접속되는 곳에는 피뢰기를 시설한다.

099 다음 중 피뢰기를 시설하지 아니하여도 되는 것은?
① 습기 빈도가 적은 지역으로서 방출 보호통을 장치한 곳
② 발전소, 변전소 또는 이에 준하는 장소의 가공 전선 인입구
③ 특고압 가공 전선로로부터 공급받는 수용 장소의 인입구
④ 특고압 옥외 배전용 변압기의 특고압 측 및 고압 측

 341.13

고압 및 특고압의 전로 중 다음에 열거하는 곳 또는 이에 근접한 곳에는 피뢰기를 시설하여야 한다.
가. 발전소·변전소 또는 이에 준하는 장소의 가공 전선 인입구 및 인출구
나. 35[kV] 이하의 특고압 가공 전선로에 접속하는 배전용 변압기의 고압 측 및 특고압 측
다. 고압 및 특고압 가공 전선로로부터 공급을 받는 수용 장소의 인입구
라. 가공 전선로와 지중 전선로가 접속되는 곳

정답 095. ② 096. ② 097. ④ 098. ③ 099. ①

100 피뢰기를 시설하지 않아도 되는 곳은?

① 가공 전선로와 지중 전선로가 접속되는 곳으로서 피보호 기기가 보호 범위 내에 위치하는 경우.
② 발전소, 변전소의 특별 고압 가공 전선의 인입구
③ 특별 고압 가공 전선로로부터 공급받는 수용 장소의 인입구
④ 가공 전선로에 접속하는 특별 고압 배전용 변압기의 특별 고압 측 및 고압 측

 341.13 2항

다음의 어느 하나에 해당하는 경우에는 피뢰기를 시설하지 아니할 수 있다.
1. 직접 접속하는 전선이 짧은 경우.
2. 피보호 기기가 보호 범위 내에 위치하는 경우.

101 고압 또는 특별 고압의 기계 기구 모선을 옥외에 시설하는 발전소, 변전소, 개폐소 또는 이에 준하는 곳에 시설하는 울타리, 담등의 높이는 (ⓐ)[m] 이상으로 하고, 지표면과 울타리, 담 등의 하단 사이의 간격은 (ⓑ)[cm] 이하로 하여야 한다. 에서 ①, ②에 알맞은 것은?

① ⓐ 3 ⓑ 15
② ⓐ 2 ⓑ 15
③ ⓐ 3 ⓑ 25
④ ⓐ 2 ⓑ 25

 351.1 2항

울타리 · 담 등의 높이는 2[m] 이상으로 하고 지표면과 울타리 · 담 등의 하단 사이의 간격은 15[cm] 이하로 할 것.

102 1차 22,900[V], 2차 3,300[V]의 변압기를 옥외에 시설할 때 구내에 취급자 이외의 사람이 들어가지 아니하도록 울타리를 시설하려고 한다. 이때 울타리의 높이는 몇 [m] 이상으로 하여야 하겠는가?

① 2
② 3
③ 4
④ 5

351.1 2항

울타리·담 등의 높이는 2[m] 이상으로 하고 지표면과 울타리·담 등의 하단 사이의 간격은 15[cm] 이하로 할 것.

103 발·변전소의 특별 고압 전로에 대한 접속 상태는 모의 모선의 사용 기타 방법에 의하여 표시하여야 하는데 그 표시 의무가 없는 것은?

① 3회선의 복모선 ② 1회선의 복모선
③ 3회선의 단모선 ④ 2회선의 단모선

 351.2 2항

발전소·변전소 또는 이에 준하는 곳의 특고압 전로에는 그 접속 상태를 모의모선(模擬母線)의 사용 기타의 방법에 의하여 표시하여야 한다. 다만, 이러한 전로에 접속하는 특고압 전선로의 회선수가 2 이하이고 또한 특별 고압의 모선이 단일 모선인 경우에는 그러하지 아니하다.

104 발전소, 변전소 또는 이에 준하는 곳의 특별 고압 전로에 대한 접속 상태는 모의 모선의 사용 또는 기타의 방법으로 표시하여야 하는데, 그 표시의 의무가 없는 것은?

① 전선로의 회선수가 3회선 이하로서 복모선
② 전선로의 회선수가 2회선 이하로서 복모선
③ 전선로의 회선수가 3회선 이하로서 단일 모선
④ 전선로의 회선수가 2회선 이하로서 단일 모선

 351.2 2항

발전소·변전소 또는 이에 준하는 곳의 특고압 전로에 대하여는 그 접속 상태를 모의 모선(模擬母線)의 사용 기타의 방법에 의하여 표시하여야 한다. 다만, 이러한 전로에 접속하는 특고압 전선로의 회선수가 2 이하이고 또한 특별 고압의 모선이 단일 모선인 경우에는 그러하지 아니하다.

105 발전기의 용량에 관계없이 자동적으로 이를 전로로부터 차단하는 장치를 시설하여야 하는 경우는?

① 베어링 과열 ② 과전류 인입
③ 유압의 과팽창 ④ 발전기 내부 고장

정답 100. ① 101. ② 102. ① 103. ④ 104. ④ 105. ②

CHAPTER 5 전기설비 기술기준

 351.3

발전기에는 다음의 경우에 자동적으로 전로로부터 차단하는 장치를 시설하여야 한다.
1. 발전기에 과전류나 과전압이 생긴 경우.
2. 용량이 500[kVA] 이상의 발전기를 구동하는 수차의 압유 장치의 유압 또는 전동식 가이드밴 제어 장치, 전동식 니이들 제어 장치 또는 전동식 디플렉터 제어 장치의 전원 전압이 현저히 저하한 경우.
3. 용량 100[kVA] 이상의 발전기를 구동하는 풍차(風車)의 압유 장치의 유압, 압축 공기 장치의 공기압 또는 전동식 브레이드 제어 장치의 전원 전압이 현저히 저하한 경우.
4. 용량이 2,000[kVA] 이상인 수차 발전기의 스러스트 베어링의 온도가 현저히 상승한 경우.
5. 용량이 10,000[kVA] 이상인 발전기의 내부에 고장이 생긴 경우.
6. 정격 출력이 10,000[kW]를 초과하는 증기 터빈은 그 스러스트 베어링이 현저하게 마모되거나 그의 온도가 현저히 상승한 경우.

106 수력 발전소의 발전기 내부에 고장이 발생하였을 때 자동적으로 전로로부터 차단하는 장치를 시설하여야 하는 발전기 용량은 몇 [kVA] 이상인 것인가?

① 3,000　　② 5,000
③ 8,000　　④ 10,000

 351.3

발전기에는 자동적으로 전로로부터 차단하는 장치를 시설하는 경우.
5. 용량이 10,000[kVA] 이상인 발전기의 내부에 고장이 생긴 경우.

107 발전기를 자동적으로 전로로부터 차단하는 장치를 반드시 시설하여야 하는 경우가 아닌 것은?

① 발전기에 과전류나 과전압이 생긴 경우.
② 용량 2,000[kVA]인 수차 발전기의 스러스트 베어링의 온도가 현저히 상승하는 경우.
③ 용량 5,000[kVA]인 발전기의 내부에 고장이 생긴 경우.
④ 용량 500[kVA]인 발전기를 구동하는 수차의 압유 장치의 유압이 현저히 저하한 경우.

 351.3

발전기에는 다음의 경우에 자동적으로 전로로부터 차단하는 장치를 시설하여야 한다.
1. 발전기에 과전류나 과전압이 생긴 경우.
2. 용량이 500[kVA] 이상의 발전기를 구동하는 수차의 압유 장치의 유압 또는 전동식 가이드밴 제어 장치, 전동식 니이들 제어 장치 또는 전동식 디플렉터 제어 장치의 전원 전압이 현저히 저하한 경우.
3. 용량 100[kVA] 이상의 발전기를 구동하는 풍차(風車)의 압유 장치의 유압, 압축 공기 장치의 공기압 또는 전동식 브레이드 제어 장치의 전원 전압이 현저히 저하한 경우.
4. 용량이 2,000[kVA] 이상인 수차 발전기의 스러스트 베어링의 온도가 현저히 상승한 경우.
5. 용량이 10,000[kVA] 이상인 발전기의 내부에 고장이 생긴 경우.
6. 정격 출력이 10,000[kW]를 초과하는 증기 터빈은 그 스러스트 베어링이 현저하게 마모되거나 그의 온도가 현저히 상승한 경우.

108 발전기를 구동하는 수차의 압유 장치의 유압이 현저히 저하한 경우 자동적으로 이를 전로로부터 차단하는 장치를 하여야 한다. 용량 몇 [kVA] 이상인 발전기에 반드시 자동 차단 장치를 시설하여야 하는가?

① 500[kVA]   ② 1,000[kVA]
③ 1,500[kVA] ④ 2,000[kVA]

 351.3

발전기에는 다음의 경우에 자동적으로 전로로부터 차단하는 장치를 시설하여야 한다.
2. 용량이 500[kVA] 이상의 발전기를 구동하는 수차의 압유 장치의 유압 또는 전동식 가이드밴 제어 장치, 전동식 니이들 제어 장치 또는 전동식 디플렉터 제어 장치의 전원 전압이 현저히 저하한 경우.

정답 106. ④ 107. ③ 108. ①

109 증기 터빈의 스러스트 베어링이 현저하게 마모되거나 온도가 현저히 상승한 경우 그 발전기를 전로로부터 자동 차단하는 장치를 시설하는 것은 정격 출력이 몇 [kW]를 넘었을 경우인가?

① 500
② 2,000
③ 5,000
④ 10,000

 351.3

발전기에는 다음의 경우에 자동적으로 전로로부터 차단하는 장치를 시설하여야 한다.
6. 정격 출력이 10,000[kW]를 초과하는 증기 터빈은 그 스러스트 베어링이 현저하게 마모되거나 그 온도가 현저히 상승한 경우.

110 특별 고압용 변압기는 냉각 방식에 따라 온도가 현저히 상승한 경우 이를 경보하는 장치를 시설하도록 되어 있다. 다음에서 그러한 장치가 필요 없는 것은?

① 자냉식
② 수냉식
③ 송유 풍냉식
④ 송유 자냉식

 351.4

뱅크 용량의 구분	동작 조건	장치의 종류
5,000[kVA] 이상 10,000[kVA] 미만	변압기 내부 고장	자동 차단 장치 또는 경보 장치
10,000[kVA] 이상	변압기 내부 고장	자동 차단 장치
타냉식 변압기	냉각 장치에 고장이 생긴 경우 또는 변압기의 온도가 현저히 상승한 경우	경보 장치

111 송유 풍냉식 특별 고압용 변압기의 송풍기가 고장이 생길 경우를 대비하기 위한 장치는?

① 경보 장치
② 자동 차단 장치
③ 압축 공기 장치
④ 속도 조정 장치

351.4

뱅크 용량의 구분	동작 조건	장치의 종류
5,000[kVA] 이상 10,000[kVA] 미만	변압기 내부 고장	자동 차단 장치 또는 경보 장치
10,000[kVA] 이상	변압기 내부 고장	자동 차단 장치
타냉식 변압기	냉각 장치에 고장이 생긴 경우 또는 변압기의 온도가 현저히 상승한 경우	경보 장치

112 조상기의 보호 장치로 내부 고장 시에 반드시 자동 차단하여야 하는 조상기의 뱅크 용량은 얼마 이상이어야 하는가?

① 5,000[kVA] ② 7,500[kVA]
③ 10,000[kVA] ④ 15,000[kVA]

 351.5

설비 종별	뱅크 용량의 구분	자동적으로 전로로부터 차단하는 장치
조상기(調相機)	15,000[kVA] 이상	내부에 고장이 생긴 경우에 동작하는 장치

113 뱅크 용량이 20,000[kVA]인 전력용 콘덴서에 자동적으로 이를 전로로부터 차단하는 보호 장치를 하려고 한다. 다음 중 반드시 시설하여야 할 보호 장치가 아닌 것은?

① 내부에 고장이 생긴 경우에 동작하는 장치.
② 절연유의 압력이 변화할 때 동작하는 장치.
③ 과전류가 생긴 경우에 동작하는 장치.
④ 과전압이 생긴 경우에 동작하는 장치.

 351.5

설비종별	뱅크 용량의 구분	자동적으로 전로로부터 차단하는 장치
전력용 커패시터 및 분로 리액터	500[kVA] 초과 15,000[kVA] 미만	내부에 고장이 생긴 경우에 동작하는 장치. 과전류가 생긴 경우에 동작하는 장치.
	15,000[kVA] 이상	내부에 고장이 생긴 경우에 동작하는 장치. 과전류가 생긴 경우에 동작하는 장치. 과전압이 생긴 경우에 동작하는 장치.
조상기(調相機)	15,000[kVA] 이상	내부에 고장이 생긴 경우에 동작하는 장치.

[정답] 109. ④ 110. ① 111. ① 112. ④ 113. ②

114 과전압이 생긴 경우, 자동적으로 전로로부터 차단하는 장치를 하여야 하는 전력용 콘덴서의 최소 뱅크 용량은 몇 [kVA] 이상인가?

① 500
② 5,000
③ 10,000
④ 15,000

 351.5

설비 종별	뱅크 용량의 구분	자동적으로 전로로부터 차단하는 장치
전력용 커패시터 및 분로 리액터	500[kVA] 초과 15,000[kVA] 미만	내부에 고장이 생긴 경우에 동작하는 장치 또는 과전류가 생긴 경우에 동작하는 장치.
	15,000[kVA] 이상	내부에 고장이 생긴 경우에 동작하는 장치. 과전류가 생긴 경우에 동작하는 장치. 과전압이 생긴 경우에 동작하는 장치.
조상기(調相機)	15,000[kVA] 이상	내부에 고장이 생긴 경우에 동작하는 장치.

115 발전소에서 계측 장치를 시설하지 않아도 되는 것은?

① 발전기 베어링 온도
② 발전기 전압 및 전류 또는 전력
③ 주요 변압기의 전압 및 전류 또는 전력
④ 특별 고압용 변압기의 임피던스

 351.6

발전소에서는 다음의 사항을 계측하는 장치를 시설할 것.
1) 발전기, 연료 전지 또는 태양 전지 모듈의 전압 및 전류 또는 전력
2) 발전기의 베어링 및 고정자의 온도
3) 정격 출력이 10,000[kW]를 초과하는 증기 터빈에 접속하는 발전기의 진동의 진폭
4) 주요 변압기의 전압 및 전류 또는 전력
5) 특고압용 변압기의 유온

116. 발, 변전소의 주요 변압기에 반드시 시설하지 않아도 되는 계측 장치는?

① 역률계
② 전압계
③ 전력계
④ 전류계

 351.6

변전소 또는 이에 준하는 곳에는 다음의 사항을 계측하는 장치를 시설하여야 한다.
가. 주요 변압기의 전압 및 전류 또는 전력
나. 특고압용 변압기의 온도

117. 발전소에서 계측 장치를 시설하지 않아도 되는 것은?

① 발전기의 전압, 전류 또는 전력
② 발전기의 베어링 및 고정자의 온도
③ 특고압 모선의 전압 및 전류 또는 전력
④ 특고압용 변압기의 유온

 351.6

발전소에서는 다음의 사항을 계측하는 장치를 시설할 것.
1) 발전기, 연료 전지 또는 태양 전지 모듈의 전압 및 전류 또는 전력
2) 발전기의 베어링 및 고정자의 온도
3) 정격 출력이 10,000[kW]를 초과하는 증기 터빈에 접속하는 발전기의 진동의 진폭
4) 주요 변압기의 전압 및 전류 또는 전력
5) 특고압용 변압기의 유온

118. 발전소에는 필요한 계측 장치를 시설하여야 한다. 다음 중 시설하지 않아도 되는 계측 장치는?

① 발전기의 전압
② 주요 변압기의 역률
③ 발전기의 고정자 온도
④ 특고압용 변압기의 온도

 351.6

역률계는 부하의 역률이므로 발전소나 변전소에서는 반드시 계측하지 않아도 된다.

정답 114. ④ 115. ④ 116. ① 117. ③ 118. ②

CHAPTER 5 전기설비 기술기준

119 다음 동기 조상기의 각 계측 장치 중에서 동기 조상기의 용량이 전력 계통의 용량과 비교하여 현저히 적은 경우에는 그 시설을 생략할 수 있는 것은 어느 것인가?

① 전압, 전류 및 전력의 측정 장치
② 고정자의 온도 측정 장치
③ 베어링의 온도 측정 장치
④ 동기 검정 장치

 351.6

5. 동기 조상기를 시설하는 경우에는 다음의 사항을 계측하는 장치 및 동기 검정 장치를 시설하여야 한다. 다만, 동기 조상기의 용량이 전력 계통의 용량과 비교하여 현저히 적은 경우에는 동기 검정 장치를 시설하지 아니할 수 있다.
  가. 동기 조상기의 전압 및 전류 또는 전력
  나. 동기 조상기의 베어링 및 고정자의 온도

120 일반 변전소 또는 이에 준하는 곳의 주요 변압기에 시설하여야 하는 계측 장치로 옳은 것은?

① 전류, 전력 및 주파수
② 전압, 주파수 및 역률
③ 전압 및 전류 또는 전력
④ 전력, 역률 또는 주파수

 351.6

변전소 계측 장치
1) 주요 변압기의 전압, 전류, 전력
2) 특별 고압 변압기의 유온

121 특별 고압용 변압기에서 계측 장치가 반드시 필요하지 않은 것은?

① 유온
② 전압
③ 전류
④ 유량

 351.6

변전소 계측 장치
1) 주요 변압기의 전압, 전류, 전력
2) 특별 고압 변압기의 유온

122 발전기, 조상기는 발전기 안 또는 조상기 안의 수소의 순도가 몇 [%] 이하로 저하한 경우에 이를 경보하는 장치를 시설하여야 하는가?

① 70　　　　　　　② 75
③ 80　　　　　　　④ 85

 351.10

발전기 내부 또는 조상기 내부의 수소의 순도가 85[%] 이하로 저하한 경우에 이를 경보하는 장치를 시설할 것.

123 수소 냉각식 발전소에 있어서 발전기 또는 조상기 안에서 수소의 순도가 얼마로 되면 경보하는 장치를 시설하여야 하는가?

① 85[%] 이하로 저하한 경우.
② 95[%] 이하로 저하한 경우.
③ 85[%] 이상으로 높아진 경우.
④ 95[%] 이상으로 높아진 경우.

 351.10

발전기 내부 또는 조상기 내부의 수소의 순도가 85[%] 이하로 저하한 경우에 이를 경보하는 장치를 시설할 것.

124 수소 냉각식 발전기의 시설 기준으로 옳지 않은 것은?

① 기밀 구조로 수소가 대기압에서 폭발하는 경우에 생기는 압력을 견디는 강도를 가질 것.
② 수소의 압력을 계측하는 장치 및 그 압력이 현저히 변동한 경우에 이를 경보하는 장치를 시설할 것.
③ 유리제의 점검창 등은 쉽게 파손되는 구조로 할 것.
④ 수소의 온도를 계측하는 장치를 시설할 것.

정답　119. ④　120. ③　121. ④　122. ④　123. ①　124. ③

351.10

수소냉각식의 발전기·조상기 또는 이에 부속하는 수소 냉각 장치는 다음 각 호에 따라 시설하여야 한다.
1) 발전기 또는 조상기는 기밀 구조(氣密構造)의 것이고 또한 수소가 대기압에서 폭발하는 경우에 생기는 압력에 견디는 강도를 가지는 것일 것.
2) 발전기 축의 밀봉부에는 질소 가스를 봉입할 수 있는 장치 또는 발전기 축의 밀봉부로부터 누설된 수소 가스를 안전하게 외부에 방출할 수 있는 장치를 설치할 것.
3) 발전기 내부 또는 조상기 내부의 수소의 순도가 85[%] 이하로 저하한 경우에 이를 경보하는 장치를 시설할 것.
4) 발전기 내부 또는 조상기 내부의 수소의 압력을 계측하는 장치 및 그 압력이 현저히 변동한 경우에 이를 경보하는 장치를 시설할 것.
5) 발전기 내부 또는 조상기 내부의 수소의 온도를 계측하는 장치를 시설할 것.
6) 발전기 내부 또는 조상기 내부로 수소를 안전하게 도입할 수 있는 장치 및 발전기 내부 또는 조상기 내부의 수소를 안전하게 외부로 방출할 수 있는 장치를 시설할 것.
7) 수소를 통하는 관은 동관 또는 이음매 없는 강판이어야 하며 또한 수소가 대기압에서 폭발하는 경우에 생기는 압력에 견디는 강도의 것일 것.
8) 수소를 통하는 관·밸브 등은 수소가 새지 아니하는 구조로 되어 있을 것.
9) 발전기 또는 조상기에 붙인 유리제의 점검창 등은 쉽게 파손되지 아니하는 구조로 되어 있을 것.

125 수소 냉각식 발전기 및 이에 부속하는 수소 냉각 장치에 관한 기술기준에서 잘못 표현된 것은?

① 발전기는 기밀 구조의 것이고 또한 수소가 대기압에서 폭발하는 경우에 생기는 압력에 견디는 강도를 가지는 것일 것.
② 발전기 안의 수소의 순도가 70[%] 이하로 저하한 경우 경보하는 장치를 시설할 것.
③ 발전기 안의 수소의 온도를 계측하는 장치를 시설할 것.
④ 수소의 압력 계측 장치 및 압력 변동에 대한 경보 장치를 시설할 것.

 351.10

발전기 내부 또는 조상기 내부의 수소의 순도가 85[%] 이하로 저하한 경우에 이를 경보하는 장치를 시설할 것.

126 가공 전선로의 지지물에 취급자가 오르고 내리는 데 사용하는 발판 볼트 등은 일반적으로 지표상 몇 [m] 미만에 시설하여서는 아니 되는가?

① 1.2
② 1.5
③ 1.8
④ 2.0

 331.4

가공 전선로의 지지물에 취급자가 오르고 내리는 데 사용하는 발판 볼트 등을 지표상 1.8[m] 미만에 시설하여서는 아니 된다.

127 가공 전선로에 사용하는 지지물의 강도 계산에 적용하는 풍압 하중의 종류는?

① 갑종, 을종, 병종
② A종, B종, C종
③ 1종, 2종, 3종
④ 수평, 수직, 각도

 331.6

가공 전선로에 사용하는 지지물의 강도 계산에 적용하는 풍압 하중은 갑종, 을종, 병종 풍압 하중의 3종으로 한다.

128 가공 전선로에 사용하는 지지물의 강도 계산에 적용하는 갑종 풍압 하중을 계산할 때 구성재의 수직 투영 면적 1[m^2]에 대한 풍압 값의 기준이 잘못된 것은?

① 목주 : 588[Pa]
② 원형 철주 : 588[Pa]
③ 철근 콘크리트주 : 1,039[Pa]
④ 강관으로 구성된 철탑 : 1,255[Pa]

정답 125. ② 126. ③ 127. ① 128. ③

CHAPTER 5 전기설비 기술기준

331.6-1

풍압을 받는 구분			구성재의 수직 투영 면적 1[m²]에 대한 풍압
지지물	목주		588[Pa]
	철주	원형의 것.	588[Pa]
		삼각형, 마름모형의 것.	1,412[Pa]
		강관 4각형의 것.	1,117[Pa]
		기타의 것.	복제가 전·후면에 겹치는 경우에는 1,627[Pa], 기타의 경우에는 1,784[Pa]
	철근 콘크리트주	원형의 것.	588[Pa]
		기타의 것.	882[Pa]
	철탑	단주 원형의 것.	588[Pa]
		단주 기타의 것.	1,117[Pa]
		강관으로 구성되는 것.	1,255[Pa]
		기타의 것.	2,157[Pa]

129 가공 선로에 사용하는 지지용의 강도 계산에 적용하는 갑종 풍압하중은 지지물에 목주, 원형 철주, 원형 철근 콘크리트주인 경우 수직 투영 면적(m²)에 대하여 몇 [Pa]이어야 하는가?

① 588
② 666
③ 745
④ 882

331.6-1

풍압을 받는 구분			구성재의 수직 투영 면적 1[m²]에 대한 풍압
지지물	목주		588[Pa]
	철주	원형의 것.	
	철근 콘크리트주	원형의 것.	

답안 표기란

129 ① ② ③ ④

130 가공 전선로에 사용되는 특별 고압 전선로용의 애자 장치에 대한 갑종 풍압 하중은 그 구성재의 수직 투영 면적 1[m²]에 대한 풍압으로 몇 [Pa]을 기초로 하여 계산하는가?

① 588
② 666
③ 882
④ 1,039

 331.6-1

풍압을 받는 구분	구성재의 수직 투영 면적 1[m²]에 대한 풍압
애자 장치(특별 전선용의 것에 한한다.)	1,039[Pa]

131 강관으로 구성된 철탑의 갑종 풍압 하중은 수직 투영 면적(m²)에 대한 풍압을 기초로 하여 계산한 값이 몇 [Pa]인가?

① 1,255
② 1,411
③ 1,627
④ 2,156

 331.6-1

철탑	단주	원형의 것	588[Pa]
		기타의 것	1,117[Pa]
	강관으로 구성되는 것		1,255[Pa]
	기타의 것		2,157[Pa]

132 다도체 가공 전선의 을종 풍압 하중은 수직 투영 면적 1[m²]당 얼마로 규정되어 있는가? (단, 전선 기타의 가섭선 주위에 두께 6[mm], 비중 0.9의 빙설이 부착한 상태임)

① 333[Pa]
② 372[Pa]
③ 412[Pa]
④ 451[Pa]

 331.6-1

풍압을 받는 구분(갑종 풍압 하중)		구성재의 수직 투영 면적 1[m²]에 대한 풍압
전선, 기타 가섭선	다도체	666[Pa]
	기타의 것.	745[Pa]

을종 풍압 하중은 갑종의 1/2이다.

정답 129. ① 130. ④ 131. ① 132. ①

CHAPTER 5 전기설비 기술기준

133 가공 전선로에 사용하는 지지물을 강관으로 구성되는 철탑으로 할 경우, 지지물의 강도 계산에 적용하는 병종 풍압 하중은 구성재의 수직 투영 면적 1[m²]에 대한 풍압을 몇 [Pa]로 하여 계산하는가?

① 441
② 627
③ 706
④ 1,078

 331.6

강관으로 구성되는 철탑의 병종 풍압 하중은 갑종 풍압 하중의 1/2이다.

134 가공 전선로의 지지물로 사용할 수 없는 것은?

① 보호주
② 목주
③ 철주
④ 철탑

 정의 (기술기준 제3조)

'지지물'이라 함은 목주·철주·철근 콘크리트주 및 철탑과 이와 유사한 시설물로서 전선·약전류 전선 또는 광섬유 케이블을 지지하는 것을 주된 목적으로 하는 것을 말한다.

135 가공 전선로의 지지물이 아닌 것은?

① 목주
② 지선
③ 철탑
④ 철근 콘크리트주

 정의 (기술기준 제3조)

'지지물'이라 함은 목주·철주·철근 콘크리트주 및 철탑과 이와 유사한 시설물로서 전선·약전류 전선 또는 광섬유 케이블을 지지하는 것을 주된 목적으로 하는 것을 말한다.

136 가공 전선로의 지지물로 사용하는 철탑 또는 철주의 고시하는 규격에 구성 재료가 아닌 것은?

① 강판   ② 형강
③ 평강   ④ 단강

 331.8

강판(鋼板) · 형강(形鋼) · 평강(平鋼) · 봉강(棒鋼) · 강관(鋼管)(콘크리트 또는 모르타르를 충전한 것을 포함) 또는 리벳재로서 구성하여야 한다.

137 가공 전선로의 지지물에 하중이 가하여지는 경우에 그 하중을 받는 지지물 기초의 안전율은 일반적인 경우에 얼마 이상이어야 하는가?

① 1.5   ② 2.0
③ 2.5   ④ 3.0

 331.7

가공 전선로의 지지물에 하중이 가하여지는 경우에 그 하중을 받는 지지물의 기초의 안전율은 2(이상 시 상정 하중이 가하여지는 경우의 그 이상 시 상정 하중에 대한 철탑의 기초에 대하여는 1.33) 이상이어야 한다.

138 가공 전선로 지지물 기초의 안전율의 최소는? (단, 이상 시 상정 하중이 가해지는 철탑과 강관 조립주, 강관주로서 그 전장이 16[m] 이하이고, 설계 하중이 6.8[kN] 이하인 철근 콘크리트주 등은 제외한다.)

① 1.33   ② 2.0
③ 2.2   ④ 2.5

 331.7

가공 전선로의 지지물에 하중이 가하여지는 경우에 그 하중을 받는 지지물의 기초의 안전율은 2(이상 시 상정 하중이 가하여지는 경우의 그 이상 시 상정 하중에 대한 철탑의 기초에 대하여는 1.33) 이상이어야 한다.

정답 133. ② 134. ① 135. ② 136. ④ 137. ② 138. ②

CHAPTER 5 전기설비 기술기준

139 고압 가공 전선로의 지지물로 사용하는 목주는 풍압 하중에 대한 안전율은 얼마 이상이어야 하는가?

① 1.1　　　　　② 1.3
③ 1.5　　　　　④ 2.0

 332.7

고압 가공 전선로의 지지물로서 사용하는 목주의 시설
1. 풍압 하중에 대한 안전율은 1.3 이상일 것.
2. 굵기는 말구(末口) 지름 0.12[m] 이상일 것.

140 철탑의 강도 계산에 사용하는 이상 시 상정 하중에 대한 철탑의 기초에 대한 안전율은 얼마 이상이어야 되겠는가?

① 1.33　　　　② 1.83
③ 2.25　　　　④ 2.75

 331.7

가공 전선로의 지지물에 하중이 가하여지는 경우에 그 하중을 받는 지지물의 기초의 안전율은 2(이상 시 상정 하중이 가하여지는 경우의 그 이상 시 상정 하중에 대한 철탑의 기초에 대하여는 1.33) 이상이어야 한다.

141 저·고압 가공 전선로의 지지물로 사용하는 A종 철근 콘크리트 주는?

① 전장 16[m] 이하, 설계 하중 6.8[kN] 이하의 것.
② 전장 18[m] 이하, 설계 하중 4.9[kN] 이하의 것.
③ 전장 15[m] 이하, 설계 하중 6.8[kN] 이하의 것.
④ 전장 15[m] 이하, 설계 하중 4.9[kN] 이하의 것.

 331.7 가항의 단서 조항

철근 콘크리트주로서 그 전체 길이가 16[m] 이하, 설계 하중이 6.8[kN] 이하인 것.

142 철근 콘크리트주로서 전장이 15[m]이고 설계 하중이 8.8[kN] 이다. 이 지지물을 논, 기타 지반이 연약한 곳에 기초 안전율의 고려 없이 시설하는 경우에 그 묻히는 깊이는 기준보다 몇 [cm]를 가산하여 시설하는가?

① 10
② 20
③ 30
④ 40

 331.7 다

철근 콘크리트주로서 전체의 길이가 14[m] 이상 20[m] 이하이고, 설계 하중이 6.8[kN] 초과 9.8[kN] 이하의 것을 논이나 그 밖의 지반이 연약한 곳 이외에 시설하는 경우 그 묻히는 깊이는 기준보다 30[cm]를 가산하여 시설한다.

143 전장 15[m]가 초과하는 목주, A종 철주, A종 철근 콘크리트주의 매설 깊이 최솟값[m]은?

① 3
② 3.5
③ 2
④ 2.5

 337.1 가

(1) 전체의 길이가 15[m] 이하인 경우는 땅에 묻히는 깊이를 전체 길이의 6분의 1 이상으로 할 것.
(2) 전체의 길이가 15[m]를 초과하는 경우는 땅에 묻히는 깊이를 2.5[m] 이상으로 할 것.
(3) 논이나 그 밖의 지반이 연약한 곳에서는 견고한 근가(根架)를 시설할 것.

144 고압 전선로의 지지물로 길이 9[m]의 A종 철근 콘크리트주를 시설할 때 땅에 묻히는 깊이는 몇 [m] 이상으로 하여야 하는가?

① 1.2
② 1.5
③ 2
④ 2.5

 337.1

$9 \times \dfrac{1}{6} = 1.5[\text{m}]$

정답 139. ② 140. ① 141. ① 142. ③ 143. ④ 144. ②

CHAPTER 5 전기설비 기술기준

145 설계 하중 8.8[kN]인 철근 콘크리트주의 길이가 16[m]라 한다. 이 지지물의 안전율을 고려하지 않고 건주할 때 땅에 묻히는 깊이는 몇 [m] 이상으로 하여야 하는가?

① 2.0
② 2.3
③ 2.5
④ 2.8

 337.1

2.5+0.3=2.8

146 지선을 사용하여 그 강도의 일부를 분담시켜서는 안 되는 것은?

① 목주
② 철주
③ 철탑
④ 철근 콘크리트주

 331.11

가공 전선로의 지지물로 사용하는 철탑은 지선을 사용하여 그 강도를 분담시켜서는 아니 된다.

147 가공 전선으로의 지지물에 시설하는 지선의 시방 세목으로 옳은 것은?

① 안전율은 1.2일 것.
② 소선은 3가닥 이상의 연선일 것.
③ 소선은 지름 2.0[mm] 이상인 금속선을 사용한 것일 것.
④ 허용 인장 하중의 최저는 3.2[kN]으로 할 것.

 331.11

가. 지선의 안전율은 2.5 이상일 것. 이 경우에 허용 인장 하중의 최저는 4.31[kN]으로 한다.
나. 지선에 연선을 사용할 경우에는 다음에 의할 것.
　(1) 소선(素線) 3가닥 이상의 연선일 것.

답안 표기란

145	①	②	③	④
146	①	②	③	④
147	①	②	③	④

(2) 소선의 지름이 2.6[mm] 이상의 금속선을 사용한 것일 것. 다만, 소선의 지름이 2[mm] 이상인 아연도 강연선(亞鉛鍍鋼撚線)으로서 소선의 인장 강도가 0.68[kN/mm²] 이상인 것을 사용하는 경우에는 그러하지 아니하다.
다. 지중 부분 및 지표상 30[cm]까지의 부분에는 내식성이 있는 것 또는 아연 도금을 한 철봉을 사용하고 쉽게 부식되지 아니하는 근가에 견고하게 붙일 것. 다만, 목주에 시설하는 지선에 대해서는 그러하지 아니하다.
라. 지선근 가는 지선의 인장 하중에 충분히 견디도록 시설할 것.

148 지선의 시설 제한 중 지지물에 시설하는 지선 중 잘못된 것은?

① 소선 3가닥 이상의 연선인 것.
② 소선은 지름 2.6[mm] 이상인 것.
③ 소선의 지름이 3[mm] 이상인 아연도 강연선으로서 소선의 인장 강도가 0.68[kN/mm²] 이상이다.
④ 허용 인장 하중의 최저는 4.31[kN]으로 한다.

 331.11

가. 지선의 안전율은 2.5 이상일 것. 이 경우에 허용 인장 하중의 최저는 4.31[kN]으로 한다.
나. 지선에 연선을 사용할 경우에는 다음에 의할 것.
  (1) 소선(素線) 3가닥 이상의 연선일 것.
  (2) 소선의 지름이 2.6[mm] 이상의 금속선을 사용한 것일 것. 다만, 소선의 지름이 2[mm] 이상인 아연도 강연선(亞鉛鍍鋼撚線)으로서 소선의 인장 강도가 0.68[kN/mm²] 이상인 것을 사용하는 경우에는 그러하지 아니하다.
다. 지중 부분 및 지표상 30[cm]까지의 부분에는 내식성이 있는 것 또는 아연 도금을 한 철봉을 사용하고 쉽게 부식되지 아니하는 근가에 견고하게 붙일 것. 다만, 목주에 시설하는 지선에 대해서는 그러하지 아니하다.
라. 지선 근가는 지선의 인장 하중에 충분히 견디도록 시설할 것.

149 가공 전선로의 지지물에 시설하는 지선의 소선은 최소 몇 가닥 이상의 연선이어야 하는가?

① 3
② 5
③ 7
④ 9

 331.11

소선(素線) 3가닥 이상의 연선일 것.

정답 145. ④ 146. ③ 147. ② 148. ① 149. ①

CHAPTER 5 전기설비 기술기준

150 가공 전선로의 지지물에 시설하는 지선의 안전율은 2.5 이상이어야 한다. 이 경우에 허용 인장 하중의 최저는 몇 [kN]으로 하여야 하는가?

① 3.33[kN] ② 3.72[kN]
③ 3.92[kN] ④ 4.31[kN]

 331.11

지선의 안전율은 2.5 이상일 것. 이 경우에 허용 인장 하중의 최저는 4.31[kN]으로 한다.

151 고압 가공 케이블을 설치하기 위한 조가용선은 인장 강도 5.93[kN] 이상의 것 또는 단면적 몇 [mm^2]인 아연도 철연선을 사용하여야 하는가?

① 6 ② 14
③ 22 ④ 30

 332.2

조가용선은 인장 강도 5.93[kN] 이상의 것 또는 단면적 22[mm^2] 이상인 아연도 강연선일 것.

152 특고압 가공 전선로를 가공 케이블로 시설하는 경우 잘못된 것은?

① 조가용선에 행거의 간격을 1[m]로 하였다.
② 조가용선을 케이블의 외장에 견고하게 붙여 시설하였다.
③ 조가용선은 단면적 22[mm^2] 아연도 강연선 이상을 사용하였다.
④ 조가용선에 접촉시켜 금속 테이프를 간격 20[cm] 이하의 간격을 유지시켜 나선형으로 감아 붙였다.

333.3

1. 케이블 시설
   가. 조가용선에 행거에 의하여 시설할 것. 이 경우에 행거의 간격은 0.5[m] 이하.
   나. 조가용선에 접촉시키고 그 위에 쉽게 부식되지 아니하는 금속 테이프 등을 0.2[m] 이하의 간격을 유지시켜 나선형으로 감아 붙일 것.
2. 조가용선은 인장 강도 13.93[kN] 이상의 연선 또는 단면적 22[mm^2] 이상의 아연도 강연선일 것.
3. 조가용선 및 케이블의 피복에 사용하는 금속체에는 규정에 준하여 접지 공사를 할 것.

153 일반적으로 저압 가공 전선으로는 사용할 수 없는 것은?

① 케이블 ② 절연 전선
③ 다심형 전선 ④ 나동복 강선

 222.5

1. 저압 가공 전선은 나전선(중성선, 다중 접지된 접지 측 전선에 한한다), 절연 전선, 다심형 전선 또는 케이블
2. 사용 전압이 400[V] 이하인 저압 가공 전선은 케이블인 경우를 제외하고는 인장 강도 3.43[kN] 이상의 것 또는 지름 3.2[mm](절연 전선인 경우는 인장 강도 2.3[kN] 이상의 것 또는 지름 2.6[mm] 이상의 경동선) 이상의 것이어야 한다.
3. 사용 전압이 400[V] 초과인 저압 가공 전선은 케이블인 경우 이외에는 시가지에 시설하는 것은 인장 강도 8.01[kN] 이상의 것 또는 지름 5[mm] 이상의 경동선, 시가지 외에 시설하는 것은 인장 강도 5.26[kN] 이상의 것 또는 지름 4[mm] 이상의 경동선이어야 한다.
4. 사용 전압이 400[V] 초과인 저압 가공 전선에는 인입용 비닐 절연 전선을 사용하여서는 안 된다.

154 시가지에 가설되는 200[V] 가공 전선을 절연 전선으로 사용할 경우 그 최소 굵기는?

① 2.0[mm] ② 2.6[mm]
③ 3.2[mm] ④ 4.0[mm]

 222.5

2) 400[V] 이하의 저압 가공 전선
   ⇒ 인장 강도 3.43[kN] 이상의 것 또는 지름 3.2[mm] 이상.
   ⇒ 절연 전선은 인장 강도 2.3[kN] 이상의 것 또는 지름 2.6[mm] 이상의 경동선

[정답] 150. ④ 151. ③ 152. ① 153. ④ 154. ②

CHAPTER 5 전기설비 기술기준

155 시가지 외에 가설되는 200[V] 가공 전선을 절연 전선으로 사용할 경우 그 최소 굵기는 지름 몇 [mm]인가?

① 2.0[mm]   ② 2.6[mm]
③ 3.2[mm]   ④ 4.0[mm]

 222.5

2) 400[V] 이하의 저압 가공 전선
   ⇒ 인장 강도 3.43[kN] 이상의 것 또는 지름 3.2[mm] 이상
   ⇒ 절연 전선은 인장 강도 2.3[kN] 이상의 것 또는 지름 2.6[mm] 이상의 경동선
3) 400[V] 초과인 저압 가공 전선
   ⇒ 시가지 : 인장 강도 8.01[kN] 이상의 것 또는 지름 5[mm] 이상의 경동선
   ⇒ 시가지 외 : 인장 강도 5.26[kN] 이상의 것 또는 지름 4[mm] 이상의 경동선
   ⇒ 인입용 비닐 절연 전선을 사용하여서는 아니 된다.

156 사용 전압이 400[V] 이하인 저압 가공 전선은 케이블이나 절연 전선인 경우를 제외하고는 지름 몇 [mm]의 경동선 또는 이와 동등 이상의 세기 및 굵기이어야 하는가?

① 1.2   ② 2.6
③ 3.2   ④ 4.0

 222.5

2) 400[V] 이하의 저압 가공 전선
   ⇒ 인장 강도 3.43[kN] 이상의 것 또는 지름 3.2[mm] 이상
   ⇒ 절연 전선은 인장 강도 2.3[kN] 이상의 것 또는 지름 2.6[mm] 이상의 경동선.

157 시가지에 가설되는 3,300[V]용 가공 전선으로 경동선을 사용할 경우 이 경동선의 최소 굵기는 몇 [mm]인가?

① 3.2   ② 3.5
③ 4   ④ 5

저고압 가공 전선의 굵기 및 종류 (판단기준 제70조)

2) 400[V] 이상인 저압 또는 고압 가공 전선
 ⇒ 시가지 : 인장 강도 8.01[kN] 이상의 것 또는 지름 5[mm] 이상의 경동선
 ⇒ 시가지 외 : 인장 강도 5.26[kN] 이상의 것 또는 지름 4[mm] 이상의 경동선

158 ACSR를 사용한 고압 가공 전선이 이도 계산에 적용되는 안전율은?

① 2.0 ② 2.2
③ 2.5 ④ 3.0

 332.4

1) 경동선 또는 내열 동합금선 ⇒ 2.2 이상
2) 그 밖의 전선 ⇒ 2.5 이상

159 고압 가공 전선에 경알루미늄선을 사용하는 경우 안전율은 최소 얼마 이상이 되는 이도로 시설하여야 하는가?

① 2.0 ② 2.2
③ 2.5 ④ 4.0

 332.4

1) 경동선 또는 내열 동합금선 ⇒ 2.2 이상
2) 기타 전선 ⇒ 2.5 이상

160 시가지에서 저압 가공 전선로를 도로에 따라 시설할 경우 지표상의 최저 높이는 몇 [m] 이상이어야 하는가?

① 4.5 ② 5.0
③ 5.5 ④ 6.0

 222.7

고·저압 가공 전선 ⇒ 5[m] 이상(교통에 지장이 없는 경우 4[m]까지 감하여 시설)

정답 155. ③ 156. ② 157. ④ 158. ③ 159. ③ 160. ②

CHAPTER 5 전기설비 기술기준

161 시가지의 도로에 300[V] 이하의 저압 가공 전선로를 도로에 시설할 경우 지표상의 최저 높이는 몇 [m] 이상이어야 하는가?

① 4.5　　　② 5.0
③ 5.5　　　④ 6.0

 222.7

고·저압 가공 전선 ⇒ 5[m] 이상(교통에 지장이 없는 경우 4[m])

162 사용 전압이 35,000[V] 이하인 특별 고압 가공 전선을 일반도로에 시설할 때 지표상의 높이는 몇 [m] 이상으로 하여야 하는가?

① 3.5　　　② 4
③ 4.5　　　④ 5

 333.7-1

사용 전압의 구분	지표상의 높이
35,000[V] 이하	5[m]
35,000[V] 초과 160,000[V] 이하	6[m]
160,000[V] 초과	6[m]에 160,000[V]를 초과하는 10,000[V] 또는 그 단수마다 12[cm]를 더한 값.

163 154[kV]의 특별 고압 가공 전선을 사람이 쉽게 들어갈 수 없는 산간 벽지에 시설할 경우 지표상의 높이는 보통 몇 [m] 이상으로 하여야 하는가?

① 4　　　② 5
③ 6　　　④ 8

 333.7

산지 등에서 사람이 쉽게 들어갈 수 없는 장소를 시설하는 경우에는 5[m]이다.

164 사용 전압이 345[kV]인 가공 전선의 지표상 높이는 최소 몇 [m] 이상이어야 하는가?

① 8.28
② 9.4
③ 10
④ 13.72

 333.7

$$6+0.12\times\frac{345-160}{10}=6+0.12\times19=8.28[m]$$

165 345,000[V]의 송전선을 사람이 쉽게 들어갈 수 없는 산지에 시설하는 경우 전선의 지표상 높이는 최소 몇 [m] 이상이어야 하는가?

① 7.28
② 7.85
③ 8.28
④ 8.85

 333.7

$$5+0.12\times\frac{345-160}{10}=5+0.12\times19=7.28[m]$$

166 철도 또는 궤도를 횡단하는 저압 또는 고압 가공 전선의 높이는 궤조면상 몇 [m] 이상이어야 하는가?

① 5.5
② 6.5
③ 7.5
④ 8.5

 222.7 또는 332.5

철도 또는 궤도를 횡단하는 경우에는 레일면상 6.5[m] 이상

167 3,300[V] 고압 가공 전선로를 교통이 번잡한 도로를 횡단하여 시설하는 경우에는 지표상의 높이를 몇 [m] 이상으로 하여야 하는가?

① 5
② 5.5
③ 6
④ 6.5

정답 161. ② 162. ④ 163. ② 164. ① 165. ① 166. ② 167. ③

CHAPTER 5 전기설비 기술기준

 332.5

도로를 횡단하는 경우에는 지표상 6[m] 이상

168 공칭 전압 20,000[V]의 가공 전선이 철도를 횡단하는 경우 전선의 궤조면상 최저 높이는?

① 5[m] ② 5.5[m]
③ 6[m] ④ 6.5[m]

 333.7

철도 또는 궤도를 횡단하는 경우에는 레일면상 6.5[m] 이상

169 특별한 경우를 제외하고 저압 가공 전선이 도로를 횡단하는 경우의 지표상의 높이는 얼마 이상으로 시설해야 하는가?

① 4.5[m] ② 5[m]
③ 5.5[m] ④ 6[m]

 222.7

도로를 횡단하는 경우에는 지표상 6[m] 이상

170 시가지 도로를 횡단하여 저압 가공 전선을 시설하는 경우의 지표상의 높이는 몇 [m] 이상이어야 하는가?

① 5   ② 5.5
③ 6   ④ 6.5

 222.7

도로를 횡단하는 경우에는 지표상 6[m] 이상

171 옥외용 비닐 절연 전선을 사용한 저압 가공 전선이 횡단보도교의 위에 시설되는 경우에 그 전선의 노면상 높이는 몇 [m] 이상으로 하여야 하는가?

① 2.5　　　　　　② 3
③ 3.5　　　　　　④ 4

 222.7 1의 다.

횡단보도교의 위에 시설하는 경우 저압 가공 전선은 그 노면상 3.5[m](전선이 저압 절연 전선 · 다심형 전선 · 고압 절연 전선 · 특별 고압 절연 전선 또는 케이블인 경우에는 3[m]) 이상.

172 고압 가공 전선로에 사용하는 가공 지선에는 지름 몇 [mm] 이상의 나경동선이나 이와 동등 이상의 세기 및 굵기의 것을 사용하여야 하는가?

① 2.5　　　　　　② 3.0
③ 3.5　　　　　　④ 4.0

 332.6

고압 가공 전선로에 사용하는 가공 지선은 인장 강도 5.26[kN] 이상의 것 또는 지름 4[mm] 이상의 나경동선을 사용하고 안전율의 규정에 준하여 시설하여야 한다.

173 고압 가공 전선로에 사용하는 가공 지선은 인장 강도 얼마 이상의 것 또는 지름 4[mm] 이상의 나경동선을 사용한다.

① 2.56[kN]　　　② 3.5[kN]
③ 5.26[kN]　　　④ 8.01[kN]

 332.6

고압 가공 전선로에 사용하는 가공 지선은 인장 강도 5.26[kN] 이상의 것 또는 지름 4[mm] 이상의 나경동선을 사용한다.

174 특별 고압 가공 전선로에 사용하는 가공 지선에는 지름 몇 [mm]의 나경동선 또는 이와 동등 이상의 세기 및 굵기의 나선을 사용하여야 하는가?

① 2.6　　　　　　② 3.5
③ 4　　　　　　　④ 5

정답 168. ④　169. ④　170. ③　171. ②　172. ④　173. ③　174. ④

333.8

고압 가공 전선로에 사용하는 가공 지선은 인장 강도 8.01[kN] 이상의 나선 또는 지름 5[mm] 이상의 나경동선을 사용한다.

175 고압 가공 전선로의 경간은 지지물이 목주 또는 A종 철근 콘크리트주일 때에는 몇 [m] 이하이어야 하는가?

① 150
② 250
③ 400
④ 600

 332.9-1

지지물의 종류	경 간
목주 · A종 철주 또는 A종 철근 콘크리트주	150[m] 이하
B종 철주 또는 B종 철근 콘크리트주	250[m] 이하
철탑	600[m] 이하

176 A종 철주를 사용하는 특고압 가공 전선로의 표준 경간의 한도는 몇 [m]인가?

① 300
② 250
③ 200
④ 150

 333.21-1

지지물의 종류	경 간
목주 · A종 철주 또는 A종 철근 콘크리트주	150[m] 이하
B종 철주 또는 B종 철근 콘크리트주	250[m] 이하
철탑	600[m] 이하

333.1-1는 시가지 등에서 170[kV] 이하 특고압 가공 전선로이므로 주의!

177 B종 철주를 사용하는 특별 고압 가공 전선로의 표준 경간의 최댓값은 몇 [m] 이하이어야 하는가? (단, 시가지 외에 시설되는 일반 공사의 경우임)

① 250 ② 300
③ 350 ④ 400

 333.21-1

지지물의 종류	경 간
목주·A종 철주 또는 A종 철근 콘크리트주	150[m] 이하
B종 철주 또는 B종 철근 콘크리트주	250[m] 이하
철탑	600[m] 이하

178 고압 가공 전선로의 전선에 단면적 14[mm²]의 경동 연선을 사용하는 경우로서 그 지지물이 B종 철주인 경우 경간의 최대 한도는?

① 150[m] ② 250[m]
③ 500[m] ④ 600[m]

 332.9-1

지지물의 종류	경 간
목주·A종 철주 또는 A종 철근 콘크리트주	150[m] 이하
B종 철주 또는 B종 철근 콘크리트주	250[m] 이하
철탑	600[m] 이하

332.9 3항
고압 가공 전선에 인장 강도 8.71[kN] 이상의 것 또는 단면적이 22[mm²] 이상의 경동 연선의 경우 경간을 규정에 의하지 않을 수 있다.
⇨ 목주·A종은 경간을 300[m], B종인 것은 500[m] 이하

179 고압 가공 전선로의 전선에 단면적 22[mm²]의 경동 연선을 사용할 경우, B종 철주 또는 B종 철근 콘크리트주를 시설하는 경우의 최대 경간은 얼마인가?

① 150 ② 200
③ 250 ④ 500

정답 175. ① 176. ④ 177. ① 178. ② 179. ④

332.9 3항

고압 가공 전선로의 전선에 인장 강도 8.71[kN] 이상의 것 또는 단면적 22[mm²] 이상의 경동 연선의 경우 경간을 규정에 의하지 않을 수 있다.
⇨ 목주·A종의 경간을 300[m] 이하, B종의 경간을 500[m] 이하로 한다.

180 단면적 55[mm²]의 경동 연선을 사용하는 특별 고압 가공 전선로의 지지물로 내장형의 B종 철근 콘크리트주를 사용하는 경우 허용 최대 경간은 몇 [m] 이하인가?

① 150
② 250
③ 300
④ 500

 333.21 2항

B종 철주 또는 B종 철근 콘크리트주의 표준 경간은 250[m] 이하이지만, 특고압 가공 전선로의 전선에 인장 강도 21.67[kN] 이상의 것 또는 단면적 50[mm²]인 경동 연선을 사용하는 경우 ⇒ 목주·A종은 경간을 300[m] 이하, B종인 것은 500[m] 이하.

181 고압 보안 공사에 의하여 시설하는 A종 철근 콘크리트주를 지지물로 사용하는 고압 가공 전선로의 경간의 최대 한도는?

① 100[m]
② 200[m]
③ 250[m]
④ 400[m]

 332.10-1

지지물의 종류	경간
목주·A종 철주 또는 A종 철근 콘크리트주	100[m] 이하
B종 철주 또는 B종 철근 콘크리트주	150[m] 이하
철탑	400[m] 이하

182 고압 보안 공사 시 목주의 풍압 하중에 대한 안전율은 얼마 이상이어야 하는가?

① 1.1　　　　　② 1.25
③ 1.5　　　　　④ 2.0

 332.10

1) 전선은 케이블인 경우 이외에는 인장 강도 8.01[kN] 이상의 것 또는 지름 5[mm] 이상의 경동선일 것.
2) 목주의 풍압 하중에 대한 안전율은 1.5 이상일 것.

183 저압 보안 공사 시에 사용되는 전선으로 경동선을 사용할 경우 그 지름은 몇 [mm]의 것을 사용하는가?

① 5　　　　　② 4
③ 3.2　　　　④ 2.6

 222.10

1) 전선은 케이블인 경우 이외에는 인장 강도 8.01[kN] 이상의 것 또는 지름 5[mm] (사용 전압 400[V] 이하인 경우에는 인장 강도 5.26[kN] 이상의 것 또는 4[mm]) 이상의 경동선일 것.
2) 목주는 다음에 의할 것.
　① 풍압 하중에 대한 안전율은 1.5 이상일 것.
　② 목주의 굵기는 말구(末口)의 지름 0.12[m] 이상일 것.

184 저압 보안 공사에 사용되는 목주의 굵기는 말구의 지름이 몇 [cm] 이상이어야 하는가?

① 8　　　　　② 10
③ 12　　　　　④ 14

 222.10

① 풍압 하중에 대한 안전율은 1.5 이상일 것.
② 목주의 굵기는 말구(末口)의 지름 12[cm] 이상일 것.

정답　180. ④　181. ①　182. ③　183. ①　184. ③

CHAPTER 5 전기설비 기술기준

185 보안 공사 중에서 목주, A종 철주 및 A종 철근 콘크리트주를 사용할 수 없는 것은?

① 고압 보안 공사
② 제1종 특별 고압 보안 공사
③ 제2종 특별 고압 보안 공사
④ 제3종 특별 고압 보안 공사

 333.22

제1종 특별 고압 보안 공사에서는 목주 또는 A종 철근 콘크리트주를 사용할 수 없다.

186 154[kV] 가공 전선을 제1종 특별 고압 보안 공사에 의하여 시설하는 경우 전선에 지기가 발생하면 몇 초 안에 자동적으로 이것을 전로로부터 차단하는 장치를 시설하여야 하는가?

① 1　　② 2
③ 3　　④ 5

 특별 고압 보안 공사 (판단기준 제125조)

제1종 특별 고압 보안 공사에서 지기 또는 단락이 생긴 경우에는 100[kV] 미만은 3초, 100[kV] 이상은 2초 이내에 자동적으로 전로로부터 차단하는 장치를 시설할 것.

187 154[kV] 전선로를 제1종 특별 고압 보안 공사로 시설할 경우 여기에 사용되는 경동 연선의 단면적은 몇 [mm^2] 이상이어야 하는가?

① 100　　② 125
③ 150　　④ 200

333.22-1

전압	사용 전선
100[kV] 미만	인장 강도 21.67[kN] 이상의 연선 또는 단면적 55[mm^2] 이상의 경동 연선
300[kV] 미만	인장 강도 58.84[kN] 이상의 연선 또는 단면적 150[mm^2] 이상의 경동 연선
300[kV] 이상	인장 강도 77.47[kN] 이상의 연선 또는 단면적 200[mm^2] 이상의 경동 연선

188 345[kV] 가공 전선로를 제1종 특별 고압 보안 공사에 의하여 시설하는 경우에 사용하는 전선은 단면적 몇 [mm^2]의 경동 연선 또는 동등 이상의 세기 및 굵기의 것이어야 하는가?

① 100
② 125
③ 150
④ 200

해설 333.21-1

전압	사용 전선
100[kV] 미만	인장 강도 21.67[kN] 이상의 연선 또는 단면적 55[mm^2] 이상의 경동 연선
300[kV] 미만	인장 강도 58.84[kN] 이상의 연선 또는 단면적 150[mm^2] 이상의 경동 연선
300[kV] 이상	인장 강도 77.47[kN] 이상의 연선 또는 단면적 200[mm^2] 이상의 경동 연선

189 사용 전압이 35,000[V] 이하인 특별 고압 가공 전선이 건조물과 제2차 접근 상태로 시설되는 경우에 특별 고압 가공 전선로는 어떤 보안 공사를 하여야 하는가?

① 제1종 특별 고압 보안 공사
② 제2종 특별 고압 보안 공사
③ 제3종 특별 고압 보안 공사
④ 제4종 특별 고압 보안 공사

정답 185. ② 186. ② 187. ③ 188. ④ 189. ③

333.23 특별 고압 가공 전선과 건조물의 접근

1. 제1종 : 사용 전압이 35[kV] 초과 400[kV] 미만 제2차 접근 상태로 시설하는 경우
2. 제2종 : 사용 전압이 35[kV] 이하 제2차 접근 상태로 시설되는 경우
3. 제3종 : 특별 고압 가공 전선이 건조물과 제1차 접근 상태로 시설되는 경우
   333.23 4항 : 400[kV]를 초과하는 경우 제2차 접근 상태로 시설 금지

190 특별 고압 가공 전선이 삭도와 제2차 접근 상태로 시설할 경우에 특별 고압 가공 전선로는 어느 보안 공사를 하여야 하는가?

① 고압 보안 공사
② 제1종 특별 고압 보안 공사
③ 제2종 특별 고압 보안 공사
④ 제3종 특별 고압 보안 공사

 333.23

1. 제1차 접근 상태로 시설되는 경우 : 제3종 특별 고압 보안 공사에 의할 것.
2. 제2차 접근 상태로 시설되는 경우 : 제2종 특별 고압 보안 공사에 의할 것.

191 제2종 특별 고압 보안 공사에 있어서 B종 철근 콘크리트주를 사용하는 경우에 최대 경간은 몇 [m]인가?

① 100[m]   ② 150[m]
③ 200[m]   ④ 400[m]

 333.22-3

지지물의 종류	경 간
목주·A종 철주 또는 A종 철근 콘크리트주	100[m] 이하
B종 철주 또는 B종 철근 콘크리트주	200[m] 이하
철탑	400[m] 이하 (단주인 경우 300[m])

192 사용 전압 22,900[V] 가공 전선이 건조물과 제2차 접근 상태로 시설되는 경우에 22,900[V] 가공 전선로의 보안 공사 종류는?

① 고압 보안 공사
② 제1종 특별 고압 보안 공사
③ 제2종 특별 고압 보안 공사
④ 제3종 특별 고압 보안 공사

 333.23

1. 제1종 : 사용 전압이 35[kV] 초과 400[kV] 미만, 제2차 접근 상태로 시설하는 경우
2. 제2종 : 사용 전압이 35[kV] 이하, 제2차 접근 상태로 시설되는 경우
3. 제3종 : 특별 고압 가공 전선이 건조물과 제1차 접근 상태로 시설되는 경우

193 지지물로 목주를 사용하는 제2종 특별 고압 보안 공사의 시설 기준으로 옳지 않은 것은?

① 전선은 연선일 것.
② 목주의 풍압 하중에 대한 안전율은 2 이상일 것.
③ 지지물의 경간은 150[m] 이하일 것.
④ 전선은 바람 또는 눈에 의한 요동에 의하여 단락될 우려가 없도록 시설할 것.

 333.22-3

지지물의 종류	경 간
목주 · A종 철주 또는 A종 철근 콘크리트주	100[m] 이하
B종 철주 또는 B종 철근 콘크리트주	200[m] 이하
철탑	400[m] 이하 (단주인 경우 300[m])

194 제2종 특별 고압 보안 공사에 지지물로 철탑을 사용할 경우 경간을 500[m]로 하려면 전선에는 경동 연선으로 몇 [mm²] 이상의 것을 사용하여야 하는가?

① 36
② 55
③ 82
④ 100

정답 190. ③ 191. ③ 192. ③ 193. ③ 194. ④

333.22

전선에 인장 강도 38.05[kN] 이상의 연선 또는 단면적이 95[mm^2] 이상인 경동 연선을 사용하고 지지물에 B종 철주·B종 철근 콘크리트주 또는 철탑을 사용하는 경우에는 표준 경간을 적용할 수 있다.

195 전선의 단면적이 38[mm^2]인 경동 연선을 사용하고 지지물로는 철탑을 사용하는 특별 고압 가공 전선로를 제3종 특별 고압 보안 공사에 의하여 시설하는 경우의 경간 한도는 몇 [m]인가?

① 300
② 400
③ 500
④ 600

 333.22

제3종 특별 고압 보안 공사의 경간에서 전선의 인장 강도 14.51[kN] 이상의 연선 또는 단면적이 38[mm^2] 이상인 경동 연선을 사용하는 경우에는 A종 150[m], B종 250[m], 철탑 400[m]으로 한다.

196 154[kV] 가공 송전선이 66[kV] 가공 송전선의 상방에 교차되어 시설되는 경우, 154[kV] 가공 송전 선로는 제 몇 종 특별 고압 보안 공사에 의하여야 하는가?

① 1
② 2
③ 3
④ 4

 333.27

위쪽 또는 옆쪽에 시설되는 특별 고압 가공 전선로는 제3종 특별 고압 보안 공사에 의할 것.

197 35[kV]를 초과하고 100[kV] 미만의 특별 고압 가공 전선로의 지지물에 고·저압선을 병행 설치할 수 있는 조건으로 틀린 것은?

① 특별 고압 가공 전선로는 제2종 특별 고압 보안 공사에 의한다.
② 특별 고압 가공 전선과 고·저압선과의 이격 거리는 1.2[m] 이상으로 한다.
③ 특별 고압 가공 전선은 55[mm²] 경동 연선 또는 이와 동등 이상의 세기 및 굵기의 연선을 사용한다.
④ 지지물에는 강판 조립주를 제외한 철주, 철근 콘크리트주 또는 철탑을 사용한다.

 333.17 2항

가. 제2종 특별 고압 보안 공사에 의할 것.
나. 특별 고압선과 고·저압선의 이격 거리는 2[m](케이블인 경우 1[m]) 이상
다. 특별 고압 가공 전선의 굵기 ⇒ 인장 강도 21.67[kN] 이상 연선 또는 55[mm²] 이상 경동선
라. 특별 고압 가공 전선로의 지지물은 철주·철근 콘크리트주 또는 철탑일 것.

198 동일 지지물에 고·저압을 병행 설치할 때 저압 가공 전선은 어느 위치에 시설하여야 하는가?

① 고압 가공 전선의 상부에 시설
② 동일 완금에 고압 전선과 평행되게 시설
③ 고압 가공 전선의 하부에 시설
④ 고압 전선의 측면으로 평행되게 시설

 332.8

1. 저압 가공 전선을 고압 가공 전선의 아래로 하고 별개의 완금류에 시설할 것.
2. 저압 가공 전선과 고압 가공 전선 사이의 이격 거리는 0.5[m] 이상일 것.

199 동일 지지물에 고압 가공 전선과 저압 가공 전선을 병행 설치할 경우 양 전선 간의 이격 거리는 몇 [cm] 이상이어야 하는가?

① 50[cm] ② 60[cm]
③ 70[cm] ④ 80[cm]

[정답] 195. ② 196. ③ 197. ② 198. ① 199. ①

CHAPTER 5 전기설비 기술기준

 332.8

1. 저압 가공 전선을 고압 가공 전선의 아래로 하고 별개의 완금류에 시설할 것.
2. 저압 가공 전선과 고압 가공 전선 사이의 이격 거리는 50[cm] 이상일 것.

200 66[kV] 가공 전선과 6[kV] 가공 전선을 동일 지지물에 병행 설치하는 경우 특별 고압 가공 전선은 단면적이 몇 [mm²]인 경동 연선 또는 이와 동등 이상의 세기 및 굵기의 연선이어야 하는가?

① 22
② 38
③ 55
④ 100

 333.17 2항

사용 전압이 35[kV]를 넘고 100[kV] 미만인 경우
가. 제2종 특고압 보안 공사에 의할 것.
나. 특고압선과 저·고압선의 이격 거리는 2[m](케이블인 경우 1[m]) 이상
다. 특고압 가공 전선의 굵기 ⇒ 인장 강도 21.67[kN] 이상의 연선 또는 단면적이 50[mm²] 이상인 경동 연선일 것.

201 저압 가공 전선로에 가공 약전류 전선을 공동 설치하는 경우에 전선로의 지지물로 사용되는 목주의 풍압 하중에 대한 안전율은 얼마 이상이어야 하는가?

① 1.2
② 1.3
③ 1.5
④ 2.0

 332.21

1) 목주의 풍압 하중에 대한 안전율은 1.5 이상으로 한다.
2) 상호 이격 거리
   ① 저압은 0.75[m] 이상
   ② 고압은 1.5[m] 이상

202 특별 고압 가공 전선과 가공 약전류 전선을 동일 지지물에 당국의 인가 없이 공용 설치할 수 있는 사용 전압은 최대 몇 [V]인가?

① 25,000[V]
② 35,000[V]
③ 70,000[V]
④ 100,000[V]

 333.19

35[kV] 초과는 가공 약전류 전선과 공용 설치할 수 없다.

203 가공 약전류 전선(전력 보안 통신선 및 전기 철도의 전용부지 안에 시설하는 전기 철도용 통신선은 제외한다)을 사용 전압이 22,900[V]인 가공 전선과 동일 지지물에 공가하고자 할 때 가공 전선으로 경동 연선을 사용한다면 다음의 전선 규격 중 사용할 수 있는 경동 연선은 어느 것인가?

① 75[mm^2]의 경동 연선
② 50[mm^2]의 경동 연선
③ 38[mm^2]의 경동 연선
④ 22[mm^2]의 경동 연선

 333.19

가공 전선은 케이블을 제외하고 인장 강도 21.67[kN] 이상의 연선 또는 50[mm^2] 이상의 경동 연선 사용.

204 고압 가공 전선과 건조물의 상부 조영재와의 옆쪽 이격 거리는 일반적인 경우 최소 몇 [m] 이상이어야 하는가?

① 1.5
② 1.2
③ 0.9
④ 0.6

 332.11-2

상부 조영재	위쪽	2[m](전선이 케이블인 경우에는 1[m])
	옆쪽 또는 아래쪽	1.2[m](전선에 사람이 쉽게 접촉할 우려가 없도록 시설한 경우에는 80[cm], 케이블인 경우에는 40[cm])

정답 200. ③ 201. ③ 202. ② 203. ② 204. ②

CHAPTER 5 전기설비 기술기준

205 600[V] 비닐 절연 전선을 사용한 저압 가공 전선이 상방에서 상부 조영재와 접근하는 경우의 전선과 상부 조영재 상호 간의 최소 이격 거리는?

① 1.0[m]
② 1.2[m]
③ 2.0[m]
④ 2.5[m]

해설 332.11-1

상부 조영재	위쪽	2[m](전선이 케이블인 경우에는 1[m])
	옆쪽 아래쪽	1.2[m](전선에 사람이 쉽게 접촉할 우려가 없도록 시설한 경우에는 80[cm], 케이블인 경우에는 40[cm])

206 고압 가공 전선이 안테나와 접근 상태로 시설되는 경우에 가공 전선과 안테나 사이의 수평 이격 거리는 최소 몇 [cm] 이상이어야 하는가? (단, 가공 전선으로는 절연 전선을 사용한다고 한다.)

① 60
② 80
③ 100
④ 120

해설 332.14

저압 가공 전선	60[cm](고압 절연 전선 또는 케이블인 경우에는 30[cm])
고압 가공 전선	80[cm](전선이 케이블인 경우에는 40[cm])

207 저압 가공 전선에 가공 전화선과 접근하여 시설될 때 수평 이격 거리는 일반적인 경우 몇 [cm] 이상이어야 하는가?

① 30
② 40
③ 50
④ 60

 332.21

저압 가공 전선	60[cm](고압 절연 전선 또는 케이블인 경우에는 30[cm])
고압 가공 전선	80[cm](전선이 케이블인 경우에는 40[cm])

208 저압 가공 전선이 다른 저압 가공 전선과 접근 시설할 때 저압 가공 전선 상호 간의 최소 이격 거리는 몇 [m] 이상인가?

① 0.6[m] 이상
② 1.0[m] 이상
③ 1.2[m] 이상
④ 2.0[m] 이상

 222.16

저압 가공 전선 상호 간의 이격 거리는 60[cm](어느 한쪽의 전선이 고압 절연 전선, 특별 고압 절연 전선 또는 케이블인 경우에 30[cm]) 이상

209 저압 가공 전선이 25[kV] 교류 전차선의 위에 교차하여 시설되는 경우 저압 가공 전선으로 케이블을 사용하고 단면적 몇 [mm^2] 이상인 아연도 강연선으로 인장 강도 19.61[kN] 이상인 것으로 조가하여 시설하여야 하는가?

① 22
② 35
③ 55
④ 100

 222.15

저압 가공 전선이 교류 전차선에 접근·교차하여 시설되는 경우 고압 가공 전선이 교류 전차선에 접근 또는 교차하는 것에 준하여 시설한다.

332.15
1) 저·고압 가공 전선에는 케이블을 사용하고 또한 이를 저압인 경우 단면적 35[mm^2], 고압인 경우 단면적 38[mm^2] 이상인 아연도 연선으로서 인장 강도 19.61[kN] 이상인 것으로 조가하여 시설할 것.
2) 고압 가공 전선은 인장 강도 14.51[kN], 단면적 38[mm^2]의 경동 연선일 것.

정답 205. ② 206. ③ 207. ④ 208. ① 209. ②

210 저압 가공 전선과 식물이 상호 접촉되지 않도록 이격시키는 기준으로 옳은 것은?

① 이격 거리는 최소 50[cm] 이상 떨어져 시설하여야 한다.
② 상시 불고 있는 바람 등에 의하여 접촉하지 않도록 시설하여야 한다.
③ 저압 가공 전선은 반드시 방호구에 넣어 시설하여야 한다.
④ 트리와이어(Treewire)를 사용하여 시설하여야 한다.

 222.19

저압 가공 전선은 상시 부는 바람 등에 의하여 식물에 접촉하지 않도록 시설하여야 한다.

211 3,300[V] 고압 가공 전선과 식물과의 최소 이격 거리는?

① 30[cm] ② 60[cm]
③ 90[cm] ④ 접촉되지 않도록 한다.

 332.19

고압 가공 전선은 상시 부는 바람 등에 의하여 식물에 접촉하지 않도록 시설하여야 한다.

212 농사용 저압 가공 전선로의 최대 경간은 몇 [m]인가?

① 30 ② 60
③ 50 ④ 100

 222.22

1) 사용 전압은 저압일 것.
2) 저압 가공 전선은 인장 강도 1.38[kN] 이상의 것 또는 지름 2[mm] 이상의 경동선일 것.
3) 지표상 3.5[m] 이상(사람이 쉽게 출입하지 않으면 3[m])일 것.
4) 목주의 말구 지름은 0.09[m] 이상일 것.
5) 경간은 30[m] 이하.
6) 전용 개폐기 및 과전류 차단기를 각 극(중성극 제외)에 시설.

213 방직 공장의 구내 도로에 220[V] 조명등용 가공 전선로를 시설하고자 한다. 전선로의 경간은 몇 [m] 이하이어야 하는가?

① 20
② 30
③ 40
④ 50

 222.23

1) 1구내에만 시설하는 사용 전압이 400[V] 미만
2) 전선은 지름 2[mm] 이상의 경동선의 절연 전선(단, 경간 10[m] 이하 4[mm²] 이상 연동 절연 전선 가능).
3) 전선로의 경간은 30[m] 이하일 것.

214 고압 옥측 전선로의 전선으로 사용할 수 있는 것은?

① 케이블
② 절연 전선
③ 다심형 전선
④ 나경동선

 331.13.1

전선은 케이블일 것.

215 저압 옥측 전선로의 시설로 잘못된 것은?

① 철골조 조영물에 버스덕트 공사로 시설
② 목조 조영물에 합성수지관 공사로 시설
③ 목조 조영물에 금속관 공사로 시설
④ 전개된 장소에 애자 사용 공사로 시설

 221.2

저압 옥측 전선로는 다음 공사의 어느 것에 의할 것.
① 애자 사용 공사(전개된 장소에 한한다)
② 합성수지관 공사
③ 금속관 공사(목조 이외의 조영물)
④ 버스 덕트 공사(목조 이외의 조영물)
⑤ 케이블 공사(연피 케이블·알루미늄 피 케이블 또는 무기 절연물(MI) 케이블을 사용하는 경우에는 목조 이외의 조영물에 시설)

정답 210. ② 211. ④ 212. ① 213. ② 214. ① 215. ③

216 저압 가공 인입선의 시설에 대한 설명으로 틀린 것은?

① 전선은 절연 전선 또는 케이블일 것
② 전선은 지름 2.00[mm]의 경동선 또는 이와 동등 이상의 세기 및 굵기일 것
③ 전선의 높이는 철도 및 궤도를 횡단하는 경우에는 궤조면상 6.5[m] 이상일 것
④ 전선의 높이는 횡단보도교의 위에 시설하는 경우 노면상 3[m] 이상일 것

 221.1.1

저압 가공 인입선 시설
1) 전선은 절연 전선 또는 케이블일 것.
2) 케이블 이외에는 인장 강도 2.30[kN] 이상의 것 또는 지름 2.6[mm] 이상의 인입용 비닐 절연 전선. 다만, 경간이 15[m] 이하인 경우에 한하여 인장 강도 1.25[kN] 이상의 것 또는 지름 2[mm] 이상의 인입용 비닐 절연 전선일 것.
3) 전선의 높이는 다음에 의할 것.
   ① 도로를 횡단하는 경우에는 노면상 5[m]
   ② 철도 또는 궤도를 횡단하는 경우에는 궤조면상 6.5[m] 이상
   ③ 횡단보도교의 위에 시설하는 경우에는 노면상 3[m] 이상
   ④ 기타의 경우에는 지표상 4[m](기술상 부득이한 경우에 교통에 지장이 없을 때에는 2.5[m]) 이상

217 저압 가공 인입선이 그림과 같이 차량의 통행이 많은 도로를 횡단하고 있다. 노면상의 높이(h)는 최소한 몇 [m] 이상으로 하여야 하는가?

① 6[m] 이상
② 5.5[m] 이상
③ 5[m] 이상
④ 4[m] 이상

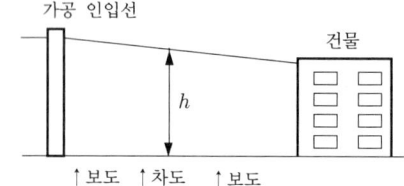

 221.1.1

전선의 높이는 다음에 의할 것.
① 도로를 횡단하는 경우에는 노면상 5[m]
② 철도 또는 궤도를 횡단하는 경우에는 궤조면상 6.5[m] 이상
③ 횡단보도교의 위에 시설하는 경우에는 노면상 3[m] 이상
④ 기타의 경우에는 지표상 4[m](기술상 부득이한 경우에 교통에 지장이 없을 때에는 2.5[m]) 이상

218 저압 연접 인입선은 폭 몇 [m]를 초과하는 도로를 횡단하지 않아야 하는가?

① 5
② 6
③ 7
④ 8

 221.1.2

저압 연접 인입선은 저압 인입선의 규정에 준하여 시설하는 이외에 다음에 의한다.
1) 인입선에서 분기하는 점으로부터 100[m]를 초과하는 지역에 미치지 아니할 것.
2) 폭 5[m]를 초과하는 도로를 횡단하지 아니할 것.
3) 옥내를 통과하지 아니할 것.

219 다음 중 저압 연접 인입선의 시설 규정 중 틀린 것은?

① 경간이 20[m]인 곳에 지름 2.0[mm] DV 전선을 사용하였다.
② 인입선에서 분기하는 점으로부터 100[m]를 넘지 않았다.
③ 폭 4.5[m]의 도로를 횡단하였다.
④ 옥내를 통과하지 않도록 하였다.

 221.1.2

저압 연접 인입선은 저압 인입선의 규정에 준하여 시설한다.
1) 인입선에서 분기하는 점으로부터 100[m]를 초과하는 지역에 미치지 아니할 것.
2) 폭 5[m]를 초과하는 도로를 횡단하지 아니할 것.
3) 옥내를 통과하지 아니할 것.

218	①	②	③	④
219	①	②	③	④

정답 216. ② 217. ③ 218. ① 219. ①

220 고압 가공 인입선의 전선으로는 지름 몇 [mm]의 경동선을 사용하는가?

① 1.6
② 2.6
③ 3.5
④ 5.0

 331.12.1

전선에는 인장 강도 8.01[kN] 이상의 고압 절연 전선, 특별 고압 절연 전선 또는 지름 5[mm] 이상의 경동선의 고압 절연 전선, 특별 고압 절연 전선을 애자사용 배선에 의하여 시설하거나 케이블로 시설하여야 한다.

221 고압 가공 인입선의 높이는 그 아래에 위험 표시를 하였을 경우에 지표상 높이를 몇 [m]까지를 감할 수 있는가?

① 2.5
② 3.0
③ 3.5
④ 4.0

 331.12.1

고압 가공 인입선이 케이블일 때와 전선의 아래쪽에 위험 표시를 하면 지표상 3.5[m]까지로 감할 수 있다.

222 60[kV]의 송전 선로의 송전선과 수목과의 최소 이격 거리는 몇 [m]인가?

① 2.0
② 2.2
③ 2.12
④ 3.45

 333.30

60,000[V] 이하	2[m]
60,000[V] 초과	2[m]에 사용 전압이 60,000[V]를 초과하는 10,000[V] 또는 그 단수마다 12[cm]를 더한 값

다만, 35[kV] 이하인 경우 고압 절연 전선 사용 시 0.5[m] 이상, 특고압 절연 전선 또는 케이블 사용 시 접촉하지 않으면 된다.

223 사용 전압 154[kV]의 가공 전선과 식물 사이의 이격 거리는 최소 몇 [m] 이상이어야 하는가?

① 2　　　　　　　② 2.6
③ 3.2　　　　　　④ 3.8

 333.30

60[kV] 초과하는 10[kV] 단수는 $\frac{154-60}{10}=9.4$

∴ 10단수이고 최소 이격 거리는 $2+0.12\times10=3.2[m]$

224 나전선을 사용한 66,000[V] 가공 전선이 삭도와 제1차 접근 상태에 시설되는 경우 전선과 삭도와의 최소 이격 거리는?

① 2.12[m]　　　　② 2.24[m]
③ 2.36[m]　　　　④ 2.48[m]

 333.28

60,000[V] 이하	2[m]
60,000[V] 초과	2[m]에 사용 전압이 60,000[V]를 초과하는 10,000[V] 또는 그 단수마다 12[cm]를 더한 값

60[kV] 초과하는 10[kV] 단수는 $\frac{66-60}{10}=0.6$

∴ 1단수이고 최소 이격 거리는 $2+0.12\times1=2.12[m]$

225 35[kV] 이하의 특별 고압 가공 전선과 건조물과의 이격 거리는 일반적인 경우 몇 [m] 이상이어야 하는가?

① 1　　　　　　　② 2
③ 3　　　　　　　④ 5

 333.23-1

접근 · 교차	구분	기타 전선		절연 전선(케이블)
		35[kV] 이하	35[kV] 초과하는 것	35[kV] 이하
상부 조영재	위쪽	3[m] 이상	3 + β	2.5[m] 이상(1.2[m])
	옆, 아래쪽			1.5[m] 이상 - 접촉 우려없으면 1[m] (0.5[m])
기타 조영재		3[m] 이상	3 + β	1.5[m] 이상 - 접촉 우려 없으면 1[m] (0.5[m])

β : 35[kV] 초과하는 경우 10[kV]의 단수마다 0.15[m]씩 가산하는 값

[정답] 220. ④　221. ③　222. ①　223. ③　224. ①　225. ③

CHAPTER 5 전기설비 기술기준

226 최대 사용 전압 161[kV] 가공 전선이 건조물과 제1차 접근 상태에 시설되는 경우 전선과 건조물 간의 최소 이격 거리는 몇 [m]이어야 하는가?

① 4.55
② 4.75
③ 4.95
④ 5.45

해설 333.23

35[kV] 초과하는 10[kV] 단수는 $\frac{161-35}{10} = 12.6$

∴ 13단수이고 최소 이격 거리는 $3+0.15 \times 13 = 4.95[m]$

227 특별 고압 345[kV]의 가공 송전 선로를 평지에 건설하는 경우 전선의 지표상 높이는 최소 몇 [m] 이상이어야 하는가?

① 7.5
② 7.95
③ 8.28
④ 8.85

해설 333.7

160[kV] 초과하는 10[kV] 단수는 $\frac{345-160}{10} = 18.5$

∴ 19단수이고 최소 이격 거리는 $8+0.12 \times 19 = 8.28[m]$

228 154[kV]의 특별 고압 가공 전선로를 사람이 쉽게 들어갈 수 없는 산간벽지에 시설한 경우 지표상의 최저 높이는 몇 [m]인가?

① 4
② 5
③ 6
④ 7

333.7-1

사용 전압의 구분	지표상의 높이
35,000[V] 초과 160,000[V] 이하	6[m](산지(山地) 등에서 사람이 쉽게 들어갈 수 없는 장소에 시설하는 경우에는 5[m])
160,000[V] 초과	6[m](산지 등에서 사람이 쉽게 들어갈 수 없는 장소에 시설하는 경우에는 5[m])에 160,000[V]를 초과하는 10,000[V] 또는 그 단수마다 12[cm]를 더한 값

229 154[kV] 가공 송전선이 66[kV] 가공 송전선과 교차할 경우 전선 상호 간의 최소 이격 거리는 몇 [m]인가?

① 3.08　　　　② 3.20
③ 4.00　　　　④ 5.32

 333.27 333.26-1에 준하여 시설

60,000[V] 초과	2[m]에 사용 전압이 60,000[V]를 초과하는 10,000[V] 또는 그 단수마다 12[cm]를 더한 값

60[kV] 초과하는 10[kV] 단수는 $\frac{154-60}{10}=9.4$

∴ 10단수이고 최소 이격 거리는 2+0.12×10=3.2[m]

230 사용 전압 60,000[V] 이하인 특별 고압 가공 전선로는 상시 정전 유도 작용에 의한 통신상의 장해가 없도록 시설하기 위하여 전화 선로의 길이 12[km]마다 유도 전류는 몇 [μA]를 넘지 않도록 하여야 하는가?

① 0.5[μA]　　　　② 1[μA]
③ 1.5[μA]　　　　④ 2[μA]

333.2

1. 사용 전압이 60[kV] 이하인 경우에는 전화 선로의 길이 12[km]마다 유도 전류가 2[μA]를 넘지 아니하도록 할 것.
2. 사용 전압이 60[kV]를 초과하는 경우에는 전화 선로의 길이 40[km]마다 유도 전류가 3[μA]를 넘지 아니하도록 할 것.

정답　226. ③　227. ②　228. ②　229. ②　230. ④

CHAPTER 5 전기설비 기술기준

231 특별 고압 가공 전선과 약전류 전선 사이에 시설하는 보호망에서 보호망을 구성하는 금속선 상호 간의 간격은 가로 및 세로 각각 몇 [m] 이하이어야 하는가?

① 0.5
② 1
③ 1.5
④ 2

 333.26 4항

1) 특별 고압 가공 전선이 가공 약전류 전선이나 저압 또는 고압 가공 전선과 교차하는 경우에는 금속제의 망상 장치로 견고하게 보호하여야 한다. 보호망은 규정에 준하여 접지 공사를 하여야 하고 전선의 바로 아랫부분에 시설하는 금속선은 인장 강도 8.01[kN] 이상 또는 지름 5[mm] 이상의 경동선, 기타 부분의 금속선은 인장 강도 3.64[kN] 이상 또는 지름 4[mm] 이상의 경동선을 60[cm] 이상 수직 이격 거리로 유지하여 시설할 것.
2) 보호망을 구성하는 금속선 상호 간의 간격은 가로세로 각 1.5[m] 이하일 것.

232 22,000[V]의 특별 고압 가공 전선과 그 지지물, 완금류, 지주 또는 지선과의 이격 거리는 최소 몇 [cm]인가?

① 20
② 25
③ 30
④ 35

 333.5-1

사 용 전 압	이격 거리[m]
15[kV] 미만	0.15
15[kV] 이상 25[kV] 미만	0.2
25[kV] 이상 35[kV] 미만	0.25
35[kV] 이상 50[kV] 미만	0.3
50[kV] 이상 60[kV] 미만	0.35
60[kV] 이상 70[kV] 미만	0.4
70[kV] 이상 80[kV] 미만	0.45
80[kV] 이상 130[kV] 미만	0.65
130[kV] 이상 160[kV] 미만	0.9
160[kV] 이상 200[kV] 미만	1.1
200[kV] 이상 230[kV] 미만	1.3
230[kV] 이상	1.6

233 154,000[V] 가공 전선로를 시가지에 시설할 경우 경동 연선의 최소 단면적은 몇 [mm²]인가?

① 38
② 55
③ 100
④ 150

 333.1-2

사용 전압의 구분	전선의 단면적
100[kV] 미만	인장 강도 21.67[kN] 이상의 연선 또는 단면적 55[mm²] 이상의 경동 연선 또는 동등 이상의 인장 강도를 갖는 알루미늄 전선이나 절연 전선
100[kV] 이상	인장 강도 58.84[kN] 이상의 연선 또는 단면적 150[mm²] 이상의 경동 연선 또는 동등 이상의 인장 강도를 갖는 알루미늄 전선이나 절연 전선

234 22.9[kV]의 특별 고압 가공 절연 전선을 시가지에 시설할 경우 지표상의 최저 높이는 몇 [m]이어야 하는가?

① 4
② 5
③ 6
④ 8

 333.1-3

사용 전압의 구분	지표상의 높이
35[kV] 이하	10[m](전선이 특별 고압 절연 전선인 경우에는 8[m])
35[kV] 초과	10[m]에 35[kV]를 초과하는 10[kV] 또는 그 단수마다 0.12[m]를 더한 값

235 154[kV]의 특별 고압 가공 전선을 시가지에 시설하는 경우 전선의 지표상의 최소 높이는 얼마인가?

① 11.44[m]
② 11.8[m]
③ 13.44[m]
④ 13.8[m]

 333.1

35[kV] 초과하는 10[kV] 단수는 $\frac{154-35}{10} = 11.9$

∴ 12단수이므로 $10 + 0.12 \times 12 = 11.44[m]$

정답 231. ③ 232. ① 233. ④ 234. ④ 235. ①

CHAPTER 5 전기설비 기술기준

236 특별 고압 가공 전선로를 시가지에서 A종 철주를 사용하여 시설하는 경우 경간의 최대치는 몇 [m]인가?

① 50
② 75
③ 150
④ 200

해설 333.1-1

지지물의 종류	경 간
A종	75[m]
B종	150[m]
철탑	400[m](단주인 경우에는 300[m]) 다만, 전선이 수평으로 2 이상 있는 경우에 전선 상호 간의 간격이 4[m] 미만인 때에는 250[m]

237 중성점 접지식 22.9[kV] 특별 고압 가공 전선을 A종 철근 콘크리트주를 사용하여 시가지에 시설하는 경우 반드시 지키지 않아도 되는 것은?

① 전선로의 경간은 75[m] 이하로 할 것.
② 전선의 단면적은 55[mm^2] 경동 연선 또는 이와 동등 이상의 세기 및 굵기의 것일 것.
③ 전선이 특별 고압 절연 전선인 경우 지표상의 높이는 8[m] 이상일 것.
④ 전로에 지기가 생긴 경우 또는 단락한 경우에 1초 안에 자동 차단하는 장치를 시설할 것.

해설 333.1 1항 가의 (7)

사용 전압이 100[kV]를 초과하는 특고압 가공 전선에 지락 또는 단락이 생겼을 때에는 1초 이내에 자동적으로 이를 전로로부터 차단하는 장치를 시설할 것

답안 표기란				
236	①	②	③	④
237	①	②	③	④

238 시가지에 시설하는 154[kV] 가공 전선로를 도로와 제1차 접근 상태에 시설하는 경우에 전선과 도로와의 이격 거리는 몇 [m] 이상이어야 하는가?

① 4.4
② 4.8
③ 5.2
④ 5.6

 333.24

35[kV] 초과하는 10[kV] 단수는 $\frac{154-35}{10} = 11.9$(소수점 이하는 절상 처리한다.)
∴ 12단수이므로 $3 + 0.15 \times 12 = 4.8[m]$

239 특별 고압 가공 전선로의 지지물로 사용하는 B종 철주, B종 철근 콘크리트 또는 철탑의 종류에서 전선로의 지지물의 양측의 경간의 차가 큰 곳에 사용하는 것은 어느 것인가?

① 각도형
② 인류형
③ 내장형
④ 보강형

 333.11

- 직선형 : 전선로의 직선 부분으로 3° 이하의 수평 각도를 이루는 곳에 사용하는 것.
- 각도형 : 전선로 중 3°를 초과하는 수평 각도를 이루는 곳에 사용하는 것.
- 인류형 : 전가섭선을 인류하는 곳에 사용하는 것.
- 내장형 : 전선로의 지지물 양쪽의 경간의 차가 큰 곳에 사용하는 것.
- 보강형 : 전선로의 직선 부분에 그 보강을 위하여 사용하는 것.

240 22.9[kV] 3상 4선식 중성선 다중 접지식 가공 전선로에서 각 접지선을 중성선으로부터 분리하였을 경우의 각 접지선과 대지 사이의 합성 저항값은 매 1[km]마다 몇 [Ω] 이하이어야 하는가?

① 30
② 25
③ 20
④ 15

 333.32-1과 333.32-11

구분	각 접지점의 대지 전기 저항값	1[km]마다의 합성 전기 저항값
15[kV] 이하	300[Ω]	30[Ω]
15[kV] 초과 25[kV] 이하	150[Ω]	15[Ω]

[정답] 236. ② 237. ④ 238. ② 239. ③ 240. ④

CHAPTER 5 전기설비 기술기준

241 22.9[kV-Y] 중성선 다중 접지 방식이 특별 고압 인입선이 도로를 횡단하는 경우 노면상 높이는 최소 몇 [m] 이상이어야 하는가?

① 4.5
② 5
③ 5.5
④ 6

 333.32

철도 또는 궤도를 횡단하는 경우에는 6.5[m]
도로를 횡단하는 경우에는 6[m]

242 22,900[V] 3상 4선식 중성점 다중 접지 방식의 가공 전선의 밑에 3,300[V]의 고압 가공 전선을 병가하는 경우의 상호 이격 거리는 몇 [m] 이상이어야 하는가?

① 1.0
② 1.2
③ 1.5
④ 2.0

 333.32

1. 특별 고압 가공 전선의 다중 접지한 중성선은 저압 전선의 접지 측 전선이나 중성선과 공용할 수 있다.
2. 특별 고압 가공 전선과 저압 또는 고압의 가공 전선 사이의 이격 거리는 1[m] 이상일 것. 다만, 특별 고압 가공 전선이 케이블이고 저압 가공 전선이 저압 절연 전선이거나 케이블인 때 또는 고압 가공 전선이 고압 절연 전선이거나 케이블인 때에는 0.5[m]까지 감할 수 있다.

243 전압 22,900[V]의 특별 고압 가공 전선이 건조물과 제1차 접근 상태로 시설되는 경우 특별 고압 가공 전선과 건조물 사이의 이격 거리는 몇 [m] 이상이어야 하는가?

① 3
② 6
③ 9
④ 12

333.32-3

건조물의 조영재	접근 형태	전선의 종류	이격 거리
상부 조영재	위쪽	나전선	3.0[m]
		특고압 절연 전선	2.5[m]
		케이블	1.2[m]
	옆쪽 또는 아래쪽	나전선	1.5[m]
		특고압 절연 전선	1.0[m]
		케이블	0.5[m]
기타의 조영재		나전선	1.5[m]
		특고압 절연 전선	1.0[m]
		케이블	0.5[m]

244 22.9[kV] 3상 4선식 중성점 다중 접지 방식의 가공 전선에 특별 고압 전선을 사용한 경우 안테나와의 최소 이격 거리는 몇 [m]인가?

① 0.75　　　② 1
③ 1.5　　　④ 2

 333.32-7

구 분	가공 전선의 종류	이격(수평 이격)거리
가공 약전류 전선 등 · 저압 또는 고압의 가공 전선 · 저압 또는 고압의 전차선 · 안테나	나전선	2.0[m]
	특별 고압 절연 전선	1.5[m]
	케이블	0.5[m]

245 중성선 다중 접지식의 것으로서 전로에 지기가 생겼을 때 2초 이내에 자동적으로 이를 전로로부터 차단하는 장치가 되어 있는 22.9[kV] 가공 전선과 식물과의 이격 거리를 특별한 경우를 제외하고 몇 [m] 이상으로 하여야 하는가?

① 1.5　　　② 2.0
③ 2.5　　　④ 3.0

333.32
식물 사이의 이격 거리는 1.5[m] 이상일 것.

정답　241. ④　242. ①　243. ①　244. ③　245. ①

246 지중 전선로의 전선으로 사용되는 것은?

① 절연 전선
② 케이블
③ 나경동선
④ 강심 알루미늄 전선

 334.1

지중 전선로는 전선에 케이블을 사용하고 또한 관로식·암거식(暗渠式) 또는 직접 매설식에 의하여 시설하여야 한다.

247 다음 각 케이블 중 특히 특별 고압 전선용으로만 사용할 수 있는 것은?

① 용접용 케이블
② MI 케이블
③ CD 케이블
④ 파이프형 압력 케이블

 334.1

지중 전선로를 직접 매설식에 의하여 시설하는 경우에는 매설 깊이를 차량 기타 중량물의 압력을 받을 우려가 있는 장소에는 1.0[m] 이상, 기타 장소에는 0.6[m] 이상으로 하고 또한 지중 전선을 견고한 트라프 기타 방호물에 넣어 시설하여야 한다. 다만, 다음의 어느 하나에 해당하는 경우에는 지중 전선을 견고한 트라프 기타 방호물에 넣지 아니하여도 된다.
1) 저압 또는 고압의 지중 전선을 차량 기타 중량물의 압력을 받을 우려가 없는 경우에 그 위를 견고한 판 또는 몰드로 덮어 시설하는 경우
2) 저압 또는 고압의 지중 전선에 콤바인 덕트 케이블 또는 개장(鎧裝)한 케이블을 사용하여 시설하는 경우
3) 특고압 지중 전선은 개장한 케이블을 사용하고 또한 견고한 판 또는 몰드로 지중 전선의 위와 옆을 덮어 시설하는 경우
4) 지중 전선에 파이프형 압력 케이블을 사용하거나 최대 사용 전압이 60[kV]를 초과하는 연피 케이블, 알루미늄 피 케이블 그 밖의 금속 피복을 한 특고압 케이블을 사용하고 또한 지중 전선의 위를 견고한 판 또는 몰드 등으로 덮어 시설하는 경우

248 고압 지중 케이블로서 직접 매설식에 의하여 견고한 트라프 기타 방호물에 넣지 않고 시설할 수 있는 케이블은? (단, 보기 항의 케이블은 개장하지 않은 것임)

① 미네랄 인슈레이션 케이블
② 콤바인 덕트 케이블
③ 클로로프렌 외장 케이블
④ 고무 외장 케이블

답안 표기란				
248	①	②	③	④
249	①	②	③	④
250	①	②	③	④

 334.1

지중 전선에 파이프형 압력 케이블을 사용하거나 최대 사용 전압이 60[kV]를 초과하는 연피 케이블, 알루미늄 피 케이블 그 밖의 금속 피복을 한 특고압 케이블을 사용하고 또한 지중 전선의 위를 견고한 판 또는 몰드 등으로 덮어 시설하는 경우 지중 전선을 견고한 트라프 기타 방호물에 넣지 아니하여도 된다.

249 지중 전선로를 직접 매설식에 의하여 차량 기타 중량물의 압력을 받을 우려가 있는 장소에 시설할 경우에는 그 매설 깊이를 최저 몇 [m] 이상으로 하여야 하는가?

① 0.6
② 1.0
③ 1.2
④ 1.6

 334.1

지중 전선로를 직접 매설식에 의하여 시설하는 경우에는 매설 깊이를 차량 기타 중량물의 압력을 받을 우려가 있는 장소에는 1.0[m] 이상, 기타 장소에는 0.6[m] 이상.

250 특고압 지중 전선과 지중 약전류 전선의 접근 교차 시 이격 거리는 몇 [cm] 이하인가?

① 30
② 60
③ 80
④ 90

 334.6

1) 저압 또는 고압의 지중 전선은 30[m] 초과
2) 특별 고압 지중 전선은 60[cm] 초과
3) 특별 고압 지중 전선이 가연성이나 유독성의 유체(流體)를 내포하는 관과 접근하거나 교차하는 경우에 상호 간의 이격 거리 1[m] 초과(단, 22.9[kV-Y]인 경우 0.5[m] 초과) 그 이하일 경우 격벽을 시설하거나 견고한 관에 넣어 시설할 것.

[정답] 246. ② 247. ④ 248. ② 249. ② 250. ②

CHAPTER 5 전기설비 기술기준

251 저압 수상 전선로에 사용되는 전선은?

① 600[V] 비닐 절연 전선
② 옥외 비닐 케이블
③ 캡타이어 케이블
④ 클로로프렌 캡타이어 케이블

 335.3

사용 전선
1) 저압인 경우에는 클로로프렌 캡타이어 케이블일 것.
2) 고압인 경우에는 캡타이어 케이블일 것.

252 인도교 위에 시설하는 조명용 가공 저압 전선로의 경동 전선의 최소 굵기는 얼마인가?

① 1.6[mm] ② 2.0[mm]
③ 2.6[mm] ④ 3.2[mm]

 335.6

교량의 윗면에 시설하는 저압 전선은 5[m] 이상 높이, 케이블인 경우 이외에는 인장 강도 2.30[kN] 이상의 것 또는 지름 2.6[mm] 이상의 경동선의 절연 전선일 것. 조영재와의 이격 거리는 0.3[m] 이상

253 전력 보안 통신용 전화 설비를 반드시 시설하여야 하는 곳은?

① 원격 감시 제어가 되는 변전소
② 화력 발전소와 수력 발전소 상호 간
③ 원격 감시 제어가 되는 발전소
④ 2 이상의 급전소 상호 간

 362.1

가. 송전 선로
  (1) 66[kV], 154[kV], 345[kV], 765[kV] 계통 송전 선로 구간(가공, 지중, 해저) 및 안전상 특히 필요한 경우에 전선로의 적당한 곳
  (2) 고압 및 특고압 지중 전선로가 시설되어 있는 전력 구내에서 안전상 특히 필요한 경우의 적당한 곳
  (3) 직류 계통 송전 선로 구간 및 안전상 특히 필요한 경우의 적당한 곳
  (4) 송변전 자동화 등 지능형 전력망 구현을 위해 필요한 구간
나. 배전 선로
  (1) 22.9[kV] 계통 배전 선로 구간(가공, 지중, 해저)
  (2) 22.9[kV] 계통에 연결되는 분산 전원형 발전소
  (3) 폐회로 배전 등 신배전 방식 도입 개소
  (4) 배전 자동화, 원격 검침, 부하 감시 등 지능형 전력망 구현을 위해 필요한 구간
다. 발전소, 변전소 및 변환소
  (1) 원격 감시 제어가 되지 아니하는 발전소·원격 감시 제어가 되지 아니하는 변전소(이에 준하는 곳으로서 특고압의 전기를 변성하기 위한 곳을 포함한다)·개폐소, 전선로 및 이를 운용하는 급전소 및 급전분소 간
  (2) 2개 이상의 급전소(분소) 상호 간과 이들을 통합 운용하는 급전소(분소) 간
  (3) 수력 설비 중 필요한 곳, 수력 설비의 안전상 필요한 양수소(量水所) 및 강수량 관측소와 수력 발전소 간
  (4) 동일 수계에 속하고 안전상 긴급 연락의 필요가 있는 수력 발전소 상호 간
  (5) 동일 전력 계통에 속하고 또한 안전상 긴급 연락의 필요가 있는 발전소·변전소(이에 준하는 곳으로서 특고압의 전기를 변성하기 위한 곳을 포함한다) 및 개폐소 상호 간
  (6) 발전소·변전소 및 개폐소와 기술원 주재소 간. 다만, 다음 어느 항목에 적합하고 또한 휴대용이거나 이동형 전력 보안 통신 설비에 의하여 연락이 확보된 경우에는 그러하지 아니하다.
    (가) 발전소로서 전기의 공급에 지장을 미치지 않는 곳
    (나) 상주 감시를 하지 않는 변전소(사용 전압이 35[kV] 이하의 것에 한한다)로서 그 변전소에 접속되는 전선로가 동일 기술원 주재소에 의하여 운용되는 곳
  (7) 발전소·변전소(이에 준하는 곳으로서 특고압의 전기를 변성하기 위한 곳을 포함한다.)·개폐소·급전소 및 기술원 주재소와 전기 설비의 안전상 긴급 연락의 필요가 있는 기상대·측후소·소방서 및 방사선 감시 계측 시설물 등의 사이
라. 배전 자동화 주장치가 시설되어 있는 배전 센터, 전력 수급 조절을 총괄하는 중앙 급전 사령실
마. 전력 보안 통신 데이터를 중계하거나, 교환 장치가 설치된 정보 통신실

정답 251. ④ 252. ③ 253. ④

254 전력 보안 가공 통신선을 횡단보도교의 위에 시설할 때의 높이는 노면상 몇 [m] 이상이어야 하는가?

① 3
② 3.5
③ 5
④ 6.5

 362.2

전력 보안 가공 통신선의 높이
1. 도로 위에 시설하는 경우에는 지표상 5[m] 이상(교통에 지장 없으면 지표상 4.5[m])
2. 철도의 궤도를 횡단하는 경우에는 레일면상 6.5[m] 이상
3. 횡단보도교 위에 시설하는 경우에는 그 노면상 3[m] 이상
4. 기타의 경우에는 지표상 3.5[m] 이상

255 고압 가공 전선로의 지지물에 시설하는 중성선 또는 이에 직접 접속하는 가공 통신선을 횡단보도교 위에 시설할 때, 그 높이는 노면상 몇 [m] 이상으로 시설하여도 되는가? (단, 통신선은 첨가 통신용 제1종 케이블임)

① 3
② 3.5
③ 4
④ 4.5

 362.2

가공 전선로의 지지물에 시설하는 통신선 또는 이에 직접 접속하는 가공 통신선의 높이
1. 도로를 횡단하는 경우에는 지표상 6[m] 이상(교통에 지장 없으면 지표상 5[m])
2. 철도 또는 궤도를 횡단하는 경우에는 레일면상 6.5[m] 이상
3. 횡단보도교의 위에 시설하는 경우에는 그 노면상 5[m] 이상
   가. 저압 또는 고압의 가공 전선로의 지지물에 시설하는 통신선 또는 이에 직접 접속하는 가공 통신선을 노면상 3.5[m](통신선이 절연 전선과 동등 이상의 절연 성능이 있는 경우에는 3[m]) 이상
   나. 특고압 전선로의 지지물에 시설하는 통신선 또는 이에 직접 접속하는 가공 통신선으로서 광섬유 케이블을 사용하는 것을 그 노면상 4[m] 이상
4. 기타의 경우에는 지표상 5[m] 이상

256 그림은 전력선 반송 통신용 결합 장치의 보안 장치이다. 여기서 CC는 어떤 콘덴서인가?

① 전력용 콘덴서
② 정류용 콘덴서
③ 결합용 콘덴서
④ 축전용 콘덴서

 362.11

FD : 동축 케이블
F : 정격 전류 10[A] 이하의 포장 퓨즈
DR : 전류 용량 2[A] 이상의 배류 선륜
L_1 : 교류 300[V] 이하에서 동작하는 피뢰기
L_2 : 동작 전압이 교류 1,300[V]를 초과하고 1,600[V] 이하로 조정된 방전 갭
L_3 : 동작 전압이 교류 2,000[V]를 초과하고 3,000[V] 이하로 조성된 구상 방전 갭
S : 접지용 개폐기
CF : 결합 필터
CC : 결합 커패시터(결합 안테나를 포함한다)
E : 접지

257 그림은 전력선 반송 통신용 결합 장치의 보안 장치다. S는 어떤 용도의 개폐기인가?

① 단락용
② 접지용
③ 소호용
④ 통신용

 362.11

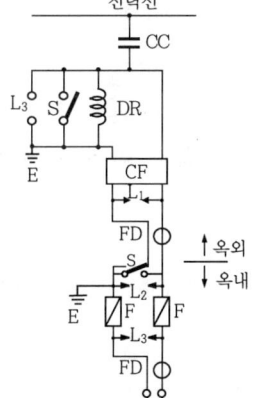

FD : 동축 케이블
F : 정격 전류 10[A] 이하의 포장 퓨즈
DR : 전류 용량 2[A] 이상의 배류 선륜
L_1 : 교류 300[V] 이하에서 동작하는 피뢰기
L_2 : 동작 전압이 교류 1,300[V]를 초과하고 1,600[V] 이하로 조정된 방전 갭
L_3 : 동작 전압이 교류 2,000[V]를 초과하고 3,000[V] 이하로 조성된 구상 방전 갭
S : 접지용 개폐기
CF : 결합 필터
CC : 결합 커패시터(결합 안테나를 포함한다)
E : 접지

정답 254. ① 255. ① 256. ③ 257. ②

CHAPTER 5 전기설비 기술기준

258 전력 보안 통신 설비의 무선 통신용 안테나 또는 반사판을 지지하는 철주, 철근 콘크리트주 또는 철탑의 기초의 안전율은 얼마 이상이어야 하는가?

① 1.0
② 1.2
③ 1.5
④ 2.0

 364.1

목주 풍압 하중에 대한 안전율은 1.5 이상.
철주 · 철근 콘크리트주 또는 철탑의 기초의 안전율은 1.5 이상.

259 대지 전압 220[V]의 백열전등 또는 방전등에 전기를 공급하는 사무실용 건물에 시설되는 옥내 전로의 시설 방법이 잘못된 것은?

① 전선은 사람이 접촉할 우려가 없도록 시설
② 백열전등의 전구 소켓은 키나 그 밖의 점멸 기구가 있는 것을 사용
③ 백열전등은 저압의 옥내 배선과 직접 접속하여 시설
④ 방전등용 안정기는 저압의 옥내 배선과 직접 접속하여 시설

 231.6

1. 백열전등 또는 방전등 및 이에 부속하는 전선은 사람이 접촉할 우려가 없도록 시설하여야 한다.
2. 백열전등(기계 장치에 부속하는 것 제외) 또는 방전등용 안정기는 저압의 옥내 배선과 직접 접속하여 시설하여야 한다.
3. 백열전등의 전구 소켓은 키나 그 밖의 점멸 기구가 없는 것이어야 한다.

260 백열전등 또는 방전등에 전기를 공급하는 옥내 전로의 대지 전압은 몇 [V] 이하이어야 하는가? (단, 주택의 옥내 전로는 제외한다.)

① 60
② 110
③ 170
④ 300

231.6

백열전등 또는 방전등에 전기를 공급하는 옥내의 전로의 대지 전압은 300[V] 이하 이어야 한다.

261 옥내에 시설하는 저압 전선에 나전선을 사용할 수 있는 경우는 다음 중 어느 것인가?

① 금속 덕트 공사에 의하여 시설하는 경우
② 버스 덕트 공사에 의하여 시설하는 경우
③ 합성수지관 공사에 의하여 시설하는 경우
④ 플로어 덕트 공사에 의하여 시설하는 경우

 231.4

옥내에 시설하는 저압 전선에는 나전선을 사용하여서는 아니 된다. 다만, 다음중 어느 하나에 해당하는 경우에는 그러하지 아니하다.
1. 애자 공사에 의하여 전개된 곳에 다음의 전선을 시설하는 경우
   가. 전기로용 전선
   나. 전선의 피복 절연물이 부식하는 장소에 시설하는 전선
   다. 취급자 이외의 자가 출입할 수 없도록 설비한 장소에 시설하는 전선
2. 버스 덕트 공사에 의하여 시설하는 경우
3. 라이팅 덕트 공사에 의하여 시설하는 경우
4. 접촉 전선을 시설하는 경우

262 사용 전압이 몇 [V]를 초과하는 저압용의 전구선은 옥내에 시설할 수 없는가?

① 250　　② 300
③ 350　　④ 400

 231.6 2항

주택의 옥내 전로의 대지 전압은 300[V] 이하이어야 하며, 사용 전압은 400[V] 이하 이어야 한다.

263 저압 옥내 배선을 합성수지관 공사에 의하여 실시하는 경우 사용할 수 있는 단선의 단면적은 최대 몇 [mm^2]인가?

① 4　　② 8
③ 10　　④ 16

정답 258. ③ 259. ② 260. ④ 261. ② 262. ④ 263. ③

 232.11.1

1. 전선은 절연 전선(옥외용 비닐 절연 전선을 제외)일 것.
2. 전선은 연선일 것. 다만, 짧고 가는 합성수지관에 넣은 것 또는 단면적 10[mm²](알루미늄선은 16[mm²]) 이하의 것인 경우에는 적용하지 않는다.
3. 전선은 합성수지관 안에서 접속점이 없도록 할 것.
4. 중량물의 압력 또는 현저한 기계적 충격을 받을 우려가 없도록 시설할 것.
5. 이중 천장 내에는 시설할 수 없다.

264 플로어 덕트 공사에 의한 저압 옥내 배선에서 절연 전선으로 연선을 사용하지 않아도 되는 전선의 단면적(mm²)은 얼마 이하의 경우인가?

① 2.0
② 4.0
③ 10
④ 16

 232.32.1

1. 전선은 절연 전선(옥외용 비닐 절연 전선을 제외)일 것.
2. 전선은 연선일 것. 다만, 짧고 가는 합성수지관에 넣은 것 또는 단면적 10[mm²](알루미늄선은 16[mm²]) 이하의 것은 그러하지 아니하다.
3. 플로어 덕트 안에는 전선의 접속점이 없도록 할 것. 다만, 전선을 분기하는 경우에 접속점을 쉽게 점검할 수 있을 때에는 그러하지 아니하다.

265 단락 전류 보호 장치는 분기점에 시설하여야 하나, 분기 회로의 단락 보호 장치 설치점과 분기점 사이에 다른 분기 회로 또는 콘센트의 접속이 없고, 단락, 화재 및 인체에 대한 위험성이 최소화될 경우, 분기 회로의 단락 보호는 분기 회로의 분기점으로부터 최대 몇 [m]까지 이동하여 설치할 수 있는가?

① 1.5
② 3
③ 4.5
④ 6

답안 표기란				
264	①	②	③	④
265	①	②	③	④

 212.5.2

단락 전류 보호 장치는 분기점에 시설하여야 하나, 분기 회로의 단락 보호 장치 설치점과 분기점 사이에 다른 분기 회로 또는 콘센트의 접속이 없고, 단락, 화재 및 인체에 대한 위험성이 최소화될 경우, 분기 회로의 단락 보호는 분기 회로의 분기점으로부터 3[m]까지 이동하여 설치할 수 있다.

266 옥내에 시설하는 전동기에는 과전류 보호 장치를 하여야 하는데, 이의 시설을 생략할 수 없는 경우는?

① 전동기가 단상의 것으로 전원 측 전로에 시설하는 과전류 차단기의 정격 전류가 16[A] 이하인 경우
② 전동기가 단상의 것으로 전원 측 전로에 시설하는 배선용 차단기의 정격 전류가 20[A] 이하인 경우
③ 타인이 출입할 수 없고 전동기 운전 중 상시 취급자가 감시할 수 있는 위치에서 시설하는 경우
④ 전동기의 정격 출력이 0.75[kW]인 전동기

 212.6.3

옥내에 시설하는 전동기(정격 출력이 0.2[kW] 이하인 것을 제외)에는 전동기가 손상될 우려가 있는 과전류가 생겼을 때에 자동적으로 이를 저지하거나 이를 경보하는 장치를 하여야 한다. 다만, 다음의 어느 하나에 해당하는 경우에는 그러하지 아니하다.
가. 전동기를 운전 중 상시 취급자가 감시할 수 있는 위치에 시설하는 경우
나. 전동기의 구조나 부하의 성질로 보아 전동기가 손상될 수 있는 과전류가 생길 우려가 없는 경우
다. 단상 전동기로 그 전원 측 전로에 시설하는 과전류 차단기의 정격 전류가 16[A](배선 차단기는 20[A]) 이하인 경우

267 옥내에 시설하는 전동기가 소손되는 것을 방지하기 위한 과부하 보호 장치를 하지 않아도 되는 것은?

① 전동기 출력이 4[kW]이며, 취급자가 감시할 수 없는 경우
② 정격 출력이 0.2[kW] 이하의 경우
③ 과전류 차단기가 없는 경우
④ 정격 출력이 10[kW] 이상인 경우

정답 264. ④ 265. ② 266. ④ 267. ③

CHAPTER 5 전기설비 기술기준

 212.6.3

옥내에 시설하는 전동기(정격 출력이 0.2[kW] 이하인 것을 제외)에는 전동기가 손상될 우려가 있는 과전류가 생겼을 때에 자동적으로 이를 저지하거나 이를 경보하는 장치를 하여야 한다.

268 조명용 백열전등을 설치할 때 타임스위치를 시설하여야 할 곳은?
① 공장
② 사무실
③ 병원
④ 아파트 현관

 234.6

다음의 경우에는 센서등(타임스위치 포함)을 시설하여야 한다.
가. 「관광 진흥법」과 「공중위생관리법」에 의한 관광숙박업 또는 숙박업(여인숙업을 제외한다)에 이용되는 객실의 입구등은 1분 이내에 소등되는 것.
나. 일반 주택 및 아파트 각 호실의 현관등은 3분 이내에 소등되는 것.

269 호텔 또는 여관 각 객실의 입구등으로 조명을 백열전등으로 시설할 때에는 몇 분 이내에 소등되는 타임스위치를 시설해야 하는가?
① 1
② 2
③ 3
④ 5

 234.6

다음의 경우에는 센서등(타임스위치 포함)을 시설하여야 한다.
가. 「관광 진흥법」과 「공중위생관리법」에 의한 관광숙박업 또는 숙박업(여인숙업을 제외한다)에 이용되는 객실의 입구등은 1분 이내에 소등되는 것.
나. 일반 주택 및 아파트 각 호실의 현관등은 3분 이내에 소등되는 것.

270 일반 주택의 저압 옥내 배선을 점검하였더니 다음과 같이 시공되어 있었다. 잘못 시공된 부분에 해당되는 것은?

① 욕실의 전등으로 방습 형광등이 시설되어 있다
② 단상 3선식 인입 개폐기의 중성선에 동판이 접속되어 있다.
③ 합성수지관 공사의 지지점 간의 거리가 2.0[m]로 되어 있다.
④ 금속관 공사로 시공되어 있고 전선은 절연 전선이 사용되고 있다.

 232.11.3

관의 지지점 간의 거리는 1.5[m] 이하로 한다.

271 사용 전압이 440[V]인 경우의 애자 공사에서 전선과 조영재와의 이격 거리는 최소 몇 [cm] 이상이어야 하는가?

① 2.5 ② 4.5
③ 6   ④ 8

 232.56.1

1) 전선은 절연 전선(옥외용 및 인입용 비닐 절연 전선을 제외)을 사용할 것.
2) 전선 상호 간의 간격은 0.06[m] 이상일 것.
3) 전선과 조영재와의 이격 거리
　① 400[V] 이하인 경우 25[mm] 이상
　② 400[V] 초과인 경우 45[mm](건조한 장소 25[mm]) 이상
4) 전선의 지지점 간 거리.
　① 조영재의 윗면 또는 옆면에 따라 붙일 경우 2[m] 이하
　② 400[V] 초과인 것은 조영재의 윗면 또는 옆면에 따라 붙이지 않을 경우 6[m] 이하
5) 전선은 사람이 쉽게 접촉할 우려가 없도록 시설할 것.
6) 전선이 조영재를 관통하는 경우에는 그 관통하는 부분의 전선을 전선마다 각각 별개의 난연성 및 내수성이 있는 절연관에 넣을 것.
7) 애자는 절연성 난연성 및 내수성의 것일 것.

272 사용 전압이 220[V]인 경우의 애자 공사에서 전선과 조영재와의 이격 거리는 최소 몇 [cm] 이상이어야 하는가?

① 2.5 ② 4.5
③ 6   ④ 8

[정답] 268. ④ 269. ① 270. ④ 271. ② 272. ①

CHAPTER 5 전기설비 기술기준

 232.56

전선과 조영재와의 이격 거리
① 400[V] 이하인 경우 2.5[cm] 이상
② 400[V] 초과인 경우 4.5[cm](건조한 장소 2.5[cm]) 이상

273 사용 전압 480[V]인 옥내 저압 절연 전선을 애자 공사에 의해서 점검할 수 없는 은폐 장소에 시설하는 경우에 전선 상호 간의 거리는 얼마 이상이어야 하는가?

① 6[cm] ② 10[cm]
③ 12[cm] ④ 15[cm]

 232.56.1

1) 전선은 절연 전선(옥외용 및 인입용 비닐 절연 전선을 제외)을 사용할 것.
2) 전선 상호 간격은 6[cm] 이상일 것.

274 애자 공사에 의한 사용 전압 220[V]인 옥내 배선을 전개된 장소로서 전선을 조영재의 윗면에 따라 붙일 경우 전선의 지지점 간의 거리는 몇 [m] 이하로 시설하여야 하는가?

① 1.5 ② 2
③ 3.5 ④ 5

 232.56.1

4) 전선의 지지점 간 거리
① 조영재의 윗면 또는 옆면에 따라 붙일 경우 2[m] 이하
② 400[V] 초과인 것은 조영재의 윗면 또는 옆면에 따라 붙이지 않을 경우 6[m] 이하

275 사용 전압 220[V]의 애자 공사에서 전선의 지지점 간의 거리는 최대 몇 [m]인가? (단, 전개된 장소로서 전선을 조영재의 면에 따라 붙일 경우)

① 1.5
② 2
③ 3.5
④ 4

 232.56.1

4) 전선의 지지점 간 거리.
　① 조영재의 윗면 또는 옆면에 따라 붙일 경우 2[m] 이하
　② 400[V] 초과인 것은 조영재의 윗면 또는 옆면에 따라 붙이지 않을 경우 6[m] 이하

276 저압 옥내 배선을 할 때 인입용 비닐 절연 전선을 사용할 수 없는 것은?

① 합성수지관 공사
② 금속관 공사
③ 애자 공사
④ 가요 전선관 공사

 232.56.1

1) 전선은 절연 전선(옥외용 및 인입용 비닐 절연 전선을 제외)을 사용할 것.

277 애자 공사에 의하여 시설하는 고압 옥내 배선이 수도관과의 최소 이격 거리는 몇 [cm]인가?

① 10
② 15
③ 30
④ 60

 342.1 2항

고압 옥내 배선이 수관·가스관이나 이와 유사한 것과 접근하거나 교차하는 경우 이격 거리는 0.15[m](애자 사용 배선에 의하여 시설하는 저압 옥내 전선이 나전선인 경우에는 0.3[m], 가스계량기 및 가스관의 이음부와 전력량계 및 개폐기와는 0.6[m]) 이상이어야 한다.

[정답] 273. ① 274. ② 275. ② 276. ③ 277. ②

CHAPTER 5 전기설비 기술기준

278 화약류 저장소에 있어서의 전기 공작물의 시설이 적당하지 않은 것은?

① 전로의 대지 전압은 300[V] 이하일 것.
② 전기 기계 기구는 개방형일 것.
③ 지락 차단 장치 또는 경보 장치를 시설할 것.
④ 전용 개폐기 또는 과전류 차단 장치를 시설할 것.

 242.5.1

1) 화약류 저장소 안에는 전기 설비를 시설해서는 안 된다. 다만, 조명 기구에 전기를 공급하기 위한 전기 설비(개폐기 및 과전류 차단기를 제외한다)는 규정에 준하여 시설하는 이외에 다음에 따라 시설하는 경우에는 그러하지 아니하다.
   가. 전로에 대지 전압은 300[V] 이하일 것.
   나. 전기 기계 기구는 전폐형의 것일 것.
   다. 케이블을 전기 기계 기구에 인입할 때에는 인입구에서 케이블이 손상될 우려가 없도록 시설할 것.
2) 화약류 저장소 안의 전기 설비에 전기를 공급하는 전로에는 화약류 저장소 이외의 곳에 전용 개폐기 및 과전류 차단기를 각 극(과전류 차단기는 다선식 전로의 중성극을 제외한다)에 취급자 이외의 자가 쉽게 조작할 수 없도록 시설하고 또한 전로에 지락이 생겼을 때에 자동적으로 전로를 차단하거나 경보하는 장치를 시설하여야 한다.

279 애자 공사에 의한 6,600[V] 고압 옥내 배선에 사용되는 연동선의 최소 단면적은 몇 [mm²]인가?

① 2.5　　　② 4
③ 6　　　　④ 10

 342.1

(1) 전선은 공칭 단면적 6[mm²] 이상의 연동선 또는 이와 동등 이상의 세기 및 굵기의 고압 절연 전선이나 특고압 절연 전선 또는 인하용 고압 절연 전선일 것.
(2) 전선의 지지점 간의 거리는 6[m] 이하일 것. 다만, 전선을 조영재의 면을 따라 붙이는 경우에는 2[m] 이하이어야 한다.

(3) 전선 상호 간의 간격은 0.08[m] 이상, 전선과 조영재 사이의 이격 거리는 0.05[m] 이상일 것.
(4) 애자 사용 배선에 사용하는 애자는 절연성·난연성 및 내수성의 것일 것.
(5) 고압 옥내 배선은 저압 옥내 배선과 쉽게 식별되도록 시설할 것.
(6) 전선이 조영재를 관통하는 경우에는 그 관통하는 부분의 전선을 전선마다 각각 별개의 난연성 및 내수성이 있는 견고한 절연관에 넣을 것.

280 건조하고 전개된 장소에 시설할 수 있는 사용 전압이 3,300[V]인 옥내 배선 공사는?

① 금속관 공사
② 플로어 덕트 공사
③ 케이블 공사
④ 합성수지관 공사

 342.1 1항

1) 애자 사용 배선(건조한 장소로서 전개된 장소에 한한다.)
2) 케이블 배선
3) 케이블 트레이 배선

281 애자 사용 공사로 시설하는 고압 옥내 배선과 다른 애자 사용 노출 공사에 의한 고압 옥내 배선이 교차하는 경우 상호 간의 이격 거리는 최소 몇 [cm] 이상이어야 하는가?

① 10
② 15
③ 20
④ 25

 342.1 2항

고압 옥내 배선이 다른 고압 옥내 배선·저압 옥내 전선·관등 회로의 배선·약전류 전선 등 또는 수관·가스관이나 이와 유사한 것과 접근하거나 교차하는 경우에는 고압 옥내 배선과 다른 고압 옥내 배선·저압 옥내 전선·관등 회로의 배선·약전류 전선 등 또는 수관·가스관이나 이와 유사한 것 사이의 이격 거리는 0.15[m](애자 사용 배선에 의하여 시설하는 저압 옥내 전선이 나전선인 경우에는 0.3[m], 가스계량기 및 가스관의 이음부와 전력량계 및 개폐기와는 0.6[m]) 이상이어야 한다.

282 6[kV] 고압 옥내 배선을 애자 사용 공사로 하는 경우 전선의 지지점 간의 거리는 전선을 조영재의 면을 따라 붙이는 경우에는 몇 [m] 이하이어야 하는가?

① 1
② 2
③ 3
④ 5

정답 278. ② 279. ③ 280. ③ 281. ② 282. ②

342.1

전선의 지지점 간의 거리는 6[m] 이하일 것. 다만, 전선을 조영재의 면을 따라 붙이는 경우에는 2[m] 이하이어야 한다.

283 가요 전선관 공사에 사용할 수 없는 전선은?

① 인입용 비닐 절연 전선
② 옥외용 비닐 절연 전선
③ 600[V] 비닐 절연 전선
④ 600[V] 고무 절연 전선

 232.13.1

1. 전선은 절연 전선(옥외용 비닐 절연 전선을 제외한다)일 것.
2. 전선은 연선일 것. 다만, 단면적 10[mm^2](알루미늄선은 단면적 16[mm^2]) 이하인 것은 그러하지 아니하다.
3. 가요 전선관 안에는 전선에 접속점이 없도록 할 것.
4. 가요 전선관은 2종 금속제 가요 전선관일 것. 다만, 전개된 장소 또는 점검할 수 있는 은폐된 장소(옥내 배선의 사용 전압이 400[V] 초과인 경우에는 전동기에 접속하는 부분으로서 가요성을 필요로 하는 부분에 사용하는 것에 한한다.)에는 1종 가요 전선관(습기가 많은 장소 또는 물기가 있는 장소에는 비닐 피복 1종 가요 전선관에 한한다.)을 사용할 수 있다.

284 가요 전선관 공사에 의한 저압 옥내 배선으로 잘못된 것은?

① 2종 금속제 가요 전선관을 사용하였다.
② 규격에 적당한 단면적 10[mm^2]의 전선을 사용하였다.
③ 전선으로 옥외용 비닐 절연 전선을 사용하였다.
④ 가요 전선관 공사는 규정에 적합하도록 접지 공사를 하였다.

 232.13.1

1. 전선은 절연 전선(옥외용 비닐 절연 전선을 제외한다)일 것.

232.13.3
5. 가요 전선관 공사는 규정에 준하여 접지 공사를 할 것.

285 합성수지 몰드 공사에서 옳지 못한 것은?

① 전선은 절연 전선일 것.
② 합성수지 몰드 안에는 전선에 접속점이 없도록 할 것.
③ 합성수지 몰드는 홈의 폭 및 깊이가 3.5[cm] 이하.
④ 사람이 쉽게 접촉할 우려가 없도록 시설하는 경우에는 폭이 6[cm] 이상.

 232.21.1

1) 전선은 절연 전선(옥외용 비닐 절연 전선을 제외)일 것.
2) 합성수지 몰드 안에는 전선에 접속점이 없도록 할 것.
3) 합성수지 몰드 상호 간 및 합성수지 몰드와 박스 기타의 부속품과는 전선이 노출하지 아니하도록 접속할 것.

232.21.2
1) 합성수지 몰드 공사에 사용하는 합성수지 몰드 및 박스 기타의 부속품(몰드 상호 간을 접속하는 것 및 몰드 끝에 접속하는 것에 한한다.)은 KS C 8436(합성수지제 박스 및 커버)에 적합한 것일 것.
2) 합성수지 몰드는 홈의 폭 및 깊이가 35[mm] 이하, 두께는 2[mm] 이상의 것일 것. 다만, 사람이 쉽게 접촉할 우려가 없도록 시설하는 경우에는 폭이 50[mm] 이하, 두께 1[mm] 이상의 것을 사용할 수 있다.

286 금속관 공사를 콘크리트에 매설하여 시행하는 경우 관의 두께는 몇 [mm] 이상이어야 하는가?

① 1.0　　② 1.2
③ 1.4　　④ 1.6

 232.12.2 1의 나

관의 두께는 콘크리트에 매입하는 것은 1.2[mm] 이상, 이외의 것은 1[mm] 이상. 다만, 이음매가 없는 길이 4[m] 이하인 것을 건조하고 전개된 곳에 시설하는 경우에는 0.5[mm]까지로 감할 수 있다.

287 금속관 공사에 의한 저압 옥내 배선에 사용되어서는 안 되는 전선은?

① 인입용 비닐 절연 전선
② 옥외용 비닐 절연 전선
③ 600[V] 비닐 절연 전선
④ 600[V] 고무 절연 전선

정답　283. ②　284. ③　285. ④　286. ②　287. ②

 232.12.1

1) 전선은 절연 전선(옥외용 비닐 절연 전선은 제외)일 것.
2) 전선은 연선일 것. 다만, 다음의 것은 적용하지 않는다.
   가. 짧고 가는 금속관에 넣은 것.
   나. 단면적 10[mm^2](알루미늄선은 단면적 16[mm^2]) 이하의 것.
3) 전선은 금속관 안에서 접속점이 없도록 할 것.

288 금속관 공사에 의한 저압 옥내 배선의 방법으로 틀린 것은?

① 옥외용 비닐 절연 전선으로 사용하였다.
② 전선은 연선을 사용하였다.
③ 콘크리트에 매설하는 금속관의 두께는 1.2[mm]를 사용하였다.
④ 관에는 규정에 적합하도록 접지 공사를 하였다.

 232.12.1

전선은 절연 전선(옥외용 비닐 절연 전선은 제외)이며 또한 연선일 것.

289 합성수지관 공사에 의한 저압 옥내 배선의 시설 기준으로 옳지 않은 것은?

① 습기가 많은 장소에 방습 장치를 하여 사용하였다.
② 전선은 옥외용 비닐 절연 전선을 사용하였다.
③ 전선은 연선을 사용하였다.
④ 관의 지지점 간의 거리는 1.5[m]로 하였다.

 232.11.1

1) 전선은 절연 전선(옥외용 비닐 절연 전선을 제외한다)일 것.
2) 전선은 연선일 것. 다만, 다음의 것은 적용하지 않는다.
   가. 짧고 가는 합성수지관에 넣은 것.
   나. 단면적 10[mm^2](알루미늄선은 단면적 16[mm^2]) 이하의 것.
3) 전선은 합성수지관 안에서 접속점이 없도록 할 것.

4) 중량물의 압력 또는 현저한 기계적 충격을 받을 우려가 없도록 시설할 것.
5) 이중 천장(반자 속 포함) 내에는 시설할 수 없다.

232.11.3
1) 관 상호 간 및 박스와는 관을 삽입하는 깊이를 관의 바깥지름의 1.2배(접착제를 사용하는 경우에는 0.8배) 이상으로 하고 또한 꽂음 접속에 의하여 견고하게 접속할 것.
2) 관의 지지점 간의 거리는 1.5[m] 이하로 하고, 또한 그 지지점은 관의 끝·관과 박스의 접속점 및 관 상호 간의 접속점 등에 가까운 곳에 시설할 것.
3) 습기가 많은 장소 또는 물기가 있는 장소에 시설하는 경우에는 방습 장치를 할 것.

290 라이팅 덕트 공사에 의한 저압 옥내 배선에서 덕트의 지지점 간의 거리는?

① 4[m] 이하 ② 3[m] 이하
③ 2[m] 이하 ④ 1[m] 이하

 232.71.1

1. 덕트 상호 간 및 전선 상호 간은 견고하게 또한 전기적으로 완전히 접속할 것.
2. 덕트는 조영재에 견고하게 붙일 것.
3. 덕트의 지지점 간의 거리는 2[m] 이하로 할 것.
4. 덕트의 끝부분은 막을 것.
5. 덕트의 개구부(開口部)는 아래로 향하여 시설할 것. 다만, 사람이 쉽게 접촉할 우려가 없는 장소에서 덕트의 내부에 먼지가 들어가지 아니하도록 시설하는 경우에 한하여 옆으로 향하여 시설할 수 있다.
6. 덕트는 조영재를 관통하여 시설하지 아니할 것.
7. 덕트에는 합성수지 기타의 절연물로 금속재 부분을 피복한 덕트를 사용한 경우 이외에는 규정에 준하여 접지 공사를 할 것. 다만, 대지 전압이 150[V] 이하이고 또한 덕트의 길이(2본 이상의 덕트를 접속하여 사용할 경우에는 그 전체 길이)가 4[m] 이하인 때는 그러하지 아니하다.
8. 덕트를 사람이 용이하게 접촉할 우려가 있는 장소에 시설하는 경우에는 전로에 지락이 생겼을 때에 자동적으로 전로를 차단하는 장치를 시설할 것.

291 라이팅 덕트 공사에 의한 저압 옥내 배선에서 옳지 않은 것은?

① 덕트는 조영재에 견고하게 붙일 것.
② 덕트의 지지점 간의 거리는 3[m] 이상일 것.
③ 덕트의 종단부는 폐쇄할 것.
④ 덕트는 조영재를 관통하여 시설하지 아니할 것.

정답   288. ①   289. ②   290. ③   291. ②

 232.71.1

3. 덕트의 지지점 간의 거리는 2[m] 이하로 할 것.

292 저압 옥내 배선의 간선 및 분기 회로의 전선을 금속 덕트 공사로 하는 경우 덕트에 넣는 절연 전선의 단면적의 합계는 덕트의 내부 단면적의 몇 [%] 이하로 하여야 하는가?

① 20[%]
② 30[%]
③ 40[%]
④ 50[%]

 232.61.1

2. 금속 덕트에 넣은 전선의 단면적(절연 피복의 단면적을 포함.)의 합계는 덕트의 내부 단면적의 20[%](전광 표시 장치 기타 이와 유사한 장치 또는 제어 회로 등의 배선만을 넣은 경우는 50[%]) 이하일 것.

293 금속 덕트 공사에 의한 저압 옥내 배선 공사 중 시설 기준에 적합하지 않은 것은?

① 금속 덕트에 넣은 전선의 단면적의 합계가 내부 단면적의 20[%] 이하가 되게 하였다.
② 덕트 상호 및 덕트와 금속관과는 전기적으로 완전하게 접속했다.
③ 덕트를 조영재에 붙이는 경우 덕트의 지지점 간의 거리를 4[m] 이하로 견고하게 붙였다.
④ 저압 옥내 배선의 사용 전압이 400[V] 미만인 경우에 덕트에는 제3종 접지 공사를 한다.

 232.31.1

1. 전선은 절연 전선(옥외용 비닐 절연 전선을 제외한다)일 것.
2. 금속 덕트에 넣은 전선의 단면적(절연 피복의 단면적을 포함한다)의 합계는 덕트의 내부 단면적의 20[%](전광 표시 장치 기타 이와 유사한 장치 또는 제어 회로 등의 배선만을 넣는 경우에는 50[%]) 이하일 것.

답안 표기란

| 292 | ① | ② | ③ | ④ |
| 293 | ① | ② | ③ | ④ |

3. 금속 덕트 안에는 전선에 접속점이 없도록 할 것. 다만, 전선을 분기하는 경우에는 그 접속점을 쉽게 점검할 수 있는 때에는 그러하지 아니하다.
4. 금속 덕트 안의 전선을 외부로 인출하는 부분은 금속 덕트의 관통 부분에서 전선이 손상될 우려가 없도록 시설할 것.
5. 금속 덕트 안에는 전선의 피복을 손상할 우려가 있는 것을 넣지 아니할 것.
6. 금속 덕트에 의하여 저압 옥내 배선이 건축물의 방화 구획을 관통하거나 인접 조영물로 연장되는 경우에는 그 방화벽 또는 조영물 벽면의 덕트 내부는 불연성의 물질로 차폐하여야 함.

232.31.2
1. 폭이 40[mm] 이상, 두께가 1.2[mm] 이상인 철판 또는 동등 이상의 기계적 강도를 가지는 금속제의 것으로 견고하게 제작한 것일 것.
2. 안쪽 면은 전선의 피복을 손상시키는 돌기(突起)가 없는 것일 것.
3. 안쪽 면 및 바깥 면에는 산화 방지를 위하여 아연 도금 또는 이와 동등 이상의 효과를 가지는 도장을 한 것일 것.

232.31.3
1. 덕트 상호 간은 견고하고 또한 전기적으로 완전하게 접속할 것.
2. 덕트를 조영재에 붙이는 경우에는 덕트의 지지점 간의 거리를 3[m](취급자 이외의 자가 출입할 수 없도록 설비한 곳에서 수직으로 붙이는 경우에는 6[m]) 이하로 하고 또한 견고하게 붙일 것.
3. 덕트의 본체와 구분하여 뚜껑을 설치하는 경우에는 쉽게 열리지 아니하도록 시설할 것.
4. 덕트의 끝부분은 막을 것.
5. 덕트 안에 먼지가 침입하지 아니하도록 할 것.
6. 덕트는 물이 고이는 낮은 부분을 만들지 않도록 시설할 것.
7. 덕트는 규정에 준하여 접지 공사를 할 것.

294 특별 고압 옥내 배선을 위험의 우려가 없도록 시설하며 케이블 트레이 공사로는 시설하지 않는 경우 사용 전압은 몇 [V] 이하이어야 하는가?

① 100,000 ② 170,000
③ 220,000 ④ 350,000

 342.4

1. 특고압 옥내 배선은 규정에 의하여 시설하는 경우 이외에는 다음에 따르고 또한 위험의 우려가 없도록 시설하여야 한다.
   가. 사용 전압은 100[kV] 이하일 것. 다만, 케이블 트레이 배선에 의하여 시설하는 경우에는 35[kV] 이하일 것.
   나. 전선은 케이블일 것.
   다. 케이블은 철제 또는 철근 콘크리트제의 관·덕트 기타의 견고한 방호 장치에 넣어 시설할 것. 다만, '가' 단서의 케이블 트레이 배선에 의하는 경우에는 규정에 준하여 시설할 것.

정답 292. ① 293. ③ 294. ①

라. 관 그 밖에 케이블을 넣는 방호 장치의 금속제 부분·금속제의 전선 접속함 및 케이블의 피복에 사용하는 금속체에는 규정에 의한 접지 공사를 하여야 한다.
2. 특고압 옥내 배선이 저압 옥내 전선·관등 회로의 배선·고압 옥내 전선·약전류 전선 등 또는 수관·가스관이나 이와 유사한 것과 접근하거나 교차하는 경우에는 다음에 따라야 한다.
   가. 특고압 옥내 배선과 저압 옥내 전선·관등 회로의 배선 또는 고압 옥내 전선 사이의 이격 거리는 0.6[m] 이상일 것. 다만, 상호 간에 견고한 내화성의 격벽을 시설할 경우에는 그러하지 아니하다.
   나. 특고압 옥내 배선과 약전류 전선 등 또는 수관·가스관이나 이와 유사한 것과 접촉하지 아니하도록 시설할 것.
3. 특고압의 이동 전선 및 접촉 전선(전차선을 제외한다)은 이동 전선을 규정에 의하여 시설하는 경우 이외에는 옥내에 시설하여서는 아니 된다.
4. 규정에 의하여 시설하는 경우 이외에는 규정하는 곳에 특고압 옥내 전기 설비를 시설하여서는 아니 된다.
5. 옥내 또는 옥외에 시설하는 예비 케이블은 사람이 접촉할 우려가 없도록 시설하고 접지 공사를 하여야 한다.

295 특별 고압 옥내 배선과 저압 옥내 전선, 관등 회로의 배선 또는 고압 옥내 전선 사이의 이격 거리는 몇 [cm] 이상이어야 하는가?

① 15 ② 30
③ 45 ④ 60

해설 342.4 2의 가항

특고압 옥내 배선과 저압 옥내 전선·관등 회로의 배선 또는 고압 옥내 전선 사이의 이격 거리는 60[cm] 이상일 것.

296 폭연성 분진 또는 화약류의 분말이 존재하여 전기 설비가 점화원이 되어 폭발할 우려가 있는 곳의 저압 옥내 전기 설비는 어느 공사에 의하는가?

① 캡타이어 케이블 ② 합성수지관 공사
③ 애자 사용 공사   ④ 금속관 공사

 242.2.1

폭연성 분진 또는 화약류의 분말이 전기 설비가 발화원이 되어 폭발한 우려가 있는 곳에 시설하는 저압 옥내 배선은 금속관 공사 또는 케이블 공사(캡타이어 케이블을 제외)에 의할 것.

297 소맥분, 전분 기타의 가연성 분진이 존재하는 곳의 저압 옥내 배선으로 적합하지 않은 공사 방법은?

① 케이블 공사
② 가요 전선관 공사
③ 금속관 공사
④ 두께 2[mm] 이상의 합성수지관 공사

 242.2.2

저압 옥내 배선은 합성수지관 공사(두께 2[mm] 미만의 합성수지 전선관 및 난연성이 없는 콤바인 덕트관 제외) 금속관 공사 또는 케이블 공사에 의할 것.

298 옥내의 네온 방전등 공사 방법으로 옳은 것은?

① 방전등용 변압기는 절연 변압기일 것.
② 관등 회로의 배선은 점검할 수 없는 은폐 장소에 시설할 것.
③ 관등 회로의 배선은 애자 사용 공사에 의할 것.
④ 전선의 지지점 간의 거리는 2[m] 이하일 것.

 234.12.1

1. 네온 방전등에 공급하는 전로의 대지 전압은 300[V] 이하로 하여야 한다.

234.12.2
네온 변압기는 다음에 의하는 외에 사람이 쉽게 접촉될 우려가 없는 장소에 위험하지 않도록 시설하여야 한다.
1. 네온 변압기는 「전기용품 및 생활용품 안전관리법」의 적용을 받은 것.
2. 네온 변압기는 2차 측을 직렬 또는 병렬로 접속하여 사용하지 말 것. 다만, 조광 장치 부착과 같이 특수한 용도에 사용되는 것은 적용하지 않는다.
3. 네온 변압기를 우선 외에 시설할 경우는 옥외형의 것을 사용할 것.

234.12.3 관등 회로의 배선
1. 관등 회로의 배선은 애자 공사로 다음에 따라서 시설하여야 한다.
   가. 전선은 네온관용 전선을 사용할 것.
   나. 배선은 외상을 받을 우려가 없고 사람이 접촉될 우려가 없는 노출 장소에 시설할 것.

[정답] 295. ④ 296. ④ 297. ② 298. ②

CHAPTER 5 전기설비 기술기준

다. 전선은 자기 또는 유리제 등의 애자로 견고하게 지지하여 조영재의 아랫면 또는 옆면에 부착하고 또한 다음과 같이 시설할 것. 다만, 전선을 노출 장소에 시설할 경우로 공사 여건상 부득이한 경우는 조영재의 윗면에 부착할 수 있다.
1) 전선 상호 간의 이격 거리는 60[mm] 이상일 것.
2) 전선과 조영재 이격 거리는 노출 장소에서 다음 표에 따를 것.

전압 구분	이격 거리
6[kV] 이하	20[mm] 이상
6[kV] 초과 9[kV] 이하	30[mm] 이상
9[kV] 초과	40[mm] 이상

3) 전선 지지점 간의 거리는 1[m] 이하로 할 것.
4) 애자는 절연성·난연성 및 내수성이 있는 것일 것.
2. 관등 회로의 배선 중 방전관의 관극 사이를 접속하는 부분, 방전관 붙임틀 안에 시설하는 부분 또는 조영재에 따라 시설하는 부분(방전관에서 길이가 2[m] 이하의 부분에 한한다.)을 다음에 따라 시설할 경우는 제1('다' 2)를 제외한다)의 규정을 적용하지 않아도 된다.
가. 전선은 두께 1[mm] 이상의 유리관 속에 넣을 것. 다만, 전선의 길이가 0.1[m] 이하인 경우는 적용하지 않는다.
나. 유리관의 지지점 간 거리는 0.5[m] 이하일 것.
다. 유리관의 지지점 중 관의 끝에 가까운 것은 관의 끝에서 0.08[m] 이상, 0.12[m] 이하의 부분에 설치할 것.
라. 유리관은 조영재에 견고하게 부착할 것.
3. 염해로 인하여 애자 등이 오손될 우려가 많은 장소에 설치하는 관등 회로의 배선은 애자, 애관을 접지된 금속판에 부착하는 등 가연재에 누설 전류가 흐르는 일이 없도록 시설하여야 한다.

299 옥내의 네온 방전등 공사에서 전선의 지지점 간의 거리는 몇 [m] 이하로 시설하여야 하는가?

① 1　　　　　　　　② 2
③ 3　　　　　　　　④ 4

 234.12.3 1의 3항
전선은 자기 또는 유리제 등의 애자로 견고하게 지지하여 조영재의 아랫면 또는 옆면에 부착하고 전선의 지지점 간의 거리는 1[m] 이하일 것

300 전기 온상의 발열선의 온도는 몇 [℃]를 넘지 아니하도록 시설하여야 하는가?

① 70 ② 80
③ 90 ④ 100

 241.5.1

전기 온상에 전기를 공급하는 전로의 대지 전압은 300[V] 이하일 것.

241.5.2 1항
가. 발열선 및 발열선에 직접 접속하는 전선은 전기 온상선(電氣溫床線)일 것.
나. 발열선은 그 온도가 80[℃]를 넘지 않도록 시설할 것.
다. 발열선 및 발열선에 직접 접속하는 전선은 손상을 받을 우려가 있는 경우에는 적당한 방호 장치를 할 것.
라. 발열선은 다른 전기 설비·약전류 전선 등 또는 수관·가스관이나 이와 유사한 것에 전기적·자기적 또는 열적인 장해를 주지 않도록 시설할 것.
마. 발열선 혹은 발열선에 직접 접속하는 전선의 피복에 사용하는 금속제 또는 방호 장치의 금속제 부분에는 140의 규정에 준하여 접지 공사를 하여야 한다.
바. 전기 온상 등에 전기를 공급하는 전로에는 전용 개폐기 및 과전류 차단기를 각 극(과전류 차단기에서 다선식 전로의 중성극을 제외한다)에 시설하여야 한다. 다만, 전기 온상 등에 과전류 차단기를 시설하고 또한 전기 온상 등에 부속하는 이동 전선과 옥내 배선·옥측 배선 또는 옥외 배선을 꽂음 접속기 기타 이와 유사한 기구를 사용하여 접속하는 경우는 그러하지 아니하다.

301 교통 신호등 회로의 사용 전압은 몇 [V] 이하이어야 하는가?

① 100 ② 300
③ 380 ④ 600

 234.15.1

교통 신호등 제어 장치의 2차 측 배선의 최대 사용 전압은 300[V] 이하이어야 한다.

234.15.2
교통 신호등의 2차 측 배선(인하선을 제외한다.)은 다음에 의하여 시설하여야 한다.
1. 제어 장치의 2차 측 배선 중 케이블로 시설하는 경우에는 지중 전선로 규정에 따라 시설할 것.
2. 전선은 케이블인 경우 이외에는 공칭 단면적 2.5[mm^2] 연동선과 동등 이상의 세기 및 굵기의 450/750[V] 일반용 단심 비닐 절연 전선 또는 450/750[V] 내열성 에틸렌아세테이트 고무 절연 전선일 것.
3. 제어 장치의 2차 측 배선 중 전선(케이블은 제외)을 조가용선으로 조가하여 시설하는 경우에는 다음에 의할 것.
    가. 조가용선은 인장 강도 3.7[kN] 이상의 금속선 또는 지름 4[mm] 이상의 아연도철선을 2가닥 이상 꼰 금속선을 사용할 것.

정답 299. ① 300. ② 301. ②

나. '가'에서 규정하는 전선을 매다는 금속선에는 지지점 또는 이에 근접하는 곳에 애자를 삽입할 것.

234.15.4
교통 신호등의 전구에 접속하는 인하선은 규정에 준하는 이외에는 다음에 의하여 시설하여야 한다.
1. 전선의 지표상의 높이는 2.5[m] 이상일 것. 다만, 전선을 금속관 공사 또는 케이블 공사에 의하여 시설하는 경우에는 그러하지 아니하다.
2. 전선을 애자 공사에 의하여 시설하는 경우에는 전선을 적당한 간격마다 묶을 것.

234.15.5
1. 교통 신호등의 제어 장치 전원 측에는 전용 개폐기 및 과전류 차단기를 각 극에 시설하여야 한다.

234.15.6 누전 차단기
교통 신호등 회로의 사용 전압이 150[V]를 넘는 경우는 전로에 지락이 생겼을 경우 자동적으로 전로를 차단하는 누전 차단기를 시설할 것.

234.15.7 접지
교통 신호등의 제어 장치의 금속제 외함 및 신호등을 지지하는 철주에는 규정에 준하여 접지 공사를 하여야 한다.

234.15.8 조명 기구
LED를 광원으로 사용하는 교통 신호등의 설치는 KS C 7528(LED 교통 신호등)에 적합할 것.

302 목장에서 가축의 탈출을 방지하기 위하여 전기 울타리를 시설하는 경우의 전선의 최소 굵기는 몇 [mm]인가?

① 1.0
② 1.2
③ 1.6
④ 2.0

 241.1.2

전기 울타리용 전원 장치에 전원을 공급하는 전로의 사용 전압은 250[V] 이하이어야 한다.

241.1.3
전기 울타리는 다음에 의하고 또한 견고하게 시설하여야 한다.
1. 전기 울타리는 사람이 쉽게 출입하지 아니하는 곳에 시설할 것.
2. 전선은 인장 강도 1.38[kN] 이상의 것 또는 지름 2[mm] 이상의 경동선일 것.

3. 전선과 이를 지지하는 기둥 사이의 이격 거리는 25[mm] 이상일 것.
4. 전선과 다른 시설물(가공 전선을 제외한다) 또는 수목과의 이격 거리는 0.3[m] 이상일 것.

241.1.4
전기 울타리에 전기를 공급하는 전로에는 쉽게 개폐할 수 있는 곳에 전용 개폐기를 시설하여야 한다.

241.1.5
전기 울타리용 전원 장치 중 충격 전류가 반복하여 생기는 것은 그 장치 및 이에 접속하는 전로에서 생기는 전파 또는 고주파 전류가 무선 설비의 기능에 계속적이고 또한 중대한 장해를 줄 우려가 있는 곳에는 시설해서는 안 된다.

241.1.6
1. 사람이 전기 울타리 전선에 접근 가능한 모든 곳에 사람이 보기 쉽도록 KS C IEC 60335-2-76에 따라 적당한 간격으로 경고 표시 그림 또는 글자로 위험 표시를 하여야 한다.
2. 위험 표시판은 다음과 같이 시설하여야 한다.
   가. 크기는 100[mm]×200[mm] 이상일 것.
   나. 경고판 양쪽 면의 배경색은 노란색일 것.
   다. 경고판 위에 있는 글자색은 검은색이어야 하고, 글자는 '감전주의 : 전기 울타리'일 것.
   라. 글자는 지워지지 않아야 하고 경고판 양쪽에 새겨져야 하며, 크기는 25[mm] 이상일 것.

303 욕탕의 양단에 판상의 전극을 설치하고 그 전극 상호 간에 교류 전압을 가하는 전기 욕기의 전원 변압기 2차 전압은 몇 [V] 이하인 것을 사용하여야 하는가?

① 5
② 10
③ 12
④ 15

 241.2.1

1. 전기 욕기에 전기를 공급하기 위한 전기 욕기용 전원 장치(내장되는 전원 변압기의 2차 측 전로의 사용 전압이 10[V] 이하의 것에 한한다.)는 「전기용품 및 생활용품 안전관리법」에 의한 안전기준에 적합하여야 한다.
2. 전기 욕기용 전원 장치는 욕실 이외의 건조한 곳으로서 취급자 이외의 자가 쉽게 접촉하지 아니하는 곳에 시설하여야 한다.

241.2.2
전기 욕기용 전원 장치로부터 욕기 안의 전극까지의 배선은 공칭 단면적 2.5[mm²] 이상의 연동선과 이와 동등 이상의 세기 및 굵기의 절연 전선(옥외용 비닐 절연 전선을 제외)이나 케이블 또는 공칭 단면적 1.5[mm²] 이상의 캡 타이어 케이블을 합성수지관 공사, 금속관 공사 또는 케이블 공사에 의하여 시설하거나 또는 공칭 단면적이 1.5[mm²] 이상의 캡타이어 코드를 합성수지관(두께가

정답 302. ④ 303. ②

2[mm] 미만의 합성수지제 전선관 및 난연성이 없는 콤바인 덕트관을 제외)이나 금속관에 넣고 관을 조영재에 견고하게 고정하여야 한다. 다만, 전기 욕기용 전원 장치로부터 욕기에 이르는 배선을 건조하고 전개된 장소에 시설하는 경우에는 그러하지 아니하다.

241.2.3 욕기 내의 시설
전기 욕기의 전극은 다음에 따라 시설하여야 한다.
가. 욕기 내의 전극 간의 거리는 1[m] 이상일 것.
나. 욕기 내의 전극은 사람이 쉽게 접촉될 우려가 없도록 시설할 것.

304 풀용 수중 조명등의 전기를 공급하기 위하여 사용되는 절연 변압기 1차 측 및 2차 측 전로의 사용 전압은?

① 1차 300[V] 이하, 2차 100[V] 이하
② 1차 400[V] 이하, 2차 150[V] 이하
③ 1차 200[V] 이하, 2차 150[V] 이하
④ 1차 600[V] 이하, 2차 300[V] 이하

 234.14.1

1. 절연 변압기의 1차 측 전로의 사용 전압은 400[V] 이하일 것.
2. 절연 변압기의 2차 측 전로의 사용 전압은 150[V] 이하일 것.

234.14.2
1. 절연 변압기의 2차 측 전로는 접지하지 말 것.
2. 절연 변압기는 교류 5[kV]의 시험 전압으로 하나의 권선과 다른 권선, 철심 및 외함 사이에 계속적으로 1분간 가하여 절연 내력을 시험할 경우, 이에 견디는 것이어야 한다.

234.14.3
1. 절연 변압기의 2차 측 배선은 금속관 공사에 의하여 시설할 것.
2. 수중 조명등에 전기를 공급하기 위하여 사용하는 이동 전선은 다음에 의하여 시설하여야 한다.
   가. 접속점이 없는 단면적 2.5[mm²] 이상의 0.6/1[kV] EP 고무 절연 클로프렌 캡타이어 케이블 일 것.
   나. 이동 전선은 유영자가 접촉될 우려가 없도록 시설할 것. 또한 외상을 받을 우려가 있는 곳에 시설하는 경우는 금속관에 넣는 등 적당한 외상 보호 장치를 할 것.

다. 이동 전선과 배선과의 접속은 꽂음 접속기를 사용하고 물이 스며들지 않고 또한 물이 고이지 않는 구조의 금속제 외함에 넣어 수중 또는 이에 준하는 장소 이외의 곳에 시설할 것.
라. 수중 조명등의 용기, 각종 방호 장치와 금속제 부분, 금속제 외함 및 배선에 사용하는 금속관과 접지 도체와의 접속에 사용하는 꽂음 접속기의 1극은 전기적으로 서로 완전하게 접속할 것.

234.14.4
1. 수중 조명등은 규정하는 용기에 넣고 또한 이것을 손상 받을 우려가 있는 곳에 시설하는 경우는 방호 장치를 시설하여야 한다.
2. 수중 또는 물과 접촉해 있는 상태로 사용하는 등기구는 KS C IEC 60598-2-18에 적합하여야 한다.
3. 내수창의 후면에 설치하고 비추는 수중 조명은 의도적이든 비의도적이든 상관없이 수중 조명등의 노출 도전부와 창의 도전부와의 사이에 도전성 접속이 발생하지 않도록 시설해야 한다.

234.14.5
수중 조명등의 절연 변압기의 2차 측 전로에는 개폐기 및 과전류 차단기를 각 극에 시설하여야 한다.

234.14.7
수중 조명등의 절연 변압기의 2차 측 전로의 사용 전압이 30[V]를 초과하는 경우에는 그 전로에 지락이 생겼을 때에 자동적으로 전로를 차단하는 정격 감도 전류 30[mA] 이하의 누전 차단기를 시설하여야 한다.

305 유희용 전차에 전기를 공급하는 전로의 사용 전압은 교류에 있어서는 몇 [V] 이하이어야 하는가?

① 20
② 40
③ 60
④ 100

 241.8.1
유희용 전차에 전기를 공급하기 위하여 사용하는 변압기의 1차 전압은 400[V] 이하이어야 한다.

241.8.2
유희용 전차에 전기를 공급하는 전원 장치는 다음에 의하여 시설하여야 한다.
가. 전원 장치의 2차 측 단자의 최대 사용 전압은 직류의 경우 60[V] 이하, 교류의 경우 40[V] 이하일 것.
나. 전원 장치의 변압기는 절연 변압기일 것.

241.8.3
유희용 전차의 전원 장치에 있어서 2차 측 회로의 배선은 다음에 의하여 시설하여야 한다.
가. 접촉 전선은 제3 레일 방식에 의하여 시설할 것.

정답 304. ② 305. ②

나. 변압기·정류기 등과 레일 및 접촉 전선을 접속하는 전선 및 접촉 전선 상호간을 접속하는 전선은 케이블 공사에 의하여 시설하는 경우 이외에는 사람이 쉽게 접촉할 우려가 없도록 시설할 것.
다. 귀선용 레일은 용접에 의하는 경우 이외에는 적당한 본드로 전기적으로 완전하게 접속할 것.

241.8.4
1. 유희용 전차의 전차 내의 전로는 취급자 이외의 사람이 쉽게 접촉될 우려가 없도록 시설하여야 한다.
2. 유희용 전차의 전차 내에서 승압하여 사용하는 경우는 다음에 의하여 시설하여야 한다.
   가. 변압기는 절연 변압기를 사용하고 2차 전압은 150[V] 이하로 할 것.
   나. 변압기는 견고한 함 내에 넣을 것.
   다. 전차의 금속제 구조부는 레일과 전기적으로 완전하게 접촉되게 할 것.

241.8.5
유희용 전차에 전기를 공급하는 전로에는 전용의 개폐기를 시설하여야 한다.

241.8.6
1. 유희용 전차에 전기를 공급하는 접촉 전선과 대지 사이의 절연 저항은 사용 전압에 대한 누설 전류가 레일의 연장 1[km]마다 100[mA]를 넘지 않도록 유지하여야 한다.
2. 유희용 전차 안의 전로와 대지 사이의 절연 저항은 사용 전압에 대한 누설 전류가 규정 전류의 5,000분의 1을 넘지 않도록 유지하여야 한다.

306 제1종 엑스선관의 최대 사용 전압이 154,000[V]인 경우에 전선 상호의 간격은 몇 [cm]인가?

① 45
② 63
③ 67
④ 70

 241.6.2

1) 전선의 바닥에서의 높이는 엑스선관의 최대 사용 전압(파고치로 표시한다. 이하 같다.)이 100[kV] 이하인 경우에는 2.5[m] 이상, 100[kV]를 초과하는 경우에는 2.5[m]에 초과분 10[kV] 또는 그 단수마다 0.02[m]를 더한 값 이상일 것. 다만, 취급자 이외의 사람이 출입할 수 없도록 설비한 장소에 시설하는 것은 그러하지 아니하다.
2) 전선과 조영재 간의 이격 거리는 엑스선관의 최대 사용 전압이 100[kV] 이하인 경우에는 0.3[m] 이상, 100[kV]를 초과하는 경우에는 0.3[m]에 초과분 10[kV] 또는 그 단수마다 0.02[m]를 더한 값 이상일 것.

3) 전선 상호 간의 간격은 엑스선관의 최대 사용 전압이 100[kV] 이하인 경우에는 0.45[m] 이상, 100[kV]를 초과하는 경우에는 0.45[m]에 초과분 10[kV] 또는 그 단수마다 0.03[m]를 더한 값 이상일 것.

3)의 경우에서 전선 상호 간의 간격
100,000[V] 이하 : 45[cm] 이상
100,000[V] 초과하는 것 : 45[cm]에 10,000[V] 단수마다 3[cm]를 더한 값.

∴ $45 + 3 \times \dfrac{154{,}000 - 100{,}000}{10{,}000} = 63[cm]$

307 사용 전압 440[V]인 이동 기중기용 접촉 전선을 옥내에 시설하는 경우, 전선의 단면적은 몇 [mm²] 이상이어야 하는가?

① 22
② 28
③ 32
④ 38

 232.81

가. 전선의 바닥에서의 높이는 3.5[m] 이상으로 하고 또한 사람이 접촉할 우려가 없도록 시설할 것.
나. 전선과 건조물 또는 주행 크레인에 설치한 보도 · 계단 · 사다리 · 점검대이거나 이와 유사한 것 사이의 이격 거리는 위쪽 2.3[m] 이상, 옆쪽 1.2[m] 이상으로 할 것.
다. 전선은 인장 강도 11.2[kN] 이상의 것 또는 지름 6[mm]의 경동선으로 단면적이 28[mm²] 이상인 것일 것. 다만, 사용 전압이 400[V] 이하인 경우에는 인장 강도 3.44[kN] 이상의 것 또는 지름 3.2[mm] 이상의 경동선으로 단면적이 8[mm²] 이상인 것을 사용할 수 있다.
라. 전선은 각 지지점에 견고하게 고정시켜 시설하는 것 이외에는 양쪽 끝을 장력에 견디는 애자 장치에 의하여 견고하게 인류(引留)할 것.
마. 전선의 지지점 간의 거리는 6[m] 이하일 것. 다만, 전선에 구부리기 어려운 도체를 사용하는 경우 이외에는 전선 상호 간의 거리를, 전선을 수평으로 배열하는 경우에는 0.28[m] 이상, 기타의 경우에는 0.4[m] 이상으로 하는 때에는 12[m] 이하로 할 수 있다.

308 아크 용접 장치의 시설에서 잘못된 것은?

① 용접 변압기의 1차 측 전로의 대지 전압은 400[V] 이상.
② 용접 변압기는 절연 변압기일 것.
③ 용접 변압기의 1차 측 전로에는 용접 변압기에 가까운 곳에 쉽게 개폐할 수 있는 개폐기를 시설.
④ 피용접재 또는 이와 전기적으로 접속되는 기구, 정반 등의 금속제에는 제3종 접지 공사.

정답 306. ② 307. ② 308. ①

241.10

가. 용접 변압기는 절연 변압기일 것.
나. 용접 변압기의 1차 측 전로의 대지 전압은 300[V] 이하일 것.
다. 용접 변압기의 1차 측 전로에는 용접 변압기에 가까운 곳에 쉽게 개폐할 수 있는 개폐기를 시설할 것.

309 2차 측 개방 전압이 10,000[V]인 절연 변압기를 사용한 전격 살충기는 전격 격자가 지표상 또는 마루 위 몇 [m] 이상의 높이에 시설되어야 하는가?

① 3.5
② 3.0
③ 2.8
④ 2.5

 241.7.1

나. 전격 격자(電擊格子)는 지표 또는 바닥에서 3.5[m] 이상의 높은 곳에 시설할 것. 다만, 2차 측 개방 전압이 7[kV] 이하의 절연 변압기를 사용하고 보호 장치를 시설한 것은 지표 또는 바닥에서 1.8[m]까지 감할 수 있다.
다. 다른 시설물(가공 전선은 제외) 또는 식물과의 이격 거리는 0.3[m] 이상일 것.

310 사용 전압 400[V] 미만인 진열장 내의 배선에 사용하는 캡타이어 케이블의 단면적은 최소 몇 [mm²]인가?

① 0.5
② 0.75
③ 1.0
④ 1.25

 234.8

1. 건조한 장소에 시설하고 또한 내부를 건조한 상태로 사용하는 진열장 또는 이와 유사한 것의 내부에 사용 전압이 400[V] 이하의 배선을 외부에서 잘 보이는 장소에 한하여 코드 또는 캡타이어 케이블로 직접 조영재에 밀착하여 배선할 수 있다.
2. 제1의 배선은 단면적 0.75[mm²] 이상의 코드 또는 캡타이어 케이블일 것.
3. 제1에서 규정한 배선 또는 이것에 접속하는 이동 전선과 다른 사용 전압이 400[V] 이하인 배선과의 접속은 꽂음 플러그 접속기 기타 이와 유사한 기구를 사용하여 시공하여야 한다.

311 최대 사용 전압 30[V]를 넘고 60[V] 이하인 소세력 회로에 사용하는 절연 변압기의 2차 단락 전륫값이 제한을 받지 않을 경우는 2차 측에 시설하는 과전류 차단기의 용량이 몇 [A] 이하일 경우인가?

① 0.5
② 1.5
③ 3
④ 5

 241.14.2

절연 변압기의 2차 단락 전류 및 과전류 차단기의 정격 전류

소세력 회로의 최대 사용 전압의 구분	2차 단락 전류	과전류 차단기의 정격 전류
15[V] 이하	8[A]	5[A]
15[V] 초과 30[V] 이하	5[A]	3[A]
30[V] 초과 60[V] 이하	3[A]	1.5[A]

312 전자 개폐기의 조작 회로 또는 초인벨, 경보벨 등에 접속하는 전로로서 최대 사용 전압이 몇 [V] 이하인 것으로 대지 전압이 300[V] 이하인 강전류 전기의 전송에 사용하는 전로와 변압기로 결합되는 것을 소세력 회로라 하는가?

① 60
② 80
③ 100
④ 150

 241.14

전자 개폐기의 조작 회로 또는 초인벨, 경보벨 등에 접속하는 전로로서 최대 사용 전압이 60[V] 이하인 것. 또한, 소세력 회로에 전기를 공급하기 위한 절연 변압기의 대지 전압은 300[V] 이하로 하여야 한다.

313 지중 또는 수중에 시설되는 금속체의 부식을 방지하기 위하여 지중 또는 수중에 시설하는 전기 방식 회로의 사용 전압은 어떤 전압 이하로 제한하고 있는가?

① DC 60[V]
② DC 120[V]
③ AC 100[V]
④ AC 200[V]

정답 309. ① 310. ② 311. ② 312. ① 313. ①

해설 241.16.3

1. 전기 부식 방지 회로의 사용 전압은 직류 60[V] 이하일 것.
2. 양극(陽極)은 지중에 매설하거나 수중에서 쉽게 접촉할 우려가 없는 곳에 시설할 것.
3. 지중에 매설하는 양극의 매설 깊이는 0.75[m] 이상일 것.
4. 수중에 시설하는 양극과 그 주위 1[m] 이내의 거리에 있는 임의점과의 사이의 전위차는 10[V]를 넘지 아니할 것. 다만, 양극의 주위에 사람이 접촉되는 것을 방지하기 위하여 적당한 울타리를 설치하고 또한 위험 표시를 하는 경우에는 그러하지 아니하다.
5. 지표 또는 수중에서 1[m] 간격의 임의의 2점 간의 전위차가 5[V]를 넘지 아니할 것.

241.16.4 2차 측 배선
전기 부식 방지용 전원 장치의 2차 측 단자에서부터 양극 · 피방식체 및 대지를 포함한 전기 부식 방지 회로의 배선은 다음에 의하여 시설하여야 한다.
가. 전기 부식 방지 회로의 전선 중 가공으로 시설하는 부분은 저압 가공 전선로 규정에 준하는 이외에 다음에 의하여 시설할 것.
　(1) 전선은 케이블인 경우 이외에는 지름 2[mm]의 경동선 또는 이와 동등 이상의 세기 및 굵기의 옥외용 비닐 절연 전선 이상의 절연 성능이 있는 것일 것.
　(2) 전기 부식 방지 회로의 전선과 저압 가공 전선을 동일 지지물에 시설하는 경우는 전기 부식 방지 회로의 전선을 하단에 별개의 완금류에 의하여 시설하고, 또한 저압 가공 전선과의 이격 거리는 0.3[m] 이상으로 할 것. 다만, 전기 부식 방지 회로의 전선 또는 저압 가공 전선이 케이블인 경우는 그러하지 아니하다.
　(3) 전기 부식 방지 회로의 전선과 고압 가공 전선 또는 가공 약전류 전선 등을 동일 지지물에 시설하는 경우에는 각각의 규정에 준하여 시설할 것. 다만, 전기 부식 방지 회로의 전선이 450/750[V] 일반용 단심 비닐 절연 전선 또는 케이블인 경우에는 전기 부식 방지 회로의 전선을 가공 약전류 전선 등의 밑으로 하고 또한 가공 약전류 전선 등과의 이격 거리를 0.3[m] 이상으로 하여 시설할 수 있다.

CHAPTER 6

부록

전기기사 필기 및 실기시험 대비
꼭 숙지해야 할 개정 KEC 48문항

CHAPTER 6 꼭 숙지해야 할 개정 KEC 48문항

001 보호도체의 종류에 해당되지 않는 것은?

① PE
② PEN
③ PEM
④ PEL

해설

- PEN 도체 : 교류회로에서 중성선 겸용 보호도체
- PEM 도체 : 직류회로에서 중간선 겸용 보호도체
- PEL 도체 : 직류회로에서 선도체 겸용 보호도체
- PE : 보호도체를 말함

002 외부피뢰시스템의 구성 요소와 관계가 먼 것은?

① 수뢰부시스템
② 인하도선시스템
③ 접지시스템
④ 접지극시스템

해설

- 접지시스템 : 기기나 계통을 개별적 또는 공통으로 접지하기 위하여 필요한 접속 및 장치로 구성된 설비를 말한다.

003 전기철도차량에 전력을 공급하는 전차선의 가선방식에 포함되지 않는 것은?

① 가공방식
② 강체방식
③ 제3레일방식
④ 지중조가선방식

해설

전차선의 가선방식에는 가공방식, 강체방식, 제3레일방식이 있다.

004 저압전로의 보호도체 및 중성선의 접속방식에 따른 접지계통의 분류가 아닌 것은?

① IT 계통
② TN 계통
③ TT 계통
④ TC 계통

보호도체 및 중성선의 접속방식에 따른 접지계통의 분류는 IT 계통, TN 계통, TT 계통이다.

005 안전을 위한 보호의 분류에 해당되지 않는 것은?

① 감전에 대한 보호
② 열 영향에 대한 보호
③ 과전압 및 전자파에 대한 보호
④ 전원공급 중단에 대한 보호

1. 감전에 대한 보호
2. 열 영향에 대한 보호
3. 과전류에 대한 보호
4. 고장전류에 대한 보호
5. 과전압 및 전자기 장애에 대한 보호
6. 전원공급 중단에 대한 보호

006 보호도체의 식별 가능한 색상이 맞는 것은?

① 청색
② 녹색 – 노란색
③ 녹색
④ 회색

보호도체의 색상 : 녹색 – 노란색

007 태양광설비에 시설하여야 하는 계측기의 계측대상에 해당하는 것은?

① 전압과 전류
② 전력과 역률
③ 전류와 역률
④ 역률과 주파수

태양광설비에는 전압과 전류의 계측기로 시설해야 한다.

정답 001. ① 002. ③ 003. ④ 004. ④ 005. ③ 006. ② 007. ①

CHAPTER 6 꼭 숙지해야 할 개정 KEC 48문항

008 저압 전로에서 정전이 어려운 경우 등 절연저항 측정이 곤란한 경우 저항성분의 누설전류가 몇 [mA] 이하이면 그 전로의 절연성능이 적합한 것으로 보는가?

① 1
② 2
③ 3
④ 4

전로의 절연성능은 저항성분의 누설전류가 1[mA] 이하이면 적합한 것으로 본다.

009 특별저압(SELV 및 PELV) 전로에서의 절연저항 기준값은 얼마인가?

① 0.5[MΩ]
② 0.8[MΩ]
③ 1[MΩ]
④ 1.5[MΩ]

전로의 사용전압(V)	DC시험전압(V)	절연저항(MΩ)
SELV 및 PELV	250	0.5
FELV, 500[V] 이하	500	1.0
500[V] 초과	1,000	1.0

010 접지도체로 구리를 사용하는 경우 큰 고장전류가 접지도체를 통하여 흐르지 않을 경우 접지도체의 최소 단면적은?

① 2
② 3
③ 6
④ 50

큰 고장전류가 접지도체를 통하여 흐르지 않을 경우 접지도체의 최소 단면적은 다음과 같다.
(1) 구리는 6[mm^2] 이상
(2) 철제는 50[mm^2] 이상

011 전기철도의 설비를 보호하기 위해 시설하는 피뢰기의 시설기준으로 틀린 것은?

① 피뢰기는 변전소 인입측 및 급전선 인출측에 설치하여야 한다.
② 피뢰기는 가능한 한 보호하는 기기와 가깝게 시설하되 누설전류 측정이 용이하도록 지지대와 절연하여 설치한다.
③ 피뢰기는 개방형을 사용하고 유효 보호거리를 증가시키기 위하여 방전개시전압 및 제한전압이 낮은 것을 사용한다.
④ 피뢰기는 가공전선과 직접 접속하는 지중케이블에서 낙뢰에 의해 절연파괴의 우려가 있는 케이블 단말에 설치하여야 한다.

 피뢰기의 시설기준
- 피뢰기는 변전소 인입측 또는 급전선 인출측에 설치한다.
- 피뢰기는 보호하는 기기와 가깝게 설치 누설전류 측정이 용이하도록 지지대와 절연하여 설치한다.
- 지중케이블에서는 낙뢰에 절연파괴의 우려가 있는 케이블 단말에 설치한다.

012 지중 전선로를 직접 매설식에 의하여 차량 기타 중량물의 압력을 받을 우려가 있는 장소에 시설하는 경우 매설 깊이는 몇 [m] 이상으로 하여야 하는가?

① 0.6
② 1
③ 1.5
④ 2

 지중 전선로를 직접 매설식에 의해 매설할 경우 매설 깊이는 1[m] 이상이어야 한다.

013 상도체 및 보호도체의 재질이 구리일 경우, 상도체의 단면적이 10[mm²]일 때 보호도체의 최소 단면적은?

① 6[mm²]
② 10[mm²]
③ 16[mm²]
④ 25[mm²]

 보호도체의 단면적이 S≤16일 때 보호도체의 최소단면적은 S와 같다.

정답 008. ① 009. ① 010. ③ 011. ③ 012. ② 013. ②

014 상도체 및 보호도체의 재질이 구리일 경우, 상도체의 단면적이 16[mm²]일 때 보호도체의 최소 단면적은?

① 6[mm²]
② 16[mm²]
③ 25[mm²]
④ 50[mm²]

보호도체의 단면적이 S≤16일 때 보호도체의 최소단면적은 S와 같다.

015 전식방지대책에서 매설금속체측의 누설전류에 의한 전식의 피해가 예상되는 곳에 고려하여야 하는 방법으로 틀린 것은?

① 절연코팅
② 배류장치 설치
③ 변전소 간 간격 축소
④ 저준위 금속체를 접속

전식방지대책에서 누설전류에 의한 전식의 피해방법이 아닌 것은 변전소 간 간격 축소이다.

016 전기설비기술기준에서 정하는 안전원칙에 대한 내용으로 틀린 것은?

① 전기설비는 감전, 화재 그 밖에 사람에게 위해를 주거나 물건에 손상을 줄 우려가 없도록 시설하여야 한다.
② 전기설비는 다른 전기설비, 그 밖의 물건의 기능에 전기적 또는 자기적인 장해를 주지 않도록 시설하여야 한다.
③ 전기설비는 경쟁과 새로운 기술 및 사업의 도입을 촉진함으로써 전기사업의 건전한 발전을 도모하도록 시설하여야 한다.
④ 전기설비는 사용목적에 적절하고 안전하게 작동하여야 하며, 그 손상으로 인하여 전기 공급에 지장을 주지 않도록 시설하여야 한다.

전기설비기술기준에서 정하는 안전원칙의 내용으로 틀린 것은 전기설비는 경쟁과 새로운 기술 및 사업의 도입을 촉진함으로써 전기사업의 건전한 발전을 도모하도록 시설하여야 한다.

017 주접지단자와 접속되는 도체가 아닌 것은?

① 등전위본딩도체
② 접지도체
③ 보호도체
④ 피뢰시스템도체

접지시스템은 주 접지단자를 설치하고, 다음의 도체들을 접속하여야 한다.
가. 등전위본딩도체
나. 접지도체
다. 보호도체
라. 기능성 접지도체

018 통합접지시스템에서 낙뢰에 의한 과전압 등으로부터 전기전자기기 등을 보호하기 위해 어떠한 기기를 설치하여야 하는가?

① 피뢰시스템
② 접지시스템
③ 피뢰기
④ 서지보호장치

낙뢰에 관한 과전압 등으로부터 전기전자기기 등을 보호하기 위해 153.1의 규정에 따라 서지보호장치를 설치하여야 한다.

019 풍력터빈에 설비의 손상을 방지하기 위하여 시설하는 운전 상태를 계측하는 계측장치로 틀린 것은?

① 조도계
② 압력계
③ 온도계
④ 풍속계

풍력터빈의 운전 상태를 계측하는 계측장치로 틀린 것은 조도계이다.

정답 014. ② 015. ③ 016. ③ 017. ④ 018. ④ 019. ①

CHAPTER 6 꼭 숙지해야 할 개정 KEC 48문항

020 전압의 종별에서 교류 600[V]는 무엇으로 분류하는가?

① 저압 ② 고압
③ 특고압 ④ 초고압

전압의 종별에서 교류 600[V]는 저압으로 분류된다.

021 저압수용가 인입구 접지에서 사용되는 접지도체의 최소 공칭단면적은?

① 6[mm^2] ② 10[mm^2]
③ 16[mm^2] ④ 25[mm^2]

저압수용가 인입구 접지에서 사용되는 접지도체는 공칭단면적 6[mm^2] 이상의 연동선 또는 이와 동등 이상의 세기 및 굵기를 사용해야 함

022 전원자동차단에 의한 감전보호방식에서 고장 시 자동차단시간이 TN, TT 계통에서 요구하는 계통별 최대차단시간을 초과하고 몇 [m] 이내에 설치된 고정기기의 노출도전부와 계통외도전부는 보조 보호등전위본딩을 하여야 하는가?

① 1[m] ② 1.5[m]
③ 2[m] ④ 2.5[m]

2.5[m] 이내에 설치된 경우임

023 순시조건($t \leq 0.5$초)에서 교류 전기철도 급전시스템에서의 레일전위의 최대 허용접촉전압(실횻값)으로 옳은 것은?

① 60[V] ② 65[V]
③ 440[V] ④ 670[V]

순시조건($t \leq 0.5$초)에서 교류 전기철도 급전시스템에서의 레일 전위의 최대 허용 접촉전압(실효치)=670[V]이다.

024 전기저장장치의 이차전지에 자동으로 전로로부터 차단하는 장치를 시설하여야 하는 경우로 틀린 것은?

① 과저항이 발생한 경우
② 과전압이 발생한 경우
③ 제어장치에 이상이 발생한 경우
④ 이차전지 모듈의 내부 온도가 급격히 상승할 경우

전기저장장치의 이차전지에 자동으로 전지로부터 차단하는 장치를 시설하여야 하는 경우
① 과저항이 발생한 경우
② 제어장치에 이상이 발생한 경우
③ 이차전지 모듈의 내부 온도가 급격히 상승할 경우

025 위험물의 제조소, 저장소 및 처리장에 설치하는 피뢰시스템은 어느 등급 이상을 적용하는가?

① Ⅰ   ② Ⅱ
③ Ⅲ   ④ Ⅳ

위험물의 제조소, 저장소 및 처리장에 설치하는 피뢰시스템의 등급은 Ⅱ등급 이상으로 하여야 한다.

026 건축물 피뢰시스템에 있어서 수뢰부시스템에 해당되지 않는 것은?

① 돌침   ② 수평도체
③ 메시도체   ④ 가공피뢰선

가공피뢰선은 가공지선의 용어 순화 표현이며, 송배전선로에서 적용된다.

[정답] 020. ① 021. ① 022. ④ 023. ④ 024. ① 025. ② 026. ④

CHAPTER 6 꼭 숙지해야 할 개정 KEC 48문항

027 큰 고장전류가 구리 소재의 접지도체를 통하여 흐르지 않을 경우 접지도체의 최소 단면적은 몇 [mm²] 이상이어야 하는가? (단, 접지도체에 피뢰시스템이 접속되지 않는 경우이다.)

① 0.75
② 2.5
③ 6
④ 16

접지도체에 피뢰시스템이 접속되지 않는 경우 최소 단면적은 6[mm²] 이상이어야 한다.

028 급전선에 대한 설명으로 틀린 것은?

① 급전선은 비절연보호도체, 매설접지도체, 레일 등으로 구성하여 단권변압기 중성점과 공통접지에 접속한다.
② 가공식은 전차선의 높이 이상으로 전차선로 지지물에 병가하며, 나전선의 접속은 직선접속을 원칙으로 한다.
③ 선상승강장, 인도교, 과선교 또는 교량 하부 등에 설치할 때에는 최소 절연이격거리 이상을 확보하여야 한다.
④ 신설 터널 내 급전선을 가공으로 설계할 경우 지지물의 취부는 C찬넬 또는 매입전을 이용하여 고정하여야 한다.

급전선
- 가공식은 전차선의 높이 이상으로 전차선로 지지물에 병가하며, 나전선의 접속은 직선접속을 원칙으로 한다.
- 선상승강장, 인도교, 과선교 또는 교량 하부 등에 설치할 때에는 최소 절연이격거리 이상을 확보하여야 한다.
- 신설 터널 내 급전선을 가공으로 설계할 경우 지지물의 취부는 C찬넬 또는 매입전을 이용하여 고정하여야 한다.

029 수뢰부시스템의 배치방법이 메시법일 경우 피뢰시스템 등급이 Ⅱ등급일 때 메시치수(m)는 얼마인가?

① 5×5　　② 10×10
③ 15×15　④ 20×20

등급	메시 치수(m)
Ⅰ	5×5
Ⅱ	10×10
Ⅲ	15×15
Ⅳ	20×20

030 전원의 한 점을 직접 접지하고 설비의 노출도전부는 전원의 접지전극과 전기적으로 독립적인 접지극에 접속시키는 계통접지 방식은?

① TN-C 계통　　② IT 계통
③ TN 계통　　　④ TT 계통

031 중앙급전 전원과 구분되는 것으로서 전력소비지역 부근에 분산하여 배치 가능한 신·재생에너지 발전설비 등의 전원으로 정의되는 용어는?

① 임시전력원　　② 분전반전원
③ 분산형 전원　　④ 계통연계전원

 분산형 전원

중앙급전 전원과 구분되는 것으로서 전력소비지역 부근에 분산하여 배치 가능한 신·재생에너지 발전설비 등의 전원으로 정의되는 용어를 말한다.

032 교류 전차선 등 충전부와 식물 사이의 이격거리는 몇 [m] 이상이어야 하는가? (단, 현장여건을 고려한 방호벽 등의 안전조치를 하지 않은 경우이다.)

① 1　　② 3
③ 5　　④ 10

교류 전차선 등 충전부와 식물 사이의 이격거리는 5[m] 이상이어야 한다.

[정답]　027. ③　028. ①　029. ②　030. ④　031. ③　032. ③

CHAPTER 6 꼭 숙지해야 할 개정 KEC 48문항

033 충전부 전체를 대지로부터 절연시키거나, 한 점을 임피던스를 통해 대지에 접속시키는 계통접지 방식은?

① TN-C 계통
② TT 계통
③ TN 계통
④ IT 계통

034 32[A] 이하 분기회로에서 사용전압 교류 380[V]일 경우 고장시 자동차단되어야 하는 최대 차단 시간은?

① 0.1초
② 0.2초
③ 0.4초
④ 0.8초

계통	120[V] < U_0 ≤ 230[V]		230[V] < U_0 ≤ 400[V]		U_0 > 400[V]	
	교류	직류	교류	직류	교류	직류
TN	0.4	5	0.2	0.4	0.1	0.1
TT	0.2	0.4	0.07	0.2	0.04	0.1

035 고장보호에 대한 설명으로 틀린 것은?

① 고장보호는 일반적으로 직접접촉을 방지하는 것이다.
② 고장보호는 인축의 몸을 통해 고장전류가 흐르는 것을 방지하여야 한다.
③ 고장보호는 인축의 몸에 흐르는 고장전류를 위험하지 않는 값 이하로 제한하여야 한다.
④ 고장보호는 인축의 몸에 흐르는 고장전류의 지속시간을 위험하지 않은 시간까지로 제한하여야 한다.

 고장보호

- 인축의 몸을 통해 고장전류가 흐르는 것을 방지하여야 한다.
- 인축의 몸에 흐르는 고장전류를 위험하지 않는 값 이하로 제한하여야 한다.
- 인축의 몸에 흐르는 고장전류의 지속시간을 위험하지 않은 시간까지로 제한하여야 한다.

036 전기저장장치를 전용건물에 시설하는 경우에 대한 설명이다. 다음 ( )에 들어갈 내용으로 옳은 것은?

> 전기저장장치 시설장소는 주변 시설(도로, 건물, 가연물질 등)로부터 (㉠)[m] 이상 이격하고 다른 건물의 출입구나 피난계단 등 이와 유사한 장소로부터는 (㉡)[m] 이상 이격하여야 한다.

① ㉠ 3, ㉡ 1
② ㉠ 2, ㉡ 1.5
③ ㉠ 1, ㉡ 2
④ ㉠ 1.5, ㉡ 3

전기저장장치 시설장소는 주변 시설(도로, 건물, 가연물질 등)로부터 1.5[m] 이상 이격하고 다른 건물의 출입구나 피난계단 등 이와 유사한 장소로부터는 3[m] 이상 이격하여야 한다.

037 도체와 과부하보호장치 사이의 협조 조건에 적합하지 않은 것은?

① $I_B \leq I_n$
② $I_n \leq I_Z$
③ $I_B \geq I_Z$
④ $I_2 \leq 1.45 I_Z$

$I_B \leq I_n \leq I_Z$
$I_2 \leq 1.45 I_Z$

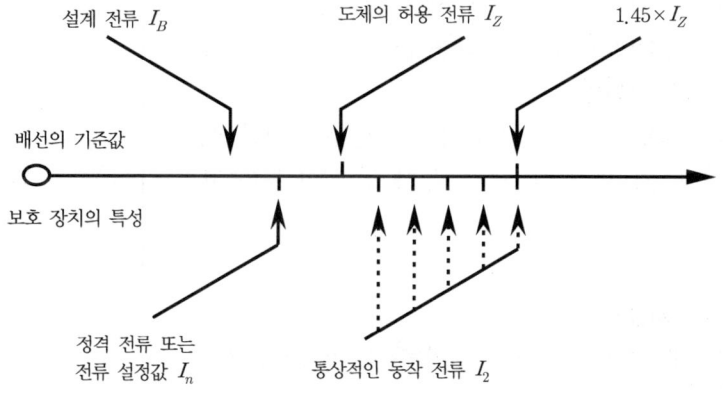

[과부하 보호 설계 조건도]

정답 033. ④ 034. ② 035. ① 036. ④ 037. ③

CHAPTER 6 꼭 숙지해야 할 개정 KEC 48문항

038 도체와 과부하보호장치 사이의 협조 조건에 적합하게 나타낸 것은?

① $I_B \leq I_n \leq I_Z,\ I_2 \leq 1.25 I_Z$
② $I_B \leq I_n \geq I_Z,\ I_2 \leq 1.45 I_Z$
③ $I_n \leq I_B \leq I_Z,\ I_2 \leq 1.45 I_Z$
④ $I_B \leq I_n \leq I_Z,\ I_2 \leq 1.45 I_Z$

문제 37번 해설 참조

039 풍력터빈의 피뢰설비 시설기준에 대한 설명으로 틀린 것은?

① 풍력터빈에 설치한 피뢰설비(리셉터, 인하도선 등)의 기능저하로 인해 다른 기능에 영향을 미치지 않을 것
② 풍력터빈 내부의 계측 센서용 케이블은 금속관 또는 차폐케이블 등을 사용하여 뇌유도과전압으로부터 보호할 것
③ 풍력터빈에 설치하는 인하도선은 쉽게 부식되지 않는 금속선으로서 뇌격전류를 안전하게 흘릴 수 있는 충분한 굵기여야 하며, 가능한 직선으로 시설할 것
④ 수뢰부를 풍력터빈 중앙부분에 배치하되 뇌격전류에 의한 발열에 용손(溶損)되지 않도록 재질, 크기, 두께 및 형상 등을 고려할 것

풍력터빈의 피뢰설비 시설기준
- 풍력터빈에 설치한 피뢰설비(리셉터, 인하도선 등)의 기능저하로 인해 다른 기능에 영향을 미치지 않을 것
- 풍력터빈 내부의 계측 센서용 케이블은 금속관 또는 차폐케이블 등을 사용하여 뇌유도 과전압으로부터 보호할 것
- 풍력터빈에 설치하는 인하도선은 쉽게 부식되지 않는 금속선으로서 뇌격전류를 안전하게 흘릴 수 있는 충분한 굵기여야 하며, 가능한 직선으로 시설할 것

040 한국전기설비규정에 따른 용어의 정의에서 감전에 대한 보호 등 안전을 위해 제공되는 도체를 말하는 것은?

① 접지도체
② 보호도체
③ 수평도체
④ 접지극도체

용어의 정의에서 감전에 대한 보호 등 안전을 위해 제공되는 도체란 보호도체를 말한다.

041 주택용 배선차단기의 부동작전류와 동작전류가 맞는 것은?

① 1.05배, 1.3배
② 1.13배, 1.45배
③ 1.5배, 2.1배
④ 1.25배, 1.6배

 과전류트립 동작시간 및 특성(주택용 배선차단기)

정격전류의 구분	시간	정격전류의 배수(모든 극에 통전)	
		부동작 전류	동작 전류
63[A] 이하	60분	1.13배	1.45배
63[A] 초과	120분	1.13배	1.45배

042 산업용 배선차단기의 부동작전류와 동작전류가 맞는 것은?

① 1.05배, 1.3배
② 1.13배, 1.45배
③ 1.5배, 2.1배
④ 1.25배, 1.6배

 과전류트립 동작시간 및 특성(산업용 배선용 차단기)

정격전류의 구분	시간	정격전류의 배수(모든 극에 통전)	
		부동작 전류	동작 전류
63[A] 이하	60분	1.05배	1.3배
63[A] 초과	120분	1.05배	1.3배

정답 038. ④ 039. ④ 040. ② 041. ② 042. ①

CHAPTER 6 꼭 숙지해야 할 개정 KEC 48문항

043 주택의 전기저장장치의 축전지에 접속하는 부하 측 옥내배선을 사람이 접촉할 우려가 없도록 케이블배선에 의하여 시설하고 전선에 적당한 방호장치를 시설한 경우 주택의 옥내전로의 대지전압은 직류 몇 [V]까지 적용할 수 있는가? (단, 전로에 지락이 생겼을 때 자동적으로 전로를 차단하는 장치를 시설한 경우이다.)

① 150
② 300
③ 400
④ 600

주택의 전기저장장치의 축전지에 방호장치를 시설한 경우 주택 옥내전로의 대지전압은 직류 600[V]까지이다(단, 선로에 지락이 생겼을 때 자동차단 장치를 시설한 경우이다).

044 전압의 구분에 대한 설명으로 옳은 것은?

① 직류에서의 저압은 1000[V] 이하의 전압을 말한다.
② 교류에서의 저압은 1500[V] 이하의 전압을 말한다.
③ 직류에서의 고압은 3500[V]를 초과하고 7000[V] 이하인 전압을 말한다.
④ 특고압은 7000[V]를 초과하는 전압을 말한다.

전압의 구분에 대한 옳은 설명은 특고압은 7000[V]를 초과하는 전압을 말한다.

045 특정기술을 이용한 전기저장장치를 전용 건물에 시설하는 경우 이차전지는 벽면으로부터 몇 [m] 이상 이격하여 설치하여야 하는가?

① 0.5[m]
② 0.75[m]
③ 1[m]
④ 1.25[m]

이차전지는 전력변환장치 등과 분리된 격실에 설치하되, 이차전지는 벽면으로부터 1[m] 이상 이격 설치한다.

046 주택의 태양전지모듈에 접속하는 부하 측 옥내배선을 시설하는 경우에 주택의 옥내전로의 대지 전압은 몇 [V]까지 적용할 수 있는가?

① 150[V]
② 300[V]
③ 400[V]
④ 600[V]

주택의 태양전지모듈에 접속하는 부하 측 옥내배선을 시설하는 경우에 주택의 옥내전로의 대지전압은 직류 600[V]까지 적용할 수 있다.

047 과전류차단기로 저압전로에 사용하는 범용의 퓨즈(「전기용품 및 생활용품 안전관리법」에서 규정하는 것을 제외한다)의 정격전류가 16[A]인 경우 용단전류는 정격전류의 몇 배인가? (단, 퓨즈(gG)인 경우이다.)

① 1.25
② 1.5
③ 1.6
④ 1.9

과전류차단기로 저압전로에 사용하는 범용의 퓨즈 정격전류가 16[A]인 경우 용단전류는 정격 전류의 1.6배이다.

048 풍력발전기의 피뢰설비는 KS C IEC 61400 – 24(풍력발전기 – 낙뢰보호)에서 정하고 있는 피뢰구역(Lightning Protection Zones)에 적합하여야 하며, 다만 별도의 언급이 없다면 피뢰레벨(Lightning Protection Level : LPL)은 몇 등급을 적용하여야 하는가?

① Ⅰ등급
② Ⅱ등급
③ Ⅲ등급
④ Ⅳ등급

피뢰설비는 KS C IEC 61400 – 24(풍력발전기 – 낙뢰보호)에서 정하고 있는 피뢰구역(Lightning Protection Zones)에 적합하여야 하며, 다만 별도의 언급이 없다면 피뢰레벨(Lightning Protection Level : LPL)은 Ⅰ등급을 적용하여야 한다.

정답 043. ④ 044. ④ 045. ③ 046. ④ 047. ③ 048. ①

합격 Easy
전기기사 파이널.ZIP 필기

정가 ┃ 33,000원

지은이 ┃ 최완호 · 김병석
　　　　김용신 · 이상열
펴낸이 ┃ 차　승　녀
펴낸곳 ┃ 도서출판 건기원

2023년 10월 25일 제1판 제1쇄 인쇄
2023년 10월 30일 제1판 제1쇄 발행

주소 ┃ 경기도 파주시 연다산길 244(연다산동 186-16)
전화 ┃ (02)2662-1874~5
팩스 ┃ (02)2665-8281
등록 ┃ 제11-162호, 1998. 11. 24

- 건기원은 여러분을 책의 주인공으로 만들어 드리며 출판 윤리 강령을 준수합니다.
- 본 수험서를 복제·변형하여 판매·배포·전송하는 일체의 행위를 금하며, 이를 위반할 경우 저작권법 등에 따라 처벌받을 수 있습니다.

ISBN 979-11-5767-789-4　13560